Xiaowutaishan
Kunchong Ziyuan

小五台山昆虫资源

第二卷

◎ 徐志华　郭书彬　彭进友　主编

中国林业出版社

图书在版编目（CIP）数据
小五台山昆虫资源．第二卷 / 徐志华，郭书彬，彭进友主编．- 北京：中国林业出版社，2013.6
ISBN 978-7-5038-7069-9

Ⅰ．①小… Ⅱ．①徐… ②郭… ③彭… Ⅲ．①昆虫 - 动物资源 - 河北省 Ⅳ．① Q968.222.2

中国版本图书馆 CIP 数据核字（2013）第 119730 号

《小五台山昆虫资源》编辑委员会领导小组

主　任

郭书彬　郑建旭

副主任

郑　斌　于海东　毕学云　徐志华

成　员

李吉利　陈桂萍　武素然　亢海英

张爱军　郝明亮　仰素琴　李瑞平

第二卷　编写组

主　编

徐志华　郭书彬　彭进友

副主编

郑建旭　郑　斌　于海东

编著者

徐志华　郭书彬　彭进友　毕学云　李吉利　陈桂萍　武素然　李成生　仰素琴

王建梅　张爱军　李瑞平　郝明亮　袁新利　赵建成　宋熙龙　郑建旭　郑　斌

于海东　王美平　刘文新　龚文奎　常玉军　赵金娥　亢海英　左万星　李　白

郝　敏　杨晓洲　杨　照　杨　扬　杜　娟　张小婧　赵焕生　薛文静　刘建萍

张苗苗　付晓燕　万少欣　王龙飞　龚　湧　武　宁　田智慧　赵高鑫　李　兰

宋振艳　贺　亮

摄　影

郭书彬　徐志华　龚　湧　郝　敏　李瑞平

绘　图

郭书彬

总目录

第一卷

第二卷

第二卷

目 录

下　篇

昆虫区系组成（II）

二十二、毛翅目 TRICHOPTERA

成虫体型小至中型。成虫外形似蛾类。头下口式。咀嚼式口器，但咀嚼能力退化。触角长，线状。复眼发达，单眼 1 ~ 3 或无。前胸小，中胸发达。翅脉接近模式脉相。翅上密被粗细不等的毛。后翅臀区发达。休息时翅放置呈屋脊状。足的基节互相靠近。无尾须。全变态。幼虫大多植食性，也有不少肉食性的，捕食水生小虫。

石蛾科 Phryganeidae

下颚须很少毛，无鳞，雌虫 5 节，雄虫 4 节，雌雄虫下颚须形状相同。有单眼。

22.1a 石 蛾（1980 年 7 月 20 日，南台 1380m）

22.1b 石 蛾（示幼虫）

22.1 石 蛾

Holostomis sp.

成虫见于 7 ~ 8 月。

分布：小五台山南台海拔 1300 ~ 1450m；张家口。

22.1c 石 蛾（示幼虫）

22.1d 石 蛾（示山涧溪水内的幼虫，体上缀有石砾；2007 年 5 月 26 日，南台湖上沟下 1400m）

角石蛾科 Stenopsychidae

下颚须 5 节，雌雄性都相同。体较大。前翅没有棒状毛，后翅缘毛短。没有单眼。3 对足胫节距为 3 ∶ 4 ∶ 4。上颚粗大，下颚须第 2 节短。

22.2 角石蛾

Stenopsyche sp.

成虫见于 6 月下旬~ 8 月上旬。

分布：小五台山东台海拔 120m 左右；张家口。

22.2 角石蛾（2007 年 7 月 1 日，东台 120m）

附：未定种

（2007 年 7 月 28 日，南台 1300m）

（2008 年 8 月 10 日，西台 1200m）

（1980 年 7 月 25 日，南台 1400m）

二十三、鳞翅目 LEPIDOPTETA

包括蛾和蝶，是昆虫纲中仅次于鞘翅目的第二大目。口器虹吸式。触角细长，线状、羽状或球杆状等。体、翅密被鳞片和毛。除少数种类雌蛾无翅外，一般有2对膜质翅，具中室，翅上有各种鳞片构成的多样线纹和斑纹。休息时，翅常作屋脊状覆盖（蛾类）或竖立于体背（蝶类）。成虫取食花蜜或不取食，某些种类成虫吸食果汁等。跗节5节。无尾须。全变态。幼虫蠋型，体圆柱状，柔软。除3对胸足外，腹部有2～5对腹足，腹足端部有多种形式排列的趾钩。全变态。大多数陆生，少数水生。幼虫多植食性，在植物表面取食，或卷叶、潜叶、钻蛀种实、枝干，或在土中取食植物根和茎部等。本目的许多种类为农业、林业的重要害虫，如松毛虫、白杨透翅蛾、天幕毛虫、球果螟等。

木蠹蛾科 Cossidae

又称蠹蛾科、蠹木蛾科。体中型至大型。头部小，喙退化或无，下唇须短小。触角线状、单栉状或双栉状，较短。脉序较原始，中室内有M干并分支，M_2接近M_3，有1A，前翅R_4与R_5共柄，均位于外缘，有径副室；后翅有臀脉3条，Sc脉基游离或在中室端部与Rs有一短脉相连，Rs与M_1很接近或共柄。有翅缰，雄蛾可多至9根。幼虫粗壮，多为红色或灰白色，光滑。上颚强大，钻蛀树干，少数在根中蠹食。以丝和木屑作茧化蛹。为果树、林木的重要害虫。

23.1 蒙古木蠹蛾

Cossus mongolicus Ersohoff

体长28～36mm，翅展62～84mm。雌雄触角均为栉状，栉齿呈单一的片状。体灰褐色，粗壮。头部及颈板黄褐色。胸部暗褐色，后胸两侧带黑色及褐色。前翅暗褐灰色，中区色稍灰白，密布长短的黑色曲纹，有时连成黑线，较显著的有1条亚端线和1条由前缘2/3处伸向臀角的外线，在黑线的旁侧有淡色边；后翅灰褐，也密布黑色线纹，缘毛灰白有间断的褐斑。翅反面有明显的褐色条纹，大部布有黑褐色波曲纹。腹部灰色。足胫节有距。

成虫见于6月上旬～7月上旬。

寄主：杨、柳、榆等。

分布：小五台山西台海拔1200m左右；河北各地；北京、辽宁、吉林、黑龙江、宁夏、陕西、甘肃、山东、江苏；欧洲、中亚、非洲。

23.2 东方木蠹蛾

Holcocerus orientalis (Gaede)

异名*Cossus cossus orientalis*（芳香木蠹蛾东方亚种）。

雌蛾体长28～41mm，翅展61～82mm；雄蛾体长22～36mm，翅展51～72mm。雌雄触角均为线状。体粗壮，灰褐色。头顶毛丛和鳞片鲜黄色。胸背部密被鳞毛；前胸中部褐色，后缘毛丛黄色；中胸及肩片的前半部为深褐色，后半部为白、黑、黄相间；后胸有1条黑横带，其前为银灰色。腹部灰褐色。前翅灰色有褐斑，密布长、短不等的黑色曲线纹。较显著的有1条亚端线和1条由前缘2/3处伸向臀角的外线，2条线在臀角处相交。中线至外线之间呈黑褐色纵带。后翅浅褐色，中室白色，端半部具波状横纹。翅反面有明显的黑褐色条纹，中部有1个显著的黑褐色圆斑。后足胫节2对距，中距位于胫节端部1/3处；基跗节显著膨大。

成虫见于6月上旬～7月上旬。

寄主：杨、柳、榆、丁香、白桦、刺槐、白蜡、稠李、梨等。

分布：小五台山西台海拔1100～1300m；张家口、承德、保定；北京、天津、辽宁、吉林、黑龙江、内蒙古、山西、河南、宁夏、陕西、甘肃。

23.1 蒙古木蠹蛾

23.2 东方木蠹蛾

23.3 沙棘木蠹蛾

Holcocerus hippophaecolus Hua, Chou, Fang et Chen *arenicola* (Staudinger)

又名：沙棘线角木蠹蛾。

雄体长 20 ~ 26mm，翅展 43 ~ 54mm。触角线状，粗壮，扁平，无栉齿。下唇须中等长，紧贴颊面，几达触角基部。领片、翅基片及中胸背板灰褐色。后胸有 1 条宽约 1mm 的黑色横带，黑带之前有 1 条同样宽的白色横带。腹部灰色，两侧有浓密毛丛，末端有臀毛丛。前翅顶角钝圆，后缘中央稍凹入；中室末端有 1 个小白点；中室之后有 1 个浅灰色大斑；翅端半部布满极细网纹，亚端线明显，但变化较大，有时仅为 1 条简单的与外缘平行的黑线，有时数次分叉又合并；缘毛有弱格纹。前翅反面灰色，条纹弱，前缘白色。后翅反面无条纹。雌体长 23 ~ 32mm，翅展 50 ~ 63mm，触角较雄虫短，腹部极长，末端有突出的产卵管。成虫见于 5 ~ 6 月。世代不整齐。

寄主：沙棘、沙柳、柠条、小红柳等。以幼虫钻蛀寄主的主干、主根，单株幼虫的虫口密度 1 至几十头不等，以根颈部幼虫较集中，可致成片沙棘被寄生而枯死。

分布：小五台山西台海拔 1400 ~ 1650m；张家口；陕西、甘肃、宁夏、内蒙古、新疆；蒙古、俄罗斯、阿富汗、伊朗。

23.4 白斑木蠹蛾

Catopta albonubilus Graes

体长 14.5 ~ 19mm，翅展 35 ~ 40mm。雌雄触角均为双栉状。体灰褐色具丝光。前翅灰褐色，端半（由顶角至后缘中部）较淡，呈浅灰褐色；基半较暗，有 2 块大白斑，一块在中室端，一块在中室下方，靠近翅后缘，每块白斑的两侧有黑色竖鳞块；翅面散生许多黑色短条斑，在翅端组成断续的亚端线斑，在外缘及缘毛上各有 1 列小黑斑点，前缘也有 1 排小黑点。后翅灰褐色无斑纹，仅外缘的缘毛上有褐点列。前后翅缘毛均为浅褐色。

成虫见于 8 月中下旬。

分布：小五台山；保定、承德、张家口；山西、北京、新疆、内蒙古、黑龙江；俄罗斯、蒙古。

23.5 小褐木蠹蛾

Holcocerus insularis Staudinger

又名：小线角木蠹蛾。

体长 19 ~ 25mm，翅展 38 ~ 45mm。体、翅灰褐色。触角线状。

23.5a 小褐木蠹蛾（示幼虫形态）

23.3c 沙棘木蠹蛾（示幼虫形态；2003 年 7 月 24 日，西台 1450m）

23.4 白斑木蠹蛾

23.5b 小褐木蠹蛾（1980 年 6 月 15 日，西台 1250m）

23.3a 沙棘木蠹蛾（危害沙棘造成树木枯死状；2003 年 7 月 24 日，西台 1450m）

23.3b 沙棘木蠹蛾（对沙棘主干的危害状）

前翅黑褐色弯曲的线纹，中室前缘一带色较深，亚端线黑色明显，外缘有一些褐纹与缘毛上的褐斑相连。后翅只有一些不明显的褐色短线纹。

成虫见于6月中旬。

分布：小五台山；张家口、邢台、保定、石家庄；北京、内蒙古。

23.6 柳干木蠹蛾

Holcocerus vicarius (Walker)

又名：柳乌木蠹蛾、柳乌蠹蛾、柳木蠹、大褐蠹蛾。

体长25～28mm，翅展52～82mm。体粗壮，暗灰褐色。触角线形，稍扁。前翅灰褐色，基半色较暗，中室及前缘一带呈黑褐色，有许多不完整波曲黑褐条纹。亚端线黑色明显；外线曲折不规则，并有一些短线相连；翅反面斑纹褐色。后翅色较均匀，有不明显的短褐纹，反面中部有一褐色圆斑。

23.5c 小褐木蠹蛾（示成虫羽化后，蛹皮一半留在羽化孔内，一半在外）

23.5d 小褐木蠹蛾在树木主干上排粪孔外的粪便

23.5e 小褐木蠹蛾在树木主干上的羽化孔

成虫见于6月下旬～7月下旬。

寄主：杨、柳、栎、苹果等。

分布：小五台山西台、北台、南台、东台海拔850～1500m；河北各地；山东、江苏、河南、北京、上海、内蒙古、台湾、辽宁、黑龙江、吉林；朝鲜、日本。

23.7 石刁柏蠹蛾

Hypopta sibirica Alpheraky

又名：西伯利亚木蠹蛾、龙须菜蠹木蛾。

体长16～23mm，翅展34～43mm。触角双栉状，深黄褐色。体银白色而微黄，具丝光。前胸领片上有2条褐色横纹。前翅银白色或黄白色，在中室下方及端部各翅室中呈淡褐色并有成排的褐色短条。后翅灰白略带淡褐色，缘毛黄白色，M_1与Rs共柄。

成虫见于7月中下旬。

寄主：石刁柏的根部。

23.6a 柳干木蠹蛾（2007年7月18日，东台1200m）

23.6b 柳干木蠹蛾

23.6c 柳干木蠹蛾

分布：小五台山；承德、张家口；北京、内蒙古、辽宁、黑龙江、吉林；俄罗斯。

23.7a 石刁柏蠹蛾（1980年7月10日，南台1500m）

23.7b 石刁柏蠹蛾（1980年7月10日，南台1500m）

附：未定种

（1980年8月10日，西台1420m）

豹蠹蛾科 Zeuzeridae

似木蠹蛾科，但体狭长。触角雌蛾多为线状；雄蛾则端半锯状，基半为双栉状，中段的栉齿长，向两端逐渐变短，而组成一个圆盘状。下唇须极退化，不分节。没有喙管。中胸特别长，在前翅前方凸伸很多。后翅 $Sc+R_1$ 与 Rs 在中室端有横脉相连，M_1 与 Rs 远离，其间有明显的中径横脉 (r-m)。腹部很长。后足胫节无中距，端距极小如刺。幼虫额侧片短，不到顶，钻蛀树干。

23.8 多斑豹蠹蛾

Zeuzera multistrigata Moore

体长 24 ~ 30mm，翅展 47 ~ 56mm。雄蛾触角短，仅为前翅的 1/3，黑色，基半双栉状组成椭圆形。头和胸背白色，中胸背板有 3 对大黑斑。前翅白色，密布大小的黑斑点，并有蓝色的闪光，翅基、中室中部和端部的斑点较大而密并常相连，翅缘的斑点多略圆，翅室中的则多呈短条状，后缘的斑也较大。后翅白色，同样有许多蓝黑色斑点，中室内的斑大而少，臀区无斑点。腹部背面白色，基部有 1 对大黑斑点（有的不明显），其余各节有黑色横带。后缘仍为白色，腹侧有一纵列黑点，腹面 1、2 节有 1 对黑斑，余为黑色横带，腹末端白色。

成虫见于 8 月上中旬。

寄主：栎、枫、榆、杨、桦、苹果、梨等。

分布：小五台山；邯郸、保定、张家口、承德；北京、陕西；印度等。

23.8a 多斑豹蠹蛾（1980 年 8 月 12 日，南台 1400m）

23.8b 多斑豹蠹蛾（1980 年 8 月 12 日，南台 1400m）

23.9 梨豹蠹蛾

Zeuzera pyrina Staudinger et Rebel

体长 33 ~ 35mm，翅展 50 ~ 75 mm。全体白色。雄蛾触角基半部双栉形，栉齿长，黑色。胸部背面有 6 个黑色斑点。腹部有黑色横纹。前翅密布黑色斑点，前缘、外缘、后缘及中室的斑较粗，其余较窄。后翅除后缘区外均密布黑色斑点，外缘中部黑斑稍粗。

成虫见于 6 月下旬 ~ 8 月中旬。

寄主：梨、苹果、樱桃、杏、茶、杨、榆、榉等。

分布：小五台山西台海拔 1100 ~ 1200m；张家口、石家庄、保定；四川、陕西、河南、山东、山西、辽宁；印度以及欧洲、非洲、亚洲北部、北美洲等。

23.9a 梨豹蠹蛾

23.9b 梨豹蠹蛾（♂；2007 年 8 月 4 日，西台 1180m）

长角蛾科 Adelidae

触角长，雄蛾触角是翅长的 1.5 ~ 3.0 倍或更长；雌蛾为 1.25 ~ 2.00 倍或更长，基部具粗鳞片。脉序完全，后翅 A 脉有 3 条，M_1 与 M_2 常共柄，M_1 与 Rs 分离或共柄。成虫多白天活动，少数夜晚飞到灯下来。幼虫潜叶或蛀花，长大后用两片叶做成两面突起的小室，化蛹于其中。幼虫比一般蛾类多 1 对腹足，无臀足。

23.10 大黄长角蛾

Nemophora amurensis Alphéraky

体长 7 ~ 9mm，翅展 22mm 左右。雄蛾的触角约为翅长的 4 倍，基部紫褐色，端部色较淡。唇须短小而下垂。前翅黄色，基部 1/2 有若干条青灰色粗细不等的纵条，向外有一黄色横带，带两侧有青灰色具光泽的横带，横带外侧有 10 条放射状黄色短纹，翅顶与外缘紫褐色。后翅亦为紫褐色，无花纹。

成虫见于 5 月中旬。

23.10 大黄长角蛾

分布：小五台山西台海拔 1420m 左右；承德、张家口；辽宁、吉林、黑龙江；日本。

23.11 长角蛾

Nemophora sp.

翅展约 20mm。

成虫见于 7 月下旬。

分布：小五台山南台湖上沟海拔 1450m 左右；张家口。

23.11 长角蛾（1980 年 7 月 20 日，中台 1500m）

附：未定种

（2008 年 6 月 2 日，南台 1400m）

（2007 年 5 月 10 日，西台 1300m）

（2007 年 7 月 15 日，西台 1480m）

潜蛾科 Lyonetiidae

体小型。翅极狭，后翅更细。触角第 1 节阔，能盖着部分复眼，称“眼罩”。单眼缺。前翅披针形，脉序不完全，中室细长，顶端常有数条脉基部合并的脉 1 支。后翅线形，缘毛长，Sc 脉短，Rs 脉直达翅顶。

23.12 杨白纹潜蛾

Leucoptera susinella Herrich-Schäffer

又名：杨白潜蛾、杨白潜叶蛾。

翅展约 8mm。头、胸、腹、腹面及足银白色。头顶有一丛竖立的银白色毛。触角银白褐色，基部形成大的“眼罩”。唇须缺。前翅银白，近端部有 4 条褐色纹；1 ～ 2 条、3 ～ 4 条之间淡黄色，2 ～ 3 条间银白色；臀角上有 1 块黑色斑纹，斑纹中间有银色凸起；缘毛前半部褐色，后半部银白色。后翅披针形，银白色，缘毛长。

成虫见于 5 月上旬～ 8 月下旬。

寄主：小叶杨、加杨、二青杨、北京杨等。

分布：小五台山；张家口、保定、石家庄；北京、山东、河南、山西、新疆、陕西、甘肃、内蒙古、黑龙江、辽宁、吉林、江苏；日本等。

23.12a 杨白纹潜蛾（示成虫）

23.12b 杨白纹潜蛾（示杨叶被幼虫潜食状）

23.13 桃潜蛾

Lyonetia clerkella Linnaeus

翅展约 8mm。体银白色。触角长过身体，基部形成眼罩，银白带褐色。下唇须短小，尖而下垂。前翅白色，中室端有 1 个椭圆形黄褐色斑，从前

23.13a 桃潜蛾（示成虫）

23.13b 桃潜蛾（示在叶背结茧）

缘和后缘伸展来的 2 条黑色斜纹汇合在这个黄褐色斑的末端，外面有 1 个三角形黄褐色端斑，前缘的缘毛在斑前形成 3 条黑褐线，端斑的后面有黑色端缘毛，斑的端部缘毛上有 1 个黑圆点及一小撮黑色尖的毛丛，有长缘毛。后翅灰色，缘毛长。

成虫见于 6 月上旬～ 8 月中旬。

寄主：桃、樱桃、李、杏、苹果、山楂、梨、稠李等。

分布：小五台山；张家口、唐山、保定、石家庄；山西、山东、陕西、新疆、辽宁、云南、台湾等。

23.13c 桃潜蛾（示桃叶被潜食状；1998 年 7 月 12 日，西台大苗圃 1180m）

附：未定种

（2008 年 8 月 6 日，南台 1450m）

叶潜蛾科 Phyllocnistidae

微小型。体带白色。下唇须发育正常而向上弯曲。头部光滑，眼罩小。翅披针形，前翅中室延长，无副室，R_1 脉起自中室中部以远，R_5 脉直达翅顶，臀脉短，其基部不分叉。后翅狭长，翅脉更退化，缘毛特别长。后足胫节有 1 列长毛。

23.14 杨银叶潜蛾

Phyllocnistis saligna Zeller

又名：杨银潜蛾。

翅展约 7mm。全体银灰色。触角丝状银灰色。前翅中央有 2 条褐色纵纹，其间金黄色；上边纵纹外方有一短纹，下边纵纹末端有一向前缘弯曲的褐色弧形纹；前缘角内方有 2 条斜纹，在外侧缘斜纹的下方有 1 个三角形黑色斑纹，斑纹下侧有一向后缘弯曲的斜纹，其内金黄色，并由此向外发出放射状缘毛。后翅狭长，先端尖细，缘毛长呈灰白色。在小五台山区本种常与杨白纹潜蛾 *Leucoptera susinella* 混合发生。

成虫见于 6 ～ 7 月。

寄主：杨、柳等。

分布：小五台山西台、北台海拔 1100 ～ 1300m；张家口、保定、廊坊；北京、山西、陕西、内蒙古、新疆、湖北等。

23.14 杨银叶潜蛾（示幼虫潜食杨叶状）

谷蛾科 Tineidae

一般为小型。色泽多为暗褐、褐色、暗灰或灰色。头上生有稀疏的竖毛或鳞片，触角往往与前翅等长。唇须小至中等大，后足胫节上有毛和距。翅狭，翅脉近原始形或有退化。前翅有副室，12 条脉彼此分离；前翅前、后缘平行，向顶端逐渐狭窄故呈圆顶状。后翅宽度似前翅，中室内残存 M 脉，有时亦形成副室。幼虫灰白色，腹足趾钩单序，形成椭圆形，臀足呈不完全短带。一般取食干燥动物体、植物质或菌类。

23.15 鸟谷蛾

Monopis monachella Hübner

翅展约 18mm，翅宽约 2mm。触角褐色。头部与颜面密生白毛。唇须褐色，向前伸。前翅黑褐色，胸部白色，腹部黑褐色。前翅的 2/5 至翅顶有一个半圆形白斑。后翅灰褐色，有光泽。

成虫见于 5 月下旬。

寄主：鸟类、皮毛等。

分布：小五台山；张家口；辽宁、吉林、北京、山西、江苏、浙江、台湾；印度、日本、美国以及欧洲。

23.16 一点谷蛾

Aphomia gularis Zeller

分布：小五台山；张家口。

23.17 四点谷蛾

Tinea tugurialis Meyrick

翅展约 13mm。灰褐色。头顶有丛毛。唇须略向上曲。复眼黑色。前翅淡灰褐色，在外横线中央有 1 个黑斑点，中横线上下有 2 个黑斑点，内横线近后缘有 1 个大黑斑点。后翅灰

23.15 鸟谷蛾

白色。

成虫见于 4 月下旬～ 7 月下旬。

寄主：粮食、植物种子等。

分布：小五台山；张家口；全国各地。

23.18 褐斑谷蛾

Homalopsycha agglutinata Meyrick

翅展约 28mm。触角褐色。头顶和颜面有棕褐色丛毛。唇须短，斜向上举，第 2 节腹面多长毛。前翅棕色，有深褐色不规则的斑点。后翅灰褐色。

成虫见于 4 月中旬。

寄主：干燥动物体、植物质、菌类。

分布：小五台山西台棺材沟海拔约 1200m；河北各地；辽宁、吉林、北京、山西；日本、俄罗斯等。

23.19 幕谷蛾

Tineola bisselliella Hummel

翅展约 14mm。头、前胸淡棕色。复眼黑色。唇须短小，向两侧平伸，末端钝，第 3 节略短于第 2 节。雄蛾活泼；雌蛾不大飞行。

成虫见于 5 ～ 6 月。

寄主：皮毛、呢绒、地毯、干燥动物体等。

分布：小五台山；世界各地。

细蛾科 Gracilariidae

微小至小型种类。有灰、褐、金、银、铜等颜色，无单眼和眼罩。触角与翅等长或更长。唇须向前或向上弯曲。翅极狭，端部尖锐，呈披针形。后翅特狭，矛头状，缘毛很长，前缘基部特别隆起。前翅中室长，占翅长的 2/3 ～ 3/4，后翅没有中室。前翅 Sc 脉短，R_1 脉出自中室基部，R_5 脉止于前缘，M_2 与 M_3 脉常合并，2A 脉基部不分叉。后翅比前翅细而尖，翅脉常有合并，因没有中室，所以形成 2 支：M_1、M_2 脉出自径脉干，M_3 脉出自肘脉干。幼虫通常潜入叶、树皮或果皮下取食，留存上、下表皮，个别种蛀食茎、果。

23.20 金纹细蛾

Lithocolletis ringoniella Matsumura

又名：苹果细蛾、苹果潜叶蛾。

翅展约 8mm，翅宽约 1mm。唇须白色，短小，末端尖，向左右伸出。头、胸、前翅金褐色，头顶有银白色鳞毛。前翅基部有 3 条银白色纵带；端部前缘有 3 个银白色爪状纹；后缘有 1 个三角形白斑；臀角处有 1 个长条形白斑。后翅褐色，狭长，缘毛长。

成虫见于 5 月上旬～ 8 月下旬。

寄主：苹果、梨、桃、樱、李等。幼虫潜入叶背表皮下取食叶肉，造成下表皮与叶肉分离，叶背面形成一皱褶，叶正面呈透明网眼状斑。

分布：小五台山西台海拔 1180 ～ 1250m；张家口、石家庄、保定；辽宁、河南、山东、山西、陕西、甘肃、安徽、贵州等。

23.21 柳细蛾

Lithocolletis pastorella Zeller

翅展约 8mm，翅宽约 1mm。唇须白色，短小，向两侧伸出。头顶有细长银白色丛毛。前翅前缘有 5 条金黄色宽带；外缘黑色，内侧有金黄色圆斑，近上方有黑色斑点 1 个。后翅狭长灰褐色；缘毛长。足银白色。胫、跗节外侧有不等长的灰褐色和白色间断斑。

成虫见于 6 ～ 7 月。

寄主：杨、柳等。

分布：小五台山西台、北台海拔 1100 ～ 1350m；张家口；北京、山西；日本以及欧洲等。

23.18 褐斑谷蛾

23.19 幕谷蛾

23.20 金纹细蛾（示苹果叶被潜食状）

鞘蛾科 Coleophoridae

小型种类。翅展 7 ～ 16mm。唇须一般或长，上举，无下颚须。前翅狭长，均不超过 11 条脉，R_4、R_5 脉靠近，同出一点或共柄，R_5 脉达外缘，M_1 脉缺少，M_3 脉缺少或与 Cu_1 脉合并，Cu_2 脉有时缺少，2A 基部分叉。后翅披针形，比前翅更狭，Rs 和 M_1 脉靠近，同出一点或共柄，M_3 和 Cu_1 脉有时缺少。幼虫期筑鞘隐藏。幼虫灰白色，3 对胸足，腹足有或无，趾钩单序。

23.22 华北落叶松鞘蛾

Coleophora sinensis Yang

翅展约 13mm，翅宽不足 1mm。唇须细长而下垂，末端尖。前后翅银灰色，无斑纹，缘毛长。

20 世纪 60 ～ 80 年代初期该虫曾在小五台山西台、北台、南台海拔 1300 ～ 1500m 的华北落叶松纯林内造成中等以上的为害，当时曾用烟雾剂控制，近年在本山区林中少见。但在属于小五台山保护区管理局管理的蔚县南山王喜洞林场，发生严重。2009 ～ 2010 年连片发生千余亩，位于海拔 1800 ～ 2100m。该虫在一定的高程内分布明显，近几年成灾带较 20 世纪 60 年代明显升高。成虫见于 5 月下旬～ 6 月上旬，北台上寺海拔约 1400m，1980 年 5 月 27 日见到成虫。本山区尚可见兴安落叶松鞘蛾 *C. dahurica* Flku.。

23.22a 华北落叶松鞘蛾（1980 年 5 月 28 日，西台 1500m）

寄主：华北落叶松。幼虫专门钻食落叶松叶肉，致叶成一薄筒，幼虫钻在其中，取食时头部伸出筒外，转移取食时携带此筒爬行。

分布：小五台山西台、南台、北台海拔 1300 ～ 1500m；张家口；辽宁、吉林、陕西；日本以及北美洲、欧洲。

雕蛾科 Glyphipterygidae

小型种类。成虫带有金属光泽，单眼大而明显。下颚须退化或消失，下唇须向上弯曲，常超过头顶。前翅 R_1 脉出自中室基部，R_4、R_5 脉分离或共柄，R_5 脉止于顶角或外缘，Cu_2 脉出自中室下角附近，2A 脉基部分叉。后翅 2A 脉基部亦分叉。

23.23 苹果雕蛾

Anthophila pariana Glerck

又名：苹果雕翅蛾。

翅展约 12mm，翅宽约 2.5mm。触角丝状，有黑白色相间的环纹。唇须密布鳞毛，第 3 节向上举，末端钝。前翅黄褐色，翅的 1/3 处由前缘通向后缘有内侧呈黑褐色、外侧白色的狭条纹，2/3 处有白色宽条纹，两侧呈黑褐色，外缘和缘毛均呈黑褐色。后翅灰褐色。腹面银白色。足的胫节、跗节上有黑白相间的环纹，中、后足的胫节上有明显的环状毛刺。

成虫见于 6 ～ 7 月。

寄主：苹果、山楂等。

分布：小五台山西台、北台海拔 1000 ～ 1300m；张家口、承德；北京、内蒙古、山西等；日本、俄罗斯以及欧洲、北美洲等。

举肢蛾科 Heliodinidae

小型种类。下唇须细长，末端尖而上曲。翅狭长而尖，多为褐色。前翅外端常为浅色纹；后翅呈披针形，有长缘毛。后足的胫节和跗节有刺，栖息时上举高过翅，竖立在翅的两侧。前翅径脉和 M_1 脉共柄，中室在 M 脉之下多开放，翅脉常退化。幼虫植食性或捕食性。植食性常蛀果或潜叶。

23.24 核桃举肢蛾

Atrijuglans hetauhei Yang

体长 5 ～ 7mm，翅展 13 ～ 15mm。头部褐色，被银灰色大鳞片；唇须银白色，细长，向上曲，超过头顶，末端尖；触角淡褐色，密被白毛；复眼红色。体黑色，有金属光泽。前翅黑褐色，基部 1/3 处有椭圆形白斑，2/3 处有月牙形白斑；后翅披针形，褐色，有金属光泽，前缘基部约 1/3 为灰白色，缘毛褐色，很长。后足粗壮，胫节、跗节具有环状毛刺，静止时，胫、跗节向侧后方上举。

成虫见于 7 月。

23.24a 核桃举肢蛾

23.22b 华北落叶松鞘蛾（示叶被幼虫蛀食形成的"叶鞘"）

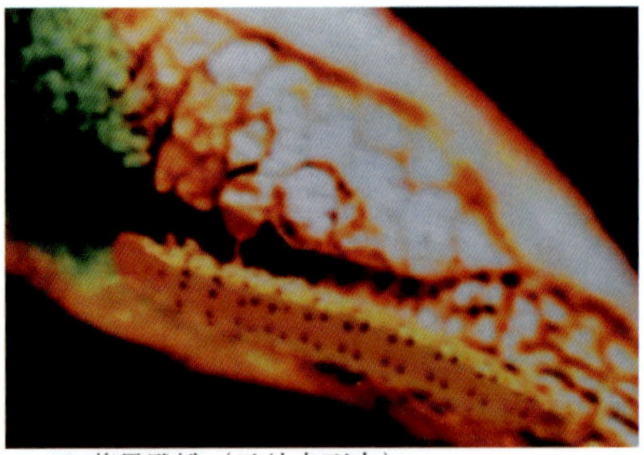

23.23 苹果雕蛾（示幼虫形态）

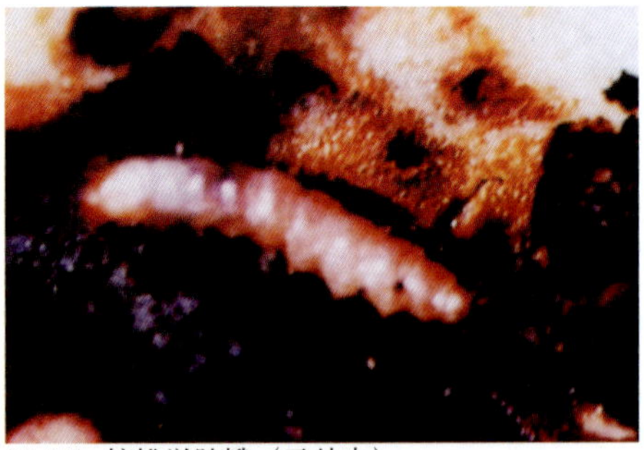

23.24b 核桃举肢蛾（示幼虫）

幼虫蛀食核桃、核桃楸的青果。

分布：小五台山东台、西台海拔800～1400m；石家庄、邯郸、唐山、承德、张家口、邢台、保定；北京、河南、山西、陕西、四川、贵州。

23.25 银点举肢蛾

Pancalia latreillella Curtis

翅展约13mm。触角黑褐色，唇须淡褐色，细长，上举，末端尖。前、后翅黑色。前翅共有7个银白色隆起的斑纹，分别在前缘、后缘及臀角处，形状有长圆形、卵圆形、圆形，腹面黑色。中、后足胫节上的距和环状的毛刺白色，各足跗节有白色环状纹。

成虫见于6～7月。

分布：小五台山；张家口、保定；北京、内蒙古、山西；日本以及欧洲等。

23.26 柿举肢蛾

Stathmopoda massinissa Meyrick

又名：柿蒂虫、柿实蛾。

翅展14～17mm。唇须淡褐色，细长、上曲，超过头顶，末端尖。头部黄褐色。复眼红褐色。胸、腹部及前、后翅均呈紫褐色，唯胸部中央黄褐色。前翅近顶端处有1条由前缘斜向后缘的黄色带状纹。足和腹部末端黄褐色。

23.26a 柿举肢蛾

23.26a 柿举肢蛾（示幼虫取食果实叶片，致其提前变红、变黄）

寄主：柿、君迁子。

分布：小五台山；张家口、保定、石家庄、唐山；北京、山西、陕西、辽宁、台湾；日本等。

菜蛾科 Plutellidae

小型至中型种类。下唇须第2节有丛毛呈三角形，第3节上举。有单眼。下颚须小，前伸。触角有栉毛。前翅后缘的毛有时发达并向后伸，栖息时突出如鸡尾状。前翅有时有浅色斑，有翅痣和附室。触角栖息时前伸。脉序似巢蛾科，但后翅的 M_1 和 M_7 脉常靠近或共柄。幼虫潜叶或钻蛀。

23.27 菜　蛾

Plutella xylostella Linnaeus

翅展12～15mm。唇须第2节有褐色长鳞毛，末节白色、细长、略向上弯曲。前翅灰黑色或灰白色，翅面从翅基至外缘有呈三度曲波状的淡黄色带，一般雄蛾比雌蛾鲜明。后翅银灰色，缘毛长。

成虫见于6～8月。

寄主：十字花科植物。

分布：小五台山东台、北台、南台、西台海拔850～1200m；全国各地；世界各地。

23.27 菜 蛾

23.28 淡褐钩菜蛾

Yposolophus blandellus (Chritoph)

体长约8mm，翅展约20mm。头部黄白色。下唇须中节被长鳞毛，外侧黄褐背面白毛，端细而向上直伸，比中节短。触角白、褐色相间。胸背黄白色。前翅顶角弯成明显的钩状，前缘淡褐色沿翅脉呈白色条纹，翅中部有白色纵条穿过中室直达翅尖，下面紧接着1条褐色纵条由翅基走向外缘，到中室端逐渐加宽而褐色渐淡；后缘白色，散有少数褐鳞。后翅灰白色，边缘带褐色。

成虫见于7～8月。

分布：小五台山；张家口、保定；北京、山西、陕西、湖北；日本。

23.29 白条钩菜蛾

Yposolophus strigosus (Butler)

体长约9mm，翅展约25mm。下唇须中节密被长鳞毛，在下面向前突伸，端节短仅露出少许。前翅暗褐色，中部有一明显白条自翅基直达顶角，中室端有1个黑点，端部沿翅脉有白线，翅后缘杂有灰白色鳞。后翅灰色，翅端带褐色。

成虫见于7月中旬～8月下旬。

分布：小五台山；河北各地；北京、山西；日本。

23.28 淡褐钩菜蛾

巢蛾科 Yponomeutidae

体小型至中型，近似菜蛾科，但下颚须极小或缺欠。单眼小或无，无眼罩。头被鳞，光滑或前面有毛丛。触角多短于前翅。喙发达，下唇须中长或略短向上弯，末端尖。前翅稍阔，前后缘大部平行，近顶角呈三角形；翅脉大多存在而彼此分离，R_4 与 R_5 分离，R_5 止于外缘，中室很长，径副室大，R_1 脉之前往往有一翅痣。后翅长卵形或披针形，Rs 与 M_1 脉分离，中室中有 M 脉残存，M_3 与 Cu_1 脉合并或共柄。幼虫前胸气门有 3 根刚毛，腹足为环式趾钩。一般吐丝作巢，群集取食叶、芽或嫩梢。

23.30 苹果巢蛾

Yponomeuta padella (Linnaeus)

又名：苹果巢虫、苹叶巢蛾、苹巢蛾、网虫。

体长 8mm，翅展 20 ~ 23mm。触角白色。唇须白色下垂。头、胸部白色具丝光，肩片上各有一大黑点，中胸背板上有 4 个大黑点。前翅白色具丝光，有 20 多个黑点，大致排列成 4 纵列，后缘 2 列较整齐而行距大，前缘 2 列不整齐，翅中部空白，翅端近外缘有较小黑点 8 ~ 9 个，缘毛灰白色。后翅灰褐色无斑点，缘毛灰褐色。本种与卫矛巢蛾 *Y. polystigmellus* 极相似，但后者前后翅缘毛均为白色而易区别。

成虫见于 7 月上旬 ~ 9 月上旬。

寄主：苹果、乌荆子和其他蔷薇科植物。

分布：小五台山西台、北台上寺沟海拔 1200 ~ 1400m；河北各地；北京、山西、江苏、辽宁、吉林、陕西、宁夏；日本、朝鲜以及欧洲。

23.31 稠李巢蛾

Yponomeuta evonymellus Linnaeus

体长 8mm，翅展 22 ~ 24mm。触角白色。下唇须白色，前伸，末端尖。头、胸部白色具丝光，肩片上各有一大黑点，中胸背板上有 4 个大黑点。前翅白色具丝光，与苹果巢蛾很相近，但有 40 多个小黑点，大致排成 5 纵行，翅中部无明显空白区，近外缘还有较细的黑点 10 多个，大致成横行排列，缘毛淡灰白色。后翅灰褐，无斑点，缘毛白色。

成虫见于 7 月中旬。

寄主：稠李、白花楸、苹果等。

分布：小五台山；保定、张家口、承德；辽宁、吉林、黑龙江、内蒙古、山西、北京；俄罗斯以及欧洲。

23.30a　苹果巢蛾（1980 年 7 月 20 日，北台 1300m）

23.31　稠李巢蛾（1980 年 7 月 28 日，中台 1500m）

23.30b　苹果巢蛾（1980 年 8 月 21 日，西台 1280m）

23.32　卫矛巢蛾（1980 年 8 月 17 日，北台 1400m）

23.32 卫矛巢蛾

Yponomeuta polystigmellus Felder

翅展约 30mm。触角白色。唇须白色，下垂。头顶和颜面密布白色鳞毛。前翅白色，上面有 50 多个黑点，大致排列成 4 纵列，近外缘处有分散小黑点。前翅腹面灰褐色。后翅背腹面均灰褐色。前、后翅缘毛均为白色（陈旧标本虫体白色部分颜色常较深）。腹部及足黄褐色。

成虫见于 8 月中旬 ~ 9 月上旬。

寄主：卫矛、栎、花楸等。

分布：小五台山北台、西台海拔 1200 ~ 1410m；张家口、保定；山西、陕西、黑龙江、北京；日本、俄罗斯以及欧洲等。

尖蛾科 Cosmopterygidae

小型种类。常具鲜艳色彩。吻发达。触角与前翅等长或相当其 3/4。下唇须向上弯曲，突出在头上方。前翅狭长，披针形，中室长，R_1 脉出自中室不及 3/4 处，R_2 出自 R_1 脉不远，R_4、R_5 脉共柄或偶尔合并，M_1 脉常参与共柄，R_3、M_2 则很少与之共柄，Cu_1 与 Cu_2 脉接近平行或等长，1A 脉基部退化，端部有时明显，2A 脉基部大多分叉。后翅较前翅狭，披针形或线形，中室一般不完全，Sc 脉短，Rs 脉长，M_1 脉多与 Rs 脉同出于一点或共柄，M_1 脉有时与 M_2 脉共柄，中室开口在其下方，M_3 与 Cu_1 脉明显分开，2A 脉如果明显存在，则基部分叉。幼虫潜叶、卷叶或蛀入果、茎中致寄主枯萎，或捕食介壳虫。

23.33 禾尖蛾

Cosmopterix fulminella Stringer

翅展约 9mm，翅宽约 0.5mm。触角黑褐色，有白斑。唇须细长，镰刀形，白色，外侧褐色。体褐色，头、胸部背面有 3 条银白色纵纹。前翅黑褐色，在翅基部有 3 条很细的银白色纵带，翅中部有 1 条较宽的杏黄色横带，横带内侧紧贴有一银白色窄横带，外侧有上、下 2 块斑，靠前缘的 1 块白色，靠后缘的 1 块银白色，翅端部有 2 条银白色细纵带。

寄主：禾本科植物。

分布：小五台山；张家口；北京、山西、内蒙古；日本等。

23.34 黑白尖蛾

Stagmatophora niphosticta Meyrick

翅展约 9mm。头顶黑褐色，颜面白色，均密布鳞片。触角黑色，有白斑。唇须镰刀形细长，第 2、3 节等长，第 2 节黄色，第 3 节褐色，末端尖，超过头顶。前翅黑褐色，有 3 条银白色横带，其中外侧 2 条中间断开，翅顶下方还有 1 个银白色斑。各足胫、跗节上有黑褐色和白色斑。

分布：小五台山；张家口；北京、内蒙古、山西；日本等。

麦蛾科 Gelechiidae

体小型。头被鳞光滑，触角第 1 节上有刺毛，排成梳状。下唇须向上弯曲，伸过头顶，末端尖细，喙发达。前翅呈披针形，R_4 与 R_5 脉共柄或合并，R_5 脉伸达前缘，M_1 脉出自中室上角或与 R_5 脉共柄；M_2 脉基部距 M_3 脉比 M_1 脉近，Cu_1 脉和 Cu_2 脉常共柄，1A 脉常消失，2A 脉基部有长分叉。后翅顶角突出；外缘凹入呈“菜刀”状或倒梯形，缘毛长过后翅宽，Rs 脉和 M_1 脉在基部共柄或接近，M_1、M_2 脉有时消失，M_3 脉和 Cu_1 脉同出一点或共柄。成虫多在夜间活动，趋光性强，白天潜伏叶下。幼虫卷叶、缀叶、潜叶、钻蛀茎干、种实和根部等。

23.35 黑带麦蛾

Telphusa euryzeucta Meyrick

体长 5mm。翅展 13 ~ 15mm。触角线状，深褐色。下唇须中节被鳞粗放，外侧和腹面黑色，仅末端和背面白色，端节白色，有 2 段黑色。头和胸背白色。前翅白色，基部有一宽黑带；前缘中部有一倒梯形大黑斑，在此黑斑下方，另有一圆形黑斑，有时此斑与倒梯形大黑斑稍稍相连；顶角处还有一些小黑点，有时这些小黑斑相连成片；翅面黑斑带中有竖鳞。后翅深灰，缘毛灰白。前翅反面灰褐。足黑褐色，有白斑。

成虫见于 6 月中旬～ 7 月下旬。

寄主：幼虫取食桃、杏、李、梅、樱桃等果树叶。

分布：小五台山；保定、张家口；北京、天津、山西、陕西、江苏、辽宁、吉林、黑龙江。

23.36 黑星麦蛾

Telphusa chloroderces Meyrick

又名：苹果卷叶麦蛾、黑星卷叶麦蛾。

体长约 5mm，翅展约 16mm。灰褐色。头部灰白，头顶杂有淡褐色鳞，下唇须灰黄色，中节被鳞厚密粗放。胸部暗褐色。前翅暗褐色，中室有 2 个黑点，中室下方翅褶中还有 1 个黑点，翅端亚缘线处色略淡。后翅灰色，翅脉和翅缘颜色较深，缘毛淡灰色。腹部黄褐色。足外侧暗褐色有白斑。

成虫见于 6 月～ 7 月。世代重叠。

寄主：苹果、桃、李、杏、樱桃、梨等。幼虫卷叶取食。

分布：小五台山西台海拔 1100 ~ 1280m；张家口、石家庄；北京、山西、辽宁、吉林、山东、河南、陕西、江苏等。

23.37 褐星麦蛾

Telphusa sp.

体长约 6mm，翅展约 18mm，灰黄色。似黑星麦蛾 *T. chloroderces* 而略大，颜色明显为淡。头、胸部散有淡褐色鳞，下唇须中节被鳞厚密粗放。前翅灰黄，中室端及中部各有 1 个褐点，在近基部及前缘有 3 个褐点排成三角形，翅端亚缘线处灰白色，在前缘有 1 个褐斑；翅外缘有 1 列小褐点。后翅亦为灰黄色，翅缘及翅脉淡褐色，缘毛淡灰黄色。

成虫见于 6 ～ 7 月。

寄主：桃、李、杏、苹果、梨、樱桃等。该虫常与黑星麦蛾混合发生，幼虫卷叶取食。

分布：小五台山西台；张家口；北京等。

23.38 黄尖翅麦蛾

Metzneria inflammatella Christoph

翅展 18 ~ 23mm，翅宽 1.5 ~ 1.8mm。触角褐色。头顶和颜面白色。唇须长，深褐色，略呈镰刀形，第 2 节长是第 3 节的 2 倍。前翅黄色，有深褐色斑纹，翅端尖（陈旧标本颜色深）。后翅灰褐色，缘毛长。

成虫见于 7 月中下旬。

23.35 黑带麦蛾（1980 年 7 月 20 日，南台 1300m）

23.36a 黑星麦蛾（示桃树嫩梢被食状；1997 年 7 月 20 日，西台 1180m）

23.36b 黑星麦蛾（示幼虫形态）

23.37 褐星麦蛾

分布：小五台山南台海拔 1700m 左右；张家口；辽宁、吉林；日本等。

23.39 胡枝子麦蛾

Recurvaria albidorsella Snellen

体长约 3mm，翅展约 9mm。头和胸背白色。下唇须细长而弯，端节比中节略长，均为白色。前翅灰白色，基部、中部和翅端均有大黑斑，缘毛也随之有黑有白。后翅灰色，顶角突伸呈菜刀状，缘毛灰色。腹背灰褐，末端白色。足灰白色，胫节及各跗节上均有黑褐色斑。

成虫见于 6 月下旬。

寄主：胡枝子。幼虫将 2 片叶子缀合躲在里面取食叶肉，并在其中化蛹。

分布：小五台山西台海拔 1450m 左右；张家口；北京；日本、俄罗斯。

23.40 麦　蛾

Sitotroga cerealella (Olivier)

体长 5 ~ 7mm，翅展 13 ~ 20mm。淡黄褐色。下唇须中节被鳞略粗，端节比中节长。前翅披针形，外缘和后缘相连无明显界限，翅面灰黄散有褐鳞，在中室端多形成 1 个小褐点，翅尖处颜色也较浓。后翅与前翅宽度约等，顶角尖突下方凹入呈菜刀状，灰褐色，有 1 条灰白色细线通过中室纵贯全翅，缘毛灰褐。

成虫见于 6 ~ 8 月。

寄主：家庭和粮库贮存的麦子、大米、玉米、高粱等。幼虫蛀食粮粒。

分布：小五台山山区；张家口；世界性仓贮昆虫。

23.38　黄尖翅麦蛾（1980 年 7 月 19 日，南台 1700m）

23.39　胡枝子麦蛾（1980 年 6 月 25 日，西台 1450m）

23.41 绣线菊麦蛾

Compsolechia metagramma Meyrick

翅展约 12mm。头顶和颜面被褐色和黄色鳞片紧紧包住。复眼红褐色。触角黑褐色，具白环。唇须黄色，镰刀形，末端尖，超过头顶。前翅黑褐色，离翅顶 1/4 处具白色半月形斑纹；缘毛黑褐色。后翅及缘毛灰褐色。后足胫节末端的毛刺和第 1 跗节黄色。

成虫见于 6 月初。

寄主：绣线菊属植物。

分布：小五台山北台海拔 1200 ~ 1300m；张家口；黑龙江、吉林。

23.40 麦　蛾（1980 年 7 月 1 日，西台 1180m）

23.41 绣线菊麦蛾

23.42　花生麦蛾（1980 年 7 月 20 日，南台 1300m）

23.42 花生麦蛾

Stomopteryx subsecivella Zeller

又名：卷叶麦蛾、花生须峭麦蛾。

翅展约 9mm。唇须镰刀形，第 2 节粗，第 3 节细，末端尖，向上曲。前翅灰黑色，有光泽，端部黑色；前缘 1/3 处有 1 个白色小斑；中室下方有 1 个黑点，其外围有白晕。后翅灰褐色，缘毛长。

成虫见于 6 月下旬～ 7 月下旬。

寄主：黄豆、黑豆、绿豆、红豆、花生等。

分布：小五台山西台、北台、南台、东台海拔 1100 ~ 1300m；保定、承德、张家口、石家庄；北京、山西、广东、福建；印度尼西亚以及非洲等。

木蛾科 Xyloryctidae

又称堆砂蛀蛾科、木掘蛾科、广翅牙蛾科、掘木蛾科。小型至中型种类。触角线状或部分栉状。喙发达。下颚须短小。下唇须长而向上方弯曲。翅宽阔，前翅近于长方形可明显区分为外缘与后缘；后翅为梯形或略圆，外缘在顶角以下不凹缺，有翅缰，有 1A 脉。前翅 R_4 与 R_5 共柄，R_5 伸达外缘；后翅 $Sc+R_1$ 与 Rs 共柄，Rs 伸达外缘，Rs 与 M_1 出自同一点或共柄。

23.43 苹果卷叶木蛾

Odites perissopis Meyrick

又名：樱桃堆砂蛀蛾。

体长约 8mm，翅展约 20mm。体灰黄色，头部被毛疏松。下唇须向上方弯曲，端部略长于中节。胸部被鳞光滑。前、中足淡褐色，后足色淡而胫节外侧的中距和端距为褐色。前翅

23.43　苹果卷叶木蛾（1980 年 7 月 9 日，南台 1350m）

灰黄色，中室中部及其下方各有1个黑斑，有时这2个黑斑几乎接触，中室端有1个黑点，由前缘顶角沿外缘有一排小黑点，相当于亚端线处还有一系列小黑点，翅面上还散布一些小黑点。后翅灰色无斑点，M_3与Cu_1共柄。

成虫见于7月中上旬。

寄主：苹果、樱桃、梅、李等。幼虫将苹果叶缘切开个口卷叶成筒，白天躲在里面，夜间出来吃叶子。

分布：小五台山南台海拔1350m左右；张家口、保定；辽宁；日本。

草蛾科 Ethmiidae

又称筛蛾科。小型至中型。多黑、灰、白色。前翅上有数量不等的黑斑点。头部被鳞光滑。无单眼。喙基部被鳞，下腭须明显分为4节并折曲在喙基部背面，少数种类下颚须退化只有1～2节。下唇须发达，长而上弯，被鳞光滑，端节一般长而尖，少数很短。前翅中室长，无径副室，R_4脉与R_5脉共柄，R_5脉止于前缘或翅尖，2A脉基叉很大。后翅M_3与Cu_1脉出同一点或共短柄，A脉3条，2A脉弯曲。

23.44 百花山草蛾

Ethmia angarensis Caradja

翅展约20mm。唇须黑色，有白斑，第2节细长，上曲，末端尖，超过头顶。触角褐色。复眼黑色。头顶有黑灰色丛毛，胸部背面有数个黑斑。前翅淡灰褐色，有11个黑斑。后翅比前翅色稍淡。

成虫见于5月上旬～8月下旬。

分布：小五台山；张家口；北京、山西、内蒙古、陕西、宁夏、甘肃、青海、新疆等。

23.44 百花山草蛾（1980年6月5日，南台1450m）

23.45 密云草蛾

Ethmia cirrhocnemia Lederen

又名：黄足筛蛾。

翅展约25mm。唇须黑色，第2节长，第3节末端尖，接近头顶。头部灰黑色。复眼灰白色。胸部灰色，有黑色圆斑4个。腹部橘黄色，基部有黑斑。前、中足灰黑色，后足橘黄色，有黑斑。前翅灰黑色，有黑色圆斑5个，另外从翅前缘端部开始，经顶角、外缘直至臀角有一系列共11个黑色小圆斑。后翅灰黑色，较前翅略深。

成虫见于5月下旬～6月中旬。

分布：小五台山西台砖瓦窑海拔1200m左右；张家口；陕西、甘肃、青海、山西、北京、内蒙古等；伊朗、蒙古、俄罗斯。

23.46 黑斑草蛾

Ethmia nigrimaculata Sattler

体长约10mm，翅展约30mm。头、触角、下唇须黑色。喙基部被黑鳞。胸部灰褐色，有4个不甚明显的黑斑。腹部背面基部3节黑色，第4节以后橙黄色，但第2节后缘和第3节后半带黄色鳞片，第4节基部有少许黑鳞。前后翅暗灰色。前翅具4个黑色圆点，中室端1个最大，中室中部1个较大，另外2个较小位于中室下方与中室中部的黑斑呈三角形排列；缘毛灰色。前、中足黑色，后足大部分呈橙黄色，胫节上密生黄色长毛，跗节第2节以后较暗。

成虫见于5月上中旬。

分布：小五台山；张家口；山西、北京。

23.45 密云草蛾（1980年5月31日，西台1200m）

23.46 黑斑草蛾（1996年5月8日，南台1400m）

23.47 黑足草蛾

Ethmia nigripedella (Ergschoff)

翅展23～27mm。头部、触角及下唇须均黑色。喙黄褐色基部被黑鳞。胸背黑褐色有4个黑斑。前翅黑褐色，翅端1列黑色缘点；翅面5个大黑斑，其中中室内3个，中室下方2个。后翅黑褐色无斑纹，缘毛黑色。腹部橙黄色，背面基部3节黑色。足全部黑色。

成虫见于4月下旬～7月上旬。

寄主：山楂等。

分布：小五台山西台海拔1100～2250m；张家口；北京、内蒙古、山西、青海；日本、蒙古、俄罗斯。

23.48 五台山草蛾

Ethmia comitella Caradja

又名：伴斑筛蛾。

雄蛾翅展约23mm、雌蛾翅展约28mm。唇须黑色，短小，第2节是第3节的2倍，向上曲，末端尖。复眼灰白色。体翅黑色，腹部背面黑色，末端和腹面呈橘黄色。足黑色。前翅上有深黑色圆斑5个，前缘端部经顶角至臀角，有一系列黑色斑点。

23.47 黑足草蛾

23.48 五台山草蛾（腹部缺失；1980年4月8日，西台1280m）

成虫见于4月上旬~6月上旬。

分布：小五台山西台杨树沟、东台海拔1100~1300m；张家口；北京、山西、内蒙古、陕西、宁夏、甘肃、云南、新疆等。

23.49 草 蛾

Ethmia sp.

前翅长约11mm。

成虫见于7月中下旬。

分布：小五台山西台、东台海拔850~1180m；张家口。

23.50 青海草蛾

Ethmia nigripedella Erschoff

雄蛾翅展约22mm，雌蛾翅展约25mm。体灰黑色，腹部橘黄色，背面基部黑褐色。唇须短，镰刀形，第2节长，第3节上曲，不超过头顶。前翅黑褐色，除翅端一系列深黑色缘点外，有5个大黑斑。后翅黑褐色，无斑纹。缘毛与翅同色。足全部黑色。

成虫见于4月下旬。

寄主：山楂等。

分布：小五台山西台大老婆肚海拔1500m左右；张家口；北京、内蒙古、山西、青海、辽宁、吉林、黑龙江、陕西、宁夏；俄罗斯、蒙古、日本。

织蛾科 Oecophoridae

小型至中型，个别翅展可达40mm。触角一般短于前翅，线状或有纤毛以至部分呈栉状等。喙发达，下颚须很短，下唇须多长而上弯。前翅 R_4 脉与 R_5 脉共柄或合一，有1A脉，2A脉基部分叉。后翅 Rs 与 M_1 脉分开，但接近平行；M_2 脉基部距 M_3 脉比 M_1 脉近，M_2 与 M_3 脉接近平行而基部略近，Cu_1 脉与 M_3 脉出于同一点或共柄。幼虫多缀叶、卷叶或在植物组织内取食。

23.51 褐带织蛾

Periacma delegata Meyrick

翅展约14mm。头、胸黄色。触角褐色。唇须黄色镰刀形，第3节长度是第2节的2倍，末端尖，上举，超过头顶。前翅黄色，有褐色斑纹，后缘基部的1条呈斜斑，中室中部有1个点斑，外缘2/3通向后缘有一横带，外缘上也有一横带。后翅灰褐色。足淡黄色，有不明显褐斑，后足胫节有长毛。

成虫见于7月中旬。

分布：小五台山；张家口；山西、北京、台湾；日本等。

23.52 双线织蛾

Promalactis sp.

体长约6mm，翅展约15mm。触角白色，各节基部黑色，侧面黑色且呈锯齿状。下唇须灰色杂有褐色，端节白色有黑鳞组成条纹。额区鳞毛灰白，头顶灰褐色。胸背橙红色。前翅橙红色，外缘、中带红褐色，具2条不完整的白线及1个"S"形黑纹。后翅暗灰褐色无斑纹。翅反面除前翅缘毛橙红色，其余暗灰褐色。腹部背面暗灰褐色无斑纹，腹面灰白色。足跗节黑褐色有白环。

成虫见于6月下旬。

分布：小五台山；张家口；北京。

23.53 织 蛾

Depressaria applana Fabricius

翅展约20mm。

成虫见于5月中旬。

分布：小五台山西台大老婆肚海拔1400m左右；张家口。

23.54 榆织蛾

Cheimophila salicellus Hübner

雄蛾翅展约22mm，雌蛾无翅。体翅淡灰色，密覆白色鳞片。唇须短粗多毛，末端钝，前伸。雄蛾前翅基部有白斑，其两侧有褐色斑，中室端部另有1个灰白斑，但有的个体此斑纹常不显。后翅灰褐色。

23.49 草 蛾（2007年7月20日，西台1180m）

23.51 褐带织蛾

23.53 织 蛾

23.50 青海草蛾（1980年4月29日，西台1500m）

23.52 双线织蛾

23.54 榆织蛾（♂）

成虫见于 5 月下旬。

寄主：榆。

分布：小五台山南台、西台海拔 1200 ~ 1300m；张家口；黑龙江、吉林、辽宁；欧洲等。

蛀果蛾科 Carposinidae

单眼退化。口吻不发达。雄蛾触角有密纤毛；下唇须上举，第 2 节下方有密鳞。雌蛾下唇须长而斜向，第 2 节直。翅缘毛长，前缘凸出，外缘斜。前翅 R_5 与 R_4 脉远离，止于外缘，M_3 与 Cu_1 可能靠得很近，Cu_2 出自中室下角，有弯曲，1A 脉消失，2A 脉基部分叉。后翅 Sc 脉游离，基部和 Rs 脉靠近，中脉 M 仅有 1 ~ 2 分支而不是 3 分支，其中 M_1 脉微弱，M_2 脉消失。幼虫钻蛀果实、嫩梢和茎。

23.55 桃蛀果蛾

Carposina niponensis Walsingham

又名：桃小食心虫（桃小）。

23.55a 桃蛀果蛾（示幼虫；2007 年 7 月 22 日，西台 1200m）

23.55b 桃蛀果蛾（示被其幼虫蛀食的杏果；2007 年 7 月 22 日，西台 1200m）

雌蛾翅展 16 ~ 18mm，雄蛾翅展 13 ~ 15mm。雌蛾唇须长而直，向前伸出如剑状；雄蛾短而向上弯曲。全体淡灰褐色。复眼红褐色。前翅灰白色，中央近前缘有近似三角形的蓝黑色大斑 1 个，基部和中部有 7 簇蓝黑色斜立的鳞片。后翅灰色，中室后缘有成列的长毛。

成虫见于 6 月上旬。以老熟幼虫结扁形茧在土中越冬。

寄主：梨、苹果、李、杏、桃、梅、枣、山楂、木爪、榅桲等。

分布：小五台山西台、北台海拔 1000 ~ 1300m；张家口、承德、石家庄、保定、邯郸；辽宁、吉林、陕西、甘肃、江苏、浙江、湖北、安徽、北京、山西、山东；朝鲜、日本、俄罗斯等。

纹蛾科 Cochylidae

体小型至中型。单眼小。下唇须前伸。一般特征接近卷蛾科，但翅较狭长，前翅 1A 脉全部消失，Cu_2 脉出自中室下角接近 1/4 处；后翅中脉（M）下方基部无毛。M_1 脉与 Rs 脉常共柄，如有中带则由前缘近顶角斜向后缘基部，约与外缘平行。肛上纹缺少。幼虫潜食花、种子和根。

23.56 一点细卷蛾

Eupoecilia citrinana Razowski

体长 4 ~ 5mm，翅展 11mm 左右。头部有黄色丛毛。触角褐色。唇须淡褐色，前伸，第 2 节膨大且长，第 3 节细小。前翅银黄色，斑纹红褐色；基斑小，止于臀脉，并沿前缘与中带相接；中带宽，内斜；中室端有一小斑，亚前缘斑宽，缘毛灰褐色。后翅及腹部灰褐色。前、中足灰褐色，后足黄白色。

23.56 一点细卷蛾（1980 年 8 月 8 日，西台 1150m）

成虫见于 8 月上中旬。

分布：小五台山西台 1100 ~ 1450m；张家口；黑龙江、辽宁、吉林；俄罗斯。

23.57 沙果细卷蛾

Stenodes jacucana Snellen

体长 8mm，翅展 18mm 左右。头顶及颜面密布灰褐色长鳞毛。下唇须长大，内侧灰褐色，外侧黑褐色，第 2 节宽大，有长鳞毛，第 3 节短小，隐藏于第 2 节末端鳞毛中。雄蛾触角丝状具纤毛。前翅灰褐色，中线红褐色，由后缘斜伸向前缘，但止于中室上缘或中部，不达翅前缘；其他斑纹不明显；缘毛灰褐色。后翅灰褐色，但色泽较前翅稍浅，缘毛浅灰褐色。前、中足褐色，后足胫节以下黄白色，距上有褐鳞片。

成虫见于 8 月上中旬。

寄主：沙果等。

分布：小五台山西台海拔 1180m 左右；保定、唐山、张家口；吉林、辽宁、黑龙江、云南、广西；日本、朝鲜、俄罗斯。

23.57 沙果细卷蛾

23.58 尖瓣灰纹细卷蛾

Cochylidia richteriana (Fischer von Roslerstamm)

成虫见于 7 月中旬。

分布：小五台山；张家口。

23.59 牛蒡细卷蛾

Aethes rubigana Treitschke

翅展约 18mm。头部黄褐色。唇须下垂，第 2 节大，内侧黄褐，外侧褐色。前翅银黄色，有深褐色斑，基斑仅位于前缘，和中带汇合，中带明显，端纹与亚前缘斑清楚。前、中足褐色，后足黄色。

成虫见于 6 月下旬。

寄主：牛蒡、刺儿菜等。

分布：小五台山西台、东台海拔 850 ~ 1200m；张家口；辽宁、吉林；日本以及欧洲等。

23.60 河北褐纹细卷蛾

Phalonidia permixtana Caradja

又名：河北细卷蛾。

翅展约 9mm。头部黄色有丛毛。触角褐色。唇须前伸，短小，第 2 节扁、宽、长，无长鳞毛。前翅银黄色，基斑、中带、臀斑、端纹深褐色。后翅灰褐色。前、中足褐色，后足黄色。

成虫见于 8 月上旬。

寄主：马先蒿、小米草、泽泻等。

分布：小五台山；张家口；北京、山西、辽宁、吉林、山东、江苏、浙江；欧洲等。

23.59 牛蒡细卷蛾

23.60 河北褐纹细卷蛾

附：未定种

(2007 年 6 月 28 日，西台 1450m)

(2008 年 7 月 2 日，南台 1400m)

(2008 年 6 月 28 日，南台 1500m)

(1980 年 7 月 18 日，中台 1400m)

(2009 年 8 月 5 日，北台 1220m)

(2007 年 8 月 1 日，西台 1180m)

(2009 年 8 月 4 日，北台 1220m)

(2008 年 7 月 20 日，西台 1200m)

(2009 年 8 月 5 日，北台 1250m)

(2009 年 8 月 2 日，西台 1200m)

(2008 年 8 月 5 日，北台 1220m)

(1980 年 4 月 30 日，西台 1180m)

(2007年8月5日，北台1400m)

(2007年6月10日，西台1400m)

(2007年5月20日，西台1200m)

(2007年6月28日，西台1350m)

(2008年9月1日，西台1180m)

(2007年7月29日，西台1180m)

(1980年8月20日，西台1400m)

(2009年7月30日，南台1500m)

(2007年7月25日，西台1500m)

(1981年7月25日，中台1700m)

(2009年7月20日，北台1600m)

(2007年6月29日，西台1400m)

(2009年8月10日，北台1220m)

(2009年8月10日，西台1550m)

(1980年8月2日，西台1400m)

(1980年6月15日，西台1300m)

(2007年6月2日，南台1600m)

(2010年7月28日，东台1100m)

(1981 年 8 月 9 日，中台 1650m)

(2007 年 6 月 20 日，南台 1500m)

(2008 年 7 月 12 日，北台 1500m)

(1981 年 7 月 5 日，中台 1650m)

(2008 年 8 月 2 日，西台 1500m)

(2010 年 6 月 7 日，北台 1300m)

(1980 年 6 月 29 日，南台 1400m)

(2007 年 5 月 20 日，西台 1200m)

(2009 年 6 月 20 日，北台 1450m)

(1980 年 7 月 8 日，南台 1700m)

(2007 年 5 月 25 日，西台 1400m)

(2008 年 6 月 25 日，东台 890m)

(1981 年 5 月 28 日，西台 1300m)

(2009 年 7 月 25 日，东台 1200m)

(2007 年 6 月 20 日，东台 1200m)

(1980 年 8 月 5 日，东台 1400m)

(2007 年 7 月 20 日，东台 900m)

(2009 年 8 月 1 日，东台 1100m)

(2007 年 8 月 5 日，南台 1500m)

(2007 年 8 月 18 日，北台 1300m)

(2007 年 7 月 25 日，南台 1500m)

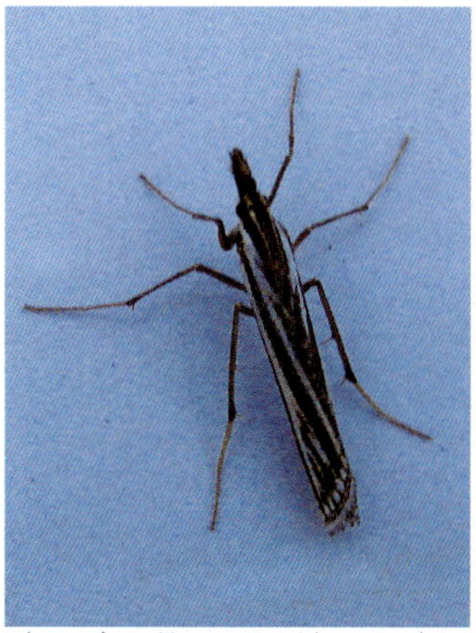
(2007 年 8 月 10 日，西台 1200m)

(2007 年 7 月 25 日，西台 1250m)

(2010 年 8 月 31 日，北台 1220m)

(2010 年 9 月 1 日，北台 1220m)

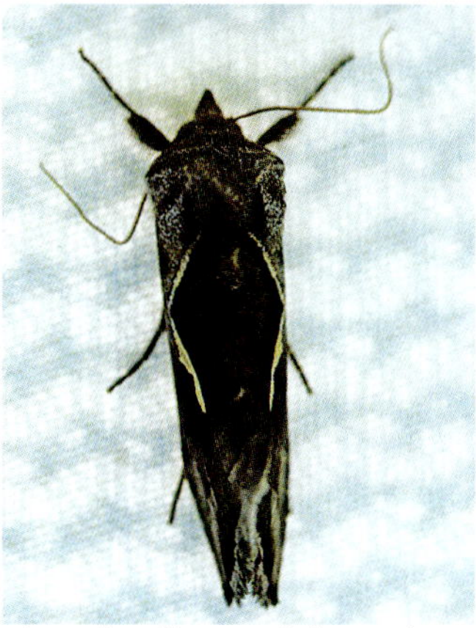
(2007 年 7 月 5 日，东台 880m)

(2009 年 6 月 10 日，西台 1250m)

(2010 年 9 月 20 日，北台 1280m)

(2009 年 8 月 10 日，西台 1400m)

(2009 年 8 月 10 日，北台 1220m)

(2010 年 6 月 20 日，北台 1500m)

(2009 年 8 月 28 日，北台 1400m)

(2009 年 8 月 31 日，西台 1300m)

(2007 年 6 月 20 日，东台 1100m)

（2007年7月8日，西台1400m）

（2007年6月21日，西台1500m）

（2009年6月20日，西台1500m）

（2007年5月20日，西台1400m）

（2010年7月5日，北台1600m）

（2008年7月1日，西台1650m）

（2009年7月2日，东台1200m）

（2007年6月20日，北台1500m）

（2007年6月10日，西台1600m）

（2009年6月20日，西台1480m）

（2007年7月20日，西台1300m）

（2009年7月10日，西台1500m）

（2007年7月2日，北台1300m）

卷蛾科 Tortricidae

体多为小型。触角大多为丝状，有纤毛或刚毛，有些种类雄蛾触角基部有凹陷。下颚须退化或消失。下唇须下垂，前伸或向上弯曲。足有鳞片或毛。喙长，卷曲，有的短而纤弱。前翅接近长方形，前缘有凸有凹，外缘较直而且翅顶往往突出，栖息时合拢成钟罩形或屋脊状。前翅斑纹分为：基斑、中带和端纹，有些种类在前翅前缘有许多成对的白色前缘钩，臀角上方有白色圆斑状的肛上纹，中间夹杂有黑色条斑和金属光泽线。有些种类肘脉（Cu）上有栉毛。幼虫钻蛀果实、种子、新梢及卷叶、缀叶、啃食果皮等。

23.61 黄斑长翅卷蛾

Acleris fimbriana (Thnuberg)

又名：黄斑卷叶蛾、桃卷叶蛾、酸木果卷叶蛾。

体长8mm，翅展16mm左右。分为夏、冬两型：夏型的头、胸、前翅和足菊黄色，翅面上散生许多银白色竖鳞；后翅及腹部灰白色。冬型的头、胸和腹深褐色或暗灰色，前翅为微带浅红的褐色或栗褐色，后翅色浅于前翅为浅灰褐色。前翅外缘倾斜，顶角钝圆，雄蛾无缘褶。各脉分别出自中室，R_1脉约出自中室1/3处，R_5脉止于前缘，为本种的主要特征。

成虫见于6月中下旬。

寄主：苹果、梨、桃、杏、海棠、山丁子等。

分布：小五台山；保定、唐山、张家口；山东、山西、陕西、辽宁；俄罗斯、日本以及欧洲等。

23.62 榆白长翅卷蛾

Acleris ulmicola (Meyrick)

又名：榆白长翅卷叶蛾。

体长7mm，翅展17mm左右。下唇须直而下垂。头、胸及前翅白色、灰色或淡棕色。前翅前缘中部有一近三角形褐色斑是由中带和端纹的前半部组合而成，或前翅前半部皆呈褐色斑。本种有多型现象，前翅的基斑、中带及横纹的明暗程度很重要，一般基斑不太明显，中带、端纹的前半部色深，后半部色淡或不明显；后翅灰褐色、白色或浅黄色。缘毛淡白色。

成虫见于6月下旬。

寄主：榆。

分布：小五台山；保定、张家口；山西、内蒙古、辽宁、黑龙江、吉林、陕西、青海；俄罗斯、日本。

23.63 榆棕长翅卷蛾

Acleris proximana (Caradja)

翅展18mm左右。

成虫见于7月中旬。

寄主：榆等。

分布：小五台山；张家口。

23.64 蚊子草长翅卷蛾

Acleris shepherdana Stephens

翅展12～17mm。唇须前伸，略向下垂，第2节特别膨大。头胸部深褐色，腹部灰褐色。前翅黄褐至深褐色，有一些黑褐色横斑纹，翅中央有一撮竖起的鳞片，前缘从基部开始先突出后又略向下凹，到顶角又再升起，自前缘2/5处开始至顶角附近形成一深褐色倒三角形斑。后翅淡灰褐色，基部更淡些，翅顶和外缘有一些褐色网状纹。

成虫见于8月中下旬。

寄主：绣线菊、地榆等。

分布：小五台山西台榆树梁海拔2400m；张家口；辽宁；欧洲等。

23.61 黄斑长翅卷蛾(♂；1980年6月17日，西台1200m)

23.62 榆白长翅卷蛾(1980年6月25日，南台1450m)

23.64 蚊子草长翅卷蛾(1980年8月17日，西台2400m)

23.65 柳凹长翅卷蛾

Acleris emargana (Fabricius)

翅展20～23mm。头、胸部灰色，腹部灰白色。唇须前伸，略向下垂，第2节膨大。前翅前缘由1/2处突然凹下至顶角前4/5处又突然升起，前缘形成1个明显的凹陷，翅顶突出。全翅灰色，后缘赤褐色，翅面上有一些分散的赤褐色条纹，条纹中夹杂一些白色竖立鳞片，近臀角处有1个棕色斑；R_5脉止于前缘，M_1、M_2脉平行，Cu脉弯曲。后翅淡灰褐色。

成虫见于7月下旬。

寄主：杨、柳、桦等。

分布：小五台山；张家口、保定；北京、山西、辽宁、吉林等。

23.66 棉褐带卷蛾

Adoxophyes orana Fischer van Röslerstamm

又名：苹卷叶蛾、桔小黄卷叶蛾、茶小卷叶蛾、网纹褐卷叶蛾、桑斜纹卷叶蛾、棉小卷叶蛾、远东褐带卷叶蛾、苹果小卷叶蛾。

体长7mm，翅展18mm左右。本种色纹变化较大。下唇须较长，向前伸，第2节背面成弧状，末节稍向下垂；腹面平滑。前翅前缘弧形拱起，外缘较直，顶角不突出；颜色由淡棕色到深黄色，斑纹多变，但大多为浅黄色或淡褐色；中带由前缘1/2斜至后缘2/3，上半部狭，下半部向外侧突然增宽，下半部中央色稍浅，深色部似倾斜的“h”形。脉序特征较明显，R_1约出自中室1/2处，R_4与R_5共一长柄，M_2及M_3脉自中室下角一点分出，Cu_1脉出自中室下角之内。后翅灰褐色，顶角及沿外缘略带黄色。

成虫见于7月中旬。

寄主：苹果、梨、山楂、桃、李、杏、榆、杨、柳、蔷薇、忍冬、刺槐、柿、丁香、石榴、醋栗、大豆、花生、棉花等。

分布：小五台山；邢台、保定、承德、张家口；除云南、西藏及西北地区外的各地；印度、日本以及欧洲。

23.67 棉褐带卷蛾指名亚种

Adoxophyes orana orana (Fischer van Röslerstamm)

分布：小五台山；张家口；北京。

23.68 梨黄卷蛾

Archips breviplicana Walsingham

又名：短褶卷叶蛾。

体长11mm，翅展雄17～25mm，雌22～30mm。下唇须上翘。腹部第2、3节背面各有1对背穴。前翅底色为淡赭色，各斑及网状线深褐色(雌)或紫褐色(雄)，网状纹明显，中带下半色浅；端纹大，外缘上半部缘毛色深。前翅前缘近顶角处下凹，雌虫前翅顶角凸出更明显。后翅浅灰褐色，顶角附近正反面均为淡黄色，雌虫的黄色区尤为明显。

成虫见于6月上旬。

寄主：梨、苹果、赤杨、桑、大豆等。

分布：小五台山南台海拔1350m；张家口、承德、唐山、保定、石家庄、邢台；辽宁、吉林、黑龙江；俄罗斯、朝鲜、日本。

23.69 梣黄卷蛾

Archips xylosteana Linnaeus

又名：角纹卷叶蛾、梨叶卷叶蛾、杂色金卷叶蛾、杨卷叶蛾。

体长8.5mm，翅展21mm左右。头和前胸黄褐色，腹部灰褐色，第2、3腹节各有1对背穴。前翅棕黄色，有深褐色斑；基斑指状，出自翅基后缘；中带与端纹间有一小黑斑，中带上窄下宽，端纹自前缘斜向后角，上宽下窄；顶角后有一黑褐色斑。后翅浅灰褐色，顶角处近黄色。

成虫见于7月上中旬。

寄主：柞、毛赤杨、水曲柳、苹果、梨、杏、李、樱桃、栎、花楸、金银花、椴、悬钩子、柳、杨、榆、茶、松、桦等。

分布：小五台山；保定、张家口；北京、山西、内蒙古、湖北、安徽、辽宁、吉林；俄罗斯、朝鲜、日本以及小亚细亚、欧洲。

23.65 柳凹长翅卷蛾

23.68a 梨黄卷蛾(♀；腹部缺损；1980年6月2日，西台1350m)

23.69a 梣黄卷蛾(♀)

23.66 棉褐带卷蛾(♂；1980年7月15日，中台1450m)

23.68b 梨黄卷蛾(♂)

23.69b 梣黄卷蛾(♂)

23.70 苹黄卷蛾

Archips ingentana Christoph

又名：大后黄卷叶蛾。

体长约100mm，翅展约26mm。头、胸部深褐色，腹部黄褐色，第2、3腹节背面各有1对背穴。前翅褐黄色有深褐色网状纹，基斑、中带和端纹雄的比雌的明显，顶角雌的比雄的突出，前缘褶相当于前缘的1/3长。后翅基半部灰色，端半部黄色。

成虫见于7月下旬。

寄主：苹果、款冬、冷杉、儿百合等。

分布：小五台山；张家口、保定；辽宁、吉林、湖北、安徽、广东、福建；朝鲜、俄罗斯、日本、印度、巴基斯坦、阿富汗。

23.71 山楂黄卷蛾

Archips crataegana Hübner

体长10mm，翅展雄20mm，雌22.5mm左右。与梣黄卷蛾*A. xylosteana*十分近似，主要区别是颜色深，斑纹往往不太清楚。体黑褐色。前翅棕黑色，翅基、后缘及顶角微呈蓝灰色，各斑纹呈红褐色，雄蛾基斑指状，出自翅基后缘前；中带上窄下宽；端纹沿外缘向臀角伸展；顶角有1块蓝灰色斑。

成虫见于7月下旬～8月中旬。

寄主：梨、栎、椴、杨、樱、花楸、山楂、桦、榆、柳等。

分布：小五台山西台海拔1450～1500m；张家口；吉林、辽宁、黑龙江；俄罗斯、日本以及非洲、欧洲。

23.72 延藤黄卷蛾

Archips crataegamus endoi Yasuda

又名：樱黄卷蛾。

分布：小五台山；张家口。

23.73 云杉黄卷蛾

Archips piceana Linnaeus

又名：松芽卷叶蛾、松粗卷叶蛾。

翅展雄约20mm，雌约26mm。唇须先前伸而后上曲。腹部第2、3节背面各有1对背穴。雄蛾头部和前胸赤褐色，前缘褶略超过前缘的1/3，前翅红褐色，有深红褐色不规则斑纹，顶角略凸出。后翅深灰褐色。雌蛾前翅为黄褐色，有许多褐色短纹，顶角显著凸出；后翅前半部金黄色，后半部灰褐色。

成虫见于7月中旬。

寄主：云杉、落叶松、油松、雪松、冷杉、铁杉、粗榧等。

分布：小五台南台海拔1350m；张家口、保定；北京、山西、辽宁、黑龙江、湖北、云南；日本、朝鲜、俄罗斯以及欧洲。

23.74 后黄卷蛾

Archips asiaticus (Walsingham)

翅展雌24～31mm，雄19～26mm。雌前翅底色为褐色，各斑及网纹深褐色，基斑后缘有1个模糊的深色斑，中带不明显，端纹明显，全翅上有4条明显的横线，即基斑的外缘，中带的内缘，端纹延伸到臀角内侧的一线及沿翅外缘的一线。雄前翅淡黄色，斑纹黄褐色，顶角处有1个深色斑，端纹至臀角间有发达的臀上纹，基斑、中带均不显，翅中央部分和后缘基部色深。腹背第2节背面具1对背穴。

成虫见于8月上旬。

寄主：苹果、梨、李、梅、柿、石榴、柳、柑橘、茶、板栗、荔枝、龙眼等。

分布：小五台山；张家口；北京、山西等。

23.71a 山楂黄卷蛾(♂)

23.73a 云杉黄卷蛾(♂)

23.70 苹黄卷蛾

23.71b 山楂黄卷蛾(♀；1980年7月28日，西台1480m)

23.73b 云杉黄卷蛾(♂)

23.75 黄色卷蛾

Choristoneura longicellana Waisingham

又名：苹果卷叶蛾、苹果大卷叶蛾、苹果褐卷叶蛾、苹梢卷叶蛾、苹分卷蛾、苹大卷叶蛾。

体长10mm。翅展：雄19～25mm，雌23～34mm。下唇须上翘，末端超过复眼。雄蛾头部有淡黄褐色长鳞毛。前翅接近四方形，前缘褶很长，但基部有一段缺少，全翅呈淡黄褐色，基斑、中带色深，后缘上有一黑色斑点，中室长为全翅的2/3～3/4，翅面上常杂有黑褐色鳞片。后翅灰褐色，顶角黄色。雌蛾前翅顶角突出更明显，后翅顶角黄色亦更明显。

成虫见于7月中旬。

寄主：苹果、梨、杏、柿、核桃、山楂、槐树、柳、栎、山槐、樱桃等。

分布：小五台山；河北各地；北京、山西、辽宁、吉林、黑龙江、湖北、安徽；俄罗斯、朝鲜、日本。

23.76 棉双斜卷蛾

Clepsis (*Siclobola*) *strigana* Hübner

体长7mm，翅展15～20mm。唇须前伸。前翅淡黄到金黄色，有金属光泽。雄蛾有前缘褶，翅面有红褐色斜斑2条：一条从前缘1/4处通向后缘1/2处，另一条从前缘1/2处通向臀角，在顶角的端纹延伸到外缘。后翅雄为淡褐色，雌呈黄白色。

成虫见于7月下旬。

寄主：多种草本植物及灌木。

分布：小五台山；保定、石家庄、唐山、承德、张家口；北京、山西、内蒙古、辽宁、黑龙江、吉林；俄罗斯、朝鲜、日本以及小亚细亚、欧洲。

23.77 双斜卷蛾

Clepsis pallidana (Fabricius)

翅展17mm左右。

成虫见于7月中下旬。

分布：小五台山；张家口。

23.78 忍冬双斜卷蛾

Clepsis (*Siclobola*) *semialbana* (Guenée)

翅展：雄约15mm，雌约19mm。唇须前伸，第2节末端膨大。雄前翅有狭窄前缘褶。头部、翅基片及前翅棕褐色，基斑、中带和端纹深棕褐色，中带上窄下宽，外缘界限不十分清楚。后翅淡棕褐色，有时顶角区色更淡，具波状纹。腹部淡棕褐色。

成虫见于7月中下旬。

寄主：忍冬、蔷薇、白屈菜、荨麻、旋花、大戟、峨参、百合等。

分布：小五台山北台海拔1400m；张家口；辽宁、吉林、黑龙江；日本、朝鲜、俄罗斯以及小亚细亚、欧洲等。

23.79 樱桃双斜卷蛾

Clepsis (*Siclobola*) *imitator* Walsingham

翅展约21mm。唇须下垂。头部及翅基片黄褐色。前翅黄色，密布红褐色网纹和2条斜纹：1条由前缘1/3处通向后缘1/2处，另1条由前缘2/3处通向臀角。后翅灰白色，雄蛾有前缘褶。胸、腹灰褐色。

成虫见于7月中旬～8月上旬。

寄主：幼虫取食樱桃、苹果等叶片。

分布：小五台山；张家口；辽宁；日本、俄罗斯。

23.80 榛褐卷蛾

Pandemis corylana Fabricius

又名：榛卷叶蛾。

体长7mm，翅展17～22mm。触角第2节有凹陷。前翅淡黄到棕褐色，雌蛾较雄蛾色深，基斑、中带、端纹及各斑间网状纹与外缘均呈深褐色；M_3脉基部距Cu_1脉较M_2脉近。后翅灰色，前缘及顶角淡黄色，中间夹杂一些不太明显的灰褐色网状纹。

成虫见于8月下旬。

寄主：杞柳、蒿柳、大黄柳、三蕊柳、柞、落叶松、榛、山毛榉、桦、樱、鼠李、悬钩子、水曲柳及一些草本植物。

分布：小五台山西台1140m左右；保定、承德、张家口；北京、山西、内蒙古、辽宁、吉林、黑龙江、湖北、安徽、四川；俄罗斯、日本以及欧洲。

23.75 黄色卷蛾(♀；1980年7月16日，南台1500m)

23.78 忍冬双斜卷蛾(♂)

23.76 棉双斜卷蛾(1980年7月30日，中台1480m)

23.79 樱桃双斜卷蛾

23.80a 榛褐卷蛾(♀；1981年8月21日，西台1100m)

23.81 桃褐卷蛾

Pandemis dumetana (Treitschke)

又名：桃卷叶蛾。

体长8mm，翅展18～24mm。雄蛾触角第2节无凹陷。前翅灰褐色，短而宽，近四方形；基斑、中带、端纹及各斑间网状纹呈深灰褐色，中带上窄下宽；M_3脉基部距M_2脉比Cu_1脉近。后翅浅灰色，前缘及顶角黄白色，中间夹有一些不太明显的灰褐色网状纹。

成虫见于8月下旬。

寄主：核桃楸、水曲柳、苹果、绣线菊、鼠李、荨麻、藜、地麻、地榆、白藓、唐松草、常春藤、野藿香、薄荷等。

分布：小五台山东台海拔1300m；保定、张家口；北京、山西、内蒙古、辽宁、吉林、黑龙江；日本、朝鲜、俄罗斯、印度以及欧洲。

23.82 醋栗褐卷蛾

Pandemis ribeana Hübner

又名：茶藨三带卷叶蛾、醋栗曲角卷叶蛾。

翅展约16mm。触角第2节有凹陷。前翅淡黄色，前缘中部比较凸出，基斑、中带、端纹及各斑间网状纹褐色。后翅灰褐色。

成虫见于7月中下旬。

寄主：苹果、桃、梨、樱桃、柑橘、栎、桦、槭、醋栗、花楸、椴、小檗、桑、鼠李、珍珠菜等。

分布：小五台山；张家口；北京、山西、辽宁、湖北；日本、朝鲜、印度以及欧洲等。

23.83 暗褐卷蛾

Pandemis phaiopteron Hübner

体长8mm，前翅长18～23mm。前翅浅黄褐色，前缘在2/5处拱起，其后稍平凹趋向顶角；基斑、中带、端纹及各斑间网纹褐色；M_3脉与Cu_1脉共短柄，柄长相当于全脉长的1/5。后翅灰褐色，顶角稍带黄褐色，M_2、M_3和Cu_1脉基部等距。

成虫见于6月下旬。

寄主：苹果、梨、桃、李、梅、樱桃、榆、桦、栎、槭、椴、醋栗、花楸、鼠李、桑、小檗等。

分布：小五台山；保定、张家口；北京、山西、内蒙古、辽宁、吉林、黑龙江、四川、湖北；日本、朝鲜、印度以及欧洲。

23.84 苹褐卷蛾

Pandemis heparana Schiffermiller

又名：鸾色卷叶蛾、柳曲角卷叶蛾、柳弯角卷叶蛾、褐带卷叶蛾、苹果褐卷叶蛾。

翅展16～25mm。触角第2节有凹陷。前翅褐色，各斑及网状纹深褐色，网状纹不明显，中带前窄后宽，内缘中部凸出，外缘略弯曲。后翅灰褐色。

成虫见于7月下旬～8月上旬，以幼虫在树干裂缝中越冬。

寄主：梨、苹果、杏、桃、樱桃、柳、榛、鼠李、绣线菊、栎、水曲柳、毛赤杨、山毛榉、榆、椴、花楸、越橘、珍珠菜、蛇麻桑等。

分布：小五台山；张家口；北京、山西、辽宁、吉林、湖北；朝鲜、日本、印度、俄罗斯以及欧洲。

23.82 醋栗褐卷蛾

23.81a 桃褐卷蛾

23.83 暗褐卷蛾

23.80b 榛褐卷蛾(♂)

23.81b 桃褐卷蛾(1980年8月25日，东台1300m)

23.84 苹褐卷蛾

23.85 松褐卷蛾

Pandemis cinnamomeana Treitschke

翅展15～21mm。触角第2节有凹陷。唇须和颜面为白色或褐色。前翅较狭长，黄褐或棕褐色，各斑及网状纹红褐色，在基斑、中带及端纹的边缘有淡黄色窄边。后翅灰褐色。

成虫见于7月底。

寄主：落叶松、柳、苹果、梨、樱桃、栎、桦、花楸、越橘、槭、冷杉等。

分布：小五台山；张家口；北京、山西、内蒙古、辽宁；日本、俄罗斯等。

23.86 南川卷蛾

Hoshinoa longicellana (Walsingham)

翅展雄蛾18～24mm，雌蛾26～32mm。下唇须、头部和触角黄褐色，胸部夹杂褐色。雄蛾前翅顶端不膨大，中部最宽，前缘基部强烈弯曲，近顶角平直，外缘弧形，前缘褶迄前缘的2/3，端部最宽。雄蛾前翅底色黄褐到褐色，有深色横斑，一般在横斑两侧镶嵌有黄色狭边；基斑弱，背面有暗褐色圆斑，中带由前缘中部向臀角延伸，先窄后宽。雌蛾前翅在中部之前最宽，在顶角之前凹陷，顶角显著长，外缘波状。雌蛾前翅底色和横斑比雄蛾浅，无明显镶嵌淡色狭边。后翅均为褐色至灰褐色。

成虫见于7月上中旬。

寄主：苹果、李、梨、杏、桑、栎、栗等。

分布：小五台山；张家口；山东、江苏、浙江、安徽等。

小卷叶蛾科 Olethreutidae

多为小型种类。前翅接近长方形，外缘较直而且翅顶往往突出，栖息时合拢成钟罩状。体多为褐色或棕色。前翅花纹可分为基斑、中带和端纹，在臀角上有圆形带金属光泽的肛上纹。后翅无斑纹。前、后翅均有S_c脉。后翅中室下缘肘脉C_u基部有栉状毛。前翅前缘具有1列白色钩状纹，肛上纹发达，但基斑、中带和端纹不发达。幼虫有钻蛀果实、种子，蛀梢和缀叶等习性。

23.87 鼠李镰翅小卷蛾

Ancylis (*Anchylopera*) *unculana* Haworth

翅展约18mm。头顶有褐色丛毛，触角灰褐色。唇须外侧淡灰褐色，内侧灰白色，有长鳞毛，形成等腰三角形，末节小，被鳞毛所覆盖。前翅银白色，由基部中点开始经中室上缘折向后翅中点形成1个大半圆形的暗红褐色斑；另由前缘中点斜向臀角在中室底角附近又折向顶角和外缘间形成1块三角形淡红褐色斑，两斑之间有分散的褐色鳞片；前缘有一系列由暗褐色、银白色、淡红褐色组成的钩状纹，近顶角部分有的钩状纹延长形成银色带；顶角突出呈镰刀状。后翅灰褐色。腹部灰褐色，末端灰黄色。

成虫见于7月下旬。

寄主：鼠李、杨、柳、悬钩子、李、灯台树、越橘等。

分布：小五台山；张家口；北京、辽宁；朝鲜以及小亚细亚、欧洲等。

23.88 枣镰翅小卷蛾

Ancylis (*Anchylopera*) *sativa* Liu

又名：枣黏虫、裹黏虫、枣实菜蛾、枣小蛾。

翅展约14mm。体灰褐黄色，复眼暗绿色。唇须下垂，末节小，部分隐藏在第2节鳞毛中。前翅褐黄色，前缘有黑白相间的钩状纹10余条，在前几条的下方，有斜向翅顶角的银白色线3条，翅面中央有黑褐色纵线纹3条；其他斑纹不明显；翅顶角突出并向下呈镰刀状弯曲。

成虫见于7～8月。以蛹在树皮粗缝隙越冬。

寄主：枣。初孵幼虫取食枣芽，继而吐丝卷嫩叶取食枣叶边缘，此后吐丝将叶缘粘起包成饺子形，幼虫老熟后在卷叶内作茧化蛹。

分布：小五台山；张家口、保定、石家庄；河南、山东、山西等。

23.89 杨柳小卷蛾

Gypsonma minutana Hübner

又名：杨柳小卷叶蛾。

体长5mm，翅展13～15mm。下唇须前伸略向上举，末节短，末端钝。前翅狭长，斑纹淡棕色至深褐色，基斑与中带间呈白色，基斑里夹有少许白色条纹，肛上纹位于臀角上，不十分明显；顶角略凸出，外缘顶角下有凹陷；前缘钩状纹明显。后翅浅灰色，缘毛灰色。

成虫见于5月中下旬。

寄主：杨、柳等。

23.88 枣镰翅小卷蛾

23.85 松褐卷蛾

23.87 鼠李镰翅小卷蛾

23.89 杨柳小卷蛾(1980年5月21日，西台1300m)

分布：小五台山西台海拔1300m；河北各地；北京、山西、内蒙古；俄罗斯、印度、日本以及北非、欧洲。

23.90 胡枝子小卷蛾

Anchylopera mandarinana Walsingham

翅展约12mm。头胸部深褐色。下唇须第2节的鳞毛长。前翅前缘基部淡黄白色，从前缘中部至顶角处有1个似三角形的褐色斑，从后缘基部至后缘中部有1个显著的长方形褐斑；前翅顶角尖，呈钩状。后翅灰褐色，缘毛长。

成虫见于5月底。

分布：小五台山；张家口；北京；日本。

23.91 松实小卷蛾

Petrova cristata Walsingham

又名：马尾松小卷蛾。

翅展11～19mm。全体银灰褐色，头赤褐色。前翅有黄褐色和银灰色斑纹，靠近基部1/3处有较深的银灰色纹3～4条，翅中央有一很宽的约占全翅1/3的银灰阔带；前缘近顶角处有数条短银灰色钩状纹；靠臀角处有一银灰色肛上纹，内有3个黑长点。后翅暗灰色。

成虫见于7月上中旬。

寄主：油松、赤松、黑松、马尾松等。

分布：小五台山西台、北台、南台海拔1100～1300m；张家口、保定；北京、山西、湖北、四川、江苏；日本等。

翅展约15mm。头顶、颜面及唇须灰色，唇须前伸，第2节膨大，末节短小。触角褐色。前翅灰褐色，有褐色不明显斑纹，其中以中室中部和端部各1个褐斑较明显，前缘有一系列钩状纹。

成虫见于5月中下旬。

寄主：油莎豆等。

分布：小五台山；张家口；北京；福建、广东；巴布亚新几内亚等。

23.93 荔枝异形小卷蛾

Cryptophlebia ombrodelta Lower

又名：荔枝黑褐卷叶蛾、荔枝小卷蛾。

翅展约19mm。雌雄异型。唇须前伸，第2节长，第3节向下倾斜。头、胸、腹部褐色。前翅前缘钩状纹隐约可见。后翅褐至深褐色。雄蛾翅基片及前翅淡黄棕色，顶角有褐色斜斑，沿后缘有褐色宽长条斑。雌蛾翅基片及前翅褐色，在近臀角处后缘上有1个多半圆形的紫褐色斑，斑周围颜色最淡。

成虫见于6月中旬。

寄主：皂荚、金合欢、决明、荔枝、杨桃、牛角树等。

分布：小五台山；张家口；北京、山西、台湾、广东、福建；日本、印度以及大洋洲等。

23.94 栗黑小卷蛾

Cydia gladicolana (Danileusky)

成虫见于7月下旬～8月上旬。

分布：小五台山；张家口。

23.95 国槐小卷蛾

Cydia trasias (Meyrick)

成虫见于7月中旬。

分布：小五台山；张家口。

23.96 白带小卷蛾

Celypa expeditana Snellen

翅展约14mm。全体灰褐色。前翅前缘有若干白色钩状纹，基斑黑褐色；从前翅1/3处至后缘1/3处有白色带状纹；中带、端纹黑褐色；前缘近顶角处有1个白色斑纹，近臀角处另有1个白色斑纹。后翅灰褐色，缘毛长。

成虫见于6月上旬。

分布：小五台山西台海拔1300m；张家口；北京。

23.90 胡枝子小卷蛾

23.91 松实小卷蛾（腹部缺损）

23.93b 荔枝异形小卷蛾(♂)

23.92 莎草尖翅小卷蛾

23.93a 荔枝异形小卷蛾(♀)

23.96 白带小卷蛾(1980年6月7日，西台1300m)

23.97 草黑小卷蛾

Endothenia carbonana Doubleday

翅展约13mm。头、唇须棕黑褐色，触角黑褐色。唇须前伸，第2节末端膨大，有鳞毛丛，第3节细小，被鳞毛丛遮盖。前翅黄色，有黑褐、橘黄色斑，基部1/4有不规则黑色基斑，前缘1/2至后缘1/2有不规则黑色横带，基斑和横带之间夹杂灰褐、橘黄色斑点；翅端黄色，有不规则褐、橘黄色斑；前缘有一系列由灰褐、黄、橘黄色组成的钩状纹。后翅灰褐色。胸腹部黑褐色。

成虫见于7月底。

寄主：筋骨草等。

分布：小五台山；张家口；北京、内蒙古、山西；欧洲等。

23.98 麻小食心虫

Grapholitha delineana Walker

又名：四纹小卷叶蛾、大麻食心虫。

翅展11～15mm。唇须灰白色，向上弯曲，第2节长，末节相当于第2节的1/2。头部、前胸灰褐色，鳞片粗糙。触角有灰、褐相间的环状毛。前翅灰褐至茶褐色，前缘有黄白色钩状纹9～10个，顶角的钩状纹为新月形，有时扩大为圆斑，后缘中部有4条黄白色或灰白色的平行弧状纹，纹的边缘浓褐色，与翅底色对比鲜明；肛上纹不明显，近臀角处有2条灰色纹。后翅黑褐色，缘毛灰褐色。

成虫见于5月中下旬。

寄主：大麻、葎草等。

分布：小五台山；张家口；北京、山西、内蒙古、辽宁、吉林、黑龙江；河南、湖北；日本等。

23.99 李小食心虫

Grapholitha funebrana Treitschke

又名：李小蠹蛾。

翅展约12mm。体背灰褐色，头部灰黄色。唇须上举，背面灰白色，其余部分灰褐色而杂有许多白点。前翅长方形，烟灰色，无明显斑纹，前缘有不明显的钩状纹18组。后翅梯形，淡烟灰色。本种似梨小*G. molesta*，但本种前翅较狭长，前翅颜色较淡，白色钩状纹较多，前翅中室端无明显斑点。

成虫见于7月中旬。

寄主：李、杏、樱桃等。

分布：小五台山；张家口、保定；北京、山西、内蒙古、辽宁、甘肃、青海、宁夏；欧洲等。

23.100 梨小食心虫

Grapholitha molesta Busck

又名：梨小蛀果蛾、梨姬食心虫、桃折梢虫、东方蛀果蛾、简称“梨小”。

翅展11～15mm，个体大小差异较大。灰黑至暗褐色。触角丝状。前翅灰黑，前缘有13～14条白色较细的钩状斜纹，翅面散生灰白色鳞片，足灰褐色，

寄主：梨、山楂、桃、海棠、苹果、樱桃、杏、李、梅等。以幼虫钻蛀寄主嫩梢和幼苗主干，造成嫩梢萎蔫下垂；还钻蛀果实，多从萼、梗洼处蛀入，早期被害果蛀孔外有虫粪排出，晚期被害则无虫粪。遇到高湿环境，蛀孔周围常变黑腐烂。

分布：小五台山西台、北台海拔1000～1300m；北京、内蒙古、山西、辽宁、吉林、黑龙江、青海、宁夏、甘肃；日本、澳大利亚以及欧洲、北美洲等。

23.101 苹小食心虫

Grapholitha inopinata Heinrich

又名：苹蛀虫、苹果小蛀蛾、苹果小果蛀蛾、苹果小果蠹蛾、东北苹果小食心虫（东小）。

体长约5mm，翅展约11mm。雌雄差异极小，全体暗褐色，带紫色光泽。头部鳞片灰白色，触角背面暗褐色，每节端部白色。复眼黑色。单眼黄褐色或黑褐色。下唇须浅灰色，上翘，第3节显露。前翅前缘具多组白色钩状纹；翅面上有许多端部为白色的鳞片，形成很多白色斑点，近外缘处的白斑点排列整齐；肛上纹不明显，有4块黑色斑，顶角处还有一较大的黑斑，缘毛灰褐色。后翅比前翅色浅为灰褐色，缘毛灰色。

成虫见于6月上中旬。

寄主：幼虫主要取食苹果、梨、桃、山楂、沙果、海棠、山荆子等果实。

分布：小五台山北台、南台、西台海拔980～1300m；河北各地；辽宁、

23.99 李小食心虫

23.97 草黑小卷蛾

23.100a 梨小食心虫

23.100c 梨小食心虫（示幼虫；2007年7月12日，西台1180m）

23.98 麻小食心虫

23.100b 梨小食心虫

23.101 苹小食心虫(1980年6月12日，南台1300m)

吉林、黑龙江、山西、北京、陕西、宁夏、青海；日本、朝鲜。

23.102 油松球果小卷蛾

Gravitarmata margarotana Heinemann

翅展16～20mm。体灰褐色。唇须前伸细长，第2节不膨大，末节长而略下垂。前翅有不规则云状斑纹，由灰褐、赤褐、黑褐三色片状鳞毛组成，顶角处有1个弧形白斑纹。后翅灰褐色，外缘暗褐色，缘毛淡灰色。

成虫见于6月上中旬。以蛹越冬，1年1代。

寄主：油松、云杉、冷杉、马尾松、白皮松、华山松等。

分布：小五台山南台辉川对面坡海拔1400m；张家口、保定；青海、甘肃、宁夏、河南、湖北、安徽；日本以及欧洲等。

23.103 豆小卷蛾

Matsumuraeses phaseoli (Matsumura)

翅展14～23mm。雌雄异型，雄蛾较大，同性亦有多型现象。雌蛾前翅棕褐色，斑纹不明显。雄蛾前翅淡灰褐色，基斑褐色，中室外侧有1个褐色斑点，其上方有1个大褐斑与基斑断续相连，前缘有18～20个钩状纹，臀角内上方有3个小黑点呈直线排列，顶角附近有2个小黑点，外缘前方稍凹入。后翅灰色。

成虫见于6月下旬～8月中下旬。

寄主：苜蓿、草木樨、豆类等。

分布：小五台山；张家口；北京、山西、宁夏、陕西、辽宁等。

23.102 油松球果小卷蛾

23.103 豆小卷蛾(♀)

23.104 柞新小卷蛾

Olethreutes subtilana Falkovitsh

翅展约16mm。头顶有灰褐色毛丛。唇须灰白色，末端灰褐，前伸，第2节端部有长鳞毛，末节短，略下垂。触角灰褐色。前翅橘黄色，基部沿前缘、中间、后缘各有1条银色纵带，前缘1/4至后缘1/4有1条银色横带，后缘1/2至臀角有1块不规则的黑斑，中室外侧到顶角之间有2条弧形银色条纹。后翅灰褐色。

成虫见于7～8月。

寄主：柞等。

分布：小五台山；张家口；北京、辽宁；俄罗斯等。

23.105 栎新小卷蛾

Olethreutes arcuella Clerck

翅展17～20mm。唇须上曲，第2节末端膨大，末节倾斜。前翅橘黄色，各线纹银白色，中部有白色网状大圆斑，圆斑中间有黑条斑，黑条斑中间有3个银白色斑点；圆斑内侧有1条自前缘通向后缘的线条，圆斑外侧出自臀角有1条短线，顶角内侧由前缘斜向外缘有2条短线，翅基部有3条短线，前缘有褐色钩状纹。后翅基半部灰白色，端半部灰褐色，缘毛灰白色。

成虫见于7月中旬。

寄主：多种森林矮生地被物。

分布：小五台山；张家口；北京、内蒙古、山西、辽宁、吉林；日本、朝鲜、俄罗斯以及小亚细亚、欧洲等。

23.104柞新小卷蛾

23.105 栎新小卷蛾

23.106 银实小卷蛾

Petrova splendida Okn

翅展约14mm。头、触角及唇须灰褐色。唇须前伸，内侧灰白色，第2节末端膨大，第3节短小，略下曲。前翅基部4/5灰黄色，端部1/5锈褐色；有银灰色横带6条，各条形状不一，大多在靠近前缘处有分叉。后翅及足灰褐色。

成虫见于8月上旬。

寄主：油松、赤松等。

分布：小五台山；张家口；北京、内蒙古；日本等。

23.107 弯月小卷蛾

Saliciphaga archris Butler

又名：弯月小卷叶蛾。

体长8mm，翅展18mm左右。前翅灰褐色，基斑与中带的外缘黄褐色，愈近后缘愈宽，基斑内有明显的波状纹，中带外缘中室顶角处有一淡黄色弯月形斑，前缘从基部到翅顶有许多白色钩状纹。后翅色泽似前翅，无明显斑纹，缘毛黄褐色。

成虫见于5月上旬。

寄主：杨、柳等。

分布：小五台山；河北各地；北京、山西、内蒙古、辽宁、吉林、黑龙江；俄罗斯、日本以及欧洲。

23.106 银实小卷蛾

23.107a 弯月小卷蛾(1980年5月30日，西台1300m)

23.107b 弯月小卷蛾

23.108 大弯月小卷蛾

Saliciphaga caesia Falkovitsh

翅展约20mm。唇须上举，第2节腹面鳞片松散，基部稍短，端部褐色，其余黄褐色，末节短。前翅灰褐色，基斑和中带的外缘黄褐色，愈近后缘愈宽，在中带外缘、中室顶角处有1个淡黄白色弯月形斑，基斑波状纹不太清楚；前缘由翅基到顶角有许多白色钩状纹；在肛上纹处有5个等距上下排列的5个小黑点，沿外缘有相应的5个小点。后翅灰褐色。本种似弯月小卷蛾*S. archris*，但本种体型较大，前翅色泽较灰，波状纹不甚清楚，肛上纹处有黑点。

成虫见于8月上中旬。

分布：小五台山；张家口；辽宁、吉林、黑龙江；俄罗斯等。

23.109 桃白小卷蛾

Spilonota albicana Motschulsky

又名：苹白蛀果蛾、白小食心虫、白小。

翅展约15mm。头、胸、腹、触角、唇须黑褐色。唇须前伸、略下垂，第2节膨大，整个呈三角形，第3节小而尖。前翅灰白色，由基部向外缘有3条黑灰色断续的弧状宽带，由顶角斜向后缘1/3处有1条斜线，由斜线到外缘中间黑色，其间夹杂2条银色条斑，前缘有钩状纹数对。后翅灰褐色。

成虫见于7月中下旬。以幼虫在树皮缝结茧越冬。

寄主：苹果、梨、杏、桃、李、樱桃、山楂、榅桲等。

分布：小五台山；张家口；北京、山西、辽宁、河南、江苏、安徽、云南；日本、朝鲜、俄罗斯等。

23.110 芽白小卷蛾

Spilonota lechriaspis Meyrick

又名：顶芽小卷蛾、苹白小卷蛾、顶卷、拟白卷叶蛾、顶梢卷叶蛾。

翅展约15mm。头、胸、腹、触角、唇须黑褐色。唇须前伸，第2节膨大呈三角形，第3节短小。前翅长方形，淡灰褐色，有灰褐色基斑、中带和端纹；基斑弧形，中间夹杂灰条斑，中带中间、在后缘附近部分色深呈三角形，与外缘平行有黑斑点6个。

成虫见于5月中旬。以幼虫在枝梢顶端结灰白色丝茧越冬。

寄主：梨、苹果、山楂、枇杷等。

分布：小五台山；张家口、石家庄；辽宁、山西、北京、内蒙古、山东、河南、安徽、江苏、陕西、湖北；日本、朝鲜等。

23.111 梨白小卷蛾

Spilonota pyrusicola Liu et Liu

翅展14～17mm。

成虫见于5月中下旬。

寄主：梨等。

分布：小五台山；张家口。

23.112 苹白小卷蛾

Spilonota ocellana (Schiffermüller et Denis)

又名：苹果白卷蛾、苹芽小卷蛾、白卷叶蛾。

翅展14～16mm。头、胸暗褐色。前翅长而宽，前缘有多对白色钩状纹；基斑扩大为前翅长的1/3，褐色；翅中部灰白色。后翅色淡。

成虫见于7月下旬～8月上旬。以幼虫在芽内越冬。

寄主：苹果、梨、杏、桃、李、樱桃、山楂、沙果、海棠、榅桲等果树及其他多种阔叶树。

分布：小五台山；张家口、石家庄；辽宁、山东、北京、江苏、安徽、河南、湖北、湖南、广东；日本、朝鲜、俄罗斯以及北美洲、欧洲等。

23.113 草小卷蛾

Celyphoides flavipalpanus Herrich-Schüffer

翅展约13mm。唇须黄褐色，上曲，第2节外侧有褐斑，末节细向前伸。前翅前缘较拱起，有5对白色钩状纹；基斑、中带和端纹浅棕褐色，中带色稍深，内外缘界限不甚清晰，特别是外缘参差不齐；端纹外缘较明显，后缘臀角附近褐斑与中带连成一块。后翅褐色，缘毛灰白色。

成虫见于6月上旬。

寄主：百里香等。

分布：小五台山西台海拔1200m；张家口；北京；日本、俄罗斯以及欧洲等。

23.108 大弯月小卷蛾

23.110 芽白小卷蛾

23.109 桃白小卷蛾

23.112 苹白小卷蛾

23.113 草小卷蛾(1981年6月7日，西台1200m)

23.114 冷杉芽小卷蛾

Cymolomia hartigiana Saxesen

翅展约14mm。体灰褐色，头部有黄白色长鳞毛。唇须第2节上方毛特长。前翅黑褐色，基部偏下方为杏黄色，其中夹杂有银白色成对的波状纹2对；端部黑褐色，中央有银白色“八”字形纹，中室末端有1个白色小斑；前缘有5对银白色短钩状纹；缘毛灰褐色。后翅及缘毛灰褐色，顶角色较深。

成虫见于7月下旬～8月初。以幼虫在寄主针叶内越冬。

寄主：云杉、冷杉等。

分布：小五台山；张家口；黑龙江；日本、俄罗斯以及欧洲等。

23.115 白钩小卷蛾

Epiblema (*Epiblema*) *foenella* (Linnaeus)

又名：白钩小卷叶蛾。

体长10mm，翅展19～21mm。体深褐色。唇须略向上举。前翅黑褐色，由后缘距基部1/3处有1条白带斜伸向前缘，到中室前缘即折90°角指向臀角方向，同时逐渐变细，止於中室下角外方，整个白斑呈钩状，有的很小，有的很大与肛上纹相连；有的类型则不呈钩状，则成一指状白斑伸向前缘中部，止於中室前缘略过一点；肛上纹很大，里面有几粒黑褐色斑点；前缘近顶角处有4对钩状纹。后翅及缘毛皆呈褐色。

成虫见于7月。

寄主：幼虫取食艾的根及茎下部。

分布：小五台山东台、北台、西台、南台海拔850～1400m；河北各地；北京、山西、内蒙古、辽宁、吉林、黑龙江；日本以及欧洲。

23.116 白块小卷蛾

Epiblema (*Epiblema*) *autolitha* Meyrick

翅展约19mm。头褐色，胸、腹部、前翅黑褐色。前翅后缘中部有一大块白斑，约占后缘的1/3，前到中室的前缘；白色斑中间后缘上有2个黑褐色斑点，其中1个明显；前缘5对明显的钩状纹；肛上纹圆形，中间有黑色斑点；缘毛在肛上纹的地方灰白色。

成虫见于6月中旬。

分布：小五台山南台东寺沟海拔1430m；张家口；辽宁；日本。

23.117 菜花小卷蛾

Eucosma(*Eucosma*) *expallidana* Haworth

翅展约18mm。唇须前伸或略下垂。前翅褐色，前缘约1/2至顶角钩状纹清楚，中室前半部、后缘基部及肛上纹内侧部分色深，有的个体翅的3/5部分色深，肛上纹明显，圆形，有3条黑色横纹。后翅褐色中夹杂较多灰色，有的端半部色深，缘毛灰白色。

成虫见于6月中旬～8月下旬。

寄主：菊科植物枪刀菜等。

分布：小五台山南台东沟寺海拔1430m（6月14日），东台杨家坪海拔880m（8月3日）；张家口；辽宁、吉林、黑龙江；俄罗斯以及中亚、欧洲等。

23.118 蓟花小卷蛾

Eucosma (*Eucosma*) *fulvana* Stephens

翅展约15mm。唇须直向前伸，第2节鳞片膨大呈三角形。前翅黄褐色，略发红，狭长，无明显斑纹；钩状纹亦不甚明显；顶角下至臀角区为白色斑，沿白色斑内侧及顶角色深，缘毛白色。后翅灰褐色，端半部色深，缘毛灰白色。

成虫见于7～8月。

寄主：矢车菊、枪刀菜、小蓟等菊科植物。

分布：小五台山；张家口；辽宁、吉林、黑龙江；中亚、欧洲等。

23.114 冷杉芽小卷蛾

23.115 白钩小卷蛾(1981年7月17日，南台1300m)

23.116 白块小卷蛾

23.117 菜花小卷蛾(1981年6月15日，南台1430m)

23.118 蓟花小卷蛾

23.119 异花小卷蛾

Eucosma (*Phaneta*) *abacana* Erschoff

翅展约16mm。唇须第2条发达，末节有时被遮盖。异型：一类型为白色，基斑、中带和端纹为橙色，基斑界限不太明显，但可见由前缘基部1/5斜向后缘1/2处；中带较明显，由前缘1/2处斜向后缘2/3处；端纹只可见前半部的一部分，大部分被肛上纹遮盖。后翅灰褐色，端半部色深，缘毛灰白色。另一类型为深褐色，后翅比前翅色深，基斑橙褐色，中带棕褐色，前半部较清晰。两类型的肛上纹均为圆形，下半圆内有3排黑色小斑点，前缘中带至顶角间的钩状纹较清楚。

成虫见于7月上旬。

分布：小五台山；张家口；辽宁；黑龙江等；俄罗斯以及中亚等。

23.120 云杉毬小卷蛾

Pseudotomoides strobilellus Linnaeus

又名：云杉球果卷叶蛾。

翅展约12mm。头、胸、腹部灰黑色。唇须前伸，第2节腹面和顶端有稀疏长鳞毛。前翅狭长，棕黑色，基斑浅黑色，中部向前凸出；中带棕黑色，起自前缘中部，止于后缘近臀角处，中部略凸出呈弧形；前缘中部至顶角有3～4组灰白色有金属光泽的钩状纹，钩状纹向下又延长成4条同样有金属光泽的银灰色斜斑伸向后缘、臀角和外缘。后翅淡棕黑色，基部色淡，缘毛黄白色。

23.119 异花小卷蛾

23.120 云杉毬小卷蛾

成虫见于8月上旬

寄主：云杉球果。

分布：小五台山南台、西台后洼、北台、中台海拔1300～1800m；张家口；黑龙江、辽宁、陕西、甘肃；欧洲等。

23.121 黑翅小卷蛾

Pseudohermenias clausthaliana Saxesen

体长约7mm，翅展约17mm。唇须前伸，短，第2节末端和末节均为黑褐色。前翅黑褐色，有白色条纹，但斑纹经常中断，显得凌乱，大致在翅基部2/5处和3/5处各有白色斑纹；在臀角上方有1块不达前缘的斑纹，这些斑纹几乎都与外缘平行；钩状纹较明显。后翅黑褐色，缘毛灰色。

成虫见于6月下旬～7月上旬。

寄主：云杉、冷杉等。

分布：小五台山；张家口、承德；辽宁、吉林、黑龙江；欧洲等。

23.122 桦叶小卷蛾

Epinotia (*panoplia*) *ramella* Linnaeus

翅展约15mm。唇须前伸，灰白色。雄蛾前翅无前缘褶。前翅灰白色，前缘十分拱起，有约10对钩状纹；后缘靠基部2/5处有1个黑色梯形斑；肛上纹银白色圆形，有黑色点状斑。后翅灰褐色。

23.121 黑翅小卷蛾(1981年6月28日，中台1500m)

23.122 桦叶小卷蛾

23.123 杨叶小卷蛾

成虫见于7月下旬。

寄主：桦、杨等。

分布：小五台山；张家口；辽宁、吉林、黑龙江；俄罗斯、日本等。

23.123 杨叶小卷蛾

Epinotia (*Steganoptycha*) *nisella* Clerck

翅展约15mm。唇须前伸，第2节膨大，末节下倾。雄蛾前翅有前缘褶。前翅灰色，斑纹变化很大，一是只有些褐色波状纹；二是基斑特明显，接近黑色；三是除基斑明显外，由基斑向臀角延伸成一大块黑斑；四是在延伸的大块黑斑中间变成棕色。后翅灰褐色，没变异。

成虫见于8月上旬。

寄主：杨、柳、桦等。

分布：小五台山；张家口；辽宁、黑龙江；俄罗斯以及小亚细亚、北美洲、欧洲等。

23.124 松针小卷蛾

Epinotia (*panoplia*) *rubiginosana* Herrich-Schäffer

又名：松针卷叶蛾。

体长5.5～6mm，翅展15～20mm左右。头部密被灰白色和棕色鳞片。前翅灰褐色，翅面有2条较明显的、不规则

23.124a 松针小卷蛾(1980年5月29日，西台1200m)

23.124c 松针小卷蛾，示其蛹的一种寄生蜂

的灰白色横带，肛上纹里有6条黑纹，前缘白色钩状纹清楚。后翅淡灰褐色。

成虫见于5月下旬～9月下旬。1980年前后曾对东台、北台、西台、南台的油松针叶造成中等程度的寄生，但近年已很少见。

寄主：油松、赤松、黑松。

分布：小五台山东台、北台、西台、南台海拔850～1500m；承德、保定、张家口；北京、山东、河南、陕西；俄罗斯以及欧洲。

23.125 褐叶小卷蛾

Epinotia (*Proteopteryx*) *ustulana* Hübner

翅展约16mm。唇须略上举，淡褐色，末节短小。头、胸部褐色。雄蛾前翅有前缘褶。前翅基斑铁青色，直伸到中带基部，中带和端纹褐色，各斑纹间夹杂有黑褐色斑，前缘有钩状纹4对，肛上纹淡褐色，周围有银色条纹，中间有3个黑斑点。后翅深灰褐色。

成虫见于6月上旬。

寄主：悬钩子等。

分布：小五台山；张家口；辽宁、黑龙江；欧洲。

23.126 松皮小卷蛾

Laspeyresia grunertiana Rtzb

又名：落叶松皮小卷蛾。

翅展约13mm。唇须略上曲。头部有较长的白色鳞片。前翅基斑暗灰色，中间部分突出，基斑与中带间白色，其中混杂一些黑色短条斑；前翅前半部为黑灰色，在中带偏下方1个黑色圆形斑纹，其外侧有2条断续银灰色有金属光泽的条纹，2条纹间中央部分有4个黑点；前缘有7个黑色短钩状纹；外缘黑色，有上、中、下3个白斑点。后翅黑灰色，缘毛白色。

成虫见于7月中下旬。以幼虫在落叶松皮下越冬。

寄主：华北落叶松等。

分布：小五台山；张家口；辽宁、吉林；欧洲等。

23.127 松瘿小卷蛾

Laspeyresia zebeana Ratzeburg

翅展约14mm。唇须细长，稍向下。前翅较宽，顶角和臀角较圆。前翅橄榄绿褐色到灰绿褐色，前缘钩状纹明显；肛上纹不明显，在该位置上有4块黑斑；中室顶端有1个大块黑斑。后翅暗褐色，端部色较深。

成虫见于6～7月。幼虫生活于树皮下，引起组织流脂和瘿状膨大。

寄主：华北落叶松等。

分布：小五台山；张家口；辽宁、山西、北京；俄罗斯以及欧洲。

23.128 大豆食心虫

Leguminivora glycinivorella (Matsumura)

又名：豆荚蠹。

翅展约13mm。体黄褐色至暗褐色。复眼黑色。触角灰褐色。下唇须灰黄色，稍上举，第2节较长。前翅黄褐色，顶角圆钝，顶角下方凹陷，前缘的黄白色钩状纹10组左右，后缘中部有3条彼此界限不太明显的黄白色平行斜纹；肛上纹黄白色，其外侧银白色，有3条黑色横带。后翅暗褐色，缘毛黄白色。

成虫见于6月中下旬。以幼虫在土中结茧越冬。

寄主：大豆、野生大豆、苦参等。

分布：小五台山；张家口；北京、山西、陕西、吉林、黑龙江、青海、内蒙古、辽宁；俄罗斯、日本、朝鲜等。

23.129 夏梢小卷蛾

Rhyacionia duplana (Hübner)

又名：锈翅小卷蛾。

翅展16～19mm。头部淡褐色，有赤褐色冠从。触角丝状。下唇须向前伸，略下垂，第2节末端膨大，末节部分被第2节鳞片所遮盖。胸、腹部黑褐色。前翅灰褐色，近外缘部分锈褐色，前缘有白色钩状纹，中部有一些白色条斑。后翅淡灰褐色，缘毛长，灰白色。

成虫见于6月中旬。

寄主：幼虫取食油松、赤松及黑松的叶芽和新梢。

分布：小五台山；张家口；山西、内蒙古、北京、辽宁；日本以及欧洲。

23.125 褐叶小卷蛾

23.127 松瘿小卷蛾

23.126 松皮小卷蛾

23.128 大豆食心虫

23.129 夏梢小卷蛾

23.130 松梢小卷蛾

Rhyacionia pinicolana Doubleday

又名：松梢小卷叶蛾。

体长8mm，翅展19mm左右。头部黄褐色，触角、胸、腹部黑褐色。上唇须前伸，第2节长，中间膨大成弧形，末节亦长，末端尖。前翅狭长，红褐色，有较宽的银色纵条纹，前缘有钩状纹。后翅深灰色，有灰白色长缘毛。第2腹节背面有背穴1对。

成虫见于6月中下旬。

寄主：油松。

分布：小五台山；保定、石家庄、邯郸、邢台、承德、张家口；山西、内蒙古、北京、辽宁、吉林、黑龙江；欧洲。

23.131 直带小卷蛾

Orthotaenia undulana Denis et Schiffer-müller

体长6mm，翅展16mm左右。唇须强烈弯曲上举，中节鳞片面松散，外侧有褐斑，第3节尖，基部或多或少被第2节鳞片所覆盖。前翅基斑、中带和端纹明显，均呈棕褐色，三者之间夹杂有银条状的白带，前缘钩状纹5对，基部延长合并成一条纹，斜向外缘中部，呈指状斑；后缘臀角内侧有一个三角形棕褐色斑，顶角有小半圆形深褐斑。后翅褐色，缘毛灰色。

成虫见于7月中旬。

寄主：幼虫取食榛、柳、桧、松、桦、柳叶菜、地笋、悬钩子等。

分布：小五台山西台、北台1400～1500m；保定、张家口；辽宁、吉林、黑龙江；俄罗斯以及小亚细亚、欧洲。

23.132 斑刺小卷蛾

Pelochrista (*Pseudeucosma*) *arabescana* Eversman

翅展约20mm。全体淡褐色或黑褐色。唇须下垂，第2节鳞片膨大与末节结合成三角形。前翅狭长，在褐色上有白色或灰白色条状斑纹；前缘近顶角处有倒“八”字形纹，外缘顶角下与外缘近乎平行有1条细条纹；后缘上有1个卧“3”字形条纹，由翅基部和后缘基部各伸出1条纹，汇合成1条近弧形纹，连在卧“3”字形条纹的1个凸肚上。后翅的端半部比基半部色深，缘毛灰褐色。

成虫见于8月中下旬。

分布：小五台山西台杨树沟海拔1100m；张家口；北京、山西、内蒙古；欧洲南部、亚洲西部等。

羽蛾科 Pterophoridae

体小到中型，纤细。灰白或褐色，静止时，前后翅纵折叠成一狭条，向侧前方斜伸与瘦长的身体组成一“Y”或“T”形。缺单眼。触角长，线形。喙发达，下颚须退化，下唇须向上斜伸。足极细长，后足长过身体；胫距中足1对，后足2对，均细而长。前翅狭长，翅端一般分裂为2片，也有3片，极个别为4片，缘毛长。后翅三角形，有翅缰，也分裂成片，多为3片。前翅翅脉受翅裂的影响，M_1和M_2脉很短，1A脉往往超过2A脉。后翅$Sc+R_1$和R_5脉紧密平行，支持一裂；M_1、M_2脉仍很短，M_2和Cu_1脉支持第二裂；Cu_2脉紧密平行于Cu_1脉，但短得多；臀脉支持第三裂。由于两对翅分裂像鸟羽毛，故名之。少数种类前后翅均不分裂。初龄幼虫多潜叶，长大后卷叶或蛀食茎杆。

23.133 葡萄羽蛾

Stenoptilia vitis Sasaki

体长7～8mm，翅展18～20mm。体褐色。前翅暗褐色，翅端2/5分裂为2片，片上有淡色斑纹，近端部有白色横线，缘毛深褐色，在前片后缘及后片的前后缘均混有黑色鳞片。后翅分成3片，后片很短，其末端密生黑鳞，形成三角形黑斑，基半两侧也散有少数黑鳞。

成虫见于6月中旬。

寄主：幼虫蛀食葡萄、野葡萄等的花、蕾和幼果。

分布：小五台山南台1400m；张家口；广西、台湾；日本、朝鲜。

23.130a 松梢小卷蛾(1981年6月18日，北台)

23.131a 直带小卷蛾

23.132 斑刺小卷蛾(腹部部分缺损)

23.130b 松梢小卷蛾(1981年6月28日，西台1480m)

23.131b 直带小卷蛾(1981年7月13日，北台1500m)

23.133 葡萄羽蛾

23.134 甘薯羽蛾

Pterophorus monodactylus Linnaeus

体长9mm，翅展20～23mm。体一般呈灰褐色。触角淡褐色。唇须小，向前伸出。前翅黄褐色，上面有2个黑点：1个位于中室的中央偏基部，另1个在中室顶部两支分叉处；此外，在前后支的顶端，前缘和后缘中段还有一些分散的小黑点，缘毛灰褐色。后翅深灰色，分为3片，缘毛较翅色略浅。腹部前端有近三角形的白斑，背线白色，两侧灰褐色，各节后缘有棕色点。

成虫见于8月下旬。

寄主：甘薯、旋花、藜等。

分布：小五台山东台850m；保定、张家口；山西、内蒙古、北京；日本以及欧洲、非洲、中亚细亚、北美洲等。

23.134 甘薯羽蛾

附：未定种

（1981年6月8日，北台1300m）

（2008年6月20日，东台1500m）

螟蛾科 Pyralidae

体多为中小型，较细长。触角丝状，有的具纤毛、呈锯齿形或栉齿形。有单眼，下唇须发达前伸如鸟喙状。前翅狭长或三角形，1A脉消失，M_2脉靠近M_3脉。后翅较宽，臀域宽阔，有3条A脉，Cu脉分2根，$Sc+R_1$脉与R_5脉在中室外平行或并接。腹部一般只见7节，在第1、2节腹面常有腹听器。足较细长，胫节末端常具1、2对距或梳状毛。很多种为农、林业的重要昆虫，有的取食仓储粮食。

23.135 一点缀螟

Paralipsa gularis Zeller

又名：一点谷螟、一点谷蛾、一点螟、一点螟蛾、翼子虫。

体长约10mm，翅展24～32mm。头部褐色，额和触角基部鳞毛长，形成一个倾斜平面；触角淡褐色。雌雄蛾有差异，雌蛾下唇须较长，略向下弯；前翅狭长，灰褐色，在中室近端处有一椭圆形黑斑点，内、外线赤褐色不甚明显，顶角处和外缘有1列小黑点，缘毛灰褐色；后翅淡褐色，除褐色端线外别无斑纹，缘毛近白色。雄蛾下唇须短小，向上翘；前翅青灰色，中央有1个淡黄色叉状纹，叉纹末端有2个小黑点，叉纹下方鳞片红褐色。

成虫见于4月上旬～9月下旬。

寄主：幼虫喜食仓储糙米、小麦、面粉、大麦、大米、大豆、干果。

分布：小五台山东台、北台、西台、南台海拔1100～1700m；河北各地；河南、江苏、浙江、江西、福建、四川、云南；朝鲜、日本、印度、英国、美国。

23.136 二点织螟

Aphomia zelleride Joannis

翅展雌29～31mm，雄18～19mm。雌蛾头胸紫灰褐色，腹部灰褐色；前翅红灰褐色，前缘及翅脉暗褐色，中室中央与末端各有1个暗褐色圆斑，缘毛灰褐，靠近基部有暗褐色线；后翅白色有绢丝般闪光，外缘略带褐色。雄蛾前翅红褐色，色泽比雌蛾鲜明，中室末端及中央各有1个细斑点；后翅白色。

成虫见于6～8月。

寄主：仓储粮食、谷物及杂草。

分布：小五台山北台、西台、东台海拔830～1200m；张家口、保定；四川、广东；朝鲜、日本、英国、斯里兰卡。

23.135 一点缀螟(1981年5月2日，西台1200m)

23.137 条螟

Proceras venosatus (Walker)

又名：高粱条螟、蔗螟、钻茎虫、蛀心虫、秆心虫、髓虫、打锤虫。

雄蛾体长10～13mm，翅展25～30mm，雌蛾体长14mm，翅展32～34mm。头部白色至灰黄色，额圆形；下唇须很长，前伸，白色，杂有棕色鳞毛；下颚须发达，三角形，乳白色。胸部背面灰黄色。腹部背面黄白色。前翅近长方形，顶角尖锐，底色黄白，密布暗褐色纵条纹约20条，中室外端下角有1个小黑点，外缘有1列小黑点。雄蛾后翅淡灰黄色，雌蛾后翅银白色。

成虫见于7月下旬。

寄主：玉米、高粱、甘蔗、谷子、麻。

分布：小五台山北台、西台、南台海拔1100～1300m；河北各地；山东、河南、湖北、江苏、福建、台湾、广东；越南、菲律宾、印度、印度尼西亚、巴基斯坦、斯里兰卡、埃及。

23.136 二点织螟（♀）

23.137 条螟(1980年7月25日，北台1380m)

23.138 稻巢草螟

Ancylolomia japonica Zeller

又名：稻巢螟、稻卷叶螟、稻茎筒巢螟、稻苞螟。

体长6～12mm，翅展25～38mm。头部黄褐色；下颚须黄褐色，三角形；下唇须黄褐色、斜向上伸；雄蛾触角栉齿状，雌蛾触角丝状具微毛。胸部背面黄褐色。前翅褐色，外缘稍向内凹，沿脉有成列的小黑点，翅脉间有银灰色闪光纵条纹；亚端线暗褐色，锯齿状，内侧有暗黄褐色线，外侧有灰白色条纹，条纹外有1列黑褐色小斑点；缘毛褐色，基部暗褐色。后翅灰白色，有绢状闪光，无斑纹，缘毛白色。腹部背面淡灰黄色。

成虫见于8月上旬。

寄主：水稻等。

分布：小五台山西台海拔1000m；唐山、承德、张家口；辽宁、山东、陕西、湖北、湖南、江苏、江西、浙江、福建、台湾、广东、广西、云南；朝鲜、日本、印度、缅甸、泰国、斯里兰卡。

23.139 三点并脉草螟

Neopediasia mixtalis (Walker)

又名：双黑带苞螟。

体长10mm，翅展21～28mm。头部黄白色，额圆形；下唇须长而平伸，褐色，有乳白色斑点。触角雌蛾丝状，雄蛾锯齿状。胸部背面黄白色，有褐色鳞片。前翅灰黄色，有褐色鳞片，亚前缘脉(Sc)与第一径脉(R_1)端部合并，外缘近臀角处有3个小黑点，缘毛褐色。后翅近白色无斑纹，缘毛白色。雄蛾前翅略显红褐，有2条明显的横线。

成虫见于6月中旬～9月上旬。

寄主：玉米、小麦、大麦。

分布：小五台山西台、南台、东台海拔800～1450m；张家口；吉林、山东、江苏、浙江、湖北、湖南、四川、云南、甘肃；朝鲜、日本、俄罗斯。

23.140 荸荠白禾螟

Scirpophaga praelata Scopoli

又名：白尾白螟、纯白螟。

体长10mm，翅展雄蛾23～26mm，雌蛾40～42mm。头部白色；喙退化；下唇须白色，短小，向前伸。胸部背面白色。前、后翅纯白色，雄蛾翅反面暗褐色。腹部背面白色，每节各环有灰褐色鳞毛，雌蛾腹部末端尾毛白色。

成虫见于7月中旬。

寄主：荸荠、甘蔗、莎草科植物等。

分布：小五台山中台海拔1500m；邯郸、邢台、保定、石家庄、张家口；黑龙江、北京、江苏、浙江、安徽、江西；欧洲。

23.141 大禾螟

Schoenobius gigantellus Schiffermüller et Denis

体长12～16mm，翅展31～45mm，雌蛾体大、雄蛾个小。头部黄褐色；下唇须很长，向前伸，黄褐色；下颚须黄褐色、端部尖。触角丝状，黄白色。雌蛾前翅狭长，黄褐色，由中室向外缘有1条褐色纵带，靠近顶角前缘有一褐色斜线，缘毛浅褐色；后翅白色，有丝绢光泽，缘毛白色。雄蛾前翅灰黄色，近顶角处无褐色斜线，代之以褐色斑点，中室端部下角有一深褐色斑；后翅褐色，外缘有1列小点。

成虫见于7月。

寄主：芦苇等。

分布：小五台山；保定、唐山、张家口；山东、江苏、广东；朝鲜、日本、英国、瑞典。

23.142 稻雪禾螟

Niphadoses gilviberbis (Zeller)

体长7mm，翅展雄蛾16～18mm，雌蛾18～24mm。头、胸、腹和前、后翅皆白色，下唇须平伸，白色。触角雄蛾细锯齿状，有纤毛；雌蛾触角较短，有短纤毛。前翅狭长，R_1脉从中室端上角前方(中室3／4处)伸出，又与Sc脉并接；R_2脉从中室端上角前侧伸出；R_3、R_4共柄，从中室端上角伸出；Cu_2从中室端下角前方(中室3／4处)伸出，与R_1相对应。雄蛾前翅反面暗褐色。雌蛾尾毛丛外侧白色，里面褐色。

成虫见于7月。

寄主：水稻等。

分布：小五台山；保定、张家口；江苏、江西、安徽、广东、云南；印度、斯里兰卡、缅甸。

23.140 荸荠白禾螟

23.138 稻巢草螟

23.139 三点并脉草螟(1981年6月2日，东台1400m)

23.141 大禾螟(♀；1981年7月5日，中台1550m)

23.143 菊髓斑螟

Myelois cribrumella Hübner

体长11mm，翅展13～23mm。头部白色，额圆形；下唇须白色，较细长，弯向头顶。触角丝状，有细纤毛。胸部背面白色。前翅白色，中部外方前缘黑褐色，翅基部有一黑点，中部有3个呈近等边三角形排列的黑点，中室端部上下角处各1个黑点，再外方有1横列小黑点，外缘线由1排小黑点组成。后翅灰白色，无斑纹，端线褐色。前后翅缘毛均白色。腹部背灰白色，各腹节前端黑褐色鳞片多，后端白色鳞片多。

成虫见于7月中旬。

寄主：刺蓟、牛蒡。

分布：小五台山；保定、张家口；黑龙江；欧洲。

23.144 豆荚斑螟

Etiella zinckenella Treitschke

又名：豆荚螟。

体长9mm，翅展21～24mm。头部灰褐色，额鳞片厚而长，向前突出；下唇须褐色，很长，向前伸，第3节折向下；下颚须短小，上有长毛，呈细丝状。触角褐色，丝状，雄蛾触角基部有一突起，上有较宽鳞片。胸腹背面灰黄色，每腹节后端黄白色。前翅狭长，灰黄色，靠近前缘有一白色纵带，基侧1/3处有一橙黄色横带，缘毛褐色。后翅灰白色，半透明，无斑纹，翅脉和外缘褐色，缘毛黄白色。

23.142 稻雪禾螟(♀)

23.143 菊髓斑螟(腹部缺损)

成虫见于8月上旬。

寄主：刺槐、苦参、大豆、扁豆、豇豆等。

分布：小五台山；河北各地；北京、山东、江苏、浙江、安徽、江西、湖北、湖南、广东、广西、台湾；朝鲜、日本、泰国、印度、印度尼西亚、斯里兰卡、美国以及欧洲、非洲、大洋洲。

23.145 松果梢斑螟

Dioryctria mendacella Staudinger

又名：油松球果螟、松球果螟。

体长12mm，翅展26～30mm。头部灰褐色，额突出；下唇须向上弯；触角丝状，褐色，胸部背面灰褐色。前翅灰黄色，有鱼鳞状白斑；内线和外线灰白色，线两侧有暗黄色边；中室端部一灰白色斑，翅面中内部有棕色和橙褐色斑，外缘黑色，缘毛黑灰色。后翅灰色，顶角和外缘色深。腹部背面褐色。

成虫见于6月下旬～8月上旬，在小五台山区与松梢斑螟*D. splendidella*混合发生，20世纪80年代初、中期曾对油松造成中等程度的寄生。2000年后已较少见，苗圃可见。

23.144 豆荚斑螟

23.145a 松果梢斑螟

23.145b 松果梢斑螟

寄主：幼虫钻蛀油松和云杉的球果及嫩梢。

分布：小五台山西台、东台、北台海拔850～1550m；保定、张家口、唐山、承德；陕西；巴基斯坦、土耳其、法国、意大利、西班牙。

23.146 松梢斑螟

Dioryctria splendidella Herrich Schaeffer

又名：松梢螟、松干螟、钻心虫。

体长10mm，翅展22～23mm。头部灰褐色，额突出，触角基部有鳞片隆起；下唇须黑褐色，向上弯。胸部背面黑褐色，前缘灰黄。前翅深灰色；内线和外线灰白色，线的两侧有黑色边，外线中部向外突，两横线间有黑色和灰白色斑，其中中室端部的白斑最明显；外缘黑色。后翅灰白色或灰黄色，外缘褐色。腹部背面灰褐色，每节末端色浅。

成虫见于6月下旬～7月中旬。

寄主：油松、黑松、赤松、马尾松的嫩梢。

分布：小五台山西台、北台海拔1200～1500m，保定、唐山、承德、张家口；黑龙江、辽宁、江苏；朝鲜、日本、俄罗斯以及欧洲。

23.145c 松果梢斑螟（示油松球果被其幼虫钻蛀状；2007年7月25日，西台1400m）

23.146 松梢斑螟

23.147 松球果螟

Dioryctria abietella (Sehiffemüller et Denis)

本种个体大小及斑纹极似松梢斑螟*D. splendidella*，但整个色泽较浅而发黄。前翅内线和外线形状似松梢斑螟，但边缘不是乌黑色而是黄褐色，中室端部有1个浅色斑，近翅基部也有1个浅色斑。

成虫见于8月上中旬。

分布：小五台山；张家口；北京、江苏。

23.148 云杉梢斑螟

Dioryctria schuetzeella Fuchs

翅展23mm。前翅灰褐色，内横和外横线灰色，弯曲如锯齿状，外缘棕褐色，中室有1个白斑，缘毛棕色。后翅棕褐色，缘毛棕色。

成虫见于7月下旬。

寄主：云杉，幼虫蛀食其梢和针叶。

分布：小五台山西台大苗圃海拔1180～1240m、北台上寺海拔1500m；张家口；黑龙江；荷兰、挪威、德国、罗马尼亚、比利时、瑞士、奥地利。

23.149 红云翅斑螟

Nephopteryx semirubella Scopoli

又名：苜蓿螟、红袖螟。

体长11mm，翅展24～32mm。头部黄白色；下唇须黄褐色，端部尖，斜向上伸。触角淡黄褐色，雄蛾触角具稀短纤毛，近基部有一丛长鳞片。胸部背面黄褐色，肩处有红色鳞片。前翅前缘白色，中间是1条自翅基到外缘逐渐加宽的红色带，红色带后方为1条宽的黄色带；缘毛桃红色，顶角处杂有黑褐色。后翅灰褐色，近顶角处和外缘色暗。腹部背面灰黄色。

成虫见于6月下旬～8月下旬。

寄主：落叶松、苜蓿等。

分布：小五台山西台、北台、中台、东台海拔850～2400m；石家庄、保定、唐山、承德、张家口；黑龙江、吉林、北京、江苏、江西、浙江、湖南、广东、云南；日本、俄罗斯、印度、英国、保加利亚、匈牙利。

23.150 奈云翅斑螟

Nephopteryx sp.

前翅长13mm左右。

成虫见于7月中旬～8月上旬。

分布：小五台山西台海拔1280m左右；张家口。

23.151 云翅斑螟

Nephopteryx sp.

前翅长约13mm。头、胸紫红色。下唇须黄褐色，向前伸。前翅沿前缘有1条白色带，其余紫红色，但愈向后缘，颜色愈淡。触角黄褐色。足白色。

成虫见于7月中下旬。

分布：小五台山西台海拔1180m左右；张家口。

23.152 梨云翅斑螟

Nephopteryx pirivorella Matsumura

又名：梨大食心虫、梨斑螟、梨食心虫、黑钻眼虫、黏把虫。

体长10mm，翅展20～25mm。头部灰黑色；下唇须黑褐色，较细小，向上弯；触角丝状，褐色。胸部背面黑褐色。前翅灰褐略带紫色闪光，有2条横带，每条带均由2条黑纹中间夹1条黄白色纹组成，内横带外侧下方有一灰白色区域，中室端部有一短线状黑纹。后翅浅灰褐色，沿翅脉色稍暗。腹部背面灰褐色，各节末端黄白色。

成虫见于7月。

寄主：幼虫取食梨、苹果、桃的花芽和幼果。

分布：小五台山；河北各地；辽宁、黑龙江、吉林、山东、安徽、江苏、浙江、河南、山西、陕西、宁夏、四川、云南、青海、福建；朝鲜，日本。

23.147 松球果螟

23.149 红云翅斑螟

23.150 奈云翅斑螟承(2007年7月30日，西台1280m)

(示云杉新梢被蛀食状；2009年6月16日)

(示云杉梢被幼虫蛀食状；2009年8月25日，西台1200m)

(示云杉梢内幼虫；2007年6月2日，西台1200m)

(示成虫)

23.148 云杉梢斑螟

23.153 缀叶丛螟

Locastra muscosalis Walker

又名：核桃缀叶螟、木檫黏虫。

体长14～15mm，翅展30～34mm。头部红棕褐色；下唇须褐色，两侧有黑色鳞片，下侧和内侧近白色，向上弯，末节前伸。触角灰褐色丝状具微毛。胸部背面褐色，略带红色。前翅褐色，略闪红褐光，内线黑褐色，线内侧为灰黄色带，带内至翅基为一深色区；外线黑褐色，线外侧灰白，在中室外方为一向外的锯齿形大弯；端线黑褐色，被黄白色脉纹切割；雄蛾前翅前缘2/3处有一腺状突起。后翅暗褐色，中部外方有一不太明显的浅色横带。腹部背面灰褐色，基部微显红褐色。

成虫见于8月上中旬。

寄主：核桃、黄连木等。

分布：小五台山；邯郸、石家庄、保定、唐山、张家口、承德；北京、山东、安徽、江苏、福建、江西、广东、台湾、广西、云南；日本、印度、斯里兰卡。

23.154 纹歧角螟

Endotricha icelusalis Walker

又名：赤尖螟。

体长7mm，翅展15～20mm。头部紫红色；下唇须基部暗红色，端半部黑褐色和黄白色相间，向上弯。触角丝状，黄褐色，雄蛾触角具微毛。胸部背面橙红色，肩处有黑褐色鳞片。前翅红褐色，前缘有黑白相间的点列，基部1/3处有1条不清晰的黄白色横带，中室端有一黄色斑，端线黑色，缘毛基部暗红色，端部前一半白色，后一半红色。后翅暗红色，中内方有一黄白色宽横带，外缘黑色，缘毛基部黑红色，端部黄白色。腹部背面暗红色，雄蛾有淡黄色臀鳞丛。

成虫见于7月上旬～8月下旬。

分布：小五台山东台、北台、西台海拔800～1500m；石家庄、保定、唐山、承德、张家口；江苏、浙江、湖北、湖南、广东；日本、朝鲜。

23.155 伊锥歧角螟

Cotachena histricalis (Walker)

翅展22～26mm。下唇须黑色，下侧白色。胸腹部黄色。前翅黄色，上面覆盖一层淡红及暗褐色，翅面上具3个白色透明斑。其中近顶角1个为新月形，横线色暗。后翅淡橘黄色。

成虫见于7月中旬。

寄主：幼虫缀叶取食朴树等叶片。

分布：小五台山东台海拔1200～1300m；张家口；江苏、浙江、江西、四川、广东、台湾；日本、印度、斯里兰卡。

23.156 蜂巢螟

Hypsopygia mauritalis Boisduval

又名：胡蜂巢螟。

体长8mm，翅展18～24mm。头部黄色。下唇须红褐色，端部黄色，向上斜伸。触角丝状，橙红色。胸部背面红褐色。前翅浅红褐色发暗，在内外1/3处各有1条弯曲的黄白色横线，外面1条的前缘处有一橘黄色斑，缘毛鲜黄色。后翅红褐色较鲜，中部有2条弯曲的黄白色横线，缘毛鲜黄色。腹部背面暗红褐色。

成虫见于7月。

寄主：胡蜂幼虫。

分布：小五台山；邢台、石家庄、保定、张家口、唐山；河南、湖南、安徽、浙江、江西、广东、台湾；印度、印度尼西亚、缅甸、马达加斯加。

23.151 云翅斑螟(2007年7月20日，西台1180m)

23.152 梨云翅斑螟

23.153 缀叶丛螟

23.154 纹歧角螟（1980年7月20日，北台1800m）

23.155a 伊锥歧角螟(2007年7月18日，东台1200m)

23.155b 伊锥歧角螟（2008年8月1日，北台1350m)

23.156 蜂巢螟

23.157 褐巢螟

Hypsopygia regina Butler

翅展约16mm。深紫褐色。前翅沿前缘有2个橘黄色点列引出2条弯曲如波纹状的横线，前缘中部有一些黄斑。后翅鲜红带褐色，翅缘褐色，2条横线弯曲，边缘略黑。前、后翅缘毛鲜金黄色。

分布：小五台山；张家口；浙江、四川、台湾、广东；日本、印度。

23.158 紫斑谷螟

Pyralis farinalis Linnaeus

又名：粉缟螟、粉螟、大斑粉螟、谷粉大斑螟蛾、果子缟螟蛾。

体长10mm，翅展17～25mm。头部黄白色，额突出。下唇须近白色，两侧有褐色鳞片。触角丝状，褐色，雄蛾触角具长纤毛。胸部背面暗褐色。前翅内线和外线近白色，内线弧形，外线中部外突，内、外线间大部灰黄色，外后方黑灰色；内线内方和外线外方为暗紫色斑。缘毛褐色。后翅暗灰色，有2条弯曲的白色横线；臀角处有几块紫斑。腹部背面第1、2节黑褐色，其余各节褐色，末端色浅。

成虫见于5月中旬。

寄主：谷类、粉类、干果、糠麸、腐败食物等。

分布：小五台山西台海拔1100m左右；石家庄、保定、承德、张家口；山东、陕西、江苏、浙江、湖南、四川、台湾、广东、广西；世界各地。

23.159 金黄螟

Pyralis regalis Schisffermüller et Denis

又名：银纹缟螟。

体长8mm，翅展20～22mm。头部黄色。下唇须向上弯，黄白色，末节橙褐色。触角丝状，橙红色，基部黄色，雄蛾有长纤毛。胸部背面橙红色。前翅基部和外缘紫红色，中间前半部是一金黄色大斑，后半部黑褐色，金色斑内外方各有一银白色斑纹，银纹后各连一白色曲线；缘毛红棕色闪亮光。后翅紫红色，有2条弯曲的银白色横线，外边1条内侧黑棕色，外侧浅棕色，缘毛棕色。腹部背面前2节橙红色，3、4节紫黑色，其余各节黄色。

成虫见于8月上中旬。

分布：小五台山东台海拔1150～1400m；邯郸、石家庄、张家口、保定、唐山、承德；黑龙江、吉林、台湾、广东；朝鲜、日本、俄罗斯。

23.160 艳双点螟

Orybina regalis Leech

又名：平山黄斑螟。

体长8～12mm，翅展24～28mm。头部淡黄红色。下唇须较长，第2节向上斜伸，第3节又折向下，状如鸟喙，两侧棕红色，内侧黄白色，基部下方白色。触角丝状，淡红色。胸部背面淡橙红色。前翅鲜红黄色，翅基和前缘稍偏朱红，内线和外线暗褐色，中室端上角有1个具暗褐色边的大鲜黄色斑，斑内缘圆，外缘有锯齿。后翅淡红黄色，前缘和基部色更淡，有1条红色的外线。腹部背面黄褐色而发红。

成虫见于7月上旬。

分布：小五台山；唐山、张家口、承德；浙江、江西、云南；朝鲜、日本。

23.161 灰双纹螟

Herculia glaucinalis Linnaeus

又名：黄边褐缟螟。

体长8～10mm，翅展20～24mm。头部淡黄褐色，额圆形披鳞毛。下唇须黄褐色，斜向上方，末节短小前伸。触角橙黄色，丝状，具纤毛。胸部背面橄榄灰色。前翅灰褐色，前缘橙黄色。间有紫红色，内线和外线黄白色，缘毛淡褐色。后翅灰褐色，有2条白色横线，2线在后缘接近；缘毛基部淡褐色，端部白色。腹部背面褐色，各节端部近白色。

成虫见于6月中旬～8月底。

寄主：牲畜干饲草。

分布：小五台山南台、西台、北台海拔1100～1500m；河北各地；辽宁、吉林、黑龙江、江苏、湖北、广东；朝鲜、日本以及欧洲。

23.157 褐巢螟

23.159 金黄螟（1980年8月15日，东台1400m）

23.161a 灰双纹螟（1981年6月30日，南台1500m）

23.158 紫斑谷螟（1980年5月18日，西台1200m）

23.160 艳双点螟（1981年7月20日，中台）

23.161b 灰双纹螟

23.162 双纹螟

Herculia sp.

翅展约23mm。体翅黄褐色。前、后翅均有2条横线，似黑褐双纹螟 *H. japonica*，但本种前、后翅的外线均达臀角而与其不同。

成虫见于7月中下旬。

分布：小五台山；张家口。

23.163 棉水螟

Nymphula interruptalis (Pryer)

又名：睡莲水螟、棉褐斑螟。

体长10mm，翅展20～35mm。头部白色，触角基部之间和后方黑褐色。下唇须向上弯，白色，两侧有褐色鳞片。触角黄色，丝状。胸部背面白色，有黑褐色和黄褐色鳞片混杂的斑点。前翅黄白色，基部有褐色斑点和白色横带纹；中部前缘有一白斑，此斑外方和后方各另有一白斑，三斑均围褐色环；亚端带白色，带外侧有褐边。后翅鲜黄色，中部前缘有一白斑，此斑内方有一横贯全翅的白斑，二斑皆有褐色边，翅基部白色；亚端线白色镶褐色边。腹部背面各节前半部黄色，后半部白色。

成虫见于7月下旬。

寄主：棉、睡莲等。

分布：小五台山；邢台、石家庄、保定、张家口；黑龙江、吉林、江苏、浙江、湖南、福建、安徽、广东、四川、云南；朝鲜、日本、俄罗斯。

23.164 稻水螟

Nymphula vittalis (Bremer)

又名：稻筒螟、稻筒卷叶螟、稻水野螟。

体长5mm，翅展15～20mm。头部白色，触角后方有一褐色横线。下唇须向上弯曲，黄白色。触角褐色，丝状，钝锯齿形。胸部背面白色，前端和两侧有黑褐色鳞片。前翅白色，前缘黄白，自基部到中室有褐色鳞片，中室端部有2个小黑点；外线为黄色带，有不清晰的褐色边，从中室下角弯向后缘基部；亚端线呈黄色带，两侧有褐色边；端线亦为黄色带，内侧有褐色边，在臀角与亚端线汇合；缘毛淡灰褐色，有1列小黑点。后翅白色，中线褐色，亚端线和端线均为黄色带，并在臀角相接，亚端线的两侧和端线的内侧有褐色边，端线上有1列黑褐色小点；缘毛灰白色，基部有1列黑点。腹部背面白色，各节末端黑色。

成虫见于8月上旬。

寄主：水稻、看麦娘、眼子菜等。

分布：小五台山西台海拔850～950m；邢台、石家庄、保定、唐山、张家口；黑龙江、吉林、陕西、宁夏、江苏、江西、浙江、四川、湖南、湖北、福建；朝鲜、日本、俄罗斯。

23.165 水螟

Nymphula sp.

翅展18mm左右。

成虫见于7月中下旬。

分布：小五台山；张家口。

23.166 紫苏野螟

Pyrausta phoenicealis Hübner

又名：苏子野螟。

体长约7mm，翅展约14mm。头部橘黄色，头两侧具白色条纹。触角微毛状，下颚须黄褐色。下唇须向前平伸，上侧黄褐色，下侧白色。胸、腹部背面橘黄色，腹面白色。足白色，有橘黄色环。前翅橘黄色，内横线波状纹向外倾斜，外横线在Cu_1至M_1脉之间向外弯曲，内侧有1条红褐色带，外缘线、内缘线红褐色。后翅的顶角深红褐色，从前缘到臀角上方具斜线1条。

成虫见于7月上中旬。

寄主：紫苏、丹参、泽兰、糙苏等。幼虫吐丝将叶卷成筒状，体藏于其中蚕食叶片，常将主脉咬断，致叶片断裂干枯下垂，同时取食嫩梢，将其咬断，发生量大时成片寄主嫩梢无一幸免。

分布：小五台山；张家口、石家庄；北京、福建、浙江、台湾等。

23.162 双纹螟

23.164 稻水螟

23.166a 紫苏野螟（1998年7月15日，南台）

23.163 棉水螟（1980年7月25日，西台1450m）

23.165 水螟

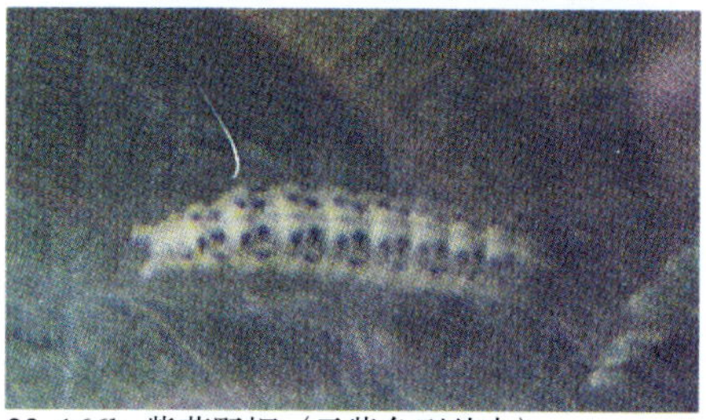
23.166b 紫苏野螟（示紫色型幼虫）

23.167 野螟

Pyrausta pervulgalis Hampson

翅展约19mm。体翅黄褐色。前翅中室端有褐点，外横线和内横线褐色。后翅横线亦为褐色。

成虫见于6月下旬。

分布：小五台山西台郑家沟海拔1100m；张家口。

23.168 甜菜白带野螟

Hymenia recurvalis Fabricius

又名：甜菜褐卷叶螟、甜菜叶螟、白带螟蛾、白带野螟。

体长9mm，翅展22～26mm。头部白色，额有黑斑，触角后有黑褐色鳞毛。下唇须向上弯，第1、2节宽大，第3节细小，黑白相间，端部黑。触角丝状，黑褐色。胸部背面黑褐色。前、后翅黑棕褐色。前翅前缘外1/4处有一白色短带状斑，其外下方有2个小白点，中部有一自中室至后缘的白色带，带外侧有突尖；缘毛黑褐色，中间和臀角两段白色。后翅中部有一白色宽横带，缘毛基半部黑褐色与白色间隔，端部均白色。腹部背面黑褐色，各节末端白色。

成虫见于8月上旬。

寄主：甜菜、茶、藜、甘蔗、玉米、棉、向日葵、苋菜等。

分布：小五台山；邢台、石家庄、张家口、保定；山东、陕西、台湾、浙江、江苏、北京、山西、辽宁、吉林、黑龙江、广西、云南；日本、朝鲜以及南亚、北美洲、非洲、大洋洲。

23.169 双环卷野螟

Pycnarmon meritalis (Walker)

体长9mm，翅展16～18mm。头、胸、腹、翅皆白色。下唇须白色，基部有褐色鳞片，向上弯达头顶，末端尖锐。触角黄白色，丝状。胸部背面中央有一黑点。前翅基部有3个黑点，中室中部和端部各有一黑斑点，前缘外方有2个"U"字形半环纹，臀角上方和内方各有一黑点，中线和外线浅黑黄色，中线模糊；外线从外"U"字形纹向后渐细，在M_3脉处内折、然后下弯，达臀角内方的黑点。后翅有1条淡黑黄色的横线，两端各有一黑点，中室端部和外缘下角另有2个黑点。第3腹节背面有1对黑点，腹末端有黑色鳞片。

成虫见于7月。

分布：小五台山；保定、张家口、承德；湖北、台湾、广东；日本、印度、泰国、印度尼西亚、斯里兰卡、澳大利亚。

23.170 泡桐卷野螟

Pycnarmon cribrata Fabricius

翅展约19mm。体纯白色有光泽，翅基片两侧各有1个黑点，前、中足带黑斑，腹部靠近基部两侧有成对的黑点，腹端部多节黄色，臀鳞丛前方有一橙黑色带。前翅前缘有多个细小黑点，从翅前缘到亚前缘脉有褐色细纹，基部一半有3个大黑点，中央外侧有2个"U"形斑。后翅有一褐色波状纹横线，中室末端有1个黑点，翅顶有一个黑斑，翅前缘及臀角各有1个黑斑。

寄主：泡桐等。

分布：小五台山；张家口、保定；陕西、台湾、广东、广西、云南；日本、朝鲜、越南、缅甸、印度、斯里兰卡、印度尼西亚、南非以及东非。

23.171 夏枯草展须野螟

Eurrhypara hortulata Linnaeus

体长12mm，翅展27～30mm。头部黄褐色。下唇须向前伸，末端尖锐，下面黄色，上面黑褐色。触角丝状，褐色。胸部背面黄褐色，肩处有黑褐色点。前后翅白色，斑纹褐色至黑褐色。前翅前缘黑褐色，中室中部和端部各有一斑，中室下方近翅基处有2个斑，内侧者圆，外者如弓形；外缘及其内方各有1排斑列，有的斑互相连接，缘毛黑褐色。后翅中室有一斑，外缘及其内侧也有2排斑列，缘毛基部黑褐，端部白色。腹部背面黑褐色，各节末端黄白色，有黄白色尾毛丛。

成虫见于5月上中旬。

寄主：夏枯草等唇形科植物。

分布：小五台山北台、西台、东台海拔950～1400m；保定、张家口；吉林、山西、陕西、江苏、广东、云南；欧洲。

23.172 扶桑四点野螟

Lygropia quaternalis Zeller

体长8mm，翅展17～20mm。头部白色，额圆形。下唇须向上伸，黄白色，基部两侧有黑鳞片，第2节端部和第3节黑褐色。触角黄色，丝状，雄蛾有纤毛。胸部背面白色，有黄斑。前后翅底色银白，外缘有一深黄细线，带纹橘黄色，缘毛淡黄色。前翅前缘有3个黑点，中室有1个较大的近圆形黑点，

23.167 野螟（1980年6月2日，西台1350m）

23.169 双环卷野螟（腹部缺）

23.168 甜菜白带野螟（1998年8月8日，西台）

23.171a 夏枯草展须野螟

23.171b 夏枯草展须野螟（2007年5月6日，西台1300m）

基线和内线较宽，亚端线为1条前端很宽的弯带，弯带内方有不甚规整的弯曲带纹。后翅有4条较宽的弯曲带纹。腹部背面橘黄色，各节末端白色，尾端有黑鳞片。

成虫见于7月中旬。

寄主：扶桑等锦葵科植物。

分布：小五台山；石家庄、保定、张家口、唐山；北京、陕西、四川、贵州、台湾、广东、云南；缅甸、印度、斯里兰卡、澳大利亚以及非洲。

23.173 枇杷卷叶野螟

Sylepta balteata (Fabricius)

又名：枇杷叶螟。

体长13mm，翅展25～34mm。头部黄褐色，触角基部两侧白色，额圆形。下唇须斜向上伸，下部白色，上部黄褐色。触角丝状，黄褐色。胸部背面黄褐色，前缘色深。前翅黄色，前缘和外缘色重，斑纹暗褐色，中室中部和端部各有一斑点，基部后缘有一小黑点，内线弯曲，外线弯曲中间外突，外缘有不清晰的斑块，缘毛黄色，端部黄白。后翅浅黄色，外缘色深，斑纹褐色，中室有一斑点，中部有1条弯曲横线，外有不清晰斑块，缘毛基部黄色，端部黄白色。腹部背面黄色，各节后缘白色，第1节白色。

成虫见于7月下旬。

寄主：柞、栗、黄连木、栌木、乳香。

分布：小五台山、西台、北台海拔1100～1450m；承德、张家口、唐山；浙江、四川、台湾、云南、西藏；朝鲜、日本、越南、印度、印度尼西亚、斯里兰卡、缅甸以及非洲。

23.174 四斑卷叶野螟

Sylepta quadrimaculalis Kollar

又名：肾纹野螟。

体长13mm，翅展21～27mm。头部灰棕色。下唇须向上弯，下面白色，上面棕褐色，末节短小。触角丝状，黄褐色。胸部背面浅黄色。前后翅暗灰棕色，外缘缘毛暗灰棕色。前翅前缘鳞片厚色重，中室内有2个小型白斑，中室端外有1个大型肾状白斑，斑外围有深棕色边，中线不太清晰。后翅基部和前缘色淡，中室端外有1个大白斑，斑外缘围有深色边，斑内侧有1条弯曲横线。腹部背面灰棕色，各节端缘色浅。

成虫见于7月。

分布：小五台山；承德、保定、张家口；山东、浙江、江西、四川、福建、台湾、广东、云南；朝鲜、日本、印度、印度尼西亚、俄罗斯。

23.175 棉卷叶野螟

Sylepta derogata Fabricius

又名：棉卷叶螟、棉大卷叶螟、棉野螟。

体长13mm，翅展27～30mm。头部黄白色。下唇须较宽，向前上方伸，外侧黑白相间，基部和端部白色。触角丝状，褐色。胸部背面黄白色，有12个褐色至黑色小点。前后翅底色黄白，斑纹和部分脉纹褐色至黑褐色，缘毛色为褐色和黄白色相间的四段。前翅基部有4个点；环纹和肾形明显，内线、外线和亚端线波形，后2条有较大曲折，端线明显色深。后翅中室有一环纹，横线均波状弯曲，有的互相靠近，端线色深。腹部各节前缘黄褐至黑褐色，后缘白色，雄蛾第7腹节背中间有一黑点。

成虫见于7月中旬。

寄主：梧桐、木槿、棉花、锦葵、芙蓉等。

分布：小五台山；河北各地；北京、山西、天津、陕西、宁夏、江苏、浙江、湖南、湖北、云南、广西；朝鲜、日本以及南亚、非洲、南美洲。

23.172 扶桑四点野螟（1980年7月15日，西台）

23.173b 枇杷卷叶野螟(2007年7月3日，西台1400m)

23.173a 枇杷卷叶野螟（1981年7月22日，北台1450m）

23.174 四斑卷叶野螟

23.175 棉卷叶野螟

23.176 葡萄卷叶野螟

Sylepta luctuosalis (Guenée)

又名：葡萄叶螟、葡萄卷叶螟。

体长10～11mm，翅展23～31mm。头部灰黑色，额有银灰色反光。下唇须向上弯，下半部白色，上半部黑棕色。触角丝状，褐色，基部外侧白色，内侧黑褐色，鳞片突如角状。胸部背面淡黑褐色。前、后翅灰黑色，斑纹黄白色。前翅前缘色黑，外1/3处有一斑，前端黄色，后部近半圆形；中室有一近方形的斑，此斑内方另有一小斑点，中部近后缘有一新月形斑；缘毛黑褐色，近臀角处者端部白色。后翅中部有2个带状斑，二者几乎相连。腹部背面灰黑色，各节端缘黄白色。

成虫见于7月。

寄主：葡萄、山葡萄。

分布：小五台山；保定、张家口、承德；黑龙江、陕西、江苏、浙江、四川、贵州、福建、台湾、广东、云南；朝鲜、日本、越南、印度、印度尼西亚、俄罗斯、斯里兰卡以及欧洲南部、非洲东部。

23.177 黄翅缀叶野螟

Botyodes diniasalis Walker

又名：杨卷叶螟、杨黄卷叶螟。

体长13mm，翅展30～34mm。头部黄褐色，额两侧有白边。下唇须前伸，端部尖，基部下面白色，余处棕褐色。触角丝状，黄褐色。胸腹背面淡黄色，雄蛾腹末有一束黑鳞毛。前、后翅鲜黄色，斑纹暗褐色，外缘较直，褐色缘毛的基部呈一深色细线。前翅中室中部有一小点，点内方有弯曲的内线；中室端部有肾纹，纹中有月牙形白条纹；外线和亚端线波状，外线在M_2和Cu_1脉间向外突弯；亚端线在Cu_1和Cu_2脉间向内折，再下弯，线外除顶角处为淡红棕色。后翅中室端有一斑，外线和亚端线波状，这2条线有和前翅的外线和亚端线相似的弯曲，亚端线外侧淡红棕色。

成虫见于6月。

寄主：杨树。

分布：小五台山；河北各地；台湾、湖北、宁夏、陕西、河南、山东、北京、辽宁；朝鲜、日本、缅甸、印度。

23.178 屈喙野螟

Goniorhynchus andrewsalis (Wileman)

体长12mm；翅展25mm左右。头部淡褐色，触角间及后方黄白色。下唇须较宽，斜向上伸，基部下面白色，其余处黄褐色。触角丝状，黄褐色。胸腹背面黄白色至淡褐色。前后翅黄白色，斑纹灰褐色，缘毛黄白色。前翅前缘黄褐色，中室中部有一斑点，中室端部有肾纹，肾纹外方有一弓形短线，内线不太清晰，外线波形中部外突，线外至外缘灰褐色。后翅中室端脉有一斑，斑后方和外方各有一短线纹，外缘色纹和前翅相似。

成虫见于7月上中旬。

分布：小五台山西台、北台海拔1200～1500m；保定、唐山、承德、张家口；北京；日本。

23.179 稻纵卷叶螟

Cnaphalocrocis medinalis (Guenée)

又名：稻纵卷叶虫、黑条卷叶螟、稻筒叶螟、卷叶虫、稻绑虫、疣野螟蛾。

体长7～9mm，翅展16～20mm。头部黄白色，两侧白色。下唇须斜向上伸，下侧白色，上部深褐色。触角丝状，褐色，基部前面白色。胸部背面黄白色，前缘褐色。前、后翅灰黄色。前翅前缘和亚端线处有较宽的褐色带，带内方有2条深褐色横线，端线深褐色，中室端部有一短线形褐纹，雄蛾前缘一丛褐色鳞毛，中室有成丛的黄色鳞毛。后翅中部和外缘各1条深褐色线，端线内为一褐色宽带。前、后翅缘毛基部1/3深褐色，外2/3黄白色。腹部背面浅黄色，各节末端白色，末节中间和两侧黑色。

成虫见于8月上中旬。

寄主：水稻、马唐、雀稗等。

分布：小五台山；邢台、石家庄、保定、承德、张家口；黑龙江、吉林、辽宁、北京、内蒙古、山东、江苏、浙江、江西、湖南、湖北、四川、福建、广西、广东、台湾、云南；日本、朝鲜、印度、印度尼西亚、菲律宾、澳大利亚等。

23.176 葡萄卷叶野螟

23.177b 黄翅缀叶野螟

23.178b 屈喙野螟

23.177a 黄翅缀叶野螟（1981年6月5日，西台）

23.178a 屈喙野螟（1980年7月10日，北台1500m）

23.179 稻纵卷叶螟（1980年8月10日，西台）

23.180 桃蛀螟

Dichocrocis punctiferalis Guenée

又名：桃蛀野螟、桃实螟、桃蛀心虫、豹纹蛾、桃果蠹、果斑螟蛾。

体长11mm，翅展22～25mm，体翅黄色。头圆形，黄色。下唇须向上弯曲，大部黄色，上面两侧黑色。触角丝状，黄色。胸部背面前端3个黑色斑纹，中央处1个黑斑，两侧有带1个黑斑的披毛。前后翅黄色，缘毛淡褐色，前翅基部、中室端部及内线、中线、外线、亚端线处均布有黑点，后翅也布有黑点。腹部背面各节有1～3个黑点，有的不清晰。

成虫见于5月下旬。

寄主：桃、梨、苹果、梅、山楂、栗、柿、向日葵、高粱等。

分布：小五台山西台、东台、北台、南台海拔900～1250m；邯郸、邢台、石家庄、保定、唐山、张家口、承德；辽宁、山东、山西、河南、陕西、湖北、湖南、四川、云南、广西、西藏、广东、福建、台湾；朝鲜、日本、印度、印度尼西亚、斯里兰卡。

23.180a 桃蛀螟

23.180b 桃蛀螟（示幼虫）

23.180c 桃蛀螟（示被其蛀食的杏果）

23.181 三条蛀野螟

Dichocrocis chlorophanta Butler

又名：三条螟蛾。

翅长约26mm。体黄色，腹部各节后缘白色，前、后翅黄色。前翅中室内有2个黄斑及3条黄褐色横线，后翅有2条黄褐色横线，缘毛淡白色。

成虫见于7月底。

寄主：粟等。

分布：小五台山张家口、保定；浙江、四川、台湾；日本、朝鲜。

23.182 豆蚀叶野螟

Lamprosema indica Fabricius

又名:大豆卷叶虫、豆卷叶螟。

体长9mm，翅展19.0～20.5mm。头部浅黄色，额较平。下唇须淡黄色，端部色较重。触角黄褐色，丝状，具微毛。胸部背面黄褐色，两侧鳞毛长，有黑褐色纹。前、后翅暗黄色，斑纹棕褐色。前翅前缘黄色较鲜，内线、中线和外线均波形，外线前粗后细，中室中部有一斑点。后翅色较前翅为暗，有波状的内线和中线，展翅时分别与前翅的内线和外线对接。腹部背面黄褐色，各节端部白色。

成虫见于7月下旬～8月上旬。

寄主：大豆、绿豆、菜豆、鱼藤、薄荷、豇豆、扁豆等。

分布：小五台山；邢台、石家庄、保定、承德、张家口；北京、内蒙古、江苏、浙江、江西、福建、台湾、湖北、广东、四川；日本、越南、印度、新加坡以及非洲、中美洲和南美洲等。

23.183 瓜绢野螟

Diaphania indica (Saunders)

又名：瓜绢螟、瓜螟、瓜野螟蛾。

体长11mm，翅展23～26mm。头黑褐色，下唇须宽大，下面白色，其余部分黑褐色。触角淡黑褐色。胸部背面黑褐色，腹面白色。前翅前缘、外缘和后翅外缘为较宽的黑褐色带，其余部分翅面白色，有丝绢样光泽，缘毛黑褐色。腹部腹面白色，背面1～4节白色，5、6节黑褐色，末端淡褐色。

成虫见于7月下旬～8月上旬。

寄主：梧桐、木槿、棉花、黄瓜、丝瓜、西瓜等。

分布：小五台山；邯郸、石家庄、保定、张家口、承德、唐山；河南、湖北、江西、浙江、广东、福建、台湾、四川、云南、贵州、广西；朝鲜、日本、越南、印度以及大洋洲、非洲。

23.180d 桃蛀螟(1988年，西台1100m)

23.180e 桃蛀螟（示幼虫）

23.181 三条蛀野螟

23.182 豆蚀叶野螟

23.183 瓜绢野螟（1981年7月25日，南台）

23.184 四斑绢野螟

Diaphania quadrimaculalis (Bremer et Grey)

又名：四斑绢螟。

体长13mm，翅展33～37mm。头部淡黑褐色，两侧有白色细条纹；下唇须较宽大，斜向上伸，上部黑褐色，下部白色。触角淡黑褐色。胸部和腹部背面中间黑褐色，两侧白色，腹部末端黑色。前翅黑褐色，有4个略闪紫色光泽的白斑，中间2个斑大，最外1个斑下方有向后缘延伸的5个排列成弧形的小白点，缘毛黑褐色，近臀角外方白色。后翅外缘为黑褐色宽带，其余部分为白色，外缘前半部缘毛黑褐色，后半部白色。

成虫见于6月下旬~8月下旬。

分布：小五台山西台（大老婆肚）、北台、东台海拔1100～1500m；河北各地；黑龙江、吉林、山东、湖北、浙江、福建、广东、云南、贵州、四川；朝鲜、日本、俄罗斯。

23.185 桑绢野螟

Diaphania pyloalis (Walker)

又名：桑螟、桑绢螟、桑叶螟、桑卷叶虫。

体长7mm，翅展18～24mm。头白色，触角间后方黑褐色；下唇须向上弯曲，下部白色，上部黑褐色与黄白色相间。触角淡褐色。胸部和腹部背面中间黄褐色，两侧白色。前翅淡黄褐色，有4个闪紫光的白斑，顶角处的白斑向后缘延伸出1条白线，端线白色；后翅大部白色，外缘褐色，端线白色；前后白斑与褐色交界处多有黑褐色线纹，缘毛基部呈一黑褐色细线，基部1／3为淡褐色，端部白色。

成虫见于6月下旬～7月上旬。

寄主：桑等。

分布：小五台山；邯郸、保定、唐山、张家口、承德；北京、山西、江苏、浙江、福建、台湾、湖北、广东、四川、贵州；朝鲜、日本、越南、印度、斯里兰卡以及非洲。

23.186 黄杨绢野螟

Diaphania perspectalis (Walker)

又名：黄杨绢螟、黑缘透翅蛾、黄杨黑缘螟蛾。

体长约23mm，翅展32～48mm。白色，头部暗褐色，头顶触角间鳞毛白色。触角褐色。下唇须第1节白色，第2节下部白色上部暗褐色，第3节暗褐色。胸部白褐色有棕色鳞片。腹部白褐色，末端深褐色。翅白色有闪光。前翅前缘褐色，中室内有2个白斑，其中1个新月形。前翅外缘有一褐色带，后缘有一褐色带。后翅外缘墨褐色。

成虫见于7月中旬～8月下旬。

寄主：卫矛、冬青、黄杨等。幼虫取食寄主叶片，吐丝做巢，把2片或几片叶用丝缀合，卷曲成巢，虫巢随虫体长大而增大。初孵化的幼虫先取食叶片表皮叶肉边缘，出现残缺枯黄。幼虫长大则取食整片叶，矮小树木叶片有时几乎全被吃光。

分布：小五台山；张家口、石家庄；北京、陕西、上海、江苏、浙江、湖南、湖北、四川、广东、西藏、贵州、青海、江西；日本、朝鲜、印度。

23.187 旱柳原野螟

Proteuclasta statzneri (Caradja)

又名：杠柳螟。

体长12mm，翅展26～38mm。头部褐色，中间和两侧有3条白线；下唇须较长，向下斜伸，基部下面白色，余处棕褐色。触角丝状，内侧白色。胸部背面褐色。前翅棕褐色，自翅基沿中室下半部有伸向外缘的白色纵带，带前方棕褐色较深，带后方色较浅，翅外半部有棕褐色和白色相间的细纵条纹。后翅外1/3淡棕褐色，基部2/3白色。前翅缘毛和后翅顶角附近缘毛中间棕褐色，基部淡褐色，端部白色。腹部背面污白色。

成虫见于5月。

寄主：旱柳等。

分布：小五台山西台、南台海拔1200～1300m；邢台、石家庄、保定、承德、张家口；北京、黑龙江、内蒙古、河南、山西、陕西、湖北、四川。

23.184a 四斑绢野螟(2009年7月30日，西台1320m)

23.184b 四斑绢野螟（♂）

23.185 桑绢野螟

23.184c 四斑绢野螟(2007年7月18日，东台1200m)

23.186 黄杨绢野螟

23.187a 旱柳原野螟

23.187b 旱柳原野螟(2007年5月10日，南台1300m)

23.188 萝卜黄野螟

Udea testacea (Butlet)

体长7～9mm，翅展16～19mm。头部黄褐色，两侧有白条纹，额倾斜。下唇须较长，斜向下伸，基部下侧白色，其余部分棕褐色。触角丝状，黄褐色。胸腹部背面淡黄褐色，每腹节端部近白色。前翅黄褐色，斑纹棕褐色，中室中部一椭圆形斑，中室端部一大型斑，前二斑内下方各有一小斑，外线断成1列小点，外缘各脉端处有一小点，缘毛深褐色。后翅黄白色，中室端有一小斑点，翅缘脉端处各有一小斑点，缘毛淡黄色，越后越色淡。

成虫见于8月上旬。

寄主：萝卜、大豆、芹菜等。

分布：小五台山；张家口、保定、唐山；上海、广东、陕西、甘肃、宁夏；日本。

23.189 贯众伸喙野螟

Mecyna gracilis Butler

又名：细野螟。

体长11mm，翅展20～24mm。头部黄褐色，两侧白色。下唇须前伸，下部白色，上部褐色。触角丝状，黄褐色，基节白色。胸部背面浅黄色，杂有褐色鳞片，前端色深。前翅浅黄色，外缘有一浅棕褐色宽带，中室前部黄褐色，中室内的椭圆斑、中室端部的斑纹和弯曲的内线、中线及外线均棕褐色，缘毛基部1／3棕褐色、外2／3淡褐色。后翅黄白色，外缘有淡褐色宽带，内有2条弯曲的褐色横线，外缘缘毛基部1／3褐色，外2／3白色。腹部背面淡黄色，各节端部白色，两侧和腹面白色。

成虫见于5月下旬。

寄主：贯众等。

分布：小五台山东台海拔1100～1400m左右；保定、唐山、张家口；黑龙江、台湾、湖南、陕西、新疆、甘肃；朝鲜、日本、俄罗斯。

23.190 伸喙野螟

Mecyna sp.

翅展约20mm。

成虫见于5月中下旬。

分布：小五台山；张家口。

23.191 黄伸喙野螟

Mecyna gilvata Fabricins

翅展25～27mm。头部、胸部、前翅淡红色，底色黄、深酒红或暗灰褐色。下唇须下侧白色。前翅中室有灰色端脉斑，前缘深红褐色，有不甚明显的波纹状内横线和外横线，外缘色稍暗。后翅橘黄色，外缘为暗褐色宽带。

成虫见于6月中下旬。

寄主：旱柳、豆类、蓼等。

分布：小五台山北台海拔1100～1350m；张家口、保定；北京、青海、内蒙古；印度、斯里兰卡、叙利亚、巴基斯坦以及欧洲南部和东部。

23.192 豆荚野螟

Maruca testulalis Geyer

又名：大豆卷叶螟、豆荚螟、豆野螟、豆螟蛾、豇豆螟。

体长10mm，翅展24～26mm。头部茶褐色，中央和触角基部白色。下唇须向前伸，基部下面白色，其余处深褐色。触角丝状，黄褐色，柄节外侧白色，内侧有一白点。胸腹部背面淡茶褐色。前翅暗黄棕色，前缘黄褐色，中室端处有一白色横带，中室内和中室下方各有一小白斑，缘毛棕褐色，臀角外方的缘毛端部2／3白色。后翅白色半透明，外缘前部2／3为暗黄褐色宽带，带内缘呈山岭状，白色翅面上散布水波状褐色横线。

成虫见于5月下旬～9月下旬。

寄主：大豆、豇豆、菜豆、四季豆。

分布：小五台山西台海拔1100～1400m；河北各地；北京、山西、山东、江苏、浙江、内蒙古、湖南、湖北、云南、广西、陕西、青海；朝鲜、日本、印度、马来西亚以及大洋洲、非洲。

23.188 萝卜黄野螟

23.189a 贯众伸喙野螟（1980年5月22日，东台1200m）

23.189b 贯众伸喙野螟(2007年5月29日，东台900m)

23.189c 贯众伸喙野螟（2007年5月29日，东台杨家坪北沟880m）

23.190 伸喙野螟

23.191 黄伸喙野螟

23.192a 豆荚野螟

23.192b 豆荚野螟（2008年7月20日，西台1200m）

23.193 八目棘趾野螟

Anania assimilis Butlet

体长10mm，翅展23～26mm。头部黑色，杂有白色鳞毛；额圆形向前突，两侧和中间有3条白线。下唇须向上斜伸，末节向下倾，下半部白色，上半部黑色。触角丝状，具微毛。胸部背面黑色，前缘黄白色，两侧黄色。前、后翅黑色，各翅具2个白色椭圆形斑。腹部背面黑色，各节末端白色。

成虫见于6月中旬。

分布：小五台山南台海拔1400m左右；保定、张家口；黑龙江；朝鲜、日本。

23.194 元参棘趾野螟

Anania verbascalis Schiffermüller et Denis

翅展约20mm。体翅褐黄色。下唇须鲜褐黄色。腹部有淡褐黄色环。前翅前缘褐黄色显著，内横线弯曲，中室内有1个黑褐色斑，中室外有1条深褐色弯曲线，缘毛暗褐色。后翅翅基深暗褐色，有深褐色弯曲外横线，亚缘线不明显，外缘红褐色，缘线深褐色，缘毛浅褐色。

成虫见于6月上旬。

寄主：霍香、元参等。

分布：小五台山北台、西台、南台海拔950～1310m；张家口；山西、广东；英国、法国。

23.195 黑织叶野螟

Algedonia luctualis Hübner

又名：黑翅织叶野螟。

体长10mm，翅展25mm左右。头部黑色，杂有少数白色鳞毛，两侧有白条纹。下唇须前伸，下侧白色，其余黑褐色。触角丝状，黑褐色。胸部背面黑褐色，前缘杂有少数白色鳞毛。前翅黑色，中室外方有一白色斑，缘毛基部1/3深黑褐色，端部2/3浅黑褐色。后翅黑色，中部有一前宽后窄伸向内缘的白色斑，缘毛基半部黑色，端半部白色。腹部背面黑色，各腹节末端白色，腹面黑褐色，间杂白色鳞片，各节末端白色鳞片增多。

成虫见于6月上旬。

分布：小五台山；保定、张家口、承德；黑龙江；日本、俄罗斯以及欧洲中部。

23.196 粟穗螟

Mampava bipunctella Ragonot

翅展：雌约26mm，雄约21mm。淡红白色。前翅稍带红白色，前缘、外缘色较深，中室端部及中央各有1个小黑点，外缘有5个小黑点，缘毛灰白色。后翅半透明，白色无斑纹。

成虫见于7月下旬～8月中旬。

寄主：谷子、高粱等。吐丝结网取食谷粒，作物收获后可转入仓库继续取食。

分布：小五台山南台、东台、北台海拔840～1280m；张家口、保定；河南、浙江、广东、台湾；日本、印度。

23.197 菜野螟

Mesographe forficalis Linnaeus

翅展25～28mm。头部褐色，两侧有白鳞，前额倾斜。下唇须下侧白色，下颚须褐色。触角微毛状。前翅稍红，各脉淡红色，内横线在亚前缘和中室之间褐色锯齿状略弯曲并向内倾斜，中室翅角有2个褐色相连的斑，边缘色稍深，中央灰色，外横线在R_4及R_5附近为锯齿状，随后内弯呈波纹状，亚外缘线略弯曲，外缘线波纹状。后翅淡黄色，外横线和外缘线弯曲细波纹状，翅外缘中部有1个深褐色点。腹部淡褐色。

成虫见于7月中旬～8月中旬。

寄主：白菜、萝卜、卷心菜、甘蓝、播娘蒿、酸模、鸭儿芹等。

分布：小五台山东台、北台、西台、南台海拔840～1380m；张家口、保定；山西、黑龙江、四川、广东、云南；朝鲜、日本、印度、俄罗斯以及欧洲、北美洲。

23.193 八目棘趾野螟

23.195 黑织叶野螟（1980年6月5日，南台）

23.194 元参棘趾野螟

23.196 粟穗螟

23.197 菜野螟

23.198 稻切叶野螟

Psara licarsisalis (Walker)

体长11mm，翅展22～24mm。头部暗褐色，触角基部和复眼间白色；下唇须先端尖，向前平伸，下面白色，上部暗褐色。触角丝状，具微毛。胸部背面褐色，前部色稍深。前翅暗褐色，斑纹深褐色，中室中部和端部各具一斑，内线向外弯曲，外线弯如锯齿。后翅近外缘处暗褐色，向内色渐浅，中室中部有一暗褐色斑，外线和亚端线暗褐色，锯齿状，端线褐色。前、后翅缘毛褐色，从前翅向后翅逐渐变淡，基部色深，呈一暗褐色线纹。腹部背面褐色，腹面黄褐色。

成虫见于7月中下旬。

寄主：水稻等。

分布：小五台山；石家庄、保定、张家口、承德；江苏、上海、浙江、江西、福建、广东、台湾、湖南、广西、云南；日本、印度、越南、印度尼西亚、马来西亚、斯里兰卡、澳大利亚。

23.198 稻切叶野螟（1980年7月12日，西台）

23.199 切叶野螟

23.200 横线镰翅野螟（1980年7月15日，西台）

23.199 切叶野螟

Psara sp.

翅展22mm左右。

成虫见于7月上旬。

分布：小五台山；张家口。

23.200 横线镰翅野螟

Circobotys heterogenalis (Bremen)

又名：黄尖翅野螟。

体长10mm，翅展24～29mm。头部黄色，两侧有白色条纹。下唇须前伸，稍向上斜，末节又向下倾，基部下面白色，余处黄色。触角黄色，内侧和基部前侧白色。胸部背面浅黄色，后部色更浅。前翅棕黄色，基部和前缘黄色重，向外缘渐变为棕色重，顶角较尖；有3条棕褐色横线，其中内线较直，中线中部向外突成尖角，外线锯齿状，只有前半段明显，中室中部有一棕褐色斑点。后翅灰黄色，端线褐色，外线棕褐色，向外弯成弧形。腹部背面浅黄色，端部3节色稍深，各节端缘白色。

成虫见于7月中旬。

分布：小五台山；承德、张家口、保定；山东、福建、江西；朝鲜、日本、俄罗斯。

23.201 麦牧野螟

Nomophila noctuella Schiffermülle et Denis

又名：环纹螟、麦螟、云杉螟、斑纹野螟。

体长12mm，翅展23～30mm。头部灰褐色；触角基部外方灰白色。下唇须前伸，稍向上弯，下部白色，上部灰褐色。触角丝状，褐色。胸部背面棕褐色。前翅狭长，灰褐色，斑纹深棕色，翅中部和中室端部各有一斑，基部有一不清楚的斑；外线锯齿状，在中室端下角外方向内收；前缘外1/3有3个黑褐色点，外缘沿脉端有1列深褐色小点；缘毛基部1/3深褐色，外2/3灰褐色。后翅浅褐色，翅脉和外缘处色深；缘毛基部1/3灰褐色，外2/3黄白色。腹部背面深灰褐色，各节端缘黄白色，腹面中间褐色，两侧白色。

23.201 麦牧野螟（1980年7月15日，西台）

成虫见于7月。

寄主：柳、小麦、苜蓿等。

分布：小五台山；河北各地；北京、内蒙古、山东、河南、江苏、广东、台湾、陕西、四川、云南、西藏；日本、印度以及欧洲和北美洲。

23.202 豆野螟

Pyrausta varialis Bremer

体长13mm，翅24～27mm。头部淡黑褐色，雌蛾发黄，两侧有白色条纹。下唇须较长，向前平伸，下部白色，上部黄褐色。触角黄褐色，具微毛。胸、腹部背面茶褐色，雌蛾带黄色；胸、腹部腹面雌雄相异，雌蛾淡黄色，雄蛾深黑褐色。前翅浅黄褐色，有黄白色斑纹，中室中部有一褐色斑，中室端脉处有一浅黑褐色横线，内线较直，外线弯曲呈锯齿状，该2条横线深褐色，缘毛淡褐色。后翅颜色，雄蛾灰褐色，有1条黄色亚端线；雌蛾淡黄褐色，近外缘处色稍深，中部有1条锯齿状褐色横线。

成虫见于7月上旬～8月上旬。

寄主：赤小豆、豇豆等。

分布：小五台山西台、北台、东台海拔1100～1400m；石家庄、保定；黑龙江、四川、西藏；日本、朝鲜、俄罗斯。

23.202a 豆野螟（1981年7月12日，北台1300m）

23.202b 豆野螟（1981年8月2日，东台1400m）

23.203 尖锥额野螟

Loxostege verticalis Linnaeus

又名：甜菜野螟。

体长12mm，翅展26～30mm。头部黄褐色，两侧有白色条纹，额突出。下唇须细小，向前伸，基部下侧白色，上半部灰褐色。触角丝状，黄褐色。胸部背面淡黄色。前翅浅黄色，前缘灰褐色，中室中部和端部各有一浅褐色斑；外线暗黄色，锯齿状，在中室下角外方向内弯；亚端线暗黄色，锯齿状；端线褐色，缘毛淡黄褐色。后翅黄白色，端线黑褐色，顶角处有一深褐色斑纹，此斑下连亚端线，外线淡褐色，缘毛褐色，由顶角往后色渐浅。

成虫见于5月下旬～8月下旬。

寄主：酸模、荨麻、苜蓿、甜菜等。

分布：小五台山西台、北台、东台海拔850～1600m；邢台、石家庄、保定、承德、张家口；黑龙江、山东、江苏、陕西、新疆、四川、云南；朝鲜、日本、印度、俄罗斯以及欧洲。

23.204 伞锥额野螟

Loxostege palealis Schiffermüller et Denis

又名：茴香螟、黄翅茴香螟、胡萝卜白螟、拉网虫、封顶虫。

体长12mm，翅展30～36mm。头部白色，微显黄绿，额前突，中央灰黑色。下唇须前伸，端部下斜，下面白色，上半部淡灰色。触角丝状，灰黑色。胸部背面白色，略带黄绿。前翅淡黄绿色，隐约可见灰色外线和顶角处的黑灰色斑，反面斑纹清晰。后翅白色，半透明，顶角处有一黑褐色斑。腹部背面白色，腹面黑褐色。

成虫见于7月上中旬。

寄主：茴香、胡萝卜、山芹、白芷、独活、败酱等。

分布：小五台山北台海拔1100m左右；石家庄、保定、唐山、承德、张家口；黑龙江、陕西、上海、广东、湖北；朝鲜、日本、俄罗斯以及欧洲。

23.205 网锥额野螟

Loxostege sticticalis Linnaeus

又名：黄绿条螟、草地螟、甜菜网螟、甜菜螟蛾、甜菜幕毛虫。

体长9mm，翅展20～26mm。头部黑褐色，触角基外方和后方白色，额较突。下唇须前伸，下部白色，上部黑褐色。触角丝状，近黑色。胸部背面深褐色。前翅暗灰色，中室末端有一近方形的淡灰黄色斑，前缘顶角内方有一浅灰黄三角形斑，斑后有不清晰的横线，端线为浅黄色带。后翅灰褐色，近外缘色深，端线淡灰黄色，外线为一淡灰色带；缘毛灰色，基部1/3色深，自顶角往后色渐淡。腹部背面前3节灰褐色；后部各节黑褐色，各节端缘近白色。

成虫见于5月中旬～9月中旬。

寄主：甜菜、苜蓿、大豆、豌豆、马铃薯、玉米、高粱、向日葵、胡萝卜等。

分布：小五台山东台、西台、北台、南台、中台海拔800～1900m；石家庄、保定、唐山、承德、张家口；吉林、内蒙古、山西、陕西、宁夏、甘肃、青海、江苏；日本、朝鲜、印度以及东欧、北美洲。

23.206 艾锥额野螟

Loxostege aeruginalis Hübner

体长7mm，翅展25～27mm。头部白色，中间褐色。下唇须前伸，下面白色，上半部灰黄褐色。触角丝状，褐色。胸部背面前部橄榄棕色，后部白色。前翅底色污白，斑纹橄榄棕色，前缘和外缘各有1条带纹，中室中部一长椭圆形斑，中室端部一向内弓的斑纹，此斑下方的一三角形大斑，大斑外上角有一上达前缘的线纹，亚端线为一倾斜带，端线直，翅的内后方有一梭形斑，斑上有一向内斜直达前缘的线纹。后翅白色，有2条弯曲的棕褐色带，外缘有1条窄的深褐色线。缘毛基部褐色，端部白。腹部背面褐色，各节末端白色。

成虫见于6月上旬～7月下旬。

寄主：艾草。

分布：小五台山西台海拔1100～1400m；邯郸、保定、唐山、承德、张家口；北京、山西、陕西；欧洲。

23.203 尖锥额野螟

23.204 伞锥额野螟

23.205a 网锥额野螟(2008年8月10日，南台1400m)

23.206b 网锥额野螟

23.206a 艾锥额野螟(2007年7月18日，西台1300m)

23.207 黄翅锥额野螟

Loxostege umbrosalis Warren

翅展22～25mm。头部黄色，额突出呈尖锥状。触角黄色，微毛状。下唇须浅黄及橙黄色相混，末节端部略下垂。胸背橙黄色，腹面淡黄褐色；腹部黑褐色。前、后翅均为黄色，无斑纹。

成虫见于7月上旬。

分布：小五台山西台海拔1100m；张家口；北京、山西、浙江、四川、海南；日本、朝鲜。

23.208 白点黑翅野螟

Heliothela nigralbata Leech

体长6mm，翅展13mm左右。头、胸、腹皆黑色。下唇须向前伸，第2节下侧鳞毛较长，第3节明显呈杵状，第1、2节下侧白色，其余部分黑色。下颚须三角形，向前伸，黑色，基部褐色。触角丝状、黑色。前翅黑褐色，近长方形，外1／3处靠前缘有一黄白色横形斑；缘毛暗褐色。后翅黑色，中部有一白色斑点；缘毛黑褐色，臀角处色黑。

成虫见于7月上旬。

分布：小五台山；保定、张家口、承德；北京、江苏、浙江。

23.209 揪蠹野螟

Omphisa plagialis Wileman

又名：楸野螟、楸螟、梓野螟蛾。

体长12mm，翅展30～33mm。头部褐色，触角基部周围白色。下唇须较长且尖，向前平伸，基部下侧白色，余处黑褐色。触角丝状，褐色。胸部背面黄白色，两侧鳞毛长。前翅白色，脉黄褐色，中室中部和端部各一黑褐色斑，中室下方是一近矩形的大褐色斑，外线、亚端线和端线褐色，前二线中段向外突。后翅白色，线纹褐色，内线较宽，外线下端达外缘，亚端线中部与端线相接触，端线较细。前、后翅缘毛近白色。

成虫见于7月中下旬。

寄主：楸、梓等。

分布：小五台山；保定、张家口、承德；辽宁、北京、河南、山东、陕西、江苏、浙江、湖北、四川；朝鲜、日本。

23.210 茴香薄翅野螟

Evergestis extimalis Scopoli

又名：油菜野螟、油菜螟、茴香螟。

体长10mm，翅展25～28mm。头部黄白色，额中部灰褐色。下唇须较短小，向前伸，黄白色，基部下面白色较重，端部有褐色鳞毛。触角丝状，具微毛，浅褐色。胸部背面白色。前翅淡黄色，半透明，外线呈断续的弧形褐色点线，线外有一大三角形褐色斑，翅中部有3个斜列的褐色点，缘毛褐色。后翅白色至淡黄褐色，外缘褐色，外缘缘毛淡褐色。腹部背面黄白色。

成虫见于6月上旬～9月下旬。

寄主：茴香、油菜、萝卜、甜菜、甘蓝等。

分布：小五台山西台、中台海拔1200～1800m；石家庄、保定、唐山、承德、张家口；黑龙江、内蒙古、山东、江苏、陕西、四川、云南；朝鲜、日本、俄罗斯、美国以及欧洲。

23.206b 艾锥额野螟

23.208 白点黑翅野螟（1980年7月5日，西台）

23.210a 茴香薄翅野螟

23.207 黄翅锥额野螟（1981年7月6日，西台1100m）

23.209 揪蠹野螟（1980年7月25日，南台）

23.210b 茴香薄翅野螟

23.211 欧洲玉米螟

Ostrinia nubilalis (Hübner)

翅展25～35mm。黄褐色。雌蛾前翅鲜黄，翅基2/3处具棕色条纹及1条褐色波纹状线，向外侧依次为黄色锯齿状线、黄色锯齿状斑和黄褐色斑。雄蛾较瘦削，翅色较深，前翅内横线暗褐色，波纹状，内侧黄褐色，基部褐色，外横线暗褐色，锯齿状，外侧黄褐色，再往外具褐色带与外缘平行，内、外横线间褐色，后翅浅褐色。外生殖器抱器腹部具刺区比前边的基部无刺区较短，通常有3个刺，有时2个大刺或4个刺包括1个小刺，刺的平均数目较亚洲玉米螟为少。

成虫见于6月中下旬。在小五台山区与亚洲玉米螟*O. furnacalis*混合发生。

寄主：玉米、高粱、谷子、麻、棉、小麦、豆类、甘薯、甜菜、辣椒、番茄等。

分布：小五台山东台、北台、西台、南台海拔840～1280m；张家口、承德、保定、石家庄、邯郸；内蒙古、宁夏、新疆。

23.212 亚洲玉米螟

Ostrinia furnacalis (Guenée)

翅展25～35mm。黄褐色。雌蛾前翅鲜黄，翅基2/3处有棕色条纹及褐色波纹，其外侧依次有黄色锯齿状线、黄色锯齿状斑及黄褐色斑。雄蛾色略深，体略小，前翅内横线暗褐色波纹状，内侧黄褐色，基部褐色，外横线暗褐色，锯齿状，外侧黄褐色，再向外有褐色带与外缘平行，内横线和外横线间褐色，缘毛基部褐色，端部白色。后翅淡褐色，中央有1条浅色宽带，近外缘有黄褐色带，缘毛基半部淡褐色，端半部白色。本种与欧洲玉米螟*O. nubilalis*极相似，仅外生殖器抱器和下唇须形态有区别。在小五台山区这2种混合发生。

成虫见于6月中下旬。

寄主：高粱、玉米、谷子、棉、麻、豆类、小麦、甘薯、甜菜、辣椒、番茄等。

分布：小五台山北台、西台、南台、东台海拔840～1280m；张家口、保定；内蒙古、宁夏。

23.211 欧洲玉米螟（示幼虫）

23.212a 亚洲玉米螟(♀)

23.213 秆野螟

Ostrinia sp.

翅展约24～34mm。本种形态与亚洲玉米螟*O. furnacaeis*极相似，仅亚端线外侧非为褐色，外横线中部向外更为突出。

成虫见于6月中旬。

分布：小五台山西台海拔980m；张家口。

23.212b 亚洲玉米螟(♂；腹部缺损)

23.212c 亚洲玉米螟（示蛹）

23.212d 亚洲玉米螟（示幼虫）

23.214 米缟螟

Aglossa dimidiate Haworth

翅展雌约33，雄约24mm。黄褐色，散布黑色鳞片，头顶有一小丛灰黄色细毛。前翅黄褐色，布满黑色鳞片，构成4条不明显的波状纹，前缘有1排紫黑及黄褐色斑纹，外缘有1排紫黑色锯齿状小斑。后翅淡黄褐色，靠近前缘色较深，有1条不明显的黄白色横波纹。

成虫见于6～9月。

寄主：幼虫取食禾谷类、粉类、辣椒粉、烟草、棉花、茶叶、蚕茧、动植物标本等。

分布：小五台山；张家口、石家庄、保定、承德；黑龙江、山东、山西、江苏、浙江、福建、湖南、安徽、湖北、四川、广东、云南、青海、新疆、内蒙古；日本、印度、缅甸。

23.215 地中海斑螟

Anagastra kühniella (Zeller)

翅展约25mm。体暗灰色。前翅灰色略有黑色斑点，内横线锯齿形灰白色稍倾斜，外横线浅灰色不明显，有黑色内缘，中室内有明显的斑纹，沿翅缘有1排黑斑。后翅白色半透明，翅脉及其端域淡棕褐色。

23.213 秆野螟

23.214 米缟螟

23.215 地中海斑螟

成虫见于7～8月。

寄主：幼虫取食面粉、大米粉、谷粒、核果、巧克力糖、棉籽、饼干、干菜以及干燥植物。

分布：小五台山区；河北各地；江苏、江西、四川、广西；世界各地。

23.216 干果斑螟

Cadra cautella (Walker)

翅展14～18mm。头胸部灰黑色，腹部灰白色。前翅灰黑色，翅基有不明显的白色横带，其外侧色深。后翅灰色，翅脉灰黑色。

成虫见于8月上旬～9月上旬。

寄主：幼虫取食仓储干果、干菜及其加工品。

分布：小五台山东台海拔850m；张家口；湖北、江西、四川、广东、台湾、云南；泰国、印度、不丹、斯里兰卡。

23.217 二点螟

Chilo infuscatellus Snellen

又名：甘蔗二点螟。

翅展18～25mm。雄体暗灰褐色，胸背暗黄，腹背白色；前翅灰黄色，中室附近暗灰色，中室顶端及中脉下方各有1个暗灰色斑，外缘有7个黑点排成1列，两侧有弧状平行的暗色点，缘毛白色；后翅白色有闪光，前角灰黄。雌体翅灰黄，无暗色斑。

成虫见于7月下旬～9月上旬。

寄主：粟、黍、玉米、甘蔗。

分布：小五台山；张家口、承德、保定；北京、河南、山东、山西、陕西、广西、广东、台湾；日本、朝鲜、印度、马来西亚、阿富汗。

23.218 禾草螟

Chilo sp.

翅展约27mm，似二化螟*Chilo suppressalis*，黄褐色，下唇须前伸，口吻短小。前翅黄褐色，后翅灰白色，但本种前翅外缘没有黑色小点。

成虫见于8月中旬。

分布：小五台山；张家口。

23.219 二化螟

Chilo suppressalis (Walker)

翅展雌25～28mm，雄20mm。黄褐色。喙短小，下唇须前伸、披丛毛。前翅黄褐色，外缘有7个小黑点。后翅灰白色。

成虫见于8月。

寄主：粟、玉米、高粱、水稻、黄瓜、甘蔗、茭白、油菜、蚕豆、芦苇、野稗、慈菇等。

分布：小五台山；张家口、石家庄；辽宁、吉林、黑龙江、河南、山东、江苏、浙江、湖北、湖南、江西、安徽、陕西、四川、云南、贵州、广西、广东、台湾；印度、朝鲜、日本。

23.220 菜心野螟

Hellula undalis Fabricius

又名：菜螟、萝卜螟、甘蓝螟、吃心虫、钻心虫。

翅展15mm。灰褐色。前翅略黄，具3条白色横波纹，中部有1个深褐色肾形斑，镶白边。后翅灰白色。

成虫见于7月中旬～8月中旬。

寄主：萝卜、白菜、菠菜、甘蓝、花椰菜、芜菁、榨菜。

分布：小五台山；张家口、保定；北京、河南、山东、江苏、浙江、广东、湖北、湖南、台湾、陕西、四川、云南、广西、内蒙古、黑龙江、辽宁等；日本、印度以及非洲、大洋洲、欧洲南部。

23.221 金黄镰翅野螟

Circobotys aureali (Leech)

翅展30～33mm。头部黄色，额倾斜两侧有白条。前翅金黄色，无斑纹和横线。后翅半透明，淡褐色。

成虫见于7月中旬。

寄主：禾本科植物叶片。

分布：小五台山西台；浙江、福建、广东；日本、朝鲜、俄罗斯。

23.216 干果斑螟（1980年9月2日，东台1100m）

23.217 二点螟

23.220 菜心野螟

23.218 禾草螟（1981年8月12日，北台）

23.219 二化螟(♀)

23.221 金黄镰翅野螟(♀；2007年7月15日，西台1200m)

23.222 稻筒水螟

Nymphula fluctuosalis Zeller

又名：稻筒螟。

翅展12～18mm。白褐色。胸、腹部背面被白褐色鳞片，腹部端部各环节白色。前翅有3条黄褐色细长斜线。后翅有2条褐色斜线。

成虫见于8月上旬。

寄主：水稻等。

分布：小五台山；四川、福建、广西、广东、台湾；日本、印度、斯里兰卡以及大洋洲、非洲东部。

23.223 稻筒卷叶螟

Nymphula vittalis (Bremer)

又名：稻水螟。

翅展14～20mm。头部黄白色，胸部稍淡黄色，前额扁平，触角褐色。翅白色。前翅前缘中央有暗褐色点，中室有2个小黑点，中室下部有1条斜线，外缘的宽横线两侧为暗褐色，中央有细白色带，缘毛白色。后翅基部斑点暗褐色，有2条横线，1条为暗褐色，另1条为宽黄色锯齿状，缘毛灰白色。

成虫见于8月上旬。

寄主：水稻等。

分布：小五台山东台850m；张家口；山东、江苏、陕西、浙江、湖南、福建、广东、台湾；日本、朝鲜。

23.224 塘水螟

Nymphula stagnata (Donovan)

翅展17～19mm。头顶、领片和翅基片白色，额两旁褐色，下颚须褐色向外扩展，下唇须褐色向上弯曲，触角淡褐色有斑毛。胸背面中央深褐色。翅白色闪光。前翅沿前缘有1条灰褐色带，翅基部有褐色斜纹，中室白色，四周边缘深褐色，沿中室后方从翅后缘伸出2条深褐色带，中室端脉深褐色，中央有1条淡黄色，沿亚外缘有2条深褐色线，这2条褐色线在第2脉上连接至向内收缩，于中室下角内陷，又向翅后缘伸出，外缘线鲜黄，内外两侧有深褐色边，缘毛灰褐色。后翅白色有闪光，中室端脉有1个深褐色斑，内侧有深褐色线，沿翅外缘有褐色宽带，外缘线鲜黄色，内线两侧有深褐色边缘，缘毛灰褐色。腹部各节基部鳞片灰褐色，各节外缘鳞片白色。

成虫见于7月。

寄主：萍逢草等。

分布：小五台山；张家口；黑龙江、江苏、浙江、四川、湖北、广东、云南；日本、俄罗斯、荷兰、瑞典、罗马尼亚、英国、比利时、法国、瑞士、意大利、西班牙。

23.225 褐萍水螟

Nymphula turbata (Butler)

翅展17～21mm。头胸部淡褐色，触角灰褐色，下颚须基部灰褐色。下唇须上侧灰褐色，下侧白色。腹部白色，其背面有黑褐色宽带。前翅暗茶褐色，亚基线白色不甚明显，内横线弯曲波纹状，中横线在中室下角附近向外突出，外横线于翅前缘以下向内弯曲，2条横线间白色；中室端脉有白色新月形斑，亚外缘线暗褐色不规则，外缘线暗茶褐色，内侧稍白，M_2脉以下锯齿状，缘毛灰白与暗褐色相混，中央有暗褐色线。后翅色泽同前翅，前缘和内缘白色，靠近内缘有1个深褐色斑，由中室到内缘有1条边缘不清的深色内横线，外横线白色波纹状，在内缘与中横线相接，外缘线黑褐色。

成虫见于7月中旬。

寄主：水稻、水浮萍、水浮莲、鸭舌草、满江红等。

分布：小五台山；张家口；江苏、浙江、湖北、福建、台湾、广东、广西；日本、朝鲜、俄罗斯。

23.226 印度谷斑螟

Plodia interpunctella Hübner

又名：印度谷蛾、印度谷螟、印度粉蛾、封顶虫、枣蚀心虫。

体长6～9mm，翅展13～18mm。体密被灰褐色及红褐色鳞片，复眼间具一向前方突出的鳞片锥体。下唇须前伸，末节稍向下。前翅狭长，基部2/5灰白色，端部3/5红褐色，在红褐色部分有3条铅灰色横线。后翅灰白色，缘毛暗灰色。

成虫见于6月上旬～9月上旬。

寄主：多种谷粒和面粉。储粮昆虫，吐丝在粮堆表面缀粮成“盖”。偶尔蛀食鲜枣。

分布：小五台山；全国其他各地；日本、印度、朝鲜、斯里兰卡以及北美洲、欧洲等。

23.227 谷斑螟

Plodia sp.

体长约8mm，翅展约16mm。似印度谷斑螟*P. interpunctella*，但触角明显较长，与其混合发生。

成虫见于5月上旬～9月下旬。

寄主：幼虫蛀食小米、大米等谷物。

分布：小五台山；张家口、石家庄。

23.224 塘水螟

23.222 稻筒水螟

23.223 稻筒卷叶螟

23.225 褐萍水螟

23.228 水稻多拟斑螟

Polyocha gensanalis (South)

翅展22～25mm。前翅赭色充满玫瑰红色，后翅灰白色有暗褐色边缘。翅反面暗褐色，后翅色略淡。

成虫见于5月上旬。

寄主：水稻、稗等禾本科植物。

分布：小五台山北台上寺海拔1350m；张家口；江苏、江西、贵州、云南；朝鲜。

23.229 三化螟

Tryporyza incertulas (Walker)

翅展21～25mm。浅黄褐色。雌蛾前翅鲜黄色，中室端有1个黑点；后翅白色；腹部淡褐色，末端有成束褐色茸毛。雄蛾前翅灰黄褐色，自翅顶向下斜伸黑褐色带，中室有1个黑点，外缘有7个小点。

成虫见于7月下旬。

寄主：水稻等。

分布：小五台山；河南、山东、江苏、浙江、安徽、福建、江西、湖北、湖南、四川、陕西、云南、贵州、广西、广东、台湾；日本、印度、缅甸、斯里兰卡。

23.230 朴叶小斑螟

Acrobasis bellulella (Ragonot)

体长约7，翅展约16mm。头、胸部稍带紫褐色。腹部颜色稍浅，前3节各节后端部白色。前翅褐色；亚外缘线灰白色，中部略向外突；中横线灰白色，前半段常不明显；由中横线至翅基部褐色而略带赤色。后翅灰褐色，翅缘色稍深。

成虫见于6月上旬～7月上旬。

寄主：朴树。

分布：小五台山西台1200～1400m；保定、张家口；台湾；日本。

23.231 草螟

Crambus antipinellus Inoue

翅展约15mm。胸部褐色。前翅前缘、外缘和后缘以及2条斜向后缘的横带褐色。其余部分灰白色，外缘有1列小黑点。后翅灰褐色。

成虫见于7月上中旬。

分布：小五台山西台郑家沟海拔1500m；张家口。

23.232 双纹草螟

Crambus diplogrammus Zeller

翅展20～24mm。头部灰白色。下唇须、下颚须和触角暗褐色。胸腹部暗褐色，但腹部略黄，末端灰黄。前翅银灰色，前缘基部暗褐色，翅脉有暗褐及黄色纹，外缘黄色，亚外缘线及外横线银灰色，外横线内侧黄褐色，外缘线暗褐色，在Cu_1、Cu_2及M_3脉下方各有1个黑点，缘毛暗褐色有闪光。后翅淡褐，外缘线暗褐色，但翅前角色淡，缘毛白色。

成虫见于7月上旬。

寄主：马唐等。

分布：小五台山北台上寺海拔1400m；张家口；黑龙江、浙江、湖北；日本、俄罗斯。

23.229a 三化螟（♂）

23.229b 三化螟（♀）

23.230 朴叶小斑螟（1981年6月17日，西台1350m）

23.231 草螟（腹部缺损；1980年7月11日，西台1500m）

23.232 双纹草螟（1981年7月8日，北台1400m）

23.226a 印度谷斑螟（2005年7月20日，西台）

23.226b 印度谷斑螟

23.226c 印度谷斑螟（示蛹）

23.226f 印度谷斑螟（示被幼虫取食的麦粒）

23.227 谷斑螟

23.226d 印度谷斑螟（示幼虫）

23.226e 印度谷斑螟（示幼虫）

23.228 水稻多拟斑螟

23.233 桃白条紫斑螟

Calguia defiguralis Walker

体长约4mm，翅展约20mm。头部赤褐色。下唇须向上弯曲，第2节末端超过头顶，内侧白色，外侧褐黑色。触角黑褐色略带红色，雄蛾触角近基部弯曲。胸腹部背面灰黑色，有紫红色闪光，肩片黑褐色杂有黄白色鳞片，每腹节后端黄白色。前翅黑褐色闪光，内横线白色，缘毛褐色。后翅灰褐色闪紫光，缘毛褐色。

成虫见于8月下旬～9月上旬。

寄主：桃树等。

分布：小五台山东台海拔850m；张家口、保定；日本、缅甸、印度、斯里兰卡。

23.234 乌苏里褶缘野螟

Paratalanta ussurialis Bremer

翅展18～27mm。头部淡茶褐色，两侧有白条。触角淡茶褐色，雄蛾微毛状。下颚须茶褐色。下唇须下部白色，其余茶褐色。胸腹部背面淡黄色，腹面白色。雄蛾前翅前缘有褐色宽带向顶角折向外缘至臀角，内、外横线淡褐色弯曲，中室内有1个小斑，中室外有褐色大斑。后翅外横线淡赭色弯曲，外缘有宽褐色带。

23.233 桃白条紫斑螟（腹部缺损）

23.234a 乌苏里褶缘野螟（腹部缺损）

23.234b 乌苏里褶缘野螟

成虫见于7月上中旬。

分布：小五台山北台水沟海拔1400～1600m；张家口；黑龙江、福建、四川、云南、台湾；日本、朝鲜、俄罗斯。

透翅蛾科 Aegeriidae

体小至中型。触角棍棒状，末端有毛。翅透明并缺少鳞片，前翅狭长无臀脉。腹部末端鳞片排列成扇状，外形很像胡蜂，成虫白天活动，飞翔迅速并且喜欢在林缘和林间空地上飞翔。幼虫蛀食树干、树枝，形成虫瘿，是林木和果树的重要昆虫。

23.235 白杨透翅蛾

Parathrene tabaniformis Rottenberg

体长15～18mm，翅展32～36mm。头部半圆，头胸间有橙黄色鳞片，下唇须基部黑色密布黄毛，触角棒状。胸部背面青黑色，两侧有橙黄色鳞片。前翅褐黑色，中室与后缘略透明；后翅透明。腹部各节有橙黄色鳞片组成的带。成虫外观似胡蜂。在小五台山区，1年1代，以幼虫在蛀道内越冬，翌年4月初开始活动，5月中旬开始化蛹，在5月下旬成虫出现。7月中旬为羽化盛期。新孵化的幼虫6月下旬出现。幼虫侵入寄主后蛀食隧道，直至越冬。该虫在小五台山西台20世纪80年代初，曾对杨树造成中等以上程度的寄生，目前仍有寄生。

寄主：杨、柳苗木及幼树。

分布：小五台山西台、北台、东台海拔800～1350m；河北各地；北京、内蒙古、江苏、浙江、陕西、山东、四川、黑龙江、吉林、辽宁、山西、宁夏、甘肃、新疆、天津；俄罗斯、匈牙利、瑞典、罗马尼亚、希腊、西班牙、叙利亚、阿尔及利亚、蒙古。

（示成虫）（示毛白杨苗干受害状）（示幼虫形态）（1980年6月2日，西台1180m）

23.235 白杨透翅蛾

23.236 杨大透翅蛾

Aegeria apiformis Clerck

翅展45～50mm。头部淡黄，复眼黑褐色，胸部黑褐，腹部黄色宽阔，有2条深褐色横带。双翅透明，前翅沿前缘淡黄褐色，前、后翅缘毛暗褐色。

寄主：杨、柳。幼虫多选择7年生以上的树干基部和根部，蛀食木质部。被害树皮干枯开裂，生长衰弱。易风倒、风折、可致死亡。

分布：小五台山；张家口；陕西、山西、青海、吉林等。

23.237 兴透翅蛾

Synanthedon sp.

体长14mm。极似榆兴透翅蛾*Synanthedon ulmicola*，仅后翅前缘中部有1个黑褐色小斑。

分布：小五台山；张家口。

蓑蛾科 Psychidae

小至中型种类，一般雌雄异型。雌蛾常特化为幼虫型，一生栖息在蓑囊内。雄蛾复眼小，口器退化，触角双栉齿状，翅发达，斑纹简单，中脉在中室可见，前翅1A脉退化，2A和3A脉基部分离，端半合并，或2A和3A脉仅中间有一段合并，两端分离。后翅各臀脉分离，翅缰发达。幼虫吐丝粘附残叶、断枝或土粒结成蓑囊，栖息其中，负囊行动。老熟幼虫吐丝系囊于枝上，化蛹其中。羽化后雄蛾飞出，雌蛾栖息囊中。幼虫取食林木、果树、谷类作物和蔬菜等。

23.236 杨大透翅蛾

23.237 兴透翅蛾

23.238a 碧皑蓑蛾

23.238 碧皑蓑蛾

Acanthoecia bipars Walker

雄蛾翅展18～28mm。体黑色有白色毛，腹部下面淡褐色。前翅基部约1/3和后翅基部约2/3黑色，其余部分透明，翅脉和翅缘黑色。前翅M_2与M_3、R_3与R_4共柄，R_5脉起于中室，1A与2A基部分离，端半合并，3A与2A在中间有一段合并，3A脉止于后缘中央。后翅M_2与M_3共柄。

成虫见于7月上旬。

寄主：冷杉、桧、黄刺梅、核桃、榆、槐、侧柏、刺槐、灰莱、地黄等。

分布：小五台山东台、西台海拔860~1700m；张家口；北京、山东、辽宁；印度。

附：未定种

（2007年6月28日，东台1200m）

（2007年6月27日，南台1400m）

23.238b 碧皑蓑蛾（示幼虫蓑囊）

斑蛾科 Zygaenidae

体多中小型。口器发达，口喙及下唇须伸出，下颚须萎缩。触角线状、栉状、双栉状或末端膨大似棒状。后翅亚前缘脉及胫脉于中室前缘中部连接，有肘脉。有些种后翅具燕尾形突出。翅多数具金属光泽，少数暗淡。幼虫体有毛疣，取食果树和林木。梨星毛虫为小五台山梨园常见的昆虫。

23.239 杏叶斑蛾

Illiberis psychina Oberthür

又名：杏星毛虫。

体长10～11mm，翅展21～27mm。触角雌蛾锯状，雄蛾双栉状。体黑色具显著蓝色闪光。翅基部和边缘黑色，其他半透明，翅较窄而外缘圆，前翅有M干，R分5支分别出自中室，A_2条，2A有基叉；后翅Sc+R_1与Rs平行，在中室约2/3处以横脉相连，M_2基部近M_3，中部弓起而近M_1，A_3条。

成虫见于8月上旬。

寄主：杏、桃、李等。

分布：小五台山东台海拔850m；承德、张家口；北京、山西；俄罗斯、蒙古、日本。

23.239a 杏叶斑蛾(♀)

23.239b 杏叶斑蛾(♂)

23.240 梨叶斑蛾

Illiberis pruni Dyar

又名：梨星毛虫、包饺子虫。

体长8～12mm，翅展18～30mm。触角雌蛾锯状，雄蛾双栉状，但分支不长。体灰黑色，略有青色光泽。喙发达，下唇须短小。前翅较阔而外缘较直(区别于杏叶斑蛾 *I. Psychina*)，翅缘浓黑，除翅基部外大部半透明，翅脉明显易见；前翅中室有M干，R_5条分别出自中室，个别有4条的，或R_4与R_5共柄，A_2条，2A有基叉；后翅A_3条，M有主干，Sc+R_1与Rs平行，中室中部有横脉相连，M_2基部近M_3，中部则弓起而近M_1。

成虫见于7月中旬。

寄主：梨、苹果、沙果、海棠、李、杏、桃、樱桃、山楂、枇杷叶。

分布：小五台山西台、北台海拔1100～1300m；保定、唐山、承德、张家口；辽宁、吉林、黑龙江、北京、内蒙古、新疆、安徽、河南、山西、山东、江苏、浙江、江西、湖南、陕西、甘肃、宁夏、青海、四川、广西、云南；日本。

23.241 柞树叶斑蛾

Illiberis sinensis Walker

又名：柞星毛虫、柞树斑蛾。

体长9～11mm，翅展26～27mm。触角双栉状，雄蛾分支长，雌蛾短而疏常贴于节上如线状。体黑色，有强烈的蓝绿色光泽。翅半透明，缘毛黑色，后翅前缘色更深；前翅M干明显，R5条各出自中室，Cu_1弧弯，中部弯向Cu_2。后翅S_c+R_1与R_s在中室中部以一点相连。

成虫见于4月中旬～7月上旬。

寄主：柞。

分布：小五台山西台海拔1100～1220m；张家口、承德、保定；黑龙江、北京、浙江、陕西、山东、江苏、湖南、广东；日本、朝鲜、俄罗斯。

23.242 葡萄叶斑蛾

Illiberis tenuis Butler

又名：葡萄星毛虫、葡萄斑蛾。

体长约9，翅展27mm左右。触角双栉状，雄蛾栉齿较长。体黑色，具光泽。翅较透明，前翅基部、翅脉与翅边缘黑色，中室端较直有黑纹；后翅边缘与脉黑色，S_c+R_1与R_s在中室2/3处并接一小段再分开，M_2与R_s的中部均弯向M_1。

成虫见于7月上旬。

寄主：葡萄。

分布：小五台山；承德、张家口；北京、河南、山东、陕西、江苏、浙江、安徽、四川、黑龙江、吉林、辽宁；朝鲜、日本、俄罗斯、印度。

23.243 榆叶斑蛾

Illiberis ulmivora Graeser

又名：榆星毛虫。

体长约9mm，翅展25mm左右。雄蛾触角双栉状，分支较长。体黑色。翅半透明，前翅R_4与R_5共柄；后翅S_C+R_1与R_S平行，在中室中部以横脉相连。腹背黑褐色，各节后缘有黄褐色鳞毛，腹侧和腹面末端黄褐色，足黑褐色，被黄褐色鳞毛。

成虫见于7月中旬。

寄主：榆。

分布：小五台山；唐山、承德、张家口；北京。

23.244 依叶斑蛾

Illiberis sp.

翅展约26mm。似葡萄叶斑蛾*I. tenuis*，但翅面散布黑色鳞片，翅脉黑色尤为明显。

成虫见于5月中旬。

寄主：油松。

分布：小五台山西台郑家沟海拔1300m；张家口。

23.241a 柞树叶斑蛾(♀)

(示幼虫)

23.240 梨叶斑蛾

23.241b 柞树叶斑蛾(♂)

23.243 榆叶斑蛾

23.242 葡萄叶斑蛾（1981年7月8日，东台）

23.244 依叶斑蛾（1980年5月8日，西台1300m）

23.245 叶斑蛾

Illiberis sp.

翅展约28mm。

成虫见于7月下旬。

分布：小五台山；张家口。

23.246 大叶黄杨长毛斑蛾

Pryeria sinica Moore

又名：大叶黄杨斑蛾。

体长7～12mm，翅展24～30mm。触角、头胸和腹端黑色具长毛。中胸肩板与腹部大部分皆污橘黄色。翅基部淡黄色，翅面遮薄黑毛，雌蛾前翅比雄蛾宽阔，腹部各节有长毛，雄蛾腹部末端有1对长毛束。

成虫见于9月上旬。

寄主：大叶黄杨等。

分布：小五台山北台海拔1400m；承德、张家口；山西、内蒙古、北京、福建、江苏、陕西、浙江；日本。

23.247 红五点斑蛾

Zygaena niphona Butler

体长11mm，翅展30mm。体黑绿色带蓝色闪光，腹部后方有红色宽带。前翅底色黑绿有光泽，翅面有5个椭圆形红色大斑。后翅红色，翅缘有黑色窄边。

成虫见于6月上旬。

分布：小五台山；张家口、承德；辽宁、黑龙江。

23.248 红肩旭锦斑蛾

Campylotes romanovi Leech

体长18mm，翅展约68mm。体墨绿黑色，翅底色为浓黑色，胸部肩板有1个红斑。前翅近前缘处红色条带，中室两侧有2条红色条带，中室以下有3条橘黄色条带，靠近翅顶有3个白斑，其余斑点黄色。后翅浓黑色，前缘以下有1条红色条带，中室左右有2条红色条带，中间断开，沿翅基部有4条黄色窄带，翅外缘有3个椭圆形纵斑。

成虫见于6月上旬。

分布：小五台山；张家口、承德；四川、云南。

23.249 竹小斑蛾

Artona funeralis Butler

又名：竹斑蛾。

翅展约20mm。体翅暗黑褐色，腹部稍紫有青蓝闪光。前翅灰黑无斑纹，从侧面看有紫色光泽。后翅中央略透明，缘毛灰褐色。

成虫见于6月下旬。

寄主：竹等。

分布：小五台山；张家口；北京、山西、湖北、江苏、浙江、云南、广东、台湾；日本、朝鲜、印度。

23.250 柄脉锦斑蛾

Eterusia sp.

翅展56～71mm。

成虫见于7月中下旬。

分布：小五台山；张家口。

23.245 叶斑蛾（1981年7月25日，中台）

23.246a 大叶黄杨长毛斑蛾(♀)

23.247 红五点斑蛾（1981年6月6日，北台）

23.249 竹小斑蛾

23.246b 大叶黄杨长毛斑蛾(♂；1980年9月4日，北台1400m)

23.248 红肩旭锦斑蛾

23.250 柄脉锦斑蛾

附：未定种

（2007年7月25日，中台1600m）

（1980年6月20日，西台）

（1980年6月20日，中台）

（2010年9月5日，北台1300m）

（1980年7月10日，中台）

（1980年7月1日，西台）

（1981年7月6日，南台）

（1981年6月20日，西台）

（1984年7月5日，南台）

（1980年6月20日，南台）

（2007年7月25日，中台1600m）

（2008年8月5日，中台1560m）

（2008年6月1日，南台1500m）

（2008年7月19日，中台）

（2009年9月2日，东台）

（1980年6月20日，南台）

（1980年6月24日，西台）

刺蛾科 Limacodidae

体中等大小。体和前翅密生绒毛和厚鳞。触角雌蛾丝状，雄蛾双栉状。翅较短阔，前翅A脉2条，2 A基部分叉，中室内有M干，M_2近M_3，$R_{3\sim5}$多共柄；后翅有翅缰，$Sc+R_1$与R_s分开，只在中室前缘基部有一短距离的并接，A脉3条。足密被长鳞毛，胫节有距。幼虫蛞蝓形，头小可收缩，无胸足，腹足小呈吸盘状无趾钩，体上生有枝刺和毒毛或光滑无毛或具瘤，化蛹前常吐丝结茧，有些种类茧上具花纹，形似雀蛋。多取食林木、果树和经济作物。

23.251 褐边绿刺蛾

Parasa consocia Walker

又名：青刺蛾、梨青刺蛾、绿刺蛾、大绿刺蛾、褐缘绿刺蛾、曲纹绿刺蛾。

体长13～20mm，翅展26～43mm。触角褐色，雌蛾丝状，雄蛾近基部十几节单栉齿状。头顶和胸背绿色，胸背中央有一红褐色纵线。前翅绿色，基部棕色斑在中室下缘呈钝角形，外缘浅黄色宽带上布满棕色雾点，带内缘和翅脉红褐色。后翅黄色，缘毛棕色。腹部浅黄色。

成虫见于7月上旬。

寄主：杨、榆、柳、悬铃木、紫荆、枫、槭、柿、核桃、梨、苹果、海棠、杏、桃、李、梅、樱桃。

分布：小五台山东台1100m；河北各地；黑龙江、吉林、辽宁、北京、山东、湖北、江苏、浙江、江西、四川、贵州、云南、台湾、内蒙古、山西、陕西、湖南、安徽、广西、广东、福建；日本、朝鲜、俄罗斯。

23.252 中国绿刺蛾

Parasa sinica Moore

又名：中华青刺蛾、绿刺蛾、苹绿刺蛾。

体长9～13mm，翅展21～28mm。触角雌蛾线状，雄蛾双栉状。头顶、胸背和前翅绿色。前翅基斑褐色在中室下缘呈角形，前缘有细的黄褐色边，外缘褐色带较窄向内弯，其内缘在Cu_1～Cu_2脉向内突成钝齿状，缘毛褐色。后翅灰褐色，臀角稍带浅黄褐色，缘毛灰黄。腹背灰褐，末端灰黄色。

成虫见于7月中下旬。

寄主：杨、柳、刺槐、栎、柿、核桃、栗、梧桐、枫、榆、苹果、梨、李、杏、桃、枣等。

分布：小五台山；石家庄、唐山、保定；辽宁、吉林、黑龙江、山东、江苏、浙江、江西、台湾、湖北、贵州、云南；日本、朝鲜、俄罗斯。

23.251a 褐边绿刺蛾

23.252a 中国绿刺蛾

23.251b 褐边绿刺蛾（2007年7月7日，西台1220m）

23.252b 中国绿刺蛾（示幼虫及其取食状）

23.253 双齿绿刺蛾

Parasa hilarata (Staudinger)

又名：棕边青刺蛾、棕边绿刺蛾、小青刺蛾。

体长7～12mm，翅展18～26mm。触角和下唇须褐色。触角雌蛾线状，雄蛾双栉状。头顶和胸背绿色。前翅绿色，前缘有黄褐色细边，外缘褐色宽带中内侧具深褐色细边，在其内缘有一大一小两个齿形曲，缘毛褐色。后翅苍黄色，外缘附近淡褐色，缘毛黄色有褐线，在臀角处褐色较重。腹背苍黄色。

成虫见于7月初。

寄主：苹果、梨、杏、桃、枣、核桃、栎、槭和桦。

分布：小五台山；邯郸、保定、廊坊、唐山、承德；辽宁、吉林、黑龙江、山东、河南、江苏、江西、台湾、湖南、四川；日本。

23.254 黄刺蛾

Cnidocampa flavescens (Walker)

体长8～14mm，翅展26～34mm。触角线状，下唇须褐色弯过头顶。头、胸背黄色。前翅内半部黄色，外半部黄褐色，有2条暗褐色斜线，自顶角分开向后缘延伸，内面1条稍外曲，伸达臀角前方，横脉纹为一暗褐点，中室中央下方2A脉上有时也有一模糊暗点。后翅黄褐色无斑，缘毛褐色。腹背黄褐色，足棕褐色。

成虫见于7月上中旬。

寄主：苹果、梨、杨、柳、桑、枫、核桃、枣、柿、桃、杏、珍珠梅。

分布：小五台山西台海拔1100～1450m，东台海拔850m；河北各地；内蒙古、山西、北京、黑龙江、辽宁、吉林、河南、山东、陕西、四川、云南、广东、广西、湖南、湖北、江西、安徽、江苏、浙江、台湾；日本、朝鲜、俄罗斯。

23.253d 双齿绿刺蛾（示大龄幼虫及其危害状）

23.253e 双齿绿刺蛾（左图示树干上的蛹；示老熟幼虫下树寻找化蛹场所。右图左下开口的为越代蛹茧）

23.253a 双齿绿刺蛾（示幼虫及其取食状；1992年7月15日，西台1450m）

23.253c 双齿绿刺蛾（示低龄幼虫）

23.253f 双齿绿刺蛾

23.253b 双齿绿刺蛾（示梨树叶被吃光二次发出新叶）

23.254a 黄刺蛾（2007年7月15日，西台1410m）

23.254b 黄刺蛾（示栖息态；2007年7月7日，东台1100m）

23.255 客刺蛾

Ceratonema retractatum Walker

体长8～9mm，翅展20～23mm。体与前翅赭色。前翅有3条暗褐色横线，中线直斜，从前缘中央稍后一点伸至后缘中央，外线波浪形，从M_1脉伸至后缘，亚端线从前缘中间稍后一点斜向外伸至Cu_1脉。后翅浅黄色，靠近臀角有一赭色纵纹。

成虫见于6月上中旬。

分布：小五台山西台、北台海拔1200～1600m；保定、张家口；西藏、云南；印度。

23.256 枣奕刺蛾

Iragoides conjuncta (Walker)

又名：枣刺蛾、褐刺蛾。

体长13～15mm，翅展24～31mm。触角雄蛾双栉状，雌蛾线状。体翅紫褐色，头和颈浅褐色，下唇须极短未超过颜面外。前翅基部约1/3较暗，外边较直，横脉纹为一黑点；外缘有一铜色光泽横带，中央紧缩，两端呈三角形斑，其中后斑向内扩散至中室下角呈齿形，铜色横带带外衬灰白边。后翅灰褐色，无斑纹，外缘有细线，缘毛褐色。

成虫见于6月下旬。

寄主：枣、柿、梨、苹果、杏、桃、核桃、樱桃等。

23.254c 黄刺蛾（2007年7月20日，东台1100m）

23.254d 黄刺蛾

分布：小五台山；邯郸、保定、廊坊、唐山；辽宁、山东、安徽、湖北、江苏、浙江、江西、福建、台湾、广东、广西、贵州、四川、云南；朝鲜、日本、越南、印度、泰国。

23.257 梨娜刺蛾

Narosoideus flavidorsalis (Staudinger)

又名：梨刺蛾。

体长13～14mm，翅展30～36mm。触角雌蛾线状，雄蛾双栉状。头及胸背黄色。前翅黄褐色，外线以内的前半部褐色较重，后半部黄色较显，其中2A脉暗褐色，外缘较明亮，外线清晰暗褐色，横线内侧有黄色。后翅棕褐色，缘毛黄褐色。腹部黄色，有黄褐色横纹。

成虫见于6月中旬。

寄主：梨、柿、枫等。

分布：小五台山；邯郸、保定、唐山、张家口、承德；辽宁、吉林、黑龙江、山西、江苏、浙江、江西、台湾、广东；日本、朝鲜、俄罗斯。

23.254e 黄刺蛾

23.254f 黄刺蛾（示幼虫形态；2008年9月18日，东台1050m）

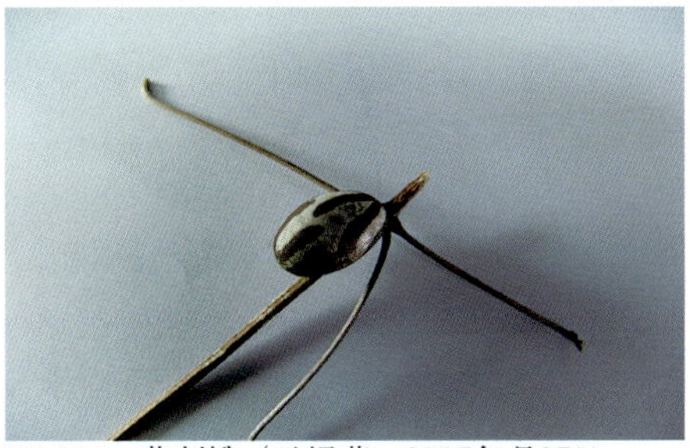

23.254g 黄刺蛾（示蛹茧；2007年月27日，西台1200m）

23.258 黄娜刺蛾

Narosoideus fuscicostalis (Fixsen)

体长9mm，翅展约28mm。外形似梨娜刺蛾*N. flavidorsaeis*，但主体黄色，胸腹部略带褐色，前翅外线以内的前缘褐色，向内伸展到中室上缘，后缘无黄斑。后翅略带褐色。

成虫见于6月中下旬。

分布：小五台山；张家口、承德、保定、邯郸；山东。

23.254h 黄刺蛾（左为蛹茧，右为蛹；2007年3月27日，西台1200m）

23.255 客刺蛾

23.256 枣奕刺蛾

23.257 梨娜刺蛾

23.258 黄娜刺蛾

23.259 艳刺蛾

Arbelarosa rufotessellata (Moore)

体长约11mm，翅展约25mm。头胸背面浅黄色，胸背具黄褐色横纹。前翅褐赭色，被一些浅黄色横线分割成许多带形或小斑，尤以后缘和前缘外半部较明显；横脉纹为一红褐色圆点；亚端线褐赭色不清晰，外衬浅黄边，从前缘3/4向翅尖呈拱形弯伸至Cu_2末端；端线为1列脉间红点组成。后翅橘红色。腹背橘红色，具浅黄色横线。

成虫见于7月上旬。

分布：小五台山；张家口、承德；浙江、江西、广东、四川、云南；印度、印度尼西亚。

23.260 迹银纹刺蛾

Miresa inornata Walker

又名：大豆刺蛾。

翅展26～33mm。头和胸背黄色。翅基片和后胸具红褐色边。腹背红褐色。前翅暗红褐色，外部1/3灰褐色较明亮，中室以下的后缘区赭黄褐色，外线模糊，只可见脉上暗褐色点，端线不清晰，只在3、4脉间一段银线可见。后翅红褐色。

成虫见于6月中下旬。

寄主：苹果、梨、柿、豆类、茶等。

分布：小五台山；张家口；辽宁、四川、贵州、广西、台湾；克什米尔地区。

23.259 艳刺蛾（1980年7月8日，北台）

23.260 迹银纹刺蛾

23.261 扁刺蛾

Thosea sinensis (Walker)

体长17～18mm，翅展31～36mm。体翅灰褐色。前翅外缘较直，臀角弧弯，内半部和外线以外带黄褐色并稍具黑色雾点，外线明显暗褐色与外缘略平行，横脉纹为一黑色圆点；后翅灰褐，外缘有褐边，缘毛灰褐色。

成虫见于6月上旬。

寄主：柳、枣、柿、核桃、梧桐、油桐、喜树、乌桕、枫香、苦楝、枫杨、杨、银杏、大叶黄杨、泡桐、桑、栎、栗。

分布：小五台山；张家口、邯郸、石家庄、保定、廊坊、唐山、张家口、承德；黑龙江、辽宁、吉林、山东、安徽、江苏、浙江、江西、福建、台湾、湖北、湖南、广东、广西、四川、云南；印度、印度尼西亚。

凤蛾科 Epicopeiidae

体大型,形似凤蝶,后翅具一尾状突起,黑色有红白色斑纹。喙发达,下颚须小。触角双栉形。前足胫节具1距,中足胫节1对中距,后足胫节2对距。前翅中室有一叉状脉，横贯中央。后翅Sc脉特别延长,与R_1、R_2脉组成尾带。幼虫体壁密布蜡腺，能分泌白色蜡粉。

23.261a 扁刺蛾

23.261b 扁刺蛾（示幼虫形态）

23.262 榆凤蛾

Epicopeia mencia Moore

又名：粉笔虫、榆燕蛾。

体长19mm，翅展72mm左右。体黑色，下唇须和肩片基部的斑纹均为桃红色。前翅黑色，无斑纹。后翅后角有尾状突起，外缘有2行红斑，新月形或圆形。腹部背面黑色，节间红色（♀），或橙黄色（♂）。

成虫见于6月中下旬。

寄主：榆。

分布：小五台山；邯郸、承德、秦皇岛、廊坊、张家口；黑龙江、辽宁、吉林、北京、湖北、江西、上海、浙江；朝鲜。

23.262a 榆凤蛾(♂)

23.262b 榆凤蛾(♀)

23.262c 榆凤蛾(示幼虫)

钩蛾科 Drepanidae

中至小型种类。喙与唇须不发达，前翅顶角呈钩状，中室较长，M_2多靠近M_3，$R_{2\sim5}$脉共柄。后翅R5脉同S_C+R_1在离中室后有一段接近或完全愈合，2A脉发达，3A脉退化。有翅缰，两翅中室均为角室。幼虫多无臀足，尾节常有长的突起，结茧于叶片中。幼虫大多取食林木、果树或农作物。

23.263 赤杨镰钩蛾

Drepana curvatula (Borkhauser)

体长10mm，翅展34mm左右。体色暗黄褐色。前翅顶角弯曲成镰刀状，顶角下方紧贴外缘有一黑色弧形线。前、后翅均有5条波状斜纹，其中自内向外数第3条最清晰，从顶角起倾斜到后缘2/3处，与后翅相应的1条相衔接，前翅横脉处有2个黑点，中室有1个小黑点。后翅中室及其上方各有1黑点。

成虫见于7月上旬。

寄主：赤杨等；

分布：小五台山北台海拔1500m；保定、承德、张家口；黑龙江；日本、朝鲜以及欧洲。

23.264 荚蒾钩蛾

Psiloreta pulchripes (Butler)

体长11mm，翅展39mm左右。头橘红色，触角橘黄色，胸足及身体腹面红色，体侧有米黄色鳞毛。前翅赤褐色，散布有棕褐色斑点，顶角较钝，后方近前缘处有棕黑色斑，横线不明显，外线自顶角斜向后缘，有些个体成1条宽黄带，外缘黑褐色，近后角处有一黑点。后翅基部及前缘淡黄色，中室内方有赤褐色宽横带，横带至外缘间黄色，顶角有一赤褐斑。

成虫见于7月中旬。

寄主：荚蒾。

分布：小五台山；保定、张家口；云南；朝鲜、日本。

23.265 古钩蛾

Palaeodrepana harpagula (Esper)

体长约11mm，翅展约35mm。体黄褐色。前翅顶角尖，顶角下方至M_3脉之间外缘显著内陷，Cu_1脉端又外突，内线褐色弯曲，中带呈深褐色，内有浅黄色斑，外线褐色弯曲，外线至端线间有棕黑色波状纹。后翅较前翅色淡，外缘Cu_1脉处也有小的外突，中室下方有1个浅黄色斑，斑下方有1个棕黑色小点。两翅反面均为土黄色。

成虫见于7月下旬。

寄主：栎、赤杨。

分布：小五台山；张家口、承德；北京、四川；日本以及欧洲。

23.266 古钩蛾指名亚种

Palaeodrepana harpagula harpagula (Esper)

翅展35mm左右。

分布：小五台山；张家口。

23.267 瑕玉钩蛾

Yucilix xia Yang

体长约8mm，翅展约26mm。体翅白色。前翅顶角无钩突，翅端灰黑并有几个斑点，翅中部有卵形大斑并与后缘大斑相连，斑的边缘灰褐而中部黑褐色，斑内的Cu脉及M_3脉呈白色细纹。后翅全白，中室端有1对小黑点，但多消失。

成虫见于6月下旬。

分布：小五台山西台海拔1200m；保定、承德、张家口；内蒙古、陕西。

23.263a 赤杨镰钩蛾

23.264 荚蒾钩蛾

23.267a 瑕玉钩蛾

23.263b 赤杨镰钩蛾（1980年7月7日，北台1500m）

23.265 古钩蛾（1980年7月25日，南台）

23.267b 瑕玉钩蛾（1980年6月26日，西台1200m）

23.268 荞麦钩蛾

Spica parallelangula Alpheraky

体长10～13mm，翅展30～36mm。触角线状有纤毛。下唇须基部2节被毛，端节尖而向上。体翅淡黄褐色，腹部和后翅色较淡。前翅顶角尖，但不突伸成钩，从翅基到中部有3条折曲成"<"状细褐色线，亚端线呈双波浪状，外缘弧形，顶角不外突。后翅灰白色，无斑纹。足的胫节距较长，中足有距1对，后足2对。

成虫见于7月上旬。

寄主：荞麦。

分布：小五台山；保定、张家口；北京、山西、陕西、宁夏、青海、云南。

23.269 网卑钩蛾

Betalbara acuminata (Leech)

又名：六点钩蛾。

翅展29～34mm。体翅黄褐色。前翅顶角尖锐，显著突出，顶角内侧有长三角形白纹；内线弯曲度大，棕褐色；中线棕色较粗斜向顶角，直达后缘与后翅贯连；亚端线略弯曲；端线自顶角至臀角呈"S"形，中室端有黑褐色点2个。后翅色略浅，中线较粗，靠近前缘在Rs脉附近有1个褐色圆点。前、后翅上布满黄褐色网状横纹。

成虫见于6月下旬。

分布：小五台山；张家口；四川峨眉山。

23.270 掌绮钩蛾

Cilix tatsienluica Oberthür

翅展22～28mm。

分布：小五台山；张家口。

23.271 浓白钩蛾指名亚种

Ditrigona conflexaria conflexaria (Walker)

23.268 荞麦钩蛾

翅展24～31mm。

分布：小五台山；张家口。

23.272 黄带山钩蛾

Oreta pulchripes Butler

翅展23～28mm

分布：小五台山；张家口。

23.273 三线钩蛾

Pseudalbara parvula (Leech)

又名：眼斑钩蛾。

翅展20～25mm。体较细，背面灰褐色，腹面淡褐色。前翅灰紫褐色，具3条深棕色斜纹，中间1条较显著，内侧1条略细，外1条细而弯曲；中室端具2个灰白色小点，上面1个稍大；顶角向外突出，端部有1个眼状斑。后翅色淡，中室端具2个不太明显的小黑点，但在翅反面清晰可见。

成虫见于7月上旬。

寄主：核桃、栎等。

分布：小五台山；张家口；北京、黑龙江、河南、四川、浙江；朝鲜、日本以及欧洲。

23.274 青冈树钩蛾

Zanclalbara scabiosa (Butler)

翅展27～30mm。体灰茶褐色。前翅前缘黄褐色，内线、中线、外线不明显，亚端线灰褐色，波浪状较明显；中线附近有灰白色散斑，中室内有1个白斑。后翅内线、中线及外线褐色，中线部位亦有灰白色散斑。

成虫见于7月上旬。

23.269 网卑钩蛾(1981年6月26日，西台)

23.273 三线钩蛾

寄主：青冈树等。

分布：小五台山东台、西台海拔850～1200m；张家口；四川峨眉山、台湾；日本、朝鲜。

附：未定种

(1980年7月2日，北台)

尺蛾科 Geometridae

体型细瘦，多中、小型。翅大而薄，停息时翅常平展，少数属、种不具翅或翅退化。喙和翅缰一般都有，少数无。单眼多退化，触角多比前翅短，个别等长。下颚须退化或不分节。下唇须发达，前伸或向上。翅脉Sc_1条，R脉$_{4\sim5}$条，M_3条，Cu_2分支，少数3分支，A脉1条。足细长，后足胫距1～2对。腹基部气门下方有一听器，是识别尺蛾的可靠特征。幼虫体多细长，腹足多为2对，如为3对或5对，则其中1～2对极小，屈伸而行。

23.275 粉蝶尺蛾

Bupalus vestalis Staudinger

翅展约44mm。翅粉白色，前后翅外缘有暗褐色带，前缘灰黄色有许多小暗褐色点，这些点以前翅前缘较多。前翅外、中线只显前半段，暗褐色；后翅外、中线均明显。翅反面与正面斑纹相似，仅色较深。

23.274 青冈树钩蛾（2007年5月11日，西台1200m）

成虫见于6月中下旬。

分布：小五台山；张家口；吉林、黑龙江；日本。

23.276 双云尺蛾

Biston comitata Warren

翅展约62mm。雄蛾触角双栉状，雌蛾触角线状。体白色，布满灰黄色细条纹。双翅的内、外线黑色而粗，翅展开时，内外线分别列为弧形，外线外侧有较浓的灰黄色。后足胫节上有前后2对距。

成虫见于7月下旬。

分布：小五台山；张家口；黑龙江、吉林、辽宁、湖北、福建；日本、朝鲜、俄罗斯。

23.277 锚尺蛾

Archiearis notha Hübner

又名：桦小眼尺蠖。

翅展27～30mm。体黑色，头部、胸部背面及腹面、腿节及胫节、腹部后端均有灰色长毛。前翅棕褐色，中线及外线略呈粉白色；中室端有一黑褐色斑，其边缘不清晰；翅基部、后缘区基半部以及外缘黑褐色。后翅棕褐色间橙黄色斑，外缘黑褐色，中室端有一褐点，臀角处缘毛长。翅反面大部分橙黄色，中室端棕褐色斑明显，后缘区基部2/3有棕褐色横条。

成虫见于8月上旬。

幼虫取食桦、杨、柳等树叶。

分布：小五台山；张家口、保定、承德；黑龙江；俄罗斯以及中欧。

23.278 女贞尺娥

Naxa (*Psilonaxa*) *seriaria* Motschulsky

又名：七十星尺蛾、丁香尺蛾。

翅展34～46mm。体翅白色，有丝样光泽。触角雌雄均为锯状。前翅前缘基部约1/3为黑色。前、后翅上共70个黑点：前翅内线处3个，中室端1个，亚端线处8个(在脉上)，端线处7个(在脉间)；后翅中室端1个，亚端线处8个，端线处7个(顶角处的一个常小，不清晰)。无翅缰。足上有黑色部分。胫节端距微小，无中距。

成虫见于7月上旬。

幼虫取食女贞、丁香、水蜡树、水曲柳等叶片。

分布：小五台山西台海拔1200～1450m；邯郸、唐山、承德、保定、张家口；黑龙江、辽宁、吉林、江苏、浙江、贵州、北京、陕西、云南；朝鲜、日本、俄罗斯。

23.279 青辐射尺蛾

Iotaphora admirabilis Oberthür

又名：华丽尺蛾。

翅展约60mm。体翅青黄色。触角雌蛾锯状，雄蛾双栉状，触角干白色，栉棕色。颜面灰白色，头顶粉白色。下唇须白色而背面黑色。前翅内线弧形，黄白两色；中室端有黑纹；外线黄白两色，外线以外有10余条辐射状黑短线。后翅除无内线外，斑纹大体同前翅。足白色，前足腿节背面和胫节上有黑斑。

成虫见于7月下旬。

幼虫取食核桃楸、桦、榛、桤木等树叶。

分布：小五台山；张家口、保定、承德；黑龙江、江西、陕西、辽宁、吉林、北京、浙江。

23.275 粉蝶尺蛾

23.278a 女贞尺娥

23.278d 女贞尺娥(2007年7月3日)

23.276 双云尺蛾

23.278b 女贞尺娥

23.278e 女贞尺娥（2007年7月3日，西台1310m）

23.277 锚尺蛾

23.278c 女贞尺娥（2007年7月3日，西台1400m）

23.279 青辐射尺蛾

23.280 黄辐射尺蛾

Iotaphora iridicolor Butler

又名：华丽尺蛾。

翅展约60mm。额面灰黄色,头顶粉黄色。下唇须外侧黑色。前、后翅淡黄色，具杏黄色条纹；翅端区较白，具辐射状黑条纹。前、后翅中室各具一黑色纹。

成虫见于7月中旬。

寄主：核桃楸。

分布：小五台山；张家口；黑龙江；山西；四川；西藏；印度。

23.281 白脉青尺蛾

Hipparchus albovenaria Bremer

前翅长27～30mm。肩片黄绿色。翅绿色至黄绿色，干标本失绿颜色变浅。前翅内线白色，直稍弯；中室端有绿色或黄绿色深色点；外线白色较粗，从前缘端部1/3处斜向后缘端部1/3处；亚端线白色波曲；外缘波形。后翅有较粗的白色外线，展翅后与前翅的白色外线相接；亚端线细，波曲弧形。前后翅翅脉白色，反面更清楚。脉端有褐点。胸、腹粉白色。

成虫见于7月下旬。

分布：小五台山中台1300～1500m；唐山、保定、承德、张家口；北京、四川、云南以及东亚。

23.282 中绿尺蛾

Hipparchus mandarinaria Leech

翅展约43mm。翅翠绿色。前翅2条很细的白线，前缘白色细条状，外缘平滑无齿。后翅1条细白线，外缘中部向外突出成角。翅反面颜色与正面相同。胸腹灰白色。

成虫见于8月上旬。

分布：小五台山南台海拔1210m；张家口；四川。

23.283 直脉青尺蛾

Hipparchus valida Felder

又名：栎大尺蛾、栎青尺蛾。

前翅长30～31mm。头顶和胸、腹粉白色，肩片和翅粉绿色。前翅内线直、白色；中室端有深色点；外线白色较内线粗，从前缘基部3/4处伸向后缘基部2/3处，并与后翅的白色中线相接；亚端线细，不明显。后翅的亚端线亦细而不明显。翅外缘波状。后翅M_1和M_3端处最突出。本种似白脉青尺蛾*H. albovenaria*，但内线、外线、亚端线均较细，尾突明显，翅脉处白色不明显，脉端无褐点。

成虫见于7月中旬。

幼虫食栎、栗等叶。

分布：小五台山；邯郸、邢台、保定、唐山、承德、张家口；黑龙江、吉林、北京、陕西、四川；日本、朝鲜。

23.284 蝶青尺蛾

Hipparchus papilionaria Linnaeus

又名：翠蝶尺蛾、白桦青尺蛾、大绿尺蠖。

前翅长27～30mm。头、胸、下唇须和翅均绿色或草绿色。触角黄色。前后翅均有白色波状很细的内线、外线和亚端线(后翅内线不甚明显)；中室端有深绿色的斑纹；外缘波状，后翅更明显。翅反面翠绿色，前翅外线以内颜色较深。腹基部绿色，向后端渐次黄色，端部白色。足基节、腿节绿色，其余黄色。年久标本褪至黄色。

成虫见于6月下旬～8月下旬。

幼虫取食桦、杨、榛、桤木等叶。

分布：小五台山南台、西台、北台海拔1200～1600m；保定、承德、张家口；黑龙江、北京、内蒙古；日本、俄罗斯以及小亚细亚、欧洲。

23.285 乌苏里青尺蛾

Geometra ussuriensis Sanber

翅展约58mm。本种似白脉青尺蛾*H. albovenaria*，但翅脉为黄色，脉端黄色更明显，前缘亦为黄色。又似直脉青尺蛾*H. valida*，但外缘不为明显锯齿状。

23.284a 蝶青尺蛾

23.280 黄辐射尺蛾

23.282 中绿尺蛾

23.284b 蝶青尺蛾(♀)

23.281 白脉青尺蛾（1980年7月28日，中台1410m）

23.283 直脉青尺蛾

23.284c 蝶青尺蛾(♂；变异)

成虫见于8月上旬。

分布：小五台山东台杨家坪海拔850m；张家口。

23.286 菊四目绿尺蛾

Euchloris albocostaria Bremer

前翅长：雌14～18mm，雄15mm。头顶白色，额绿色，触角和下唇须黄褐色。肩片绿色，胸、腹粉白色。翅绿色，年久标本发黄。前翅内线白色，弧形；外线白色，波形；中室端有白色眼纹，中间有血色短线；端线血红色；脉间缘毛白色，脉端缘毛血红色。后翅外线白色波形，中室端白色眼纹大而明显。前后翅的反面均可见眼纹和外线。

成虫见于7月下旬。

幼虫食菊、艾等菊科植物的叶。

分布：小五台山南台海拔1400～1600m；承德、张家口；陕西、黑龙江、安徽；朝鲜、日本。

23.287 青灰讥尺蛾

Gelasma grandificaria (Graeser)

前翅长19～20mm。头顶灰白色，额部黑褐色。触角雌蛾线状，雄蛾双栉状。体翅青灰色。前翅内线波状色淡，外侧有灰绿色带；中室端有灰绿色纹；外线波状很淡而内侧有较明显的灰绿色带；外缘波状有褐色边；缘毛灰白脉端有褐斑；前缘区灰黄色。后翅中室有灰绿色纹，外线同前翅，外缘波状有褐边，缘毛灰白脉端有褐斑；M_3脉端处延伸形成尾突。足和腹面灰黄色。

成虫见于7月上旬～8月上旬。

分布：小五台山；承德、张家口；北京、浙江、湖北；俄罗斯、日本、朝鲜。

23.288 白点二线绿尺蛾

Euchloris smaragdaria Fabricius

前翅长16～18mm。头顶和额部绿色，下唇须和触角黄色。前、后翅鲜绿色，内线、外线白色波曲，中室上有一白纹，后缘较白。后翅前缘下方一块白色。外线和中室白纹在翅反面更清晰。胸、腹背面粉绿色，腹面较绿。足基节、腿节绿色，其余黄色。陈旧标本褪绿。

成虫见于7月中旬。

幼虫取食多叶蓍等。

分布：小五台山；张家口、承德；内蒙古；俄罗斯。

23.289 二线绿尺蛾

Euchloris atyche Prout

翅展约30mm。头胸部粉绿色。翅绿色。前翅具很细的白色内、外线。后翅一般不显外线，但翅反面白色外线明显。腹部粉白微青。

成虫见于7月下旬。

分布：小五台山；张家口；北京、四川、西藏。

23.290 红足青尺蛾

Culpinia diffusa (Walker)

又名：赤线尺蛾。

前翅长11～15mm。触角雌线状，雄双栉状，黄色。头顶白色，额和下唇须红褐色。后头和胸背淡绿色。翅淡青绿色，外线白色，细而弯曲；端线细，红褐色；缘毛白色，脉端则呈红褐色。前翅还有白色细而弯曲的内线，前缘具细的黄边。后翅M_3脉端部向外突出成角。腹部白色，第1节背面淡绿，第2～4节背面有红褐色鳞斑。足黄白色，前、中足除跗节外，内侧红褐色。后足胫距雄蛾1对，雌蛾2对（也有1对的）。

成虫见于6月中旬～7月上旬。

幼虫食桑白爪草、艾蒿等叶。

分布：小五台山北台、西台、南台海拔1300～1600m；唐山、承德、张家口；吉林、黑龙江、辽宁、浙江、四川、陕西、台湾、北京；日本、朝鲜、俄罗斯。

23.285 乌苏里青尺蛾（1981年8月2日，东台1200m）

23.286 菊四目绿尺蛾（1980年7月25日，南台1500m）

23.287b 青灰讥尺蛾

23.289 二线绿尺蛾

23.287a 青灰讥尺蛾

23.288 白点二线绿尺蛾（1980年7月17日，中台）

23.290 红足青尺蛾（1980年6月25日，南台1500m）

23.291 无喙青尺蛾

Holoterpna diagrapharia Püngeler

前翅长约18mm。头胸灰白色。前翅青色，仅见1条白色外线，由外向内斜曲，中室以后不很明显。后翅粉白色，鳞片薄。腹部银白色。

成虫见于6月下旬。

分布：小五台山；张家口；俄罗斯。

23.292 红腰绿尺蛾

Hemithea aestivaria Hübner

又名：红颜锈腰青尺蛾。

翅展约22mm。体型大小有变异。青黄色，颜红色。前后翅外缘线血色，缘毛上有血色点，外线白色波浪形，内线不清。腹部灰黄色，中部两节背面褐色，前、中部赤褐色。

成虫见于7月上中旬。

寄主：栎、山楂、柳等。

分布：小五台山；张家口；黑龙江、江苏；日本、朝鲜、西班牙。

23.293 薄绿尺蛾

Chlorissa obliterata (Walker)

又名：仿锈腰青尺蛾。

前翅长11～12mm。触角雌雄均为纤毛状。胸背淡绿。翅淡黄绿色。前翅前缘黄白色，内线不显著，外线较细白色，几乎与外缘平行。后翅中线白色较细，外缘M_3脉向外延伸成角突。前、后翅外缘、缘毛均与翅同色。腹部白色，基部2～4节背面有桃红色鳞。陈旧标本褪绿。

成虫见于7月上旬。

分布：小五台山；邢台、石家庄、保定、唐山、承德、张家口；北京、内蒙古、山东、四川、上海；日本、朝鲜、俄罗斯。

23.294 川仿锈腰青尺蛾

Chlorissa tyro Prout

翅展约27mm。灰蓝色。前后翅各有一白色细横线。腹部无赭红色。

成虫见于6月下旬。

分布：小五台山；张家口；黑龙江、吉林、四川；日本。

23.295 常春藤洄纹尺蛾指名亚种

Chartographa compositata compositata (Gueuée)

成虫见于7月中旬。

分布：小五台山；张家口。

23.296 绿叶碧尺蛾

Thetidia chlorophyllaria (Hedyemann)

又名：肖二线绿尺蛾。

前翅长15mm。触角雌蛾锯状，雄蛾双栉状，干白色，枝黄色。头、胸绿色，下唇须白色，有绿鳞。前翅碧绿，内线白色弧形，外线白色较直，内、外线均明显；缘毛内层绿色，外层白色；前缘白色。后翅亦为绿色，前缘区有宽的白色部分；亚端线和端线均为细的白色线，缘毛同前翅。翅反面，前翅外线、后翅亚端线均白色清晰。腹部淡绿色微白。足的基节、腿节绿色，余为黄白色，前足腿节端部和胫节上有橙黄色鳞。

成虫见于7月中旬～9月上旬。

分布：小五台山北台、西台海拔1300～1500m；保定、唐山、承德、张家口；黑龙江、山西、内蒙古、青海、山东、北京；日本、俄罗斯。

23.297 碧尺蛾

Thetidia sp.

翅展25mm左右。

成虫见于7月中旬。

分布：小五台山南台海拔1500m；张家口。

23.298 波翅青尺蛾

Thalera chlorosaria Graeser

又名：灰绿淡尺蛾。

前翅长14～17mm。触角双栉状，干白色，栉齿黑褐至黄褐色。胸背和翅淡灰绿色。前翅有白色曲折的内线；外线白色波状；外缘波状，有淡褐色细线；缘毛白色，脉端有褐斑。后翅只外线清晰，外缘波状有淡褐色细线，M_1和M_3脉端处突出最显著，缘毛白色，脉端有褐斑。腹部白色。足黄白色，前、中足内侧则为红褐色。

23.291 无喙青尺蛾

23.292 红腰绿尺蛾

23.293 薄绿尺蛾（1980年7月3日，北台）

23.294 川仿锈腰青尺蛾

23.295 绿叶碧尺蛾（1981年8月4日，北台1500m）

23.297 碧尺蛾（2007年7月18日，南台1500m）

成虫见于7月上旬~8月下旬。

分布：小五台山南台、西台、北台、东台海拔850~1500m；保定、唐山、承德、张家口；北京、黑龙江、吉林、山东；朝鲜、俄罗斯以及中欧、中亚。

23.299 白线青尺蛾

Hemistola veneta (Butler)

前翅长16~19mm。体翅粉绿色，年久标本褪为灰黄色。头顶白色，额红褐色。触角双栉状，雌蛾栉枝较短，干白色，枝黄色。下唇须和喙黄色。前翅前缘黄色，内线白色不清晰；外线白色较直，斜伸至后缘；缘毛白色。后翅有一白色横线，缘毛白色，外缘在M_3脉端部突出成角。足基节和腿节青绿色，前足带褐色，余为白色。

成虫见于7月下旬。

23.298a 波翅青尺蛾（2007年8月2日，东台1100m）

23.298b 波翅青尺蛾(1980年8月20日，北台)

分布：小五台山；保定、石家庄、承德、张家口；北京、内蒙古；日本、朝鲜。

23.300 枯斑翠尺蛾

Ochrognesia difficta Walker

又名：柳叶尺蛾、柳青尺蛾。

前翅长16~19mm。头顶白色。触角雌线状，雄双栉状，触角黄色。额绿色。下唇须白色。胸背绿色，中、后胸背中央有2块白斑。翅大部分绿色，内线白色很细，中室端有小黑纹，外缘褐色，缘毛白色、脉端有褐点。翅外部有宽的白色区，满布枯褐色碎条纹，前翅的白色区不完整，臀角处的宽，碎纹色深而多，向上则为断续的2条，颜色也浅，至顶角处消失，前翅前缘黄色，散布褐鳞；后翅的白色区较完整，M_3脉端处向外突伸成角。腹部第1节绿色，余为白色有黄褐色斑。

成虫见于7月下旬。

幼虫取食柳、杨、桦的叶。

分布：小五台山；邯郸、保定、廊坊、唐山、承德、张家口；吉林、黑龙江、辽宁、北京、福建、陕西、四川、湖北；日本、朝鲜。

23.301 萝藦艳青尺蛾

Agathia carissima Butler

又名：萝藦青尺蛾。

前翅长17~21mm。头顶白色，后有褐色和绿色边。前胸背绿色。中后胸背黄褐色有绿斑。翅翠绿色。前翅基部褐色，中线白褐两色斜贯于翅中央，白色的外线外为宽的紫褐色带，顶角处有几块翠绿色斑，前缘区白色。后翅外线白色波状，外方亦为紫褐色宽带，散有小绿斑，M_3脉端有黑褐色尾突，M_1及Cu_1脉端也略突出； 内缘褐色，缘毛白色。翅反面粉绿色，有紫褐色带纹。腹背黄褐色，有绿斑和1列黑褐色毛束。足白色。

成虫见于5月上旬~8月上旬。

幼虫取食萝藦、隔山消等药用植物的叶。

分布：小五台山东台海拔850m；保定、承德、张家口；黑龙江、辽宁、吉林、北京、陕西、四川；日本、朝鲜。

23.302 栎绿尺蛾

Comibaena delicator Warren

前翅长11~15mm。体翅鲜绿色，头顶和下唇须白色，额部绿色。前翅内线及外线白色显著，臀角处有一近圆形血色斑，中室端有一小黑点。后翅顶角处有一更大颜色更深的血色长斑，中室端有一小黑点。翅反面中室端黑点清晰。

成虫见于7月上中旬。

幼虫食栎类的叶。

分布：小五台山；张家口、唐山、承德；黑龙江、浙江、福建、四川；日本、朝鲜。

23.299a 白线青尺蛾(♀；1980年7月22日，西台)

23.300 枯斑翠尺蛾

23.301b 萝藦艳青尺蛾（示栖息态；2007年5月10日，东台1100m）

23.299b 白线青尺蛾(♂)

23.301a 萝藦艳青尺蛾

23.302 栎绿尺蛾（1981年7月12日，北台）

23.303 肾纹绿尺蛾

Comibaena procumbaria Pryer

又名：珠链绿尺蛾。

前翅长11～15mm。头顶绿色。触角雌线状，雄双栉状。胸、腹背面大部分鲜绿色。翅鲜绿色，中室端有一小黑点，外缘为红褐色波纹和小白点间隔组成的细边，横线不明显。前翅前缘黄白色，臀角处有一肾形白斑，周围有褐边。后翅顶角处有一长圆形白斑，周围有褐边，斑内翅脉也为褐色。翅反面前翅淡绿，后翅粉白绿色；前后翅中室黑点均明显，外缘有细的褐纹。足白色，前、中足上有黑鳞斑。雄蛾后足胫节的端距伸过第1跗节。陈旧标本褪绿。

成虫见于8月上旬。

分布：小五台山东台海拔850m；唐山、承德、张家口；北京、上海、四川、台湾、浙江；日本。

23.304 紫条尺蛾

Calothysanis amata recompta Prout

又名：红条小尺蛾、紫线尺蛾。

前翅长12mm。头暗褐色，头顶有白鳞。雄蛾触角双栉状。体翅污黄色。翅上散布褐色细斑纹，外缘有细的紫褐色线。前翅中室端有褐纹；自顶角有1条宽的紫条斜伸至后缘中部，与后翅的紫条相接，直达后翅内缘中部，紫条外侧另有一细褐线，前后翅亦相接，在前翅顶角处并入紫条。后翅M_3脉端有角突。翅反面斑纹相同，但均为褐色颜色较深。陈旧标本紫条变为褐色。

成虫见于7月上中旬。

幼虫食酸模、马蓼、扁蓄等蓼科植物。

分布：小五台山北台海拔1300～1500m；邯郸、石家庄、保定、唐山、承德、张家口；北京、湖北；日本、朝鲜、俄罗斯。

23.305 中华秀尺蛾

Sterrha sinica Yang

翅展约23mm。雄蛾触角纤毛状，下唇须短而向上弯，头颜面褐色，头顶两触角间被白鳞。体土黄色。翅灰黄色散有小黑鳞。前翅顶角尖而外缘较直；外线褐色，色较深较直，仅弯向前缘；中线褐色，穿过中室端的黑点至前缘变弱；内线褐色弯曲。翅展后，后翅只有2条横线与前翅相接，中室端黑点近于内线。前后翅缘毛与翅同色，外缘有断续的黑线点，亚端线有时可看出2条但很微弱。翅反面仅外线明显，中室端有黑点。后足胫节短而粗扁，毛束很长褐色，跗节极短小。

成虫见于6月下旬。

分布：小五台山；张家口、承德；北京。

23.306 茶贡尺蛾

Gonodontis bilinearia coryphodes Wehrli

翅展约48mm。体杏黄色，前翅黄褐有散点，顶角下方有2个凹陷呈锯齿形；中室有1个半圆形深色圈，中心灰白；外线灰白，内侧具灰黑色晕；内线灰色隐约可见。后翅色较淡，中室圈色较淡；中线暗褐，外有散点。

成虫见于8月中下旬。

寄主：茶等。

分布：小五台山东台杨家坪海拔860m；张家口；云南、贵州、西藏。

23.307 贡尺蛾

Gonodontis aurata Prout

前翅长25～27mm。全体土黄色，翅上散布灰褐色碎鳞斑，以前翅和后翅臀角处较密。前翅内线弧形灰褐色；中室端有灰褐圆点，中心白色；外线明显，灰褐和黄两色，从前缘端部1/5处斜伸达后缘端部1/3处；外缘灰褐色锯齿形，共3齿，即在R_4、M_1和M_3脉端延伸成角突，愈后愈大。后翅淡黄色，中室端灰褐色圆点大而明显，中心白色；外线灰褐色，后半部清晰。翅反面颜色稍浅，斑纹同正面。

成虫见于9月中下旬。

分布：小五台山西台海拔1100～1200m；保定、唐山、承德、张家口；四川；日本。

23.304c 紫条尺蛾（2001年7月10日，西台1450m）

23.305 中华秀尺蛾

23.306 茶贡尺蛾（示栖息态；2007年8月18日，东台1100m）

23.303a 肾纹绿尺蛾

23.303b 肾纹绿尺蛾(♂)

23.304a 紫条尺蛾

23.304b 紫条尺蛾（1980年7月17日，西台1300m）

23.307a 贡尺蛾(♀；1980年9月11日，西台1200m)

23.308 齿缘四点尺蛾

Gonodontis bidentata Clerk

又名：暗齿缘尺蛾。

翅展约49mm。体翅黄褐色，有深色散点。前后翅均具弧形深色的外线和内线，中室均具深色圆圈。

成虫见于6～7月。

分布：小五台山西台海拔1350m；张家口。

23.309 齿缘四点尺蛾哈鲁亚种

Gonodontis bidentata harutai Inoue

翅展约48mm。本亚种的主要特征是中室深色圆圈均靠近外线，外线向内弧弯较明显。

成虫见于6月下旬。

分布：小五台山西台大老婆肚海拔1500m；张家口。

23.310 环纹尺蛾广斑亚种

Calleulype whitelyi leechi Inoue

成虫见于7月上旬。

分布：小五台山；张家口。

23.311 长眉眼尺蛾

Problepsis changmei Yang

前翅长18～21mm。头顶白色，触角基部白色，额部黑褐色，下唇须背面黑色而腹面白色。翅白色，中部有眼状斑。前翅眼状斑淡褐色大而较圆，边缘整齐，中室横脉处白色，斑内有不完整的黑和银灰色鳞组成的环，Cu_1和M_3脉间有明显黑条；眼下斑小淡褐色，内有几个银点，此斑与后缘相接；外线淡褐色为均匀的弧形；亚端线由6～7个大小不等的灰色斑组成；端线由小灰斑条组成；前缘区自翅基至外线处有黑褐色长条，似眼的眉毛。后翅眼斑长椭圆形与内缘褐斑相连，有与前翅相似的外线、亚端线和端线。腹部背面黑褐色，密被白色长毛，各节后缘白色。

成虫见于6～7月。

分布：小五台山西台、东台海拔850～1300m；张家口、邯郸、保定、唐山、承德；北京、陕西。

23.312 灰涛尺蛾指名亚种

Glaucorphoe unduliferaia unduliferaria (Motschulsky)

翅展约26mm。触角线状，雄蛾疏生纤毛。体污黄色，腹背黄褐色，各节后缘生白毛边。翅外缘波状。前翅顶角钝圆，翅灰色，具6～7条白色波状横纹，亚端线在各脉上向外突伸呈锯齿状，缘毛灰黄色有白色间隔呈斑点状。翅的底色深的呈黄褐色，则白横线显得更清晰；前翅具1大1小两个径副室。后足胫节2对距。

成虫见于7月上旬。

分布：小五台山北台水沟海拔1400m；承德、张家口；辽宁、黑龙江、四川；俄罗斯、日本、朝鲜。

23.313 亚枯叶尺蛾

Gandaritis fixseni Bremer

前翅长32mm左右。形状和颜色似枯黄的树叶。前翅3条横线均褐色，内线以内黄褐色，内线和中线间黄色，有暗斑；外线在M_2与M_3脉处向外折角，此角尖至翅顶角有一褐线相连，线前翅端部1个三角形黄斑。后翅无白色，3条横线波形，黄褐色至黑褐色，各线间均为黄色。翅上暗褐斑有深浅不同，体形亦微有大小变异。

成虫见于7月中下旬。

幼虫取食葡萄等。

分布：小五台山；张家口、承德；辽宁、黑龙江、吉林、陕西；俄罗斯、日本、朝鲜。

23.311b 长眉眼尺蛾

23.307b 贡尺蛾(♂)

23.309 齿缘四点尺蛾哈鲁亚种

23.312 灰涛尺蛾指名亚种

23.308 齿缘四点尺蛾

23.311a 长眉眼尺蛾（2007年7月7日，东台杨家坪1200m）

23.313 亚枯叶尺蛾

23.314 黑缘岩尺蛾

Scopula virgulata albicans (Prout)

前翅长10～11mm。触角：雌蛾线状，雄蛾纤毛状。翅黄白色，散布明显的黑鳞，横线淡褐色，倾斜，与外缘大体平行。前翅内线较弱，距中线较远，端部折向前缘；中室点不明显；中线和外线最显著，为较整齐的锯齿形；亚端线双条较弱，与外线呈等距；端线细，为明显的黑色；缘毛黄白色。后翅内线亦较弱，中室点黑色明显，横线中以中线和外线最显著，亚端线双线细弱，端线黑色，细而明显，缘毛黄白色。翅反面斑纹更清楚，前、后翅的中室黑点都明显，前翅颜色比后翅深呈淡褐色。腹部褐色，各节后缘有白边。后足胫节有白色长毛束，上面散布明显的黑鳞，跗节长约等于胫节的3/4。

成虫见于6月上旬。

分布：小五台山；保定、承德、张家口；北京；日本。

23.315 颐和岩尺蛾

Scopula yihe Yang

前翅长12～13mm。触角：雌蛾线状，雄蛾纤毛状。头部额区和下唇须黑褐色，头顶在触角间被白鳞，胸部白色。翅白色有丝样光泽；翅上散有小黑鳞，前翅上以前缘带小黑鳞最多。前翅横线5条，黄褐色明显，均斜向而略平行；中室端黑点明显，位于中线内侧；外线和亚端线波状，外线折向前缘；端线外侧整齐而内侧锯齿状；外缘有小黑点列；缘毛黄褐色；顶角有几个小黑褐斑。后翅有黄褐色横线4条，中室端黑点位于中线外侧；亚端线波状，端线外侧整齐而内侧锯齿状，外缘黑点列前段更明显。翅反面，前翅大部黄褐色，仅后缘区白色，后翅白色；中室黑点明显；横线中除前翅内线弱外余均明显。腹部白色。后足胫节无距，有黄白色长毛束，跗节约为胫节长的1/2。

成虫见于6月下旬。

分布：小五台山；张家口、唐山；北京。

23.316 麻岩尺蛾

Scopula nigropunctata subcandidata Walker

翅展23～28mm。体翅颜色有白色型和暗色型2种。触角雌蛾线状，雄蛾纤毛状。翅面散布小黑鳞，中室端的黑点小且多不明显，横线淡灰褐色，中线粗而倾斜，外线与之平行，内线不显著，亚端线双线很细，外缘及缘毛基部有小黑点列。后翅外缘M_3脉处显角突。后足跗节约为胫节长的1/3。

成虫见于5～6月。

寄主：苹果等。

分布：小五台山北台水沟海拔1450m、西台海拔1100m；张家口；北京；日本、朝鲜、俄罗斯以及欧洲。

23.315b 颐和岩尺蛾

23.317 岩尺蛾

Scopula sp.

前翅长约12mm。雄蛾触角纤毛状。头部额区和下唇须黑褐色，两触角间密被白鳞。体翅白色有光泽。翅面散布稀疏的小黑鳞，以前缘带和臀区较多；有淡黄色的波状横线，前翅5条，后翅4条；前后翅中室端黑点明显，均位于内线和中线间；外缘黑点列仅前翅顶角下有3个小黑点；缘毛白色。翅反面斑纹不明显，外缘顶角下黑点列不见，中室端黑点也小；前翅后缘区白色，其余带黄褐色；后翅白色。

成虫见于6月中旬。

分布：小五台山；石家庄、保定、唐山、张家口；北京。

23.318 距岩尺蛾

Scopula impersonata Walker

前翅长9～10mm。触角：雌蛾线状，雄蛾纤毛状。体翅土黄色，密被细小褐鳞(缘毛上也有)，色彩深浅变化较大。前翅横线黄褐色多明显，内线和中线折曲；中室端有小褐点；外线最明显，上有小淡褐色点；亚端线双条靠近与外线平行；外缘弧弯，脉间有小黑点列；缘毛土黄色。后翅中室端有小褐点，外线最明显，亚端线双条，外缘弧弯有小褐点列，缘毛土黄色。翅反面横线、中室端点、外缘黑点列均清晰可见。腹部背面每节有褐边。后足细长，胫节端距雄蛾1对，雌蛾2对，跗节略长于胫节。

成虫见于6月上旬。

幼虫取食柳叶。

23.314 黑缘岩尺蛾

23.316a 麻岩尺蛾（暗色型）

23.317 岩尺蛾

23.315a 颐和岩尺蛾

23.316b 麻岩尺蛾（暗色型）

23.318 距岩尺蛾（1981年6月8日，中台）

分布：小五台山；张家口、保定、唐山、石家庄；福建、浙江、台湾、湖北、上海、天津、北京；日本、朝鲜、俄罗斯。

23.319 杨姬尺蛾

Scopula caricaria Reutti

前翅长10mm。触角线状。头顶触角间白色，额黑褐色，下唇须土黄色。体翅土黄色，散布小褐鳞。翅上横线浅褐色，前、后翅中室端均有明显的褐点，外缘有黑点列，缘毛土黄色。翅反面可见中线、外线，中室端褐点和外缘黑点列明显。腹部背面每节有淡的褐环。后足细长，有2对端距。

成虫见于6月中下旬。

幼虫取食杨树叶。

分布：小五台山；邯郸、邢台、张家口；山西、内蒙古、北京、黑龙江以及欧洲南部及中部。

23.320 摩岩尺蛾

Scopula modicaria Leeck

翅展约22mm。

成虫见于7月下旬。

分布：小五台山南台大虎沟海拔1200m；张家口。

23.321 奥岩尺蛾

Scopula ornata subornata Po-rout

翅展约23mm。

成虫见于8月中旬。

分布：小五台山西台小连沟海拔1600m；张家口。

23.322 乌岩尺蛾

Scopola umbelaria majoraria Leeck

翅展约23mm。

成虫见于6月上旬。

分布：小五台山西台杨树沟海拔1300m；张家口。

23.323 三线银尺蛾

Scopula pudicaria Motech-ulsky

又名：三线尺蛾。

翅展约25mm。体翅银白色。前翅具3条斜线淡黄色，前缘灰褐色，散布许多灰褐色细点。后翅2条斜线淡黄色。前后翅反面中室顶各有1个小黑点。

成虫见于6～8月。

寄主：马兰。

分布：小五台山西台、北台、南台海拔1200～2300m；张家口；黑龙江、吉林、内蒙古；俄罗斯以及欧洲。

23.324 蛇纹尺蛾

Rhodostrophia jacularia Hü-bner

前翅长13～14mm。雄蛾触角双栉状。头顶触角间白色，额和下唇须黄褐色。体翅黄褐色，后翅颜色稍淡。前翅内线褐色不达前缘，内侧有白边；外线褐色，自顶角内侧向后缘波曲蜿蜒并逐渐变粗，如蛇形，其外侧有白边；外缘有淡褐边。后翅有淡褐色弯曲的外线。翅反面斑纹不明显。

成虫见于5月下旬～8月下旬。

分布：小五台山南台、西台、北台海拔1100～1500m；承德、张家口；新疆；俄罗斯、蒙古。

23.319a 杨姬尺蛾（腹部缺损；1980年6月20日，北台）

23.319b 杨姬尺蛾

23.321 奥岩尺蛾

23.323 三线银尺蛾

23.320 摩岩尺蛾

23.322 乌岩尺蛾（1981年6月4日，西台1300m）

23.324 蛇纹尺蛾（1980年6月4日，南台1500m）

23.325 小蜻蜓尺蛾

Cystidia couaggaria Guenée

翅展约43mm。似蜻蜓尺蛾*C. stratonice*,但体型较小，翅狭长黑色，前翅亚端线白色锯齿形，中室区有白斑，中室外下方、下方和内下方各有1个斜长白斑。后翅亚端线白色锯齿形，中室区、中室内下方以及后缘中上方各有斜长白斑。腹部狭长。

寄主：苹果、梅、李、樱、桃、杏、梨等。

分布：小五台山；张家口；北京、山西、黑龙江、辽宁、湖南、湖北、浙江、台湾；日本、朝鲜、俄罗斯。

23.326 蜻蜓尺蛾

Cystidia stratonice Stoll

翅展约54mm。翅、腹部狭长似蜻蜓。翅黑色，具狭长白斑，其中前翅外线区6个，中室区3个，中室内下方1个；后翅外线区6个，内线区3个。腹部赭黄色有黑斑。

寄主：苹果、梨、樱桃、李、梅、杏、杨、柳、桦等。

分布：小五台山；张家口；吉林、辽宁、黑龙江、北京、山西、湖北、台湾；日本、朝鲜。

23.327 泛波尺蛾

Nycterosea obstipata (Fabricius)

前翅长10～12mm。雌雄异型。雌蛾：触角线状；翅色深，由赭石色至紫褐色不等；中室端黑点周围有白边；前翅前缘有白点列；横线不明显，为波状白线或断续的淡色纹。雄蛾：触角锯形纤毛状，翅淡褐至灰黄色，翅基部色深；中线黑褐色不整齐，宽而显著，内有中室端黑点，翅顶角有斜的黑褐色条，其他波纹也明显。前翅有2个径副室，后翅M_3与Cu_1共柄。翅反面颜色较淡，中室端黑点明显。

成虫见于7月下旬。

幼虫食羊蹄草等。

分布：小五台山南台大虎沟海拔1350～1500m；邢台、石家庄、保定、唐山、承德、张家口；北京；欧洲、亚洲、非洲、美洲。

23.325 小蜻蜓尺蛾

23.326 蜻蜓尺蛾

23.328 黑带波尺蛾

Melanthia procellata inquinata Butler

前翅长约18mm。雌蛾触角线状。头、胸褐色。翅白色有丝样光泽。前翅基线以内为一褐色斑，前缘中部至M3脉间有近三角形的大褐斑，外线以外至外缘形成一宽的褐带，亚端线为一白色细线，外缘区中部有一圆形白斑，几乎将褐带分为两半，缘毛褐色。后翅有5条淡褐色波状细纹，最外边的两条间形成褐带，外缘M_2、M_3脉端形成2个白色圆斑，缘毛褐色。翅反面斑纹清晰，前翅中线以内、外线以外淡褐色，中室端有褐纹，外缘褐带上的白色圆斑可见，后翅中室端亦有褐纹。腹部白色有褐色横带，背中线褐色。足细长，后足胫节端有2对距。

23.327 泛波尺蛾(♀)

23.328 黑带波尺蛾（1980年7月15日，北台）

成虫见于7月上中旬。

幼虫取食铁线莲属植物。

分布：小五台山；张家口、保定、承德；北京；朝鲜、日本、俄罗斯以及欧洲。

23.329 驼波尺蛾

Pelurga comitata (Linneus)

前翅长15～18mm。触角线状，雄有微毛。中胸背面突起似驼峰，肩片和后胸具毛丛。体黄褐色，翅的色彩变化较大，有暗褐、淡褐、黄褐、橙黄等不同色型。前翅顶角弯突并有一黑褐色斜条，基线以内形成暗色斑，在曲折的内线和外线间为宽的暗色带，中室端有黑点，外缘黑褐色，缘毛褐色。后翅顶角也略突出，由翅基至外线间色暗，外缘黑褐色，缘毛褐色。翅反面颜色暗，前、后翅中室端黑点均可见。腹背紫褐色，第1节白色。足每一跗节端有一淡色环。

成虫见于7月上中旬。

幼虫取食藜等的花和种子。

分布：小五台山和东杏河海拔1500m；保定、唐山、承德、张家口；北京、辽宁、内蒙古；俄罗斯以及欧洲。

23.329a 驼波尺蛾（1980年7月11日，东杏河1500m）

23.329b 驼波尺蛾

23.329c 驼波尺蛾

23.330 苹花波尺蛾

Eupithecia insigniata Hübner

前翅长11～12mm。体翅灰褐色。前翅狭长而顶角尖，中室端的条形黑纹与前缘的长形褐斑相连，是鲜明的特征；其外侧前缘另有一褐色梯形斑；各横线均较弱，外线向外强弯，脉上有黑纹，尤其是Cu_2脉由基部至外线间形成黑条。后翅较前翅明显短小，颜色亦浅，中室黑纹短粗，各横线均在内缘处最明显，形成条斑。

成虫见于5月上旬。

幼虫取食苹果、樱桃等花和叶。

分布：小五台山西台海拔1200m；承德、张家口；北京；日本以及小亚细亚和欧洲。

23.331 碎小花尺蛾

Eupithecia signigera Butler

翅展约19mm。

成虫见于5月上旬。

分布：小五台山西台杨树林海拔1260m；张家口。

23.332 散花波尺蛾

Eupithecia centaureata Schiff

前翅长约10mm。头顶两触角间和复眼后方白色，领片褐色。胸部白色。翅白色。前翅内线以内（包括内线）的各线不明显，仅在前缘和后缘形成1排褐点；中室端有明显的月牙形黑纹向外弯，其外方有一褐斑达前缘；外线由小黑点列组成，其前半段有细黑线相连；亚端线和端线为黄褐色宽带，两带间有波状白色细线相隔；外缘有锯齿状褐纹，白色缘毛上有小褐点与外缘相连。后翅的缘毛、端线、亚端线同前翅，中室端有小褐点，后缘区内褐色横纹明显。翅反面斑纹明显，特别是后翅各横线完整，中室黑点也清楚。腹部大部褐色，每节有白色细边。

成虫见于5月中旬。

幼虫取食伞形花科植物。

分布：小五台山西台海拔1200m；保定、张家口；北京；北非、中亚、欧洲。

23.333 百花波尺蛾

Eupithecia unedonata Mab.

又名：百小花尺蛾。

翅展21～26mm。体翅灰褐色。前翅狭长而尖，外缘较直，尤其是雄蛾几呈直线，横线斜而较直，外线与亚端线平行在顶角处呈圆弯，但横线一般均不太明显，翅缘颜色较深，中室端黑纹较长。后翅短而略圆，横线亦不明显，内、外缘色较暗。

成虫见于5月上中旬。

分布：小五台山西台杨树林海拔1220m；张家口；北京；蒙古以及北非、欧洲。

23.334 北花波尺蛾

Eupithecia bohatschi Staudinger

前翅长9.5～10mm。头部褐色，肩片及后胸白色。前翅灰褐色，中室及前缘连成一片白色，内线、中线、外线较弱均白色波状，中室端黑点明显，亚端线白色为细锯齿状，外缘有褐纹，缘毛白色有褐斑。后翅褐色，可见5条平行的白色横线，外缘及缘毛同前翅。翅反面黄褐色，前翅中室黑点最明显。腹部背面基部3节白色，腹端白色，其余褐色。

成虫见于5月上中旬。

分布：小五台山西台海拔1220m；承德、张家口；北京；俄罗斯。

23.335 小花尺蛾

Eupithecia sp.

翅展约20mm。

成虫见于5月上中旬。

分布：小五台山西台郑家沟海拔1300m；张家口。

23.332a 散花波尺蛾

23.334a 北花波尺蛾

23.330 苹花波尺蛾（1980年9月10日，南台1350m）

23.332b 散花波尺蛾（1980年5月17日，西台1200m）

23.334b 北花波尺蛾

23.331 碎小花尺蛾

23.333 百花波尺蛾（1980年5月9日，西台1220m）

23.335 小花尺蛾

23.336 首折线尺蛾黑龙江亚种

Ecliptopera capitata capitulate (Staudinger)

成虫见于5月下旬。

分布：小五台山；张家口

23.337 绣纹折线尺蛾乌苏里亚种

Ecliptopera umbrosaria phaedropa (Prout)

成虫见于5月中旬。

分布：小五台山；张家口。

23.338 双流潢尺蛾

Xanthorhoë biriviata (Borkhausen)

前翅长13～15mm。雄蛾触角两侧锯齿状丛生刚毛。头、胸黄褐色。前翅内线以内色淡，内线双条黄褐色；内、外线间为黑褐色宽带，内有黑色中线及中室黑点，其外侧中部向外角突尖锐，形状在不同个体有变异；外线白色较宽，中间有淡褐色细线将其分为2条白练如双溪并流；亚端线亦为双条褐线，在前缘处形成2个黑褐斑；外缘褐色。后翅淡褐色，端线褐色明显，其余各横线均在后缘处较清楚。前翅反面2条白色外线亦明显。腹部第1节背面黄褐色，其余各节黑褐色有细的白边。

成虫见于6月下旬～7月中旬。

分布：小五台山西台、东杏河海拔1400～1500m；保定、承德、张家口；北京、吉林、黑龙江、辽宁；俄罗斯、日本以及中欧。

23.339 雾灵潢尺蛾

Xanthorhoë ulingensis Yang

前翅长14mm左右。触角：雌蛾线状，雄蛾双栉状，栉齿的端部膨大且密生纤毛。下唇须褐色向前突伸呈锥状。头、胸、腹褐色具白鳞。前翅黑褐色，基线白色较弱；内线白色双条，向外突折成几个大小不等的锐锯齿；外线双条白色，向内突折成几个细尖齿；内外线间形成宽的黑褐色带；亚端线波状白色，与外线有部分相连，亚端线与外线间形成4块黑褐色斑；顶角近前缘处有一三角形黑褐斑；外缘白色，有小褐点列；缘毛白色有褐斑。后翅外线以内为一片淡黑褐色，外线白色双条，亚端线白色较弱，外缘和缘毛同前翅。翅反面淡褐色，外线以内全部褐色，中室黑点明显，后翅臀角处有一褐斑。

成虫见于7月上旬。

分布：小五台山；张家口、保定、承德；北京。

23.340 乌云潢尺蛾

Xanthorhoë muscicapata (Christoph)

翅展约20mm。胸部褐色。触角雌蛾线状，雄蛾双栉状。前翅端半白色，顶角有大黑褐斑，臀角有小黑褐斑，外线至翅基几乎连成一片黑褐色，其间小部分淡色。后翅灰褐色，横线在内缘处形成条斑并以淡色部分为界。腹基部有白色横带。

分布：小五台山；张家口；北京、四川、辽宁、黑龙江；日本、俄罗斯。

23.341 暗褐潢尺蛾指名亚种

Xanthorhoë quadrifasciata quadrifasciata (Clerck)

前翅长约15mm。

成虫见于6月下旬。

分布：小五台山；张家口。

23.342 愚潢尺蛾淡色亚种

Xanthorhoë stupida aridela Prout

翅展约14mm。

成虫见于6月下旬～7月上旬。

分布：小五台山；张家口。

23.343 潢尺蛾

Xanthorhoë sp.

前翅长约14mm。

成虫见于7月上中旬。

分布：小五台山南台海拔1300m；张家口。

23.344 葎草洲尺蛾

Epirrhoe supergressa albigressa Prout

前翅长13～14mm。触角线状，雄蛾有很短的纤毛。头部黄褐色，胸、腹部灰白色杂有褐鳞，腹背有2列小褐点（每节2个）。翅灰白色。前翅基线双线黑褐色，内线灰褐色较宽，内线和中线间有一黄褐色细线；中线褐色颜色最深最宽，内有中室黑点，另有几个黑斑；外线为一黄褐色细线；亚端线灰褐色较宽，外侧有细白边；外缘为断续的黑褐线，顶角下靠外缘有一近三角形褐斑，达缘毛上。后翅斑纹与前翅相接，仅中线颜色较浅，为一些模糊的褐点。翅反面斑纹清晰，中室黑点明显。

成虫见于6月下旬～8月下旬。

幼虫取食葎草等。

分布：小五台山西台、北台、南台、东台海拔850～2600m；保定、承德、张家口；北京；日本、俄罗斯、朝鲜。

23.343 潢尺蛾（1980年7月10日，南台1300m）

23.344a 葎草洲尺蛾（1980年7月20日，北台2600m）

23.338 双流潢尺蛾（1980年6月10日，西台1500m）

23.339 雾灵潢尺蛾

23.344b 葎草洲尺蛾

23.345 四星尺蛾

Ophthalmodes irrorataria (Bremer et Grey)

又名：泪目尺蠖、小四目枝尺蠖、紫四眼尺蛾。

前翅长约25～27mm。本种与核桃目尺蛾*O. albosignaria* 相似，但体较小。体翅较青，旧标本呈灰黄白色。前、后翅中室端的4个眼状斑较小，外线较完整，为明显的锯齿状；后翅中线和基线间有宽的污点带。翅反面仅4个小眼状斑明显。

成虫见于6月上旬。

幼虫取食苹果、海棠、桑、鼠李等叶。

分布：小五台山；张家口、承德；辽宁、吉林、黑龙江、山西、内蒙古、北京、山东、台湾、四川、浙江；日本、朝鲜、俄罗斯。

23.346 中国虎尺蛾

Xanthabraxas hemionata Guenée

翅展约55mm。体翅鲜黄色，有斑纹黑色，翅正反面斑纹一致。前后翅内外线波状，外线以内杂有黑斑，外线外斑纹放射状，腹部有黑斑纹。

23.345a 四星尺蛾(♂；1980年6月8日，北台)

分布：小五台山；张家口；北京、山西、江苏、山东、四川、湖北等。中国特有。

23.347 连斑涤尺蛾

Dysstroma corussaria Oberthür

前翅长16～18mm。触角：雌线状，雄纤毛状。头、胸黄褐色，下唇须向前突伸，肩片有黄褐色毛丛，后胸有2束端部为黑褐色的毛丛。前翅大多白色散有褐鳞，基部黄褐色，基线较宽为灰褐色；中线褐色较宽，在中部向外突伸成角；外线褐色较细，前部内侧有一近长方形褐斑达前缘，长形褐斑外侧有一片黄褐色；外线和中线在后缘处相连接，连接处下方形成一个横卧在后缘中部的长形褐斑；中室端有小黑点；亚端线白色较弱向内突折，在臀角处形成几个褐斑；亚端线以外褐色，外缘有黑褐色细边，缘毛褐色。后翅灰白色，基部及边缘略带褐色，外缘有褐斑带。腹部白色，杂有褐鳞。

成虫见于7月上旬。

分布：小五台山；张家口、保定、承德；北京、四川；日本、朝鲜、俄罗斯。

23.348 齿纹涤尺蛾

Dysstroma dentifera Warren

翅展30～34mm。似连斑涤尺蛾*D. corussaria*。前翅顶角斑纹显著，外线曲折形成尖的锯齿状，中线双线波状，外线与中线在后缘不相连，翅中部色较淡，中室端黑纹明显。后翅淡黄灰色无斑纹，仅外缘有细的褐线纹。

分布：小五台山；张家口、承德；四川、西藏、湖北等。

23.349 核桃目尺蛾

Ophthalmodes albosignaria Bremer et Grey

又名：拟柿星尺蠖、核桃星尺蛾、白四眼尺蛾。

前翅长29～30mm。雌雄蛾触角均为双栉状。胸部和翅灰白色。前翅各横线均为双线，在前、后缘明显而中段多不显；内线在前缘处有一淡黑斑，其下方亦有一淡黑斑，其余部分弱，为细碎的黄褐色短纹；中线在前缘处有一黑斑，其下方中室端有一明显的眼状斑；外线向外折曲成锯齿，前、后缘处清楚，中段只在锯齿端黑点明显；亚端线由断续的黑褐色线纹组成；外缘脉间有黑点列。后翅斑纹大体同前翅，中室端眼状斑明显，各横线中段多不显。翅反面特征鲜明，前、后翅除中室端有大圆黑斑外，顶角、臀角处各有一大黑斑；前翅中室基半部还有一黑条。腹部微黄，背面有2列黑斑。

成虫见于7月。

幼虫食核桃等树叶。

分布：小五台山；张家口、邯郸、承德；北京、山西、河南、云南；朝鲜、日本、俄罗斯。

23.345b 四星尺蛾(♀)

23.347 连斑涤尺蛾（1981年7月7日，西台）

23.349a 核桃目尺蛾

23.346 中国虎尺蛾

23.348 齿纹涤尺蛾

23.349b 核桃目尺蛾（1980年7月2日，东台1100m）

23.350 柿星尺蛾

Percnia giraffata Guenée

又名：柿豹尺蠖、柿星尺蠖。

前翅长35～40mm。触角：雌蛾线状，雄蛾锯形丛生纤毛。头顶两触角间黑色；下唇须背面黑色，腹面橙黄色。胸部背面白色有灰黑斑点，腹面橙黄色。翅白色，有大小不等的灰黑斑点，前翅大体为7列，中室端有一大圆斑达前缘，翅基有一较小圆斑；后翅5列，中室端亦有一大圆斑，翅基有一小圆斑。腹部橙黄色，背面有2列黑点，侧线为1列黑点，腹面中部4节各有一黑色横带。

成虫见于6月上中旬。

幼虫取食柿、核桃、木橑等多种果树和林木。

分布：小五台山；邯郸、邢台、保定、承德；山西、河南、台湾、安徽、四川；日本、朝鲜、印度、印度尼西亚、越南、缅甸、俄罗斯。

23.351 点尺蛾

Percnia sp.

前翅长约38mm。

成虫见于7月中下旬。

分布：小五台山；张家口。

23.352 木橑尺蛾

Culcula panterinaria (Bremer et Grey)

又名：黄连木尺蛾。

前翅长30～35mm。触角：雌蛾线状，雄蛾锯齿状丛生纤毛。头部橙黄，体黄白色，胸背和腹端有橙黄色毛，肩片有长毛束。翅底色白，上有灰色和橙色斑点，但变异很大。一般在前翅和后翅的外线上各有1串橙色和深褐色圆斑，斑的隐显变异很大；前翅基线为1弧形的橙色带；前、后翅中室端有1个大灰斑，暗色型体呈黄褐色，翅上散布大小不等的灰色斑点和短纹，短纹密集甚至连成大片灰褐色。翅反面斑纹与正面同，但中室端圆斑为橙色，周围为灰褐色圈。

成虫1年1代，以蛹在土中越冬，成虫期5月下旬～7月中旬。

幼虫取食木橑、核桃、花椒、桃、李、杏、苹果、梨、山楂、柿、君迁子、山樱桃、酸枣、臭椿、泡桐、楸、槐、槭、柳、桑、榆、楝、柞、皂角、漆树、杨、荆条、山葡萄、合欢等，还取食大豆、高粱、棉花、谷子、玉米、向日葵、苍耳子等农作物和药材。

分布：小五台山；邢台、石家庄、保定、廊坊、唐山、承德；山西、河南、山东、江西、四川、台湾、内蒙古；日本、朝鲜、印度。

23.353 梳角枝尺蛾

Amraica recursaria superans (Butler)

又名：掌尺蛾。

前翅长28～35mm。触角:雌线状，雄单栉状,栉支很长似梳,端部1/3无栉支为线状。体翅灰黄至灰褐色。雄蛾：前翅基部褐色较浓而宽大，内线黑色曲折，中室端有向外弯曲的褐纹，中线弱在后缘可见黑纹；外线亦弱，端部在前缘折成黑条，并在顶角近前缘处形成大块掌形褐斑；亚端线波状浅白色。后翅中室端有褐纹，中线弱仅后缘可见，外线波状浅白色较完整。翅反面各横线不见，前后翅中室端黑斑明显；前翅顶角近前缘处有一大黑斑，外线在前缘处仅有一小黑斑。雌蛾：体粗大，翅比雄蛾宽大，翅基和顶角的褐斑均较淡，亚端线波状灰白色更明显，后翅内线明显靠内、与中室端褐纹远离。

成虫见于7月中旬。

幼虫取食卫矛等。

分布：小五台山；保定、唐山、承德、张家口；上海、台湾、北京、陕西、吉林、辽宁、黑龙江、湖北、安徽；日本、朝鲜、越南、俄罗斯、缅甸、印度、印度尼西亚。

23.350 柿星尺蛾

23.351 点尺蛾

23.352a 木橑尺蛾（1980年8月2日，中台1400m）

23.352b 木橑尺蛾（示幼虫色型）

23.352c 木橑尺蛾（示幼虫色型）

23.352d 木橑尺蛾（示幼虫色型）

23.353 梳角枝尺蛾（♂）

23.354 褐脉粉尺蛾

Siona lineata Scopoli

前翅长20～22mm。触角线状，下唇须前伸黑褐色。头顶、前胸和胸、腹部的腹面黄白色，中、后胸和腹部的背面均白色。翅白色，翅脉为明显的灰褐色；前翅中室端有褐纹，外线淡灰褐色，缘毛白色。翅反面黄白色，褐色的翅脉、中室褐纹和外线更明显，外缘为明显的褐色。

成虫见于6月下旬。

分布：小五台山西台、北台海拔1450～2600m；承德、张家口；内蒙古；法国、俄罗斯。

23.355 月尺蛾

Selenia sordidaria schojina Wehrli

翅展约35mm。体翅黄褐色。前后翅的外线、内线及翅脉色深，外线以外色较淡。前翅外缘前半近平直，然后折角平直向臀角，臀角圆。

成虫见于5月上旬。

分布：小五台山北台上寺海拔1500m；张家口。

23.356 山枝子尺蛾

Aspitates geholaria Oberthür

前翅长16～19mm。触角：雌蛾似线状，但两侧有小齿为锯状，雄蛾双栉状。体翅白色有丝样光泽，腹部各节有黑边，腹端部有一黑点。前翅狭长，雪白色或带微黄色，斑纹黑或褐色，有3条横线：内线弯曲，外线斜伸，亚端线斜伸不完整；中室端有黑褐点，前缘区散有黑褐鳞斑，外缘的小黑点列有的相连；缘毛大部黑褐色，近顶角处多白色。后翅中室有小褐点，外线弧形，外缘散布黑点，缘毛白色。翅反面斑线明显、同正面。

成虫见于7月上旬～8月上旬。

幼虫取食山枝子、刺槐、苜蓿等。

分布：小五台山东台、西台850～1300m；邯郸、邢台、石家庄、唐山、承德、张家口；陕西、山西、北京、内蒙古、辽宁。

23.357 沙黄尺蛾

Aspitates sp.

前翅长约21mm。本种似二白点尺蛾 *Aspitates smirnovi*和双珠雅尺蛾*Chariasmitates shuangzhu*，但前翅内、外线和后翅横线与二者均有不同。

成虫见于9月中旬。

分布：小五台山西台海拔1100m；张家口。

23.354a 褐脉粉尺蛾

23.354b 褐脉粉尺蛾(畸型)

23.355 月尺蛾

23.356a 山枝子尺蛾(♀)

23.356b 山枝子尺蛾(♂)

23.356c 山枝子尺蛾（示栖息态；♂；2007年7月18日，东台1100m）

23.357a 沙黄尺蛾

23.357b 沙黄尺蛾（1980年9月11日，西台1100m）

23.358 洒沥尺蛾

Abraxas picaria Moore

翅展约33mm。触角线状具微毛。头部额区、头顶以及下唇须端部黑褐色。胸部淡橙黄色有黑斑。翅底色白，散布黑斑，色斑多变异。前翅黑色斑带不规则，大致形成4条横带；基线，其内侧为淡橙黄色； 中线由断续斑点组成，中室端斑点和前缘中部黑斑明显；外线和亚端线呈“S”形，两线间后半有淡橙黄色；各线间零星散有黑点。后翅斑点较少， 中室端有黑点，外线由1列黑点组成，外缘、后缘具1列黑点，臀角处略带橙黄色。腹部淡橙黄色，背面有3纵列黑斑，侧面各1列黑斑，腹面2列黑斑。

成虫见于6月中下旬。

分布：小五台山；保定、承德、张家口；北京、四川；印度。

23.358 洒沥尺蛾

23.359a 双斜线尺蛾（1980年6月17日，西台1500m）

23.359b 双斜线尺蛾

23.359 双斜线尺蛾

Conchia mundataria (Stoll)

又名：褐纹贝尺蠖、二斜条尺蛾。

前翅长18～22mm。触角双栉状，雄的栉支比雌的长得多，触角干白色，栉支黑色。头、胸白色。翅白色具丝光。前翅顶角尖，前缘具褐色条，从翅基部向前缘顶端1/5处具一褐色斜条，顶角至后缘基部2/3处另有一褐色斜条；外缘褐色，缘毛白色。后翅从顶角至后缘基部2/3处有一褐色直线，外缘褐色，缘毛白色。翅反面线条同正面。腹部第1节白色，其余各节黄褐色有灰褐色边。有的标本腹部颜色和后翅线纹有变化。

成虫期6月中旬。

分布：小五台山西台后洼海拔1500m；保定、承德、张家口；湖北、江西、江苏、黑龙江、陕西、北京、辽宁；俄罗斯、蒙古、日本、朝鲜。

23.360 忍冬尺蛾

Somatina indicataria Walker

前翅长14～16mm。触角线状具微毛。额黑褐色，头顶触角间白色。胸部乳白色。翅底色乳白，略带微黄，有银灰色斑纹。前翅内线为断续的银灰色细线，中室上黑色眼状斑位于黄灰色宽的中带上，中带不达前缘；外线不完整，仅前缘可见一银灰色点；亚端线为1列长圆形银灰色斑；端线银灰色；外缘白色，脉间有小黑点；缘毛白色间杂银灰色斑。后翅中室有不清晰的眼斑，眼斑后方、中线和基线间为一片银灰色；外线为宽的银灰带，端线银灰色，外缘白色内侧有灰斑；缘毛白色有银灰斑。翅反面仅中室黑点纹明显。腹部第1节乳白色，其余各节背面黑色，有白边。

成虫见于8月上旬。

幼虫取食忍冬。

分布：小五台山；张家口、保定、承德；陕西、辽宁、吉林、黑龙江、北京、内蒙古、山西；朝鲜、日本。

23.359c 双斜线尺蛾

23.360 忍冬尺蛾（腹部缺损；1980年8月5日，北台）

23.361 醋栗尺蛾

Abraxas grossulariata (Linnaeus)

又名：栗斑尺蛾。

前翅长20～23mm。头和触角黑褐色。前胸背有橙黄色横条，肩板上有一黑点。胸部橙黄色，背面有1纵列黑斑。翅底色白色。前翅基部有黑色斑，基线为黑斑连成的宽带，内侧为橙黄色线；中室端黑斑大，连至前缘，常有黑斑连成不完整的中线；外线和亚端线由黑斑组成，其间为橙黄色线；外缘及缘毛上连有黑点列。后翅基部有黑点，中室端有黑斑，后缘中部亦有一黑斑，其外有2～3条完整及不完整的横线，外线外有不完整的橙黄色细线。翅反面斑纹同正面。腹部橙黄色，背面有1纵列黑斑，侧面、亚侧面各1列黑斑，但比腹背的黑斑小。斑纹变异很多。

成虫见于7月上旬～8月上旬。

幼虫取食醋栗、榛、桃、杏、李、杠柳、山榆、稠李等多种树叶。

分布：小五台山；保定、承德、张家口；辽宁、吉林、黑龙江、内蒙古、山西、北京、陕西；俄罗斯、朝鲜、日本以及亚洲西部和欧洲。

23.361a 醋栗尺蛾(♂)

23.362 丝棉木金星尺蛾

Calospilos suspecta (Warren)

又名：白杜尺蛾、卫矛尺蛾。

前翅长21～24mm。体橙黄色。翅底色白色，有许多暗灰色的大小斑点，有的彼此相连，大体在中线、外线、端线处形成斑带，外线端部分叉。前翅中室端的斑大，内有黑黄色环。前翅基部、前后翅的臀角内侧各有大小不等的橙黄色斑1个，斑上杂有黑黄色斑和银色闪光斑纹。翅反面暗灰色斑带同正面，橙黄色斑不明显。腹部有黑斑7纵列：背面3列，侧面、亚侧面各1列。此种个体大小和斑纹变化极大。

成虫见于5月上旬～8月中旬。

幼虫取食丝棉木、榆、卫矛、杨、柳等叶片。

分布：小五台山东台、西台海拔850～1300m；邯郸、邢台、石家庄、保定、廊坊、唐山、承德、张家口；辽宁、吉林、黑龙江、内蒙古、北京、山西、湖北、江苏、安徽、湖南、甘肃、陕西；俄罗斯、日本、朝鲜。

23.363 榛金星尺蛾

Calospilos sylvata Scopoli

翅展约30mm。翅面有多个大小不一的暗灰色斑点，有的相互连接，基斑杏黄色，大体形成中线，外线较明显斑带，亚端线由较小斑组成,臀角处具1个大的深色斑。前翅外端形成一白斑区。翅面斑纹变异较大。

成虫见于8月上旬。

寄主：榛、榆、桦、稠李、山毛榉等。

分布：小五台山东台杨家坪海拔870m；张家口；江苏、浙江、内蒙古；俄罗斯、日本、朝鲜以及中亚、中欧。

23.364 磊尺蛾

Cabera griseolimbata Oberthür

翅展约22mm。触角雌蛾线状，雄蛾双栉状，体翅黄褐至土黄色。翅横线和翅脉及中室端纹相互交织而组成褐色复杂花纹，似堆起的石块；翅端部具细碎纹；前翅臀角具一大褐斑，后翅端半则多变异。

分布：小五台山；张家口、保定；日本、朝鲜、俄罗斯。

23.361b 醋栗尺蛾(♀)

23.362a 丝棉木金星尺蛾（示初羽化成虫；2007年5月21日，西台1280m）

23.362b 丝棉木金星尺蛾（2007年5月21日，西台1280m）

23.362c 丝棉木金星尺蛾

23.362d 丝棉木金星尺蛾（示栖息态；2007年5月11日，东台1100m）

23.362e 丝棉木金星尺蛾（示栖息态）

23.362f 丝棉木金星尺蛾

23.362g 丝棉木金星尺蛾

23.363 榛金星尺蛾

23.364 磊尺蛾

23.365 中华黧尺蛾

Ligdia sinica Yang

前翅长11～12mm。雄蛾触角纤毛状，下唇须黑色粗壮。头和胸部黑色。前翅白色，基部1/3为一大黑斑；中室端黑点圆形、显著，其前方为一长方形黑斑；中线细弱，由黑灰色点斑组成；外线在M_1脉处向外折角，外线外为宽的黑色带，在折角处有2块不规则白斑，有时使黑带断开；缘毛黑色。后翅内线由散布的黑灰色点组成，中室端有黑灰色点；亚端线为间断的黑灰色点斑，与外缘黑带有时相连；外缘黑带在M_1脉以后变细；缘毛黑色。翅反面斑纹与正面相似，更为破碎。腹部白色有黑斑，端部黑色。足白色，密布黑褐色小斑点。

成虫见于7月下旬。

分布：小五台山；张家口、唐山；北京。

23.366 缘点尺蛾

Lomaspilis marginata amurensis Heydemann

前翅长12～13mm。头和胸、腹背面灰黑色，腹面有白鳞。翅白色，有黑灰色斑。前翅前缘基部有长方形斑，其长度约为前翅长的2/5；中线由3个近圆形斑组成，前缘区1个，M_3和Cu_1脉处1个，后缘中部1个；外线弯曲，其外方全部灰黑色，似由3个半圆形斑拼接而成。后翅前缘基部灰黑色，中线处有2～3个大小不等的圆点，外线以外亦似由3个半圆形黑斑拼接成的曲带。翅反面斑同正面。

成虫见于7月中旬。

幼虫取食杨、柳、榛等叶片。

分布：小五台山；张家口、承德；黑龙江；俄罗斯、日本以及西欧。

23.365 中华黧尺蛾（1980年7月28日，南台）

23.366 缘点尺蛾

23.367 唐松草珂尺蛾

Coenotephria sagittata Fabricius

前翅长14～16mm。头顶白色，额部褐色，胸部土黄色。前翅土黄色，基线褐色、宽，内侧有1个褐色小点；中部有1条褐色弧形宽带，其外侧在M_3脉处向外突出成锐角，内外两侧均有白色边；缘毛白色，脉端有小褐斑。后翅浅土黄色，外线白色，外线内侧颜色较深，中室端有小褐点，缘毛白色。腹部黄白色。

成虫见于7月中旬。

分布：小五台山；张家口、保定、承德；日本、朝鲜。

23.368 洒珂尺蛾

Coenotephria sagittata albiflua Prout

翅展约27mm。前翅中带宽，色深，其中部向外突出；基斑色深；脉端缘毛色深。后翅色浅，翅端缘毛色深。腹部色深。

成虫见于7月上中旬。

分布：小五台山西台、东杏河海拔1500m；张家口。

23.367 唐松草珂尺蛾

23.368 洒珂尺蛾

23.369 褐纹珂尺蛾四川亚种

Coenotephria homophana sustenta (Prout)

前翅长约15mm。

成虫见于7月下旬。

分布：小五台山；张家口。

23.370 乌珂尺蛾

Coenotephria umbrifera Butler

翅展约26mm。前翅内线为浅色带，内线以内色深，内线以外具深色带；前缘上半部具深色略成三角形斑；亚端线色淡锯齿形；外缘锯齿形。后翅色浅，翅端区色深。

成虫见于6月下旬。

分布：小五台山西台大老婆肚海拔1400m；张家口。

23.371 甜黑点尺蛾

Xenortholitha propinguata (Kollar)

小五台山区有该种的2个亚种：*X. p. suavata*和*X. p. niphonica*。

成虫见于6月～8月中旬。

分布：小五台山西台海拔1200～1500m；张家口。

23.370 乌珂尺蛾（1980年6月27日，西台1400m）

23.371a 甜黑点尺蛾

23.371b 甜黑点尺蛾（腹部缺损）

23.372 草莓尺蛾

Mesoleuca albicillata casta Butler

前翅长17mm。头、胸、腹黑色有白鳞。翅底色白，中室端有黑点。前翅基部黑色，黑色斑上有弧形白纹；外缘黑色宽带上也有弧形白纹，黑色宽带内侧有1行黑点。后翅外缘的黑色宽带内侧有1行黑点。翅反面黑点大体连成断续的黑色细线。

成虫见于7月。

幼虫食草莓、悬钩子、覆盆子、禾本科植物等。

分布：小五台山；张家口、保定、承德；黑龙江、内蒙古；俄罗斯、日本以及欧洲。

23.373 桦褐叶尺蛾

Lygris testata achatinellaria Oberthür

前翅长16～18mm。体翅枯黄色，后翅颜色较浅，前翅5条黄褐色横线，基线弧形，内线双波形，中线在M_3脉处向外折角，外线弧形；亚端线波形，上部一段色深，外有白边；中室端有浅灰褐色短纹；顶角一斜伸的白色细线与亚端线相接，在外缘端部形成三角形黄褐色斑；翅脉上显黄褐色。后翅色浅。

成虫见于7月初。

幼虫取食桦、柳、杨、枸杞、踯躅、黄栌等。

分布：小五台山；张家口、承德；内蒙古、黑龙江；俄罗斯、加拿大以及欧洲。

23.372 草莓尺蛾

23.373 桦褐叶尺蛾（1981年7月30日，西台）

23.374 葡萄迴纹尺蛾

Lygris ludovicaria Oberthür

前翅长21～22mm。头、胸、腹和翅均粉白色。触角棕褐色。胸、腹背面有2列棕色小点。前翅上有棕色迴纹，后缘基部散有黄色鳞片，臀角处有杏黄及灰蓝色斑纹；端线很细、棕色，缘毛棕色。后翅臀角处有大片杏黄和棕色斑纹，端线很细、棕色，缘毛白色，脉端缘毛棕色，中室上的棕色点翅反面比正面清晰。

成虫见于8月。

幼虫取食葡萄叶。

分布：小五台山东台海拔1100～1300m；承德、张家口；中国西部；俄罗斯、朝鲜。

23.375 焦边尺蛾

Bizia aexaria Walker

前翅长21～22mm。头褐色。触角：雌蛾线状，雄蛾双栉状。胸、腹和翅黄白色。前翅前缘散布小褐点，前缘区有2个较大褐斑，外缘有褐色焦边，其内侧斜列1排小褐点和隐约可见的浅灰色长条，中室端有一灰褐色斑，近翅基部后缘2A脉上有一浅褐色斑，外缘锯齿状。后翅顶角处有褐色焦斑，边缘不整齐，中室有灰褐斑，中线隐约可见，外缘锯齿状。翅反面斑纹更清晰。

成虫见于6月中旬～8月上旬。

幼虫取食桑树等叶。

分布：小五台山西台海拔1250m；承德、张家口；北京、湖北、四川、贵州、浙江、福建、吉林；日本、朝鲜、越南。

23.374a 葡萄迴纹尺蛾

23.374b 葡萄迴纹尺蛾（1980年8月5日，东台）

23.376 雪尾尺蛾

Ourapteryx nivea Butler

前翅长：雌31mm，雄25～27mm。触角雌雄均为线状。颜面橙褐色，体白色，腹部稍黄。翅白色，具丝样光泽，散布黄灰色横短细纹，外缘灰黑色，外缘缘毛橙黄色，内缘缘毛白色。前翅内线和外线均黄灰色较细，直而向外斜伸，中室端有一黄灰色的短直纹。后翅只有一条斜伸的黄灰色直线，不达前缘和外缘；外缘在M_3脉处突出成尾状，并有2个斑点，上面的大斑橙红色且有黑圈，下面的小斑黑色。波尾尺蛾*O. persica*与此种相似，但颜面为灰褐色，翅上横线较粗。接骨木尾尺蛾*O. Sambucaria*亦与此种相似，但体色略带青黄，后翅外缘尾突较长较尖。

成虫见于7月上旬~8月中旬。

幼虫取食栓皮栎、冬青、朴等叶片。

分布：小五台山西台、北台海拔1400～1800m；保定、承德、张家口；北京、浙江；日本。

23.375a 焦边尺蛾（2007年7月8日，西台1350m）

23.375b 焦边尺蛾(♂)

23.376a 雪尾尺蛾

23.376b 雪尾尺蛾

23.377 黑云尺蛾

Pocleora rimosa Butler

分布：小五台山；张家口。

23.378 大造桥虫

Ascotis selenaria Schifferm-üller et Denis

又名：锯角尺蛾、棉大造桥虫、棉尺蛾、茶霜尺蠖、灰翅尺蠖。

前翅长18～20mm。体色变化很大，一般为浅灰褐色到浅黄褐色，密布褐鳞点。触角雌蛾线状，雄蛾双锯状丛生纤毛。前翅内线、外线和亚端线(有时反面比正面清晰)为3条褐带，中线有的不完整仅前后缘可见；中室端有不规则的环状灰褐斑，位于中线内；顶角下方有褐斑；外缘有小褐点列，缘毛上有淡褐色斑。后翅无内线，中线褐色完整，中室端有环状灰褐斑，外线、亚端线褐色，外缘有小褐点列。翅反面色淡，中室端褐点和顶角下褐斑显著。小五台山东台(海拔1100m)分布有该种的亚种*A．s．dianaria*(成虫采于8月2日)。

成虫见于7月上旬～8月上旬。

幼虫取食漆树、黄檀、棉花、豆类、花生、艾、小蓟等。

分布：小五台山西台、北台、东台、东杏河海拔1100～1550m；邢台、石家庄、保定、唐山、承德、张家口；江苏、浙江、四川、广西、贵州、吉林、北京；印度、斯里兰卡、日本、朝鲜、越南以及非洲。

23.379 苹果烟尺蛾

Phthonosema tendinosaria (Bremer)

又名：苹烟尺蛾、苹果黑带尺蠖、苹叶灰白尺蠖等。

前翅长27～31mm。触角雌蛾线状，雄蛾双栉状、端部约1/4线状。体翅灰黄至灰褐色，翅上密布小褐点。前翅内线黑褐色，其内侧褐色；中室端有淡灰褐色点；中线弱，仅前、后缘可见；外线波状黑褐色，外侧的1条淡褐线，在后缘处形成褐斑条；亚端线则内侧淡褐、外侧灰白波状；外缘波状，有断续的黑褐边。后翅内线不明显，中线亦弱，中室端有灰褐色斑，外线波状黑褐色，外侧有淡褐线；亚端线似前翅亚端线，但较弱；外缘波状有断续的黑褐边。翅反面颜色较淡，中室端有明显的黑褐斑，外线细，亚端线在前缘形成褐斑，外缘黑褐边清晰。

成虫见于7月上旬。

幼虫取食苹果、栗、梨、桑、杜鹃等。

分布：小五台山；张家口、邢台、石家庄、唐山、承德；辽宁、吉林、黑龙江、北京、四川、内蒙古；日本、俄罗斯、朝鲜。

23.380 槭烟尺蛾

Phthonosema invenustaria Leech

前翅长32mm左右。体翅茶褐色。前翅内线黑褐色，仅前缘和后半部明显，内线以内褐色；中线淡褐色，很弱，中室端有灰褐斑；外线黑褐色波形，外侧有淡褐带。后翅的中线、中室斑点和外线似前翅，但内线不显。翅反面有明显的中室斑点和外线。

成虫见于7月上旬。

幼虫取食槭、柳、卫矛、六道木、漆树等。

分布：小五台山；张家口、邯郸、邢台、石家庄、唐山、承德；我国西部地区；日本、朝鲜。

23.381 桦霜尺蛾

Alcis repandata Linnaeus

前翅长22～23mm。体翅灰褐有焦褐色斑。内线、中线均弧形波曲，中室端有黑褐色长形小斑；外线灰白色，中部向内弯曲，凹处有黑褐色大斑；中线和外线间色浅，成灰白色；亚端线灰白色波曲，端线黑色波状清楚。后翅中线较清楚，内线、外线和亚端线不清楚，端线黑色波状清楚，中室端有黑褐点。翅反面前翅顶角处有大的黑褐斑，后翅外线为1列明显的褐点。腹部背面基部白色，其余各节有黑褐边。

成虫见于6月中旬。

幼虫取食桦、杨等叶。

分布：小五台山；承德、张家口；四川；俄罗斯以及欧洲。

23.379c 苹果烟尺蛾(♀)

23.378a 大造桥虫

23.379a 苹果烟尺蛾(♀)

23.380a 槭烟尺蛾

23.378b 大造桥虫

23.379b 苹果烟尺蛾(♂)

23.380b 槭烟尺蛾

23.382 枞灰尺蛾

Deileptenia ribeata Clerck

前翅长26mm左右。体翅灰白到灰褐色，散布细褐点。前翅内线黑褐色弧形；中室端有黑褐色圆圈，与中线相连；外线黑褐色锯状弧弯，在后缘中部与中线相接，相接处形成1个黑褐斑；内、外线间颜色较浅；亚端线波状灰白色，两侧衬黑褐带；外缘有1列黑褐点。后翅内线较直形成宽带，中室端有黑褐点，外线锯状弧弯，亚端线和外缘同前翅。翅反面色淡。

成虫见于6月上旬～7月中旬。

幼虫取食桦、栎、杉等。

分布：小五台山；承德；黑龙江；朝鲜、日本。

23.383 灰尺蛾

Deileptenia sp.

前翅长约23mm。

成虫见于7月上旬。

分布：小五台山西台；张家口。

23.384 睡莲白尺蛾

Asthena nymphaeata (Staudinger)

成虫见于6月下旬～7月中旬。

分布：小五台山；张家口。

23.385 桦尺蛾

Biston betularia Linnaeus

前翅长27mm左右。雄蛾触角双栉状，节支较短。体翅颜色变异很大，一般淡灰褐色，散布黑色小点，翅上线纹黑色明显。前翅基线细弱，在前缘区形成黑色斜长斑；内线弧形较粗，中部向内突；中线双线不甚完整，在中室端及翅前缘中部各有一黑斑，均在中线上；外线在M_2脉处和Cu_2脉下方各向外突出成角；亚端线不明显，仅上部可见，在近前缘处有大块黑褐色斑。后翅内线不显，中线上有黑点，外线以M_1和M_3脉之间处向外突出的角最明显，突出的角外侧有黑斑。翅反面斑纹更清晰。小五台山区有该种的一个亚种桦双齿尺蛾*B. b. parva*分布。

成虫见于7月中旬～9月上旬。

幼虫取食桦、杨、椴、榆、栎、槐、柳、苹果、黄檗、落叶松、悬铃木、艾、蒿等。

分布：小五台山西台、北台、南台海拔1200～1500m；保定、承德、张家口；吉林、辽宁、黑龙江、内蒙古；俄罗斯、日本以及西欧。

23.386 淡纹暗尺蛾

Gnophos oehrofasciata Staudinger

前翅长19mm。触角线状，雄蛾具纤毛。体翅黄褐色，翅上密布小褐点。前翅基线、内线褐色不明显，仅前缘区清楚；中线褐色；中室端褐环位于中线上，中央灰白色；外线暗褐色较直；亚端线较宽，暗褐色，外侧锯齿形，衬以白色锯齿状边；外线和亚端线在后缘相接；内、外线间颜色较淡；外缘近黑褐色，有灰黄色斑，中部的最大，翅反面此斑更显著；缘毛褐色。后翅中室有小褐点，基线、内线、中线不明显，外线仅后缘区可见；内外线间颜色亦淡；亚端线以外斑纹同前翅。腹部背面每节有横褐条斑。

成虫见于6月上中旬。

分布：小五台山西台、南台海拔1100～1600m；张家口；北京、青海；蒙古、俄罗斯。

23.383 灰尺蛾（1980年7月5日，西台）

23.385a 桦尺蛾(♂)

23.385b 桦尺蛾(♂)

23.381 桦霜尺蛾

23.382b 枞灰尺蛾(♀)

23.386a 淡纹暗尺蛾(深色型)

23.382a 枞灰尺蛾（♂；2007年7月18日，东台1200m）

23.382c 枞灰尺蛾（♀；示栖息地；2007年7月20日，东台1300m）

23.386b 淡纹暗尺蛾(浅色型)

23.387 密暗尺蛾

Gnophos myrtillala Thunberg

前翅长23mm左右。触角雌蛾线状，雄蛾锯状有纤毛。体翅黄褐色。前翅可见4条横线，内线不甚明显，在前缘区相应位置可见暗褐色斑；中线亦不甚明显，中室端可见暗褐色纹；外线暗褐色，外衬淡色边，在Cu_2脉处向外突伸成角；亚端线暗褐色，外衬灰白色锯齿状边；外缘波状；Cu_1脉端有大的模糊灰黄斑，翅反面更明显。后翅有明显的暗褐色亚端线，外侧衬锯齿形白边。翅反面色淡，仅外线和中室褐纹最明显。图版照片标本为本种的雌雄嵌合体，左侧触角线状，右侧触角锯齿状有纤毛，翅上斑纹与正常无异。淡纹暗尺蛾*G. oehrofasciata*与本种相似，但体型较小，雄蛾触角线状有纤毛，内外线间颜色较淡。

成虫见于7月上旬。

分布：小五台山西台海拔1200m；张家口、北京；苏格兰、瑞典、挪威、俄罗斯。

23.388 小双齿尺蛾

Biston tortuosa Wileman

前翅长17～20mm。体翅暗灰褐色，翅上密布黑褐色小点。雄蛾触角双栉状。翅上横线细或弱显得不清楚，中线和亚端线多模糊。前翅内线黑色波曲，前缘区中部有黑褐斑；外线黑色，在M_2脉处和Cu_2脉下方向外折角形成2个齿；外缘有小黑点列。后翅可见外线，亦向外突出成2个角，Cu_2脉下方的角较钝不明显。翅反面色较暗，以中室端黑点最明显。

成虫见于7月中旬。

分布：小五台山；石家庄、保定、唐山、承德、张家口；北京、山西、内蒙古、湖北等。

23.389 华北双齿尺蛾

Biston sp.

前翅长22～23.5mm。雄蛾触角双栉状，栉支细长为节宽的4倍，端部约1/5无栉支为线状。喙发达。胸部黄褐色，胸部背面和腹面被长毛。翅淡黄褐色，密布小褐点。前翅基线和内线黑褐色折曲，在前缘区形成2个黑斑；中线双条褐色不完整，中室端及翅前缘各有一黑褐斑；外线黑褐色，在M_2脉处和Cu_2脉下方各向外折角成双齿状；亚端线和端线不明显，但在前缘和顶角处形成2个黑褐斑，外缘有黑褐点列。后翅中线不完整，外线黑褐色明显向外折角形成双齿，以M_1与M_3间的齿最大。翅反面色较淡，斑纹明显，与正面大体相同。腹部黄褐色。足基部密生长绒毛。后足胫节2对距略靠近。

成虫见于7月中旬。

幼虫取食桦、杨、榆、栎等树木叶片。

分布：小五台山西台海拔1400m；石家庄、保定、唐山、承德、张家口；内蒙古。

23.390 灰涛尺蛾

Glaucorphoe unduliferaria (Motschulsky)

翅展约26mm。触角线状，雄蛾疏生纤毛。体污黄色，腹黄褐色，各节后缘具白毛边。翅外缘波状。前翅顶角钝圆；翅灰色，有6～7条白色波状横线，亚端线在多脉上向外突伸呈锯齿状；缘毛灰黄色与白色相间；翅的底色深的呈黄褐色，则白线显得更清楚，前翅有1大1小2个径副室。后足胫节有2对距。

成虫见于8月下中旬。

分布：小五台山南台海拔1450m；张家口、承德；黑龙江、四川；日本、朝鲜、俄罗斯。

23.391 角顶尺蛾

Hemerophila emaria Bremer

前翅长18～20mm。触角雌蛾线

23.389b 华北双齿尺蛾

23.389c 华北双齿尺蛾

23.390 灰涛尺蛾

23.387a 密暗尺蛾（示雌雄嵌合体，1980年7月8日，西台1200m）

23.388 小双齿尺蛾

23.387b 密暗尺蛾（示雌雄嵌合体的触角）

23.389a 华北双齿尺蛾

状，雄蛾双栉状。体翅灰褐色，翅上散布褐色细纹，尤以后翅横向细纹多而明显，前翅外缘向外弧弯过顶角；外线黑色，在近顶角处向外折成锐角几达翅外缘；中室端有黑褐点；内线黑色，在中室端黑褐点内侧曲折斜伸向后缘基部1/4处；前缘区黑褐色，近顶角处有一近三角形褐斑；内线以内褐色，外线以外有褐色长条，内、外线间色淡；外缘波状。后翅外线黑色显著，其外侧有褐色长条，外缘波状。翅反面色暗，外线为1列弧形排列的黑点。

成虫见于7月中下旬。

分布：小五台山南台海拔1350m；邯郸、保定、承德、张家口；辽宁、吉林、黑龙江、内蒙古、北京、山西；日本、朝鲜、俄罗斯。

23.392 雨尺蛾

Semiothisa pluviata (Fabricius)

前翅长12～13mm。触角雌蛾线状，雄蛾纤毛状。体翅颜色变化很大，一般为灰褐至黄褐色，翅上密布均匀小褐纹似纷纷雨点。前翅内线、中线、外线褐色均在前缘区向内折角，中室端有褐纹，外线外有褐带，近顶角处有三角形褐斑，外缘有褐点列。后翅中线、外线褐色与前翅中、外线相接，中室端黑点在中线外侧，外线外的褐带上有一大褐斑，外缘波状有褐点列。翅反面黄褐色密布小褐点，亚端线褐带上有小白斑，以近顶角处的白斑最显著。本种翅上斑纹与槐尺蛾*S. cinerearia*相似，但体小得多。

成虫见于8月下旬。

分布：小五台山东台海拔850m；邢台、石家庄、保定、廊坊、唐山、承德、张家口；北京、上海、辽宁、黑龙江；印度、缅甸、俄罗斯、日本、朝鲜。

23.393 四月尺蛾

Selenia tetralunaria Hufnagel

又名：紫枝尺蠖。

前翅长约19mm。体翅黄褐色，翅上有灰褐色横线，散布灰褐色细碎短纹。前翅基线灰褐色较弱，内线弧形，中线上有白色新月形纹；外线较直而细，在月形纹外侧向外弧弯；外线外侧、M_3脉下方有灰褐色长圆形斑，此斑与外线间有一宽带颜色较浅，翅顶角有一近三角形褐斑；外缘钝锯齿形。后翅中线、外线弧形灰褐色；中室新月形纹较小，有时不甚清楚；外线中部外有较大的圆形灰褐斑；外缘锯齿形。翅反面紫褐色，有橙黄色斑，以后翅外线以内的斑最大。

成虫见于5月中旬。

幼虫取食栎、桦、柳、樱桃、苹果、梨、杏、李、山楂、榛、桤木等多种树木的叶。

分布：小五台山；张家口、承德；辽宁、吉林、黑龙江、台湾；俄罗斯、日本以及欧洲。

23.394 尘尺蛾

Serraca punctinalis conferenda Butler

翅展约43mm。体翅黄褐色似尘土。前后翅线纹不清楚，隐约可见内线、中线、外线双线，以及中室端黑斑点。后翅反面内缘的缘毛前有1行绒毛。

成虫见于6月中下旬。

寄主：栎、栗、蔷薇、苹果、枥、钓樟等。

分布：小五台山北台海拔1350m；张家口；四川、浙江；日本、朝鲜、俄罗斯。

23.395 黑带尺蛾

Alcis picata Butler

前翅长22～24mm。触角：雌蛾线状，雄蛾双栉状。体翅黄褐色，密布细小黑点。前翅有宽的黑色中带，深黑色的中室斑纹位于中带上；外线黑色，在M_1与M_2脉间以及Cu_2脉下方向外突出成2个钝齿，外线外侧衬白边，外线与中带间为白色的宽带；亚端线白色锯齿状，其端部外侧至外缘有1个三角形黑斑；外缘波状有黑边。后翅横线与前翅相接，中室端黑纹位于黑带外侧，黑带与外线间颜色亦浅，亚端线白色锯齿状，外缘波状有黑边。翅反面色淡，外线和中室黑纹明显，顶角和外缘中部有黄白色斑纹。腹部第1节背面灰白色。

成虫见于7月中下旬。

分布：小五台山；承德、张家口；日本。

23.392 雨尺蛾

23.394 尘尺蛾(1981年6月20日，北台1300m)

23.391 角顶尺蛾

23.393 四月尺蛾

23.395 黑带尺蛾(1980年7月24日，北台)

23.396 飘带尺蛾

Alcis piaodai Yang

翅展36mm。触角：雄蛾双栉状，下唇须褐色短而直。头顶具灰白色鳞丛。胸部被黄褐色鳞毛。前翅前缘直，底色白色，亚端线、外线、内线栗褐色明显，粗细不匀而曲折如风飘彩带；中线则较淡而不完整，其末端与外线靠接；在横线之间均有淡栗色带并有细的白纹；外缘有淡栗色带；缘毛白色有褐斑列。后翅前缘很长，外缘弧弯，只显2条横带。腹背白色有成对栗褐色斑。

成虫见于6月中下旬。

分布：小五台山；张家口；北京。

23.397 斑带尺蛾

Alcis maculata Staudinger

翅展约36～44mm。触角：雌线状，雄双栉状。体灰黄具黑色斑纹。翅灰黄色密布小黑点和碎纹，横线黑褐色曲折，在前缘形成黑纹；外线中部有1块大黑斑；顶角处有黑褐色斑块；外缘波状；外缘线黑色，细；中室端有黑纹。翅反面色淡，外缘有宽的褐带，顶角及中部各有1个大白斑。腹部狭长，基部有白带。

成虫见于7月上旬。

分布：小五台山西台海拔1200m；张家口、承德；黑龙江、内蒙古、北京；日本、朝鲜、俄罗斯。

23.396 飘带尺蛾

23.397 斑带尺蛾(1980年7月5日，西台1250m)

23.398 曲带尺蛾

Alcis qudai Yang

前翅长23～25mm。触角：雌蛾线状，雄蛾双栉状。下唇须短，黑褐色，向前伸。体翅灰褐色，翅较宽大，密布小褐斑点及碎纹。前翅内线黑色曲折很细，中室端有长环状黑纹；中线不完整，在中室下渐与外线靠近；外线黑色很细、锯齿状、齿向内突，外线两侧色较淡；亚端线褐色，其内侧为棕色曲带；外缘锯齿状有褐带。后翅褐色碎纹密集，可见中线、外线及亚端线，其中外线最细最清楚，外缘锯齿状。翅反面色淡，中室端黑纹及外线最清楚。本种翅上斑纹变异较大，但前翅亚端线内侧的棕色曲带固定，端半部明显；外线在R_5、M_1、M_2几条脉上的内向齿突与亚端线上的外向齿突相对应，为本种与近似种区分的简易特征。

成虫见于7月中下旬。

分布：小五台山；张家口、承德；北京。

23.399 鹿带尺蛾

Alcis sp.

前翅长约21mm。

成虫见于6月中旬。

分布：小五台山；张家口。

23.398a 曲带尺蛾(♂)

23.398b 曲带尺蛾(♀；1981年7月25日，北台)

23.399a 鹿带尺蛾（♂）

23.400 青突尾尺蛾

Jodis lactearia Linnaeus

翅展23mm左右。体青黄色。翅青至绿色。前翅外线粉白色，曲折微呈波状；中线粉白色，弧形，不及外线明显。后翅略突出，中、外线与前翅略同。

成虫见于6月中下旬。

寄主：栎、橡等。

分布：小五台山北台水沟、过道滩海拔1450m；张家口；北京、浙江；日本、朝鲜。

23.401 突尾尺蛾

Jodis sp.

前翅长约17mm。

成虫见于7月中下旬。

分布：小五台山西台海拔1300m；张家口。

23.402 华秋枝尺蛾

Ennomos autumnaria sinica Yang

前翅长24～26mm。触角雌蛾线状，雄蛾双栉状。体淡黄色，头胸被黄毛，尤其是胸背的毛长而密，翅黄色带有橙黄色，翅端部颜色较深，翅上有程度不同的小褐斑，外缘锯齿状，以M_3脉端向外最为突出，缘毛白色，脉端有褐

23.399b 鹿带尺蛾(♀；1981年6月12日，中台)

23.400 青突尾尺蛾(1980年6月22日，北台1450m)

23.401 突尾尺蛾（2007年7月20日，西台1300m）

斑。前翅有内、外两条淡褐色横线，在前缘区清楚形成2个褐纹，余则模糊；中室端淡褐斑明显；旧标本前翅上仅见前缘区2个褐纹和中室端淡褐斑。后翅内线为宽的褐带（旧标本此带模糊，仅前、后缘可见），其外侧中室端有明显的褐斑。翅反面橙黄色，后缘黄白色；前翅可见明显的中室端褐斑和外线在前缘区的褐斑，后翅可见内线及中室端褐斑。

成虫见于9月上中旬。

幼虫取食杨、柳叶片。

分布：小五台山东台海拔1200m；承德、张家口；内蒙古。

23.403 秋枝尺蛾

Ennomos sp.

翅展约50mm。

成虫见于8月上旬。

分布：小五台山西台海拔1280m；张家口。

23.404 白带黑尺蛾

Rheumaptera hastata hecata Butler

前翅长19mm左右。体翅黑色，翅脉端缘毛黑色，其余缘毛白色，翅外缘形成黑白相间的花边。前翅前缘端部有3个小白点，向外弧弯排列；外线为明显的白色宽带，向外折曲形成3个齿；内线很细，白色弧形不完整。后翅有宽的白色中带，与前翅白色外带相接，后翅中带向外突出一齿。翅反面前翅前缘端部只有1个白点，前、后翅的白色中带明显，白色细内线也断续可见。

成虫见于7月上旬。

分布：小五台山；张家口；日本。

23.405 大白带黑尺蛾

Rheumaptera hecata Butler

翅展约40mm。体型比白带黑尺蛾*Rh. h. hecata*明显为大，但体翅颜色、斑纹相似。

成虫见于6～7月。

分布：小五台山北台水沟和过道滩、西台、南台、东杏河海拔1100～2300m；张家口；日本。

23.406 汝尺蛾

Rheumaptera sp.

前翅长约19mm。

成虫见于7月上中旬。

分布：小五台山南台；张家口。

23.407 红双线尺蛾

Syrrhodia obliqua (Warren)

前翅长17～18mm。触角雌蛾线状，雄蛾双栉状。体翅污黄色。翅上密布淡红色碎纹而使翅带一层红色；前、后翅中部均有2条大体平行的淡红色横线，前翅的2条线间较窄，后翅的2条线间较宽，两线间颜色偏黄；在外线外侧有暗影斑，有时较明显，特别是后翅近顶角处有一淡红圆斑；前翅中室有红条；前、后翅外缘均锯齿形；雄蛾前翅中室下方近翅基处有一丛突出的鳞。翅反面颜色更鲜明，雄蛾更明显，翅缘和中带为黄色，内外有两大块桃红色斑。

成虫见于7月下旬。

分布：小五台山；保定、张家口、唐山、承德；北京、四川、贵州。

23.402a 华秋枝尺蛾

23.402b 华秋枝尺蛾（♂；2007年9月10日，东台1100m）

23.402c 华秋枝尺蛾（♂；2007年9月10日，东台1200m）

23.403 秋枝尺蛾

23.404 白带黑尺蛾

23.405 大白带黑尺蛾(1980年6月22日，南台2300m)

23.406 汝尺蛾

23.407 红双线尺蛾

23.408 黄双线尺蛾

Syrrhodia perlutea

前翅长18～19mm。触角雌蛾线状，雄蛾双栉状。体翅鲜黄色。翅上散有小褐纹，本种与红双线尺蛾*S. obliqua*相似，前后翅中部也有2条大致平行的褐色横线，但较弱，横线间也较宽，2横线间颜色较淡；前翅中室有褐条；外线外侧带淡褐色并有明显的褐斑，前翅的褐斑在顶角和中部，后翅在顶角处；翅缘锯齿形有褐边。雄蛾前翅中室下方靠近翅基处也有突出的鳞丛。翅反面与正面斑纹大体相同，外线外侧褐色更浓，前翅外线至外缘为一片褐色，顶角有白斑，后翅则形成1条宽褐带。

成虫见于8月上旬。

分布：小五台山；张家口、唐山、承德；北京。

23.409 小尺蛾

Sterrha trisetata Prout

成虫见于7月上旬。

分布：小五台山西台海拔1600m；张家口；日本。

23.410 橙银线尺蛾

Scardamia aurantiacaria Bremer

前翅长14mm左右。触角：雌蛾线状，雄蛾双栉状。体翅橙黄色至橘红色。翅上密布小褐斑点，中室端有大黑点；外线褐色，上有银灰色鳞，外线与外缘大体平行；端线也有银灰色断续的边，缘毛褐色。前翅还有1条银灰色断续的内线，向后缘中部弧弯，前缘有褐边。腹部背面基部有一黑色毛丛，其上有银色鳞点。

成虫见于8月上旬。

分布：小五台山；张家口、承德；辽宁、吉林、黑龙江、北京；日本、朝鲜、俄罗斯。

23.411 土灰尺蛾

Ectephrina semilutea (Lederer)

前翅长16～17mm。触角：雌蛾线状有稀疏微毛，雄蛾纤毛状。体翅颜色灰褐、红褐、土黄等变化很大。翅上斑纹的强弱很不一致，一般外线中部有一褐色斑点，中线较直但不达前缘，内线细弱；中室端的小褐点，前翅的位于中线和内线间，后翅的位于内线上；后翅只有中线和内线。

成虫见于7月中旬。

分布：小五台山；张家口、保定、承德；北京；日本、朝鲜、俄罗斯。

23.412 西尺蛾

Ectephrina sp.

前翅长约17mm。

成虫见于7月上中旬。

分布：小五台山南台海拔1300m；张家口。

23.413 绣纹尺蛾

Ecliptopera umbrosaria (Motschulsky)

前翅长12～13mm。前翅黑褐色，有灰白色细横线；内线弧形；中线大体自前缘基部1/3处起，中间向外突弯，伸向后缘基部1/3处；亚端线双线；外缘顶角处有一近三角形黑褐斑；有时翅脉上的颜色较淡。后翅灰色，外缘和后缘颜色较浓，有浅色的外线。

成虫见于7月中旬。

寄主：紫葛等。

分布：小五台山；张家口、承德；辽宁、吉林、黑龙江、四川；印度、日本以及中亚。

23.414 网纹尺蛾

Eustroma reticulata Schiffermüller

前翅长13～14mm。前翅黑褐色，有6条灰白色细横线：基线弧形，内线和中线向外突弯，外线弧形，亚端线大体平直，端线在前部分叉；翅脉上的颜色也为灰白色（但没有横线明显），与灰白色横线交织呈网状纹。后翅灰色，外缘颜色较浓；中室有黄点；亚端线灰白色波状；脉端的缘毛上有黑褐色点。

成虫见于7月下旬。

分布：小五台山；张家口、保定、承德。

23.415 外斑埃尺蛾

Ectropis excellens Butler

翅展38～47mm。触角雌蛾线状，雄蛾纤毛状。体翅灰白色。翅密布小褐点；横线褐色波状；外线中部有明显的黑褐色大斑（位于中室端外侧）；亚端线上有褐斑以近顶角处显著；前缘在横线端均有褐斑；翅外缘有小黑点列。

23.408 黄双线尺蛾

23.411 土灰尺蛾(1980年7月15日，中台)

23.413 绣纹尺蛾(1981年7月16日，北台)

23.410 橙银线尺蛾

23.412 西尺蛾(1980年7月10日，南台1300m)

23.414 网纹尺蛾

成虫见于6月下旬。

寄主：忍冬、羌活、栎、栗、苹果、虎杖、山毛榉、山芋等。

分布：小五台山南台海拔1320m；张家口；北京、黑龙江、吉林；日本、朝鲜、俄罗斯。

23.416 埃尺蛾

Ectropis sp.

翅展约32mm。

成虫见于7月上旬。

分布：小五台山；张家口。

23.417 朝尺蛾

Pseudopanthera corearia Leech

前翅长12～13mm。雌雄触角均为线状。体翅黄褐色。翅上密布褐色短碎纹，内线褐色细而曲折，中部有1条宽的褐色横带，其两侧有褐影而显得不规则，中室端褐纹不明显，亚端线为1列褐色斑点，缘毛褐色。

成虫见于6月下旬。

分布：小五台山南台海拔1380m；张家口、唐山、承德；台湾、北京、江苏、浙江；朝鲜、俄罗斯。

23.418 网目尺蛾

Chiasmia clathrata (Linnaeus)

前翅长13～15mm。触角纤毛状。头、胸部、足均暗褐色，散布大小不等的白斑点。翅白色，沿着翅脉有褐纹，与5条褐色横带（其中前翅端线、亚端线、内线较粗）交织，组成网目状斑纹，期间散有一些小褐点；缘毛白色，亦有褐点列。翅反面斑纹同，基部稍带黄色。腹部和足暗褐色，散布大小不等的白斑点，腹部背、腹面每节有白色细边。小五台山区分布有该种的亚种*Ch. c. albifenestra*，7月中旬见于北台上寺海拔1200m。

成虫见于6月下旬。

幼虫取食苜蓿等豆科植物。

分布：小五台山西台海拔1100m；保定、张家口；辽宁、吉林、黑龙江、内蒙古；日本以及北非、欧洲、亚洲。

23.419 褐网尺蛾

Chiasmia sp.

前翅长17～19mm。触角雌蛾线状，雄蛾双栉状。下唇须短粗。体白色，散布褐色斑纹。翅白色，沿翅脉有许多条褐色纵条，与3条褐色横带交叉组成褐色的网状纹，其间夹杂一些小褐点；缘毛白色，有1列褐点加插在褐条间。

成虫见于6～8月。

分布：小五台山西台、东台海拔850～1400m；邯郸、保定、承德、张家口；北京。

23.420 黄灰呵尺蛾

Arichanna haunghui Yang

前翅长23～25mm。触角雌蛾线状，雄蛾双栉状。下唇须短，下面有长鳞毛。体灰色，中胸背面后缘有1对黑斑。前翅灰色，前缘带及脉为黄色；翅上黑斑组成7条横线；翅基10个黑斑，除组成基线和内线外，还有2个位于中室下方，中线包括中室端的大黑斑，外线双行且黑斑大小相似，亚端线的斑最大也最长，端线则与外线的斑相似；缘毛上有1列黑斑位于各脉端部；翅基部的翅膜有泡状突起3个：1A和2A间1个，其上方至Cu脉间1个略长的泡，其下方在肿大的2A和3A基叉间也有1个，雄蛾最明显，翅反面则凹成窝。后翅黄色，基部带灰色并有密集的小黑点；中室端有大黑斑，其外侧共有3条横线：外线黑斑较小，亚端线和端线的黑斑大小不等；缘毛上的黑点列位于脉端。前、后翅反面均为黄色，黑斑同正面。腹部两侧各有1对黑斑。

成虫见于7月上旬～8月下旬。

分布：小五台山南台、西台、北台、东台海拔850～2400m；邢台、保定、唐山、张家口；北京。

23.415 外斑埃尺蛾(1988年6月25日，南台1300m)

23.416 埃尺蛾(1980年7月2日，中台)

23.417 朝尺蛾

23.418 网目尺蛾(1980年6月29日，西台1100m)

23.419a 褐网尺蛾（♂）

23.419b 褐网尺蛾(♀；1980年6月20日，西台1400m)

23.419c 褐网尺蛾（♀）

23.420a 黄灰呵尺蛾(♂；1980年7月29日，东台2400m)

23.420b 黄灰呵尺蛾(♀)

23.421 榆津尺蛾

Jinchihuo honesta (Prout)

前翅长12～13mm。体翅淡褐、黄褐或橙灰色不一。前翅前缘色较淡，有2个明显的黑斑：内侧的黑斑下方连内线，内线与后缘近于垂直，外侧的黑斑与外线相接，外线向外折角后斜伸至后缘2/3处；内线、外线均淡褐色，外线外侧有白边；缘毛褐色，仅在脉端有细的白鳞；翅顶角尖，外缘弧弯。后翅较前翅色淡，外缘颜色略深，只有1条不明显的中线。翅反面仅前翅的外线隐约可见。

成虫见于7月中旬。

寄主：榆树。

分布：小五台山；邯郸、石家庄、保定、张家口、承德、唐山；天津、北京、山东。

23.422 沙灰尺蛾

Tephrina arenaceria (Schiffermiiller et Denis)

又名：苜蓿尺蛾。

前翅长12～13mm。触角雌线状，雄双栉状。体翅颜色变异大，翅的底色由灰白、黄色、灰黄、黄褐至棕褐不等，但斑纹较一致。前翅上密布灰褐色小斑点；外线为1条暗色条纹，被翅脉断开为1列淡褐色至黑褐色虚线，由顶角内侧逐渐加粗，直伸到臀角内侧；外线内侧伴随着1条白色至黄色的浅色带；外线外侧至外缘颜色较深；外缘有小黑点列；中线、内线仅隐约可见；中室端有小黑点。后翅较前翅色淡，亦密布小褐点，外线颜色较淡，为连续的细线；外缘有褐色小点列，中室端有小褐点。

成虫见于5月上旬～8月上旬。

幼虫取食苜蓿等。

分布：小五台山西台、东台海拔850～1450m；石家庄、保定、承德、张家口；北京、内蒙古、陕西；欧洲、亚洲。

23.423 黄灰尺蛾

Tephrina flavescens (Alpheraky)

前翅长13～14mm。触角雌线状，雄双栉状。体翅黄色，翅上密布小褐点。前翅外缘较直，与后缘近于垂直。前翅外线较直较宽，从顶角内侧直伸到臀角内侧，不被脉分开，色较淡，内侧无伴随的淡色带；外线至外缘间色较深，中室端有褐点明显。后翅外线较细而明显，中室端有褐点。

成虫见于5月下旬～7月下旬。

分布：小五台山；邯郸、邢台、石家庄、保定、承德、张家口；内蒙古、山西、北京、四川等。

23.424 桑尺蛾

Hemerophila atrilineata Butler

又名：桑搭、造桥虫、桑尺蠖。

前翅长19～22mm。触角双栉状，雄蛾栉支较长。体翅黄褐色，翅上密布黑褐色细横短纹，色斑变化较大，但前翅均有2条细的黑色横线：外线自后缘中部斜向顶角、不达顶角即折向前缘距顶角约1/5处；内线与外线大体平行，自后缘基部约1/4处向前斜伸至中室端折向前缘中部。后翅只有1条较直的黑色外线，其他横线不明显，外缘波状，后缘基半部缘毛白色。

成虫见于6月中旬。

幼虫取食桑叶。

分布：小五台山；邯郸、邢台、廊坊、保定、唐山、承德、张家口；北京、山西、山东、江苏、浙江、安徽、江西、台湾、广东、四川、陕西、河南、贵州；日本、朝鲜、印度。

23.424 桑尺蛾

(1980年5月2日，西台1200m)

（示不同色型幼虫）

（示不同色型幼虫）

（示幼虫爬行态）

（示蛹）

（示预蛹）

（示幼虫感染核型多角体病毒态）

23.425 槐尺蛾

23.421 榆津尺蛾(1981年7月17日，南台)

23.422a 沙灰尺蛾（♀）

23.422b 沙灰尺蛾（♂）

23.423 黄灰尺蛾

23.425 槐尺蛾

Semiothisa cinerearia Bremer et Grey

又名：吊死鬼。

前翅长18～22mm。触角线状，雄蛾具微毛。体翅灰白、黄褐至灰褐色，翅上密布小褐点。前翅外缘褐色，前缘近顶角处有一黑色条；外线双线，内侧的一线颜色较深，从M_2脉处至后缘向外弯，并被细线分割形成1列6个黑斑，在前缘形成的三角形褐斑内有2～3个横黑纹；中线、内线褐色、较细；中线在中室端内折向前缘中部，并有一短褐线相连，在中室端形成一三角形；内线与中线大体平行；翅顶角及外线以内至翅基颜色较淡。后翅外缘褐色、波状，M_3脉端处向外突出较甚；外线双线较直，与前翅外线相连，内侧的一线亦较外侧的一线颜色深而粗；中室端有黑点；内线颜色较浅较直；外线以内颜色淡。翅反面斑纹更清晰。

成虫见于4月下旬～7月中旬。

幼虫取食槐树和刺槐叶。

分布：小五台山东台、西台海拔1100～1250m；邯郸、邢台、石家庄、保定、廊坊、唐山、承德、张家口；辽宁、吉林、黑龙江、北京、山东、陕西、河南、浙江、台湾、四川、西藏；日本、朝鲜。

23.426 锯翅尺蛾

Angerona glandinaria Motschulsky

前翅长25～26mm。雌蛾浅黄色，雄蛾焦黄色。前翅中线宽，黑褐色；中室长形黑点明显；外线黑色，细并呈向内的锯齿形；亚端线宽，褐色；外缘锯齿形。后翅的横线大体同前翅，外线黑色，细而清晰，外缘锯齿形。

成虫见于7月。

幼虫取食柳、桦、李、忍冬、木莓等。

分布：小五台山；保定、承德、张家口；辽宁、吉林、黑龙江；日本、朝鲜、俄罗斯。

23.426a 锯翅尺蛾

23.426b 锯翅尺蛾

23.427 北京尺蛾

Epipristis transiens Sterrneck

前翅长17～19mm。体翅灰白色。翅上散布褐色小点，缘毛灰白色，外缘有向内的黑色锯齿状边；外线暗褐色为向外的锯齿状，其外方有暗褐色和赤褐色不规则形斑，后翅中室星斑比前翅的大，前翅前缘近基部1/3处另有一黑斑。翅反面灰白色，仅中室黑斑和外缘黑边明显。

成虫见于7月上旬。

分布：小五台山南台、西台海拔1400m；保定、承德、张家口；北京、内蒙古。

23.428 褐线尺蛾

Boarmia castigataria Bremer

前翅长16mm。触角：雌蛾线状，雄蛾双栉状，末端线状。体翅黄白色，密布小褐点，横线褐色。前翅外缘褐色，外线较直，与外缘平行；亚端线为向外的弧形，由顶角弧弯至臀角；内线在前缘向内折曲；中室端有长形黑褐条，中线有时在前缘区较明显。后翅外缘波状褐色，外线显著，亚端线很淡，与外线大体平行，中室端有褐点，中线、内线均不清晰。

成虫见于5月上旬～8月上旬。

分布：小五台山西台海拔1200～1350m；保定、承德、张家口；北京；俄罗斯。

23.427a 北京尺蛾

23.427b 北京尺蛾(♂；1980年7月8日，西台1400m)

23.429 皱霜尺蛾

Boarmia displiscens Butler

翅展约36mm。体翅赤褐色。前翅内线、中线、外线、亚端线弧形，在其前端均有暗斑，其中亚端线的近前部和末端还有2个暗斑；翅面具纵皱纹。后翅亦具弧形内、中、外及亚端线，其中外、亚端线中部有暗斑；翅面具纵皱纹。

成虫见于7月10日。

寄主：栎、槲等。

分布：小五台山西台海拔1400m；江西、浙江；日本、朝鲜。

23.428a 褐线尺蛾(♂)

23.428b 褐线尺蛾(♀)

23.429 皱霜尺蛾

23.430 白点焦尺蛾

Colotois pennaria ussuriensis O. Bang－Haas

又名：双线黄尺蛾。

前翅长22～24mm。雄蛾触角双栉状，栉支很长，展开如羽毛状，触角干白色。体翅颜色变化较大，一般黄褐色，胸部密被长毛。雄蛾翅上散布大小浓淡不等的小褐点，一般前翅的褐点比后翅的大些、颜色也浓，雄蛾多密集大褐点而使翅呈焦褐色，但也有淡色型者。前翅内线黑褐色，中室黑点明显；外线黑褐色，展翅后与后翅外线相连，外侧伴随一淡色细线；顶角处色暗并有1个白点，白点多有褐边。后翅中室亦有1个黑点。

成虫见于8月上旬。

幼虫取食桦、柳、栎、栗、苹果等多种树木叶片。

分布：小五台山；张家口、承德；黑龙江、内蒙古；欧洲、亚洲、美洲、非洲。

23.431 焦尺蛾

Colotois sp.

翅展40mm左右。

成虫见于7月中旬。

分布：小五台山；张家口。

23.432 李尺蛾

Angerona prunaria Linnaeus

前翅长23～24mm。体翅颜色变化很大，从浅灰到橙黄、暗褐或橙黄、暗褐相间；翅上散布黑褐色、横向的细碎条纹；浅色型者，中室有一较粗的横向纹，脉端缘毛黑褐色。翅反面颜色同正面，亦有细碎条纹。小五台山区分布有该种一变种*A. p. turbata*。

成虫见于6月下旬～7月下旬。

幼虫取食李、桦、落叶松、山楂、榛、稠李、千金榆、乌荆子等。

分布：小五台山西台、北台、东台海拔860～1800m；保定、承德、张家口；黑龙江；朝鲜、日本、俄罗斯以及西欧。

23.433 多粉尺蛾

Anagoga pulveraria Linnaeus

翅展约35mm。

成虫见于5月中下旬。

分布：小五台山北台水沟海拔1300～1600m；张家口；日本。

23.434 落叶松尺蛾

Erannis ankeraria Staudinger

前翅长20～21mm。触角：雌蛾丝状，雄蛾短栉齿状。雌蛾体纺锤形，翅退化，仅有鳞片状突起。雄蛾体翅浅黄色，腹部背面各节有褐色环，翅面有枯褐色细点纹，尤以前翅的大而多。前翅内线前半较明显，由密集的枯褐色细点纹组成；中室有明显的褐色圆点；外线暗褐色，在M_2脉处向外突伸，外线外有2个褐色星斑；外缘有1列褐点。后翅中室有小褐点。腹部背面各节有褐色环。

成虫见于8月中旬。

幼虫取食落叶松。

分布：小五台山南台、西台海拔1200～1700m；承德、张家口；内蒙古、黑龙江；匈牙利。

23.430 白点焦尺蛾(♂;1982年8月7日，北台)

23.431 焦尺蛾

(♂; 1980年6月29日, 西台1500m)

23.432b 李尺蛾

23.432a 李尺蛾（♂）

23.433 多粉尺蛾(1980年5月22日，北台1400m)

23.434 落叶松尺蛾(♂;1981年8月17日，西台1700m)

23.435 沙枣尺蛾

Apocheima cinerarius Erschoff

又名：杨尺蛾、春尺蛾、榆尺蛾、苹尺蛾、柳尺蛾。

雄蛾前翅长15mm；触角卵黄色，双栉状；体翅灰褐色，腹部背面有刺；前翅外线、内线均黑色明显，中线较模糊，亚端线为1列黑点，Sc与R脉分离，M_2脉不发达，缘毛上有黑点；后翅Sc＋R_1在中室中下部与R_s相并，M_2不发达。雌蛾触角丝状，体灰褐色，无翅。

成虫见于5月上旬。

幼虫取食杨、柳、榆、槐、沙枣、杏、苹果、梨、桑、胡杨、葡萄等叶。

分布：小五台山；张家口、廊坊、邯郸；青海、陕西、甘肃、宁夏、新疆、内蒙古、山东；俄罗斯。

23.436 梨尺蛾

Apocheima cinerarius pyri Yang

雄蛾：翅展24～36mm；触角黄色，双栉状；栉支上密生纤毛；喙退化；下唇须短密被长毛，体灰至灰褐色，头、胸部密被柔毛，胸背的毛很长，尤其是肩片的毛伸达第2腹节，显得胸部极粗大。前翅灰黄至灰褐色，密布小褐点，3条横线黑色与外缘略平行，在中室折成锐角至前缘；外线明显波状并在脉上有黑纹相连；中室后缘在内、中线间有黑条；臀脉上的黑条更长几达外缘与翅基；亚端线为褐色，不明显。后翅灰白色密布小褐点，横线1～2条但均不显著。腹部被柔毛并有刺和齿：齿黑色在第1～4节各有1列小粗齿，第2～3节另有1列大粗齿，第7节小粗齿排成多行，第8节有1个瘤尖密生小齿；刺则位于第4～7节上，黄褐色如刚毛。足上也密生柔毛。雌蛾：触角线状，翅极退化，体灰至灰褐色，头胸部密被粗鳞而无长毛，背面有齿和刺并有2条黑色纵纹。

成虫见于6月中下旬。

寄主：梨、苹果。

分布：小五台山西台金河口海拔1010～1200 m；张家口；北京、天津。

23.437 桑褶翅尺蛾

Zamacra excavata Dyar

又名：桑刺尺蛾、核桃尺蛾。

前翅长20mm。触角：雄蛾双栉状，雌蛾如线状、仅有小锯齿。体灰褐至黑褐色，头丛生鳞毛，胸部粗壮被长毛，雌蛾腹部极粗大。翅狭长，灰白色有紫褐色斑纹；前翅内线黑色，向外突折成角；外线黑色，顶角处及前缘褐斑旁有白斑；后翅外缘顶角下凹入，内线黑色显著，外线不显著。成虫静止时翅纵折扭曲，前翅竖起呈S形，后翅向后贴于体旁呈W形。

成虫见于4月中旬。

幼虫取食桑、苹果、梨、桃、核桃、杨、槐树、榆、刺槐、女贞、栾树等。

分布：小五台山西台、北台海拔1200～1300m；石家庄、保定、唐山、承德、张家口；陕西、河南、宁夏、北京；日本、朝鲜。

23.438 水蜡尺蛾

Garaeus parva distans Warren

前翅长16～18mm。体翅灰黄色，触角干和头顶两触角间白色。前翅中线黄褐色，在中室端向外折成锐角然后斜伸至后缘中部，中线外侧有一黄褐色细线；内线、外线不很显著，内线两侧近前缘区和中线外侧近前缘区有白色斑；顶角较尖，附近有一新月形白斑和一近三角形黄斑。后翅中线明显，其两侧为白色宽带，中室有小褐点。体色有变异。

成虫见于7月下旬。

幼虫取食水蜡树。

分布：小五台山；张家口、承德；台湾、黑龙江；印度、朝鲜、日本。

23.435 沙枣尺蛾(♂；1980年5月2日，西台1200m)

23.436 梨尺蛾(♂)

23.437a 桑褶翅尺蛾（示老熟幼虫）

23.437b 桑褶翅尺蛾(♀)

23.437c 桑褶翅尺蛾(♂)

23.437d 桑褶翅尺蛾（示低龄幼虫）

23.438 水蜡尺蛾(腹部缺损；1980年7月25日，西台)

23.439 截翅尺蛾

Hypoxystis kozhantshikovi Djakonov

前翅长14～16mm。触角：雌蛾线状，雄蛾双栉状。体翅淡黄色，大小和翅上斑纹变异很大。前翅前缘很直，顶角尖突；外缘在M_3脉端凸出超过顶角，其上下均斜截，凸处上下的缘毛黑褐色形成两黑褐色条；中室黑点明显；一般可见中线、外线和亚端线，均黄褐色，但只有2条线显著，另1条则细弱。后翅M_3脉端也突出，但顶角不突，前缘弧弯；中室黑点明显，一般可见中线、外线2条横线。翅上有时散布小褐点，或多或少或无。

成虫见于6月下旬～7月上旬。

分布：小五台山；邯郸、保定、唐山、承德、张家口；北京、内蒙古、辽宁、黑龙江；俄罗斯。

23.440 树形尺蛾

Erebomorpha consors Butler

前翅长35mm左右。雌雄蛾触角均双栉齿状，只是雌蛾的栉齿短些。体翅黑棕色，全翅布满黄色细横条纹。展翅后，前后翅的白色纹相连似树形；后翅的外线白纹似树干，基部向外伸出一枝，枝外有3个三角尖，前翅的4条白纹似树枝。

成虫见于7月中旬。

分布：小五台山；张家口、承德；四川；日本、朝鲜、俄罗斯。

23.441 泼墨黄尺蛾

Ninodes splendens (Butler)

前翅长9mm。触角线状，雄蛾具微毛。体翅大部分黄色，胸背后半及腹背大部分为黑色，腹端黄色。前翅中室有黑点，宽大的黑色外线与中室下方的大黑斑连成一片，外线外侧另有一橙黄色细线与外线相平行。后翅外线以内连成一大黑斑。

成虫见于7月上旬。

分布：小五台山；张家口、保定；北京、内蒙古、湖北、四川；日本、朝鲜。

23.442 蓝斑岩尺蛾

Scopula decorata eurhythma Prout

前翅长约10mm。

成虫见于6月中旬。

分布：小五台山；张家口。

23.443 秋涡尺蛾

Horisme stratata Wileman

翅展约32～33mm。体翅灰褐色，腹基部有白带。前翅顶角尖，外缘弧弯，翅面散布多条褐色波状横线，与外缘同样倾斜；内外线间有的颜色较深而呈宽的褐色带；中室端有小黑点。后翅外缘锯齿形，以M_1、M_3脉处最突出；基半部色灰白，斑纹有时不明显；端半部有多条明显横线；外线、亚端线间有灰白色带。

成虫见于8月下旬。

分布：小五台山东台杨家坪海拔950m；张家口、承德；日本。

23.444 冀涡尺蛾

Horisme sternecki Prout

翅展21～24mm。触角线状，雄蛾触角具微毛。下唇须突伸与颜面鳞毛呈锥形。体翅黄褐色，翅面密布黑褐色波状线纹，翅中部色较深但仍为明显的波纹而不呈带，外线外侧有淡色带，中室端有黑点；外缘线为黑色短线所组成的边；缘毛灰色，其基半黑褐色。

成虫见于5月下旬。

分布：小五台山；张家口；北京、天津。

23.445 万全涡尺蛾

Horisme aquata wanquana Yang

翅展约24mm。头黑色；下唇须粗壮突伸于头前方，被黑色鳞，腹面有白鳞。触角纤毛状。前、中胸基部黑褐色，胸腹部大部分灰白色，后胸和腹背有毛丛。翅灰白色，密布褐色平行的斜线纹，前翅前缘和外缘灰褐色有褐斑，顶角白色，有黑色短条与亚缘线相连，中室端黑点明显。后翅外缘灰褐色，亚缘线最明显，其他横线则在内缘处最明显。

成虫见于7月下旬。

分布：小五台山；张家口。

23.439a 截翅尺蛾（1980年7月5日，北台）

23.439b 截翅尺蛾

23.440 树形尺蛾

23.441 泼墨黄尺蛾（腹部缺损）

23.443 秋涡尺蛾

23.444 冀涡尺蛾

23.445a 万全涡尺蛾（1980年7月21日，中台）

23.446 真界尺蛾中国亚种

Horisme tersata chinensis (Leech)

翅展约23mm。

成虫见于8月下旬。

分布：小五台山东台杨家坪海拔900m；张家口。

23.447 维界尺蛾阿穆尔亚种

Horisme vitarbata staudingeri Prout

翅展约24mm。

成虫见于6月下旬。

分布：小五台山西台海拔1800m；张家口。

23.448 双珠雅尺蛾

Chariaspitates shuangzhu Yang

翅展约39mm。雄蛾触角双栉状，栉支很长，展开似羽毛。体黄褐色。前翅鲜黄色，顶角尖；外线褐色自顶角内侧伸向后缘2/3处，中部向内扩展，外侧具带褐边的白斑非常醒目；内线褐色折曲；中室端有1个褐点；缘毛上有褐点列。后翅基半部黄白色散布淡褐色碎纹，端半部有淡褐色宽边。

成虫见于9月中下旬。

分布：小五台山西台海拔1100m；张家口；内蒙古。

23.445b 万全涡尺蛾

23.446 真界尺蛾中国亚种

23.447 维界尺蛾阿穆尔亚种

23.449 沦尺蛾

Chloroclystis sp.

翅展约19mm。触角纤毛状。下唇须粗短。体翅灰褐色，翅上斑纹不显著，中室端有黑点，以前翅上的黑点为大，外线、亚端线褐色，其间为淡色的带，缘毛灰褐色。翅反面略淡，斑纹与正面略同，但横线更明显，尤其是后翅可看出中线、内线及亚端线。

成虫见于7月上旬。

分布：小五台山西台海拔1600m；张家口；北京；日本。

23.450 针叶霜尺蛾

Alcis secundaria Esper

翅展约33mm。体翅灰褐色，线纹不太清楚，亚端线云朵形，外线锯齿形，中线、内线不很显著。翅反面色较浅，密布茶褐色细点，各线大致可现。

成虫见于6月下旬。

寄主：松、云杉、桧、椴、枞等。

分布：小五台山北台、西台；张家口；黑龙江；俄罗斯以及欧洲中部及南部。

23.448 双珠雅尺蛾

23.449 沦尺蛾

23.451 鹿尺蛾

Alcis sp.

翅展约39mm。触角雄蛾双栉状。翅灰黄密布小黑点和碎纹，横线黑褐色曲折，横线在前翅前缘有明显黑纹，外线中段外有大黑斑。

成虫见于8月中下旬。

分布：小五台山西台郑家沟海拔1800m；张家口。

23.452 掌尺蛾

Buzura recursaria superans Butler

体长20mm；翅展：雌蛾53mm左右，雄蛾52mm左右。体、翅棕褐至灰褐色。

成虫见于7、8月。

寄主：幼虫取食卫矛等。

分布：小五台山；张家口；山东、北京、陕西、台湾、上海等。

23.450 针叶霜尺蛾（1993年6月30日，北台）

23.451 鹿尺蛾（腹部缺损；1980年8月19日，西台1800m）

23.452 掌尺蛾

23.453 白尺蛾

Asthena plurilinearia (Moore)

前翅长13mm左右。

成虫见于5月下旬～7月中旬。

分布：小五台山南台、东杏河海拔1200～1500m；张家口；日本。

23.454 婀尺蛾

Auaxa cesadaria Walker

翅展35～45mm。翅黄色，前翅外缘前半部具大锯齿，前、后外线外颜色深。

成虫见于7月上旬。

分布：小五台山西台金河口、北台上寺海拔1400～1500m；张家口；日本。

23.455 双肩霜尺蛾

Cleora cinctaria Schiffermiiller

前翅长15～17mm，体翅灰白色微黄，前翅内线双行黑色，外线黑色微呈齿形，中线色淡，亚端线白色波浪形，端线白色锯齿形，齿间有黑点。后翅斑纹与前翅略同。翅反面浅灰色，条纹不显，只前后中室上显出黑点。腹基部有1个黑色横条。

成虫见于7月上旬～8月上旬。

寄主：落叶松。

分布：小五台山西台、北台、东台海拔1100～1500m；张家口；辽宁；德国以及欧洲。

23.453 白尺蛾

23.454a 婀尺蛾(1980年7月9日，北台1500m)

23.456 兀尺蛾

Elphos insueta Butler

前翅长45mm。雄蛾触角双栉状，雌蛾触角线状。体灰黄色，胸部背面有长毛。翅底色白，上有许多灰褐和黄色带，散布灰黑色横碎纹；前翅以内线、中线、亚端线的黄色带较明显，黄色外线不清楚，但其内侧的白色波浪纹明显；后翅外缘波浪形，有5条近平行的黄色横线。翅反面灰白色，外缘有灰黑色宽带，中室眼斑明显。

成虫见于7月上中旬。

分布：小五台山；张家口、承德；江西；日本。

23.457 枣尺蛾

Sucra jujuba Chu

又名：枣步曲、苹果尺蛾。

雄蛾前翅长15～16mm。体翅灰褐色；触角双栉状，棕色，触角干背面被白鳞；栉支细长密生细纤毛。前胸领片后缘有黑边，肩片被灰色长毛。前翅外线和内线黑色较清楚，外线在M_3脉处折成角状；中线不显著，仅在前、后缘处隐约可见。后翅外线黑色较清楚，中室端有1个黑点。雌蛾体色较雄蛾暗，触角丝状，背覆黑鳞而似锯状，翅退化，腹部末端渐细。

成虫见于7月中下旬。

幼虫取食枣树，有时取食苹果树。

分布：小五台山东台、西台海拔1100～1300m；张家口、邯郸、邢台、石家庄、廊坊、保定、唐山、衡水、沧州；天津、河南、山东、山西、陕西、浙江、安徽。

23.454b 婀尺蛾

23.456 兀尺蛾(♂；2007年7月7日，东台1100m)

23.457a 枣尺蛾(♂)

23.457b 枣尺蛾(♀)

23.457c 枣尺蛾(示幼虫；黑色型；2007年6月20日，东台1100m)

附：未定种

(2007年6月15日，南台1400m)

(2007年7月2日，东台1300m)

（2008年6月27日，西台1400m）

（2007年7月18日，东台1300m）

（2007 年 7 月 15 日，北台 1300m）

（2007 年 7 月 5 日，北台 1400m）

（2008 年 7 月 30 日，北台 1200m）

（2008 年 6 月 20 日，东台 1400m）

（2007年6月25日，东台1100m）

（2008 年 6 月 15 日，西台 1300m）

（2009 年 8 月 10 日，北台 1300m）

（2008 年 7 月 20 日，南台 1400m）

（2007 年 7 月 10 日，西台 1300m）

（2007 年 7 月 5 日，西台 1180m）

（2007 年 7 月 20 日，西台 1400m）

（2007 年 7 月 25 日，西台 1200m）

（2009 年 7 月 20 日，西台 1300m）

（2009 年 8 月 19 日，东台 850m）

（2009 年 8 月 20 日，东台 860m）

(2007 年 8 月 17 日，西台 1180m)

(2009 年 8 月 10 日，北台 1220m)

(1980 年 8 月 20 日，北台 1700m)

(1981 年 5 月 2 日，西台 1400m)

(1980年7月1日，中台)

(1980 年 5 月 29 日，中台 1500m)

(1981 年 7 月 30 日，北台 1700m)

(2008 年 8 月 10 日，北台 1400m)

(1981 年 7 月 20 日，西台 1400m)

(1981年7月5日，南台)

(1980 年 6 月 5 日，东台 1100m)

(1980 年 7 月 20 日，中台 1500m)

(2007 年 7 月 30 日，北台 1200m)

(2008 年 7 月 9 日，南台 1450m)

(2008 年 7 月 20 日，北台 1350m)

(1980年6月30日，西台)

波纹蛾科 Thyatirdae

中等大小种类，形似夜蛾。有单眼。复眼有毛或无毛。下唇须小，喙发达。触角常为扁柱形或偏棱柱形。前翅中室后缘翅脉3分支。后翅中室后缘翅脉4分支或3分支，S_C+R_1脉与中室前缘平行，在中室末端与R_s脉接近或接触，其基部与中室分离。

23.458 沤泊波纹蛾

Bombycia ocularis Linnaeus

翅展32～40mm。头部暗灰褐色，颈板灰白色，前缘有一黑褐色线，后缘有一暗红褐色线。胸部灰棕色，前半部略带玫瑰棕色。前翅灰白色，带玫瑰棕色，基线灰色，内线和外线双线，在前缘相平行，两线相邻一线黑色，另一线暗褐色；内线内侧和外线外侧各有一相平行的暗褐色线；亚端线白色；翅顶角有一黑色斜纹和一灰白色斑；环纹淡黄白色，下半部中央有一黑点；肾纹"8"字形，黄白色有2个黑点。后翅浅棕灰色，基半部色浅，外线呈灰色宽带，外缘褐色，缘毛白色。腹基部白棕灰色，其余部分浅棕灰色。

成虫见于5月上旬～8月上旬。

寄主：幼虫取食杨树。

分布：小五台山西台、北台、东台海拔800～1500m；保定、承德、张家口；黑龙江、吉林、辽宁、青海；朝鲜、俄罗斯以及欧洲。

23.459 昧泊波纹蛾

Bombycia meleagris Houlbert

翅展35～42mm。头部与颈板灰黑色，颈板后缘有一黑色线。胸部浅灰黑色。前翅浅黑灰色，有光泽，内线为浅黑色宽带外斜，分别在中室前缘和中室下面向外折角；外线浅黑色，齿波形；肾纹由两带浅黑色边的白点组成；环纹为一带浅黑色边的白点；翅脉上密布白点；顶角有一黑色短纹；亚端线白色，齿波形，外衬1列浅黑色箭纹；端线由1列浅黑色新月形纹组成。后翅灰色，外缘浅黑色，缘毛灰色有浅黑色纵纹。腹部浅灰黑色，基部灰色。

成虫见于6月中旬。

分布：小五台山；唐山、张家口、承德；黑龙江、吉林、辽宁、江西、四川。

23.460 阿泊波纹蛾

Bombycia ampliata Butler

翅展约43mm。头部暗黑褐色，颈板白棕黄色，其后缘有棕褐色纹。胸部褐灰色。腹部黑褐色，基部暗棕灰色。前翅白灰色，微带暗黑色，翅基部和中部白色，翅顶有1个近三角形白斑，亚基线黑色，内线为一浅黑棕色宽带，由4条黑色波状横线组成，线间色淡，外线黑色双重，有1个大锯齿，齿间向内，外线外方有一条暗褐色线，翅脉上有黑色纵纹；亚端线白色，翅顶有一黑色斜纹，肾纹长椭圆形，端线由黑色新月形纹组成，缘毛白灰色。后翅暗褐色，外线浅灰色，外缘色暗，缘毛白色。

成虫见于7月上中旬。

分布：小五台山；张家口；辽宁、吉林、黑龙江；浙江、江西；朝鲜、日本。

23.461 白缘洒波纹蛾

Saronaga albicostata Bremer

翅展38～44mm。头部浅黑红棕色，颈板暗浅棕色，后缘黑色。胸部黑棕色杂灰白色。前翅暗浅棕色，基部和前缘白色；基线不规则形，外斜；内线外斜，中部向外弯曲，在中室后缘和臀脉处向内折角；环纹黄白色，中央有一黑点；肾纹黄白色，有2黑点；外线双重，内一线浅黑色，在M_3脉向外折角，然后内弯；亚端线波浪形，白灰色；外线与亚端线间的翅脉上有黑色短纹；顶角有一黑色斜纹；端线为1列黑色新月形纹。后翅白灰色，基部和缘毛白色。腹部浅黑棕色。

成虫见于7月中旬。

分布：小五台山；保定、唐山、张家口、承德；辽宁、吉林、黑龙江；朝鲜、日本、俄罗斯。

23.462 波纹蛾

Thyatira batis Linnaeus

翅展32～45mm。体灰褐色，腹面黄白色。颈板和肩板有淡红色纹。前翅暗浅黑棕色，有5个带白边的桃红色斑，斑上染棕色，其中基部的斑最大，后缘中间的斑近半圆形；内线、外线和亚端线纤细，浅黑色，波浪形。后翅暗褐色，外线和缘毛色暗。腹部背面有一暗褐色毛丛。足黄白色，前足、中足胫节、跗节及后足跗节暗褐色，跗节各节末端有一黄白色点。

成虫见于7月中旬。

寄主：幼虫取食草莓等。

分布：小五台山；保定、承德、张家口；辽宁、吉林、黑龙江、浙江、江西、云南、四川、西藏；朝鲜、日本、缅甸、印度尼西亚、印度以及欧洲。

23.458a 沤泊波纹蛾

23.458b 沤泊波纹蛾

23.459 昧泊波纹蛾(1980年6月19日，南台)

23.460 阿泊波纹蛾

23.461 白缘洒波纹蛾(1980年7月17日，西台)

23.462 波纹蛾(1980年7月12日，中台)

23.463 浩波纹蛾

Habrosyna derasa Linnaeus

翅展约45mm。头部黄棕色，有白色斑。颈板红褐色，前缘有一白色带和一褐黑色线。胸部黄棕色，有白色和黄色纹。前翅浅棕灰色有丝绢光泽，中部黄红褐色，前缘白色；基部亚中褶上有一由白色竖鳞组成的斜纹，有丝绢光泽；内线白色，成45度角外斜；内线外侧有3～4条赤褐色微弯曲的斜线，后半部模糊；外线在M_1脉与2A脉间有4条赤褐色和白色"Z"字形折曲的线；环纹和肾纹赤褐色，白色边，肾纹中央有一白色短纹；亚端线为白色带，从顶角内弯至臀角，前端加宽；端线为1列新月形白斑；缘毛黄棕色与白色相间。后翅暗浅褐色，缘毛白色。

成虫见于7月中旬。

寄主：幼虫取食草莓。

分布：小五台山；保定、张家口、承德；辽宁、吉林、黑龙江；朝鲜、日本、印度以及欧洲。

23.464 阔浩波纹蛾

Habrosyna conscripta Warren

翅展约39mm。大小、斑纹、颜色均与浩波纹蛾 *H. derasa*相似，但内线与基线相交处有一三角形白斑而易与前种区别。

成虫见于7月上旬～8月中旬。

分布：小五台山西台、北台海拔1350～1500m；保定、张家口；西藏。

23.463 浩波纹蛾(1980年7月15日，南台)

23.464 阔浩波纹蛾(1980年7月29日，北台1500m)

舟蛾科 Notodontidae

中至大型种类。体粗壮，喙发达或退化，无下颚须。足短，胫节带有毛束。前翅后缘中央有齿状毛簇1～2个，休止时毛簇向上竖立如角。前翅M_2介于M_1与M_3之间，或靠近M_1；A脉1条，基部有时分叉。后翅$Sc+R_1$平行或合并至中室中部才分开，A脉2条。后胸具鼓膜听器。成虫趋光性强，夜间活动。幼虫中等大小，受惊后头尾翘起似龙舟，取食多种阔叶树叶片。

23.465 黑蕊尾舟蛾

Dudusa sphingiformis Moore

又名：栾蕊舟蛾、栾天社蛾。

体长36～48mm，翅展68～95mm。触角基部3／5为双栉状。头和触角黑褐色。颈板、翅基片和前、中胸背污黄色，各有2条褐色线，前胸中央有2黑点，背中有毛丛及蕊状毛鳞，尾端有丛生的黑色毛鳞。前翅灰黄褐色，前缘有5、6个暗色斑点，从翅尖到后缘近基部的整个后缘区和外缘区由许多暗褐色纹组成一个大三角形斑，外缘锯齿状，并有1列褐斑及白色波状细纹，翅中部有1条白线呈S形弯曲。后翅暗褐色，前缘基部和后角灰褐色。

成虫见于7月中旬。

寄主：栾树、槭树。

分布：小五台山；张家口、邯郸、邢台、承德；山东、北京、河南、四川、福建、陕西、安徽、湖北、云南；朝鲜、印度、缅甸、日本。

23.465 黑蕊尾舟蛾(1980年7月17日，西台)

23.466 著蕊尾舟蛾

Dudusa nobilis Walker

翅展：雌91～103mm，雄较小。头暗褐色。颈板和胸背褐黄色，前胸中央有2个小黑点。腹背黑褐色，每节中央黄白色，臀毛簇和匙形毛簇黑色和暗红褐色。前翅黄棕色，基部黄白色有3个小黑点；前缘中央黄白色向后延伸至中室下角似呈一斑，中央有一暗褐色宽斜带，斜带与4脉夹角间有1个小三角形银斑；斜带与基部之间有一同色但较宽的暗带，从前缘向后缘逐渐扩散；内外线黄白色两侧衬暗色边，锯齿形；外线和亚端线间有一暗褐色松散带；亚端线双道平行，由2列脉间月牙形暗褐色线组成；端线细，由1列脉间黄白色月牙形线组成。后翅暗褐色，前缘内半部和后缘色较淡；亚端线、端线和缘毛同前翅但较模糊。

成虫见于7月中旬。

寄主：在南方为荔枝，北方不明。

分布：小五台山；张家口、保定、石家庄；浙江、江西、台湾、广东、广西、四川；印度、缅甸。

23.467 黑纹扁齿舟蛾

Hiradonta chi (O.Bang-Haas)

雄翅展约41mm。头胸背面暗灰褐色，胸背有1个较浓的钟罩形黑纹。腹部灰黄褐色。前翅暗灰褐色稍带紫色，前缘外部1/3苍褐色，内外线黑色锯齿形，在其两侧各衬苍褐色边，亚中褶上有1个浓黑纹，两端与内外线相连，横脉纹黑色明显。后翅苍褐色。

成虫见于6月下旬。

分布：小五台山；张家口；北京。

23.466 著蕊尾舟蛾

23.468 钩翅舟蛾

Gangarides dharma Moore

体长约27，翅展62～69mm。体与前翅灰黄色布满褐色雾点。前翅有清晰暗褐色横线5条，基线波浪形，内线在中室前弯曲，随后几乎垂直于后缘，中线在横脉弯曲，外线在R_5脉弯曲，随后斜达后缘，亚端线波浪形内衬明亮边，横脉纹为一白点。后翅灰黄褐带浅红色，具一模糊暗褐色外带。

成虫见于7月上旬。

分布：小五台山；保定、张家口、承德；辽宁、陕西、湖北、江西、浙江、福建、湖南、广东、广西、四川、云南；朝鲜、印度、孟加拉国。

23.469 核桃美舟蛾

Uropyia meticulodina (Oberthür)

又名：核桃舟蛾。

体长18～22mm，翅展40～60mm。触角：雄双栉状，端部1/3线状，雌线状。头赭色，胸背暗棕色。前翅狭长，外缘锯齿状，外缘有紫褐色宽边并向内延伸渐细，将翅分成上下两个黄褐色大斑，上者呈大刀状，下者呈半椭圆形，每斑内各有5条衬明亮边的暗褐色横线。后翅淡黄色，后缘稍暗。

成虫见于7月中下旬。

寄主：核桃、楸。

分布：小五台山；邯郸、邢台、石家庄、张家口、承德；黑龙江、辽宁、山东、江苏、浙江、江西、福建、湖北、湖南、陕西、四川；朝鲜、日本、俄罗斯。

23.470 冠舟蛾

Lophocosma atriplaga Staudinger

体长18~23mm，翅展雄44～49mm，雌50～57mm。头和颈板暗红褐色，胸背灰褐色，具暗红褐色冠丛，后胸和腹基部2节密生褐色毛。前翅灰褐色，前缘灰白色，5条暗褐色横线在前缘均呈不同大小的斑点，其中以中线斑最大，靴形，伸占整个中室横脉，靴形斑呈波浪形，基线不清晰波浪形，内线向内呈锯齿形向外呈波浪形，每齿内衬一灰白点，外线锯齿形，亚端线为一模糊波浪形宽带。后翅灰褐色。

成虫见于6月中下旬。

寄主：榛、千金榆等。

分布：小五台山；保定、张家口、承德；黑龙江、吉林、陕西；朝鲜、日本、俄罗斯。

23.471 杨二尾舟蛾

Cerura menciana Moore

又名：双尾天社蛾、二尾柳天社蛾、贴树皮、杨二叉、杨双尾舟蛾。

体长22～29mm，翅展54～76mm。头及胸背灰白微带紫褐色，胸背有6个黑点并排两列，翅基片有2个黑点。前翅灰白微带紫褐色，具黑色斑纹，翅基部有2个黑点，基线由7个黑点组成，呈波曲状弯曲；内线双道上段在前缘附近断裂而成开口于前缘的半环，中段在中室内形成环纹，下段呈深锯齿状弯曲的闭口双道细条纹；中线和外线亦为双道深锯齿状纹，中室端有一个新月形环纹；端线由脉间黑点组成，其中M_3～M_4脉上的点向内延长。后翅色淡，横脉纹黑色，外缘有1列黑点。腹背黑色，第1～6节中央具灰白色纵带，两侧每节各具一黑点，末端2节灰白色，两侧黑色，中央有4条黑纵线。

成虫见于5月下旬～6月下旬。

寄主：幼虫取食杨、柳叶。

分布：小五台山西台、东台海拔860～1300m；河北各地；宁夏、甘肃、西藏、四川、陕西、山东、河南、湖北、江苏、浙江、福建、台湾、辽宁、吉林、黑龙江、山西、内蒙古、北京；朝鲜、日本、越南、俄罗斯以及欧洲。

23.467 黑纹扁齿舟蛾

23.468 钩翅舟蛾

23.469 核桃美舟蛾

23.470 冠舟蛾

23.471a 杨二尾舟蛾（示栖息态；2009年6月20日，东台1100m）

23.471b 杨二尾舟蛾（示幼虫；2007年4月25日，西台1200m）

23.471c 杨二尾舟蛾

23.471d 杨二尾舟蛾

23.472 黑带二尾舟蛾

Cerura vinula felina (Butler)

体长22～24mm，翅展64～72mm。外形与杨二尾舟蛾*C. menciana*近似，但本种头与翅基片灰白色，颈板和胸背烟灰带灰黄白色。前翅灰白色，翅脉暗褐色，内线双道，波浪形，在中室下缘和臀脉间略内曲，内衬一雾状宽带，外线脉间锯齿形曲比前种较深锐，亚端线每一脉间的点几乎都向内延长。腹背黑色，每节中央有一大的灰白色三角形斑，斑内有2黑纹，前后连成2条黑线，末端2节灰白色上只有一条黑纹。

成虫见于4月上旬～7月上旬。

寄主：杨、柳。

分布：小五台山西台海拔1200～1360m；保定、承德、张家口；辽宁、吉林、黑龙江；日本、朝鲜、俄罗斯以及欧洲和非洲北部。

23.473 杨白剑舟蛾

Pheosia fusiformis Matsumura

又名：杨剑舟蛾。

体长15～25mm，翅展43～59mm。头暗褐色，颈板和胸背灰色。前翅灰白色，A脉下从基部到齿形毛簇呈一灰黄褐斑，其上方有1条黑色影状纵带从基部伸至外缘，而后呈灰褐色向上扩散至近翅尖，纵带和黄褐斑之间有一白线从基部伸至A脉2／5处间断并呈齿形曲，在外缘亚中褶的前方有一白色楔纹；前缘外侧3／4灰黑色，中央有2个距离较宽的影状斑，M_1到R_4脉间有2条黑色斜纹，外线黑色内衬白边，Cu_2至M_3脉端部白色。后翅灰白带褐色，臀角具黑斑，内有一灰白横线。腹部灰褐色，近基部黄褐色。

成虫见于7月上旬。

寄主：杨。

分布：小五台山；保定、承德、张家口；黑龙江、吉林、内蒙古；日本、朝鲜、俄罗斯。

23.474 杨剑舟蛾

Pheosia rimosa Packard

分布：小五台山；张家口。

23.475 腰带燕尾舟蛾

Harpyia lanigera (Butler)

又名：小双尾天社蛾、中黑天社蛾、黑斑天社蛾。

体长14～16mm，翅展33～39mm。头和颈板灰色；翅基片灰色，胸背有4条蓝黑色带，带间赭黄色。前翅灰色，基部有2个黑点，在中部稍靠内方有一黑横带，其中部狭隘如腰，两侧衬有赭红色点；外线黑色双道，外面1条从前缘近翅尖伸至M_3脉呈斑形(逐渐变细)，横脉纹为一黑点。后翅灰白色，外缘有成列黑点。腹背黑色，每节后缘衬灰白色横线。跗节具白环。

成虫见于6月下旬。

寄主：杨、柳。

分布：小五台山西台海拔1200～1350m；保定、沧州、廊坊、唐山、承德、张家口；黑龙江、吉林、内蒙古、宁夏、新疆、陕西、山西、湖北、江苏；朝鲜、日本、俄罗斯。

23.476 红纹燕尾舟蛾

Harpyia sangaica (Moore)

翅展约41mm。触角双栉状，雄蛾栉支较长。胸背深灰色杂以黑色鳞毛并有橘红色斑。腹背灰褐色。前翅狭长，灰黄色，中线与内线间的宽带较整齐，两侧均有橘红色边纹，亚基线为1列黑点，翅基还有1个黑点；外线与亚端线黑色，其间亦有橘红色纹；顶角内侧的带斑至M_3与亚缘线汇合，外缘有黑点列。后翅白色有很淡的外横线，外缘有黑点列。

成虫见于5月下旬。

分布：小五台山西台海拔1380m；张家口；北京、山西、山东、浙江；朝鲜。

23.472 黑带二尾舟蛾(1980年5月28日，西台1300m)

23.473a 杨白剑舟蛾

23.473b 杨白剑舟蛾

23.475a 腰带燕尾舟蛾（♂；2007年5月28日，西台1250m）

23.475b 腰带燕尾舟蛾(1980年6月27日，西台1350m)

23.476 红纹燕尾舟蛾(1980年5月28日，西台1380m)

23.477 束带燕尾舟蛾

Harpyia intercalaris G.Gr-shimailo

体长11～16mm，翅展30～38mm。触角双栉状，雌蛾栉支很短。头胸污黄，胸背有黑色及橙色横带斑。前翅狭长淡灰略带黄褐，中线与内线黑色，二者之间具黑白混杂的鳞片，呈一宽带，带的中部缢缩，几乎中断，形成上下两块三角形斑；翅基有几个黑点，顶角内方亦有1个带斑仅至M_3脉处，其内侧为不显著的外线；外缘有黑点列。后翅黄白色，外缘具黑点列。腹背黑色，密被灰白色长毛。

成虫见于6月中下旬。

寄主：柳。

分布：小五台山；邢台、石家庄、保定、唐山、承德、张家口；北京、天津。

23.478 茅莓蚁舟蛾

Stauropus basalis Moore

体长17～19mm，翅展35～40mm。触角褐色双栉齿状。体灰褐色翅基片较灰色，腹背灰黑色1～5节的毛簇棕黑色。前翅灰褐带棕色，内半部灰白色，基部有一棕黑色点，内线不清晰，外线灰黄白色具棕褐色边，前半段弧形外曲，后半段弱锯齿形从中室下角垂直于后缘；横脉纹暗棕色。后翅灰褐带棕色，前缘较暗并具2个灰白斑。

成虫见于7月下旬。

寄主：榆、千金榆、茅莓。

分布：小五台山；邯郸、保定、唐山、张家口、承德；黑龙江、山东、湖北、江苏、浙江、台湾、江西、四川、云南；日本、朝鲜、俄罗斯、越南。

23.479 苹蚁舟蛾

Stauropus persimilis Butler

翅展雌约75mm，雄约56mm。头和胸背灰红褐色，腹背灰褐色，1～5腹节中央具棕黑色毛簇。前翅灰红褐色，内半部较暗，基部有1个红褐色点，内外线灰白色，内线不清晰；外线锯齿形，亚端线由6个暗红褐色圆点组成，每点内侧影状灰白色；端线模糊，由脉间锯齿形暗红褐色线组成；横脉纹暗红褐色。后翅灰红褐色，前缘中央有1个灰白色斑。幼虫乍看似蚂蚁，头高而窄，中后胸足十分瘦长，腹突起，臀足变为2个长尖的尾角。

成虫见于6月中下旬。

寄主：苹果、梨、李、樱桃、栎、槭、赤杨、胡枝子、菝葜、连香树等。

分布：小五台山；张家口；辽宁、黑龙江、吉林、山东、山西、甘肃、安徽、浙江、四川；日本、朝鲜。

23.480 龙眼蚁舟蛾

Stauropus alternus Walker

翅展雌60mm，雄约44mm。外形似苹蚁舟蛾*S. persimilis*。头和胸背灰褐色。腹部灰褐色，末端4节较灰白。雌蛾前后翅灰红褐色，但前翅基部灰褐色。雄蛾前翅灰褐色，内外线之间较暗，外缘苍褐色，但基部褐灰色；后翅前、后缘区暗褐色，其余灰白色。

成虫见于6月中旬。

寄主：蔷薇、柑橘、杧果、龙眼、茶、咖啡、茶花、木麻黄、台湾相思、刺葵等。

分布：小五台山；张家口；广东、台湾；印度、缅甸、斯里兰卡、印度尼西亚、菲律宾等。

23.481 蚁舟蛾

Stauropus fagi (Linnaeus)

分布：小五台山；张家口。

23.482 沙舟蛾

Shaka sp.

翅展约33mm。似黑条沙舟蛾*Sh. atrovittata*，但明显较小。

成虫见于6月中旬。

分布：小五台山；张家口。

23.477 束带燕尾舟蛾(1981年6月20日，西台)

23.479 苹蚁舟蛾

23.480b 龙眼蚁舟蛾(♂)

23.478 茅莓蚁舟蛾(1980年7月27日，西台)

23.480a 龙眼蚁舟蛾(♀)

23.482 沙舟蛾(1980年6月15日，南台)

23.483 肖黄掌舟蛾

Phalera assimilis (Bremer & Grey)

又名：栎掌舟蛾、麻栎毛虫、栎黄斑天社蛾、榆天社蛾、彩节天社蛾、黄斑天社蛾。

体长19～27mm，翅展49～71mm。雄蛾触角两侧有纤毛束。头、胸前半橙黄色有红褐色纹及黑边，胸背后半和两侧灰白。前翅褐灰色散有白鳞，顶角大黄斑内有橙黄色条纹，斑的内侧具橙褐色边，中室端有白色肾纹与环纹，横线锯齿状，亚端线与外线间近臀角处和内线内侧后缘处各有1个黑斑。后翅灰褐，外缘色深。腹部黄褐色，两侧有褐纹。

成虫见于7月中旬。

寄主：栗、白杨、榆及栎属植物。

分布：小五台山；张家口、石家庄、邢台、保定、唐山、承德；辽宁、吉林、黑龙江、山东、安徽、河南、湖北、江苏、浙江、江西、陕西、四川；朝鲜、日本、俄罗斯、德国。

23.484 苹掌舟蛾

Phalera flavescens (Bremer & Grey)

又名：舟形毛虫、苹天社蛾、苹黄天社蛾、举肢毛虫、举尾毛虫、秋黏虫、黑纹天社蛾。

体长18～24mm，翅展46～59mm。触角线状，雄两侧具纤毛束。头胸白色微黄。前翅淡黄白色，顶角无掌形斑，有4条黄色波状横线，翅基部有1个和近外缘有6个蓝灰色卵形斑，其内侧有红褐色和黑色月牙形纹。后翅近外缘有1条淡的黑褐色横带。腹部棕黄色，末端黄白。

成虫见于7月下旬。

寄主：苹果、梨、李、栗、榆、槲等。

分布：小五台山北台海拔1300m；河北各地；华北其他各地、辽宁、吉林、湖南、云南、广东；朝鲜、日本、俄罗斯。

23.485 刺槐掌舟蛾

Phalera cihuai Yang et Lee

体长34～37mm，翅展74～94mm。触角线状两侧有纤毛。体黑褐色，头顶和触角基部毛簇白色，肩片灰褐色。前翅灰褐色基部前半部和臀角附近外缘稍灰白色，顶角有棕色掌形大斑，其内侧弧弯，外侧锯齿状，5条横线黑色，内、外线间有5条褐色波状影状带，肾纹和环纹灰白色。后翅暗褐色，中部有1条不显著的淡色横带。腹部黑褐色，每节后缘有黄白色横带，尾端黄白色(雌蛾灰褐色)。

成虫见于7月下旬。

寄主：刺槐。

分布：小五台山；唐山、张家口、承德；北京、辽宁、安徽。

23.486 黄掌舟蛾

Phalera fuscescens Butler

又名：榆掌舟蛾、顶黄斑天社蛾、榆毛虫。

体长17～25mm，翅展45～65mm。头顶淡黄色，胸背前半部黄褐色，后半部灰白色有2条暗红褐色横线。前翅灰褐色带银色光泽，前半部较暗，后半部较明亮，顶角有一淡黄色掌形斑，中室内和横脉上各有1个淡黄色环纹，基线、内线和外线黑褐色较显著，外线沿顶斑内缘弯曲伸至后缘，波浪形，外线外侧近臀角处有一暗褐色斑，亚端线由脉间黑褐点组成，端线细黑褐色。后翅

23.483a 肖黄掌舟蛾

23.483b 肖黄掌舟蛾(示成虫栖息态)

23.484a 苹掌舟蛾

23.484b 苹掌舟蛾（1997年6月25日，北台1300m）

23.484c 苹掌舟蛾

23.484d 苹掌舟蛾（示幼虫受惊后呈舟状）

23.485 刺槐掌舟蛾

23.486 黄掌舟蛾

淡褐，外缘有宽褐边，中部有细褐带。腹部黄褐色。

成虫见于7月中旬。

寄主：榆、桃、梨。

分布：小五台山；河北各地；黑龙江、陕西、江苏、浙江、江西、湖南、福建；日本、朝鲜。

23.487 榆黄掌舟蛾

Phalera takasagoensis ulmivora Yang et Lee

体长19～24mm，翅展44～59mm。触角线状，雄蛾具纤毛束，下唇须短，棕色。头顶、前胸及中胸背中橙黄有褐纹，肩片及后胸大部分银白色。腹背橙黄至棕黄色，末端色淡。前翅灰褐散有白鳞，前半部较暗，后半部有时很淡；顶角掌纹淡黄色有橙黄色条纹，斑的内侧界以黑边，掌斑底部窄小只占斑长1/3；中室端的肾、环二斑不显著呈灰白色；横线波状分布均匀，臀角处的黑褐色斑虽较大但内侧不突出。后翅淡褐前缘污黄，外缘有宽褐边，中部具细褐带。

成虫见于7月中旬。

分布：小五台山西台海拔1350m；张家口、保定；北京、辽宁。

23.488 高粱舟蛾

Dinara combusta (Walker)

又名：高粱黏虫、高粱大青虫、高粱掌舟蛾。

体长22～25mm，翅展65～68mm。触角：雄双栉状，雌锯状。头红棕色，颈板和前胸背面黄白色有褐纹，翅基片灰褐色内衬红棕色边。前翅黄色，Cu_2～M_3脉红棕色，外缘有棕褐色雾状边，中室内及前缘有几条淡褐色纵纹。后翅褐色，前缘及内缘黄白色，缘毛黄色。腹背棕黄色，雄蛾腹末第2节黑褐色，腹两侧各有1列黑斑。

成虫见于8月上中旬。

寄主：高粱、玉米。

分布：小五台山西台、北台海拔1000～1200m；保定、衡水、张家口、唐山；山东、辽宁、湖北、台湾、云南；印度尼西亚、菲律宾以及非洲。

23.489 灰舟蛾

Cnethodonta grisescens Staudinger

翅展雌约46mm，雄36～45mm。头胸部灰色，腹部灰褐色，末节灰白色。前翅灰白色，布满黑褐色细点，所有斑纹黑褐色，由半竖起鳞片组成，四条横线不清晰衬白边，横脉纹较清晰。后翅浅灰褐色，前缘较灰白。

成虫见于5月下旬～7月上旬。

寄主：榆、糠椴。

分布：小五台山北台上寺沟海拔1300～1500m；张家口、承德、保定；黑龙江、吉林、甘肃、浙江、江西、福建、湖南、湖北、广西、陕西、四川；日本、俄罗斯。

23.490 柯灰舟蛾

Cnethodonta sp.

翅展雄约37mm，雌约44mm。体翅颜色、斑纹似灰舟蛾*C. grisescens*，但前翅基部1/3和后翅基部约1/2范围内布有明显的黑褐色、大小不一的点。

成虫见于6月下旬。

分布：小五台山西台大老婆肚海拔1500m；张家口。

23.491 新林舟蛾

Neodrymonia delia (Leech)

体长17mm，翅展44mm左右。触角线状有纤毛。头和胸背灰带褐色，颈板后缘和翅基片边缘黑色。前翅银灰色闪紫色光，具褐色雾点，从基部到基线的A脉上有一黑纹，基线、内线和外线黑色双道；基线只前半段清晰，在亚中褶上呈锐角形外曲并向外延伸与内线连接；内线直向外斜伸，基线与内线间的前半部灰褐色；外线波形，外侧衬灰褐色影状宽带，其中从前缘近翅尖到M_3脉较宽较浓，近三角形；横脉纹为黑色新月形点。后翅灰褐色。腹背浅灰褐色，前3节带褐黄色，基毛簇黑色。

成虫见于7月上旬。

分布：小五台山；承德、张家口；山东、浙江、江西、湖南、四川、云南；日本。

23.489a 灰舟蛾(♀;1980年6月25日，北台1500m)

23.490 柯灰舟蛾（1980年6月27日，西台1550m）

23.488 高粱舟蛾

23.489b 灰舟蛾(♂)

23.491 新林舟蛾

23.492 榆白边舟蛾

Nericoides davidi (Oberthür)

又名：榆天社蛾、榆红肩天社蛾。

体长15～18mm，翅展28～40mm。体灰褐色，翅基片灰白色。背中鳞毛突起形成冠丛。前翅灰褐，中部具一明显白条，其中有一黑点，上缘为黑线，在Cu_2脉中央稍下方呈一大齿形曲，后半部灰褐蒙有一层灰白色，前半部分灰褐，前缘外半部有一灰白色纺锤形影状斑，内、外线黑色，外线锯齿形。后翅灰褐色，具一模糊暗色外带，缘毛白色。

成虫见于7月上旬。

寄主：榆。

分布：小五台山西台海拔1200m；邯郸、石家庄、保定、唐山、承德、张家口；黑龙江、辽宁、吉林、山东、山西、安徽、河南、江西、陕西、湖北；日本、朝鲜、俄罗斯。

23.493 双齿白边舟蛾

Nericoides leechi (Staudinger)

体长22～23mm，翅展46～48mm。外形与榆白边舟蛾*N. davidi*近似，但本种头和颈板棕褐色，胸背冠形毛簇末端赭色；前翅前半部后方边缘在Cu_2脉中央下方和中室中央下方各呈一大一小的齿形曲，在外缘M_3～M_1脉间呈一内向齿形曲，前缘外半部灰白色影状斑不如榆白边舟蛾明显。

成虫见于7月下旬。

分布：小五台山；承德、张家口；黑龙江、吉林。

23.494 大齿白边舟蛾

Nericoides upina (Alpheraky)

雌翅展约47mm。外形似双齿白边舟蛾*N. leechi*，但头、颈板和冠形毛簇暗棕色。前翅前半部暗棕色，其后云边缘中央呈一大梯形曲伸达亚中褶，在中室外2～3脉间呈拱形。后翅色稍浅。

成虫见于7月上旬。

分布：小五台山；张家口；北京、山西、陕西、青海、云南。

23.495 仿白边舟蛾

Paranerice hoenei Kiriakoff

体长19～21mm，翅展44～54mm。头、胸部暗褐色，翅基片灰白色。前翅中部纵贯一白条，将翅分为两半，前半部暗褐色，前缘色浅，其后方边缘直，黑褐色，外半部有一纺锤形灰白色影状斑；后半部在分界处白色，往后逐渐变成灰褐色，中央有一大的黑褐色梯形斑，具白边。后翅雄蛾灰白色，雌蛾暗灰色。腹部灰褐色。

成虫见于8月上旬。

寄主：苹果、桃。

分布：小五台山东台海拔850～920m；保定、承德、张家口；辽宁、山西。

23.496 晕风舟蛾

Fentonia ocypete yun Yang et Lee

体长16～22mm，翅展40～52mm。触角：雌线状，雄双栉状，端部2/5线状。头胸背面灰白色与褐色鳞混杂。腹背棕褐色。前翅灰褐色，狭长，前缘端部弧弯，外缘与后缘约等长；外横线黑褐色双条，其前半呈半圆形弧弯，后半斜向后缘，外边1条与亚端线间形成灰白色细线，中室端有污黄色肾形斑，此斑与外横线间为1个椭圆形暗褐色或棕黄色斑；内横线淡褐色双条波状，翅基部暗褐。后翅雄蛾灰白色，雌蛾淡褐色，脉均为褐色，缘毛白色有褐斑。

成虫见于7月下旬。

寄主：橡、槲、蒙古栎等壳斗科植物。

分布：小五台山；张家口、保定、承德；北京、湖北。

23.493 双齿白边舟蛾

23.494 大齿白边舟蛾

23.492a 榆白边舟蛾

23.492c 榆白边舟蛾（2007年4月26日，西台1200m）

23.495a 仿白边舟蛾

23.492b 榆白边舟蛾

23.492d 榆白边舟蛾（2007年5月10日，西台1200m）

23.495b 仿白边舟蛾

23.497 栎纷舟蛾

Fentonia ocypete (Bremer)

又名：细翅天社蛾、旋风舟蛾、气虫、屁豆虫、罗锅虫、花罗锅。

体长18～22mm，翅展44～53mm。触角雌蛾线状，雄蛾双栉状，端部2／5线状。头和胸背暗褐与灰白鳞混杂。前翅狭长，暗灰褐色，内外线双道黑色；内线以内的亚中褶上有一黑色或带暗红褐色纵纹，外线外衬灰白边，横脉纹为一茶褐色圆点，横脉纹与外线间有大的模糊暗褐色到黑色椭圆形斑。后翅灰褐色。腹背灰黄褐色。

成虫见于7月上旬。

寄主：栎、柞。

分布：小五台山；邢台、张家口、承德；辽宁、吉林、黑龙江、浙江、湖南、陕西、湖北、福建、四川、云南；日本、朝鲜、印度、新加坡。

23.496 晕风舟蛾

23.497a 栎纷舟蛾(♂)

23.497b 栎纷舟蛾(♀；1981年7月2日，南台)

23.498 对纷舟蛾

Hemifentonia inconspicua (Kiriakoff)

翅展40mm左右。头、颈板浅黑褐灰色，胸背灰褐色。腹部暗赭黄褐色，末端较灰色。前翅暗灰褐色，有雾状白点，斑纹不清晰，中央有较宽的模糊暗影。后翅白色。

成虫见于7月上旬。

分布：小五台山；张家口；浙江、四川。

23.499 栎枝背舟蛾

Hybocampa umbrosa (Staudinger)

又名：叉角舟蛾、银白天社蛾。

体长约19mm，翅展约53mm。触角双栉状，雄蛾栉支很长，末端1/4为锯齿状。头胸黑褐色，翅基片灰白色具黑边。前翅狭长，灰褐色，外半部翅脉黑色，有1条很宽的黄褐色外带，模糊双齿形（雌较雄明显），带内两侧具松散的暗褐色边，在前后缘形成2个大的暗斜斑。后翅白色，基半部灰褐，臀角有大褐斑。腹部灰褐色。

成虫见于7月中旬。

寄主：栎、柞、栗。

分布：小五台山；张家口、承德、保定、邢台；黑龙江、山东、江苏、浙江、陕西、四川；朝鲜、日本。

23.498 对纷舟蛾

23.499 栎枝背舟蛾

23.500 夙舟蛾

Suzukia cinerea (Butler)

又名：灰素舟蛾。

体长17～18mm，翅展44～47mm。头胸部和腹背末端灰褐混杂，腹背黄褐色。前翅灰白色密布黑褐色雾点，翅基在中室下方有一黑色剑纹；内线双道锯齿形，弯度小；外线3道，外面2条中间灰白色，在Cu_2和M_3脉上呈直角形弯曲；横脉纹黑色；外线与端线间略呈灰白色。后翅灰褐色。

成虫见于7月上旬。

分布：小五台山；张家口、承德；黑龙江、吉林、浙江；日本、朝鲜。

23.501 黄斑舟蛾

Notodonta dembowskii Oberthür

体长17mm，翅展约42mm。头胸背暗灰褐色。腹背灰褐色。前翅暗灰褐色，内、外线间的后缘及外线外前缘处各有1个浅黄色斑；内线以内基部的下半部暗红褐色，其内有黑色亚中褶纹；内线暗红褐色内衬灰白边，波浪形；外线双道平行外曲；亚端线暗红褐色；横脉纹为一黑色长点具白边。后翅灰褐色，后缘较暗，臀角暗红褐色具灰白色外带。

成虫见于7月中下旬。

寄主：桦。

分布：小五台山；张家口、承德；吉林、黑龙江、内蒙古、山西；日本、朝鲜、俄罗斯。

23.500 夙舟蛾（1980年7月8日，南台）

23.501 黄斑舟蛾

23.502 云舟蛾

Neopheosia fasciata (Moore)

体长19mm，翅展43mm左右。头、胸背和触角基毛簇灰色掺杂红褐色。前翅淡黄褐带赭红色(雌蛾赭色稍浓)，翅基部和后缘黑棕色连在一起呈带形；有3条暗褐色云雾状斜斑，前缘翅尖1条较小，中间1条较大而色淡，内面1条在中室较显，球形；外线不清晰，在脉上的暗褐点略可见。后翅色泽与前翅同，后缘色深。腹部灰褐色。

成虫见于6月下旬。

寄主：李属植物。

分布：小五台山；承德、张家口；黑龙江、安徽、江西、陕西、浙江、台湾、广东、四川；印度、印度尼西亚、菲律宾、日本。

23.503 黄二星舟蛾

Lampronadata cristata (Butler)

又名：槲天社蛾、大光头。

体长28～31mm，翅展72～91mm。头和颈板浅灰白色，胸背和冠形毛簇灰黄带赭色。前翅黄褐色，有3条暗褐色横线，内外线较清晰，内线微曲，外线稍直，中线呈松散带形，横脉纹由2个同大的黄白色小圆点组成。后翅黄色，前缘较淡。腹背褐黄色。

成虫见于6月下旬～7月下旬。

寄主：柞、栎。

分布：小五台山东台海拔860m；邢台、唐山、承德、张家口；黑龙江、吉林、辽宁、山东、江苏、浙江、安徽、江西、陕西、四川、湖北；日本、朝鲜、俄罗斯、缅甸。

23.502 云舟蛾（1981年6月25日，东台）

23.403a 黄二星舟蛾

23.504 锯齿星舟蛾

Lampronadata serratifera (Sugi)

分布：小五台山；张家口。

23.505 银二星舟蛾

Lampronadata splendida (Oberthür)

体长25～28mm，翅展71～80mm。头和颈板灰白色。胸背和冠形毛簇柠檬黄色。前翅灰褐色，前缘灰白色，尤以外侧1／3较显著，Cu_2脉和中室下方的整个后缘区柠檬黄色，外缘M_3～M_1缺刻不连成1个；内外线暗褐色呈"v"形汇合于后缘中央；横脉纹由2个银白色圆点组成，银点周围柠檬黄色。后翅暗灰褐色，前缘灰白色，后缘柠檬黄色。腹背淡褐黄色。

成虫见于7月下旬。

寄主：蒙古栎。

分布：小五台山；张家口、保定、唐山、承德；辽宁、吉林、黑龙江、陕西、安徽、江西、浙江、湖北、湖南；日本、朝鲜、俄罗斯。

23.506 二星舟蛾

Lampronadata sp.

翅展71mm左右。本标本似银二星舟蛾 *L. splendida*，但二银星下方有1个蓝黑色半环纹，是银二星舟蛾的亚种、变异，还是另为一种，待研究。

23.503b 黄二星舟蛾

23.503c 黄二星舟蛾（2007年7月20日，东台1100m）

成虫见于7月中下旬。

分布：小五台山东台海拔860m；张家口。

23.507 怪舟蛾

Hagapteryx admirabilis (Staudinger)

体长17mm，翅展39mm左右。头和胸部暗红褐色，翅基片有2条模糊的暗纹。前翅暗红褐色，所有横线灰白色衬暗边；基线不清晰，从前缘斜伸至A脉，在中室下向外弯曲；内、外线和亚端线在前缘部分较明亮；内线锯齿形，伸达后缘齿形毛簇中央；外线锯齿形，从前缘到Cu_2脉近基部呈弧形曲；端线细锯齿形；横脉纹大，月牙形，暗红褐色衬灰白边，其内侧有一大的肾纹，暗红褐色具灰白边。后翅灰褐色，后缘带黄褐色，臀角缘毛暗红褐色，A脉缘毛呈尖齿形突出，外线模糊暗灰色。腹部黄褐色，跗节具白环。

成虫见于7月上旬。

寄主：核桃、核桃楸。

分布：小五台山；承德、张家口；黑龙江、浙江、江西、福建、湖北；日本、俄罗斯。

23.505 银二星舟蛾

23.506 二星舟蛾（2007年7月18日，东台860m）

23.507 怪舟蛾

23.508 栎蚕舟蛾

Phalerodonta albibasis (Chiang)

又名：栎褐天社蛾、栎天社蛾、栎叶杨天社蛾、麻栎天社蛾、栎褐舟蛾。

体长15～19mm，翅展38～49mm。头和胸部苍灰褐色。前翅淡灰黄褐具雾状暗褐色点，基线深锯齿形，内线双道平行，内面1条模糊并向内扩散，外面1条除在中室下缘呈齿形曲外几乎直伸后缘齿形毛簇；外线微锯齿形，脉端缘毛暗褐色，其余灰褐色。后翅淡灰黄褐色，外线模糊，缘毛同前翅。腹背灰黄褐色，雌蛾臀毛簇黑褐色。

成虫见于6月下旬。

寄主：麻栎、栓皮栎、蒙古栎、槲栎等。

分布：小五台山；承德、张家口；辽宁、吉林、黑龙江、山东、安徽、江苏、浙江、江西、湖北、陕西、四川。

23.509 细羽齿舟蛾

Ptilodon kuwayamae (Matsumura)

体长12～14mm，翅展31～35mm。头、颈板和翅基片黄褐色，中后胸背黄白色。前翅黄褐色到茶褐色，齿形毛簇周围灰黑色，横线黑色，基线不清晰双齿形曲；内线锯齿形，在中室内向外和A脉上向内深曲；外线不清晰双道锯齿形，靠外面1条模糊影状，外侧衬黄白边；从翅尖到外线的前缘上有3个黄白色点。后翅淡黄褐色，臀角灰黑色斑上有2条短的黄白色横线；外线为一很模糊的黄白带。腹部淡黄褐色。

成虫见于7月上旬。

分布：小五台山；保定、张家口、承德；黑龙江、辽宁；日本、俄罗斯。

23.510 细羽齿舟蛾东亚亚种

Ptilodon kuwayamae capucina (Matsumura)

分布：小五台山；张家口。

23.511 绚羽齿舟蛾

Ptilodon saturat (Walker)

翅展37～51mm。外形似细羽齿舟蛾*P. kuwayamae*，但个体较大。前翅和体暗棕褐色，横线黑色；基线双波曲形；内线锯齿形；外线双道微锯齿形，以4、6、7脉上的齿形曲较向外突出，内面1条较粗，外1条模糊影状，外衬亮边并有1列灰白点；亚端线锯齿形为一模糊宽带；横脉纹不清晰。后翅褐灰色，臀角具黑斑，有2条灰白短线横过。

成虫见于7月中旬。

分布：小五台山；张家口；山西、四川、福建；印度。

23.512 赭小内斑舟蛾

Peridea graeseri (Staudinger)

翅展：雌约70mm，雄约53～62mm。头、胸背灰褐色，腹背黄褐色。前翅灰褐色，齿形毛簇和亚基线与内线间暗褐色，亚基线以内的基部赭黄色，所有斑纹暗红褐色；亚基线双波形曲，外衬黄边，内线波浪形内衬灰白边，横脉纹周围浅黄色；外线锯齿形外衬灰白边，前缘横过1个大纺锤形斑其边赭黄色，亚端线模糊外衬灰白边。后翅灰白色，外线和亚端线灰褐色。

成虫见于7月上中旬。

分布：小五台山；张家口、保定；吉林、黑龙江；日本、朝鲜。

23.513 糙内斑舟蛾

Peridea trachitso (Oberthür)

体长21～23mm，翅展51～57mm。体灰褐色，腹背略显赭黄色。前翅暗灰褐带红色，齿形毛簇黑褐色，4条横线暗红褐色；基线双齿形曲，两侧衬浅黄色边，内线波浪形内衬浅黄色边，中央的弧度最大；外线锯齿形(前段清楚)外衬浅黄边；亚端线由1列暗红褐点组成；横脉纹暗红褐色衬浅黄色边。后翅灰褐色。外线和亚端线灰白色，端线黑褐色。

成虫见于7月中下旬。

分布：小五台山；张家口、保定、唐山、承德；山东、安徽、江西、陕西、四川；日本。

23.508 栎蚕舟蛾

23.511 绚羽齿舟蛾

23.509 细羽齿舟蛾

23.512 赭小内斑舟蛾

23.513 糙内斑舟蛾（1981年7月20日，北台）

23.514 扇内斑舟蛾

Peridea grahami (Schaus)

翅展53～58mm。头、颈板和翅基片灰褐色，胸背褐黄色，中央有1条暗红褐色弧形线，后胸后缘和基毛簇末端暗红褐色。前翅暗灰褐色，前缘内半部灰白色向后扩散至中室下方，内线以内(除前缘外)的基部黑褐色呈大扇形斑；基线和内线黑褐色拱形；内线在A脉上向内呈一小齿形曲，内衬灰黄褐边；横脉纹呈黑褐色，衬灰黄褐边；外线暗褐色锯齿形，外衬灰黄褐边；端线细暗褐色。后翅灰黄色，后缘略带黄褐毛，外线和亚端线暗褐色，亚端线为一渐窄的宽带，端线细暗褐色。腹背灰黄褐色。

成虫见于6月下旬。

分布：小五台山；张家口、保定、承德；四川、陕西。

23.515 银刀奇舟蛾

Allata argyropeza (Oberthür)

翅展约42mm。触角2/3双栉形，两侧栉齿同长。头和胸背暗红褐色。颈板浅灰黄褐色，中央有一暗褐色横纹。后胸背有2个灰白点。腹部灰褐色。前翅中室以上(除R_5脉至翅尖有一暗红褐斑外)的前半部苍褐色，后半部暗红褐斑，基部和外缘中央近黑色，中室下缘外半部有一近刀形银斑，内侧伴一小银点，外侧Cu_2、Cu_1脉基部有一“I”形银点，内外线黑褐色双道锯齿形，前半段仅有2列黑点可见，前缘中央到横脉有一暗褐色影状斜带。后翅灰褐色，缘毛色较淡。

成虫见于7月上中旬。

分布：小五台山中台海拔1650m；张家口、保定、承德；浙江、广西、陕西、云南、四川。中国特有种。

23.516 亚梨威舟蛾

Wilemanus bidentatus ussuriensis (Püngeler)

体长13～16mm，翅展32～37mm。触角双栉形，两侧栉齿同长。头和胸背灰褐色，颈板和翅基片后缘衬黑边，后胸中央有一黑褐色横线。前翅灰白微带褐色，有一大一小两个暗褐色斑，大斑约占全翅的内半部，但后半部模糊，在中室下无明显的齿形分叉和亚中褶纹，横脉纹较弯曲，月牙形，内线前端隐约可见。后翅灰褐色，具模糊灰白色外带。

成虫见于6月下旬。

寄主：苹果、梨。

分布：小五台山西台海拔1350m；张家口、唐山、承德；黑龙江、山东、安徽、江苏、江西、福建、四川；朝鲜。

23.517 红羽舟蛾

Pterostoma hoenei Kiriakoff

又名：小羽舟蛾。

体长约20mm，翅展约51mm。外形与槐羽舟蛾*P. sinicum*相似，但个体较小，底色较暗，全体红褐色。前翅暗色中带内外两侧淡黄色似呈2条横带，外线以外的外缘区较暗，Cu_1～M_3脉间有淡黄色纵纹，并将外线隔断，亚端线的1列黑点和端线显著，后缘突出的鳞毛褐色，中间凹缺。后翅淡褐，边缘污黄。

成虫见于7月上旬。

寄主：槐树。

分布：小五台山；邢台、保定、承德、张家口；山西、陕西、甘肃。

23.518 槐羽舟蛾

Pterostoma sinicum Moore

又名：白杨天社蛾、槐树羽舟蛾。

体长19～29mm，翅展49～72mm。触角双栉状。下唇须长而扁呈羽状，突伸于头的上方。头和胸背稻黄带褐色，具长毛束。腹背暗灰褐色。前翅稻黄褐色到灰黄褐色，后缘中央有一浅弧形缺刻，两侧各有1个黑褐色梳形毛簇，翅脉黑色，脉间具褐色纹，基线、内线和亚端线呈双道微红褐色锯齿形。后翅暗褐到黑褐色。腹背暗灰褐色。

成虫见于8月上旬。

寄主：刺槐、槐树、多花紫藤、朝鲜槐。

分布：小五台山东台海拔850m；河北各地；黑龙江、河南、山东、安徽、江苏、浙江、江西、陕西、湖北、广西、四川；日本、朝鲜、俄罗斯。

23.514 扇内斑舟蛾

23.516 亚梨威舟蛾

23.515 银刀奇舟蛾

23.517 红羽舟蛾（1980年7月8日，中台）

23.518 槐羽舟蛾（1980年8月9日，东台1200m）

23.519 灰羽舟蛾

Pterostoma griseum (Bremer)

翅展雄约52mm。头胸部褐黄色，腹背灰黄褐色。前翅灰褐色，翅尖较灰白，后缘有1个锈红褐色斑，但从内线向内逐渐呈浅黄色，内梳形毛簇黑色，所有横线与斑纹似槐羽舟蛾*P. sinicum*，但缘毛暗红褐色。后翅灰褐色。

成虫见于6月下旬。

寄主：山杨、朝鲜槐。

分布：小五台山东台海拔1200m；保定、张家口；吉林、黑龙江、山西、陕西、四川、云南；日本、朝鲜、俄罗斯。

23.520 山羽舟蛾

Pterostoma montanum Gai

体长28mm，翅展59mm左右。外形似槐羽舟蛾*P. sinicum*，但前翅前半部掺有灰白色，特别是内外线间和外线以外的翅脉两侧灰白色较显著。

成虫见于6月中下旬。

分布：小五台山；保定、张家口；吉林、黑龙江。

23.521 羽舟蛾

Pterostoma sp.

翅展约50mm。

成虫见于7月下旬。

分布：小五台山；张家口。

23.522 富金舟蛾

Spatalia plusiotis (Oberthür)

体长21mm，翅展44mm左右。头、胸暗褐色，后胸背中央具黄白点2个。前翅暗褐色，前缘外半部和外缘较灰色，外缘M_1脉端部稍突出；翅基有一稍大金斑，中室下方还有较分散的大小金斑，其中以中室下缘中央的较大，近三角形，两侧各伴3个小金斑，除中央的呈三角形外，其余的近长方形，在最外侧还有2个小金点；横脉纹模糊暗红褐色周围近黑色；内外线只有在前缘一段可见，双道灰黑色微波浪形；亚端线由1列灰黑点组成，外线与亚端线间有一模糊灰黑色斜带，翅尖下M_2～R_s脉间有一赭褐色斑点。后翅黄褐色或灰褐色。腹背灰褐色，基毛簇灰色，臀毛簇黑褐色。

成虫见于7月中旬。

寄主：蒙古栎。

分布：小五台山；承德、张家口；黑龙江、吉林；朝鲜、俄罗斯。

23.523 艳金舟蛾

Spatalia doerriesi Graeser

体长21mm，翅展46mm左右。头和颈板暗灰褐色，胸背赭黄到锈红褐色。前翅暗灰褐或黄褐色，基部有一黑点；中室下缘中央有一大三角形银斑，斑的两侧上下端共伴有4个银点，上端的较大，外上端的在Cu_2、Cu_1脉基部呈双齿形，其外侧衬2个小银点，银斑周围锈红褐色；前缘中央稍灰白色，有2～3条斜伸的影状带，外线从前缘到M_3脉可见，灰黄白色两侧具暗边；亚端线灰黄白色锯齿形，从M_1脉端部开始呈一楔纹；外线与亚端线间有一模糊暗带。后翅灰褐色。腹背灰黄褐色。

成虫见于6月中下旬。

寄主：蒙古栎。

分布：小五台山；承德、张家口；黑龙江、吉林、陕西、四川；日本、朝鲜、俄罗斯。

23.524 锈玫舟蛾

Rosama ornata (Oberthür)

体长14mm，翅展33mm左右。头和胸背锈红褐色，颈板灰白色，后胸背有白点2个。前翅锈红褐色，前缘灰白色从基部向外渐缩小达翅尖，下面衬有1条灰褐色影状纵带，向外延伸到M_2～M_1脉间的灰白色楔纹基部，中室下基部黄色散布锈红色雾点，Cu_2脉基部有一小三角形银白色斑，雌蛾银斑较小或消失；横线暗红褐色，内线不清晰，在银点下隐约可见；外线双道，内面一条略呈“S”形，外面1条由1列脉上小点组成；亚端线波浪形内衬灰白边。后翅苍灰褐色。腹背黄褐色，尾端有2束长毛。

成虫见于6月中下旬。

寄主：胡枝子属植物。

分布：小五台山；保定、承德、张家口；黑龙江、辽宁、江苏、浙江、江西、湖南、云南；日本、朝鲜。

23.519 灰羽舟蛾（1980年6月27日，东台1300m）

23.521 羽舟蛾（1980年7月22日，西台）

23.523 艳金舟蛾

23.520 山羽舟蛾（1980年6月15日，南台1500m）

23.522 富金舟蛾

23.524 锈玫舟蛾（1980年6月20日，中台）

23.525 杨扇舟蛾

Clostera anachoreta (Fabricius)

又名：白杨天社蛾、白杨灰天社蛾、小叶杨天社蛾、杨树天社蛾。

体长12～17mm，翅展27～38mm。触角褐色，双栉齿状，雄蛾较雌蛾发达。体色灰褐，头顶至胸背中央黑棕色。前翅灰褐色，顶角处有一暗褐色扇形斑，向内伸至中室横脉向后伸至Cu_1脉；3条灰白色横线具暗边，基线在中室下缘断裂错位；内线外侧有雾状暗褐色近后缘处外斜；外线通过扇形斑一段呈斜伸的双齿形，外衬2～3个黄褐带锈红色斑点；中室下内、外线间有一灰白色外斜线；亚端线由1列黑点组成，其中以Cu_1、Cu_2脉间一点较大而明显。后翅暗灰褐色。臀毛簇末端暗褐色。

成虫见于5月中旬～7月中旬。

寄主：杨、柳。

分布：小五台山西台1200～2000m；河北各地；云南、四川、湖南、湖北、福建、江西、浙江、江苏、河南、山东、辽宁、吉林、黑龙江、陕西、宁夏、甘肃；俄罗斯、日本、朝鲜、印度、斯里兰卡、印度尼西亚以及欧洲。

23.526 柳扇舟蛾

Clostera rufa (Luh)

翅展雌50～60mm，雄34～41mm。外形似杨扇舟蛾*C. anachoreta*，但本种个体较大，全体底色不呈褐色而呈苍黄色，前翅亚缘基部和扇形斑外线周围有红褐色分布。

成虫见于6月中下旬。

寄主：杨、柳。

分布：小五台山西台、北台；张家口；云南、四川。

23.527 分月扇舟蛾

Clostera anastomosis (Linnaeus)

又名：山杨天社蛾、银波天社蛾、合线扇舟蛾、杨叶夜蛾。

体长12~14mm，翅展29～33mm。体翅灰褐到暗灰褐色，头顶到胸背中央棕褐色。前翅顶角扇形斑模糊红褐色，3条灰白色横线似杨扇舟蛾*C. anachoreta*，但内线略外拱，外线在M_2脉前稍弯曲，中线的前端与内线会合，后端与外线合拢，内外线间有一斜伸的三角形影状斑，横脉纹圆形暗褐色，中央有一灰色线把圆斑横割为两半；亚端线由1列黑褐色点组成，波浪形，在Cu_1脉处呈直角弯曲，Cu_2脉以前其内侧衬一波浪形暗褐带。后翅暗灰褐色。

成虫见于5月下旬。

寄主：柳、杨。

分布：小五台山；张家口、承德；辽宁、吉林、黑龙江、内蒙古、江西、湖南、湖北、青海、四川、云南；日本、朝鲜、蒙古、俄罗斯以及欧洲。

23.528 短扇舟蛾

Clostera curtuloides Erschoff

体长12～15mm，翅展33～35mm。触角双栉状。体灰红褐色，胸背有棕褐色毛丛。前翅褐黄色，顶角斑暗红褐色，在Cu_1～M_1脉间呈钝齿形曲较长；外线前半段为白色，为顶角斑内缘的边界，呈S形弯曲，亚端线由1列褐色点组成，后半段在Cu_1脉呈直角形曲。后翅灰褐色。腹端有毛束。

成虫见于4月下旬～7月上旬（西台坟湾7月1日）。

寄主：杨树。

分布：小五台山西台海拔1100～2000m；保定、承德、张家口；黑龙江、吉林、陕西、青海；日本、朝鲜、俄罗斯。

23.525 杨扇舟蛾

23.526 柳扇舟蛾（1980年6月20日，北台1300m）

23.527 分月扇舟蛾（1980年5月28日，西台）

23.528b 短扇舟蛾（2007年4月30日，西台1200m）

23.529 漫扇舟蛾

Clostera pigra (Hufnager)

翅展24～28mm。形似杨扇舟蛾*C. anachoreta*，但体较小，色较暗。前翅带紫灰色，尤以中央和外缘较明显；亚基线靠近内线，在内缘有点连接；外线在前缘呈一白色楔形纹，随后在6脉稍外曲，以后几乎直向内斜达臀角内侧，从内外线间的中室下缘中央到外缘有1个逐渐变淡的暗色斑，似与扇形斑连成一大片；外线和亚端线间的前缘部分有1个红褐色楔形斑。后翅暗褐至灰黑色。

成虫见于6月初。

寄主：杨、柳。

分布：小五台山；张家口；吉林、甘肃；朝鲜、俄罗斯以及欧洲。

23.530 扇舟蛾

Clostera sp.

翅展约34mm，本标本似短扇舟蛾*C. curtuloides*，但扇形斑更短，中线内弯更甚，是否为另一种待研究。

成虫见于7月上旬。

分布：小五台山；张家口。

23.531 杨小舟蛾

Micromelalopha troglodyta (Graeset)

又名：杨褐天社蛾、小舟蛾。

体长9～10mm，翅展24～26mm。体色变异多，有黄褐、红褐和暗褐等。前翅后缘和顶角较暗，有3条较细的灰白色横线，各线两侧具暗边，基线不清晰微波浪形；横脉纹为一小黑点；内线在亚中褶下呈屋顶形分叉，内叉较明显，外线波浪形；亚端线由脉间黑点组成波浪形。后翅黄褐色，臀角有一赭色或红褐色小斑。

成虫见于8月上旬。

寄主：杨、柳。

分布：小五台山东台海拔850m；邢台、石家庄、保定、廊坊、唐山、承德、张家口；黑龙江、吉林、辽宁、山东、河南、安徽、江苏、浙江、江西、湖北、陕西、四川；日本、朝鲜。

23.532 锯纹林舟蛾

Drymonia dodonides (Staudinger)

翅展37mm左右。头暗褐色。胸背暗褐杂有灰白毛。腹背灰褐色。前翅褐灰色，有3条较粗的灰白色横线，两侧衬黑褐色边，内线波浪形，外线锯齿形，外侧衬边较宽。后翅灰褐色，外线不甚清晰灰白色。

成虫见于6月下旬。

寄主：栎。

分布：小五台山；张家口、承德；黑龙江、吉林、陕西；日本、朝鲜。

23.533 锯齿星舟蛾

Euhampsonia serratifera Sugz

分布：小五台山；张家口。

23.534 燕尾舟蛾绯亚种

Furcula furcula sangaica (Moore)

分布：小五台山；张家口。

23.535 白颈异齿舟蛾指名亚种

Hexafrenum ieucodera ieucodera (Staudinger)

分布：小五台山；张家口。

23.536 朝鲜新林舟蛾

Neodrymonia Coreana Marsumura

分布：小五台山；张家口。

23.537 喜凤舟蛾

Pheoslpsis (*Suzukiana*) *cinerea* (Butler)

分布：小五台山；张家口。

23.538 华北翼舟蛾

Ptilodon huabeiensis Yang et Lee

体长13～16mm，翅展33～40mm。触角雌线状，雄双栉状，栉齿短宽上生纤毛状。下唇须上翘伸达额中部。头胸红褐色。领片、肩片上均有褐纹。胸背有竖鳞丛。腹部黄褐色。前翅黄褐至红棕色，外缘锯齿状，后缘有黑色鳞突呈角状，横线锯齿状；外横线黑褐色极显著，其外侧有平行的淡褐色纹均通到后缘鳞突上；内横线黑褐色甚曲折，前缘2小齿，中室下有大小齿各1个，中室内2齿向外突出最明显；亚基线具2齿突。后翅浅黄至黄褐色，臀角棕褐色斑内有1个黄纹。

成虫见于7月下旬。

分布：小五台山；张家口；北京。

23.529 漫扇舟蛾

23.531a 杨小舟蛾

23.532 锯纹林舟蛾

23.530 扇舟蛾（1980年7月10日，东台1300m）

23.531b 杨小舟蛾

23.538 华北翼舟蛾（1980年7月25日，西台）

23.539 角翅舟蛾

Gonoclostera timonides (Bremer)

体长8～13mm，翅展25～36mm。头和胸背暗褐色。前翅灰褐略带紫色，顶角下边缘有一新月形内切缺刻；内外线间有一暗褐色三角形斑，斑尖达于后缘，斑的颜色由内向外逐渐变浅；内、外线模糊灰白色；亚端线模糊暗褐色；外线与亚端线间的前缘处有一暗褐色影状楔纹。后翅灰褐色，有一模糊灰白色外线。腹背灰褐色。

成虫见于6月中下旬。

寄主：柳树。

分布：小五台山；石家庄、保定、唐山、承德、张家口；黑龙江、辽宁、吉林、山东、江苏、浙江、安徽、江西、湖南、湖北、陕西；日本、朝鲜、俄罗斯。

23.540 金纹角翅舟蛾

Gonoclostera argentata (Oberthur)

翅展约34mm。头、胸、腹、背褐至暗紫褐色。前翅色稍浅，顶角下有一新月形内切短刻，翅面有2个明显的金斑，基部的斑由2个小金斑点连接而成，中央的斑由前缘约1/3处斜向中室下角，由断续的3个小金斑连接而成。后翅色更浅。

成虫见于7月上旬。

分布：小五台山；张家口；北京。

23.539 角翅舟蛾

23.540 金纹角翅舟蛾

附：未定种

（2007年8月10日，东台870m）

（1980年6月20日，中台）

（1980年7月2日，南台）

（1980年6月10日，西台）

（1980年7月2日，中台1500m）

（1980年6月7日，东台1100m）

毒蛾科 Lymantriidae

体中至大型，粗壮多毛，多为白、黄、褐等色，雌蛾腹端有肛毛簇。触角双栉齿状，雄蛾栉齿更长。喙退化。下唇须小。无单眼。前翅$R_{2\sim5}$共柄，常有一副室，有时消失，M_2近M_3，A脉1条。后翅Sc在中室近中部处与R脉一度接合，A脉2条。幼虫多植食性，少数肉食性，多取食林木、果树以及农作物、蔬菜。

23.541 结茸毒蛾

Dasychira lunulata Butler

又名：赤眉毒蛾。

体长23mm，翅展59mm左右。触角栉齿黄褐色。体灰黑色，复眼周围黑色，后胸背有一黑斑。前翅银白色，布黑色和黑褐色鳞，前缘近基部有一黑色环扣状斑，横脉纹新月形，由竖起的银白色鳞组成，外线黑色，波浪形，外线前端外侧有一黑色短线，亚端线不清晰，端线由一列黑色间断的短纹组成，缘毛黑白相间。后翅褐灰色，前缘和基部稍黄，横脉纹和外缘褐黑色。前翅反面浅黑褐色，外缘褐灰色；后翅反面褐灰色；两翅反面横脉纹、外线和端线为黑色。跗节有黑斑。

成虫见于7月中旬。

寄主：栎、栗。

分布：小五台山；保定、张家口、承德；黑龙江、辽宁、吉林、陕西、浙江；日本、朝鲜、俄罗斯。

23.541a 结茸毒蛾

23.541b 结茸毒蛾（1980年7月15日，北台）

23.542 茸毒蛾

Dasychira pudibunda (Linnaeus)

又名：苹叶纵纹毒蛾、苹毒蛾、苹红尾毒蛾。

体长19～22mm，翅展53～58mm。触角干灰白色，栉齿黄棕色。下唇须灰白色，外侧黑褐色。复眼周围黑色。头、胸和腹的背面褐色，腹面黄白色。雄蛾前翅灰白色，布黑色和褐色鳞，内区灰白色明显，中区色较暗，基线、内线和外线近平行，黑色，微波浪形，横脉纹黑褐色衬黑色边，亚端线黑褐色，不完整，端线为1列黑褐色点，缘毛灰白色与黑褐色相间。后翅白色带黑褐色鳞和毛，横脉纹和外线黑褐色，缘毛灰白色。足黄白色，胫节、跗节有黑斑。

成虫见于6月下旬。

寄主：桦、槭、栎、栗、杨、橡、榛、柳、山楂、苹果、悬钩子、李、梨、樱桃。

分布：小五台山北台海拔1400m；承德、张家口；山西、辽宁、黑龙江、吉林、山东、河南、陕西；日本、朝鲜、俄罗斯以及欧洲。

23.542a 茸毒蛾(♀；1980年6月21日，北台1400m)

23.542b 茸毒蛾(♂)

23.543a 杨雪毒蛾(♀)

23.543 杨雪毒蛾

Stilpnotia candida Staudinger

又名：杨毒蛾、柳毒蛾。

体长10～20mm，翅展34～54mm。触角雌栉齿状，黑褐色；雄羽毛状，灰褐色；触角干黑白相间。全体白色，具丝绢状光滑。前、后翅白色，翅面上鳞片宽，排列稠密。雄蛾胸部前足间无灰色毛。足白色，胫节和跗节有黑色环纹。

成虫见于6月中旬～8月下旬。

寄主：幼虫取食杨、柳、桦、榛、槭、白蜡等。

分布：小五台山；张家口、承德、石家庄、保定；吉林、辽宁、黑龙江、北京、江苏、四川、河南、台湾、内蒙古、陕西、宁夏、甘肃、新疆、青海、湖南、山东、山西、湖北、安徽；朝鲜、日本、俄罗斯、蒙古、加拿大以及欧洲。

23.544 豆盗毒蛾

Porthesia piperita (Oberthür)

又名：并点黄毒蛾。

体长7～8mm，翅展22～25mm。触角干浅黄色，栉齿棕黄色。体、前翅柠檬黄色。前翅从翅基到亚端线部位有1个不规则形大斑，上面散布黑褐色鳞，在翅顶角有2个棕色小斑，后缘中央有黑色长毛。后翅浅黄色。

成虫见于6月下旬。

寄主：豆类、楸、茶等。

23.543b 杨雪毒蛾（示触角干黑白相间）

23.544 豆盗毒蛾(♂)

分布：小五台山；张家口、承德、保定、唐山；黑龙江、浙江、江西、福建、广东、四川；日本、朝鲜。

23.545 古毒蛾

Orgyia antiqua (Linnaeus)

又名：落叶松毒蛾、缨尾毛虫。

雄蛾体长8～10mm，翅展25～28mm。触角雌蛾短，触角干黄色，雄蛾触角干浅棕灰色。体灰棕色微带黄色。前翅棕黄色，中室后缘近基部有一褐色圆斑，不甚清晰；内线褐色，外弓；横脉纹新月形，深橙黄色，外边褐色；外线褐色，较宽，微锯齿形，从前缘至 M_1脉外伸，M_1脉至M_2脉较直，M_2脉至Cu_1脉内斜，然后内弯至后缘，外线与亚端线间褐色，前缘色淡，在Cu_2与A_1脉间有一半圆形白斑；缘毛黄褐色有深褐色斑。后翅色泽与前翅相同，基部和后缘色暗，无明显花纹。雌蛾纺锤形，体被灰黄色茸毛，头、胸部小；翅短缩，前翅尖叶形，灰黄色；腹部肥大粗壮，黑色，被黄色短毛，爪腹面有短齿。

成虫见于7月下旬～8月中旬。

寄主：杨、柳、桦、桤木、榛、山毛榉、栎、梨、李、苹果、山楂、槭、云杉、松、落叶松、大麻、花生、大豆。

分布：小五台山；保定、承德、张家口；山西、内蒙古、辽宁、吉林、黑龙江、山东、河南、西藏、甘肃、宁夏；朝鲜、日本、蒙古、俄罗斯以及欧洲。

23.545a 古毒蛾（示幼虫；2009年9月6日，西台1200m）

23.545b 古毒蛾

23.546 灰斑古毒蛾

Orgyia ericae Germar

又名:沙枣毒蛾。

雄蛾翅展21～31mm。体黄褐色。前翅赭褐色，内线褐色，较宽，中部向外微弯；中区前半宽，后半窄，色暗，前缘有一近三角形紫灰色斑；横脉纹赭褐色，新月形，周围紫灰色；外线褐色，锯齿形；亚端线褐色，不清晰，与外线近平行，Cu_2脉后色深，其外缘有一清晰白斑，缘毛浅黄色。后翅深赭褐色，翅基部有密集的长毛，缘毛浅黄色。雌蛾翅退化，体长8～15mm。足短，体被短而密的白毛。

成虫见于8月上旬。

寄主：柳、杨、杨梅、桦、山毛榉、栎、鼠李、蔷薇、杜鹃花、柽柳、沙枣、枣、豆类等。

分布：小五台山；张家口、承德、唐山；黑龙江、吉林、辽宁、青海、甘肃、宁夏、陕西；俄罗斯以及欧洲。

23.547 角斑古毒蛾

Orgyia gonosrigma (Linnaeus)

又名:杨白纹毒蛾、赤纹毒蛾、囊尾毒蛾。

体长7～11mm，翅展21～30mm。触角干锈褐色，栉齿褐色。下唇须橙黄色。体灰褐色。前翅黄褐色，内区前半布白色鳞，后半赭黄色，基线白色，纤细波浪形；内线黑线较直；横脉纹黑色白边，中央有一白色细线；外线为黑色双线，细锯齿形；亚端线黑褐色，前缘有白色斑；外线与亚端线间前缘有一赭黄色斑，后缘有一新月形白斑；端线细，黑色，在翅脉处间断；缘毛暗褐色有赭黄色斑。后翅栗褐色，缘毛黄灰色。雌蛾长卵圆形，体被浓而短的深灰、黄和白色茸毛，翅短缩，仅留痕迹。

成虫见于7月中下旬。

寄主：柳、杨、桦、桤木、榛、山毛榉、栎、梨、苹果、李、梅、花楸、山楂、落叶松、悬钩子、蔷薇。

分布：小五台山南台海拔1350m；邯郸、石家庄、保定、承德、张家口；辽宁、吉林、黑龙江、河南；朝鲜、日本、俄罗斯以及欧洲。

23.548 肾毒蛾

Cifuna locuples Walker

又名：豆毒蛾、大豆毒蛾。

体长17～19mm，翅展33～36mm。触角干黄褐色，栉齿褐色。头部和胸部深褐色，腹部褐黄色，后胸和第2、3腹节背面各有一黑色短毛丛。前翅内区前半褐色，布白色鳞，后半褐黄色；内线为一褐色宽带，带内侧衬白色细线；横脉纹肾形，褐黄色，深褐色边；外线深褐色，微向外弯；中区前半褐黄色，后半褐色布白色鳞；亚端线深褐色，在R_5脉与Cu_1脉处外突；外线与亚端线间黄褐色，前端色浅；端线深褐色衬白色，在臀角处内突。后翅淡黄色带褐色；横脉纹、端线色较暗；缘毛黄褐色。前、后翅反面黄褐色，横脉纹，外线，亚端线和缘毛黑褐色。雌蛾比雄蛾色暗。

成虫见于7月上旬。

寄主：榆、海棠、樱、榉、柳、紫藤、柿、胡枝子、苜蓿、大豆、绿豆。

分布：小五台山；张家口、承德；山西、辽宁、吉林、黑龙江、山东、江苏、安徽、浙江、江西、福建、广东、广西、湖南、湖北、河南、四川、云南、西藏；朝鲜、日本、越南、印度、俄罗斯。

23.549 丽毒蛾

Calliteara pudibunda (Linnaeus)

分布：小五台山；张家口。

23.550 白毒蛾

Arctornis l-nigrum (Müller)

又名：槭黑毒蛾、弯纹白毒蛾。

体长12～19mm，翅展39～52mm。触角干白色，栉齿黄色。下唇须白色，外侧上半部黑色。体白色。前翅白色，横脉纹黑色，呈“L”字形。后翅白色。足白色，前、中足胫节内侧有黑斑。跗节第1节和末节黑色。

成虫见于7月上旬～8月上旬。

寄主：山毛榉、栎、鹅耳枥、榛、桦、苹果、山楂、榆、杨、柳等。

分布：小五台山西台、东台海拔850～1200m；保定、承德、张家口；辽宁、吉林、黑龙江、浙江、四川、云南；朝鲜、日本、俄罗斯以及欧洲。

23.546 灰斑古毒蛾(1981年8月3日，北台)

23.548 肾毒蛾(♂；腹部缺损)

23.551a 雪毒蛾（2007年7月27日，西台1300m）

23.547 角斑古毒蛾(♂)

23.550 白毒蛾（1980年7月8日，中台）

23.551b 雪毒蛾

23.551 雪毒蛾

Stilpnotia salicis (Linnaeus)

又名：杨毒蛾、柳叶毒蛾、柳毒蛾。

体长12～18mm，翅展35～52mm。触角干白色。体白色，具丝绢光泽。下唇须黑色。头、胸和腹部白色微带浅黄。复眼外侧和下面黑色。前翅白色，较薄，稀布鳞片，翅脉带黄色。后翅白色。足白色，胫节和跗节有黑白相间的环纹。

成虫见于7月上旬～8月下旬。

寄主：杨、柳、榛、槭、白蜡。

分布：小五台山西台、南台海拔1200～1350m；张家口、承德、唐山、衡水、邯郸、石家庄、保定；山西、内蒙古、黑龙江、吉林、辽宁、山东、江苏、河南、宁夏、青海、新疆；俄罗斯、蒙古、日本、朝鲜、加拿大以及欧洲西部。

23.552 盗毒蛾

Porthesia similis (Fueszly)

又名：黄尾毒蛾、金毛虫、桑叶毒蛾、桑毛虫。

体长9～13mm，翅展25～39mm。触角干白色，栉齿棕黄色。下唇须白色，外侧黑褐色。头、胸和腹部基部白色微带黄色，腹部其余部分和肛毛簇黄毛。前、后翅白色，前翅后缘有2个褐色斑（有的个体内侧褐色斑不明显）。

成虫见于6月中下旬。

寄主：杨、柳、桦、白桦、榛、桤木、山毛榉、栎、桑、山楂、蔷薇、刺槐、泡桐、梧桐、杏、桃、梅、忍冬、花楸、黄檗。

分布：小五台山；张家口、承德、石家庄、保定；辽宁、吉林、黑龙江、内蒙古、山东、江苏、浙江、江西、福建、台湾、广西、湖南、四川、湖北、河南、甘肃、青海；朝鲜、日本、俄罗斯以及欧洲。

23.553 榆黄足毒蛾

Ivela ochropoda (Eversmann)

又名：榆毒蛾。

体长8～12mm，翅展23～37mm。下唇须鲜黄色。体和翅白色。前翅密生大而粗的鳞毛，翅脉白色，翅顶较圆。前足腿节端半部、胫节和跗节鲜黄色，中足、后足胫节端半部和跗节鲜黄色。

成虫见于6月下旬～7月中旬。

寄主：榆、旱柳。

分布：小五台山北台、东台海拔850～1300m；张家口、承德、保定、唐山、邯郸；辽宁、吉林、黑龙江、山西、内蒙古、山东、河南、陕西；朝鲜、日本、俄罗斯。

23.554 舞毒蛾

Lymantria dispar (Linnaeus)

又名：秋千毛虫、柿毛虫、杨树毛虫、松针黄毒蛾。

体长雌30mm，雄20mm。翅展雌87～112，雄40～54mm。雌雄异形。雌蛾体淡黄色，前翅黄白色，横线淡褐色，后翅淡黄色，前后翅外缘均有一列深褐色斑点。雄蛾触角羽状，体翅暗褐色；前翅基线及内、中和外线呈明显波曲状，暗褐色，内、外两线均双重，横线有时消退，中室中央有一黑点，外缘部色泽较暗；后翅有横脉纹，外缘较暗。卵：似馒头状、数百粒在一起成块状，并混有黄色绒毛，整个卵块外面覆有一层较厚的黄褐绒毛。

1年1代，以完成胚胎发育的卵在石块下、石缝中、大树的粗皮缝中、树桩墙角、墙缝等处越冬。在当地翌年4月下旬幼虫开始出壳。5月下旬～8月下旬为成虫期。20世纪60年代中后期，该虫曾在北台、西台严重发生，将灌林叶片大面积吃光。曾采用施放烟雾剂、人工摘卵块等方法防控，对控制该虫的发生起到一定的效果。以后随着林相的逐步恢复，发生危害逐渐减少。

寄主：杨、栎、李、柳、榆、桦、槭、椴、云杉、樱桃、苹果、山楂、柿、杏等500多种植物。

分布：小五台山西台、北台海拔1100～1600m；张家口、保定、承德、邢台、邯郸；辽宁、吉林、黑龙江、江苏、四川、河南、台湾、内蒙古、陕西、宁夏、甘肃、新疆、青海、湖南、山西、山东；日本、朝鲜以及欧洲、美洲。

23.551c 雪毒蛾

23.552a 盗毒蛾(♀)

23.552b 盗毒蛾

23.553a 榆黄足毒蛾（2009年6月22日，北台1300m）

23.553b 榆黄足毒蛾（示幼虫；2009年5月28日，东台1100m）

23.554a 舞毒蛾(♂)

23.554b 舞毒蛾(♀)

23.555 模毒蛾

Lymantria monacha (Linnaeus)

又名：松针毒蛾、油杉毒蛾、僧尼毒蛾。

翅展约43mm。触角干棕灰色，栉齿灰褐色。头胸和腹部基部白棕色，胸背有黑褐色斑，腹部其余部分粉红色，节间黑褐色。前翅白色有黑褐色斑纹，基部有7个斑点，内线波浪形，中室中央有1个圆点，横脉纹新月形，外线双重，锯齿状折曲，亚端线锯齿形，端线为1列黑褐色，缘毛灰白色，有1列灰色点。雌蛾似雄蛾，仅后翅亚端线较清晰。

成虫见于7月上旬。

寄主：云杉、冷杉、华山松、赤松、落叶松、桧、麻栎、槲、桦、山杨、柳、山榆、椴、花楸、榛、苹果、杏等。

分布：小五台山；张家口、承德；辽宁、吉林、黑龙江、浙江、台湾、贵州、云南；日本、俄罗斯以及欧洲。

23.556 肘纹毒蛾

Lymantria bantaizana Matsumura

翅展：雌约55mm，雄约38mm。体灰褐略带黑褐色。前翅褐白色而布满黑褐色鳞，斑纹黑褐色，内线外斜，前半部清晰，横脉纹角形，外线和亚端线波浪形，肘脉基部有一纵纹，缘毛浅褐色与深褐色相间。后翅褐白色，外缘线褐色。

成虫见于7月下旬。

寄主：核桃。

分布：小五台山；承德、张家口、石家庄；四川、陕西；日本。

23.557 栎毒蛾

Lymantria mathura Moore

又名：栎舞毒蛾。

翅展：雌约81mm，雄约50mm。雌体灰白色略带粉红色，有红色和黑色斑点；前翅灰白，基部有红色和黑色斑，斑纹棕褐色，内线和中线波浪形折曲，横脉纹前方有1个半圆形环，横脉纹新月形，外线和亚端线锯齿形，端线由1列脉间点组成，缘毛粉红色，脉间棕褐色；后翅浅粉红色，前半微暗，横脉纹灰褐色，亚端线为1条灰褐色宽带，端线由1列灰褐色点组成，缘毛粉红灰褐色相间。雄蛾头部黑褐色，胸部和足浅橙黄色有黑褐色斑；腹部暗橙黄色，两侧微带红色；前翅灰白并密布黑褐色斑纹，内线和中线为折曲状宽带，中室中央有1个圆斑，横脉纹新月形，外线和亚端线由新月形斑组成，端线由1列脉间小点组成；后翅暗橙黄色，横脉纹褐色，亚端线为1条褐色宽带。

成虫见于8月上中旬。以卵越冬。

寄主：栎、苹果、梨、李、杏、槠、野漆、栗、青冈等。

分布：小五台山；张家口、承德、保定、邯郸；山西、黑龙江、吉林、辽宁、山东、北京、台湾、河南、湖南、四川、云南、陕西；日本、朝鲜、印度。

23.558 黄斜带毒蛾

Numenes disparilis Staudinger

又名：三叉毒蛾。

翅展约47mm。触角干浅黄色，中央有黑色纵带，栉齿灰黑色。头、胸橙黄色带黑褐色毛鳞。前翅黑褐色，显青紫色光泽，前缘近基部有1个小型浅黄色斑，从前缘中部至臀角有1条浅黄色带，斜带中央至翅顶角又有1条浅黄色斜带，呈“丫”形。翅脉色浅。后翅和缘毛褐黑色。前、后翅反面灰黑色，斑纹同正面。腹部褐黑色微带橙黄色，肛毛簇橙黄色。足橙黄带黑褐色毛鳞。雌蛾前翅褐黑色带青紫色光泽，基线浅黄色，弓形，从臀角向翅顶及前缘基部1/3及端部1/3处有1个三叉形浅黄色带，从第2叉到外缘的翅脉浅黄色；后翅橙黄色，亚端区有大小的2个褐黑色斑；腹部橙黄色带黑褐鳞。

成虫见于7月中旬。

寄主：鹅耳枥、铁木、槲等。

分布：小五台山；承德、张家口、邢台；浙江、湖北、四川、陕西、黑龙江；日本。

23.557 栎毒蛾（♂）

23.555 模毒蛾(♂；1980年7月8日，南台)

23.556 肘纹毒蛾

23.558 黄斜带毒蛾（1981年7月12日，北台）

23.559 侧柏毒蛾

Parocneria furva (Leech)

又名：柏毛虫、基白柏毒蛾。

体长8～9mm，翅展21～23mm。触角雌蛾短栉齿状，灰白色，雄蛾长栉齿状，灰黑色。雌蛾前翅浅灰色，略透明，有不明显的波状纹，在Cu_2下方近中室处有一暗色斑点，与亚前缘脉相接，Cu_2下方有一较长的暗色横斑，与外线的波状纹相连，并伸向顶角；在M_1与M_2处也有一暗色斑点，端线上有黑色点列。后翅浅灰色，无斑点。雄蛾体色较雌蛾深，呈棕黑色；前翅花纹黑色，纤细，不显著或消失，但在Cu_2下方近中室处的暗色斑点较显著。

成虫见于8月上旬。

寄主：侧柏、桧柏。

分布：小五台山东台海拔850m；保定、唐山、张家口；江苏、浙江、四川、湖南、湖北、山东、河南、青海、广西。

23.560 素毒蛾

Laelia coenosa (Hübner)

又名：芦毒蛾。

翅展雌34～44mm，雄26～36mm。体翅黄白色，足黄色，胫节内侧灰黑色。雄蛾前翅脉间布烟黄色鳞，在亚端区脉间有1列黑点（从R_5至A脉间），前5个点与翅外缘近平行，后2个点与翅后缘近平行；后翅黄白色，雌蛾色淡，前翅脉间黑点不显著或消失，胫节、跗节鲜黄色。

成虫见于7月上旬。

寄主：杨、榆、桂、葵、水稻、牧草、芦等。

分布：小五台山；保定、张家口；山西、黑龙江、吉林、辽宁、山东、江苏、台湾、浙江、广东、广西、湖北、河南；朝鲜、日本、越南、俄罗斯以及欧洲。

23.561 云星黄毒蛾

Euproctis niphonis (Butler)

又名：黑纹毒蛾、云星毒蛾。

体长13～15mm，翅展40～49mm。雄蛾触角干黄白色，栉齿黑褐色，雄蛾栉齿短。雄蛾头部和下唇须黄色带黑色鳞。胸部灰黄色。前翅黄色，前缘基部黑褐色，中室后方和外方密布黑褐色鳞，呈一近三角形褐色大斑，横脉纹为一黑褐色圆斑，缘毛黄色。腹部暗灰褐色，腹部腹面、尾端和足黄色，跗节有黑色纵纹。雌蛾前翅三角形黑褐色斑较雄蛾小，其外缘中部内陷，后翅黄色，后缘布黑褐色鳞，腹部金黄色。

成虫见于7月。

寄主：榛、赤杨、白桦、茶藨子、醋栗、蔷薇。

分布：小五台山西台、南台海拔1350～1500m；承德、张家口；黑龙江、内蒙古、陕西；朝鲜、日本、俄罗斯。

23.562 漫星黄毒蛾

Euproctis plana Walker

又名：栎黄毒蛾。

翅展雌54～58mm，雄38～45mm。体深赭黄色。前翅橙黄色，在中室后方和外方棕褐色鳞，横脉纹为黑色长圆形斑，后缘有黑色长毛。后翅黄色。

成虫见于8月上旬。

寄主：栎、梨、稻等。

分布：小五台山；张家口；江西、福建、广东、广西、四川、云南；缅甸、印度、印度尼西亚。

23.561a 云星黄毒蛾(♂)

23.561b 云星黄毒蛾(♀)

23.559a 侧柏毒蛾(♀)

23.560 素毒蛾

23.559b 侧柏毒蛾(示幼虫及其被蠋蝽若虫吸食态)

23.562a 漫星黄毒蛾(♂)

23.562b 漫星黄毒蛾(♀；1980年8月5日，西台)

23.563 梯带黄毒蛾

Euproctis montis (Leech)

又名：漆腹黄毒蛾。

翅展雄约32mm。头、胸、腹基部及肛毛橙黄色，腹部其余部分黑色。前翅黄色，中带褐黑色，从M_2脉内斜到后缘，在脉间中断。后翅黄白色，后缘色浓。

成虫见于7月下旬。

寄主：梨、桃、葡萄、桑、柑橘、茶、茄、马铃薯等。

分布：小五台山；张家口；江苏、浙江、江西、福建、湖南、湖北、广东、广西、四川、云南。

23.564 折带黄毒蛾

Euproctis flava (Bremer)

又名：黄毒蛾、柿叶毒蛾、杉皮毒蛾。

体长11～17mm，翅展26～41mm。触角干黄色，栉齿棕黄色。下唇须橙黄色。体浅橙黄色。前翅黄色，内线和外线浅黄色，从前缘外斜至中室后缘，折角后内斜，两线间布满棕褐色鳞，形成折带，近翅顶有暗褐色圆点2个，缘毛浅黄色。后翅黄色，基部和缘毛色浅。

成虫见于6月下旬。

寄主：松、柏、栎、刺槐、赤杨、槭、山毛榉、苹果、梨、桃、柿、杉、樱桃、梅、李、海棠、蔷薇、石榴、茶、紫藤。

分布：小五台山；保定、承德；辽宁、吉林、黑龙江、山东、江苏、安徽、浙江、江西、福建、湖南、湖北、河南、贵州、广东、广西、四川、陕西；朝鲜、日本、俄罗斯。

23.565 幻带黄毒蛾

Euproctis varians (Walker)

又名：台湾茶毛虫。

体长6～10mm，翅展20～29mm。触角干黄白色，栉齿灰黄棕色。体浅橙黄色。前翅黄色，内线和外线黄白色，近平行，外弯，两线间色较浓。后翅浅黄色。雌蛾色淡。

寄主：柑橘、茶、油茶等。

分布：小五台山；张家口、邢台、石家庄、保定、唐山、承德；安徽、江西、福建、台湾、广东、四川；马来西亚、印度。

23.566 叉带黄毒蛾

Euprctis angulata Matsumura

翅展雌40mm，雄约30mm。体浅黄色。前翅黄色，横脉纹黄白色。内、外线黄白色，两线间布棕褐色鳞，形成叉形带，带两侧各有一棕褐色带，前端不明显，亚端区有黑褐色点。后翅黄色，基部色浅。

成虫见于7月中旬。

23.564a 折带黄毒蛾（示幼虫；2007年5月26日，东台1100m）

分布：小五台山；张家口；江西、浙江、台湾、湖南、广东。

23.567 肘带黄毒蛾

Euproctis straminea Leech

雄蛾翅展35mm。头部黄白色，胸部柠檬黄色，腹部黄白色，每节后缘黑褐色，肛毛簇橙黄色。前翅柠檬黄色，内、外线白色，外弯，两线间棕褐色，形成肘形中带，带两侧稀布棕褐色鳞。后翅白黄色。

成虫见于6月下旬。

分布：小五台山；张家口；广西、四川。

23.568 黄毒蛾

Euproctis chrysorrhoea (Linnaeus)

又名：棕尾毒蛾、桑毛虫。

翅展雌32～40mm，雄26～32mm。头胸部白色微带黄色，腹部棕褐色，基部白色微带黄色，肛毛簇红棕褐色。前后翅白色微带淡黄色。前翅在中室顶端、M_1与M_2脉间和臀角处有黑色斑，有的个体无斑。

成虫见于7月上中旬。1年1代，以低龄幼虫作巢越冬。

寄主：杨、柳、栎、栗、柞、鹅耳枥、榛、桦、李、苹果、蔷薇、梨、花楸、榅桲、山楂、榆、七叶树、椴、槭等。

分布：小五台山；张家口；云南、新疆；亚洲、非洲。

23.563a 梯带黄毒蛾

23.564b 折带黄毒蛾(♀)

23.566a 叉带黄毒蛾

23.563b 梯带黄毒蛾（1980年7月30日，西台）

23.565 幻带黄毒蛾(♀)

23.566b 叉带黄毒蛾

23.569 云黄毒蛾

Euproctis xuthonepha Collenette

翅展雌35～37mm，雄31～35mm。体浅橙黄色，肛毛簇橙黄色。前翅浅黄色，前缘白色，内线外弯。内侧黄棕色，外线在中室后内凹，外侧有一片黄棕色云状斑。后翅白黄色，前缘白色。

成虫见于7月上旬。

分布：小五台山；张家口；江西、甘肃、陕西。

23.570 点黄毒蛾

Euproctis sp.

前翅长约14mm。本种极似折带黄毒蛾*E. flava*，但前翅顶区仅有1个棕褐色圆点而与其有别。

成虫见于7月中下旬。

分布：小五台山西台、东台海拔850～1450m；张家口。

23.509 点黄毒蛾（2007年7月20日，西台1400m）

毒蛾幼虫（2007年6月10日，北台1500m

附：未定种

（2007年8月1日，东台850m）

（2009年7月10日，东台1300m）

（2008年6月25日，北台1400m）

（2008年7月20日，北台1600m）

（2008年5月30日，西台1300m）

（2009年8月10日，西台1700m）

（2007年7月5日，西台1450m）

（2009年6月30日，东台1100m）

23.567 肘带黄毒蛾（1980年6月23日，西台）

23.568 黄毒蛾

23.569 云黄毒蛾

（2007年8月2日，中台1400m）

（2007年6月10日，中台）

（2007年7月5日，西台1510m）

（2008年5月20日，西台1300m）

（2008年6月25日，南台1550m）

（2008年7月20日，东台1200m）

（1981年5月30日，南台）

（1981年7月2日，中台）

灯蛾科 Arctiidae

多为中、小型种类，少数大型。体较粗壮，较鲜艳，常为红色或黄色，多具条纹或斑点。具单眼或无单眼。前翅M_2、M_3与C_u脉接近，形成C_u似的4支。后翅S_c+R_1与Rs在中室中部或以外有一长段并接。成虫有趋光性，多在夜间活动。不少种类雌雄两性的体色变异很大。

23.571 日土苔蛾

Eilema japonica (Leech)

翅展23～30mm。暗褐灰色。头、颈板基部、翅基片外侧黄色，颈板端部、翅基片其余大部分及胸部褐灰色。前翅褐灰色，前缘区黄色、至翅顶渐尖细，缘毛黄色。后翅黄色，中部染灰色。腹部灰色，端部及腹面黄色。

成虫见于7月上旬。

分布：小五台山西台海拔1100～1300m；承德、保定、张家口、唐山、石家庄；北京、山西、陕西、浙江、云南、四川；日本、朝鲜。

23.572 后褐土苔蛾

Eilema flavociliata Lederer

翅展24～31mm。触角基部黄色，其余黑色。头、胸橙黄色，前翅橙黄或稍带褐色或暗褐色，前缘基部黑色。后翅暗褐色，向后缘稍黄或褐色，缘毛橙黄色。翅反面暗褐色，边缘及缘毛黄色。腹基部灰色，其余黄色。

成虫见于7月初。

分布：小五台山；张家口、承德、唐山；北京、山西、陕西、四川、青海、新疆。

23.573 亲土苔蛾

Eilema affineola (Butler)

翅展30mm左右。

成虫见于7月中旬。

分布：小五台山；张家口。

23.574 灰土苔蛾

Eilema griseola (Hübner)

翅展27～33mm。头浅黄色，胸、腹部灰色，腹部末端及腹面黄色。前翅前缘黄色，常很窄，前缘基部黑边，翅顶缘毛常为黄色。后翅黄灰色，端部及缘毛黄色。

成虫见于7月中下旬。

寄主：地衣、干枯叶片。

分布：小五台山海拔1350m；张家口；辽宁、吉林、黑龙江、山西、山东、福建、陕西、河南、云南、西藏；日本、朝鲜、印度、尼泊尔以及欧洲等。

23.575 乌土苔蛾

Eilema ussurica Daniel

翅展25～36mm。头、颈板、翅基片灰黄色。前翅浅棕灰色，前缘区黄色。后翅淡黄色。前翅反面除前缘及外缘区外为棕色。

成虫见于7月上中旬。

分布：小五台山；承德、张家口；辽宁、吉林、黑龙江、山西、陕西、江苏、浙江、湖南、云南；朝鲜。

23.571a 日土苔蛾

23.571b 日土苔蛾

23.571c 日土苔蛾（2007年7月18日，西台1210m）

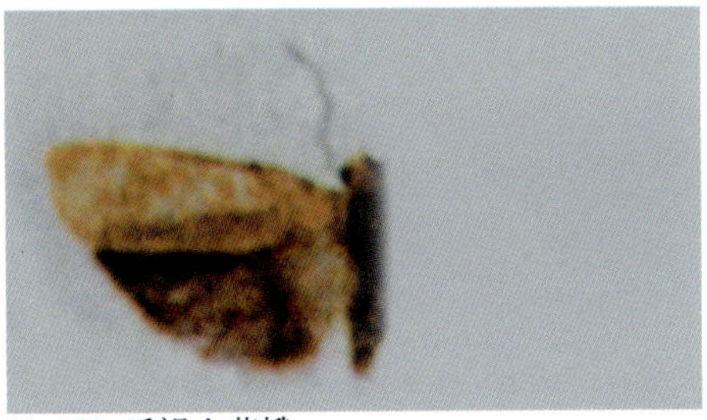
23.572 后褐土苔蛾

23.574a 灰土苔蛾(有变异)

23.574b 灰土苔蛾（示林间发生状；2007年7月20日，西台1350m）

23.574c 灰土苔蛾

23.575a 乌土苔蛾

23.575b 乌土苔蛾（2007年7月8日，西台1180m）

23.575c 乌土苔蛾（2007年7月14日，西台1210m）

23.576 粉鳞土苔蛾

Eilema moorei (Leech)

翅展雌38～46mm，雄37～43mm。雄蛾头、胸、腹灰白色，染暗褐色。下唇须黑色。前翅具粉状灰白色鳞片，前缘基部1/3处及端区饰有暗褐色。后翅褐白色。雌蛾前翅暗褐色，覆盖灰白色鳞片。

成虫见于7月中旬。

分布：小五台山；保定、张家口；北京、山西、陕西、浙江、江西、湖北、四川、云南。

23.576 粉鳞土苔蛾(♂)

23.577 一点艳苔蛾

23.577 一点艳苔蛾

Asura unipuncta (Leech)

翅展 35～43mm。橙红色。腹部黑色。背面覆有赭色毛。前翅中室端具1个大黑点，前端基部黑边。后翅色较淡。前后翅缘毛黄色。小五台山区分布有本种的北米亚种*A. u. megala*。

成虫见于7月中旬。

分布：小五台山；张家口；山西、陕西、山东、湖北、四川。

23.578 泥苔蛾

Pelosia sp.

翅展25mm左右。褐灰色。前翅前缘区淡色，前缘基部黑边。后翅色淡。

成虫见于7月中旬。

分布：小五台山；张家口。

23.579 头橙华苔蛾

Agylla gigantea (Oberthür)

翅展32～43mm。头、颈板橙黄色。胸部灰褐色。翅灰褐色，前翅前缘带黄色、较宽、至翅顶渐尖削，前缘基部有细的黑边。腹部灰褐色，肛毛簇及腹面黄色。

成虫见于7月下旬。

分布：小五台山；承德、张家口；辽宁、黑龙江、山西、陕西、浙江；日本、朝鲜、俄罗斯。

23.580 四点苔蛾

Lithosia quadra (Linnaeus)

翅展：雌42～58mm，雄36～48mm。雄蛾额、触角黑色；头顶、颈板、翅基片、胸橙色；前翅灰色，基部橙色，前缘基部有一黑褐带；后翅橙黄色，前缘区暗褐色；腹部橙色，基部灰色，末端及腹面的端半部黑色。雌蛾橙黄色，前翅前缘中央及Cu_2脉中部各有一发光的蓝绿色点。

成虫见于8月上旬～9月上旬。

寄主：幼虫取食松针、苹果叶、地衣。

分布：小五台山东台海拔850m、西台海拔1300m；保定、唐山、承德、张家口；辽宁、吉林、黑龙江、内蒙古、陕西、云南；日本、朝鲜、俄罗斯以及欧洲。

23.581 草雪苔蛾

Chionaema pratti (Elwes)

翅展：雌30～36mm，雄25～33mm。雌蛾前翅白色，红色基线从前缘至中室下方；内线红色，从前缘下方向外弯，至中室下方向内弯；中室端部1个黑点，横脉纹上斜置2个黑点；外线红色波状；端线红色不达前缘和臀角，有时不清晰；后翅红色，缘毛白色。雄蛾前翅中室横脉纹1个黑点，前翅反面叶突分3叉。

成虫见于7月上旬。

分布：小五台山；承德、张家口、保定；山西、陕西、山东、江苏、浙江、江西、湖南、湖北、广西、四川。

23.578 泥苔蛾（1980年7月14日，西台）

23.579b 头橙华苔蛾（2007年7月27日，西台1200m）

23.580a 四点苔蛾(♂)

23.579a 头橙华苔蛾

23.579c 头橙华苔蛾

23.580b 四点苔蛾(♀；2007年7月27日，西台1300m)

23.582 米艳苔蛾

Asura megala Hampson

翅展：雌28～40mm，雄26～32mm。赭黄至赭色，前翅前缘区颜色较深。前翅前缘基部黑边，翅基部和中室端各有1个黑点，亚端线1列黑点，M_2脉上的黑点距端部远，M_3脉下方的点列斜置。

成虫见于7月中旬。

分布：小五台山西台海拔1500m；承德、张家口、石家庄；北京。

23.583 血红雪苔蛾

Chionaema sanguinea (Motschulsky)

翅展24～34mm。雄蛾前翅底色白色；前翅翅亚基线短，红色；前缘基部有一红带与红色内线相接；内线从前缘斜向中脉，在中室与一短红带相接，然后垂直；中室上、下角各有1个黑点；外线红色，从前缘斜向M_1脉，然后直向臀角；端线红色，在翅顶成弧形，在前缘下方与外线相接。后翅红色，基部白色，缘毛黄色。前翅反面暗褐，具红边。雌蛾前翅中室无红带，端线在翅顶下呈弧形。

成虫见于8月初。

分布：小五台山；张家口；北京、山西、陕西、四川、云南、台湾；日本。

23.584 猩红雪苔蛾

Chionaema coccinea (Moore)

又名：猩红苔蛾。

翅展：雌27～41mm，雄21～31mm。雌蛾前翅白色，亚基线红带，在前缘与内线相接；内线红色，其内边黑色，中室端有1个黑点，横脉纹上有1个黑点；外线红色，其外边黑色；端线红色。雄蛾前翅深红色，基部黄或白色，内线黑色，其内方为白或黄片，中室端有一白色或黄色圆片，其内具3个黑点；外线黑色，不达前缘；叶突很小。前、后翅缘毛黄色。

成虫见于7月中旬。

分布：小五台山；张家口；广东、云南；印度、缅甸。

23.585 蛛雪苔蛾

Chionaema ariadne (Elwes)

翅展：雌34～45mm，雄29～40mm。体翅白色。前翅亚基线红色，在中脉下方折角，向后缘尖细；内线红色，从前缘至中室下方向内折角，然后再向外弯；中室末端有1个黑点，横脉纹上2个黑点；外线红色，向前缘尖细且向内弯，在Cu_1脉下方向内弯，然后向后缘外弯；端线在前缘下方向内弯，不达翅顶及臀角。后翅端区淡红色。雄蛾前翅反面中室端及叶突黑色，叶突单一且小。

成虫见于7月下旬～8月上旬。

分布：小五台山；张家口；江苏、浙江、江西、湖北、四川。

23.586 优雪苔蛾

Chionaema hamata (Walker)

翅展约27～35mm，雄稍小。雄蛾白色，前翅亚基线红色、向前缘扩展，内线向外折角至中室末端的红点，横脉纹2个黑点，前缘毛缨上有1个红点，外线红色斜线，端线红色；后翅红色，缘毛白色。雌蛾前翅内线在中室向外弯，横脉纹1个黑点。

成虫见于7月下旬～8月初。

寄主：玉米、棉、豆类、柑橘等。

分布：小五台山东台杨家坪海拔880m；张家口；江苏、浙江、江西、福建、湖南、广东、广西、四川、台湾；日本、朝鲜。

23.581a 草雪苔蛾(♀；1981年4月7日，西台)

23.583a 血红雪苔蛾

23.581b 草雪苔蛾(♂)

23.583b 血红雪苔蛾（1981年8月2日，西台）

23.585 蛛雪苔蛾（♀）

23.582 米艳苔蛾

23.584 猩红雪苔蛾(♀)

23.586 优雪苔蛾

23.587 云彩苔蛾

Nudina altaxidia (Butler)

翅展约28mm。雄蛾触角双栉状。前翅黄色，中室中部一暗褐点，外带暗褐色宽带，从前缘下方开始，其上边分叉，其内边在后缘中部前方延长，其外边波浪形；后翅色较淡，具有模糊的暗褐色亚端带。

成虫见于7月下旬。

分布：小五台山；张家口；黑龙江、吉林、山西、广东、云南；日本。

23.588 黄边美苔蛾

Miltochrista pallida (Bremer)

翅展24mm左右。前翅白色，前缘及外缘具黄色宽带，前缘基部黑边，亚基点黑色，中室端黑点，亚端线为1列黑点。后翅淡黄色。

成虫见于7月下旬。

分布：小五台山；张家口；北京、黑龙江、安徽、浙江、江西、四川；日本、朝鲜。

23.589 玫美苔蛾

Miltochrista rosacea (Bremer)

分布：小五台山；张家口。

23.590 优美苔蛾

Miltochrista striata Bremer et Grey

翅展：雌37～52mm，雄28～45mm。头、胸黄色，颈板及翅基片黄色红边。前翅底色黄或红色，雌蛾黄色，雄蛾红色占优势。后翅底色雌蛾黄或红色，雄蛾淡红色。前翅有内、外2个黑点，内线和中线由黑灰色点组成，外线黑灰色，较粗，在中室上角外方分叉至顶角。前、后翅缘毛黄色。

成虫见于7月初。

寄主：地衣、大豆等。

分布：小五台山；张家口、唐山、承德、邯郸、石家庄；江苏、浙江、江苏、江西、福建、湖南、广东、陕西、四川；日本。

23.591 美苔蛾

Miltochrista miniata (Forster)

翅展22～30mm。头、胸黄色，雄蛾腹端部及腹面染黑色。前翅黄色，基部有黑点，前缘基部黑边；前缘区红色，与红色端线相接；内线黑色，在中室及中室下方折角，向后缘渐退化，或常完全退化；中室端1个黑点；外线黑色，齿状，从前缘下方斜向2A脉。后翅淡黄色，端区染红色。

成虫见于7月中下旬。

寄主：伞形花科的一些植物。

分布：小五台山；张家口、承德；辽宁、黑龙江、内蒙古、山西、四川；朝鲜、日本、俄罗斯以及欧洲。

23.592 硃美苔蛾

Miltochrista pulchra Butler

翅展23～36mm。红色。前翅翅脉上为黄色；翅基部有内外2个黑点；内线、中线底色黄，其上有1列黑点，中线较直；前缘基部黑色；外线由黑点组成，黑点向外延伸成黑带。后翅色稍淡。前、后翅缘毛黄色。

成虫见于7月中旬。

寄主：幼虫取食茶树等。

分布：小五台山；邯郸、石家庄、张家口、承德；辽宁、黑龙江、吉林、北京、山东、浙江、福建、四川、云南；朝鲜、日本。

23.593 异美苔蛾

Miltochrista aberrans Butler

翅展24mm左右。头胸橙黄色。腹部暗褐色，基部灰色。前翅橙红色，基点黑色，亚基点2个，斜置于中室下方；前缘基部至内线处黑边，内线在中室折角；中线在中室向内折角与内线相遇，然后向外弯；中线有时缺如；中室端一黑点；外线起点与中线起点靠近，成不规则齿状；亚端线1列黑点，缘毛黄或黑色。后翅淡橙红色。

成虫见于6月下旬～7月中旬。

分布：小五台山；张家口；黑龙江、江苏、浙江、江西、福建、湖南、广东、四川；日本。

23.591a 美苔蛾

23.587 云彩苔蛾

23.590a 优美苔蛾（♀；1980年7月2日，西台）

23.591b 美苔蛾（1980年7月29日，北台）

23.588 黄边美苔蛾

23.590b 优美苔蛾（♂）

23.592 硃美苔蛾

23.594 橙痣苔蛾

Stigmatophora acerba (Leech)

翅展32～36mm。头胸橙色染红色，腹部橙色。前翅橙色染红色，前缘基部具黑边；内线为5个不甚明显的暗褐色点并在中脉后稍折角；中线为3个暗褐点；中室外的翅脉稍带暗褐，其外方的翅脉间具1列暗褐点；后翅橙色稍染红色。

成虫见于6月。

分布：小五台山；张家口；广西、四川。

23.595 黄痣苔蛾

Stigmatophora flava (Motschulsky)

翅展26～34mm。黄色，头、颈板、翅基片色稍深。前翅前缘区橙黄色，前缘基部黑边，翅基部有1个黑点，内线处斜置3个黑点，外线处6～7个黑点，亚端线的黑点数目或多或少。前翅反面中央或多或少散布暗褐色，或无暗褐色。

成虫见于6月下旬～7月中旬。

寄主：桑、玉米、高粱、牛毛毡。

分布：小五台山；唐山、承德、张家口；吉林、辽宁、黑龙江、山西、山东、陕西、新疆、江苏、浙江、福建、江西、湖北、湖南、广东、四川、贵州、云南；日本、朝鲜。

23.593a 异美苔蛾

23.593b 异美苔蛾

23.594 橙痣苔蛾

23.596 玫痣苔蛾

Stigmatophora rhodophila (Walker)

翅展22～28mm。黄色，染红色。前翅基部在前缘和中脉上具黑点；前翅基部内线前方5个暗褐色短带；内线斜线在前缘下方折角，不达后缘；中线稍呈波浪形，中室末端具暗褐纹；外线为1列暗褐带位于翅脉间，在前缘下方向外弯，在M_3脉下方向内弯。前翅前缘和端区色较深。

成虫见于7月上旬。

寄主：牛毛毡。

分布：小五台山；张家口、石家庄、唐山、承德；黑龙江、北京、山西、山东、江苏、浙江、湖南、广西、四川、陕西；日本、朝鲜。

23.595 黄痣苔蛾

23.596 玫痣苔蛾

23.597a 明痣苔蛾（背面观；2007年7月8日，西台1200m）

23.597 明痣苔蛾

Stigmatophora micans (Bremer)

翅展32～42mm。白色，头、颈板、腹部染橙黄色。前翅前缘和端线区橙黄，前缘基部黑边，翅基部1个黑点，内线斜置3个黑点，外线和亚端线各1列黑点。后翅端线区橙黄色，亚端线由几个黑点组成。前翅反面中央散布黑色。

成虫见于7月中旬。

分布：小五台山；保定、张家口、石家庄、承德、唐山；黑龙江、辽宁、河南、山西、陕西、江苏、甘肃、四川；朝鲜。

23.597b 明痣苔蛾（侧面观；2007年7月8日，西台1200m）

23.597c 明痣苔蛾

23.597d 明痣苔蛾

23.597e 明痣苔蛾（示腹面观；2007年7月14日，西台1380m）

23.597f 明痣苔蛾（2007年7月12日，西台1380m）

23.598 痣苔蛾

Stigmatophora sp.

翅展30mm左右。颜色和形状似黄痣苔蛾*S. flava*和明痣苔蛾*S. micans*，但前翅端线明显为黑色带，且在顶角下方断裂，在顶角形成1个黑点；前翅前缘从基部至顶角有黑色边。

成虫见于8月上旬。

分布：小五台山；张家口。

23.599 黄灰佳苔蛾

Hypeugoa flavogrisea Leech

翅展34～52mm。头、胸部灰色，杂有暗黑色鳞片。触角褐色。前翅灰色，散布暗褐色点；中带暗黑色很宽，向后缘变窄，其内边在前缘下方和中室向外折角，其外边呈微齿状；亚端线为不规则齿状。后翅黄色，散布暗褐鳞片。腹部黄色。

成虫见于7月中旬。

分布：小五台山；张家口、承德、保定；山西、陕西、甘肃、江苏、浙江、江西、四川。

23.600 亚麻篱灯蛾

Phragmatobia fuliginosa (Linnaeus)

翅展30～40mm。触角干白色。头、胸暗红褐色。前翅红褐色，中室端有2个黑点，亚端带黑色，有时断裂成点状，缘毛红色。腹部背面红色，背面及侧面各有1列黑点，腹面褐色。小五台山区分布有本种的东北亚种*Ph. f. amurensis*。

成虫见于6月下旬。

寄主：蒲公英、酸模、亚麻。

分布：小五台山西台、南台、北台海拔1100～1450m；石家庄、保定、唐山、承德、张家口；吉林、黑龙江、辽宁、内蒙古、新疆、青海、甘肃；日本、加拿大、美国以及西亚和欧洲。

23.601 砌石篱灯蛾

Phragmatobia flavia (Fuessly)

又名：砌石灯蛾。

雌蛾翅展65～72mm。头、胸黑色，颈板前方具黄带，翅基片外侧前方具黄色三角斑。前翅黑色，内线黄白色，在中室处有一黄白带与翅基部相连；内线至外线间的前缘黄白色边；后缘在内线至臀角黄白色边；外线黄白色，在M$_3$脉处折角；亚端线黄白色，斜向外缘M$_2$脉上方折角，再向内于Cu$_1$脉上方与外线相接，然后外斜至臀角；缘毛黄白色。后翅黄色，横脉纹黑色；亚端线为一黑色宽带，其中间断裂。腹部黄色，背面基部、端部黑色，中央具黑色纵带，腹面黑色。

成虫见于6月下旬。

幼虫取食　子属植物。

分布：小五台山；承德、张家口；内蒙古、新疆；蒙古、俄罗斯以及欧洲。

23.602 雅灯蛾

Eucharia festiva (Hüfnagel)

翅展44～64mm。触角黑色，触角干具粗鳞片脊。头胸蓝黑色，颈板边缘红色。前翅蓝黑色，基线、内线、中线、外线及亚端线为白色或黄白色带，外线与亚端线之间在M$_3$与Cu$_1$处有一短带相连。后翅红色，中线、亚端线黑色带，亚端带中间断裂，横脉纹黑色。前后翅缘毛黑色。腹部蓝黑色，有的个体除中央具黑点及端部黑色外，为红色宽带，有的腹部全黑，仅侧面有红点。

成虫见于8月初。

寄主：大戟等。

分布：小五台山；张家口；新疆；叙利亚、俄罗斯以及欧洲。

23.598 痣苔蛾（1980年8月5日，西台）

23.599 黄灰佳苔蛾

23.600a 亚麻篱灯蛾

23.600b 亚麻篱灯蛾

23.600c 亚麻篱灯蛾

23.601a 砌石篱灯蛾

23.601b 砌石篱灯蛾

23.601c 砌石篱灯蛾

23.602a 雅灯蛾(♂；1980年8月2日，北台)

23.602b 雅灯蛾(♀)

23.603 污灯蛾

Spilarctia lutea Hüfnagel

翅展30～40mm。黄色。额两边黑色。下唇须上方黑色,下边红色。前翅内线在前缘处有1个黑点，在2A脉上方有1个黑点；中室上角有1个黑点；翅顶至M_2脉上方有时有一斜列黑点；2A脉上、下方各有1个黑点，位于臀角前、斜列黑点的下方；反面横脉纹黑色。M_2脉至Cu_2脉有一斜列黑点。后翅色稍淡，中室端一黑点，臀角上方有时有黑点。腹部背面黄或红色。

成虫见于7月中旬。

寄主：车前属、薄荷属、酸模属等植物。

分布：小五台山；张家口、承德、保定；陕西、辽宁、吉林、黑龙江；日本、朝鲜、俄罗斯以及欧洲。

23.604 姬白污灯蛾

Spilarctia rhodophila (Walker)

又名：姬白灯蛾。

翅展：雌40～50mm，雄30～42mm。白色。触角及额的两边黑色。下唇须黑色，基部红色。颈板侧面有红斑。前翅中室上角有一黑点，前缘边常为赭色，内线赭褐色点在中室有时存在，外线一斜列暗褐色点从M_3脉至后缘，有时与翅顶的点线相连，亚端线暗褐色，从M_2脉至Cu_1脉通常存在。后翅中室端点暗褐色，亚端线暗褐点位于M_2脉上方及臀角上方。腹部除基部及端部外背面红色，背面、侧面、亚侧面各有1列黑点。

成虫见于7月下旬。

23.603a 污灯蛾

23.603b 污灯蛾（1980年7月18日，西台）

幼虫取食桑、李。

分布：小五台山西台海拔1100～1300m；张家口、承德；辽宁、吉林、黑龙江、四川、湖北、台湾、云南、浙江、福建、湖南；日本、印度、缅甸。

23.605 桑斑污灯蛾

Spilarctia imparilis Butler

分布：小五台山；张家口。

23.606 净污灯蛾

Spilarctia alba (Bremer et Grey)

翅展40mm左右。

成虫见于5月下旬。

分布：小五台山;张家口。

23.607 淡黄污灯蛾

Spilarctia jankowskii (Oberthüer)

又名：污白灯蛾。

翅展35～48mm。淡橙黄色。触角下唇须上方及额的两边黑色。前翅淡橙黄色，中室上角具1个暗褐点，M_2脉至2A脉具一斜列暗褐色点带。后翅白色稍染黄色，中翅端点暗褐；亚端点暗褐色，或多或少存在。腹部背面红色，基节、端节和腹面白色，背面、侧面具黑点列。小五台山区有本种的近亲亚种*S. j. soror*分布。

成虫见于5月中下旬。

寄主：榛、珍珠梅等。

分布：小五台山西台海拔1100～1310m；承德、张家口；辽宁、黑龙江、陕西、山西、江苏、浙江。

23.604 姬白污灯蛾（2007年7月27日，西台1280m）

23.607a 淡黄污灯蛾

23.608 日污灯蛾

Spilarctia japonensis (Rothschild)

翅展雄蛾约35mm。体翅白色稍带黄。下唇须上方及触角黑色，下唇须下方及颈板侧面红色。腹部面背面除基部及端部外红色。前翅中室中部具有1个位于径脉上的黑斑，中室上角1个黑点，中室下角外方M_2脉至2A脉为一斜列黑褐点线，有时其内边、后缘上方还有1短点，翅顶至M_2脉有时也或多或少有数个黑褐点。后翅中室上角具黑褐点，亚端点黑褐色，或多或少。

成虫见于7月中旬。

分布：小五台山；张家口；黑龙江、辽宁、吉林。

23.607b 淡黄污灯蛾

23.607c 淡黄污灯蛾

23.607d 淡黄污灯蛾（2007年5月20日，小五台山西台1180m）

23.608 日污灯蛾

23.609 尘污灯蛾

Spilarctia obliqua (Walker)

又名：尘白灯蛾、人纹灯蛾。

翅展：雌50～66mm，雄40～58mm。体翅淡黄色。下唇须上方和端部黑色，下方基部红色。额的两边通常黑色。触角黑色。胸背有时具一黑带。腹部背面除基部与端部外红色，背面、侧面具有黑色点列。前翅翅顶至后缘有1列黑点，黑点或多或少，中室下角有时具有黑点，M_2、M_3及Cu_1脉处有时具黑色亚端点，黑点或多或少。后翅色稍淡，后缘常染红色，横脉纹黑色，臀角上方常具黑点。前翅反面中区常有红色，中室端有1个黑点，外缘黑点或多或少。

成虫见于8月上旬。

寄主：萝卜、桑、棉、花生等，杂食性。

分布：小五台山；张家口；江苏、浙江、福建、广东、广西、陕西、四川、云南；日本、朝鲜、印度、尼泊尔、缅甸、不丹。

23.610 仿污白灯蛾

Spilarctia lubricipeda (Linnaeus)

分布：小五台山；张家口。

23.611 人纹污灯蛾

Spilarctia subcarnea (Walker)

又名：红腹白灯蛾、人字纹灯蛾。

翅展：雄40～46mm，雌42～52mm。雄蛾头、胸黄白色，下唇须红色、顶端黑色，触角锯齿状、黑色，腹部背面除基节与端节外红色，腹面黄白色，背面、侧面具有黑点列；前翅黄白色，染红色，通常在2A脉上方具一黑色内线点，中室上角通常具有一黑点，从Cu_1脉至后缘有一斜列黑色外线点、有时减少至一黑点、位于2A脉上方，翅顶3个黑点有时存在；后翅红色、缘毛白色，或后翅白色、后缘染红色或无红色。前翅反面或多或少染红色，后翅反面中室端黑点。雌蛾黄白色，无红色。

成虫见于6月下旬。

寄主：幼虫杂食性，取食桑、十字花科蔬菜、豆类等。

分布：小五台山；张家口、石家庄、保定、承德；吉林、山西、内蒙古、北京、山东、江苏、湖北、安徽、广东、台湾、云南；日本、朝鲜、菲律宾。

23.612 黄臀黑污灯蛾

Spilarctia caesarea (Goeze)

又名：黑灯蛾。

翅展36～40mm。头、胸及腹部第1节和腹面黑褐色，腹部其余各节橙黄色，背面和侧面具有黑点列。翅黑褐色，后翅臀角处有橙黄色斑。

幼虫取食柳、蒲公英、车前、珍珠菜。

成虫见于4月下旬。

分布：小五台山西台海拔1100～1400m；邯郸、石家庄、保定、唐山、承德、张家口；黑龙江、辽宁、内蒙古、山西、山东、陕西、江苏、江西、湖南、四川；土耳其、俄罗斯、日本以及欧洲。

23.613 奇特污灯蛾

Spilarctia imparilis (Butler)

分布：小五台山；张家口。

23.614 漆黑污灯蛾

Spilarctia infernalis (Butler)

雄翅展35～41mm。雄蛾头黑色；头、颈板、翅基片基部红色或橙色，下胸及胸足基节红色；腹部红色，背面、侧面及亚侧面具黑点列；前、后翅完全为黑色。雌蛾赭白色。

成虫见于5月上旬。

幼虫取食桑、桃、梨、樱桃、苹果、柳等。

分布：小五台山；张家口；辽宁、陕西、江西；日本。

23.612c 黄臀黑污灯蛾

23.612d 黄臀黑污灯蛾

23.609 尘污灯蛾

23.612a 黄臀黑污灯蛾

23.614a 漆黑污灯蛾(♂)

23.611 人纹污灯蛾（1980年6月28日，西台1380m）

23.612b 黄臀黑污灯蛾（2007年4月30日，西台1300m）

23.614b 漆黑污灯蛾（♀；1980年5月2日，西台）

23.615 黄星雪灯蛾

Spilosoma lubricipedum (Linnaeus)

分布：小五台山；张家口。

23.616 红星雪灯蛾

Spilosoma punctarium (Stoll)

分布：小五台山；张家口。

23.617 稀点雪灯蛾

Spilosoma urticae (Esper)

又名：稀雪白灯蛾。

翅展约42mm。白色。下唇须下方白色，上方黑色。触角端部黑色。足具黑带，腿节上方黄色。腹部背面除基节、端节外橙黄色，背面、侧面、亚侧面各具黑点列。前翅白色，或中室角具黑点，或内、外线及亚端线具有或多或少的黑点。后翅无斑纹。

成虫见于7月中下旬。

寄主：酸模属、薄荷属植物。

分布：小五台山；张家口；黑龙江、江苏、浙江；欧洲。

23.618 净雪灯蛾

Spilosoma album (Bremer et Grey)

翅展：雌62～77mm，雄48～52mm。白色。触角、下唇须端部及额两边黑色。肩角具黑点。肩角及翅基部下方具红带。前足基节红色具黑点，腿节上方红色。前翅基部具黑点，前缘基半部黑边，中室下角外方具黑点，M_2脉上方具一黑色短纹。后翅中室端点黑色，有时在M_2脉上方及臀角上方具黑色亚端点。腹部背面红色，中间几节的背面、侧面、亚侧面具黑点。

成虫见于6月下旬。

分布：小五台山；张家口、承德、唐山、保定；陕西、浙江、江西、福建、湖北、湖南、四川；朝鲜。

23.619 车前灯蛾

Parasemia plantaginis (Linnaeus)

翅展33～46mm。雄蛾触角黑色，基节黄色。头、胸黑色，下唇须橙色。颈板边缘黄色，翅基片具黄色边缘。前翅黑色，前缘基半部橙色，中室下方具一不规则黄色纵带，外线为一斜的黄白带，前缘顶端有一黄白色短带，有时与外线相连。后翅黄白色，有不规则的黑纹。腹部橙色，背面具黑色宽纵带，侧面、亚侧面及腹面具黑点列。雌蛾形态基本同雄蛾，只前翅斑纹橙色，后翅黑色，斑纹橙色。

成虫见于7月中旬。

幼虫取食落叶松、车前等。

分布：小五台山；张家口；辽宁、黑龙江、吉林、内蒙古、山西、青海、新疆、四川；日本、俄罗斯、美国、加拿大以及欧洲。

23.620 花布丽灯蛾

Camptoloma interiorata Walker

又名：花布灯蛾。

翅展30～38mm。触角黑色。头金黄色，胸黄色。前翅黄色，有光泽，前缘基部至亚中褶中部一黑色斜纹，前缘内线处至臀角上方一黑色横斜纹，中室端一黑短纹，前缘中部外方至Cu_1脉中部一黑色斜纹，翅顶前至Cu_1脉端部一黑色横纹，外缘上半部一黑纹，外缘下半部及臀角向内有几条放射状红斑纹，外缘下半部的缘毛上3个黑点。后翅金黄色。翅反面金黄色。腹部金黄色，腹末红色。

成虫见于6月下旬。

幼虫群集取食麻栎、槲、柳等。

分布：小五台山；张家口；辽宁、河南、山东、江苏、浙江、福建、湖南、四川、云南；日本。

23.617 稀点雪灯蛾

23.619a 车前灯蛾(♀；1980年7月13日，北台)

23.618 净雪灯蛾(1980年6月22日，西台)

23.619b 车前灯蛾(♂)

23.620 花布丽灯蛾（1980年6月29日，中台）

23.621 红缘灯蛾

Amsacta lactinea (Cramer)

又名：红袖灯蛾、红边灯蛾。

翅展：雌52~64mm，雄46~56mm。触角黑色。翅白色。下唇须红色，顶端黑色。头顶、颈板后缘及肩角带红色。翅基片通常具黑点。前翅前缘区红色，中室上角通常有黑点。后翅中室有黑斑，亚端线黑点或多或少或无。腹部背面具黑带，除基节及肛上簇外为橙黄色，侧面具黑色纵带，亚侧面具黑点，腹面白色。

成虫见于7月下旬。

幼虫取食桑、柿、紫穗槐、玉米、大豆、谷子、棉花、芝麻、高粱、向日葵、绿豆等。

分布：小五台山西台海拔1100~1400m；张家口、承德、唐山、保定、邢台、石家庄、衡水；辽宁、内蒙古、山西、陕西、河南、湖南、四川、云南、江苏、山东、福建、广东；缅甸、斯里兰卡、尼泊尔、日本、朝鲜。

23.621a 红缘灯蛾（2007年7月27日，西台1380m）

23.621b 红缘灯蛾

23.621c 红缘灯蛾

23.5621d 红缘灯蛾

23.622 肖浑黄灯蛾

Rhyparioides amurensis (Bremer)

翅展：雌50~60mm，雄43~56mm。雄蛾深黄色。触角暗褐色，额黑色。下唇须上方黑色，下方红色。前翅前缘具黑边，中线黑点在前缘及后缘处各有2~3个，中室下角具一黑点，有时在中室上角及下角外方有黑点，有时有外线黑点位于后缘上方及M_2和Cu_2脉上。后翅红色，中室中部下方一黑点，有时在2A脉上方一黑点，中室端新月形黑纹，亚端点黑色，缘毛黄色。前翅反面红色，中室内具黑点，中带在中室下方折角，横脉纹黑色，外线3~4个黑斑。腹部红黄色，背面及侧面具黑点列。雌蛾前翅黄褐色；黑点消失，由暗褐色所代替，翅中央有1块暗褐色斑，暗褐色的深浅有差异。后翅具有黑色中带，斑纹比雄蛾的大。

成虫见于7月中下旬。

幼虫取食栎、柳、榆、蒲公英等。

分布：小五台山西台海拔1100~1400m；保定、唐山、承德、张家口；辽宁、吉林、黑龙江、陕西、浙江、福建、江西、湖南、湖北、广西、四川；日本、朝鲜。

23.621e 红缘灯蛾

23.622a 肖浑黄灯蛾（♂；2007年7月20日，西台1350m）

23.622b 肖浑黄灯蛾（♀）

23.623 点浑黄灯蛾

Rhyparioides metelkana (Lederer)

翅展38mm左右。雌蛾黄褐色，前翅翅脉为红色，中室端黑点通常消失，由一红线代替。雄蛾黄色；下唇须和额棕色，下唇须下方红色，触角黄白色；腹部红色，背面及侧面具黑列点；前翅基部具一个黑点，有时具有内线黑点位于2A脉上方，中室中央一黑点，中室下角有暗红褐色，外线、中线有时具褐色点列，中脉中部及末端具一红褐色带，亚端点暗褐色、或多或少，喙毛淡红色；后翅红色，横脉纹黑色新月形，亚端线黑斑或多或少；前翅反面红色，中室中央及中室端各具一黑斑。

成虫见于7月中下旬。

寄主：薄荷、蒲公英、蓼。

分布：小五台山；张家口；内蒙古、辽宁、黑龙江；日本、朝鲜、匈牙利。

23.622c 肖浑黄灯蛾（♀；1980年7月30日，西台1400m）

23.622d 肖浑黄灯蛾（♂）

23.622e 肖浑黄灯蛾（♂）

23.622f 肖浑黄灯蛾（♂）

23.624 排点灯蛾

Diacrisia sannio (Linnaeus)

又名：排点黄灯蛾。

翅展37～43mm。雄蛾黄色；头暗褐色，触角干上方红色，腹部浅黄色、染暗褐色；前翅前缘暗褐色，向翅顶红色，后缘具红带，中室端具红和暗褐斑，缘毛红色；后翅浅黄色，基部通常染暗褐色，横脉纹暗褐色，亚端点为一排成弧形的暗褐色斑点，缘毛红色；前翅反面基半部染暗褐色，外带暗褐色。雌蛾橙褐黄色；下唇须、额、触角红色，翅脉红色，前翅中室端有或多或少的暗褐色斑，后翅基半部染黑色，中室端具黑斑，亚端线为1列黑斑，腹部背面和侧面1列黑点。

成虫见于7月上中旬。

幼虫取食欧石南属、山柳菊属、山萝卜属等植物。

分布：小五台山；保定、承德、张家口；辽宁、吉林、黑龙江、内蒙古、山西、甘肃、新疆、四川；日本、朝鲜、俄罗斯以及欧洲。

23.625 黑纹黄灯蛾

Rhyparia leopardina (Ménétriès)

雄蛾翅展38～44mm。触角黑褐或褐色。头、胸褐黄色，下唇须黑褐色或褐色。前翅黄色，翅基2A脉上方有一黑色短带、但有时缺乏，中室中部及Cu_2脉基部下方有一较长的黑带，中室上角一黑点，下角2黑点，M_2脉中部具一黑色短带，Cu_1至Cu_2脉下方间具黑点带。后翅底色黄，染红色，中脉具黑带、在Cu_2脉处分叉，2A脉基半部具一黑带，横脉纹黑色，亚端点黑色，位于M_2、Cu_2及2A脉上，缘毛黄色。腹部黄色，背面和侧面具黑点列。

成虫见于7月上旬。

幼虫取食小麦。

分布：小五台山；张家口；黑龙江、辽宁、吉林、新疆；日本、朝鲜、法国、瑞士、德国、意大利、希腊。

23.626 白雪灯蛾

Spilosoma niveus (Ménétriès)

又名：白灯蛾。

翅展：雄55～70mm，雌70～80mm。白色；下唇须基部红色，第三节红色，触角分支黑色，前足基节及前、中、后足腿节上方红色；腹部除基部及端部外，侧面有红斑，背面与侧面具1列黑点。

成虫见于6月下旬。

寄主：高粱、大豆、麦、黍、车前、蒲公英等。

分布：小五台山；张家口、承德、唐山、保定、邢台、邯郸；辽宁、吉林、黑龙江、内蒙古、陕西、河南、山东、浙江、福建、湖北、湖南、广西、四川；日本、朝鲜。

23.627 洁雪灯蛾

Spilosoma pura Leech

翅展50～60mm。白色。下唇须两边黑色，触角分支下方黑色，胸足具黑带，前足基节边缘红色，腿节上方橙色，腹部亚背面具橙红色斑，背面具有1列黑色小圆点、或三角形点或短带，侧面和亚侧面具有黑点列。后翅横脉纹黑色。前、后翅反面翅脉黑色，横脉纹黑色。

成虫见于6月下旬。

分布：小五台山；张家口；陕西、四川、贵州、云南。

23.625 黑纹黄灯蛾

23.622g 肖浑黄灯蛾(♂；2007年7月20日，西台1300m)

23.624b 排点灯蛾(♂)

23.626 白雪灯蛾（1980年6月28日，北台）

23.623 点浑黄灯蛾

23.624c 排点灯蛾(♂)

23.627a 洁雪灯蛾（1980年6月27日，北台）

23.624a 排点灯蛾(♀；1980年7月20日，西台)

23.624d 排点灯蛾(♀)

23.627b 洁雪灯蛾（1980年6月21日，北台）

23.628 星白雪灯蛾

Spilosoma menthastri (Esper)

又名：星白灯蛾。

翅展33～46mm。白色。下唇须、触角暗褐色。前翅或多或少散布黑点，黑点数目几乎每个标本都不一致。后翅中室端点黑色，亚端点黑色或多或少。腹部背面红色（胸足腿节上方红色）或黄色（胸足腿节上方黄色）。腹部背面、侧面和亚侧面具黑点列。胸足具黑带。

成虫见于4月下旬～5月中旬。

幼虫取食桑、甜菜等。

分布：小五台山西台海拔1180～1350m；张家口、邯郸、邢台、保定、唐山、承德、衡水；辽宁、吉林、黑龙江、内蒙古、陕西、江苏、浙江、安徽、江西、福建、湖北、四川、贵州、云南；日本、朝鲜以及欧洲。

23.629 斑灯蛾

Pericallia matronula (Linnaeus)

翅展74～92mm。头部黑褐色，有红斑。下唇须下方红色，上方与顶端黑色。触角基节红色，其余黑色。胸部红色，具黑褐色宽纵带。颈板及翅基片黑褐色，外缘黄色。前翅暗褐色，中室基部有一黄斑，前缘区具3～4个黄斑，Cu_2脉上有时具黄色外线斑。后翅橙色，横脉纹黑色新月形，中室下方有不规则的黑色中线斑，中室外1列中间断裂的黑斑。腹部红色，背面和侧面各有1列黑点，亚腹面具1列黑斑。

成虫见于7月上旬。

23.628d 星白雪灯蛾，红腹型

幼虫取食柳、忍冬、车前、蒲公英等。

分布：小五台山；张家口、保定、承德；辽宁、吉林、黑龙江；日本、俄罗斯以及欧洲。

23.630 豹灯蛾

Arctia caja (Linnaeus)

翅展58～86mm。此种颜色与花纹变异很大。头、胸红褐或黑褐色。触角基节红色或红褐色，触角干白色，分支黄褐色。颈板前缘白色，后缘红色。腹部红色或橙黄色，背面除基部和端部外具黑带；腹面黑褐色。前翅黑褐或红褐色，基线白带在中脉处折角，与基部不规则白纹相连；前缘在内线与中线处有白斑，有时缺；外线白带在中室下角外方折角，然后斜向后缘；基带与外带在2A脉上方有一白带相连；亚端线白色，从顶角前斜向外缘，在M_2脉上方折角斜向外线，与外线相连，在斜向外缘。后翅红色或橙黄色，翅中央近基部有一蓝黑色大圆斑，亚端线为3个蓝黑色大圆

23.628a 星白雪灯蛾，示黄腹型（2007年4月26日，西台1250m）

23.628e 星白雪灯蛾，红腹型

23.629b 斑灯蛾

23.628b 星白雪灯蛾，黄腹型

23.628f 星白雪灯蛾，红腹型

23.629c 斑灯蛾

23.628c 星白雪灯蛾，示红腹型（2007年5月5日，西台1250m）

23.629a 斑灯蛾

23.629d 斑灯蛾

斑。腹部红色或橙黄色，背面除基部和端部外具黑带，腹面黑褐色。

成虫见于7月下旬。

幼虫取食桑、接骨木、醋栗、甘蓝、菊、蚕豆、大麻等。

分布：小五台山西台海拔1200～1450m；张家口、邯郸、保定、唐山、承德；辽宁、吉林、黑龙江、内蒙古、河南、新疆；日本、朝鲜、美国以及欧洲。

23.631 丽小灯蛾

Micrarctiakindermanni (Staudinger)

翅展32～36mm。头、胸、触角粉白色，颈板具黑斑，翅基片与胸部具黑带，腹部红色、背面与侧面具黑点、腹面淡褐色；前翅暗褐黑色，各带粉白色，分别位于前缘基部、中脉下方、后缘基部至内带，内带在亚中褶处折角，中室下方的带有时连续至端部，从前缘至亚中褶有中带，外带在M_3处折角、然后内斜至后缘，亚端带在前缘下方向内折角、然后向外至M_2脉上方端区、再向M_3脉处与外带相接、向外至端区Cu_2脉处，缘毛白色；后翅红色，横脉纹黑色，亚端带黑斑不连接，缘毛白色、中央有时具黑点。

成虫见于7月中下旬。

分布：小五台山西台海拔1400m；张家口、保定、承德；黑龙江、辽宁、内蒙古、宁夏、新疆；蒙古、俄罗斯。

23.630a 豹灯蛾

23.630d 豹灯蛾，2007年7月27日采于西台（1350m）

23.630b 豹灯蛾

23.630c 豹灯蛾

23.631 丽小灯蛾（2007年7月25日，西台1400m）

附：未定种

（2007年6月29日，西台1500m）

（2007年7月20日，西台1400m）

（2009年6月8日，东台1100m）

（2010 年 8 月 28 日，北台 1220m）

（2009 年 8 月 20 日，北台 1320m）

（2008 年 7 月 1 日，北台 1400m）

（2008年7月2日，中台）

（2009 年 8 月 15 日，北台 1350m）

鹿蛾科 Amatidae

小至中型种类。喙发达，有时退化。下唇须短而平伸，长而向下弯或向上翻。头小，额圆。触角丝状或双栉状。足胫节距短。腹部常具斑点或带。翅面常缺鳞片，形成透明窗状。前翅矛形，颇窄，翅顶稍圆，中室为翅长的一半多，3A与2A脉在翅基部成叉形相接，R_3、R_4、R_5脉共柄，M_2从横脉纹中部下方伸出。后翅显著小于前翅，3A脉常缺，R_4脉缺。成虫昼出性，停息时翅张开，飞翔力弱。

23.632 广鹿蛾

Amata emma (Butler)

翅展24～36mm。头、胸黑褐色，颈板黄色。触角端部白色，其余部分黑褐色。前翅有6个透明斑，基部1个近方形或稍长，中部2个，前斑梯形，后斑圆形或菱形，端部3个斑狭长形。后翅后缘基部黄色，前缘区下方具一较大透明斑，在Cu_2脉处成齿状凹陷，翅顶黑色较宽，M_3、R_5脉缺，Cu_1、M_2脉从中室下角伸出，或共短柄。腹部黑褐色，各节背面和侧面具黄带。后足胫节有中距。

23.632 广鹿蛾

23.633 蕾鹿蛾

成虫见于7月上中旬。

分布：小五台山；邢台、石家庄、唐山、张家口；陕西、山东、江苏、台湾、浙江、福建、江西、湖北、湖南、广东、广西、四川、贵州、云南；印度、缅甸、日本。

23.633 蕾鹿蛾

Amata germana (Felder)

翅展24～40mm。黑褐色。额黄或橙黄色。触角顶端白色。中、后胸具黄斑，颈板、翅基片黑褐色，足跗节第1节白色，腹部各节具黄或橙黄色带。前翅基片通常具黄色鳞片，M_1斑方形，M_2斑平截楔形，M_3斑亚菱形，M_4斑上方有时附有1个小斑，M_5斑长于M_6斑。后翅后缘基部黄色，中室、中室下方及2脉处为透明斑。斑纹变异较大。

成虫见于7月上旬。

寄主：桑、蓖麻、茶、橘等。

分布：小五台山；张家口；辽宁、吉林、黑龙江、广东、广西、福建、云南、浙江、山东、江苏；日本、朝鲜、印度尼西亚等。

23.634a 黑鹿蛾（示背面观；2007年7月13日，西台1250m）

23.634b 黑鹿蛾（示侧面观）

23.634 黑鹿蛾

Amata ganssuensis (Grum-Grshimailo)

翅展26～36mm。体黑色，带有蓝绿或紫色光泽。触角全部黑色。下胸具2个黄色侧斑。翅黑色，带蓝紫或红色光泽。前翅具6个白斑，后翅具2个白斑，翅斑大小变异较大。腹部第1、5节上有橙黄带。

成虫见于6月中旬～7月下旬。

寄主：胃菊等。

分布：小五台山西台、北台、南台海拔1100～2400m；张家口、承德、保定；黑龙江、山西、内蒙古、山东、陕西、甘肃、青海。

23.634c 黑鹿蛾（示正面观）

23.634d 黑鹿蛾（示腹面观）

23.634e 黑鹿蛾（示交尾后；2007年6月23日）

夜蛾科
Nonctuidae

体多中至大型。喙发达，静止时卷缩。下唇须普遍存在，少数具下颚须。常具单眼。复眼较大，半球形，少数复眼较窄，呈肾形。触角线状、锯齿状、栉齿状等。胸部被鳞片和毛。中足胫节有距1对，后足胫节有距2对。有的胫节具刺。翅面斑纹丰富，翅脉较一致，前翅为4岔型，常具副室，后翅4岔型或3岔型。Sc脉和R脉有并接，但不超过中室一半。腹部背面和末端常具毛簇。体色一般灰暗，少数色泽较艳丽。成虫多夜间活动，有的种类吸食果汁。幼虫多植食性，少数捕食其他昆虫，大多为农林昆虫。

23.635 玫斑钻夜蛾

Earias roseifera Butler

又名：玫斑金钢钻。

体长7mm，翅展18～21mm。头部及胸部黄绿色；下唇须褐色，第2节端部白色。前翅黄绿色，翅中央红色，多变化，外缘及缘毛褐色。后翅白色。腹部银白色。

成虫见于5月中旬～6月下旬。

寄主：杜鹃等。

分布：小五台山西台海拔1100～1350m；承德、张家口、保定；黑龙江、江苏、江西、湖北、四川；日本、印度。

23.636 一点钻夜蛾

Earias pudicana pupillana Staudinger

又名：一点金钢钻。

翅展20～21mm。头、胸粉绿色，下唇须粉褐色。前翅黄绿色，前缘自基部至2/3处具粉白色条纹，内室具褐色圆点，缘毛褐色。后翅白色。腹部灰白色。足白色微灰。

成虫见于6月上旬。

寄主：杨、柳。

分布：小五台山西台海拔1100～1320m；张家口；黑龙江、江苏、浙江、江西；日本、印度。

23.637 粉缘钻夜蛾

Earias pudicana Staudinger

又名：柳金钢钻、粉缘金钢钻。

体长8mm，翅展21～23mm。头部及颈板黄白色带青，翅基片及胸背白色带粉红色，下唇须及触角暗褐色带白，下胸银白色微灰。前翅青黄色，前缘从基部起约2/3白色带粉红色，外缘毛褐色。后翅白色，缘毛白色。腹部灰白色。足银白色微灰。

成虫见于8月上旬。

寄主：柳、杨。

分布：小五台山；邢台、保定、廊坊、唐山、承德、张家口；黑龙江、江苏、浙江、江西、四川、陕西、青海、宁夏；日本、印度。

23.638 双轮切夜蛾

Euxoa birivia Schiffermüller

翅展约35mm。头胸暗灰杂少许灰白色，翅基片内缘杂红棕色，毛簇端部白色。前翅暗灰色，基线、内线赭白色波浪形；环纹圆，暗灰色，赭白边；肾纹暗灰色，赭白边；外线赭白色，细锯齿形外弯；亚端线赭白色；端线黑色。后翅白色带淡褐灰色，缘毛白色；端区略带暗褐灰色。

成虫见于7月上旬。

分布：小五台山；张家口；内蒙古、新疆、甘肃、黑龙江；土耳其、俄罗斯以及欧洲。

23.639 厉切夜蛾

Euxoa lidia Cramer

翅展约36mm。头胸部红棕色，颈板基部灰白及褐色，中部有一黑横线，胸背毛簇端部白色。前翅棕褐色，前缘区较黄白，外线至亚端线间较灰，其余大部带有黑色；基线黄白色，只达亚中褶；内线黑色波浪形，内侧衬白色；剑纹暗褐色黑边；环纹白色较圆，黑边；肾纹灰色黑边；外线黑色锯齿形；亚端

23.635a 玫斑钻夜蛾

23.635b 玫斑钻夜蛾（2007年5月19日，西台1250m）

23.636a 一点钻夜蛾

23.636b 一点钻夜蛾

23.637a 粉缘钻夜蛾（1981年8月2日，北台）

23.637b 粉缘钻夜蛾（1990年8月10日，北台）

23.638 双轮切夜蛾

23.639 厉切夜蛾（1981年5月7日，中台）

线灰白色，内侧褐色，2～5脉间为黑褐齿状纹，前端内侧黑褐色扩展，外侧除顶角外均黑褐色；端线为1列黑点。后翅淡褐色，端区色较暗，缘毛端部淡黄色。腹部褐色。跗节外侧微黑。

成虫见于5月上旬。

分布：小五台山；张家口；甘肃、黑龙江；欧洲。

23.640 暗后剑纹夜蛾

Trisuloides caliginea Butler

又名：暗后夜蛾。

翅展约45mm。头部暗褐色，雄性触角线状有纤毛丛，基部灰白色。下唇须第2节两端及下缘杂有白色。胸部灰褐色，颈板中央有褐色横纹。前翅暗褐色，基线双线黑色止于中室，内线双线黑色锯齿形，环纹有黑边，肾纹褐色有淡色圈，中线较粗而模糊，外线双线黑色锯齿形，亚端线黑色锯齿形，端线为1列三角形黑点。后翅淡黄褐色，端区深褐色。腹部灰褐色，足褐色杂有白色。前、中足色深，尤其跗节几呈黑色，各足跗节有白环。

成虫见于7月中下旬。

寄主：柳兰。

分布：小五台山；张家口；黑龙江、江西、湖北、四川；俄罗斯、日本、朝鲜。

23.641 角后夜蛾

Trisuloides cornelia Staudinger

翅展约42mm。头部深褐色，触角雄双栉状，雌微锯齿状。胸部暗褐色。跗节有白环。腹部黑褐色，两侧有黄毛，毛簇黑色。前翅黑褐色稍带紫灰色，基线仅中室前有几个黑斑纹，内线双线黑色，在中室前、亚中褶及近后缘各有一外凸，外侧在亚中褶处有一三角形白纹与外线连接，环纹和肾纹黑色具白圈，外围黑色，中线粗而模糊，外线在肾纹前不显，在肾纹后内弯，亚端线微黑呈不规则弯曲。后翅杏黄色，横脉纹黑色椭圆形，端线及缘毛黑色。

成虫见于7月上旬。

分布：小五台山；张家口；黑龙江；俄罗斯。

23.642 绿孔雀夜蛾

Nacna malachitis Oberthür

又名：孔雀夜蛾。

体长13mm，翅展32～40mm。头部白色间青色。颈板粉青色及褐色，胸部背面粉色间褐色。前翅翠绿色，基部有一褐纹，中带深褐色，宽而外弯；中室有一黑环；顶角、臀角各有一白纹，其内各有一黑环，此2白纹外的缘毛白色，其余缘毛翠绿色。后翅白色，顶角处有淡褐纹。腹部淡褐间白色，第4节具黑色鳞片组成的毛簇。足跗节有白色环。

23.642a 绿孔雀夜蛾

成虫见于7月中旬。

分布：小五台山；保定、承德、张家口；黑龙江、辽宁、四川；日本、印度。

23.643 霉裙剑夜蛾

Polyphaenis oberthuri Staudinger

又名：白肾裙剑夜蛾。

体长17mm，翅展39mm左右。头、胸部霉绿色杂有黑毛，下唇须外侧黑色杂白毛。颈板有霉绿斑，翅基片内缘有一黑纵线。前翅霉绿色并具黑细点，基线黑色双线波浪形，内线黑色双线波状外斜，剑纹瘦长，环纹褐色黑边，肾纹褐色，其内缘明显黑色（本种有一变型，前翅肾纹白色并向外扩展，与明裙剑夜蛾*P. lucilla*略似，但后者后翅端带在亚中褶处平缓），中线黑色，前半外斜，后半波浪形，外线黑色双线锯齿形，亚端线微黑波曲，端线为1列黑色长点。后翅杏黄色，基部黑褐色，后缘一黑褐窄带，端区有一黑褐宽带，其内缘不规则弯曲，在中褶处及亚中褶处内突，外缘中段缘毛黑褐色，其余杏黄色。腹部黑棕色，节间黄色。

成虫见于7月上旬。

分布：小五台山东台海拔1100～1300m；保定、承德、张家口；黑龙江、湖北、四川；朝鲜。

23.640 暗后剑纹夜蛾

23.642b 绿孔雀夜蛾

23.643a 霉裙剑夜蛾（变型）

23.641 角后夜蛾（1981年7月8日，北台）

23.642c 绿孔雀夜蛾

23.643b 霉裙剑夜蛾（1980年7月3日，东台1200m）

23.644 白斑剑纹夜蛾

Acronicta catocaloida Graeser

翅展约42mm。头胸部灰白色杂以黑色。下唇须白色，第2节有黑纹。翅基片边缘黑色，跗节有黑、白色斑纹。腹部灰色杂褐色。前翅黑灰色微带褐色，基线双线黑色，线间成二灰白斑，内线双线黑色波浪形，环纹和肾纹白色，中央黑色，外围褐色圈，中线模糊黑色，外线双线黑色锯齿形，线间白色，亚端线白色，端线为1列三角形黑点。后翅杏黄色，后缘黑色，端区具弯曲的黑色宽带，横脉纹黑色，外缘在亚中褶处内凹，使空出1个三角形杏黄区，外缘毛黄黑相间，后缘毛杏黄色。

成虫见于7～8月。

分布：小五台山；张家口；黑龙江；日本、俄罗斯。

23.645 戟剑纹夜蛾

Acronicta euphorbiae Schiffermüller

翅展32～36mm。头胸部灰白色杂黑色，下唇须第2节有黑纹，跗节有黑斑。腹部灰褐色，前翅灰白色，布满黑色细点，基线、内线均双线黑色波浪形，内线外斜，环纹有黑边或不明显，肾纹中央褐色，轮廓不清，中线黑色，外斜至肾纹，外线双线黑色锯齿形，亚端线灰白色锯齿形，端线为1列黑点，缘毛黑白相间。后翅白色微带褐色，翅脉褐色，外线隐约可见，端线为1列褐色点，缘毛白色。

成虫见于7月中下旬。

寄主：桦等。

分布：小五台山；张家口；新疆、黑龙江；土耳其、俄罗斯以及欧洲。

23.646 梨剑纹夜蛾

Acronicta rumicis Linnaeus

翅展32～46mm。头胸部棕灰色杂黑白色。跗节黑色间以淡褐色环。腹背浅灰色带棕褐色。前翅暗棕色间以白色，基线为一黑色短粗条，其末端曲向内线，内线双线黑色波曲，环纹灰褐色黑边，肾纹半月形淡褐色，外线双线黑色锯齿形，在中脉处有1个白色新月形纹，亚端线白色，端线白色，其外侧有1列三角形黑斑，缘毛白褐色。后翅棕黄色，边缘较暗，缘毛白褐色。

成虫见于7月中下旬。

寄主：悬钩子、梅、山楂、柳、蓼、梨、桃、苹果等。

分布：小五台山；张家口；四川、湖北、贵州、新疆；日本、叙利亚、土耳其、俄罗斯以及欧洲。

23.647 桃剑纹夜蛾

Acronicta incretata Hampson

又名：苹果剑纹夜蛾。

体长19mm，翅展42mm左右。触角丝状棕褐色。头部灰棕色，胸、前翅灰褐色。前翅基剑纹黑色，树枝形；端剑纹可伸达翅外缘；内线双线暗褐色，波浪形外斜；外线双线锯齿形；环纹与肾纹之间有一黑线。后翅白色，外线微黑。

成虫见于6月上旬。

寄主：桃、梨、樱桃、梅、苹果、杏、李、柳等。

分布：小五台山西台海拔1200m；承德、保定、张家口；江苏、四川、甘肃、青海、黑龙江、吉林、辽宁、山西、山东、安徽、广西、云南、宁夏、陕西；俄罗斯、日本、朝鲜。

23.648 利剑纹夜蛾

Acronicta consanguis Butler

翅展约33mm。头、胸灰白稍带黄、黑色。下唇须第2节外侧有黑斑。前翅灰白色微带黑褐色；基线双线黑色波浪形，仅在前缘脉及中室后明显；基剑纹和端剑纹黑色；内线双线黑色波浪形；环、肾纹靠近，环纹灰色黑边，肾纹暗褐色黑边，界限较模糊；外线双线黑色锯齿形；亚端线白色，不明显；端线由1列黑点组成。后翅白色带黄褐色，端区稍有暗褐色，外线褐色。

成虫见于7月中旬。

分布：小五台山；张家口；黑龙江、江苏、湖北；日本。

23.649 晃剑纹夜蛾

Acronicta leucocuspis Butler

体长16～18mm，翅展39～44mm。头、胸灰褐色；翅基片外缘、颈板中部、足胫节有黑纹。前翅淡灰褐色，基线前端可见黑色双线，基剑纹黑色，基部微上弯成距形，中部微下弯成距，在中线处成叉状，中线双线褐色，内线双线波浪形，环纹与肾纹之间有一黑线，外线双线黑色，端剑纹黑色伸至翅外缘，亚端线为1列白点，端线为1列黑点。后翅淡褐色，外线褐色。

成虫见于6月中旬。

分布：小五台山；承德、保定、张家口；日本、朝鲜。

23.644 白斑剑纹夜蛾

23.645 戟剑纹夜蛾

23.646 梨剑纹夜蛾

23.647 桃剑纹夜蛾（1980年6月2日，西台1250m）

23.648 利剑纹夜蛾

23.650 榆剑纹夜蛾

Acronicta hercules Felder

体长23mm，翅展42～53mm。触角棕色，下唇须第2节黄白色，外侧黑色。胸部灰色。前翅灰褐色，基线、内线双线黑褐色，不完整，呈锯齿状曲纹散布于翅基部；环纹灰白色具黑边，肾纹褐色中央具一黑色曲纹，环肾纹间有一黑条，中线褐色锯齿形，外线双线锯齿形，亚端线锯齿形两侧稍带褐色，端线为1列黑点。后翅灰白色，外半部色较暗，端区较黑暗，翅脉褐色，缘毛白色。腹部暗黄褐色，腹面黄白色。

成虫见于8月下旬。

寄主：榆。

分布：小五台山西台海拔1200m；承德、张家口、唐山、保定、邯郸；黑龙江、甘肃、福建；日本、俄罗斯。

23.651 桑剑纹夜蛾

Acronicta major Bremer

又名：桑夜蛾。

体长22～29mm，翅展62～69mm。头部及胸部灰白色略带褐色，下唇须第2节有黑环，额两侧黑色。触角丝状，基节后侧黑色。前翅灰白略褐，剑纹黑色，端部分枝；内线双线，前端相距甚大；环纹具黑边，不太完整；肾纹具黑边，斜长圆形，中央有一黑条；中线外斜至肾纹然后不显；外线双线锯齿形，在前缘相距很大，外一线黑色，端剑纹黑色；端线为一列黑点。后翅淡褐色，翅脉色深，外线褐色。前后翅反面浅褐色，后翅近中央有一近圆形黑斑。足和腹面与后翅颜色近似，足有白色绒毛。胫节侧面有黑纹。卵：半球形，直径0.9～1mm。自顶部向下有数条纵纹，初产时黄白色，有光泽，后渐变褐色，孵化前黑褐色。幼虫：老熟幼虫体长55～62mm。头黑色，表面光滑，带有蓝色光泽，冠缝下方稍有黄白色。体黑色，刚毛较长，灰白至黄色，体上散布大小不等的淡褐色圆斑，每体节背面各具有褐色不规则斑一个，而以第3～6及第8股节的最大。前胸盾与臀板棕褐色。体密布小刺。胸足棕褐色，腹足灰白色，外侧具有褐斑。围气门片黑色。蛹：体长雌25～26mm，雄23～24mm。体红褐色，羽化前变黑褐色，具尾状钩刺。

成虫见于6月中下旬。

寄主：桑、桃、李、梅、香椿。

分布：小五台山；承德、唐山、保定、石家庄、邯郸、张家口；黑龙江、甘肃、内蒙古、江苏、湖北、四川；日本、俄罗斯。

23.652 果剑纹夜蛾

Acronicta strigosa Schiff-ermüller

翅展约34mm。头胸部暗灰色。头顶两侧及触角基部带灰白色。下唇须第2节有白斑，第3节黑色杂白色。前翅灰色微带黑色，后缘区较黑，有明显的黑色基剑纹、中剑纹和端剑纹，基线双线黑色，内线黑色双线波浪形外斜，环纹灰色黑边，肾纹灰白色内侧黑色，前缘脉中部至肾纹有一黑斜纹，外线双线黑色锯齿形，线间白色，在亚中褶呈一内凸角；端剑纹端部有2个白点，端线由1列黑点组成。后翅淡褐色，隐约可见淡褐色横脉纹及外线。腹部背面灰色微带褐色。足黄灰色带黑色。

成虫见于7月中下旬。

寄主：山楂、苹果、桃、榛、赤杨等。

分布：小五台山南台海拔1350m；张家口；黑龙江、四川；日本、朝鲜、俄罗斯以及欧洲。

23.649a 晃剑纹夜蛾（1980年6月16日，北台）

23.650 榆剑纹夜蛾（1981年8月21日，西台1200m）

23.649b 晃剑纹夜蛾

23.651 桑剑纹夜蛾(1980年6月25日，南台)

23.652 果剑纹夜蛾

23.653 小剑纹夜蛾

Acronicta omorii Matsumura

翅展25～35mm。头胸褐灰色，头顶色较深，额两侧有黑褐色三角形斑，下唇须第2节有黑褐斑。翅基片外缘黑色，下胸白色。前翅褐灰色，基部有一较粗黑纹；剑纹黑色；内线双线黑色；环纹、肾纹褐色并有白圈及黑边，两纹之间黑褐色；环纹前端有一黑线沿亚前缘脉外伸至内线，中线斜至两纹之间，其后微弱；外线黑色，自前缘脉外斜，在M_3和Cu_1脉处微成尖突，然后内弯；端剑纹伸至翅外缘；亚端线不清；端线为1列三角形黑点。后翅白色，端区微褐。腹背暗褐色，腹面白色。足淡褐色，跗节有褐纹。

成虫见于6月下旬。

分布：小五台山；保定、邯郸、石家庄、唐山、张家口、承德；日本。

23.654 丹日明夜蛾

Chacmina sigillata (Ménétriès)

又名：丹日夜蛾。

翅展39mm左右。头、胸部白色，下唇须上缘及额暗褐色，翅基片基部有一暗褐色斑。前翅白色，散布褐色细点；内线褐色，波浪形；肾纹较窄，具褐色边；外线褐色，亚端区有一近似桃形大棕色斑；亚端线褐色，较粗，后半不清晰；端线黑褐色，锯齿形；缘毛褐色，顶角处白色。后翅白色带有赭色，端区色较深，缘毛白色。腹部灰黄色，基部较白。

成虫见于7月上中旬。

分布：小五台山；张家口、保定、承德；黑龙江、陕西、浙江、四川；日本、朝鲜、俄罗斯。

23.655 缤夜蛾

Moma alpium Osbeck

又名：高山翠夜蛾。

翅展约33mm。头胸部绿色。触角丝状，基部黑白相间，颈板黑色，端部白色和绿色。翅基片端部黑色，胸背有黑毛。前翅大部绿色，前缘基部有一黑斑，内线为一黑带，在中室后紧缩并折成一角；环纹较小黑色，其后端有一白点；中线黑色锯齿形；肾纹白色，其中部和内缘各有一黑色弧状斑纹；外线双线黑色，线间具不连带的白色，内外线间在亚中褶处有一白色宽条纹，外线外部大部褐色；亚端线黑色锯齿形，不甚清晰；端线为1列三角形黑点，各黑点内侧均具1个白点；缘毛褐白相间。后翅褐色，端区较暗，横脉纹微黑，外线微白波浪形，后端更为清晰并在两侧衬以白色，其外方还有1个白色衬黑的曲状纹。腹部淡褐色，毛簇黑色。足淡褐色，跗节有褐色和白色斑。

成虫见于7月中旬。

寄主：桦、栎等。

分布：小五台山；张家口、承德、保定；黑龙江、湖北、江西、四川；日本、朝鲜、俄罗斯以及欧洲。

23.656 井夜蛾

Dysmilichia gemella (Leech)

体长13～14mm，翅展32～34mm。头、胸部黄褐色，下唇须、额、翅基片带黑色，额有截椎形突起，其下有一角质片。前翅棕色，基线仅为3个黄白点，内线为1列黄白圆斑，环纹白色黑边，肾纹白色，呈“3”字形，内缘有开口，外半部中央有一褐线；外线由双列紧密的白斑组成，在Cu_1和Cu_2间中断，内一斑列较大，M_1至M_3脉间的斑近长方形并部分相连，外一斑列多为细新月形，其前端外侧另有2个白斑；亚端线前端为几个白色斑点，后端为一白色曲纹。后翅淡褐色，中部有一白色弯线。腹部褐黄色。

成虫见于7月上旬。

分布：小五台山；保定、承德、张家口；黑龙江；日本、朝鲜。

23.653 小剑纹夜蛾

23.654b 丹日明夜蛾（1980年7月5日，南台）

23.654a 丹日明夜蛾

23.655 缤夜蛾（1980年7月12日，中台）

23.656 井夜蛾（1980年7月8日，北台）

23.657 健角剑夜蛾

Gortyna fortis (Butler)

又名：角剑夜蛾。

体长17mm，翅展35mm左右。头部灰褐色，头顶杂生黄毛，触角基节有白斑，胸部背面黄色杂红褐毛，颈板有褐横纹，翅基片与颈板边缘黑棕色，毛簇端部黑棕色。前翅黄色，密布赤褐色点，外线至外缘灰褐色；基线双线红棕色，只达2A脉，2A脉基部有一白斑；内线褐色双线，自2A脉起外伸，后方为黑褐纹；剑纹黑褐色；环纹黄色，中央赤褐色，边缘黑褐色；肾纹淡黄色，内缘黑色，较直，中央一弯曲弧线；中线前半部黑褐色，外斜，后半部赤褐色内斜；外线黑色双线，外线以外部分形成一棕褐色宽带；亚端线黄色，不甚清楚，前端外侧有一黄色斑。后翅淡黄色微带褐色。腹部淡褐黄色，节间端部黄白色。

成虫见于7～8月。

寄主：马铃薯等。

分布：小五台山南台海拔1300m；张家口、保定、承德；黑龙江；日本。

23.658 苏角剑夜蛾

Cortyna amurensis Staudinger

翅展46～51mm。头胸部及前翅暗棕色。触角上缘灰白色。前翅外线和亚端线间色较淡，基线黑棕色只达1脉；内线黑棕色，在中室成一内凸齿，剑纹只隐约一暗棕色轮廓；环纹斜圆，内外侧黑褐边；肾纹灰褐色黑褐边；中线黑棕色外弯；外线黑棕色，沿前缘脉后缘外伸至9脉折向内斜，较直；亚端线褐色，不清晰，锯齿形，端线为1列黑棕色新月形点。后翅淡黄色带褐色，翅脉及端线黑棕色。

成虫见于7～8月。

分布：小五台山；张家口；黑龙江；日本、俄罗斯。

23.659 紫黑扁身夜蛾

Amphipyra livida Schiffermüller

又名：紫黑杂夜蛾。

体长21mm，翅展45mm左右。头、胸、前翅都呈紫黑色，头顶稍有黄褐色。后翅粉黄色并略带褐色，端区带有暗红色，顶角棕黑色，外缘毛在Cu_2脉之前紫黑色。腹部暗褐色，两侧及后端色较深。足带有白点。

成虫见于7月。

寄主：蒲公英。

分布：小五台山；保定、张家口、承德；黑龙江、新疆、江苏、江西、湖北、贵州；日本、朝鲜、印度、俄罗斯以及欧洲。

23.660 蔷薇扁身夜蛾

Amphipyra perflua Fabricius

体长25～30mm，翅展48～60mm。头胸黑棕色杂淡褐色。前翅大部黑棕色，外线与亚端线间淡褐色，基线淡褐色，只前端可见，内线淡褐色，波浪形外斜，环纹扁斜，淡褐边，外线淡褐色，锯齿形，端线由1列棕褐色半月纹组成，内侧灰白色，后翅褐色。腹部灰褐色，足黑棕色，有淡褐纹，跗节有淡褐环。

成虫见于6月下旬。

寄主：柳、杨、栎及蔷薇科植物。

分布：小五台山西台海拔1700m；承德、张家口；黑龙江、青海、甘肃、新疆；日本、俄罗斯以及欧洲。

23.661 大红裙扁身夜蛾

Amphipyra monolitha Guenée

翅展60mm左右。头胸部黑棕色杂褐色，下唇须外侧棕黑色。前翅紫棕色，基线双线黑色，内一线粗而浓黑，止于亚中褶；内线黑色双线锯齿形，外一线粗；环纹白色扁圆；中线黑棕色模糊，外线双线黑色，后半锯齿形；亚端线灰黄色，内侧黑棕色；端线为1列灰黄点。后翅色较红。腹部紫棕色。跗节黑棕色有淡褐环。

成虫见于7～8月。

分布：小五台山；张家口；黑龙江、湖北、四川、江西、广东；日本、印度、俄罗斯以及欧洲。

23.657 健角剑夜蛾（1980年7月3日，南台1300m）

23.659 紫黑扁身夜蛾（1980年7月20日，北台）

23.660b 蔷薇扁身夜蛾

23.658 苏角剑夜蛾

23.660a 蔷薇扁身夜蛾

23.661 大红裙扁身夜蛾

23.662 黑环陌夜蛾

Trachea melanospila Kollar

体长21mm，翅展50mm左右。头、胸部黑灰色，额有白纹，触角基节有白斑。颈板端半部、翅基片外半部霉绿色。前翅黑褐带苔绿色，以基线两侧、前缘脉后及外线外方更显；基线双线黑色，线间微白；内线双线黑色，线间灰白；环纹黑褐色，苔绿色边，但后缘不显，外侧有一白色条，后方有一白色斜长方纹，后外端较尖；肾纹中央黑褐色，内缘苔绿色，外缘前半苔绿色，后半黄色或黑色，肾纹中央尚有一细白线；外线双线黑色，线间灰色；亚端线苔绿色，两侧有几个黑斑；端线为1列长方形黑点。后翅污白色，端半部褐色，外线暗褐色，Cu_2脉有2条白纹，臀角有一白曲纹。腹部黑褐色，各节端部黄绿色。跗节有黄环。

成虫见于8月上旬。

分布：小五台山；保定、承德、张家口、邢台、石家庄；黑龙江、湖北、四川、江苏、福建；印度、俄罗斯。

23.663 坑翅夜蛾

Ilattia octo Guenée

翅展约25mm。头胸部和前翅灰褐色微红。前翅基线灰白色间棕色，双线曲折不很清晰，环纹不显；肾纹“8”字形，前圈白边，中间棕褐色，后圈黄白色实心；外线外弯锯齿形赭色带白点，亚端线暗褐色带白点，不很清晰，微曲；端线由1列白色新月形斑组成；缘毛棕褐色端部白色。后翅灰褐色，外缘色较浓，缘毛端部白色，腹部灰褐色，跗节微白。

成虫见于7月下旬～8月中旬。

寄主：大豆等。

分布：小五台山；邢台、石家庄、保定、唐山、承德、张家口；江苏、福建；世界各地。

23.664 袭夜蛾

Sidemia speciosa Bremer

体长19mm，翅展44mm左右。头、胸部淡褐灰色或灰白色，额两侧有黑斑，颈板中部有黑纹，端部微黑，翅基片有黑纹，毛簇端部黑色。前翅淡褐灰色，中室、亚中褶、外线与亚端线间带有黑色；基线黑色双线，线间白色；内线双线黑色，线间白色；环纹白色，中央褐色；肾纹白色，中央有褐圈；剑纹黑色，轮廓不清；外线双线黑色，线间白色，内一线微锯齿形自R_5脉后明显内斜；亚端线白色，中段锯齿形并在内侧有三角形黑斑；端线黑褐色。后翅淡褐灰色，端区暗褐色，外线褐色。腹部褐灰色。足褐色，前足黑褐色，距和跗节有灰白斑。

成虫见于7月中旬。

分布：小五台山；张家口、承德；黑龙江；日本、俄罗斯。

23.665 克袭夜蛾

Sidemia spilogramma Rambur

翅展约45mm。头胸灰色带褐色并有少许黑点。雄蛾触角双栉状，栉齿长，端部线状。额两侧有黑斑。前翅灰褐色带有霉绿色，基线双线黑色波浪形，止于A脉， 内侧较暗褐；内线双线黑色波浪形；剑纹淡褐色黑边；环纹灰黑色有白圈；肾纹灰黑色，中央淡褐色，外围白色圈及黑边；中线黑色，后半与外线平行；外线双线黑色锯齿形；亚端线色淡，内衬黑点，尤以前端明显；外线至亚端线一段的前缘脉有3个淡色点。后翅白色，翅脉及端区灰褐色。腹部淡黄褐色，臀毛簇灰褐色。附节褐色有淡黄色斑。

成虫见于7～8月。

分布：小五台山；河北各地；黑龙江；俄罗斯。

23.666 雪疽夜蛾

Nodaria niphona Butler

体长11mm，翅展31mm。头部及胸部黄褐色；下唇须上伸，成镰刀形，第2节超过头顶，雄蛾第3节后缘常有毛簇；雄蛾触角有纤毛和鬃毛，中部有疖状构造。前翅黄褐色，内线和外线为褐色曲线；肾纹褐色；亚端线黄白色，很鲜明；其他斑纹不明显，翅尖略成直角，外缘曲度平稳、有副室。后翅灰黄色，亚端线白色，M_2接近M_3脉，反面灰黄色，斑纹较淡。腹部灰黄色。足黄褐色。

成虫见于6月上旬～7月中旬。

分布：小五台山；邢台、石家庄、保定、唐山、承德、张家口；江苏、浙江、云南；日本。

23.662 黑环陌夜蛾（1980年8月5日，西台）

23.664 袭夜蛾（1980年7月18日，西台）

23.663 坑翅夜蛾（1980年8月10日，北台）

23.665 克袭夜蛾

23.666 雪疽夜蛾（1981年7月10日，西台）

23.667 后扇夜蛾

Sineugraphe stolidoprocta Boursin

翅展约30mm。

成虫见于7月上中旬。

分布：小五台山；张家口。

23.668 旋幽夜蛾

Scotogramma trifolli Rottemberg

体长12mm，翅展31mm左右。头部及胸部褐灰色，颈板中部有一黑横线，翅基片边缘有黑线；腹部亮黄褐色；前翅灰色微带褐色，基线、内线均双线黑色波浪形，剑纹短小，褐色黑边，环纹斜圆形，灰黄色黑边，肾纹大，中央有黑褐纹，黑边，外线黑色锯齿形，亚端线灰黄色，在3、4脉上成大齿形，内侧2～4脉间有3个黑尖纹，外侧暗灰色，端线为1列黑点；后翅白色带污褐色，翅脉及端区暗褐色。

成虫见于7月上旬。

寄主：亚麻、马铃薯、甜菜、花生、豌豆、玉米、高粱、向日葵、灰藜、刺蓬等。

分布：小五台山西台、北台海拔910～1200m；张家口；内蒙古、陕西、甘肃、宁夏；俄罗斯。

23.669 卑矛夜蛾

Spaelotis sinophysa Boursin

翅展约26mm。

成虫见于7月中旬。

分布：小五台山；张家口。

23.670 甜菜夜蛾

Laphygma exigua Hübner

又名：贪夜蛾。

翅展19～25mm。头胸部灰褐色有黑点。前翅灰褐色，基线仅前端可见双黑纹，内线双线黑色波浪形外斜，剑纹为一黑条，环纹粉黄色黑边，肾纹粉黄色中央褐色黑边；中线黑色波浪形，外斜至肾纹前端，然后由肾纹后端微内斜；外线双线黑色锯齿形，前、后端线间白色；亚端线白色锯齿形，两侧有黑点，外侧在6脉处有1个较大黑点；端线为1列黑色点，其内侧衬以白色。后翅白色，翅脉及端线黑褐色。

成虫见于7～8月。

寄主：甜菜、茄、葱、马铃薯、青椒、豆类、番茄等。

分布：小五台山；张家口；温带、亚热带、热带。

23.671 弧角散纹夜蛾

Callopistria duplicans Walker

体长11～13mm，翅展24～30mm。头、胸部褐色杂有黑毛，额两侧有白斑，头顶及颈板大部黑色，中部各有一白色横线。雄蛾触角在基部约1／5处弯曲成弧状。前翅棕褐色，翅脉淡黄色，基线白色，两侧黑色；内线白色双线，线间黑色；环纹黑色白边，肾纹白色，中央有一黑曲条纹及褐曲条纹；外线黑色双线，线间白色；亚端线黄白色，锯齿形；端线白色。后翅棕褐色，微有光泽。腹部暗褐色，各节末端黄白色。中、后足胫节及第1跗节生有长毛。

成虫见于7～8月。

分布：小五台山西台、东台、东杏河海拔850～1500m；河北各地；江苏、江西、四川、台湾；日本、朝鲜、印度、缅甸。

23.672 白线散纹夜蛾

Callopistria albolineola Graeser

翅展约25mm。头胸部黑色杂黄褐色。雄性触角1/3处稍隆起，基节有白斑。额两侧有黑纹。前翅底色黄褐，密布黑色细点，基线白色，只达1脉；内线黑色，两侧衬白色，外弯成弧形；环纹前钝后尖，黑色黄边；肾纹黑色白边，中央有黄灰纹，后端外侧有一白点；外线白色，两侧衬黑色；亚端线白色，在6～9脉间为2个内斜纹，4～5脉间为1个外斜纹，亚端区各翅脉间有黑斑；端线白色，外侧衬黑色，稍间断；缘毛黑色，基部浅黄，端部黑与淡黄相间。后翅黑铜褐色。腹部暗灰色。足胫节、第一跗节及中足胫节内距有长毛。

成虫见于7～8月。

分布：小五台山；张家口；黑龙江；日本、俄罗斯。

23.668 旋幽夜蛾（1980年7月6日，西台1200m）

23.671 弧角散纹夜蛾

23.672 白线散纹夜蛾（1981年7月31日，北台）

23.673 节角散纹夜蛾

Callopistria juventina Stoll

又名：散纹夜蛾。

翅展30～36mm。头部棕色杂褐黄色。雄蛾触角1/3处有一弧曲，稍隆起，其外侧触角干上有鬃毛。胸背褐黄色杂黑棕色，翅基片及后胸有赤赭色。前翅紫棕色，基部微黑；基线白色，只达中室；内线双线黑色，线间白色，弧形外弯；环纹黑色白边，极窄而外斜；肾纹白色，中央有黑窄圈；外线双线黑色，线间紫色，后半内侧较宽的褐黄色，外侧褐色带紫色；亚端线仅前半为3个白色内斜纹及1个白色外斜纹；端线白色，外侧一黑线及棕色粗线；缘毛黑色。后翅淡褐黄色，端区污褐色。腹部褐黄色，毛簇端部黑色。足胫节及中、后足第一跗节有长毛，中足胫节距及各跗节均有长毛。

成虫见于7月中下旬。

寄主：蕨类。

分布：小五台山；张家口；黑龙江、江苏、浙江、江西、湖北、四川；印度、日本、俄罗斯以及欧洲。

23.674 红晕散纹夜蛾

Callopistria repleta Walker

体长13～15mm，翅展33～40mm。头、胸淡褐黄色，杂有黑色白色长毛，头顶及颈板大部黑色，雄蛾触角在中部弯曲。前翅棕黑色间红赭色、褐色、白色；基线黄白色；内线白色双线，线间黑色；剑纹黑色；环纹黑色黄边，前端开放；肾纹乳黄色，中央有2条黑纹；外线双线白色，线间黑色；亚端线白色，前半为3个白斜条，后半色弱，内侧有一黑锯齿形线；端线白色，在M_3脉后为新月形；缘毛黑色，基部黄色。后翅灰褐色，缘毛基部黄色。腹部褐黄色，各节背面有黑灰横条，毛簇端部黑色。前足胫节及第1跗节有长毛。中足胫节有长毛束，内距有长毛，第1跗节有长毛束。后足腿节有黑毛。

成虫见于6月下旬。

分布：小五台山；保定、张家口、承德；黑龙江、湖北、四川；印度、日本、朝鲜、俄罗斯。

23.675 北夬夜蛾

Amphipoea ussuriensis Petersen

又名：乌苏里夜蛾。

翅展约36mm。头胸部褐黄色，下唇须第3节端部黑色，颈板有黑纹，前胸毛簇端部黑色。前翅褐黄色微带红色，外半部带有暗棕色，尤以端区色最深；基线双线暗棕色；内线双线波浪形暗棕色；环纹褐黄色褐边；肾纹淡黄色，内缘直，内半部有一褐色弯钩形纹，外半部有一暗褐色锯齿形线；中线褐色，仅前半可见，外线双线暗褐色，微锯齿形；亚端线模糊褐色；端线为1列黑褐色新月形点；翅脉黑褐色。后翅黄褐色。腹部淡褐黄色，微带灰色。

成虫见于7月中下旬。

分布：小五台山西台海拔1200～1310m；张家口；辽宁；日本。

23.676 波夬夜蛾

Amphipoea burrowi (Chapman)

翅展约35mm。

成虫见于7月中下旬。

分布：小五台山西台海拔1200～1320m；张家口。

23.677 麦夬夜蛾

Amphipoea fucosa Freyer

又名：秀夜蛾。

体长13～16mm，翅展30～36mm。头、胸部黄褐色。前翅黄褐色，布有暗褐细点，基线褐色；内线双线褐色，波浪形；剑纹小，红褐色，褐边；环纹黄色带锈红色，褐边；肾纹黄色带锈红色，有一弧形褐纹，内缘直；中线褐色，后半段内斜；外线褐色双线，亚端线褐色，细弱；端线褐色。后翅浅黄色带褐色。腹部灰黄色。此种体色变化较多，前翅肾纹有几种不同颜色。

成虫见于7月上旬。

寄主：小麦、大麦、玉米等。

分布：小五台山；保定、承德、张家口；黑龙江、内蒙古、青海、新疆、湖北；日本。

23.673 节角散纹夜蛾

23.676 波夬夜蛾（1980年7月19日，西台1300m）

23.674 红晕散纹夜蛾

23.675 北夬夜蛾

23.677 麦夬夜蛾（1980年7月9日，北台）

23.678 赭黄髫长须夜蛾

Hypena obesalis Treitschke

翅展约23mm。

成虫见于7月上旬。

分布：小五台山；张家口。

23.679 豆髫长须夜蛾

Hypena tristalis Lederer

翅展约21mm。

成虫见于7月中旬。

分布：小五台山；张家口。

23.680 白薯绮夜蛾

Emmelia trabealis Scopoli

又名：谐夜蛾。

翅展约20mm。头胸暗赭色，下唇须黄色，额和颈板基部黄白色，翅基片和胸背有淡黄纹。前翅黄色，中室后及2A脉各有一黑纵条伸至外线；外线黑灰色，粗，起自M_1脉；环纹、肾纹为黑点；前缘脉有4个黑点，顶角有一黑斜条为亚端线前段，然后间断，在M_2脉外成一黑点，在臀角为一黑曲纹；缘毛白色，有一列黑斑。后翅烟褐色，缘毛黄白色。腹部黄白色，背面微带褐色。

成虫见于7月下旬～8月上旬。

寄主：田旋花、甘薯等。

分布：小五台山西台海拔1200m；张家口、承德、唐山、保定、石家庄；黑龙江、青海、新疆、陕西、江苏、广东；叙利亚、土耳其、伊朗、日本、朝鲜、阿富汗以及非洲、欧洲。

23.681 旋皮夜蛾

Eligma narcissus (Cramer)

又名：臭椿皮蛾。

体长22～26mm，翅展69～72mm。头部及胸部淡灰褐微带紫色，下唇须外侧有黑条，第3节钉形，端部灰褐色，额下方及触角基节均有一黑点，颈板有2对黑点，翅基片基部和端部有黑点，胸背有3对黑点。前翅前缘区黑色，其后缘弧形并衬以白色，其余部分紫褐灰色；翅基部有4个黑点，其外方有3个黑点，后缘近基部一黑点，中室端部至后缘中部有一波浪形黑线；外线双线白色，自顶角至臀角，交织成网状；亚端线为1列黑点。后翅大部杏黄色，端区一蓝黑色宽带，向后渐窄，其上有1列粉蓝晕斑，缘毛白色，亚中褶后黄色。腹部杏黄色，毛簇端部黑色，各节背面中央及两侧有1列黑点。足杏黄色，前、中足胫节前方有2个黑点，跗节瓦灰色。

成虫见于7月下旬。

寄主：臭蝽、桃。

分布：小五台山；张家口、邯郸、邢台、石家庄、保定、承德；山东、江苏、福建、浙江、湖北、四川、云南；日本、印度、马来西亚、菲律宾、印度尼西亚。

23.682 旋目夜蛾

Speiredonia retorta (Linnaeus)

体长21～23mm，翅展60～62mm。雄蛾头部及胸部黑棕色带紫色，下唇须基部红色，下胸有红毛；腹部背面大部黑棕色，端部及腹面红色；前翅黑棕色带紫色，内线黑色，肾纹后部膨大旋曲，边缘黑色及白色，外线双线黑色，外斜至6脉折角内斜，两线相距宽，亚端线双线黑色波浪形，端线双线黑色波浪形，5脉及6、7脉有黑纹，顶角至肾纹有一隐约白纹；后翅黑棕色，端区较灰。中线、外线黑色，亚端线双线黑棕色。雌蛾头部及胸部褐色，胸部背面带淡赭黄色；腹部背面大部黑棕色，有淡赭黄色横纹，端部及腹面红色；前翅淡赭黄色带褐色，内线内侧有二黑棕斜纹，外侧有一黑棕色宽斜条，后翅色同前翅，内线双线黑色粗，中线黑色外侧衬淡黄色。亚端线双线黑色，波浪形，内一线粗，其内缘直。

成虫见于7月中旬。

寄主：合欢。

分布：小五台山；张家口；辽宁、江苏、浙江、湖北、江西、四川、福建、云南、广东；日本、朝鲜、印度、斯里兰卡、缅甸、马来西亚。

23.680 白薯绮夜蛾（1980年7月31日，西台1300m）

23.682a 旋目夜蛾(♂)

23.681 旋皮夜蛾（1980年7月25日，东台1250m）

23.682b 旋目夜蛾(♀;1980年7月14日，东台1300m)

23.682c 旋目夜蛾(♀)

23.683 杨逸色夜蛾

Ipimorpha subtusa (Schiffermüller)

体长12～15mm，翅展28～34mm。体褐灰色。前翅棕褐色，基线、内线、外线均土黄色，内线较直，稍外斜；剑纹、环纹、肾纹都具土黄色边；外线中段稍外弯；亚端线淡黄色，锯齿形，两侧暗棕色。后翅淡棕灰色，缘毛淡灰黄色。

成虫见于8月上旬。

寄主：杨、柳。

分布：小五台山；张家口；黑龙江、青海、新疆；俄罗斯以及欧洲。

23.684 白夜蛾

Chasminodes albonitens (Bremer)

体长12mm，翅展30mm左右。全体白色，触角除基部外褐色，下唇须第3节带褐色。前翅中室端部有几个小细黑点，外缘有1列小黑点。前足胫节基部及各跗节基部有黑点。

成虫见于8月上旬。

分布：小五台山；保定、张家口；黑龙江、山西、陕西、浙江、湖南、江苏；日本、朝鲜、俄罗斯。

23.685 焰实夜蛾

Heliothis fervens Butler

体长12～14mm，翅展25～30mm。雄蛾头部及胸部红棕色。前翅红棕色，前缘拱曲，中室及其前方各有一长椭圆形半透明膜，其边缘隆起，斑纹不显，缘毛灰色。后翅基部淡黄色，横脉纹大，黑色，端区一黑色宽带。腹部赭褐或黑色，各节末端有细的褐黄色带。雌蛾头部及胸部褐黄色。前翅棕红色，环纹、肾纹隐约可见带黑色，外线与亚端线间为略带黑色的宽带；后翅与雄蛾相似，但在外缘M_3至Cu_2脉间两黄褐色斑较雄蛾明显。腹部黑色略带褐灰色，各节末端具较宽的褐黄色带。

成虫见于7月下旬。

分布：小五台山；保定、唐山、承德、张家口；黑龙江、湖北；日本。

23.686 苜蓿夜蛾

Heliothis viriplaca Hufnagel

体长14～16mm，翅展25～38mm。头、胸部淡灰褐色微带霉绿色。前翅淡灰褐色微带霉绿色，内线褐色，细弱；环纹由中央一棕色点与外围3个棕色点组成；肾纹大，棕黑色，中央有一新月形纹及一圆点，外围有几个黑点；中线在肾纹处微外突，然后内斜，暗褐色带状；外线与亚端线之间为一暗褐色带，各脉间有黑点；端线为1列黑点，缘毛基部微黑。后翅淡黄褐色，横脉纹大，黑色，端区有一宽横黑带，其内缘在Cu_1和Cu_2脉间及亚中褶处各成一内突齿，外缘在M_3至Cu_2脉间有一淡褐色曲纹。腹部淡褐色，各节背面微有褐横条。

成虫见于8月中下旬。

寄主：棉、苜蓿等。

分布：小五台山西台、北台、东杏河海拔1000～1500m；河北各地；黑龙江、辽宁、甘肃、新疆、宁夏、陕西、江苏、云南；日本、印度、缅甸、叙利亚以及欧洲。

23.687 点实夜蛾

Heliothis peltigera Schiffermüller

又名：大棉铃虫。

翅展约38mm。头胸部及前翅赭黄色。前翅内线只现一些褐纹，环纹为一黑褐色点；肾纹黑褐色，前方有一褐斑；外线褐色锯齿形，齿尖为黑色及白色点；外线外侧具一模糊褐色宽带，其外缘即亚端线；端区色较暗，臀角处有一明显黑点。后翅淡赭黄色，翅脉及横脉纹褐色，端区黑褐色，成一模糊宽带，其外半近中部可见二曲淡赭黄纹。腹部淡赭黄色。本种似棉铃实夜蛾*H. armigera*，但前翅臀有一明显黑斑，肾纹较明显，前方有暗斑。

成虫见于7月中旬。

寄主：蚤缀属、芒柄花属植物。

分布：小五台山；张家口；新疆、西藏；伊朗、尼泊尔、土耳其以及欧洲、北非。

23.683 杨逸色夜蛾（1980年8月9日，西台）

23.684 白夜蛾（1981年8月7日，北台）

23.685a 焰实夜蛾（1981年7月21日，南台）

23.685b 焰实夜蛾

23.686a 苜蓿夜蛾

23.686b 苜蓿夜蛾（1981年8月20日，西台1500m）

23.686c 苜蓿夜蛾（1996年8月20日，北台1300m）

23.688 棉铃实夜蛾

Heliothis armigera (Hübner)

又名：棉铃虫。

体长14～18mm，翅展30～38mm。头、胸部及腹部淡灰褐色或青灰色。前翅淡红褐色或淡青灰色，基线双线不清晰；内线褐色双线，锯齿形；环纹褐边，中央一褐点；肾纹褐边，中央一深褐色肾形斑，肾纹前方的前缘脉上有2条褐纹；中线褐色，微波浪形；外线褐色双线，锯齿形，齿尖在翅脉上为白点；亚端线褐色，锯齿形，与外线间成一褐色宽带，端区各脉间有黑点。后翅黄白色或淡褐黄色，翅脉和端区褐色或黑色。

成虫见于8月上旬。

寄主：泡桐、棉、玉米、小麦、大豆、烟草、番茄、辣椒、茄、芝麻、向日葵、南瓜、苜蓿等。

分布：小五台山西台、北台、东台海拔850～1300m；河北各地；世界各地。

23.689 花实夜蛾

Heliothis ononis Schiffermüller

体长13mm，翅展30mm左右。头部及胸部霉绿色带褐并杂黑色。前翅霉绿色微带褐色，布有黑色细点，基部色暗，环纹黑色；肾纹大，霉绿带褐色，有粗黑边，一褐带自肾纹内斜至后缘；外线微曲外斜至M_2脉折角内斜；亚端线较直内斜，两线之间霉绿带黑褐色，成一宽曲带，顶角及臀角色较淡，外缘1列黑点。后翅黑色，中室基部黄白色，中室外有一略呈方形的黄白色斑，在此斑的后方至近后缘处有另1个黄白色大斑，在Cu_1及Cu_2脉端部的近外缘处有一内缘中凹的黄白斑；缘毛黄白色。腹部黑色杂霉绿色，腹面微白。

成虫见于7月中旬。

寄主：芒柄花属、亚麻属植物。

分布：小五台山；保定、张家口、承德；黑龙江、青海、湖北、云南；俄罗斯以及欧洲、美洲。

23.690 烟实夜蛾

Heliothis assulta Guenée

又名：烟青虫。

体长15～18mm，翅展27～35mm。头、胸部黄褐色。前翅黄褐色，基线褐色双线，只达亚中褶；内线褐色双线，波浪形，内一线较弱；环纹褐边，中央一褐点；肾纹褐边，中央一新月形褐纹；中线褐色外弯，后半波浪形；外线褐色双线；亚端线褐色，锯齿形，与外线间色较暗；外缘各脉间有一褐点，缘毛端部灰褐色。后翅淡褐黄色，端区有棕黑色宽带，其中段内侧有一棕黑线，中段外侧有弯曲内凹。腹部淡褐黄色。本种与棉铃实夜蛾*H. armigera*相近似，但各线纹清晰。

成虫见于7月中下旬。

寄主：烟草、棉、麻、玉米、高粱、番茄、辣椒、南瓜等。

分布：小五台山；河北各地；全国各地；日本、朝鲜、缅甸、斯里兰卡、印度、印度尼西亚以及非洲。

23.687 点实夜蛾

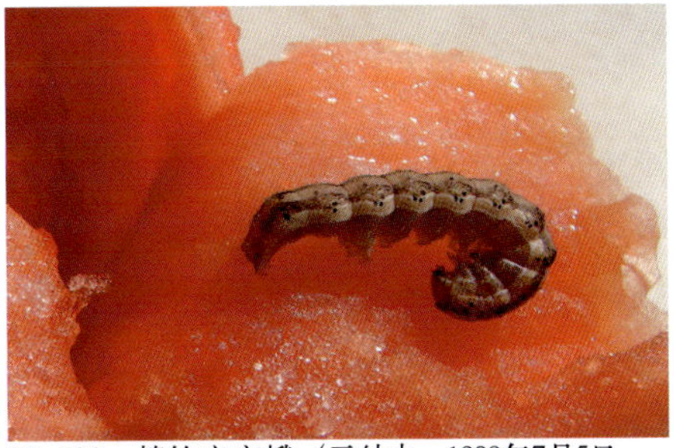
23.688a 棉铃实夜蛾（示幼虫；1999年7月5日，东台1100m）

23.688b 棉铃实夜蛾

23.689a 花实夜蛾

23.689b 花实夜蛾

23.690a 烟实夜蛾

23.690b 烟实夜蛾（示幼虫;2000年6月15日，西台）

23.691 宽胫夜蛾

Melicleptria scutosa (Schiffermüller)

体长11～15mm，翅展31～35mm。头、胸部灰棕色，下胸白色。前翅灰白色，大部分有褐色斑点；基线黑色，只达亚中褶；内线黑色波浪形，后半外斜，后端内斜；剑纹大，褐色黑边，中央一淡色褐纵线；环纹褐色黑边；肾纹褐色，中央有一淡褐曲纹，黑边；外线黑褐色，外斜至M_3脉前折角内斜；亚端线黑色，锯齿形，不甚规则；外线与亚端线之间为一褐色曲折宽带；端线为1列黑点。后翅黄白色，翅脉及横脉纹黑褐色，外线黑褐色，端区有一黑褐色宽带，M_3至Cu_2脉端部有2个黄白斑，缘毛端部白色。腹部灰褐色。

成虫见于7月中旬。

寄主：艾属、藜属植物等。

分布：小五台山西台海拔1200～1380m；河北各地；黑龙江、山东、陕西、内蒙古、江苏；日本、朝鲜、印度以及中亚、北美洲、欧洲。

23.692 毛眼夜蛾

Blepharita amica Treitschke

又名：毛眼地老虎。

翅展约52mm。头胸红棕色，颈板具暗棕色纹。前翅棕褐色，基线双线褐色；内线黑棕色双线，线间白色，波浪形；环纹白色，中央褐色，斜圆形，黑褐边；肾纹白色，中有棕色圈；外线黑棕色双线，线间白色，线前半段锯齿形，后半内斜；亚端线白色，在M_3和Cu_1脉处成外突齿，两侧衬黑棕色，端线为1列长形黑点。后翅棕色，端区暗，端线为1列长形黑点。腹部黄褐色。

成虫见于7月上旬～8月中旬。

寄主：乌头、稠李等。

分布：小五台山西台海拔1000～1450m；张家口、承德；辽宁；俄罗斯。

23.693 蚀夜蛾

Oxytripia orbiculosa (Esper)

又名：环斑蚀夜蛾。

翅展37～44mm。头部、颈板黑褐色，颈板具宽白条纹，胸部褐色。前翅褐棕色，基线黑色，外侧衬白色；内线黑色，内侧衬白色，波浪形外斜；剑纹有黑边；环纹灰黑色，外围白色，有黑边，外斜；肾纹大，白色，约呈菱形，前半内侧有一黑灰纹；中线黑色；外线黑色锯齿形，外侧衬白色及黄色；端线为1列黑点。后翅白色，端区为黑褐宽带；Cu_2脉及后缘区较黑。腹部黑色，各节端部为白色。

成虫见于7月中旬～8月中旬。

寄主：鸢尾科、蔷薇科植物。

分布：小五台山；张家口、保定、承德；吉林、辽宁、内蒙古、青海、甘肃、新疆；匈牙利以及亚洲中部。

23.694 炫夜蛾

Actinotia polyodon Clerck

翅展约30mm。头胸部棕色，额有灰白横条，头顶有灰白纹，颈板灰白色，基部、中部及端部各一黑棕色横线，翅基片中央白色，前胸毛簇基部白色。前翅紫灰棕色，后缘区褐色带霉绿色，翅脉黑棕色；环纹白色极扁，亚中褶内半部有一棕黑色纵条，自此至中室白色；肾纹白色，中有褐窄圈，后半衬黑棕色，外线仅后半段现几个黑点；亚端线白色，强锯齿形，前段内侧白色扩展，中段外侧在各脉间有黑色尖纹；端线黑色间断；缘毛中部一黑线，3、4、7、8脉端的缘毛白色，其余褐色。后翅淡褐黄色，翅脉及端区褐色。腹部黄褐色，毛簇端部黑色。足褐色，前足胫节外侧有灰色毛，中、后足胫节具刺。

成虫见于6月下旬～7月中旬。

寄主：连翘。

分布：小五台山西台金河口沟东塄海拔2140m；张家口；辽宁、新疆；日本以及欧洲。

23.691a 宽胫夜蛾

23.691b 宽胫夜蛾

23.691c 宽胫夜蛾

23.691d 宽胫夜蛾（2007年7月12日，西台1300m）

23.692 毛眼夜蛾（1980年7月31日，西台1400m）

23.693 蚀夜蛾

23.694 炫夜蛾（1981年6月30日，西台1400m）

23.695 芒胫夜蛾

Nyssocnemis eversmanni Lederer

翅展约44mm。头胸部黑棕色。前翅紫灰棕色，基线双线黑色波浪形达亚中褶，线间微白；内线双线黑色，后半外斜；剑纹黑边；环纹斜圆形有黑边，肾纹白色，中有黑褐圈，两侧黑色较扩展；中线黑棕色波浪形；外线黑色锯齿形，外侧衬黄色；亚端线赭黄色，内侧微黑；端线为1列黑点。后翅淡黄色，外线黑褐色，端区黑褐色。腹部灰褐色。足有黄白斑环。

成虫见于7月初。

分布：小五台山；张家口、承德、保定；黑龙江、湖北、四川；日本、俄罗斯以及北美洲、欧洲。

23.696 褐纹鲁夜蛾

Amathes fuscostigma Bremer

又名：浆地老虎。

体长15mm，翅展40mm左右。头、胸部棕紫色，额两侧有黑纹，颈板端部灰色。前翅紫棕色，基线双线暗棕色，外侧中室处有一黑点，亚中褶处有一黑纹；内线暗棕色双线外斜；环纹紫褐灰色，前端开放；肾纹紫黑灰色，两纹之间及环纹与内线间红棕色并稍向后扩张；外线棕色双线；亚端线淡褐色，内侧衬黑棕色并有几个小黑点，前端成曲纹。后翅淡赭黄色，端区暗褐色。腹部淡褐黄色。

成虫见于7月下旬。

分布：小五台山；保定、承德、张家口；黑龙江；日本。

23.697 大三角鲁夜蛾

Amathes kollari Lederer

又名：大三角地老虎。

体长20～22mm，翅展47～52mm。头部灰色杂有黑色，胸部灰色杂有褐色，颈板近端部有一白横线。前翅紫灰色，中区以外灰褐色，基线黑色达A脉，内侧黄白外侧白，后端外侧有一大形黑纹；内线黑色双线，线间白色；剑纹较小，褐色黑边；环纹斜圆前端开放，灰色，中央褐色；肾纹褐色，边缘灰白；中室在内线以外黑色；中线模糊；外线黑色双线，锯齿形，外侧各脉上有黑点和灰点；亚端线内侧衬黑色，前端为一齿形黑斑；外线至亚端线间较灰白；端线为1列黑点。后翅污褐色。腹部褐灰色。

成虫见于7月初。

分布：小五台山；保定、承德、张家口；黑龙江、江西、云南、新疆；俄罗斯、日本。

23.698 三角鲁夜蛾

Amathes triangulum (Hüfnagel)

又名：三角地老虎。

体长19mm，翅展38mm左右。头、胸部棕褐色杂黑毛，头顶及颈板基部淡褐黄色。前翅棕褐色，基线黄色两侧黑色，达臀脉，后端外侧成黑斑；内线黑色双线外斜，剑纹黑色后半模糊，环纹灰色，前端开放；肾纹褐灰色，环、肾纹间及环纹至内线间的中室黑色，外线黑色双线锯齿形，亚端线灰色，中段外弯，前端内侧有一黑纹；端线为1列黑点。后翅赫黄色。腹部淡赭黄色。

成虫见于6月下旬～8月中旬。

寄主：柳属、酸模属、繁缕属等。

分布：小五台山西台、北台、南台、东台海拔850～1600m；张家口、唐山、沧州、石家庄、邯郸、保定；河南、甘肃、青海、陕西、黑龙江；印度以及欧洲。

23.699 消鲁夜蛾

Amathes tabida Butler

翅展约40mm。头胸部、前翅红褐带紫灰色，下唇须第1、2节外侧大部黑色。前翅基线双线黑棕色，外侧中室处有一黑点；内线双线黑色波浪形；剑纹黑边；环纹褐边，前端开放；肾纹褐色，中央有深褐圈；环、肾纹之间深褐色；中线较粗深褐色；外线双线黑色锯齿形，外侧各脉上有黑点和灰点；亚端线黑色，前端为二齿形黑纹。后翅褐黄色。腹部黄褐色。

成虫见于7～8月。

寄主：柳、山楂、桦、报春花等。

分布：小五台山；张家口；黑龙江、新疆；日本。

23.698a 三角鲁夜蛾（1980年7月2日，北台1600m）

23.695 芒胫夜蛾

23.697a 大三角鲁夜蛾（1980年7月2日，中台）

23.698b 三角鲁夜蛾

23.696 褐纹鲁夜蛾（1981年7月22日，东台1500m）

23.697b 大三角鲁夜蛾

23.699 消鲁夜蛾

23.700 八字地老虎

Xestia c-nigrum (Linnaeus)

体长11～13mm，翅展29～36mm。头、胸部褐色，颈板杂有灰白色。前翅褐色带紫色，前缘区2／3淡褐色；环纹淡褐色宽“V”字形；肾纹窄，中有深褐圈，外侧凹，黑边；中室后色较黑，中室除基部外均黑色；基线黑色双线，只达A脉，外侧在亚中褶处有一黑斑；内线黑色双线；剑纹小，外端黑色：外线不明显，双线锯齿形，齿尖在各脉上成一黑点；亚端线色淡，内侧衬一黑线，前端为黑斜条；外线与亚端线间的前缘脉上有3个土黄色小点；端线为1列黑点。后翅淡褐黄色，端区较暗。腹部灰褐色。

成虫见于6月中旬。

寄主：多种植物。

分布：小五台山；河北各地；全国各地；美洲、欧洲、亚洲。

23.701 润鲁夜蛾

Amathes dilatata Butler

翅展45～49mm。头胸部红褐色，下唇须第1、2节大部深棕色。前翅红褐微带紫色，基线深棕色，只达1脉；内线深棕色微外斜；剑纹小；环纹大，前、后端开放，两侧深棕色边；肾纹中央大部深棕色，一粗棕线自前缘脉外弯穿过肾纹达后缘；外线黑棕色锯齿形，齿尖在各翅脉上断为黑点；亚端线双线棕色，外一线弱；外线与亚端线间色较灰黄；端线为1列黑点。后翅褐色。腹部灰褐色。

成虫见于7月下旬。

分布：小五台山；张家口；江苏；日本。

23.702 鲁夜蛾

Amathes sp.

翅展约36mm。

成虫见于8月中下旬。

分布：小五台山西台海拔1200m；张家口。

23.703 冬麦异夜蛾

Protexarnis squalida Guenée

体长18～21mm，翅展48～51mm。头、胸部淡褐色。前翅淡褐色，基线黑色波浪形达2A脉；内线黑色波浪形，在中室为2个内凸齿，环纹及肾纹不显著或黑边，中线隐约可见，外线黑色，锯齿形，尖端为黑点；亚端线隐约可见，端线为1列黑点。后翅淡褐色，缘毛黄白色。腹部淡褐白色。

成虫见于7月下旬。

寄主：小麦等。

分布：小五台山；衡水、石家庄、保定、张家口；新疆、青海、甘肃、宁夏；俄罗斯、伊朗。

23.704 朽木夜蛾

Axylia putris (Linnaeus)

体长10mm，翅展28mm左右。头顶及颈板褐黄色，额、颈板端部黑色，胸背赭黄色杂有黑色。前翅赭黄色，翅面中部布有细黑点；前缘区大部黑色；基线黑色双线；内线黑色双线波浪形；环纹、肾纹中央黑色；中室基部有2条黄白纵线，不甚清晰；外线黑色双线，有间断，外侧有双列黑点；端线为1列黑点，内侧中褶及亚中褶处各有1个黑斑，缘毛有1列黑点。后翅淡赭黄色，端线为1列黑点。腹部褐黄色。

成虫见于8月上旬。

寄主：繁缕属、缤藜属、车前属植物。

分布：小五台山；保定、唐山、张家口、承德；黑龙江、新疆、山西、青海、江苏、福建、四川；日本、朝鲜、印度。

23.705 阿朽木夜蛾

Axglia sp.

翅展约29mm。

成虫见于7月中旬。

分布：小五台山；张家口。

23.706 灰歹夜蛾

Diarsia canescens Butler

又名：灰地老虎。

体长13～15mm，翅展38～40mm。头、胸部红褐色，前翅棕褐色，基线黑色双线波浪形达A脉；内线黑色双线波浪形；剑纹仅端部现一黑点，环纹、肾纹不明显，灰色黑边，肾纹中有褐圈，后半色稍深；中线暗褐色，较粗，外斜至中脉折角内斜；外线黑色双线锯齿

23.702 鲁夜蛾（1980年8月2日，西台1200m）

23.703 冬麦异夜蛾（1980年7月23日，北台）

23.700 八字地老虎

23.701 润鲁夜蛾

23.704 朽木夜蛾（1980年8月9日，北台）

形，内一线弱；亚端线淡褐色，从外线至外缘颜色较暗。后翅灰褐色。腹部灰褐色，端部及腹面赤褐色。

成虫见于7月上旬。

寄主：紫云英、蔬菜、酸模属、报春属、车前属植物。

分布：小五台山；唐山、张家口；内蒙古、黑龙江、河南、江西、湖北、四川、新疆、青海；日本、朝鲜、印度、缅甸以及欧洲。

23.707 棕色歹夜蛾东方亚种

Diarsia brunnea urupina (Bryk)

翅展约38mm。

成虫见于7月。

分布：小五台山；张家口。

23.708 翠色狼夜蛾

Ochropleura praecox (Linnaeus)

又名：翠地老虎。

体长20mm，翅展45mm左右。头、胸部棕色杂白色，颈板中部有一棕色横线，端部棕褐色，翅基片内缘有黑点。足棕色有白斑；腹部棕色。前翅灰绿色带棕色，布有白点棕点；基线、内线均黑棕色双线衬白色，基线外侧中室上有一小黄白斑；剑纹、环纹、肾纹均赭黄色，黑边，环纹、肾纹外圈白色；中线粗，红棕色波浪形；外线黑棕色锯齿形，外侧白色；亚端线白色，与外线之间为一红棕色弯曲宽带，端线为1列黑点。后翅棕褐色，端区较暗。腹部和足棕色，足有白斑。

成虫见于7月中旬。

寄主：桃、梨、柳、繁缕、蒿属等。

分布：小五台山；河北各地；黑龙江；日本、蒙古、俄罗斯以及欧洲。

23.709 黑剑狼夜蛾

Ochropleura draesekei (Corti)

翅展约44mm。

成虫见于7月上中旬

分布：小五台山；张家口。

23.710 红棕狼夜蛾

Ochropleura ellapsa (Corti)

翅展约38mm。头胸、前翅紫红棕色，颈板棕黑色，近基部有一白横线，胸毛簇端部灰色。前翅环纹“V”形，淡褐色，与前缘区及中室基部的淡褐区连成一片；肾纹灰白色，中有黑圈；环、肾纹间黑色，内线桃红色，后半明显内斜，内侧亚中褶有三角形黑斑；外线外弯，中段锯齿形，外线以外区域色较赭红；亚端线内侧有几个黑点，前端内侧为黑斑。后翅污褐色。腹部褐色。

成虫见于7～8月。

分布：小五台山；张家口；四川、云南。

23.711 灰褐狼夜蛾

Ochropleura ignara (Staudinger)

翅展约36mm。

成虫见于7月中旬。

分布：小五台山；张家口。

23.712 夕狼夜蛾

Ochropleura refulgens (Warren)

翅展34～37mm。

成虫见于6月下旬。

分布：小五台山；张家口。

23.713 衔狼夜蛾

Ochropleura stentze Lederer

翅展约36mm。头胸部暗褐带紫色，头顶及颈板部白色带赭色。颈板端半部黑色。前翅紫褐紫黑色，外线以内的前缘区灰黄色，亚中褶基部有一略呈三角形的黑纹；内线双线黑色，仅后半可见波浪形，前端为2个黑点；环纹灰褐色，“V”形；肾纹暗褐色，内侧稍淡，中央有黑圈；外线黑色锯齿形；亚端线黑色，前端内侧有一黑纹，与外线间的前缘脉有3个土黄色点。后翅烟褐色。腹部灰褐色。前足胫节及跗节上缘白色。

成虫见于7月中旬～8月中旬。

分布：小五台山；张家口；黑龙江、云南、西藏；新疆、青海；日本、印度、俄罗斯。

23.714 基角狼夜蛾

Ochropleura triangularis Moore

翅展约37mm。

成虫见于6～8月。

分布：小五台山东台杨家坪、西台西金河口海拔850～1200m；张家口。

23.706 灰歹夜蛾

23.708b 翠色狼夜蛾

23.708a 翠色狼夜蛾

23.710 红棕狼夜蛾（1980年7月30日，北台）

23.713 衔狼夜蛾

23.715 焰色狼夜蛾

Ochropleura flammatra (Denis et Schifermüller)

翅展约51mm。头胸部褐灰色微带紫色，下唇须第1、2节外侧微黑，颈板端半部黑色。前翅灰褐色微带紫红色，前缘区在外线以内灰色，亚中褶基部有1个黑纹；内线双线黑色波浪形，在中脉前不显；剑纹窄长黑边；环纹灰色，后半黑边并有1条黑纵线自其内缘前端伸至内线；肾纹灰色内缘黑色，中央有模糊的黑褐圈；中线黑褐色；外线双线黑色锯齿形；亚端线淡褐色，内侧衬一粗黑线，在3、4脉处微成外凸齿。后翅白色带灰褐色，端区翅脉微黑。腹部灰褐色。

成虫见于7～8月。

寄主：蒲公英、草莓等。

分布：小五台山；张家口；新疆、西藏；印度、巴基斯坦、叙利亚、伊朗以及欧洲。

23.716 小地老虎

Agrotis ypsilon (Rottemberg)

又名：土蚕、地蚕、黑地蚕、切根虫。

体长21～23mm，翅展48～50mm。头、胸部褐色至黑褐色，额上缘有黑条，头顶有黑斑，颈板基部中部各有一黑横纹。前翅棕褐色，前缘区暗黑，基线、内线黑色双线波浪形；剑纹小，暗褐色黑边；环纹小，扁圆形，黑边；肾纹黑边，外侧中部有一楔形黑纹伸至外线；中线黑色波浪形；外线双线黑色锯齿形，齿尖在各翅脉上为黑点；亚端线微白，锯齿形，内侧M_1～M_3脉间有2个楔形黑纹伸至外线；端线为1列黑点。后翅污白，翅脉深褐色明显，前缘、顶角、端线褐色。腹部灰褐色。

成虫见于5月上旬～7月上旬。

寄主：幼虫取食林木、果树幼苗以及棉花、玉米、高粱、烟草、麦、麻、豌豆、马铃薯等。

分布：小五台山南台、西台、北台海拔1200～1750m；河北各地；全国各地；世界各地。

23.717 警纹地夜蛾

Agrotis exclamationis Linnaeus

又名：警纹夜蛾。

翅展约38mm。头胸部灰微带褐色，颈板有一黑纹。前翅灰褐色，内线暗褐色波浪形；剑纹黑色，较长窄；环纹灰褐色黑边；肾纹大，棕褐色黑边；外线暗褐色锯齿形；亚端线淡，端区较暗。后翅白色微紫褐色。腹部灰色。

成虫见于7～8月。

分布：小五台山；张家口；新疆、西藏；俄罗斯以及欧洲。

23.718 蒲地夜蛾

Agrotis ripae Hüber

翅展约31mm。头胸部淡褐色，下唇须第1、2节外侧杂有黑色，额有白斑，头顶杂有褐色，颈板基半部杂褐色及黑色，中部有白色横纹，翅基片中央白色，边缘有黑线，胸毛簇端部白色。前翅淡黄褐色，翅脉白色，基线黑色锯齿形，外侧衬白色；内线双线黑色，波浪形，线间白色；基线及内线间的前缘脉有一黑条，亚中褶有一褐纹，剑纹黑边；环纹稍扁，边缘黑色，中有黑圈；肾纹中有黑圈较浓粗，边缘黑色；外线黑色锯齿形；亚端线白色，内侧有1列楔形黑纹；端线为1列黑点。后翅白色，端线为1列黑点。腹部赭黄色有白毛。

成虫见于7月中旬。

寄主：猪毛菜等。

分布：小五台山；张家口；内蒙古、西藏、新疆；蒙古以及欧洲。

23.719 大地老虎

Agrotis tokionis Butler

体长20～22mm，翅展45～48mm。头、胸部褐色，颈板中部有一黑横线。前翅灰褐色，外线之内的前缘区及中室暗褐色，基线黑色双线止于亚中褶，内线黑色双线波浪形；剑纹小有黑边，环纹褐色黑边；肾纹大褐色黑边，圆形，其外侧有黑斑与外线几乎相连；中线褐色，外线褐色双线锯齿形；亚端线淡褐色锯齿形，外侧衬褐色，端线为1列黑

23.715 焰色狼夜蛾

23.716a 小地老虎（1980年7月7日，西台1700m）

23.716b 小地老虎

23.716c 小地老虎

23.716d 小地老虎(示幼虫形态)

23.717 警纹地夜蛾

23.718 蒲地夜蛾

点。后翅污白色略带淡黄色，端区较暗。腹部灰褐色。

成虫见于6月中旬～8月上旬。

寄主：幼虫取食林木、果树幼苗、烟草、棉花、玉米、高粱等。

分布：小五台山；河北各地；全国各地；日本、俄罗斯。

23.720 狭三角地老虎

Agrotis degeniata Christoph

翅展约38mm。

成虫见于6月上旬。

分布：小五台山北台海拔1220m；张家口。

23.721 灰地老虎

Agrotis canescens Butler

翅展约35mm。

成虫见于7月中下旬。

分布：小五台山；张家口。

23.722 黄地老虎

Agrotis segetum (Schiffermüller)

体长14～19mm，翅展31～43mm。全体淡灰褐色。雄蛾触角双栉齿状；前翅灰褐色，基线、内线为褐色双线，内线波浪形；剑纹小，有黑褐边；环纹黑边，中央有一黑褐点；肾纹棕褐色，有黑边；中线褐色，前显后弱，波浪形；外线褐色锯齿形；亚端线褐色，外侧衬灰色，外缘具1列三角形黑点；后翅白色半透明，翅脉清晰褐色，前缘及顶角处微褐。雌蛾颜色较暗，前翅斑纹不甚清晰。

成虫见于5～9月。

寄主：幼虫为取食林木、果树幼苗以及棉花、玉米、高粱、烟草、小麦、甜菜、麻、马铃薯、瓜苗、蔬菜等。

分布：小五台山西台、东台海拔850～1800m；河北各地；全国各地；亚洲、非洲、欧洲。

23.719 大地老虎

23.720 狭三角地老虎(1980年6月7日，北台1220m)

23.723 三叉地夜蛾

Agrotis trifurca Eversmann

又名：三叉地老虎。

体长20mm，翅展44mm左右。头、胸部褐色，下唇须及颈板杂有黑色，颈板中部有一黑横线，翅基片内侧有一黑纵纹。前翅棕褐色带紫色，翅脉黑色两侧衬褐灰色，尤以中脉及M_3、Cu_1、Cu_2脉基部明显；基线黑色双线外弯至A脉，内线黑色双线；剑纹窄长，黑边，外端连一黑纵条；环、肾纹之间黑色或暗褐色，环纹扁，黑边，肾纹褐色，中央有黑褐窄圈，黑边；外线黑褐色，锯齿形；亚端线灰白色，锯齿形，两侧各具1列黑齿纹；端线为1列三角形黑点。后翅褐黄色，端区、翅脉褐色。腹部灰褐色。

成虫见于6月下旬～7月中旬。

寄主：高粱、玉米、粟、甜菜、苦荬菜、苣荬菜、苍耳、车前、刺儿菜等。

分布：小五台山；承德、保定、张家口；山西、青海、黑龙江；蒙古、俄罗斯。

23.722 黄地老虎(1980年5月30日，东台1100m)

23.724 皱地夜蛾

Agrotis corticea Schiffermüller

体长17mm，翅展41mm左右。头、胸部褐色杂灰色，颈板中部有一黑横线。前翅棕褐色，前缘区色深，基线、内线黑色双线；剑纹窄长，黑边；环纹中央灰黑色，黑边；肾纹大、黑褐色，黑边；中线模糊；外线褐色，双线锯齿形；亚端线灰白色，内侧有1列黑褐尖齿状纹；端线黑色。后翅淡褐色。腹部灰白带褐色。足胫节和跗节端部有白斑。

成虫见于7月下旬。

寄主：藜、酸模、翘摇等属植物以及玉米、高粱、棉、麻。

分布：小五台山；保定、承德、张家口；黑龙江、青海、四川；日本、印度以及中亚、欧洲、非洲等。

23.725 地夜蛾

Agrotis clavis (Hufnagel)

翅展约39mm。

成虫见于7月中旬。

分布：小五台山；张家口。

23.723 三叉地夜蛾(1981年7月17日，北台)

23.724 皱地夜蛾(1981年7月21日，西台)

23.726 线夜蛾

Elydna lineosa Moore

翅展27～40mm。头胸部深灰褐色，下唇须外侧深褐色，颈板端部灰白色。前翅深褐色，基线黑色外弯至2A脉，内线黑色较直，中线黑色较模糊，环纹不清，肾纹为一白点，外线黑色，亚端线不太清晰。后翅灰褐色。腹部深灰褐色。足跗节外侧褐色并具白斑。

成虫见于7月上中旬。

分布：小五台山；张家口、承德、唐山、邯郸、邢台、保定；湖北、四川；日本、印度。

23.727 白边切夜蛾

Euxoa oberthüri (Leech)

又名：白边切根虫、白边地老虎。

体长18mm，翅展40mm左右。头、胸部褐色，颈板棕褐色，中部有一横黑线。前翅褐色带黑紫色，前缘区淡白褐色，似一白边；基线黑色有间断；内线黑色双线，波浪形外斜；剑纹瘦长，黑边；环纹、肾纹灰色黑边，中央部有褐纹；外线黑色，细锯齿形外弯，与肾纹间色较暗；环、肾纹间及环纹内侧黑；亚端线淡褐色，不规则锯齿形，前端及中段内侧有齿形黑纹，端线黑色。后翅淡褐色。腹部黑褐色。

成虫见于6月中旬～9月中旬。

寄主：粟、高粱、苜蓿、玉米、甜菜、苦荬菜、苍耳、车前子等。

分布：小五台山西台、中台、东台海拔850～2650m；唐山、保定、承德、张家口；黑龙江、内蒙古、宁夏、青海、四川；朝鲜、日本、蒙古以及西欧。

23.728 寒切夜蛾

Euxoa sibirica Boisduval

翅展约38mm。头胸部、前翅暗褐色。前翅基线双线黑色达亚中褶，内线黑色双线波浪形微外斜；剑纹小，端部有黑边线；环纹有不完整的黑边；肾纹边缘微白；中线隐约可见；外线双线黑色细锯齿形；亚端线淡褐色，内侧黑色，不规则弯曲；外缘1列黑点；缘毛基部微白。后翅灰褐色，缘毛微灰。腹部褐色。

成虫见于7月上旬。

分布：小五台山；张家口；黑龙江；日本、朝鲜、俄罗斯。

23.729 黑麦切夜蛾

Euxoa tritici Linnaeus

翅展约34mm。头胸棕褐色，翅基片基部微赭红，中部有一黑横线。前翅褐色，基线微白，内侧衬黑色；内线黑色波浪形，内侧衬白色；中脉白色；剑纹暗灰褐色黑边；环纹淡褐带白色，有白圈及黑边；肾纹淡褐色带白色；中室除环、肾纹外充满黑色；外线不清晰，细锯齿形，齿尖在翅脉上成黑点；亚端线淡灰白色，内侧有1列不整齐的黑纹，在3、4脉处最明显；端线黑色。后翅黄白色，端区带有褐色。腹部淡褐色。胫节外侧较黑。

成虫见于7月中旬～8月上旬。

分布：小五台山；张家口；内蒙古、新疆、黑龙江；土耳其、蒙古以及中亚和欧洲。

23.730 甘蓝夜蛾

Mamestra brassicae (Linnaeus)

又名：甘蓝夜盗蛾。

体长18～25mm，翅展45～50mm。头、胸部暗褐色杂灰色，额两侧有黑纹。前翅褐色，基线、内线均黑色双线，波浪形；剑纹短，黑边；环纹斜圆，淡褐色，黑边；肾纹白色，中有黑圈，后半有一黑色小斑，黑边；外线黑色锯齿形；亚端线黄白色，在M_3、Cu_1脉呈锯齿形；端线为1列黑点。后翅淡褐色。腹部灰褐色。

成虫见于7月上旬～8月上旬。

寄主：桑、葡萄、棉、麦、麻、烟草、甜菜、高粱及十字花科蔬菜。

分布：小五台山；河北各地；黑龙江、吉林、辽宁、内蒙古、山西、北京、四川、湖南、陕西、甘肃、宁夏、青海、河南、西藏、湖北以及华东地区；日本、俄罗斯、印度以及欧洲。

23.726 线夜蛾

23.727b 白边切夜蛾

23.729 黑麦切夜蛾

23.727a 白边切夜蛾(1980年7月30日，东台2650m)

23.728 寒切夜蛾(1980年7月5日，西台)

23.730 甘蓝夜蛾

23.731 阔甘蓝夜蛾

Mamestra contigua Sohiffermüller et Denis

翅展约46mm。

成虫见于7月下旬。

分布：小五台山；张家口。

23.732 鹏灰夜蛾

Polia goliath Oberthür

翅展约60mm。头胸部白色，下唇须第2节外侧有黑纹，额有黑条，头顶有“V”形黑纹，颈板有弧形黑线，翅基片边缘有黑纹，胸部有黑斑。前翅黄白色，2A脉前后、外线外侧及端区散布细黑点；基线双线黑色波浪形达2A脉，后缘有一黑纹；内线双线黑色波浪形外斜，在中室前缘有一黑短线连接双线；剑纹黑色，前后缘黄白色，边缘黑色；肾纹大，中央黑色，其余黄白色，黑边；中线黑色，前端粗，后半锯齿形；外线双线黑色锯齿形，外一线齿尖为黑点；亚端线白色，锯齿形，内侧1列齿形黑纹；端线为1列黑点，缘毛黑白相间。后翅污白色，翅脉、横脉纹黑色；外线黑色，在2A脉至M_3脉上成尖突；端区为黑色宽带，在臀角前空出一白窄区，端线黑色达亚中褶。腹部白色，各节背面有黑色宽带，毛簇端部黑色。

成虫见于7月中旬～8月上旬。

分布：小五台山；张家口、承德、保定；四川、湖北、黑龙江；日本、朝鲜。

23.733 白肾灰夜蛾

Polia persicariae (Linnaens)

翅展38～40mm。

成虫见于7月上旬。

寄主：柳、桦、楸及多种草本植物。

分布：小五台山；张家口、保定、承德；黑龙江、四川；日本、俄罗斯以及欧洲。

23.734 类灰夜蛾

Polia altaica Lederer

体长16mm，翅展42mm左右。头、胸部褐色杂灰色，颈板中部有一黑横纹。前翅灰褐色，基线、内线黑色双线，波浪形，亚中褶基部有一黑纵纹；剑纹暗褐色，环纹、肾纹中央暗褐色，有灰圈及黑边；中线黑棕色；外线黑色双线，锯齿形，外一线弱，线间灰色；亚端线白色，在M_3、Cu_1脉处外突大齿形，内侧衬暗褐色；端线黑色。后翅褐色。腹部灰褐色。

成虫见于8月上旬。

分布：小五台山；保定、张家口、承德；黑龙江、新疆；蒙古、俄罗斯。

23.735 桦灰夜蛾

Polia contigua Schiffermüller

翅展33～36mm。头、胸部灰色杂黑灰色，额有黑条，颈板中部有一黑横线。前翅灰带褐色，亚中褶基部有一黑纵纹，前缘基部具一白斑，基线黑色，内线双线黑色波浪形；剑纹黑边，其后缘一黑纵纹伸至外线；环纹灰白色，斜圆形，后与具一灰白斑斜至外线；肾纹褐色黑边；外线双线黑色锯齿形，外一线弱，齿尖为黑点，外侧各翅脉黑色；亚端线白色，在3、4脉成大锯齿形达外缘，内侧有1列黑尖形纹；端线为1列黑点。后翅淡褐色。腹部褐色。足有白斑。

成虫见于7月上中旬。

寄主：栎、桦、榛、柳、枸杞、菊、一枝黄花等。

分布：小五台山西台海拔1400m；张家口；辽宁、黑龙江；日本、俄罗斯以及欧洲。

23.736 红棕灰夜蛾

Polia illoba Butler

翅展38～41mm。头、胸、前翅红棕色。前翅基线及内线隐约可见双线波浪形；剑纹粗短褐色；环、肾纹椭圆形不明显；外线棕色锯齿形；亚端线微白，内侧深棕色。后翅褐色，基部色浅。腹部褐色。

成虫见于7月下旬～8月中旬。

寄主：桑、菊、牛蒡、甜菜、大豆、葱、胡萝卜、樱桃、棉、苜蓿、荞麦、紫苏、酸模、藜等。

分布：小五台山；张家口；黑龙江、江西、江苏；日本、朝鲜。

23.733 白肾灰夜蛾

23.735 桦灰夜蛾（1980年7月13日，西台1400m）

23.732 鹏灰夜蛾（1980年7月17日，西台）

23.734 类灰夜蛾（1980年8月5日，北台）

23.736 红棕灰夜蛾

23.737 中叉灰夜蛾

Polia furcula Staudinger

翅展约26mm。头、胸部褐灰色，颈板有二黑线。前翅灰带暗褐色，剑纹端部较尖；环纹外侧有一黄白条与剑纹外的双齿形黄白纹相合；外线细波浪形，在5脉与2脉间内弯；亚端线内侧有1列黑齿纹。腹部灰褐色。

成虫见于5月下旬~6月中旬。

分布：小五台山西台、北台上寺海拔1200~1300m；张家口；新疆、甘肃、青海；俄罗斯以及克什米尔地区。

23.738 网夜蛾

Heliophobus reticulate (Goeze)

又名：网行军虫。

体长17mm，翅展40mm左右。头、胸部褐色杂黑色及灰色。前翅暗褐色，翅脉白色；基线白色达A脉，两侧黑色；内线白色，在亚前缘脉处折成一大突齿然后内弯，在中室后又外斜；环纹斜圆，白色，中央黑色，肾纹白色，中央有扁黑圈；剑纹大，黑边；外线白色，两侧衬黑，细波浪形，外弯，再向内弯；亚端线白色，内侧有1列齿形黑纹；端线为1列黑色长点。后翅褐色，端区较暗。腹部暗褐色。

成虫见于7月上旬。

寄主：报春、麦瓶草、酸模等属植物。

分布：小五台山；保定、承德、张家口；内蒙古、新疆；蒙古、俄罗斯以及欧洲。

23.739 后甘夜蛾

Hypobarathra icterias (Eversmann)

体长10~17mm，翅展24~36mm。头、胸部淡黄褐色。前翅黄色，布有赤褐点，基线、内线均褐色双线波浪形；剑纹褐边；环纹黄色褐边，中央有一褐点；肾纹白色黑边，中央有黑棕色弯纹；中线褐色，锯齿形达肾纹然后成直线内斜；外线黑棕色，在翅脉上为黑点；亚端线黄色，外侧衬暗褐色，在M_2脉处内突，此处衬暗褐色最浓；端线为1列黑点。后翅淡赭黄色，端区微褐。腹部黄褐色。

成虫见于7月。

分布：小五台山；保定、承德、张家口；黑龙江、青海、甘肃；俄罗斯。

23.740 歧梳跗夜蛾

Anepia aberrans Eversmann

体长14~15mm，翅展30~32mm。头部褐色，下唇须第2节外侧深色；颈板及胸背白色微带褐色。前翅乳白色，内线外侧至外线内侧间带有褐色，基线黑色止于亚中褶；内线双线黑褐色，波浪形；剑纹黑边，前有一小白点；环纹斜圆形，白色黑边，中央大部分褐色，后端开放；肾纹白色，中有黑曲纹，黑边，内缘黑色较向内扩展，后端外侧有一黑斑达外线；外线双线黑色锯齿形；亚端线白色，微波浪形，内侧M_2至Cu_1脉间有2齿形黑点；端线黑色间断。后翅和腹部淡褐色。

成虫见于7月下旬。

分布：小五台山；保定、唐山、廊坊、承德、张家口；黑龙江；日本。

23.741 角线寡夜蛾

Sideridis conigera (Schiffermüller)

又名：角线黏虫。

体长11~13mm，翅展31~33mm。头、胸部黄色杂红褐色。前翅黄色带红褐色，内线红棕色，直线外斜至亚中褶转向后斜，折角明显；环纹不清，隐约可见黄色；肾纹白色中部有一黄斑，后端向内突，外侧微黑；亚端线黑棕色，前面直、中部内斜，前缘脉处有明显折角；端线红棕色。后翅赭黄色，端区微褐。腹部褐色。

成虫见于7月中旬。

寄主：杂草。

分布：小五台山；保定、承德、张家口；黑龙江、内蒙古、青海；日本、俄罗斯以及欧洲。

23.742 寡夜蛾

Sideridis velutina (Eversmann)

又名：寡黏虫、绒黏夜蛾。

体长20mm，翅展42mm左右。头、胸部灰褐色。前翅淡灰褐色，翅脉白色，各脉间带有黑褐色，只前缘区内不带黑褐色；亚端线以外黑色，亚中褶基部有一黑纵纹，其中央有一淡褐线，A脉后有一黑纹；横脉纹周围黑色；外线为1列黑色锯齿形黑斑，但前、后端不显；亚端线外侧有1列锯齿形黑斑，端线黑色。后翅褐色。腹部淡褐色。

成虫见于7月上旬。

分布：小五台山；石家庄、保定、承德、唐山、张家口；黑龙江、新疆、内蒙古；俄罗斯、蒙古。

23.737 中叉灰夜蛾(1980年5月28日，西台1280m)

23.740 歧梳跗夜蛾(1980年7月24日，中台)

23.738 网夜蛾

23.739 后甘夜蛾

23.741 角线寡夜蛾(1980年7月15日，东台)

23.743 围连环夜蛾

Perigrapha circumducta (Lederer)

又名：连环夜蛾。

体长20mm，翅展50mm左右。头部棕色杂灰白色，胸部褐色，颈板端部白色，触角干白色。前翅褐色，前缘区、后缘区及端区淡黑灰色；外线前后端的外侧带黑灰色；中区带黑棕色；内线较直达A脉；环纹、肾纹大型淡褐色，均与后方1个半圆形淡褐斑连接；外线黑色外斜，从M1脉折向内斜，亚端线不清，前缘内侧有一黑短纹。后翅和腹部褐色。

成虫见于6～9月。

寄主：菊、牛蒡、胡萝卜。

分布：小五台山西台海拔1200m；承德、张家口；山西、新疆；俄罗斯。

23.744 扁连环夜蛾

Perigrapha hoenei Püngler

又名：大连环夜蛾。

体长15mm，翅展43mm左右。头部灰棕色，颈板灰棕色，胸背灰色，下胸红棕色。前翅灰色带棕色，基线黑色达A脉，后端连1个三角形黑斑；内线不清；环纹、肾纹灰白色，大型，后端由一灰白色窄扁的斑相连；内线以外的中室部分黑色，窄扁斑下面黑色；外线、亚端线不明显，但两线之间有色淡的宽带；端线为1列黑点。后翅和腹部褐灰色。

成虫见于4月中下旬。

分布：小五台山西台杨树林海拔1220m；张家口；黑龙江；日本。

23.745 小罕夜蛾指名亚种

Perssandris diazyx diazyx (Püngeler)

翅展约35mm。

成虫见于8月上旬。

分布：小五台山；张家口。

23.746 大光腹夜蛾

Mythimna grandis (Butler)

又名：光腹黏虫。

体长19～20mm，翅展45～47mm。头、胸部褐色杂有黑色。前翅赭褐色，布有细黑点及褐细纹，内线黑色，略呈括弧状，肾纹黄白色，环纹不显，外线黑色，细锯齿形，端线为1列黑点。后翅赭黄色，端区带有红褐色，缘毛橙黄色。腹部黑褐色，各节端部有1圈赭黄色毛圈。本种与光腹夜蛾*M. turca*相似，但雄蛾后足胫节饰毛不特别发达。

成虫见于6月下旬～7月中旬。

寄主：地杨梅属植物。

分布：小五台山；张家口、保定、承德；辽宁、黑龙江；日本、朝鲜。

23.747 烙图夜蛾

Eugraphe sigma Schiffermüller

翅展约40mm。头、颈板红褐色，下唇须第1、2节外侧大部黑色。胸背棕黑色。前翅红褐色，除前缘区外大部分带有黑色，基线双线黑色，波浪形达亚中褶；内线双线黑色波浪形外斜，内侧亚中褶处有一黑纹；剑纹黑边；环纹与肾纹间黑色；肾纹褐色，中央灰黑色；中线黑褐色模糊；外线双线黑色锯齿形，线间赭色；亚端线不明显，内侧有1列尖齿形黑纹。后翅污褐色。腹部黑褐色。

成虫见于6月下旬～7月中旬。

分布：小五台山；张家口；黑龙江、吉林、新疆；欧洲。

23.742a 寡夜蛾(♀)

23.743 围连环夜蛾(1981年6月18日，西台1200m)

23.746 大光腹夜蛾(1980年7月1日，中台)

23.742b 寡夜蛾(♂；1980年7月7日，南台)

23.744 扁连环夜蛾(1980年4月25日，西台1220m)

23.747 烙图夜蛾

23.748 白钩黏夜蛾

Leucania proxima Leech

体长12mm，翅展29mm左右。头、胸部褐色杂有灰色，颈板有3条黑横线，翅基片边缘黑棕色。前翅褐赭色，布有黑点；亚中褶基部有一黑纵纹，其上有一小白点；中脉端部为一白色短纹，在横脉处向前钩，似为一白色小钩；后缘区中部有一黑纵纹；外线黑色锯齿形，在亚中褶处有一黑纹内伸；亚端线淡褐色，自顶角内斜至M_2脉然后外弯，其外侧色暗褐，内侧各脉间有黑纹；端线为1列黑色长点。后翅淡褐色，端区色暗。腹部褐色，节间有金黄色纹。

成虫见于5月上旬。

分布：小五台山；保定、承德、张家口；湖北、四川；日本。

23.749 白脉黏夜蛾

Leucania venalba Moore

又名：白脉黏虫。

体长11～12mm，翅展30～32mm。头、胸部淡赭黄色，额有褐纹，颈板有2条黑灰横线，近端部有一褐横纹。前翅淡赭黄色，翅脉白色衬褐色，各脉间有一褐纵纹，基线、内线仅前端现一黑点，Cu_2脉基部后方有一黑点，外线为1列黑点，顶角至M_2脉有一斜影。后翅半透明，白色，顶角区带黄色。腹部褐灰色。

成虫见于6月上旬～7月中旬。

寄主：麦、粟、高粱、玉米、稻等。

分布：小五台山；河北各地；湖北、福建；印度、斯里兰卡、新加坡以及大洋洲。

23.750 阔尼黏夜蛾

Leucania conigera Schiffer-müller

翅展约32mm。前翅中室顶角下方具1个似新月形白斑。

成虫见于7月中旬～8月中旬。

分布：小五台山西台、南台海拔1200～1800m；张家口。

23.751 黏　虫

Leucania separata Walker

体长15～17mm，翅展36～40mm。头、胸部灰褐色。前翅灰黄褐色、黄色或橙色，变化较多，内线只几个黑点，环纹、肾纹褐黄色，界限不明显，肾纹后端有一白点，两侧各有一黑点，外线为1列黑点，亚端线自顶角内斜至M_2脉，端线为1列黑点。后翅暗褐色，向基部渐淡。腹部暗灰褐色。

成虫见于6～9月。

寄主：麦、粟、稷、高粱、玉米、稻等。

分布：小五台山西台、北台、南台海拔1200～1500m；河北各地；全国除新疆、西藏以外各地；古北区东部、东南亚等。

23.752 仿劳黏夜蛾

Leucania insecuta Walker

又名：仿劳黏虫。

翅展约37mm。头、胸部淡赭褐色，额和头顶有暗灰条，颈板有3条暗灰横纹，前胸毛簇白色间黑色。前翅淡赭黄色，翅脉衬紫褐色，各翅脉间另有紫褐纵纹；内线为1列黑点；剑纹仅现一黑点，中室下角一白点，其周围色较暗褐；外线有双列黑点，顶角具一斜纹，其外后侧色较暗，约形成三角形；端线为1列黑点。后翅淡黄色，翅脉、端区及后缘褐色。腹部褐色。

成虫见于8月上旬。

分布：小五台山东台海拔850～970m；张家口；江苏、云南；日本。

23.753 斑盗夜蛾

Hadena confus（Hufnagel）

翅展约35mm。

成虫见于6月下旬。

分布：小五台山；张家口。

23.754 唳盗夜蛾

Hadena rivularis（Fabricis）

翅展34～37mm。

成虫见于7月上中旬。

分布：小五台山；张家口。

23.748 白钩黏夜蛾(1980年5月7日，西台)

23.750 阔尼黏夜蛾(1980年8月2日，南台1800m)

23.751b 黏虫

23.749 白脉黏夜蛾

23.751a 黏虫(1980年6月12日，西台1300m)

23.752 仿劳黏夜蛾(1980年8月7日，东台1100m)

23.755 雪冬夜蛾

Cucullia jankowskii Oberthür

体长16mm，翅展35mm左右。头部棕色，颈板基部棕色，端半部白色，胸背面白色，后胸毛簇端部棕色。前翅白色，内、外线区带灰棕色，后缘区中段褐色；基线黑色；内线棕色双线波浪形，外一线杂黑色；环纹不显，肾纹棕色，围一不完整的白圈，内侧有2个黑色；外线黑色波浪形，外区前缘脉上有3个白点，近外缘有一灰棕窄带；端线为1列黑点。后翅白色，向外逐渐变成黑棕色。腹部淡褐白色。

成虫见于6月下旬。

分布：小五台山；保定、张家口、承德；黑龙江。

23.756 富冬夜蛾

Cucullia fuchsiana Eversmann

体长14mm，翅展32mm左右。头、胸部白色杂褐色，颈板中部有一暗纹。前翅白色带褐色，亚中褶基部白色，有一黑纵纹；基线在前缘脉现一黑点，内线棕褐色；剑纹黑褐色，齿形，外方一白斑，环纹、肾纹白色，中央褐色，黑边；外线从肾纹至后缘、内斜，褐色，前段不显；顶角内侧有几条黑纵纹；亚端线粗而白，从顶角内斜至M_2脉后外突再内斜；端线黑色，亚端区有1列黑褐纹。后翅黄白色，端部较暗。腹部黄褐色。

成虫见于5月中旬。

寄主：扫帚艾等。

分布：小五台山；保定、承德、衡水、张家口；内蒙古、黑龙江、新疆、青海；俄罗斯、蒙古。

23.757 蒿冬夜蛾

Cucullia fraudatrix Eversmann

体长13mm，翅展36mm左右。头、胸部灰褐色。前翅灰褐色，亚中褶基部有一黑纵纹；内线黑色，外斜至亚中褶折角内斜，在2A脉处再成一齿；环纹灰色斜方形；肾纹大，灰色，内侧有一暗灰斜条；外线暗灰色，波浪形；亚端线灰色，前端内侧微黑，在M_3脉前Cu_2脉后各有一黑色纵纹穿过亚端线。后翅黄白色，外侧灰褐色。腹部褐黄带灰色。

成虫见于8月上旬。

寄主：蒿。

分布：小五台山；张家口；黑龙江、新疆；日本以及欧洲。

23.758 重冬夜娥

Cucullia duplicata Staudinger

体长21mm，翅展41mm左右。头、胸部灰色杂褐色，颈板灰白色，近基部有2条黑色横线，近端部有2条暗褐线，胸部毛簇杂黑色。前翅灰白带黑褐色，翅脉黑色，亚中褶基部有一黑色纵纹；基线仅在前缘区现褐纹；内线黑色双线，波浪形，稍间断；剑纹灰白色，褐边；环纹扁圆形；肾纹灰白色，黑边，两纹中部有褐圈；中线黑色外斜至肾纹；外线黑色，前后端双线，中段内斜；亚端线由褐色短纹组成，端线为1列黑色长点。后翅淡褐色，缘毛白色。腹部灰褐色。

成虫见于7月中旬~8月上旬。

分布：小五台山；承德、张家口；内蒙古、新疆、青海、宁夏、西藏；蒙古。

23.759 贯冬夜蛾

Cucullia perforata Bremer

体长20mm，翅展35mm左右。头、胸部灰白色杂棕色，额有黑斑，颈板近基部有一黑横线，中部、端部各有一褐色横纹。前翅灰褐色，基线在中室前可见黑色，亚中褶基部有一黑纵线；内线黑色双线外斜至中室；环纹椭圆形，中央褐色，周围白色；肾纹暗褐色，内侧后半白色；中线黑色，前后段明显；外线黑色双线，线间白色，M_1~Cu_1脉间不清；亚端区在M_1脉前有几个黑纵纹，Cu_2脉端部后方一黑纵条纹，端线为1列黑点。后翅黄白色，端区褐色。腹部褐灰色。

成虫见于5月下旬。

分布：小五台山；保定、承德、张家口、衡水；黑龙江、山东；日本、朝鲜。

23.757 蒿冬夜蛾

23.758 重冬夜娥

23.755 雪冬夜蛾(1980年6月25日，西台)

23.756 富冬夜蛾(1980年5月17日，北台)

23.759 贯冬夜蛾(1981年5月22日，南台)

23.760 长冬夜蛾

Cucullia elongata (Butler)

体长20～22mm，翅展40～48mm。头部及胸部灰色杂暗褐色，颈板近基部有一黑横线。前翅褐灰色，窄长，翅脉黑色，亚中褶基部有一黑纵线；内线双线暗褐色，深锯齿形；环纹及肾纹大，中部凹，灰白色黑边，中央有褐圈，两者相距较近；外线锯齿形，中段不显，在Cu_2脉后衬以灰白色；亚端区有隐约的斜纹，端线为1列黑点，翅后缘黑褐色。后翅淡褐色，端区色深，缘毛黄白色。腹部淡褐黄色，毛簇黑色。腿节和胫节具灰褐色长毛。

成虫见于6月中旬。

分布：小五台山；石家庄、沧州、保定、唐山、承德、张家口；辽宁、黑龙江、青海、新疆；印度、日本。

23.761 斑冬夜蛾

Cucullia maculosa Staudinger

体长20mm，翅展42mm左右。头、胸部灰色，头顶、额部有黑色条纹，颈板近基部有一黑纹。前翅灰色，基线在中室前为双黑纹，内线黑色，亚中褶有一黑纵纹；环纹黄白色，有黑边，中央褐色；剑纹大，有黑边，其外方有一黑斑；肾纹灰色黑边，中央褐色；外线不清晰，在Cu_2脉后黑色；亚端区有一暗褐纵纹；端线黑色，在各脉端处间断，翅脉黑色。后翅白色微带褐色，端区色较深。腹部淡黄灰色。

23.760 长冬夜蛾(1981年6月14日，北台)

23.761 斑冬夜蛾

成虫见于6月上旬。

分布：小五台山；张家口、承德；黑龙江；俄罗斯、日本。

23.762 碧银冬夜蛾

Cucullia argentea (Hüfnagel)

体长16～17mm，翅展35～38mm。头部灰褐色，触角基部及复眼周围白色，胸部白色有不明显的灰褐条纹，颈板基部及端部、翅基片外缘和后胸毛簇褐色。前翅银白色，前、后缘各有一灰绿色纵纹，各横纹均为灰绿色宽条，基线内斜至中室后，内线内斜至2A脉，中线外斜至Cu_2脉然后内斜，外线外斜至M_1脉间断，再从M_2脉内斜至后缘，内、外线间在M脉及2A脉各有一灰绿色纵纹相连，亚端线内斜，端线细，黑色，绿毛白色。后翅白色，端区带有灰褐色。腹部白色，基部几节背面赭黄色。

成虫见于6月上旬。

分布：小五台山西台海拔1100～1400m；石家庄、保定、承德、张家口；黑龙江、北京、青海、新疆；日本以及欧洲。

23.762a 碧银冬夜蛾

23.762b 碧银冬夜蛾(1980年6月8日，西台1200m)

23.763a 黄条冬夜蛾

23.763 黄条冬夜蛾

Cucullia biornata Fishcher

体长21～22mm，翅展46～51mm。头部黄白杂暗褐色，胸部灰色杂暗褐色，颈板有2黑棕色细线。前翅褐灰黄色，翅脉黑棕色，亚中褶及中室外半部明显淡黄色，亚中褶基部有一黑纵线；内线及外线黑棕色，仅在亚中褶后可见深锯齿形；端区各脉间有褐线及淡黄色细纵线。后翅黄白色，端区微带褐色。腹部黄白带灰色，腹端有灰黄色长毛。

成虫见于5月上旬。

分布：小五台山北台、西台海拔1200～1700m；石家庄、保定、承德、张家口；内蒙古、辽宁、青海、新疆；俄罗斯。

23.764 银装冬夜蛾

Cucullia splendida (Stoll)

体长13～16mm，翅展31～39mm。头部及胸部白色杂暗灰色，颈板基部及端部暗灰色。前翅银蓝色，后缘中部下方有一条土黄色纵条伸在臀角，缘毛白色。后翅白色，端区带暗褐色。腹部淡赭黄色。

成虫见于5月中旬。

分布：小五台山；承德、张家口；青海、甘肃、内蒙古、新疆、西藏；俄罗斯、蒙古。

23.763b 黄条冬夜蛾(1980年5月4日，北台1400m)

23.764a 银装冬夜蛾(右前翅反光；1980年5月15日，西台)

23.764b 银装冬夜蛾

23.765 冬夜蛾

Cucullia sp.

翅展约33mm。

成虫见于7月中旬。

分布：小五台山；张家口。

23.766 樱毛冬夜蛾

Mniotype satura Schiffermüller

翅展约40mm。头、胸部黑褐杂褐色，颈板中部有一黑线。前翅淡褐间黑色，内、外线间及端区明显黑褐色，亚中褶基部有一黑纹，1脉基部后方有一黑纹；基线双线黑色达亚中褶；内线双线黑色波浪形外斜；剑纹后一黑线连接内、外线；环纹斜椭圆形，淡褐色；肾纹大，淡褐色，内半有一暗褐曲纹；外线双线黑色锯齿形，在各脉上有黑点；亚端线黑白色锯齿形，内侧有1列黑齿纹；端线为1列黑点。后翅暗褐色。腹部暗褐色，基部较灰。

成虫见于5月下旬。

分布：小五台山；张家口；新疆、黑龙江；欧洲。

23.767 白黑首夜蛾

Craniophora albonigra Herz

翅展约32mm。头胸部灰白与黑色混杂。下唇须第2节有黑条纹，颈板有二黑线。翅基片边缘黑褐色。前翅灰带黑色，基部后缘有黄色纹；基线前端双条，在中室为单线；内线双线黑色，波浪形外斜，在亚中褶和1脉处折角；基线与内线具一黑纹相连于亚中褶；环纹有白圈；肾纹褐色；环纹、肾纹均黑边；中线黑色，内侧灰白色，在中室后成为白色带；外线双线黑色，前半段充满白色；亚端线白色，在2脉后成一明显的斜纹。后翅黄白色，端区微带褐色。腹部灰黄色。足跗节有白环。

成虫见于6月下旬～7月中旬。

分布：小五台山；张家口；黑龙江、湖北、四川。

23.768 女贞首夜蛾

Craniophora ligustri Schiffemüller

翅展约40mm。头部灰黑色杂白色。下唇须黑褐色。额顶部有褐色条纹。胸部黑褐色杂白色。颈板基半部白色。翅基片基部有白斑。前翅黑灰色，基线黑色，在中室处间断；内线双线黑色，波浪形，线间微白；中线黑色外弯至中室，自亚中褶起较粗并外斜；环纹、肾纹黑边，中央棕褐色，肾纹外一片白色，直至外线；外线双线黑色波浪形，线间白色，后半白色较不显；亚端线白色锯齿形，在5、6脉处不显；顶角有一白斑；端线为1列黑点；缘毛黑白相间。后翅白色，顶角及外缘微黑，亚端线前端可见微黑色。腹部污白色。足跗节有白环。

成虫见于7月上中旬。

寄主：梣属、桤木属、女贞属等。

分布：小五台山；张家口；黑龙江；日本、俄罗斯及欧洲。

23.769 干纹冬夜蛾

Staurophora celsia (Linnaeus)

又名：干纹夜蛾。

体长18～20mm，翅展38～40mm。头部及胸部粉绿色，下唇须第1、2节褐色，颈板端部及翅基片边缘褐色，后胸毛簇褐色。前翅粉绿色，翅基部有一棕褐色斑；翅中部有一树干形棕褐色斑纹，向内伸出的一枝较大，向外伸出的一枝较小；顶角、中褶端和臀角各有一三角形褐斑，环纹、肾纹均不显，端线棕褐色，缘毛棕色。后翅棕褐色，缘毛端部白色。腹部黄褐色。

成虫见于6月下旬。

幼虫取食草根。

分布：小五台山；邯郸、承德、张家口；黑龙江、青海、新疆；欧洲。

23.770 东风夜蛾

Eurois occulta (Linnaeus)

翅展约32mm。

成虫见于7月上旬。

分布：小五台山；张家口。

23.771 乌夜蛾

Melanchra persicariae (Linnaeus)

翅展约29mm。

成虫见于8月上旬。

分布：小五台山；张家口。

23.772 选拟三角夜蛾

Melapia electaria (Butler)

翅展约32mm。

成虫见于7月中下旬。

分布：小五台山；张家口。

23.768 女贞首夜蛾

23.766 樱毛冬夜蛾

23.767 白黑首夜蛾

23.769 干纹冬夜蛾(1980年6月28日，西台)

23.773 睫冬夜蛾

Blepharosis sp.

翅展约45mm，体长18mm。头胸部黑褐色杂灰褐色。腹部背面基部灰褐色，端部黄褐色。前翅翅脉色淡，基线双线黑色，达亚中褶；内线黑色双线，微曲外斜至近翅中部，两线间色淡；环纹较大色淡黑边；肾纹色淡，纹内有黑线纹；环纹、肾纹间色深；外线内斜双线黑色，波折状，其在翅脉上显示呈黑点状；亚端线呈白色三曲（形成3个向外的弧弯，其中第1个弧弯小）；端线为1列黑点；缘毛黑色。后翅灰褐色，翅后面可见黑褐色的中线和端线。

成虫见于5月15日。

分布：小五台山西台海拔1250m；张家口。

23.774 奥冬夜蛾

Orbona fragariae (Esper)

体长24～30mm，翅展51～57mm。头部及胸部褐色；下唇须短小，前伸，额平滑，复眼圆大，雄蛾触角线状具纤毛。前翅褐色布有黑点，环纹及肾纹均不明显，两纹之间及肾纹外侧均呈暗褐色梯形的斑纹；内线浅色外斜；中线在中室前不显，在中室后呈模糊的深褐色纹；外线淡色，中室外外曲，然后内斜至Cu_2脉后略与后缘垂直；亚端线明显，双线，线间灰褐色；外缘各脉间具黑点，缘毛褐色。后翅除前缘及外缘橙褐色外均为黑褐色，中室端有黑斑，缘毛橙褐色。腹部宽扁，黑褐色，各节末端黄色。

23.774 奥冬夜蛾

23.775 野瓜冬夜蛾（1980年7月10日，东台）

成虫见于6月中下旬。

分布：小五台山；张家口、承德；北京、黑龙江、内蒙古；日本、俄罗斯以及欧洲。

23.775 野瓜冬夜蛾

Oncocnemis campicola Lederer

又名：瓜冬夜蛾。

翅展约33mm。头胸部黑褐色，颈板灰褐色，下胸具灰色长毛。前翅蓝灰色，内外线间暗褐色；基线双线暗褐色，止于亚中褶；内线双线黑褐色，双曲；环、肾纹中央褐色，围以蓝白圈，黑边；中线粗，黑色；外线双线黑褐色细锯齿形；亚端线蓝白色锯齿形，内侧各脉间有黑色尖纹；端线黑色。后翅白色，翅脉及端区黑褐色，缘毛污白色。

成虫见于6月下旬～7月中旬。

分布：小五台山；张家口、保定、承德；内蒙古、黑龙江、甘肃；蒙古、俄罗斯。

23.776 洼皮夜蛾

Nolathripa lactaria (Graeser)

翅展约35mm。

成虫见于7月上旬～8月上旬。

分布：小五台山；张家口。

23.777 柳美冬夜蛾

Xanthia furvago (Clerck)

分布：小五台山；张家口。

23.778 黄紫美冬夜蛾

Cirrhia togata Esper

体长12mm，翅展33mm左右。头部及颈板紫棕色，胸部黄色。前翅黄色，基线紫棕色达2A脉，前端外侧有三角形紫棕斑，其后端尖，后方在2A脉前有一小紫棕斑；内线紫棕色，间断；环纹黄色，边缘紫棕色，不完整；肾纹黄色，中有2个紫棕色点；中线波浪形外弯；外线双线紫棕色锯齿形，中线与外线间带紫棕色；亚端线紫棕色，中段弯曲，前后端内侧带紫棕色，外侧有1列紫棕色小斑；端线为1列紫棕色点，缘毛紫棕色。后翅淡黄色，外线暗褐色，有时不太明显。腹背黄褐色。腹面棕色。足紫棕色。

成虫见于6月上旬。

寄主：柳。

分布：小五台山；张家口；黑龙江、新疆；日本以及美洲、欧洲。

23.778 黄紫美冬夜蛾（1981年6月8日，北台）

23.779 美冬夜蛾

Cirrhia fulvago (Linnaeus)

体长12～14mm，翅展34～36mm。头部及胸部淡黄色，下唇须赭褐色。前翅淡黄色，基线褐色达2A脉，前段外侧有一略呈三角形褐斑；内线双线褐色波浪形；环纹圆形，褐边；肾纹后半有一黑褐色圈；中线暗褐色，后半锯齿形；外线双线褐色波浪形，前端外侧有一大暗褐斑；亚端线暗褐色间断；各线除褐斑外有时不太明显；缘毛暗渴色间黄色。后翅黄白色。腹部和足腿节淡黄色，胫节及跗节赭褐色。

成虫见于9月上旬。

寄主：柳。

分布：小五台山西台海拔1200m；保定、衡水、张家口；青海、黑龙江、新疆；日本以及欧洲。

23.779a 美冬夜蛾

23.779b 美冬夜蛾（1980年7月2日，西台1200m）

23.780 拱模夜蛾

Noctua chardinyi (Boisdyval)

翅展约30mm。头、胸灰褐色，腹黑色。前翅红褐色；后翅黄色，端区为一黑色宽带。

成虫见于7月上旬。

分布：小五台山；张家口；黑龙江、甘肃、新疆；蒙古、俄罗斯以及欧洲。

23.781 布冬夜蛾

Bryomima sp.

翅展约30mm。

成虫见于5月28日。

分布：小五台山西台海拔1220m；张家口。

23.782 核桃豹夜蛾

Sinna extrema (Walder)

体长15mm，翅展32～40mm。头部及胸部白色，颈板，翅基片及前后胸上有橘黄色斑纹。前翅白色，被互相交错并弯曲的橘黄色纹分成若干不规则的白色块；外线橘黄色弯曲；顶角白色，内有4个黑点，外缘后半部有3个黑点。后翅白色微带淡褐色。腹部黄白色，背面微带褐色。本种体翅颜色有变异，有的前翅顶角黑点隐约可见，有的不明显，体翅颜色亦淡。

成虫见于7月上中旬。

寄主：核桃、枫杨。

分布：小五台山；张家口、承德；浙江、江苏、江西、湖北、四川、黑龙江、吉林；日本。

23.783 黑肾蜡丽夜蛾

Kerala decipiens Butler

体长12mm，翅展36～39mm。头部及胸部灰色带淡褐色，额及颈板边缘带紫色。前翅灰白色，前半部带淡紫褐色，前缘区及各翅脉布有淡褐点列；内线淡褐色带状，后半分为2叉；环纹为一黑点，有时不显；肾纹为黑色新月形；外线弱，黑色，有时仅后半明显；亚端线黑色锯齿形，自M_1脉至后缘显著。后翅污白色，外缘有时隐约有一带。腹部淡褐灰色。

成虫见于7月下旬～8月初。

分布：小五台山；张家口、保定、承德；黑龙江、内蒙古、四川；日本。

23.784 灰猎夜蛾

Eublemma arcuinna Hübaer

又名：灰白虫。

体长11～13mm，翅展27～30mm。头部及胸部淡褐灰色。前翅灰褐色，内线黑色波浪形；外线黑色外侧衬灰白色，波浪形外弯；亚端线微白，内侧衬黑色；外线与亚端线间有一模糊黑色波浪形线；端线黑色，缘毛基部白色，端部灰褐色。后翅黑褐色，中线、外线黑色衬白色，亚端线白色，端线黑色，缘毛基部白色。腹部淡褐灰色。

成虫见于7月下旬。

分布：小五台山；邯郸、石家庄、保定、唐山、承德、张家口；黑龙江、新疆；伊朗、土耳其、朝鲜以及欧洲。

23.785 二红猎夜蛾

Eublemma dimidialis (Fabricius)

又名：二红白虫。

体长9mm，翅展20～26mm。头部及胸部淡黄色。前翅内半淡黄色，外半桃红色，由翅中央斜分，亚端线为一黄褐色带，自R_5脉至后缘，缘毛端部白色。后翅黄白色，端区带褐色，臀角处带桃红色，缘毛端部白色，臀角处缘毛带桃红色。腹部淡黄色，第2节背面有一桃红色斑。

成虫见于6月下旬～7月上旬。

寄主：豇豆、赤小豆等。

分布：小五台山；张家口、邢台；江西、台湾、湖北；日本、斯里兰卡、印度尼西亚、印度以及大洋洲。

23.786 斑藓夜蛾

Crphia granitaris (Butler)

分布：小五台山；张家口。

23.787 绿藓夜蛾

Crphia prasina (Draudt)

分布：小五台山；张家口。

23.780 拱模夜蛾

23.782 核桃豹夜蛾

23.784 灰猎夜蛾

23.781 布冬夜蛾（2007年5月28日，西台1220m）

23.783 黑肾蜡丽夜蛾

23.785 二红猎夜蛾（腹部缺损，1980年6月25日，西台）

23.788 姬夜蛾

Phyllophila obliterata (Rambur)

又名：菊姬夜蛾。

体长6～8mm，翅展19～22mm。头、胸部黄白色杂淡褐色。前翅黄白色带褐色，内线较粗，两侧带褐色；环纹为一褐色点；肾纹由2褐点组成，后一点粗；外线白色，两侧衬褐色，由M_3脉后直线内斜，内侧所衬褐色条较粗暗；亚端线白色，内侧暗褐色，自R_5起内斜，至亚中褶稍曲；端线为1列黑点。后翅白色微带褐色，端区色较暗。腹部黄白色杂淡褐色。

成虫见于6月下旬。

寄主：除虫菊、蒿等。

分布：小五台山；石家庄、唐山、张家口；江西、湖北、黑龙江、福建、新疆；伊朗以及欧洲。

23.789 后委夜蛾

Athetis gluteosa (Treitschke)

分布：小五台山；张家口。

23.790 委夜蛾

Athetis sp.

分布：小五台山；张家口。

23.791 谐夜蛾

Emmelia trabealis (Scopoli)

又名：白薯绮夜蛾。

体长8～10mm，翅展19～22mm。头、胸暗赭色，下唇须黄色，额黄白色，颈板基部黄白色，翅基片及胸背有淡黄纹。前翅黄色，中室后及2A脉各有一黑纵条伸至外线；外线黑灰色，粗，起自M_1脉；环纹、肾纹为黑点；前缘脉有4个黑小斑；顶角有一黑斜条为亚端线前段，然后间断，在M_2脉外成一黑点，在臀角为一黑曲纹；缘毛白色，有1列黑斑。后翅烟褐色，缘毛黄白色。腹部黄白色，背面微带褐色。

成虫见于7月中旬～8月上旬。

寄主：甘薯、田旋花。

分布：小五台山；石家庄、保定、唐山、承德、张家口；黑龙江、青海、新疆、陕西、江苏、广东；叙利亚、土耳其、伊朗、日本、朝鲜、阿富汗以及非洲、欧洲。

23.792 亭俚夜蛾

Lithacodia gracilior Draudt

体长7～9mm，翅展23～25mm。头、胸部淡绿白色，下唇须黑色，额两侧有黑斑，触角黑色，颈板基部有黑横线，翅基片末端黑色。前翅白色带霉绿色，基线黑色，波浪形达2A脉；内线黑色，微波浪形外斜；剑纹端部有一斜三角形黑斑纹；环纹大，白色，中央有一霉绿圈。肾纹大，色同环纹，两纹间有黑斑，斑前另一三角形黑斑；中线暗绿色，仅后半可见；外线黑色，前端不显，中段外弯，后段锯齿形，外侧白色，M_3至Cu_2脉间有一黑斑；端线为1列半圆形黑点。后翅灰色带褐色，缘毛白色。腹部淡绿白色。

成虫见于8月中旬。

分布：小五台山；保定、张家口、承德；陕西。

23.793 木俚夜蛾

Lithacodia nemorum (Oberthür)

体长6mm，翅展18～21mm。头部褐色，胸部黑褐色。前翅黑褐色，基线黑色达中室；内线黑色锯齿形，内侧白色；环纹，肾纹中央褐色，外有白圈黑边；剑纹端部黑边；外线黑色波浪形，前半外弯，外侧较宽白色；亚端线白色波浪形，中段外弯；亚端区前缘脉上有白点，端线为1列黑点。后翅褐色。腹部黄褐色。

成虫见于6月下旬～7月中旬。

分布：小五台山；张家口、唐山、承德；黑龙江、新疆；日本、朝鲜。

23.794 苹美皮夜蛾

Lamprothripa lactaria (Graeser)

又名：苹美皮蛾。

体长7～9mm，翅展21～25mm。头部白色，下唇须及额黑色，胸部白色，前、后胸带黑灰色。前翅基半部白色，外半部暗褐色，中室基部有一簇白色竖鳞，中室端部有一黑色斜纹伸至前缘脉；外线黑色，上有凸起的鳞片，前半部微外弯，至Cu_2脉后外斜；亚端线淡褐色，有1列黑点。后翅白色，端区带淡褐色，缘毛灰白色。腹部基节白色，其余淡褐色间白色。足褐色，跗节有白斑。

成虫见于6月下旬～7月中旬。

寄主：苹果、枇杷。

分布：小五台山；张家口、石家庄、保定、唐山、承德；江西、四川；日本。

23.788 姬夜蛾（1980年6月27日，西台）

23.792 亭俚夜蛾

23.791 谐夜蛾（1981年7月19日，南台）

23.793 木俚夜蛾（1980年6月27日，中台）

23.794 苹美皮夜蛾

23.795 三斑蕊夜蛾

Cymatophoropsis trimaculata (Bremer)

体长15mm，翅展35mm左右。头部黑褐色，胸部白色，翅基片端半部与后胸褐色。前翅黑褐色，基部、顶角及臀角各有一大带白边的褐斑，基部的斑最大，外缘波曲外弯，斑外缘毛白色，其余黑褐色，Cu_2脉端部缘毛有一白点。后翅褐色，横脉纹及外线暗褐色。腹部灰褐色，前后端带白色。

成虫见于6月上旬。

分布：小五台山；邯郸、邢台、石家庄、保定、承德；黑龙江；日本、朝鲜。

23.796 稻螟蛉夜蛾

Naranga aenescens Moore

又名：稻螟蛉。

翅展16～19mm。雄性头、胸、腹部褐黄色。前翅金黄色，前缘基部红褐色；中部和近端部各有一红褐色斜条，这2个斜条近平行。后翅暗褐色，较淡，缘毛黄色。雌性色较淡，斜条不达前缘。

成虫见于6月下旬～7月中旬。

寄主：稻、高粱、玉米、稗、茅草、茭白等。

分布：小五台山；张家口、石家庄、保定、唐山、承德；江苏、浙江、福建、台湾、湖南、江西、广西、云南、陕西；日本、朝鲜、缅甸、印度尼西亚。

23.797 焰夜蛾

Pyrrhia umbra Hüfnagel

又名：烟火焰夜蛾。

翅展约32mm。头胸部黄褐色，翅基片有一黑纹。前翅黄色，布赤褐色点，外线至外缘带有紫灰色；基线赤褐色，只达亚中褶；内线赤褐色，大锯齿形；剑纹黄色，端部有赤褐边；环纹黄色，具赤褐边；肾纹黄色，中央一淡黑斑，边缘赤褐色；中线赤褐色，外斜至肾纹后端，折角内斜；外线黑褐色，自7脉起内斜，后半与中线平行；亚端线黑色，锯齿形，稍间断；端线黑褐色；翅脉赤褐色；前缘脉较黑灰，外线至亚端线一段有3个白点。后翅黄色，翅脉与横脉纹微黑，端区有一黑色大斑，端线褐色。腹部褐色有黄毛。

成虫见于6月下旬。

寄主：大豆、烟草、荞麦、油菜等。

分布：小五台山；张家口；黑龙江、新疆、湖北；日本、朝鲜、俄罗斯、印度、伊朗以及北美洲、欧洲。

23.798 双纹焰夜蛾

Pyrrhia bifasciata (Staudinger)

分布：小五台山；张家口。

23.799 葫芦夜蛾

Anadevidia peponis (Fabricius)

体长约15mm，翅展31～40mm。头部及胸部灰褐色。前翅褐灰色，前缘区基部、中室后及端区有金色，前缘区中段有褐色细纹；基线达2A脉，内线双线褐色，在中室后内斜；环纹灰边，肾纹窄，褐色灰边；外线双线褐色并微曲内斜，内、外线间在Cu_2脉后带有较浓褐色；亚端线波曲，中段外方褐色较浓。后翅褐灰色。腹部淡褐黄色。

成虫见于5月下旬。

寄主：葫芦科植物。

分布：小五台山；石家庄、保定、张家口；北京、山西、内蒙古、辽宁、吉林、广东、青海、陕西、福建；日本、俄罗斯、印度、斯里兰卡、印度尼西亚以及大洋洲。

23.795 三斑蕊夜蛾

23.797a 焰夜蛾（1980年6月24日，西台）

23.796 稻螟蛉夜蛾（1981年7月15日，西台）

23.797b 焰夜蛾

23.799 葫芦夜蛾

23.800 粉斑夜蛾

Trichoplusia ni（Hübner）

又名：粉纹夜蛾。

体长14～16mm，翅展28～33mm。头部及胸部暗褐色杂少许灰白色，颈板中部有一黑横线。前翅灰色略带褐色，布有黑细点，基线白色衬黑，在亚中褶处向外伸出一黑纹；内线双线黑色，波浪形外弯，线间白色；环纹斜，白色，中央微褐，后端连一银白斜斑和一扁圆斑，斑内均有褐色细圈；外线双线褐色，细波浪形，线间白色；亚端线黑褐色不规则锯齿形，翅外缘有一白线。后翅黄白带褐色，翅脉及端区暗褐色。腹部淡灰褐色。

成虫见于6月下旬。

寄主：荨麻、棉、茄属、芥蓝等。

分布：小五台山；张家口、石家庄、保定、衡水、唐山、承德；陕西、福建、湖北、广东；日本、印度以及欧洲、非洲。

23.801 淡银纹夜蛾

Puriplusia purissima Butler

翅展约30mm。全体灰色，触角褐色，颈板后端有一深褐色横线，后胸背面毛簇黑褐色。前翅灰色，基线、内线在中室后的部分及外线、亚端线均黑褐色，内斜；内线与外线之间在中室以后暗褐色；Cu_2脉基部有2个银斑；中室端部有一暗褐色斑纹，一暗褐色线自中室下角向内斜伸至前缘；亚端线中部微弯，外缘淡褐色，前半部色暗，缘毛灰色。后翅淡褐色，外部色较深，中部有一暗褐线。腹部第1节背面毛簇黑褐色。

成虫见于5月中旬。

分布：小五台山；张家口、承德、保定；湖北、陕西、四川、贵州；日本、朝鲜。

23.802 秀夜蛾

Apamea sordens（Hüfnagel）

又名：麦奂夜蛾。

翅展约42mm。体翅淡褐色。下唇须外侧微黑，额两侧有黑纹。前翅基剑纹黑色，基线双线黑色，在中室前可见；内线双线黑色；环纹黑边，斜圆形；肾纹有淡褐环及黑边；中线黑色，外弯；外线双线黑色，细波浪形，外侧翅脉上有黑白点；亚端线淡褐色，中段波浪形外弯；外缘1列黑曲点。后翅淡褐色。腹部毛簇端部黑色。

成虫见于6月上旬。

寄主：小麦、蒲公英。

分布：小五台山；张家口；黑龙江、新疆、甘肃、青海、西藏、四川；日本、俄罗斯以及欧洲。

23.803 白斑陌夜蛾

Trachea auriplena Walkei

又名：白斑铜翅夜蛾。

翅展41～48mm。头胸部黑褐色，头顶、颈板大部及翅基片中央黄绿色。前翅棕褐带黄绿色，尤以前缘脉后、内线内侧及外线外侧黄绿色更显；基线双线黑色，在1脉前较粗且线间白色，外侧在中室处有一黄绿色弧；内线黑色，环纹黑色黄边，外侧有一白斑斜达亚中褶；中线黑色，在白斑处中断，然后内斜；剑纹黑色，在白斑内侧；肾纹黄绿色，在中室下角为黑三角点；外线黑色，细波浪形；外线至顶角一段前缘脉有4个白点；亚端线黄绿色，在亚中褶及5、6脉处各有黑斑；端线为1列黑点，缘毛黑褐色，但脉端的缘毛黄绿色。后翅黄白色，外半黑褐色，2脉端部具一白纹。腹部淡褐灰色。

成虫见于7月中旬。

分布：小五台山；张家口；江西、湖北、四川；朝鲜、日本、印度、斯里兰卡。

23.804 锦夜蛾

Euplexia lucipara（Linnaeus）

又名：白肾锦夜蛾。

翅展29～34mm。头胸部暗棕色，带少许褐色及少数白色。前翅紫棕色，基线双线黑色，其外方在亚中褶处有一黑纹；内线双线黑色，外斜至1脉然后成一外凸齿；剑纹黑边，环纹紫棕色，斜圆形；肾纹白色，中央褐色但中部窄；中线黑色仅前端明显；外线双线棕色，微波浪形，在前缘脉为黑斜点，后半内斜；亚端线褐色衬以黑色，前端内侧有齿形黑纹；端线由黑色小曲点组成；缘毛棕色。后翅污白色带浅棕色，端区色较深，外线淡棕色波浪形，在2脉上有一黑纹；亚端线白色波浪形，仅后半可见。腹部暗棕色。

成虫见于6月初。

寄主：桦、大豆以及毛茛属、女贞属植物。

分布：小五台山；张家口；黑龙江、湖北、四川；日本、俄罗斯以及欧洲、北美洲。

23.800 粉斑夜蛾（1980年6月22日，西台）

23.802 秀夜蛾

23.801 淡银纹夜蛾

23.803 白斑陌夜蛾

23.804 锦夜蛾

23.805 殿夜蛾

Pygopteryx suava (Staudinger)

翅展约33mm。头胸部灰红色。触角基节及触角干缘白色。下唇须第2节外侧、下胸灰紫红色。前翅粉红褐色，端区深红褐色；内线、中线白色内斜；肾纹为一白线；外线白色，微弯内斜；亚端线白色，前半内弯，后半锯齿形；缘毛棕色，锯齿形，凹处端部白色。后翅暗红色，基部、前缘及臀角带灰白色。腹部红褐色。足灰紫红色，跗节有白斑。

成虫见于5月中旬。

分布：小五台山；张家口；黑龙江；日本。

23.806 闪金夜蛾

Plusidia cheiranthi Tauscher

翅展约32mm。头胸部淡棕色，触角基部白色，下唇须深棕色，前胸带黄褐色。前翅淡紫红带棕色，基线黑色达1脉，两侧白色，其外方有深棕色斑，后缘另一深棕色小斑；内线双线棕色外弯；环纹黑边斜椭圆形，其后另一相似黑圈；肾纹黑边；外线双线黑色，外斜至6脉折向内斜，外一线细；亚端线淡，外斜至6脉，折成一大齿，其内侧深棕色，后半弱；顶角暗棕色。后翅淡棕色，外线棕色。腹部棕灰色，毛簇深棕色。

成虫见于6月下旬。

寄主：唐松草、楼斗菜。

分布：小五台山；张家口；黑龙江；日本、蒙古以及欧洲。

23.807 银纹夜蛾

Argyrogramma agnata (Staudinger)

体长15～17mm，翅展32～36mm。头部及胸部灰褐色。前翅深褐色，外线以内的亚中褶后方及外区带金色，基线银色；内线银色，自前缘插入中室，在中室后内斜；Cu_2脉基部有一褐心马掌形银斑，其外后方有一近三角形实心银斑；肾纹褐色，外线双线褐色波浪形，亚端线黑褐色锯齿形，缘毛中部有一黑斑。后翅暗褐色。腹部灰褐色。前足暗褐色，中、后足淡褐色。此种体色深浅变化较大。

成虫见于6月上旬。

寄主：大豆、十字花科蔬菜。

分布：小五台山；河北各地；全国各地；俄罗斯、日本、朝鲜。

23.808 黑点银纹夜蛾

Autographa nigrisigna Walker

又名：黑点丫纹夜蛾、黑点弧翅夜蛾。

翅展34～36mm。体翅灰褐色。颈板后缘白色。前翅灰褐色，基线、内线、外线色淡，内外线之间在中室后方褐色，基线止于2A；内线前端不明显，后端内斜；环纹黑色斜窄，前端接近前缘，其后一马掌形褐心银斑，斑后另一扁银斑；肾纹灰色银边，外缘凹，外侧一黑斑；外线内斜；亚端线锯齿形，两侧带闪光褐色；缘毛灰褐色。后翅淡褐色，端区色暗，端线淡褐色。

成虫见于7月上旬。

寄主：豌豆、白菜、甘蓝、苜蓿等。

分布：小五台山；张家口、唐山、承德、衡水、保定、廊坊；陕西、四川、西藏；日本、印度。

23.809 中金弧夜蛾

Diachrysia intermixta (Warren)

又名：中金翅夜蛾。

翅展约36mm。头胸红褐色，翅基片及后胸褐色。前翅棕褐色，基线及内线灰色；环纹斜，细灰边；肾纹灰色，细边；一大金斑自前缘外约1/4处至亚中褶并内伸至环纹后端；亚端线褐色，波浪形，穿过金斑伸至臀角。后翅基半部微黄，外部褐色。腹部黄白色，基节毛簇褐色。

成虫见于7月上旬。

寄主：牛蒡、胡萝卜、菊、蓟等。

分布：小五台山；张家口、邢台、石家庄、保定、承德；陕西、福建、台湾、四川；印度、越南、印度尼西亚、日本。

23.806 闪金夜蛾（1980年6月28日，北台）

23.808 黑点银纹夜蛾

23.805 殿夜蛾（1980年5月15日，西台）

23.807 银纹夜蛾

23.809 中金弧夜蛾

23.810 青金翅夜蛾

Caloplusia stenochrysis Warren

翅展约35mm。

成虫见于7月上旬～9月上旬。

分布：小五台山南台、北台、东台海拔850～1700m；张家口。

23.811 稻金斑夜蛾

Chrysaspidia festata (Graeser)

又名：稻金翅夜蛾。

体长14～16mm，翅展30～36mm。头部及胸部橘黄色带红褐色，翅基片后半及后胸红褐色。前翅暗黄褐色，翅脉明显棕褐色；前缘区基部、后缘区外半部及端区金色，布满棕色细点；基线褐色；内线双线褐色，三曲形；2A至Cu_2脉有2个浅色金斑，内一斑斜方形，前端伸入中室，外一斑近三角形；中线褐色，外斜至M_1脉折向内斜，穿过2个金斑之间；外线褐色，外斜至M_1后内斜至M_2，再外斜至M_3基部然后内斜；自顶角至M_1有一褐线，内侧从顶角到M_2有一金斑；亚端线褐色锯齿形，外缘另有2条褐线，端线褐色。后翅淡黄褐色，外线及亚端线褐色，不清晰；端线褐色。腹部黄褐色。

成虫见于9月下旬。

寄主：稻、弯嘴苔、宽叶香蒲。

分布：小五台山西台海拔1200m；石家庄、保定、唐山、承德、张家口；黑龙江、宁夏；日本、朝鲜。

23.812 袜纹夜蛾

Chrysaspidia excelsa (Kret-eschmar)

翅展43mm。头顶、颈板红褐色，杂少许灰色。胸背暗褐带黑灰色。下胸褐黄色，前部红褐色。前翅灰褐色，内、外线间在中室后方浓棕色，带金光；基线棕色，内弯止于2A脉；内线棕色，自前缘脉外斜至中室，在中室处不显，然后内斜，内斜部分内侧略具银白色；环纹外斜，后缘银边，后方在Cu_2脉上具一袜形银斑；肾纹银边不完整；外线双线棕色；亚端棕色。后翅黄色，外线及翅脉棕色。腹部黄褐色。毛簇红褐色。

成虫见于7月初。

分布：小五台山；张家口、承德、保定；黑龙江、四川、青海；日本、俄罗斯等。

23.813 普力弧翅夜蛾

Plusia pulchrina Haworth

翅展约35mm。

成虫见于6月下旬。

分布：小五台山北台东塄海拔2140m；张家口。

23.814 莱尼弧翅夜蛾

Plusia leonine Oberthür

分布：小五台山；张家口。

23.815 黄裳银纹夜蛾

Plusia dives Eversmann

体长12～14mm，翅展26～32mm。头部及胸部褐色，触角基部白色。前翅褐色，前缘在基线及内线端部有银斑；内线在中室处不显，中室后银色，内斜，外连银色边中为褐色的剑纹；环纹及肾纹处均为鲜明的银纹，在Cu_2脉也有2个相应的银斑，以肾纹后的最大；外线前半褐色，后半部黑色，近后缘处有2个银纹；亚端线为1列黑斑，端部3个各成三角形；端线黑色，与亚端线间有中央断开的褐线，缘毛棕褐色。后翅橙黄色，基部微呈黑褐色，端区为黑褐色带，缘毛黄褐色。腹部褐黄色。

成虫见于7月20日。

分布：小五台山南台老虎沟海拔1300m；承德、张家口；青海、内蒙古、西藏；蒙古、俄罗斯。

23.816 南方银纹夜蛾

Plusia eriosoma Doubleday

分布：小五台山；张家口。

23.810a 青金翅夜蛾(左翅面反光)

23.811 稻金斑夜蛾

23.813 普力弧翅夜蛾(1980年6月29日，北台2140m)

23.810b 青金翅夜蛾(右翅面反光；1980年7月28日，南台1700m)

23.812 袜纹夜蛾

23.815 黄裳银纹夜蛾(1980年7月20日，南台1300m)

23.817 碧金翅夜蛾

Plusia nadeja Oberthür

翅展37～38mm。头部淡黄褐色，胸部黄褐色，翅基片及胸部后缘褐色，基部毛簇褐色。前翅紫褐灰色，内、外还各具一金绿色宽带，并在亚中褶以一金绿色宽纵带相连，而成斜“I”字形金绿色大斑；环纹斜圆，暗褐色边；肾纹暗褐边，下半有一金绿小圆斑；亚端线褐色波曲。后翅淡褐略带黄色，缘毛淡褐色。似金翅夜蛾*P. chrysitis*，但本种亚中褶处的金绿色带较短窄。

成虫见于6月下旬～7月中旬。

分布：小五台山；张家口、承德；黑龙江；日本。

23.818 紫金翅夜蛾

Plusia chryson (Esper)

体长21～22mm，翅展42～44mm。头部黄褐，下唇须外侧褐色，颈板黄褐色微棕，翅基片紫棕色，胸背紫棕色中央有黄褐色毛。前翅灰紫色，中区及外区在中室以后黑紫色带金色，基线黑色内斜，前端有一弧；肾纹黑色，外方有一斜方形大金斑；外线波浪形，在金斑中褐色，其后紫色；金斑内前方前缘脉上有一黑点；亚端线紫灰色锯齿形。后翅淡褐黄色，外半部紫褐色，外线褐色。腹部淡黄褐色，前3节有黑褐色毛簇。

成虫见于9月上旬。

寄主：泽兰属、无花果等。

分布：小五台山；保定、承德、张家口；黑龙江、浙江；日本、朝鲜以及欧洲。

23.819 艳银钩夜蛾

Panchrysia ornata Bremer

翅展31～33mm。头胸部灰白杂褐色。前翅灰白色带褐色，基线黑色；内线双线黑色，在前缘脉及2A脉处成行突齿，中段内弯；环纹扁，后缘银白色，后方有一“V”形银白色纹；中室端部有一银点，其外方有一躺倒的“V”字形银纹；Cu_2脉的近基部后方有一椭圆形银斑；外线双线黑色，外侧衬白色，外斜至R_5脉折向内斜；亚端线黑色，不规则锯齿形，与外线间呈暗灰色，前端外侧白色，端线黑色。后翅褐色。腹背淡褐色，基部淡灰褐黄色。

成虫见于6月下旬。

分布：小五台山；张家口、承德；黑龙江、青海、新疆；蒙古。

23.820 印铜夜蛾

Polychrisia moneta (Fabricius)

翅展33～36mm。头白色，额有褐鳞，下唇须向上伸，第2节达头顶，第3节长，大部分黑色。胸部黄白色，颈板、翅基片及毛簇端部均有淡褐色边缘。前翅灰褐色带银白色，基线、内线为双线褐色；环纹大，与中室后的白斑相连成一椭圆形银白色大斑；中线淡褐色，在中室后直线内斜；肾纹小；外线双线褐色；亚端线在顶角处为深褐色线，穿过白斑后较弱；端线深褐色；缘毛灰褐色。后翅淡灰褐色，翅脉褐色，缘毛灰白带褐色。腹部灰白色。

成虫见于6月下旬～7月下旬。

寄主：乌头、金莲花、翠雀等。

分布：小五台山；张家口、承德；黑龙江、内蒙古；俄罗斯、蒙古以及欧洲。

23.821 隐金夜蛾

Abrostola triplasia (Linnaeus)

翅展31～36mm。全体褐色，额有一黑色横纹，触角黄褐色，下唇须第2节外侧有一黑色纵纹。胸、腹部毛簇黑褐色，体侧有黄褐色长毛。前翅灰褐色，内线内方淡褐色；内、外线黑褐色，内线内侧与外线外侧各一棕褐线；内线黑色，弧弯；环纹、肾纹为不完整黑边，其后有一不太清楚的黑边斜圆斑；外线前半不太明显褐色，后半部黑色外弯；顶角处有黑褐纵条；亚端线淡褐色锯齿形；端线黑色。后翅黄褐色，外半部色暗。

成虫见于7月上旬。

分布：小五台山；张家口、唐山、承德、保定；黑龙江、四川、江苏、浙江；日本、叙利亚、土耳其以及欧洲。

23.817 碧金翅夜蛾(1980年6月30日，西台)

23.819 艳银钩夜蛾

23.818 紫金翅夜蛾

23.820 印铜夜蛾（1980年7月18日，西台）

23.821 隐金夜蛾（1980年7月5日，北台）

23.822 银锭夜蛾

Macdunnoughia crassisigna (Warren)

又名:连纹夜蛾。

体长15～16mm，翅展34～36mm。头部及胸部灰黄褐色。前翅灰褐色，内线在中室以后银色内斜，Cu_2脉基部有一扁锭形银斑;外线波浪形，棕色双线，后半带银色；肾纹外侧有一银色纵纹，亚端线细锯齿形。后翅褐色。腹部黄褐色。本种与瘦银锭夜蛾*M. confusa*相似，但本种锭形银斑较肥，肾纹外侧有一眉状银色短线。

成虫见于6～9月。

寄主：菊、牛蒡、胡萝卜。

分布：小五台山西台海拔1200m；石家庄、唐山、承德、张家口；陕西、江西、青海、江苏；印度、日本、朝鲜。

23.823 瘦银锭夜蛾

Macdunnoughia confusa (Stephens)

又名：瘦连纹夜蛾。

体长11～13mm，翅展31～34mm。头部及胸部灰色带褐，颈板黄褐色。前翅灰色带褐色，布有黑色细点，内、外线间的中室后方红棕色；基线灰色，微外弯，止于2A脉；内线在中室前及中室处不明显，灰色，中室后为银色内斜；Cu_2脉基部有一马掌形实心银点，外连一扁银斑，状如扁银锭；外线双线，后半线间银色，肾纹棕色。后翅黄褐色，端区色暗。腹部灰褐色。

成虫见于7月中旬～8月下旬。

寄主：欧薯、母菊等。

分布：小五台山；邯郸、邢台、石家庄、保定、唐山、承德、张家口；黑龙江、新疆、陕西；土耳其、叙利亚、伊朗、日本、朝鲜、印度以及欧洲。

23.824 满丫纹夜蛾

Autographa mandarina (Freyer)

又名：满银纹夜蛾。

体长16～18mm，翅展38～42mm。头部及胸部红棕色杂紫灰色及褐色。前翅棕色杂紫灰色，基线、内线银色，在中室后两侧棕色；环纹斜，棕色银边，后方有一弯丫形银纹；肾纹棕色银边；外线双线，棕色波浪形，线间银色；亚端线棕色，不规则锯齿形；端线棕色，内方有1列棕色斑块。后翅淡黄带棕，翅脉色暗棕。腹部淡红褐色，毛簇深色。

成虫见于6月下旬。

寄主：胡萝卜。

分布：小五台山；保定、唐山、廊坊、承德、张家口；黑龙江；俄罗斯、日本。

23.825 黑点丫纹夜蛾

Autographa nigrisigna Walker

又名：黑点银纹夜蛾。

体长17mm左右；翅展34mm左右。身体灰褐色，颈板后缘白色；前翅灰褐色，基线、内线及外线色浅，内外线间在中室后方褐色，环纹黑色斜窄，其后一褐心银斑，斑后另一扁银斑，肾纹灰色银边，外缘凹，外侧一黑斑，亚端线锯齿形，两侧带闪亮褐色；后翅淡褐色，端区色暗。

成虫见于5月下旬。

寄主：豌豆、白菜、甘蓝、苜蓿。

分布：小五台山；张家口、保定、承德；陕西、四川、西藏；日本、印度。

23.826 异纹夜蛾

Euchalcia variabilis Piller

体长17～18mm，翅展36～37mm。头部及胸部淡黄灰色杂少许黑灰色，颈板褐黄色。前翅棕褐色微带赭红，翅基部微现桃红色；内线双线灰褐色，折角于亚前缘脉；环纹斜形，淡褐色贴近内线，其后外方一暗棕斑；肾纹斜，外方现桃红色；前缘脉至中室一大浓棕色斑，内外线间在中室后浓棕色；外线双线棕色，线间黄白带桃红色，自前缘脉稍外伸即折向内斜，其外侧桃红色；亚端线黄白色微外弯，后端内侧一金褐色斑，中段外侧另有一金褐色斑，端线白色。后翅棕色微紫。腹部黄褐带灰棕色。

成虫见于7月中旬。

寄主：狼毒。

分布：小五台山；张家口；黑龙江；蒙古、日本。

23.822 银锭夜蛾（1980年6月20日，西台1200m）

23.824 满丫纹夜蛾(1980年6月23日，北台)

23.823 瘦银锭夜蛾

23.825 黑点丫纹夜蛾

23.826 异纹夜蛾（1980年7月14日，北台）

23.827 红腹裳夜蛾

Catocala pacta (Linnaeus)

体长23～28mm，翅展48～52mm。头部及颈板灰白色杂少许褐色，颈板近端部有一褐线，下唇须灰白色，第2节端部及第3节带灰黑色，额两侧有黑纹，翅基片灰色带褐，两侧有黑线，后胸黑褐色，有一灰红色毛簇；下胸白色。前翅赭灰色，基线黑色，在前缘脉后弯曲，止于亚中褶；内线黑色外斜，在2A脉上内凸；肾纹黑边，中央一黑线，后方有一黑边灰斑，以一暗线与外线相连；外线暗褐色，锯齿形，并在M_2脉前成锐齿；亚端线褐色，锯齿形；端线为1列黑点。后翅绯红色，中带黑色，平稳外弯，止于亚中褶；端线黑色，前宽后窄；缘毛白色，M_1与Cu_2脉之间缘毛间以棕色。前翅反面白色，相当于内线处有一棕斑，自前缘脉外斜近中线；中线黑色，成棒形条；亚端线黑色，成一弧形带。后翅反面前缘及外缘区白色，其余部分均带红色，中线及亚端线为黑色宽带。腹部背面绯红色，基部、端部及腹面灰白色，足白色，前足胫节及跗节带黑色。

寄主：柳树。

分布：小五台山；承德、张家口；黑龙江、甘肃、新疆；蒙古以及欧洲。

23.828 宁裳夜蛾

Catocala nymphaeoides Herrich-Schäffer

体长约24mm，翅展约52mm。头胸部灰白杂褐色。前翅暗棕色有灰白色调；基线、内线、外线均深棕色；内线波浪形；肾纹深棕边，中央一深纵条；外线锯齿形，亚端线灰色锯齿形；端线为1列黑棕点。后翅金黄色，中带黑棕色在中褶处窄，后端达亚中褶并与亚中褶的黑纵条相连；端带黑棕色不达顶角，其外缘波浪形，在亚中褶间断；缘毛有1列黑棕小斑。

成虫见于6月中旬。

分布：小五台山；张家口；黑龙江。

23.829 茂裳夜蛾

Catocala doerriesi Staudinger

翅展60～65mm。头胸部棕黑杂灰白色。前翅棕黑杂灰色；基线黑色止于亚中褶，此处有一黑纵纹；内线双线黑色波浪形，线间黑色，外侧有一灰白色斜斑，自前缘至中脉；肾纹褐灰色，黑边，中央有黑圈，后方有一黑边的灰白色斑，斑内有一些细黑点；外线黑色，自M_1脉后锯齿形，在M_1至M_3脉间外凸成2个大齿，在亚中褶处内伸成明显的黑纵条，外线内侧有1条淡色纹自前缘至M_3脉，外线外侧中段衬淡色；亚端线白色，锯齿形，两侧略黑；端线为1列黑点。后翅黄色，中带黑棕色，亚中褶有一黑棕纵条伸达中带；端带黑棕色；缘毛中段有1列小黑斑，顶角黄色。腹部黄褐色。

成虫见于7月上中旬。

分布：小五台山；张家口、承德；湖北、黑龙江。

23.830 显裳夜蛾

Catocala deuteronympha Staudinger

体长23～26mm，翅展58～61mm。头部及胸部棕色杂灰白色及少许黑毛，额、颈板及翅基片有黑纹。触角棕褐色。下唇须第2节基部腹面褐灰色，第3节褐色。前翅底色灰白，内线以内带暗棕色，中区带黑褐色，端区带红褐色，亚中褶基部有一黑纵纹；基线黑色，达中室；内线黑色，微呈波浪形外斜，外侧有一白色宽斜条；肾纹灰色，黑边，外缘锯齿形，中央有黑圈；外线黑色，在M_1和M_2脉后外突成2个巨齿，其后波浪状；在Cu_2脉处有一黑线与肾纹后一黑边白斑相连；亚端线灰白色锯齿形；端线为1列衬白的黑点。后翅黄色，中带黑色，在亚中褶处内伸达基部；端带黑色，在亚中褶处或间断；缘毛浅黄色，在各脉间有褐色。翅反面橙黄色，后翅色略深，外线和亚端线褐色明显，前翅外线灰白色。腹部烟褐色。跗节各节端部白色。

成虫见于6月下旬～8月上旬。

分布：小五台山；石家庄、承德、张家口；黑龙江、内蒙古；日本、俄罗斯。

23.828a 宁裳夜蛾（1980年6月15日，西台）

23.829 茂裳夜蛾（1981年7月10日，北台）

23.827 红腹裳夜蛾

23.828b 宁裳夜蛾（1980年6月17日，中台）

23.830 显裳夜蛾（1980年7月10日，西台）

23.831 淘裳夜蛾

Catocala puerpera Giorna

翅展约60mm。头胸部褐灰杂少许黑褐色，下唇须端部黑色。前翅灰黄带褐色，密布深褐色细点；基线黑色；内线黑色，前后段锯齿形，中段稍外斜；肾纹黑褐边，中央有褐圈，前方有一褐纹；外线黑褐色锯齿列，在2脉处内凸至肾纹后，在5脉后大致内斜；亚端线灰黄色波浪形外斜至6脉，折向内斜；端线为1列黑点。后翅黄红色，具有黑色外斜中带，达亚中褶；端带黑色，不达顶角。腹部灰黄色，各节端部黑棕色。

成虫见于6月中旬～7月中旬。

寄主：杨、柳。

分布：小五台山；张家口；新疆、青海；伊朗、土耳其、阿尔及利亚以及欧洲。

23.832 柳裳夜蛾

Catocala electa (Borkhausen)

翅展67～71mm。头胸部褐灰色，额、颈板和翅基片有黑纹。前翅褐灰色，基线黑色，亚中褶基部有一黑纹；内线黑色，锯齿形外弯，在1脉处成内凸角；肾纹内缘黑色，外缘锯齿形，中央有褐纹，前方有一黑褐纹；外线黑色锯齿形，在2脉处内凸至肾纹后；亚端线灰白色锯齿形；端线为黑色衬白的点组成。后翅红色，有一黑色弯曲中带及前宽后窄的端带；缘毛黄白色。腹部灰褐色。

成虫见于6月下旬～9月下旬。

寄主：幼虫取食柳、杨叶，成虫吸食苹果汁。

分布：小五台山西台大老婆肚以及南台海拔1200～1600m；张家口；黑龙江、湖北、新疆；日本、朝鲜以及欧洲。

23.833 缟裳夜蛾

Catocala fraxini (Linnaeus)

体长38～40mm，翅展87～100mm。头部及胸部灰白色杂黑褐色，颈板中部有一黑色横纹，端部黑色。前翅灰白色，密布黑色细点；基线黑色，止于亚中褶；内线双线黑色，波浪形；肾纹灰白色，中央黑色，后方有一黑边的白斑；前缘脉至肾纹有一模糊黑线相连，肾纹外侧另有1条模糊黑线，锯齿形达后缘；外线双线黑色锯齿形；亚端线灰白色，两侧衬黑色；端线为1列新月形黑点，外缘黑色波浪形。后翅黑棕色，中带粉蓝色，外缘黑色波浪形，缘毛白色。腹部背面黑色，节间蓝紫色，腹面白色。前足胫节无刺，后足胫节在中距和端距之间有刺。小五台山区分布有本种的指名亚种*C. f. fraxini*。

成虫见于9月下旬。

寄主：杨、柳、槭、榆、梣。

分布：小五台山西台、东杏河海拔1000～1550m；保定、承德、张家口；黑龙江；日本以及欧洲。

23.834 杨裳夜蛾

Catocala nupta (Linnaeus)

体长27～30mm，翅展70～78mm。头部及胸部黑灰色，颈板中部有一黑横线。前翅黑灰带褐色，基线黑色，止于中室后缘；内线双线，波浪状外斜；肾纹黑灰色，黑边，中央有一黑纹；外线黑色，锯齿形，在M_1和M_2脉间外凸成2个巨齿，然后内斜，在Cu_2脉处内凸至肾纹后，与肾纹后的黑边灰褐色斑相连；亚端线灰白色，锯齿形，外侧黑褐色；端线为1列黑长点。后翅红色，中带黑色弯曲止于亚中褶，端线黑色，内缘波曲，顶角具白斑，缘毛白色。前翅反面白色，相当于内线处有一黑斑，此黑斑在Cu_2脉后与黑色略呈弧状的中线相连，亚端线黑色弧形，端线为一前宽后窄止于亚中褶的灰褐色带。后翅反面前缘及外缘区白色，其余均带红色，中线及亚端线同正面。腹部褐灰色。小五台山区分布有裳夜蛾的指名亚种*C. n. nupta*。

成虫见于6月下旬～9月中旬。

寄主：杨、柳。

分布：小五台山；邢台、邯郸、石家庄、廊坊、唐山、承德、张家口；黑龙江、内蒙古、新疆；日本、朝鲜以及欧洲。

23.831 淘裳夜蛾（1980年6月30日，北台）

23.832 柳裳夜蛾（1980年6月17日，南台1600m）

23.833a 缟裳夜蛾

23.833b 缟裳夜蛾

23.834a 杨裳夜蛾（1980年6月30日，西台）

23.834b 杨裳夜蛾

23.835 鹿裳夜蛾

Catocala proxencta Alpheraky

体长16～18mm，翅展35～37mm。头部及胸部灰白色杂黑棕色，下唇须外侧微黑，翅基片边缘有黑纵条。前翅褐灰色，密布黑色细点；内线以内色较黑，尤其亚中褶处似一黑纵条；基线黑色，达亚中褶；内线黑色，微呈波浪形外斜；肾纹黑褐边，不清晰，后方有一黑边的灰黄色斑；外线黑色，锯齿形，在M_1至M_3间形成2个尖齿；亚端线灰色，微呈锯齿形；端线为1列黑点。后翅黄色，中带黑色弯曲，亚中褶有1条黑纵带伸至中带；端区有一带，外缘呈波浪形，在亚中褶处间断。腹部黄褐色。跗节黑色，有黄白色斑。

成虫见于6月下旬。

分布：小五台山；承德、张家口；黑龙江；蒙古。

23.836 奥裳夜蛾

Catocala obscena Alpheraky

分布：小五台山；张家口。

23.837 裳夜蛾

Catocala sp.

翅展约63mm。似茂裳夜蛾*C. doerriesi*，但前翅各斑纹均较浅且模糊。

成虫见于7月上旬。

分布：小五台山；张家口。

23.838 珀光裳夜蛾

Ephesia helena (Eversmann)

体长25～27mm，翅展63～68mm，头及胸部灰色杂黑棕色，额两侧有黑纹，颈板中部有一黑横线，翅基片近外缘处有黑线，下胸灰褐色。前翅青灰色带褐色，密布黑色小细点，基线黑色；亚中褶基部有一黑斑并外伸一黑纵条；内线双线黑棕色，波浪形，外一线前半部黑色，外侧灰白色；肾纹中央褐色，外围灰色黑边，其外缘锯齿形，前方一黑纹，后方黑边的灰褐色斑；外线双线，内一线黑色，外一线棕色，在M_1至M_3脉间有两大外凸齿，在2A脉上为一内凸齿；亚端线灰色，波浪形，两侧衬黑棕色，自M_1脉至顶角有一黑纹；端线为1列黑长点；缘毛红褐色。后翅金黄色，翅褶及后缘有黑绒毛；中带黑色波浪形，中部外弯，其后端最细；端带黑色，外缘附近黑色带宽大，内侧波浪形，中段外缘波浪形，后缘近直线；顶角处有一半圆形橙黄斑。腹部黄褐色。足灰褐色，跗节各节末端及后足胫节距灰色。

成虫见于7月中下旬。

分布：小五台山东台、西台海拔850～1300m；承德、张家口；黑龙江、江苏、内蒙古；蒙古。

23.839 鸽光裳夜蛾

Ephesia columbina Leech

体长20～22mm，翅展46～51mm。头顶、颈板大部黑棕色，少许灰白色；翅基片及胸部背面暗灰色微棕，下胸淡黄灰色。前翅铅灰色微带淡褐色，基线黑色粗短，达亚中褶；内线灰色，波浪形外斜，外侧有一黑粗条；肾纹黑色，有不完整的白圈，外侧有几个黑齿，后方有一黑边的灰斑；中线黑棕色，成带状穿过肾纹；外线黑色，锯齿形，在M_2脉前后齿最尖，在2A脉上成很黑粗的内凸齿，外侧衬白色，再外有一黑棕带；亚端线不明显，微现棕色波浪形，外侧在中褶及亚中褶处各有一片棕色；端线由1列黑点组成，黑点外为白点。后翅黄色，中线黑色，外斜至Cu_2脉，折向内斜至2A脉；亚中褶有黑条纹伸向中带；端线黑色。腹部暗黄褐色。足棕灰色。

成虫见于8月下旬。

分布：小五台山；邯郸、张家口、承德；浙江、湖北、四川。

23.835 鹿裳夜蛾

23.838b 珀光裳夜蛾

23.838d 珀光裳夜蛾（2007年7月19日，东台1200m）

23.838a 珀光裳夜蛾

23.838c 珀光裳夜蛾（2007年7月19日，东台1100m）

23.839 鸽光裳夜蛾

23.840 栎光裳夜蛾

Ephesia dissimilis Bremer

体长20mm左右；翅展50mm左右。头部及胸部黑棕色，头与颈板杂有白色；腹部暗褐色；前翅灰黑色，内线以内色深，基线黑色，内线粗，黑色，内侧衬灰色，外侧有一灰白斜斑，较模糊，肾纹不清晰，黑边，外线黑色，锯齿形，自6脉后内斜，但在2脉处内伸至肾纹后端再返回，凹入处白色明显，外线外侧衬白色，亚端线白色，锯齿形，两侧衬黑色，端线为黑白并列的点组成；后翅黑棕色，顶角白色。

成虫见于6月下旬。

寄主：蒙古栎。

分布：小五台山；张家口；黑龙江、湖北；日本。

23.841 珠光裳夜蛾

Ephesia invasa (Leech)

分布：小五台山；张家口。

23.842 光裳夜蛾

Ephesia fulminea Scopoli

翅展约53mm。头胸部紫灰色，头顶、颈板大部黑棕色。前翅紫灰带棕色；内线黑色外斜，后半稍曲折，内侧大片浓棕色；肾纹灰色，中有黑棕圈，外侧有数个黑点齿，前方有一浓密斜条；外线黑色锯齿形，在2脉处内凸达肾纹后；亚端线灰色锯齿形，内侧棕色，外缘近顶角处有一暗棕斜纹；端线黑棕色。后翅黄色，中带黑色外弯；端带黑色，在亚中褶处窄缩；亚中褶有一黑棕条达中带。腹部褶灰色。

成虫见于7月上旬。

寄主：山楂、梨、梅、槲、乌荆子等。

分布：小五台山；张家口；黑龙江。

23.843 艺夜蛾

Hyssia cavernosa Eversmann

翅展约34mm。头胸部棕色，颈板中部一暗棕纹，端部灰色。前翅紫灰带棕色，后缘具一赭白纵条，向外渐尖，其基部前缘有一黑纹；内线双线黑色达1脉；剑纹大，黑色，白边；环纹较小，圆形黑色，中央稍灰；肾纹大，后端外伸，大部黑灰色，边缘黑色；中线暗褐色，微曲外斜；外线双线暗褐灰色，中段锯齿形，内一线后半明显黑色，线间白色；亚端线白色，在7脉折角，然后较直内斜，前端及中段内侧有锯齿形黑纹，端区色微紫褐。后翅褐色。腹部灰褐色。

成虫见于6月下旬～7月下旬。

分布：小五台山；张家口；黑龙江、新疆。

23.844 肖毛翅夜蛾

Lagoptera juno (Dalman)

又名：毛翅夜蛾。

体长30～35mm，翅展81～94mm。头部赭褐色，下唇须第1、2节及下胸红色。前翅赭褐色或灰褐色，布满黑点，前、后缘红棕色；基线红棕色，达于亚中褶；内线红棕色，前段微曲，后段自中室上缘起直线外斜；环纹为一黑点，肾纹暗褐色，后半中央有一圆形黑斑；外线红棕色，直线内斜，后端稍内伸；顶角至臀角有一内曲弧形线，黑色或赭黄色；亚端区有一隐约的暗褐纹，端线为1列黑点。后翅黑色，基部有灰褐色毛，后缘有褐毛，端区红色，中部有粉蓝色弯钩形纹，外缘中段有密集黑点。腹部背面大部灰棕色，端部及腹面红色。

成虫见于7月中旬。

寄主：幼虫取食桦、李、木槿；成虫吸食梨、桃、苹果、葡萄等果汁。

分布：小五台山；张家口、保定；黑龙江、辽宁、湖北、安徽、浙江、山东、贵州、江西、四川、甘肃、青海、河南；日本、印度。

23.845 平紫脖夜蛾

Toxocampa lubrica Freyer

体长16～19mm，翅展43～49mm。头部及颈板黑色，下唇须灰色，胸部灰色杂少许黑色。前翅灰色稍带紫色，密布黑色细纹，外线外方带褐色；内线黑褐色，前粗后细，稍外斜，肾纹褐色，边缘为一些黑点；中线模糊，褐色；外线不显，约呈外曲弧形；亚端线灰色，中段稍外弯，前段内侧色暗；外缘有1列黑点。后翅黄褐色，端区黑褐色，缘毛黄色。腹部淡褐灰色，基部黄白色，端部黄褐色。

23.840 栎光裳夜蛾（腹部缺损，1980年6月30日，西台）

23.843 艺夜蛾（1980年7月10日，西台）

23.845a 平紫脖夜蛾（1980年6月5日，西台）

23.842 光裳夜蛾（1980年7月7日，北台）

23.844 肖毛翅夜蛾

23.845b 平紫脖夜蛾

成虫见于6月上旬。

分布：小五台山；保定、张家口；新疆；俄罗斯、蒙古。

23.846 蚕豆紫脖夜蛾

Toxocampa viciae Hübner

体长13～15mm，翅展33～36mm。头顶及颈板黑褐色，额灰色，下唇须褐色，胸部灰白色，有少许黑点。前翅灰褐色，有细褐色纹，内线褐色外弯，前端为黑褐斑；肾纹褐色，围以黑色点；外线和亚端线不明显，浅色，两线间色较暗；端线褐色，不清晰。后翅淡褐色。腹部褐色。本种有一变型f. *caecula*，前翅肾纹周围无黑点，外线明显，前半波浪形外弯，后半细波浪形内斜。

成虫见于6月上旬。

分布：小五台山；保定、承德、张家口；黑龙江、新疆、浙江；欧洲。

23.847 直紫脖夜蛾

Toxocampa recta Bremer

又名：紫脖夜蛾。

翅展约40mm。头顶及颈板紫棕色，额、下唇须及胸部褐带灰色，翅基片有小黑点。前翅棕色，基线弱；内线较直外斜黑棕色；中线棕色，外斜至中室下角折向内斜；肾纹略呈三角形，外侧由黑点组成，后端内半为一近圆形黑斑；外线淡褐色，外弯至2脉折向内斜；亚端线淡褐色，在2～4脉处微外弯；外缘1列黑点。后翅褐棕色。腹部灰褐色。

成虫见于6月中旬～7月上旬。

分布：小五台山；张家口；江西；日本、朝鲜。

23.848 焚紫脖夜蛾

Toxocampa vulcanea Butler

体长17～20mm，翅展44～47mm。头顶及颈板棕黑色，额、下唇须灰色带褐色，胸部灰色，有少许黑点。前翅灰褐色，散布黑色细点，大部带紫色；基线仅前缘脉显一黑点；内线仅在前缘脉上显一小黑斑；环纹为一白点；肾纹褐色足形，外侧前端1个黑点，后端2个黑点，内侧一黑条纹；中、外线不显；亚端线隐约可见，前端为一黑斜纹，其后淡褐色，中段外弯；外缘有1列较粗的黑点。后翅紫褐灰色，缘毛微黄。腹部灰褐色，背面带少许黑色。

成虫见于7月下旬。

分布：小五台山；保定、张家口；黑龙江、山西；日本。

23.849 黑缘紫脖夜蛾

Toxocampa nigricostata Graeser

体长13～16mm，翅展32～36mm。头部及颈板黑色，胸部暗灰色，端半部带褐色。前翅暗灰色，密布黑色细纹，前缘区及端区带黑褐色，各横线不显，肾纹新月形具黑边，端线为1列新月形黑点。后翅灰色，端区暗灰色。

成虫见于6月上旬。

分布：小五台山；张家口；黑龙江、内蒙古、新疆、四川；日本、俄罗斯。

23.850 小折巾夜蛾

Parallelia obscura Bremer et Grey

体长11～14mm，翅展21～28mm。头部及胸部暗灰褐色。前翅内线以内暗褐色，基部微带灰色；内线暗褐色，弧形，在亚中褶处外凸；中线前半部外弯，后半内弯，与内线间呈褐灰色；肾纹隐约可见，椭圆形，暗褐色；外线三曲，外缘灰色，在M_1脉处及M_3脉后方外凸，中、外线之间暗褐色；亚端线不清晰，波浪形；顶角处有1个二裂形黑褐斑，外线以外区域色较灰褐。后翅暗褐色，中线及外线隐约可见，缘毛大半灰白色。腹部暗灰褐色。

成虫见于6～7月。

分布：小五台山西台海拔1100～1380m；张家口、承德；黑龙江、江苏；朝鲜。

23.846 蚕豆紫脖夜蛾（1980年6月8日，西台）

23.847 直紫脖夜蛾

23.848 焚紫脖夜蛾

23.849 黑缘紫脖夜蛾（1980年6月8日，北台）

23.850a 小折巾夜蛾

23.850b 小折巾夜蛾（2007年6月4日，西台1280m）

23.850c 小折巾夜蛾

23.850d 小折巾夜蛾（2007年7月19日，西台1200m）

23.851 石榴巾夜蛾

Parallelia stuposa Fabricius

体长约19mm，翅展约45mm。头胸部褐色，腹部灰褐色。前翅内线外弯，内线以内黑棕色；中线直较模糊；内线与中线间灰白色，布褐色细点；肾纹为黑棕色长点；外线外斜至6脉折向内斜，在3脉后垂向后缘；中外线间黑棕色，外线外侧衬白色；亚端线不明显，与外线间褐色，与端线间褐灰色；顶角有二齿形黑棕斑。后翅暗棕色，端区褐灰色，中带白色。

成虫见于6月中旬。

寄主：石榴等。

分布：小五台山；张家口、保定、石家庄；江苏、浙江、江西、台湾、广东、四川、湖北；日本、朝鲜、印度、斯里兰卡、菲律宾、印度尼西亚。

23.852 巾夜蛾

Parallelia sp.

翅展约40mm。

成虫见于6月中下旬。

分布：小五台山；张家口。

23.853 齿恭夜蛾

Gonospileia dentata (Staudinger)

又名：恭夜蛾。

体长11～13mm，翅展31～54mm。头部及胸部赭褐色。翅基片后部有黄褐色毛。前翅棕褐色；外线外方灰黄褐色；内线为深棕色外斜条，前端尖，向后渐宽，呈三角形，其外缘后角止于2A脉；中线棕色波浪形；肾纹深棕色椭圆形，其外有1个三角形黑棕斑；外线深棕色二曲，后半与中线间深棕色，前段外方有一深棕色砧形斑，端区色较暗。后翅内半部暗棕色，外半部暗黄色，有一黑棕色亚端带，其中部膨大，端区带有暗棕色。腹部背面暗棕色。足黄褐色。

成虫见于7月上中旬。

分布：小五台山西台海拔1400～2400m；保定、承德、张家口；黑龙江；日本。

23.854 奚毛胫夜蛾

Mocis ancilla Warren

又名：妇毛胫夜蛾。

体长13～16mm，翅展35～37mm；头部及胸部棕褐色；腹部背面灰褐色，两侧及端部褐黄色；前翅棕色，外线在2脉后外凸较弱；后翅褐黄色，外线、亚端线暗褐色。

成虫见于7月中旬。

寄主：葛；成虫吸食果汁。

分布：小五台山；张家口；江苏、浙江、山东；朝鲜。

23.853 齿恭夜蛾（1980年7月9日，西台）

23.854 奚毛胫夜蛾（1980年7月31日，北台）

23.855 选毛胫夜蛾

Mocis electaria (Bremer)

翅展31～37mm。头胸、腹部灰白微带褐色，雄性触角双栉状，栉齿黑色。前翅黄白带褐色，散布褐色细点，1条白色外侧衬褐色的斜线，自翅尖斜伸至亚中褶，折角再伸至翅基部，折角后此线上缘具黑纵纹；亚端区具一褐线；中室端部有一褐点；端线褐。后翅黄白色，外缘有褐色细线；雌蛾后翅带褐色。

成虫见于7月中旬。

分布：小五台山；张家口、唐山；江苏、浙江、黑龙江；日本、朝鲜、俄罗斯。

23.856 奸毛胫夜蛾

Mocis dolos (Butler)

翅展30～36mm。头胸部、前翅灰褐色。前翅基线暗褐色，止于亚中褶；内线暗褐色，直线外斜，后端内方具一黑点；环纹为一褐点；中线褐色波浪形；肾纹褐边，中有褐纹，外侧褐色较外展；外线暗褐色，内凸于亚中褶，即在Cu_1脉后向内伸至肾纹后端再折向后，至亚中褶后外弯；亚端线锯齿形，内侧色暗褐。后翅淡灰褐色，外线细锯齿形，黑褐色；亚端线锯齿形，两侧黑褐色。翅反面褐色，前翅色较暗，前后翅外线均明显，外部色深，亚端线浅色，中室端有一黑斑。腹部淡褐灰色。

成虫见于6月下旬～7月中旬。

分布：小五台山；张家口、保定、承德、唐山、邯郸；江苏、浙江、福建、台湾；日本。

23.851 石榴巾夜蛾

23.852 巾夜蛾（1980年6月20日，西台）

23.855 选毛胫夜蛾

23.856 奸毛胫夜蛾（1981年6月25日，西台）

23.857 毛胫夜蛾

Mocis undata (Fabricius)

又名：鱼藤毛胫夜蛾。

体长19～22mm，翅展47～50mm。头、胸部灰褐色。前翅紫灰褐色，基线灰黑色，止于亚中褶；内线为外斜棕色窄带，其外缘波浪形，后端内方有一黑色小斑；环纹为一褐点；中线棕色波浪形，后端稍渗化或成一小黑斑；肾纹大，褐边，中有灰褐色曲纹；外线棕黑色，前段波浪形外弯，中段内弯，至亚中褶处弯曲返向前达中室下角再折向后；亚端线淡褐色波浪形，内侧各脉间有黑点，前端内侧棕色，外线与亚端线间带有暗灰色；端线黑色。后翅暗褐黄色，外线黑褐色，亚端线为黑褐色带，在M_2脉后分裂为二，并呈波浪形，外缘及缘毛黑褐色。腹部灰褐色。

成虫见于7月中旬。

寄主：幼虫食鱼藤、山马蝗属植物，成虫吸食果汁。

分布：小五台山；张家口、邢台、保定、承德；河南、江苏、浙江、江西、福建、台湾、广东、云南；日本、朝鲜、印度、斯里兰卡、缅甸、新加坡、菲律宾、印度尼西亚以及非洲。

23.858 小造桥夜蛾

Anomis flava (Fabricius)

又名：小造桥虫。

体长10～14mm，翅展23～30mm。头部及胸部黄色。前翅中线红棕色二曲，中线以内黄色，密布红棕细点，中线外方褐黄色；基线及内线红棕色；环纹白色褐边，肾纹暗棕褐色，中有2个黑点；外线深褐色锯齿形；亚端线暗褐色。后翅淡褐色至褐色，外缘色较深。腹部灰黄色。

成虫见于5月下旬。

寄主：木槿、棉、蜀葵、苘麻、冬苋菜、烟草、木耳菜等，成虫吸食果汁。

分布：小五台山；张家口、保定、石家庄；全国除西北外各产棉区；欧洲、亚洲、非洲。

23.859 超桥夜蛾

Anomis fulvida Guenée

体长13～19mm，翅展40～44mm。头部及胸部棕色杂黄色；腹部灰褐色；前翅橙黄色，密布赤锈色细点，各线紫红棕色，基线只达1脉，后有灰褐色，内线波浪形外斜，中线微波浪形，外线深波浪形，环纹为一白点，有红棕色边，肾纹后半为黑棕圈，亚端线不规则波浪形，缘毛端部白色；后翅褐色。本种有几个变型，翅色褐黄、褐色或锈红色。

成虫见于6月中下旬。

寄主：棉；成虫吸食杧果、黄皮、柑橘等果汁。

分布：小五台山；张家口；浙江、江西、广东、四川、云南；印度、斯里兰卡、缅甸、印度尼西亚以及大洋洲等。

23.860 桥夜蛾

Anomis mesogona Walker

又名：中桥夜蛾。

体长15～17mm，翅展35～38mm。头部及胸部暗红褐色；腹部暗灰褐色；前翅暗红褐色，内线褐色，在中脉处折成外突齿，肾纹暗灰色，前后端各一黑圆点，外线褐色，前半波曲外弯，至3脉处内伸达肾纹后端，折角直线后垂，亚端线褐色波曲，内侧色较暗，亚端区及端区布有零星黑点，缘毛褐色；后翅褐色。

成虫见于6月中旬。

寄主：红悬钩、醋栗等。

分布：小五台山；张家口；黑龙江、湖北、浙江；印度、日本、朝鲜、马来西亚。

23.861 环窄眼夜蛾

Anarta orbiculosa (Chen)

分布：小五台山；张家口。

23.857 毛胫夜蛾（1980年7月12日，南台）

23.859a 超桥夜蛾（1980年6月21日，北台）

23.858 小造桥夜蛾（1980年5月30日，西台）

23.859b 超桥夜蛾

23.860 桥夜蛾（1980年6月17日，西台）

23.862 棘翅夜蛾

Scoliopteryx libatrix Linnaeus

体长16～18mm，翅展35～44mm。头部及胸部褐色。前翅灰褐色，布满灰赭色小点；从翅基部沿中室后缘起到中室外缘，包括中室在内及其后方成1个近似三角形区域，此区域橘黄色，密布血红色细点；内线白色，前半部微外弯，后半部直线外斜；环纹为一白点；翅基部及中室中部前缘各有一小白点；肾纹为2个黑点；外线双线白色，在前缘脉后强外伸，在R_4脉折成锐角内斜，在Cu_1脉后为直线；亚端线白色，不规则波曲；端区翅脉及中脉白色，翅尖至中部凸出处成一弧形内陷，然后成3个齿形至后缘。后翅暗褐色，中带略深但不甚显著，缘毛较深褐。腹部灰褐色。

成虫见于5月上旬～7月上旬。

寄主：柳、杨。

分布：小五台山西台、北台海拔1200～1600m；保定、唐山、承德、张家口；黑龙江、辽宁、甘肃；日本、朝鲜。

23.863 枯叶夜蛾

Adris tyrannus (Guenée)

体长35～38mm，翅展98～104mm。头棕褐色，下唇须斜向上伸，第3节端部匙形而宽，褐色带蓝黑色纹。胸背棕褐色，两侧各有一煤黑色斑，后胸两侧鳞毛上翘。前翅枯叶褐色，翅顶角很尖；外缘弧形，极向外弯，后缘有一凹陷；翅脉上有1列黑点；内线黑褐色内斜，2A脉后稍弯曲；环纹褐色，成一小点；肾纹灰黄至黄绿色，较小；顶角至后缘凹陷中央有一黑褐色内斜线，有时此线前半外侧略显黄绿色。后翅杏黄色，亚端区有一牛角形黑带，中后部有一肾形黑斑。腹部背面橙黄色。前、中足胫节基部各有一银白色斑，前足跗节上有白环。

成虫见于7月中旬～8月上旬。

成虫吸食苹果、梨、桃、葡萄、无花果、柑橘等果汁。

分布：小五台山东台；邯郸、邢台、保定、唐山、张家口；辽宁、山东、江苏、浙江、台湾、湖北、广西、四川；日本、印度。

23.864 涂闪夜蛾

Sypna picta Butler

又名：涂析夜蛾。

体长16～20mm，翅展44～52mm。头部及胸部暗棕。前翅暗棕色，布黑色细点；内线双线白色，前半部波浪形；外线双线白色，中段黑色，不明显，波浪形；内、外线间有白色波浪形渗纹；环纹为一白点；肾纹窄，中部凹，白边；亚端线黑色，中部外突，其后锯齿形内斜；端线由1列新月形黑纹组成，其外衬白色。后翅棕褐色，外线黑褐色，亚端线双线黑褐色，端线黑色波浪形。腹部棕褐色。本种有内外线间无白纹的变异。

成虫见于7月中旬。

寄主：槲、绞股蓝、悬钩子、栓皮栎等。

分布：小五台山西台海拔1300m；承德、张家口；黑龙江、辽宁、甘肃；日本、朝鲜。

23.865 冷靛夜蛾

Belciana virens Butler

翅展35～37mm。头、颈板白杂褐、黑色，颈板基部一黑条纹，胸部海蓝有黑斑，翅基片端半部黑色。前翅大部分褐绿色；内线内方及外线外方带有红褐色或黑褐色；基线双线黑色内斜，内侧绿色；内线双线黑色波浪形内斜；肾纹不清晰，隐约可见；中线黑色；外线双线黑色波浪形，外斜至M_3脉后内斜，在M_1脉后伸一黑纹至外缘；亚端线蓝绿色衬黑边；端线为1列内侧蓝绿色的黑点；缘毛红褐色。后翅褐色，外线黑棕色衬白色；亚端线仅在亚中褶端部有一白纹；端线黑色。腹部灰赤褐色。

成虫见于5月下旬。

分布：小五台山；张家口、承德、保定；黑龙江、吉林；日本。

23.862a 棘翅夜蛾(♀；1980年6月10日，北台1400m)

23.863 枯叶夜蛾（1980年7月20日，东台1200m）

23.862b 棘翅夜蛾(♂)

23.864 涂闪夜蛾（1980年7月15日，西台1300）

23.865 冷靛夜蛾

23.866 客来夜蛾

Chrysorithrum amata (Bremer)

体长22～25mm，翅展64～67mm。头部及胸部深褐色。前翅灰褐色，密布棕色细点，基线与内线色稍浅，外弯，二线间深褐色，成一宽带；环纹黑色圆点，肾纹不显著；中线细外弯，前端外侧色暗；外线前半波曲外弯，至Cu_1脉返回并伸至中室顶角，后与中线贴近并行至后缘；亚端线灰褐色，在M_3脉后明显内弯；外线与亚端线间暗褐色；亚端线与外线及中线间暗褐色约呈“Y”字形。后翅暗褐色，中部有一橙黄色曲带形纹，顶角有一黄色斑，臀角有一黄色条纹。腹部灰褐色。

成虫见于6月下旬。

寄主：胡枝子等。

分布：小五台山北台海拔1300m；邯郸、邢台、石家庄、保定、唐山、承德、张家口；内蒙古、黑龙江、吉林、辽宁、山东、云南；日本、朝鲜。

23.867 筱客来夜蛾

Chrysorithrum flavomaculata Bremer

体长20～22mm，翅展50～57mm。全体暗褐色，颈板端部灰白色。前翅基部、中区及端区带灰色；基线灰色外弯；内线大波浪形外斜，后端折向内前方，近达2A脉再内斜；内线与基线间棕黑色；环纹小，黑色灰边；中线黑色，微曲外斜；外线及亚端线曲度与客来夜蛾*Ch. amata*相似，线间棕黑色，形似“Y”字形，其内臂前端成一黑色三角形，外臂端在前缘后为一褐棕色半圆形斑。后翅暗褐色，中部一大橙黄色肾形斑。腹部背面带灰色。

成虫见于6月下旬～7月上旬。

寄主：豆科植物。

分布：小五台山西台、北台海拔1100～1300m；保定、承德、张家口；内蒙古、黑龙江、吉林；日本。

23.868 白叉卡夜蛾

Chersotis albifurca (Erschov)

翅展13mm左右。

成虫见于7月上旬。

分布：小五台山；张家口。

23.869 苹梢鹰夜蛾

Hypocala subsatura Guenée

体长18～21mm，翅展38～42mm。头部及胸部褐灰色，杂有少许黑点。前翅棕褐色略带灰，密布黑棕细点；内线棕色，波浪形外弯；肾纹黑边；外线黑棕色，波曲外弯，在肾纹后端折向后；亚端线棕色，前端不清，中段外突。后翅棕黑色；从翅基部与后缘略平行有一大橙黄色斑，斑内有一棒形棕黑色斑；在外缘臀角附近有一半圆的橙黄色斑，在外缘中部附近及翅中心略上方各有一橙黄色圆斑。腹部黄色，背面有黑棕色横条。本种有二变型：f. *aspersa*前翅斑纹显著；f. *limbata*前翅前半有一扭角形大棕黑色斑，其后缘二曲，衬以白色。

成虫见于6月下旬。

寄主：苹果、栎。

分布：小五台山西台海拔1200～1500m；邯郸、邢台、保定、唐山、承德、张家口；辽宁、江苏、台湾、广东、河南、云南、黑龙江、吉林；日本、印度。

23.870 柿梢鹰夜蛾

Hypocala moorei Butler

体长20～22mm，翅展40～44mm。头部及胸部灰褐色杂黑色。前翅灰褐色，雄蛾前缘区大部及中室带红棕色；内线黑棕色，外斜至中脉折向内斜；环纹为一黑点；肾纹红棕色边；中线黑棕色，粗，中室后明显；外线棕黑色，前半二曲外弯，至肾纹后波浪形外斜；顶角至外线有一白斜纹；亚端线黑色，在Cu_1脉处成外突齿，内侧各脉有黑短纹，外侧臀角处白色；端线黑色。后翅黄色，横脉纹黑色，端区一黑色宽带，臀角处有一黄纹，亚中褶及后缘有黑棕色毛。腹部黄色，各节背面有黑横条，毛簇灰白色。雌蛾前翅暗褐灰，除亚端线明显黑色外，各线纹均不明显。

成虫见于6月上旬。

寄主：柿。

分布：小五台山；保定、张家口；广东、四川、云南、贵州；日本、印度、泰国。

23.866a 客来夜蛾(1980年6月23日，北台1300m)

23.867 筱客来夜蛾(1980年6月27日，北台1250m)

23.869b 苹梢鹰夜蛾

23.866b 客来夜蛾

23.869a 苹梢鹰夜蛾

23.870 柿梢鹰夜蛾(1980年6月25日，西台1500m)

23.871 壶夜蛾

Calyptra capucina Esper

又名：羽壶夜蛾。

体长20～22mm，翅展44～46mm。头部及胸部褐色杂灰白色，颈板有暗褐色横纹。前翅褐色，布粉红色细纹，基线、内线棕色内斜，中线棕色微弯；肾纹暗棕色边，不清晰；外线隐约可见外弯，后半内斜，一深棕线自顶角内斜至后缘中部，其外侧衬粉红色。后翅褐色，外线色暗，端区微黑，缘毛黄色。腹部黄灰色。本种外形与鸟嘴壶夜蛾*O. excavata*相似，但雄蛾触角双栉齿形，下唇须端部不成鸟喙状。

成虫见于6月下旬～8月中旬。

幼虫取食唐松草，成虫吸食梨、桃、葡萄、柑橘等果汁。

分布：小五台山；保定、承德、张家口；浙江、黑龙江、辽宁、四川、新疆；日本、朝鲜以及欧洲。

23.872 疖角壶夜蛾

Calyptra minuticornis Guenée

又名：壶夜蛾。

翅展约40mm。头胸部褐杂灰白色。前翅淡灰褐色，密布灰白色细纹；基线、内线褐色内斜；顶角至后缘中部有一深褐线。后翅淡褐色，外半色暗。腹部淡褐色。本种似壶夜蛾*C. capucina*，但雄蛾触角非双栉状。

成虫见于7月上旬。

寄主：木防己等。

分布：小五台山北台海拔1900mm；张家口；浙江、广东；印度、印度尼西亚、斯里兰卡、俄罗斯。

23.873 嘴壶夜蛾

Oraesia emarginata Guenée

体长16～21mm，翅展34～40mm。头部褐色杂黄色，下唇须鸟嘴形，颈板基部淡红褐色，胸部褐色。前翅棕褐色，中线后半部内方色暗，肾纹隐约可见，外线褐色外弯，亚端线暗褐色锯齿形，二黑褐线自顶角内斜，外缘在M_3脉处突出成角，此突角处有一褐红色条弯向顶角。后翅褐灰色，端区及翅脉黑色。腹部灰褐色。

成虫见于8月上旬。

寄主：成虫吸食桃、梨、苹果、葡萄、柑橘果汁。

分布：小五台山；张家口、保定；江苏、浙江、台湾、广东、广西；朝鲜、日本、印度。

23.874 平嘴壶夜蛾

Oraesia lata Butler

体长21～24mm，翅展46～49mm。头部及胸部灰褐色，下唇须下缘土黄色，端部成平截状。前翅黄褐色带淡紫红色，有细裂纹，基线内斜至中室，内线微曲内斜至后缘基部，中线后半部可见内斜，肾纹仅外缘明显深褐色，顶角至后缘凹陷处有一红棕色斜线，亚端区有2条在翅脉上为黑点的暗褐曲线。后翅淡黄褐色，外线暗褐色，端区较宽暗褐色。腹部灰褐色。该种与壶夜蛾*C. capucina*略相似，但本种雄蛾触角非双栉形，下唇须下缘土黄色，端部平截。

成虫见于7月中下旬。

分布：小五台山；承德、张家口；黑龙江、吉林、辽宁、内蒙古；日本、朝鲜。

23.875 残夜蛾

Colobochyla salicalis Schiffermüller

又名：柳残夜蛾。

体长10mm，翅展23mm左右。头部及胸部灰褐色，触角棕色，背面具灰白鳞，下唇须外侧棕色。前翅褐灰色，内线暗褐色，折角于前缘脉后直线内斜；中线褐色内侧衬黄，较直内斜；一褐线自顶角微弯内斜至后缘，内侧衬黄色，外侧色较褐；端线为1列黑点。后翅淡褐黄色，端区色稍暗，臀角处色较分明。腹部淡褐灰色。

成虫见于8月上旬。

寄主：杨、柳。

分布：小五台山；邯郸、邢台、石家庄、保定、唐山、廊坊、承德、张家口；黑龙江、吉林、辽宁、北京、新疆；伊朗、土耳其以及欧洲。

23.871 壶夜蛾（1980年6月27日，西台）

23.873 嘴壶夜蛾

23.872 疖角壶夜蛾（1980年7月6日，北台1900m）

23.874 平嘴壶夜蛾

23.875 残夜蛾

23.876 大棱夜蛾

Arytrura musculus (Ménétrés)

体长16～24mm，翅展38～46mm。头部褐色，触角黄褐色，下唇须褐色，胸部灰褐色。前翅暗紫灰色，亚端线以内带暗褐色；内线为灰色细线，外斜，自亚中褶折角内斜，略与后缘垂直；肾纹为灰色短线；外线为灰色细线，自前缘外斜一段后略于外缘平行，至M_3脉后内斜；亚端线微曲内斜，外方一隐约的褐线，外缘1列黑点。后翅外线以内暗褐色带灰，外线以外暗紫灰色，外线灰色。腹部背面暗褐色，腹面灰褐色。

成虫见于7月上旬。

分布：小五台山；张家口、承德；黑龙江、吉林、江苏、浙江；日本、朝鲜以及欧洲。

23.877 苹眉夜蛾

Pangrapta obscurata Butler

体长9～10mm，翅展23～25mm。全体黑褐色。前翅灰褐色微紫，内线褐色外弯，外侧微衬灰白；外线褐色，外斜至M_1脉折角内斜，微衬灰白色；前缘区有一三角形灰斑；亚端线波浪形，衬灰白色；外缘在M_3脉处成圆形外突。后翅灰褐色，前半色浅，外线后半褐色衬白，亚端线锯齿形两侧衬白。腹部黑褐色微灰。此种体色有时变深。

成虫见于7月下旬。

寄主：苹果、梨。

分布：小五台山；邯郸、保定、唐山、承德、张家口；黑龙江；日本。

23.878 曲线奴夜蛾

Paracolax derivalis (Hübner)

成虫见于6月下旬。

分布：小五台山；张家口。

23.879 围星夜蛾

Perigea cyclicoides Draudt

翅展约28mm。头胸部黑灰色。前翅黑带铜褐色，基线白色；内线前端白色，其后在翅脉上为白点；剑纹为一黑边的白点；环纹为一白圈；肾纹中央为一白条，四周围以白点；外线前、后端各为一白点，其余锯齿形，在各翅脉上为白点；亚端线由各翅脉上的白点组成；端线为1列白点。后翅褐色。腹部灰色。足跗节有灰白环。

成虫见于6月下旬～7月下旬。

分布：小五台山；张家口；陕西、浙江、湖南。

23.880 蓝条夜蛾

Ischyja manlia Cramer

翅展85～107mm。全体红棕至黑棕色。雄蛾前翅内线微黑，内侧衬黄，达中室；环纹大，淡褐灰色；肾纹大，前端及外缘2外突齿，后端向内成一齿，淡褐灰色，中有黑点及曲纹；环纹后有一黄斑，斑的两侧黑色；肾纹后有一三角形黄斑，其外侧一大三角形黄斑；外线、亚端线不明显，M_1脉近中部有一黄白点，Cu_1脉近中部有一黑点。后翅外区有一粉蓝色曲带，2A脉近端部有一黑斑，中有黄纹，近臀角有黑色细纹。雌蛾前翅环、肾纹较小，肾纹简单，外线蓝白色，直线内斜，其外方染有蓝白色；顶角有隐约的斜纹。后翅粉蓝带较雄蛾宽，2A脉端的黑斑不明显。

成虫见于7月中旬。

幼虫取食樟属、榄仁树属等植物。成虫吸食果汁。

分布：小五台山；张家口、邯郸、邢台；浙江、广东、云南；印度、缅甸、斯里兰卡、印度尼西亚、菲律宾。

23.876 大棱夜蛾（1981年7月2日，南台）

23.879 围星夜蛾

23.877 苹眉夜蛾（1980年7月24日，西台）

23.880a 蓝条夜蛾(♀；1980年7月12日，西台)

23.880b 蓝条夜蛾(♂)

23.881 中口夜蛾

Rhynchina kengkalis Bremer

体长13mm，翅展30mm左右。头部灰褐色，喙发达；下唇须向前伸，第2节极长，上缘有长毛，第3节斜向上伸，一半饰鳞；额有尖毛簇；触角黄褐色；中胸有一小毛簇。前翅灰褐色，较狭长，翅尖尖锐，外缘外斜；内线褐色，中央向外折成角状；肾纹淡黑色；外线褐色，中部略弯；亚端线为1列小黑点，共7个；其他斑纹均不明显，缘毛暗褐色。后翅较宽，淡黄褐色，缘毛与后翅色泽相近，反面灰黄色，无明显斑纹。腹部灰黄色，无毛簇。足灰褐色，胫节无毛。

成虫见于7月上旬。

分布：小五台山；张家口、保定、承德；山西、内蒙古、北京、天津；日本、朝鲜、俄罗斯。

23.882 阴卜馍夜蛾

Bomolocha stygiana Butler

又名：卜馍夜蛾。

体长13～15mm，翅展30～35mm。头部及胸部棕褐色。前翅外线白色外弯，在M_2脉后明显外突，然后内斜至2A脉，向内折并前伸至M脉基部，此线内为紫黑棕色大斑块；中室有一小黑斑；亚端线灰白色波浪形，内侧有几个黑斑纹；顶角有一内斜黑纹，端线黑色。后翅灰褐色，横脉纹暗褐色。腹部浅棕褐色。

成虫见于6月中旬。

分布：小五台山南台东沟寺海拔1430m；邢台、保定、承德、张家口；江西；日本、朝鲜。

23.883 豆卜馍夜蛾

Bomolocha tristalis Lederer

体长13～14mm，翅展28～33mm。头部及胸部棕褐色。前翅棕褐色，布有棕黑色细纹；内线黑色，前缘区中段有一斜方形黑斑，其中可见前缘脉后的l列黑点和黑色环纹、肾纹；外线微白，波浪形，沿黑斑外缘向后；亚端线为l列黑点，前缘区黑点较长；一黑褐纹自顶角内斜，穿过亚端线；端线为l列黑点。后翅褐色。腹部褐色，基节毛簇棕黑色。雄蛾前翅斑纹不及雌蛾明显，后翅色较暗。

成虫见于5～9月。

寄主：大豆等。

分布：小五台山南台、西台、北台海拔1000～2100m；石家庄、保定、廊坊、承德、张家口；黑龙江、北京；日本。

23.884 参卜馍夜蛾

Bomolocha obesalis Treitschke

体长13～14mm，翅展32～36mm。头部及胸部褐色杂灰色。前翅灰褐色，密布黑色细纹；环纹为一黑点；肾纹黑色，中央白色；前缘区中段有一模糊大黑斑，向后延伸至亚中褶；内、外线隐约可见黑褐色；亚端线为1列黑色齿形斑；顶角有一灰褐色斜条；端线为1列棕黑色略呈三角形的小点。后翅褐色。腹部灰褐色。雌蛾前翅中部大斑不明显，后翅色亦较深。

成虫见于6月上旬。

寄主：荨麻。

分布：小五台山；邯郸、邢台、石家庄、保定、唐山、承德、张家口；北京；欧洲。

23.885 红尺夜蛾

Dierna timandra Alphéraky

翅展约28mm。头部白带桃红色，下唇须黄灰色，胸部桃红杂白色，下胸黑灰色。前翅桃红色，散布黑色细点；内线黄色，中有微白线；肾纹黄灰色，窄曲；前缘区外半灰黄色，上有白点；顶角至后缘近中部具一灰斜带，其中有一白线；亚端线白色。后翅桃红色，布有黑色细点；前缘区灰黄色；内线灰黄色，中有白线；外线为灰黄色宽带，中有白线；亚端线白色外弯。腹部背面基部中央桃红色，其余部分灰褐色，腹部腹面及足黑灰色。

成虫见于7月上旬。

分布：小五台山；张家口、承德；黑龙江、吉林；日本、朝鲜。

23.886 黑缘平影夜蛾

Lygephila nigricostata (Graeser)

分布：小五台山；张家口。

23.883 豆卜馍夜蛾（1980年5月2日，西台1180m）

23.884 参卜馍夜蛾

23.881 中口夜蛾（1980年7月7日，西台）

23.882 阴卜馍夜蛾（1980年6月14日，南台1430m）

23.885 红尺夜蛾(1980年7月3日，北台)

23.887 平影夜蛾

Lygephila lubrica (Freyer)

分布：小五台山；张家口。

23.888 焚影夜蛾

Lygephila vulcanea (Butler)

分布：小五台山；张家口。

23.889 巨黑颈夜蛾

Eccrita maxima Bremer

翅展约55mm。头部、颈板黑色，额褐色，触角间有一黄白横纹。胸背淡褐灰色，微显紫色，散布黑点。前翅淡褐灰色，微显紫色，散布暗褐色细横纹，各横线黑褐色；内、中线及外线前端均较扩展，内线在亚前缘脉折角较直向后；中线三曲形；外线外弯；环纹为一黑点；肾纹由黑色斑纹围成，中央褐灰色；亚端线灰色平缓弯曲，外侧色暗，外缘为1列黑点。后翅淡灰褐色，端区带暗褐色，外缘1列黑点。腹部褐色。足外侧暗褐色。本种略似平紫脖夜蛾*T. lubria*，但胫节有刺。

成虫见于7月中下旬。

分布：小五台山南台海拔1420m；张家口；黑龙江；日本、朝鲜、俄罗斯。

23.890 朋秀夜蛾

Apamea sodalis Butler

翅展约38mm。头、颈板黄褐色，额两侧有黑纹，颈板有黑横线。前翅淡褐色，前缘、中室及端区红棕色；基线仅前端显二黑纹；中室基部有一棕色纵纹；亚中褶及后缘基部各一纵纹；内线棕色；剑纹大，深棕色；环纹斜椭圆形；肾纹内半棕色，外半黄白色；环、肾纹均有黑边，后方与2脉基部的棕色斑相连；中线棕色，外斜至中室，然后锯齿形；外线前端为双棕色纹，其后黄白色锯齿形，前端外方有一棕色斑，其上有3个淡黄点；亚端线黄白色，内侧在2脉及4～6脉间有黑棕色纹；端线为1列三角形黑点。后翅白色带浅褐色。腹部淡褐黄色，各节端部褐色。足跗节外侧黑色，有淡褐黄色环。

成虫见于7月上旬。

分布：小五台山；张家口；四川；印度、日本。

23.889 巨黑颈夜蛾

23.891 富秀夜蛾

Apamea fucosa Frevcr

分布：小五台山；张家口。

23.892 乌钮夜蛾

Ophiussa vulcanea Butler

分布：小五台山；张家口。

23.893 西钮夜蛾

Ophiussa xigricostata Graeser

分布：小五台山；张家口。

23.894 姊两色夜蛾

Dichromia quadralis Walker

翅展33～39mm。头、胸部棕色有灰点，下胸杏黄色。前翅黑棕色，基部带灰色；内线外斜，后端与外线相遇，内侧基部灰，向外渐呈褐黄色；外线白色，在中褶与亚中褶处外突；内、外线间色深，成一大斑；外线外侧带灰色，一灰白纹自顶角内斜。后翅杏黄色，端区有一宽黑带，前宽后窄，其外缘毛黑色。足杏黄色，前、中足外侧灰棕色。腹部杏黄色。

成虫见于8月上旬。

分布：小五台山西台海拔1450m；张家口；云南；印度、缅甸、日本。

23.890 朋秀夜蛾

23.895 清夜蛾

Enargia paleacea Esper

成虫见于9月上旬。

分布：小五台山西台海拔1200m；张家口。

23.896 短喙夜蛾

Panthauma egregia Staudinger

翅展约60mm。头、胸部灰白杂绿褐色。前翅白色杂黑色、绿褐色点，翅基部有一黑点外斜纹；内线双线黑色，在中室处不显；环纹褐黄色，黑边，前方有斜三角形黑斑；中线双线黑色，微内弯，锯齿形；内、中线间在1脉后较黑灰；肾纹黄绿色，黑边；外线双线黑色锯齿形，前端外侧有一梯形黑斑，其后有1列不整齐的锯齿形黑纹；亚端线白色，2脉后有二黑纵线穿越外线，中褶有一黑纵线穿越外线；端线为1列三角形黑纹。后翅白色带暗褐色，翅脉及横脉纹褐黑色；外线白色，两侧较黑；缘毛褐白相间。腹部灰黑色，基部毛簇金褐色。跗节黑白相间。

成虫见于7月下旬。

分布：小五台山；张家口；黑龙江、内蒙古；俄罗斯。

23.894 姊两色夜蛾(1980年8月1日，西台1450m)

23.895 清夜蛾(1980年9月3日，西台1200m)

23.896 短喙夜蛾

23.897 凯口夜蛾

Rhynchina kengkalis Bremer

成虫见于8月下旬。

分布：小五台山东台杨家坪海拔850m；张家口。

23.898 达夜蛾

Virgo datanidia Butler

成虫见于8月上旬。

分布：小五台山东台海拔850m；张家口。

23.899 伊剑纹夜蛾

Apatele incretata Hampson

成虫见于8月下旬。

分布：小五台山东台杨家坪海拔850m；张家口。

23.900 比夜蛾

Leucomelas juvenilis Bremer

体长12～14mm，翅展33～35mm。头部、胸部及腹部棕黑色杂少许灰色，下唇须、足及下胸色浅；前翅黑棕色，外区有一乳白色外斜带，外侧外凸与6脉处，向后渐窄，后端达臀角；前缘脉近顶角处有一黄白点，缘毛前半黄白色，臀角处一小段缘毛黄白色；后翅黑棕色，外区有一黄白色带，自6脉斜至1脉端部，顶角处缘毛黄白色。

成虫见于6月上旬。

分布：小五台山中台海拔1500m；张家口；黑龙江。

23.897 凯口夜蛾(♀)

23.899 伊剑纹夜蛾(1980年6月26日，东台1100m)

23.900 比夜蛾（1980年6月8日，中台1500m）

附：未定种

(2009 年 6 月 10 日，西台 1400m)

(2008 年 7 月 5 日，北台 1400m)

(2008 年 8 月 1 日，北台 1300m)

(2007 年 7 月 30 日，北台 1350m)

(2007 年 7 月 30 日，西台 1480m)

(2008 年 9 月 1 日，东台 1200m)

（2008 年 7 月 5 日，西台 1400m）

（2007 年 8 月 10 日，东台 1200m）

（2007 年 8 月 10 日，北台 1700m ）

（2007 年 8 月 15 日，西台 1250m）

（2007 年 9 月 6 日，东台 900m）

（2007 年 6 月 20 日，西台 1500m ）

（2009 年 7 月 10 日，西台 1450m ）

（2007 年 6 月 20 日，南台 1400m）

（2010 年 8 月 10 日，西台 1500m）

（2007 年 7 月 10 日，东台 1100m）

（2008 年 6 月 25 日，西台 1350m）

（2009 年 8 月 10 日，东台 1100m）

（1980年5月10日，北台）

（1980年6月20日，西台）

（1980年7月4日，西台）

（1980年6月24日，南台）

（1980年6月3日，东台1300m）

（1980年7月10日，西台）

（1980年7月9日，西台）

虎蛾科 Agaristidae

体中至大型。喙发达。下唇须向上伸，第3节一般光滑而向前伸。额有突起。触角常向端部渐粗，节间有微毛，部分种类触角线形。有单眼，复眼大，少数种类复眼上有毛。中足胫节有1对距，后足胫节有2对距，胫节很少有刺。前翅3A和2A分离，M_2出自中室下角为四岔形，一般有副室。后翅有3A，M_2在中室处仅留痕迹多为三岔型，MI和R出自中室顶角或具短柄，Sc基部游离，然后后伸与R有部分接触，接触部分一般不超过中室之半。成虫白天活动。

23.901 葡萄修虎蛾

Seudyra subflava Moore

又名：葡萄虎蛾。

体长18～20mm，翅展40～49mm。头部和胸部紫棕色，颈板及后胸端部暗蓝色。前翅灰黄色，密布紫棕色细点，后缘区及端区大部紫棕色；内线灰黄色，外斜至中室折角内斜并呈双线；环纹与肾纹紫棕色灰黄边；外线双线，灰黄色，中部外弯，后半明显内斜；亚端线灰白色，锯齿形；翅脉灰黄色；端线为1列黑点，内侧衬灰黄色。后翅杏黄色，端区一紫棕色宽带，其内缘中部凹，近臀角一褐黄色斑，中室一暗灰斑。腹部黄色，腹背1列紫棕斑。足黄色。

成虫见于7月。

寄主：葡萄、爬山虎。

分布：小五台山西台、北台、东台海拔1100～1300m；邯郸、保定、承德、张家口；黑龙江、辽宁、山东、广东、江西、湖北、贵州；日本、朝鲜。

23.902 黄修虎蛾

Seudyra flavida Leech

又名：黄虎蛾。

体长20～22mm，翅展55～60mm。头胸黑棕色，颈板基半部红棕色，下胸杏黄色。前翅灰色，密布棕色细点，M脉及Cu_2脉以后大部暗紫色；内外线均双线黑色，外线波曲外弯；环纹、肾纹紫色灰白边；内线内方在中室后有一枣红斑，外线前、后端外侧各一枣红色斑，顶另有一枣红色斑；端线为1列暗棕纹。后翅杏黄色，横脉纹上隐约有一暗点。腹部杏黄色，基部背面有黑斑点。足杏黄色。

成虫见于7～8月。

分布：小五台山；承德、张家口；四川。

23.901 葡萄修虎蛾（1981年7月20日，东台1000m）

23.902 黄修虎蛾

天蛾科 Sphingidae

体大型。身体粗壮，纺锤形，腹部末端尖。头较大，无单眼。喙常发达，常超过体长很多，少数种类退化。触角中部加粗，端部尖细弯曲成小钩。前翅狭长，顶角尖锐，外缘倾斜，有些种类有缺刻，色常鲜艳。后翅较小，近三角形，色较暗，被厚鳞；有些种类的前翅或后翅上局部无鳞而透明。翅缰发达。前后翅都无1A脉。前翅M_1从R3～5脉的柄上发出，或在基部与其相接近。后翅第1条脉（$Sc+R_1$）与中室平行，有一横脉与中室中部相连。成虫大多夜间活动，多以蛹越冬。

23.903 松黑天蛾

Hyloicus caligineus sinicus Rothschild et Jordan

又名：松天蛾、华松天蛾。

体长30～33mm，翅展60～80mm。体翅灰褐色，颈板后缘及肩板内缘有棕褐色边；头顶有峰状毛丛；下唇须黑色；触角内侧白色，近端部更明显。胸部有灰褐色长毛。前翅内线及外线不明显，中室端部和M_3～Cu_1及Cu_1～Cu_2脉之间的黑纹明显，翅顶下方有1条向内斜的中断的黑纹。后翅灰褐色。前、后翅缘毛均为灰白色，有褐斑列。腹部背中线棕褐色，两侧有棕褐色纵带，腹面灰色无斑点。后足胫节的端距短于第1跗节的一半。

成虫见于5月上旬。

寄主：松。

分布：小五台山西台海拔1500m左右；保定、承德、张家口；北京、黑龙江、上海；日本、俄罗斯。

23.904 大背天蛾

Meganoton analis (Felder)

翅展约120mm。头灰褐。胸背发达，肩板外缘有较粗的黑色纵线，后缘有黑斑1对。前翅赭褐色，密布灰白色点；内线不明显，中线赭黑色明显；外线不连续，外缘白色；顶角斜线前有近三角形赭黑色斑，在M_1脉的近顶端有椭圆形斑；中室有1个白点，并有较宽的赭黑斜线1条直通向R_3与M_3脉之间。后翅赭黄色，近后角有分开的赭黑色斑，并有不显著的横带达翅中央。腹部背线褐色，两侧有较宽的赭褐色纵带及断续的白色带。腹部腹面白色。

成虫见于4月下旬～5月中旬。

分布：小五台山西台海拔1100～1250m；张家口；浙江；印度。

23.905 芝麻鬼脸天蛾

Acherontia styx Westwood

又名：芝麻天蛾、芝麻灰腹天蛾、人面天蛾、面形天蛾、鬼面天蛾、茄天蛾。

体长42～55mm，翅展89～120mm。头部棕黑色，肩板青蓝色。胸部背面有骷髅形纹，前半棕色带褐色，下半较暗，两眼形黑点。前翅棕黑色、混杂黄褐色斑纹及白色微细鳞粉，翅基下部有黄色毛丛，横线7条，黑色弯曲，中室端有一小黄点，近外缘有橙黄色细微纵条。后翅杏黄色，有2条黑色横带，翅基黄色无横纹，外线在翅脉处扩大成黑斑。腹部黄色，有青蓝色背中线及黄色环状带。足黑色，较短，各节间有黄色环纹，后足胫节有2对发达的距。

成虫见于5月上旬。

寄主：茄科、唇形科、木樨科、紫葳科、马鞭草科、豆科等植物。

分布：小五台山东台、中台海拔1100～1350m；河北各地；北京、河南、山东、江苏、浙江、江西、山西、陕西、广东、广西、云南、台湾；日本、朝鲜、印度、斯里兰卡、缅甸。

23.906 赭带鬼脸天蛾

Acherontia atropos Linnaeus

翅展85mm左右。

成虫见于5月上中旬。

分布：小五台山；张家口。

23.903a 松黑天蛾

23.904a 大背天蛾

23.905 芝麻鬼脸天蛾（1980年6月18日，中台1350m）

23.903b 松黑天蛾（示幼虫形态；2009年8月24日，西台1510m）

23.904b 大背天蛾（2007年5月6日，西台1300m）

23.904c 大背天蛾（2007年4月29日，西台1180m）

23.907 白薯天蛾

Herse convolvuli (Linnaeus)

又名：甘薯天蛾、红薯天蛾、旋花天蛾、虾壳天蛾。

体长40～47mm，翅展90～100mm。头胸背面暗灰色，有黑色纵线，侧面有灰白色纵带伸达肩板末端。前翅内、中、外线各为双条深棕色尖锯齿线，在前缘和外缘形成一些黑纹，M_3及Cu_1脉的颜色较深，顶角有黑色斜纹。后翅有4条暗褐色横线，缘毛白色，有暗褐色斑相杂。腹部背中灰色有黑色细线，两侧由黑与桃红色、白色三色间隔组成的斑带，有些个体白色不显，但第2节基部的白纹明显。体腹面灰白。

成虫见于5月上旬～6月上旬。

寄主：白薯、牵牛花、旋花、扁豆、赤小豆、蕹菜。

分布：小五台山西台1200～1700m；河北各地；山东、山西、河南、内蒙古、安徽、浙江、广东、台湾；日本、朝鲜、印度、俄罗斯、英国。

23.908 丁香天蛾

Psilogramma incret (Walker)

翅展108～126mm。头黑褐色，胸背棕黑色，肩板两侧有纵黑线，后缘有1对黑斑，黑斑内侧前方有白点，下方有黄色斑。前翅灰白色，各横线不明显；中室有灰黄色曲线。后翅棕黑色，外缘有断续白线，后角有2块椭圆形灰白斑。腹部背线黑色，两侧有较宽的棕黑色纵带。胸腹部腹面白色。

成虫见于5月上旬。

寄主：丁香、女贞、梧桐等。

分布：小五台山；张家口；北京、山西、河南、山东、辽宁、陕西、湖北、四川、广东、福建、浙江、台湾；日本、朝鲜。

23.909 霜天蛾

Psilogramma menephron (Cramer)

又名：梧桐天蛾。

体长约40mm，翅展90～130mm。头灰褐色，下唇须末端与头顶平，基节白色。胸部背面灰褐色，肩板两侧有黑纵带，后缘有黑斑1对，组成1个黑框；从前胸至腹部背线棕黑色，腹部背线两侧有棕色纵带。前翅内线呈不显著的波状纹，中线呈双行波状棕黑色，中室下方有2条外斜黑纵条，下面1条较短，顶角有一黑色线条向前缘弯曲。后翅棕色，后角有灰白色斑，缘毛白色，有棕褐色斑列。腹部腹面灰白色。

成虫见于5月上旬。

寄主：丁香、梧桐、女贞、梣、梓、楸、水蜡、泡桐。

分布：小五台山；张家口、邯郸、邢台、石家庄、承德；北京、山西、湖北、江苏、浙江、湖南；日本、朝鲜、印度、斯里兰卡、缅甸、菲律宾、印度尼西亚以及大洋洲。

23.910 普霜天蛾

Psilogramma sp.

翅展约110mm。

成虫见于5月上中旬。

分布：小五台山西台海拔1200m；张家口。

23.911 白须天蛾

Kentrochrysalis sieversi Alphéraky

体长40mm，翅展100mm。下唇须长超过头顶；触角细长，端部弯曲成钩状，背面灰白色，腹面棕色，近端部有一段黑斑；胸、腹部背面鳞毛长似绒状，胸部背板灰色，后缘有黑、白色斑各1对；腹部背线棕黑色，两侧有较宽的黑色纵带；前翅灰褐色，内线、中线和外线棕黑色锯齿形，中线较宽，中室有一白星；后翅灰褐色，中央有不明显的浅色横带；前、后缘毛成间断的黑白色横点。

成虫见于4月下旬～5月上旬。

寄主：木樨科植物（女贞、白蜡树等）。

分布：小五台山南台、中台海拔1300m左右；张家口、唐山；北京、山西、黑龙江；朝鲜。

23.910 普霜天蛾（2007年5月10日，西台1180m）

23.907 白薯天蛾（1980年5月30日，西台1300m）

23.908 丁香天蛾

23.909b 霜天蛾

23.909c 霜天蛾（示不同色型的幼虫）

23.909a 霜天蛾

23.909d 霜天蛾（示不同色型的幼虫）

23.909e 霜天蛾（示不同色型的幼虫）

23.912 女贞天蛾

Kentrochrysalis streckeri Staudinger

翅展52～66mm。体翅灰褐色，间有白色鳞片。前翅内、中、外线呈单线锯齿状，不甚明显；中室端有很小的白色点，缘毛呈黑白相间的斑纹。后翅棕褐色，无显著斑纹，缘毛呈黑白相间的斑纹。前、后翅反面棕灰色，有相连的1条深色横带。腹部背线细不显著。

成虫见于4月下旬。

寄主：女贞、白蜡树。

分布：小五台山；张家口、保定；山西、黑龙江。

23.913 红节天蛾

Sphinx ligustri constricta Butler

又名：水腊天蛾。

体长34～41mm，翅展79～88mm。头灰褐色，下唇须棕色；触角外侧黑色，被覆白鳞。颈板及肩板外侧灰粉色，胸部背面棕黑色，后胸背有成丛的黑基白梢鳞毛。前翅灰黑色，基部色浅，内线及中线不明显，外线呈棕黑波状纹，外侧衬浅色，中室有较细的纵横交叉黑纹。后翅烟黑色，基部粉褐色，中央有浅粉色宽带，外缘及缘毛黄褐色。前后翅反面黄褐色，中央有1条黑色斜带，沿斜带下方又有一褐色斜带。腹部背中线较细黑色，各节两侧前半部粉红后半部黑色；腹面灰白色，中央有黑纵纹。

成虫见于5月中下旬。

寄主：水蜡、女贞、丁香等木樨科植物。

分布：小五台山西台海拔1500m左右；保定、承德、张家口；北京、山西、内蒙古、辽宁、黑龙江；日本、朝鲜以及非洲、欧洲。

23.914 绒星天蛾

Dolbina tancrei Staudinger

又名：星天蛾、女贞天蛾。

体长27～34mm，翅展50～80mm。头顶灰褐色，下唇须短，触角末端尖细且弯曲度大。体翅灰黄色，杂有白色鳞毛。肩板内缘有2条向内弯曲成弧形的黑线，外侧灰白。前翅内线、中线及外线均由深色波状纹组成，亚端线灰白色，中室端部有1个极显著的白色黑边斑点。后翅棕褐色，缘毛灰白色。腹部背线由1列近方形较大黑点组成，两侧有向背线倾斜的褐色斑及白点，尾端的斑较大。腹部腹面灰白色有1列大黑褐色斑。

成虫见于5月上旬～8月中旬。

寄主：水蜡、女贞等木樨科植物。

分布：小五台山西台、南台海拔1200～1350m；张家口、邯郸、邢台、保定、唐山、承德；北京、山西、湖北、内蒙古、四川；朝鲜、日本、印度、俄罗斯。

23.915 小星天蛾

Dolbina exacta Staudinger

翅展约53mm。体翅灰褐色，肩板外侧灰白色，颈板与肩板内侧棕黑色。前翅内、外线不明显，中线波纹状深棕色，中室有灰白色小星。后翅土灰色，无显著斑纹，缘毛稍淡。腹部背线为黑色点，腹面色淡有小黑点。

成虫见于4月下旬。

寄主：丁香、梣树。

分布：小五台山；张家口；黑龙江、四川、湖北；朝鲜、日本。

23.916 星天蛾

Dolbina sp.

翅展约55mm。

成虫见于5月中旬。

寄主：丁香、梣树。

分布：小五台山西台海拔1250m左右；张家口。

23.915 小星天蛾

23.916 星天蛾（2007年5月1日，西台1250m）

23.911 白须天蛾（1998年5月3日，中台1400m）

23.913a 红节天蛾

23.914a 绒星天蛾

23.914c 绒星天蛾（2007年8月11日，南台1270m）

23.912 女贞天蛾

23.913b 红节天蛾（1980年5月20日，西台1500m）

23.914b 绒星天蛾（2007年5月11日，西台1200m）

23.917 日本鹰翅天蛾

Oxyambulyx japonica Rothschild

体长40mm，翅展100mm左右。体翅粉灰色；颜面白色；头顶下方褐绿色；肩板及后胸两侧褐绿色。前翅基部有一墨绿色小圆点，内线褐绿色呈宽带状，中线为2条较细的褐色波状线组成，外线黑褐色，外线至外缘呈弓形灰褐色宽带，中室端横脉上有一黑点，顶角有一褐色斜线直达R_5脉横线。后翅灰橙色，有棕黑色横线2条，外缘呈棕黑色宽带。前、后翅反面橙灰色，前缘及基部色淡，中线以外有散生的褐黄色点，外缘灰白色。腹部背线不明显，第6、7节两侧有绿褐色斑，有的个体第7节不明显；体腹面橙黄色。中、后足胫节基部有白点。

成虫见于6月中下旬。

寄主：槭树科树木。

分布：小五台山西台海拔1500m；张家口、邯郸、邢台、承德；陕西、四川、台湾；日本、朝鲜。

23.918 鹰翅天蛾

Oxyambulyx ochrace (Butler)

又名：细翅天蛾。

体长38～45mm，翅展97～110mm。体翅橙黄色，头顶及肩板褐绿色，颜面白色；胸部背面黄褐色，两侧浓褐绿色；腹面橙黄色。前翅内线不显著，在近前缘及后缘有一褐绿色斑，中线和外线褐绿色波状有时不显著，顶角向下弯曲呈弓状形似鹰翅，外缘呈灰褐绿色弧形带，近后角内上方有褐绿色及褐色斑。后翅橙黄色，有较明显的棕褐色中带及外缘带。前、后翅缘毛棕褐带绿色。前、后翅反面橙黄色，前翅外缘呈灰白色弧形带，位置同翅正面。腹部第6节两侧及第8节背面有褐绿色斑。足上有白斑。

成虫见于6月上旬。

寄主：槭科、核桃科植物。

分布：小五台山南台1400～1500m；张家口、邯郸、邢台、廊坊、唐山、承德；北京、辽宁、江苏、江西、浙江、广东、四川、台湾、广东、福建；日本、印度、缅甸。

23.919 核桃鹰翅天蛾

Oxyambulyx schaufferbergeri (Bremer et Grey)

翅展98～105mm。头部颜面白色，与头顶交界处绿褐色，胸部两侧绿褐色。前翅基部附近、前缘及第1脉室有褐绿色圆形纹；中、外线稍显暗褐色不明显；外线内侧有波状细纹；亚外缘线棕黑色，顶弓形向后角弯曲；中室端有1个棕黑色斑点。后翅茶褐色，布满暗褐色斑纹。腹部第6节两侧及第8节背面具褐色斑。

成虫见于5月上旬。

寄主：核桃、栎、枫杨。

分布：小五台山；张家口；黑龙江、吉林、浙江；日本、朝鲜。

23.920 豆天蛾

Clanis bilineata tsingtauica Mell

又名：大豆天蛾、青岛南方豆天蛾。

翅展100～120mm。头及复眼比较小，触角背面黄褐色，腹面棕色；颜面棕褐色，头顶与胸背有1条较细的褐色中线。体翅黄褐色。前翅狭长，前缘中部有一污黄色三角形大斑，其下缘延伸一细纹，穿过2条横线而伸达亚端线处，并由此有褐纹通到翅尖，将顶角平分两半；内线及中线不明显，中室横脉处有1淡白色小点，模糊，外线呈褐绿色波状纹。后翅除前缘及内缘为黄白色外，大部分呈棕褐色，基部上方黑褐色，后角附近枯黄色，横线仅臀角淡色处可见。腹部背面各节后缘有棕黑色细横纹，中部焦黄，两侧及腹面色淡。前足背面黑褐色，中、后足胫节背面有银白色纵条。

成虫见于5月下旬。

寄主：大豆、刺槐、藤萝及葛属、黎豆属等植物。

分布：小五台山；河北各地；国内各地除西藏不明均有分布；朝鲜、日本、印度。

23.921 灰斑豆天蛾

Clanis undulosa (Moore)

翅展约110mm。

成虫见于7月下旬。

分布：小五台山；张家口。

23.919 核桃鹰翅天蛾

23.917 日本鹰翅天蛾

23.918 鹰翅天蛾（1980年6月8日，南台1450m）

23.920 豆天蛾(1980年5月22日，西台)

23.922 刺槐天蛾

Clanis deucalion (Walker)

又名：拟豆天蛾。

体长45mm，翅展100～130mm。头顶黄褐色，颜面黑色；头及复眼比较小，下唇须灰黄色并拢；触角背面赭红，腹面棕黑色。胸部背面赭黄，头及胸部背线棕黑色。前翅赭黄色，中部有浅色半圆形斑，内线、中线及外线呈棕黑色波状纹，沿R_3前方有一灰色线，顶角至R_3脉的上方成赭色三角形斑，外半色淡，后角部分有粉白鳞毛。后翅黑褐色部分只到中部横线处止，横线明显，前缘、外缘及内缘黄色。前、后翅反面黄褐色，有连贯的波状横带，顶角处有一棕黄色细纹，内斜至M_1与M_2脉之间，自翅基部沿中室下方外伸1条黑色宽带，中室端部有一暗褐色圆点。腹部背面赭褐色，有较细的深色背线，或不明显，腹部两侧及腹面色稍淡，端部微红色。前足胫节内侧有较长的黑褐色毛丛，中足胫节背侧为红褐色；后足胫节外侧银白色，端部有距，长于第1跗节。

成虫见于5月上旬～7月中旬。

寄主：豆科植物。

分布：小五台山西台、东台海拔1100～1380m；张家口、保定、唐山、承德；北京、辽宁、江苏、浙江、四川、广东、安徽、台湾；印度。

23.922a 刺槐天蛾

23.922b 刺槐天蛾（2007年7月10日，西台1300m）

23.923 黄脉天蛾

Amorpha amurensis Staudinger

体长33～40mm，翅展80～90mm。头及复眼小，头顶及肩板灰褐色，下唇须端节尖，向前伸出；触角腹面黄色，背面黄白色，顶端弯度小，肩板内缘有较浅的灰黄色纵线。前翅灰褐色，翅脉黄色明显，披黄褐色鳞毛，外缘呈宽波状，M_2处凹入，臀角圆凸，斑纹不明显，内线、中线、外线棕黑色波状，基部浅灰色，外缘自顶角到中部有棕黑色斑。后翅颜色与前翅相同，宽而略圆，顶角凹陷，外缘R_s～M_1处凸出，基半及外缘褐色，中央色淡有横带斑。腹部背面灰褐色，节间有黄色横纹，腹面灰褐色。

成虫见于6月上旬～7月中旬。

寄主：杨、柳、桦、椴、桤等。

分布：小五台山南台、西台、北台海拔1100～1400m；邢台、保定、唐山、承德、张家口；北京、山西、内蒙古、辽宁、黑龙江、四川、新疆；日本、俄罗斯。

23.924 黄线天蛾

Apocalypsis velox Butler

翅展约120mm。头棕黄色。触角枯黄色，基部有白色纵带。胸部棕黄色，背板有“八”字形白纹，背中线呈间断的黑色纵带，腹面灰黄色。前翅狭长，赭棕色，脉纹枯黄色；内、中线不明显；外线较直枯黄色，内侧衬白色纹；中室有1个白色斑，中央有1个黑色小点；前翅反面黄褐色，后缘黄色。后翅棕褐色，基部有2条色较深的纵条纹，反面同前翅，基部有白色纵条。

23.923a 黄脉天蛾

23.923b 黄脉天蛾（2007年7月18日，西台1280m）

成虫见于7月中下旬。

寄主：山杨、桦、椴、桤、杨、柳。

分布：小五台山；张家口；黑龙江、辽宁、北京、内蒙古、山西、四川；日本、俄罗斯、印度。

23.925 甘蔗天蛾

Leucophlebia lineata Westwood

又名：蔗天蛾、蔗线天蛾、禾天蛾、粉红天蛾。

体长27～33mm，翅展62～75mm。头顶白色，颜面枯黄至红棕色；下唇须端节长，触角背面白色，腹面赭黄色。复眼圆，上面有黑斑。胸背白色略带粉红色，有橙黄色中带。前翅玫瑰红色，中央自翅基至顶角有一较宽的淡黄色纵带，沿臀褶还有1条细黄带，Cu_1与Cu_2脉白色，在黄带和白脉边缘散有灰褐色鳞，翅前缘有细黄边。后翅橙黄色。前、后翅缘毛均为黄白色，臀角均圆而不突出。腹部背面枯黄色，两侧色浅，略带粉红色。体腹面粉红色。足粉红色，中足胫节有刺1对，后足胫节有刺2对。

成虫见于7月上旬。

寄主：甘蔗及其他禾本科植物。

分布：小五台山南台海拔1350m；张家口、保定；北京、山东、陕西、浙江、江西、广东、广西、云南、台湾；印度、斯里兰卡、菲律宾、印度尼西亚、马来西亚。

23.924 黄线天蛾

23.925 甘蔗天蛾

23.926 枣桃六点天蛾

Marumba gaschkewitschi gaschkewitschi (Bremer et Grey)

又名：桃天蛾、酸枣天蛾、桃六点天蛾。

体长25～38mm，翅展76～92mm。体翅黄褐至灰褐紫色不等，复眼灰褐色，触角腹面黄褐色，背面淡灰白色。胸部背面棕色，正中有深棕色纵纹。前翅各线之间成为颜色较深的3条带，中室端有褐斑，近外缘部分黑褐色；近臀角处有2个深褐色斑，有时此2斑相连；外缘有半月形褐斑，边缘成齿状，齿大小相同，缘毛白色与褐色相间。后翅桃红色，近臀角部位有2个黑斑接近或相连。前翅反面基部至中室呈粉红色，外缘与亚端线黄褐色。后翅反面灰褐色，各线棕褐色，后角色较深。

成虫见于5月下旬～7月中旬。

寄主：桃、枣、酸枣、苹果、梨、杏、李、葡萄、枇杷及海棠等。

分布：小五台山北台、西台、东台海拔850～1300m；河北各地；北京、山东、山西、内蒙古、陕西、宁夏、辽宁、吉林、黑龙江、湖南、河南、湖北、广东、安徽、江西、四川、江苏、浙江、西藏；朝鲜、日本、俄罗斯。

23.927 菩提六点天蛾

Marumba jankowskii (Oberthür)

体长30mm，翅展79～90mm。身体灰黄褐色；头、胸部的背线暗棕褐色。前翅枯黄，外缘较直，有较宽的3条黄褐色横带，亚端线下部向后缘迂回弯曲，后角近后缘处有一暗褐色斑，稍上方又有一暗褐色圆斑，中室上有一条纹；顶角处有一黄褐色三角斑。后翅淡褐色，后角附近有2个连在一起的暗褐色斑。前、后翅反面黄色，前翅外缘和后翅臀角处颜色较深，各横线明显，黄褐色。腹部各节间有灰黄色环。

成虫见于6月下旬。

幼虫取食枣、椴、菩提等叶片。

分布：小五台山；邯郸、保定、承德、张家口；黑龙江、吉林、辽宁；日本、俄罗斯。

23.928 黄边六点天蛾

Marumba maacki (Bremer)

翅展80mm左右。体翅灰黄色。触角茶褐色。前翅各横线黄褐色，顶角与外缘间有棕褐色半月形斑，后角有棕黑色斑1块，其上方有1个棕黑色圆斑，缘毛黄色。后翅灰黄色，中间有1条暗带，后角有棕黑色近圆形斑2个，外呈较宽的黄色边带。前、后翅的反面灰黄色，各横线明显，棕色，外线外侧呈灰白色横线；前翅顶角及后角基部黄色，后翅后角黄色。

成虫见于7月上旬。

寄主：栎树。

分布：小五台山西台海拔1500m；张家口、承德；黑龙江；俄罗斯。

(2007年7月18日，东台1100m)
(2007年6月1日，东台1200m)
(2007年5月28日，西台1180m)
(2009年6月17日，西台1200m)
(2007年5月28日，西台1180m)
(2007年5月28日，西台1180m)

23.926 枣桃六点天蛾

23.927 菩提六点天蛾

23.928 黄边六点天蛾

23.929 椴六点天蛾

Marumba dyras (Walker)

翅展90～100mm。体翅灰黄褐色。触角灰黄色。肩板内侧及胫板后缘呈茶褐色线纹，胸、腹部背线呈深棕色细线，胸部及腹面褐色，腹部各节间有棕色环。前翅灰黄褐色，各横线棕色，外缘齿状棕黑色，后角内侧有棕黑色斑，其上还有1 个近圆形的棕黑色斑，亚端线绕后角斑到达后缘。后翅茶褐色，前缘稍黄，后角向内有棕黑色斑2个，后角黄褐色。前翅及后翅反面赤褐色，前翅中线及外线显著，顶角及后角呈鲜艳的茶褐色；后翅各横线棕色，后角黄褐色，缘毛黄白色。

成虫见于6月上旬。

寄主：椴树。

分布：小五台山中台海拔1500～1600m；邢台、承德、张家口、保定；辽宁、江苏、江西、浙江、云南；斯里兰卡、印度。

23.930 栗六点天蛾

Marumba sperchius Ménétriés

翅展90～120mm。体翅淡褐色，从头顶到尾端有1条暗褐色背线。前翅各线为暗褐色条纹，内线、外线各由3条组成，翅后角上方两脉之间有1块圆形暗褐色斑，后角有1块暗褐色长斑，沿外缘绿色较浓，外线愈向后愈向内迂回，绕过后角斑到达后缘，中室端部有1个褐点。后翅暗褐色，前缘及后角区色淡，后角处及其上方各有暗褐色斑纹。前、后翅外缘锯齿状，反面黄褐色，横线明显。

成虫见于7月中旬。

寄主：栗、栎、槠、核桃。

分布：小五台山南台海拔1500m；张家口、邢台、保定、唐山、承德；北京、台湾、辽宁、吉林、黑龙江、广东、福建；日本、朝鲜、印度。

23.931 六点天蛾

Marumba sp.

翅展约80mm。

成虫见于5月中旬。

分布：小五台山西台1200m；张家口。

23.932 构月天蛾

Paeum colligate (Walker)

又名：构天蛾、构星天蛾、绿褐银星天蛾。

体长34～36mm，翅展65～80mm。体翅灰黄、灰绿至褐绿色，肩板棕褐色。前翅外缘截直，臀角尖；基线灰褐色，内、外线间呈茶褐色宽带；中室末端有1个白点，此斑内外连有或延伸成褐色纵纹；外线暗紫色，顶角有略圆形暗紫色斑1块，四周白色呈月牙状，顶角至臀角间有弓形白色带。后翅浓绿色至褐绿色，外线色较浅，后角棕褐色斑1条。前后翅缘毛均为灰褐色。腹背各节均有“八”字形黄白色纹。

成虫见于6月上旬～7月上旬。

寄主：构树、桑树等。

分布：小五台山东台海拔810～900m；邯郸、邢台、石家庄、保定、张家口；北京、河南、山东、陕西、安徽、云南、湖北、广东、辽宁、吉林、四川、台湾；日本、印度、缅甸、斯里兰卡。

23.933 紫光盾天蛾

Phyllosphingia dissimilis sinensis Jordan

体长50mm，翅展105～115mm。体翅棕褐色，全身有紫红色光泽，浅色部位更加明显。胸部背线较宽，棕黑色，腹部背线较细，紫黑色。前翅基部色稍暗，内线及外线色稍深但不太明显，前缘中央有较大的紫色盾形斑1块，盾斑周围色显著加深，外缘色较深呈显著的波浪形。后翅有3条深色波浪状横带，外缘紫灰色不整齐；后翅反面有显著的白色中线。前、后翅缘毛和翅的颜色相同。

成虫见于6月下旬。

寄主：核桃、山核桃。

分布：小五台山；张家口、邯郸、邢台、保定、廊坊、承德；北京、山东、黑龙江、广东、福建；日本、印度。

23.929 椴六点天蛾

23.932 构月天蛾(1980年6月20日，东台1100m)

23.930 栗六点天蛾 (1980年7月19日，南台1500m)

23.931 六点天蛾(1980年5月16日，西台1200m)

23.933 紫光盾天蛾(1980年6月25日，南台)

23.934 盾天蛾

Phyllosphingia dissimilis dissimilis Bremer

又名：虾夷天蛾。

体长45mm，翅展90～110mm。体翅棕褐色，下唇须红褐色，胸背中线较宽棕黑色，腹部背中线较细黑紫色。前翅前缘中部有一大型紫色斑，周围色较深，外缘色较深呈显著波浪形，外缘齿较紫光盾天蛾*Ph. dissimilis sinensis*为浅。后翅有3条深色波浪状横带，反面无白色中线，或只隐约可见。盾天蛾和紫光盾天蛾的斑纹相似，只是盾天蛾体翅没有紫红色的光泽，后翅反面无白色中线。

成虫见于7月上旬。

寄主：核桃、山核桃。

分布：小五台山东台海拔1100～1300m；张家口、保定、承德；北京、山东、黑龙江、浙江、台湾；日本、印度。

23.935 北方蓝目天蛾

Smerinthus planus alticola Clark

体长约37mm，翅展约85mm。体翅黑褐色，触角灰黄色，胸部背面中央深棕色，肩板灰褐色。前翅灰褐色，有粉状鳞；基部色浅，内线与中线间形成前、后2块黄褐色斑，中间有粉红色纵带1条，外线呈波状纹，亚端线弧形，外缘部分形成一弓形黄褐色斑，外缘上部较直，臀角上方稍内陷，中室端有楔状棕黄色斑。后翅棕褐色，外缘黑褐色，中央有较大圆斑1个，圆斑中央褐黄，外套蓝、黑二色圆环，环上方粉红色。前翅反面自翅基至中室端有红色三角区；后翅反面线纹明显，蓝目不显。

成虫见于6月下旬。

寄主：杨、柳、桃。

分布：小五台山北台海拔1450m；邯郸、邢台、保定、唐山、衡水、承德、石家庄、张家口；吉林、山东、内蒙古。

23.936 蓝目天蛾

Smerinthus planus planus Walker

又名：柳天蛾、蓝目灰天蛾、柳目天蛾、柳蓝目天蛾、内天蛾。

体长27～37mm，翅展80～90mm。体翅灰黄至淡褐色，触角淡黄色，胸部背板中央褐色，腹部有模糊的中带。前翅外缘波状，翅基部约1/3色淡穿过褐色内线向臀角突伸一长角，其末端有黑纹相接；中室上方有一小丁字形浅纹，其外侧有一直的褐色横线；外线褐色波状；外缘自顶角以下至外缘中部色深略呈“弓”形大褐斑。后翅淡黄褐色；近中部有大蓝目斑1个，斑圆形，蓝色圈相连，周围黑色，目斑上方粉红色。后翅反面蓝目不显。

成虫见于6月上旬。

寄主：柳、杨、桃、苹果、樱桃、沙果、海棠、梅、李。

分布：小五台山西台海拔1200m；河北各地；北京、山东、山西、陕西、河南、甘肃、宁夏、内蒙古、福建、浙江、江苏、湖北、江西、安徽、云南、广东、辽宁、吉林、黑龙江；朝鲜、日本、俄罗斯。

23.937 钩翅目天蛾

Smerinthus tokyonis Matsumura

体长29mm，翅展60～70mm。体翅灰褐色，头顶及肩板灰色。前翅狭长，顶角弯突呈钩状，后角凸出，后缘凹入；基部色淡，有灰黑色近圆形的斑，淡色部分穿过内线突向后角伸一长尖角并与后角伸出的黑纹相连，中部的褐色带被此淡色线分成2个三角形大斑；外线成褐色波状纹，顶角内侧下方有近白灰色的斑，沿外缘有一弓形的褐色斑。后翅臀角处的眼斑较扁，有蓝黑色连贯的外圈，上部桃红色，2条横带明显。腹部有褐斑列。

成虫见于7月26日。

分布：小五台山南台海拔1500m；张家口、保定、承德；北京；日本。

23.938 杨目天蛾

Smerinthus caecus Ménétriés

又名：柳灰天蛾、小柳天蛾。

体长30mm，翅展60～70mm。胸部背板棕褐色，领片和肩片灰白，后胸有1对褐斑。前翅红褐色，外缘锯齿状，R_5、M_3及Cu_1脉处最突出，内线、中线及外线棕褐色，外缘褐色，中室上方有灰白色细长斑，下有棕褐色斑1块，顶角有棕黑色三角形斑，后角有橙黄色淡斑1块。后翅灰黄色，基半桃红色，后角有棕黑色目形斑，斑扁圆形靠近后缘，斑的外围黑色，其内有分离的2个月牙形蓝灰色斑纹。腹部灰褐色，两侧有白色纹。后足胫节无端距。

成虫见于6月下旬。

寄主：杨、柳。

分布：小五台山西台、南台海拔1300～1400m；张家口、承德、保定；内蒙古、辽宁、吉林、黑龙江；日本、俄罗斯。

23.937 钩翅目天蛾(1980年7月26日，南台1500m)

23.934 盾天蛾(1980年7月8日，东台1150m)

23.935 北方蓝目天蛾(1980年6月23日，北台1450m)

23.936 蓝目天蛾(1981年6月7日，西台1200m)

23.938 杨目天蛾(1981年6月28日，西台1350m)

23.939 榆绿天蛾

Callambulyx tatarinovi (Bremer et Grey)

又名：榆天蛾、云纹天蛾、云纹榆天蛾。

体长20～30mm，翅展70～80mm。头、胸部暗绿色，触角背面白色，胸部肩板浅绿色形成三角形斑。前翅粉绿色，翅中部有1块略呈三角形侧缘暗绿的绿斑，其内侧连接一小三角斑，翅顶角有白纹斜向沿M_1脉延伸，其上方至前缘为一三角形暗绿色斑，外线成2条弯曲的波状纹；翅的反面近基部后缘淡红色。后翅红色，外缘淡绿，前缘及后缘微白，后角上有深色横条；翅反面黄绿色。腹部粉绿色，每节后缘有棕黄色纹1条及白边。此种另有一褐色型*f. eversmanni*，体翅不为绿色，而为黄褐色所代替，斑纹和其他特征则相同。

成虫见于6月下旬～7月中旬。

寄主：榆、刺槐、柳。

分布：小五台山南台辉椽、北台赤崖沟海拔1200～1400m；河北各地；北京、山东、山西、河南、内蒙古、陕西、宁夏、辽宁、吉林、黑龙江；朝鲜、日本、俄罗斯。

23.940 绿天蛾

Callambulyx sp.

翅展76mm左右。

成虫见于5月中旬。

分布：小五台山西台海拔1200m；张家口。

23.941 豹蠹天蛾

Langia zenzeroides Moore

体长40mm，翅展约130mm。体灰色极粗壮，触角背面灰白色，腹面黑色；肩片上有宽黑条，胸和腹背密被灰和黑色长的鳞片，其末端白色，而呈现点点银灰色，腹端背板三角形光滑，有2条黑色纵带。前翅狭长，外缘倾斜锯齿状，臀角尖突；翅灰色散有白鳞及小黑点，横线波状由顶角伸向后缘，但不明显；外缘有波状黑边，其内侧有由中部至后角的2条黑纹，很明显；自翅基至顶角有斜向的白色带，并散布有紫黑色细点；中室端有小黑点，缘毛灰褐色。后翅灰褐，外缘波状有黑边，近后角有白色和紫黑色条斑，缘毛黄色。前翅反面基半部有黄褐色长纤毛。足短、灰蓝色，跗节有黑环。本种为小五台山区体型最大的天蛾。

成虫见于5月上旬。

寄主：杏、桃、李、梅等。

分布：小五台山东台海拔850m；张家口、保定；北京、湖北、云南、台湾、广东、福建；日本、印度。

23.942 大黑边天蛾

Haemorrhagia alternate Butler

体长28mm，翅展54～60mm。体灰黑色，下唇须白色，胸部背面及腹面有污黄色鳞毛，腹部第5、6节两侧有灰黄色斑。前翅透明，端线与亚端线间呈灰褐色，翅框内侧有锯齿纹。后翅透明，端线较窄，翅基至后角间色淡。

成虫见于7月上旬。

分布：小五台山东台海拔850～910m；张家口、保定、承德；辽宁、浙江；日本。

23.939a 榆绿天蛾

23.939b 榆绿天蛾（2007年7月7日，南台1250m）

23.940 绿天蛾（2007年5月11日，西台1200m）

(2007年5月5日，东台1100m)

23.941 豹蠹天蛾

23.942a 大黑边天蛾

23.942b 大黑边天蛾（2007年7月7日，东台1100m）

23.943 锈胸黑边天蛾

Haemorrhagia staudingeri staudingeri (Leech)

又名：锈胸木蜂天蛾。

翅展65mm左右。头部棕黄色。胸背锈红色；腹面前、中胸枯黄，后胸黑色。腹部前半黑色，后半锈红色。腹部腹面前5节黑色，6、7节腹板黑色，侧板杏黄色；尾毛棕黄色。前、后翅透明，边缘棕黑色，尤以翅基及后缘黑色较浓，翅脉黑色；翅反面色淡，有紫蓝色闪光。

成虫见于7月上旬。

寄主：忍冬（金银花等）。

分布：小五台山西台、北台海拔1200～1300m；张家口；黑龙江、江西。

23.944 葡萄缺角天蛾

Acosmeryx naga (Moore)

又名：长葡萄天蛾。

体长约42mm，翅展105～110mm。体灰褐色，有栗褐色斑纹，下唇须茶褐色，触角背面褐色有白色鳞毛，胸背领片中部和端部及肩片上各有一横带。前翅各横线棕褐色，亚端线达到后角，顶角端部缺，稍内陷，有深棕色三角形斑及灰白色月牙形纹；中室端近前缘有灰褐色三角形大斑，内有褐色横条。后翅前缘及内缘灰褐色，中部及外缘茶褐色，有棕色横带。翅的反面锈红色，前缘及外缘灰褐。腹部各节有棕色横带。

成虫见于6月上旬。

寄主：葡萄、猕猴桃、爬山虎、葛藤、蛇葡萄。

分布：小五台山；邢台、唐山、张家口、保定、承德；北京、浙江、广东、福建；日本、朝鲜、印度。

23.945 葡萄天蛾

Ampelophaga rubiginosa rubiginosa Bremer et Grey

又名：葡萄轮纹天蛾、葡萄红线天蛾。

体长31～43mm，翅展85～100mm。触角线状，背面黄色、腹面棕色。体翅黄褐至棕褐色；体背自头顶到腹末端有灰白色纵线1条，腹面色淡呈红褐色。前翅顶角较突出，各横线均为暗茶褐色，内线和中线较粗而弯曲，在翅中部形成2条宽的横带，中室端褐纹位于其间，顶角有较宽大的三角形斑1个，近外缘有不明显的棕褐色带。后翅黑褐色，外缘及后角附近色稍淡，各有茶褐色横带1条，缘毛色稍红。前翅及后翅反面红褐色，各横线黄褐色，前翅基半部黑灰色，外缘红褐色。

成虫见于7月上旬～8月上旬。

寄主：葡萄、蛇葡萄、爬山虎、黄荆、乌蔹莓。

分布：小五台山西台、东台海拔850～1500m；邯郸、邢台、石家庄、保定、承德、张家口；北京、河南、山东、山西、江苏、浙江、江西、安徽、湖北、湖南、四川、陕西、宁夏、云南、广东、辽宁、吉林、黑龙江；日本、朝鲜。

23.946 小豆长喙天蛾

Macroglossum stellatarum (Linnaeus)

又名：小豆日天蛾、茜草天蛾、燕尾天蛾、蓬雀天蛾、蜂雀天蛾、凤雀天蛾、小星天蛾。

体长25～30mm，翅展48～50mm。触角棒状，末节细长，下唇须及胸部腹面白色，头及胸部背面灰褐色。前翅灰褐色，内线及中线弯曲棕黑色，外线不甚明显，中室上有一黑色小点，外缘色较深，缘毛棕黄色。后翅橙黄色，外缘和基部暗褐色。翅的反面前大半暗褐色，后小半橙色。腹部暗灰色，两侧有白色及黑色斑，末端毛丛黑色如雀尾。

成虫见于8月中旬～9月下旬。

寄主：茜草科植物、小豆、蓬子菜、土三七等。

分布：小五台山西台、东台海拔850～1300m；邯郸、邢台、石家庄、保定、唐山、承德、张家口；内蒙古、山西、北京、辽宁、甘肃、陕西、河南、山东、四川、广东；朝鲜、日本、印度、越南、尼日利亚以及欧洲。

23.943 锈胸黑边天蛾(1980年7月9日，北台1300m)

23.945a 葡萄天蛾（2007年7月18日，东台1200m）

23.945c 葡萄天蛾（示幼虫）

23.944 葡萄缺角天蛾(1980年6月7日，西台)

23.945b 葡萄天蛾

23.945d 葡萄天蛾（示幼虫；1998年5月18日，西台1200m）

23.947 长喙天蛾

Macroglossum corythus luteata (Butler)

翅展50～60mm。体棕黑色。胸部背面棕褐色。前翅深棕色，各横线棕黑色波状。后翅棕黑色，前、后缘黄色，中部有黄色横带。翅反面棕黄色，各线棕色，后翅后缘黄色。腹部背面棕黑色，尾毛呈刷状，腹面1～2节赭石色，其他各节棕褐色，第4节两侧有白点。

成虫见于8月上旬。

寄主：茜草科植物等。

分布：小五台山；张家口；黑龙江、吉林、广东、海南、江西、福建。

23.948 黑长喙天蛾

Macroglossum pyrrhosticta (Butler)

翅展45～55mm。体翅黑褐色。头、胸部有黑色背线。前翅内线呈黑色宽带，近后缘向基部弯曲；外线双线波状；亚外缘线甚细不明显；外缘线细黑色；翅顶角至6、7脉间有一黑色纹。后翅中央有较宽的橙黄色横带，基部及外缘黑褐色。翅反面暗赭色，基部黄色，外缘暗褐色，各横绒灰黑色。

成虫见于7月下旬。

寄主：茜草科植物。

分布：小五台山；张家口；黑龙江、辽宁、吉林、北京、山西、四川、广东、海南；日本、越南、印度、马来西亚。

23.949 白肩天蛾

Rhagastis mongoliana mongoliana (Butler)

又名：绒天蛾、蒙天蛾、天鹅绒天蛾。

体长28～30mm，翅展54～63mm。体黄褐至棕褐色，触角棕黄色。下唇须第1节有一坑被鳞片盖满。头、胸两侧有白条，胸部后缘两侧有橙黄色毛丛。前翅灰褐，中室端有一黑点，中部有不甚明显的茶褐色横带，横线也由黑点组成，顶角有一黑褐斑，近外缘呈灰褐色，前缘中段和后缘基部黄白色。后翅灰褐色，近后角有黄褐色斑，缘毛白色有褐点列。翅反面茶褐色，有灰色散点及横纹。腹部各节有1对褐点。

成虫见于7月中旬。

寄主：葡萄、凤仙花、常春藤、伏牛花、小檗、乌蔹莓。

分布：小五台山；邢台、承德、张家口；内蒙古、山西、北京、浙江、台湾、湖北、湖南、广东、福建、辽宁、吉林、黑龙江；日本、朝鲜、俄罗斯。

23.950 白环红天蛾

Pergesa askoldensis (Oberthür)

又名：姬天蛾、阿夕天蛾、小白眉天蛾。

体长28mm，翅展50～60mm。体橙褐色，无背线。头、胸侧面有白线，肩板边缘有白毛。前翅狭长橙红色，内线、外线呈细的波状纹，中线为棕色宽带，顶角有1条向内倾斜的棕色斑，外缘锯齿状，缘毛白色而脉端黑褐色。后翅基部及外缘棕褐色，中间有较宽的橙黄色纵带，后角向外突出，缘毛白色。腹部两侧橙黄色，各节间有白色细环纹。

成虫见于7月上旬。

寄主：山梅花、紫丁香、梣皮、葡萄、鼠李等。

分布：小五台山南台海拔1200～1400m；保定、承德、张家口；黑龙江、辽宁；日本、朝鲜、俄罗斯。

(示飞翔态；2007年9月12日，西台1300m)

(示成虫的喙)

23.946 小豆长喙天蛾

23.947 长喙天蛾

23.948 黑长喙天蛾

(1980年7月13日，西台)

23.949 白肩天蛾

23.950 白环红天蛾

23.951 红天蛾

Pergesa elpenor lewisi (Butler)

又名：暗红天蛾、红夕天蛾。

体长25～37mm，翅展55～70mm。体翅桃红色为主，有红绿色闪光。触角腹面黄色，背面粉红色。头顶、胸背和腹背均有黄绿色纵带，肩片外缘有白边。前翅基部后半黑色，由顶角有3条黄绿色纵带，2条伸向后缘，1条沿前缘伸达翅基，中室端有小白点。后翅红色，靠近基半部黑色。翅反面较鲜艳，前缘黄色。第1腹节两侧有黑斑。

成虫见于7月中旬。

寄主：忍冬、茜草、凤仙花、葡萄、千屈菜、蓬子菜、柳兰等。

分布：小五台山东台海拔840～1300m；邯郸、邢台、石家庄、保定、唐山、承德、张家口；北京、山西、吉林、黑龙江、云南、贵州、安徽、台湾、新疆、四川；朝鲜、日本。

23.952 猫眼赛天蛾

Celerio costata Nordm

体长24～35mm，翅展59～80mm。触角背面白色，体背茶褐色，头胸两侧有白条，肩片的内侧也有白边。前翅茶褐色，外缘黄白色，翅脉上有黄白色细纹，翅中自顶角至后缘近基部有1条较整齐的黄白色斜带，其前缘很不规则，中室端有黑点，翅基后半有黑斑。后翅基部黑色，中部红色，外缘为较宽的淡红黄色带，亚端线为黑带，臀角处白色，缘毛白色。腹部基部有大黑斑2对，其后缘有白斑，各节有白纹，背中线有一纵列白点。

成虫见于5月上旬。

寄主：猫儿眼。

分布：小五台山西台海拔1200～1300m；河北各地；北京、内蒙古、黑龙江、吉林；俄罗斯。

23.953 白条赛天蛾

Celerio lineata livornica (Esper)

又名：棉天蛾、八字白眉天蛾。

体长32～40mm，翅展65～85mm。触角背面黑褐色、仅末端白色。体背灰褐至茶褐色。下唇须下部白色，上端褐色，颜面两侧及翅基片内、外侧有白色鳞毛。前翅茶褐至黑褐色，各翅脉有细黄白线，自顶角至后缘近基部有1条较整齐的黄白色斜带，中室端有一近三角形白斑；翅基部有白色鳞毛，后半黑色。后翅基部黑色，中部红色带较宽，亚端线黑色，外缘黄白色，臀角处为白色，缘毛白色。腹基两侧白色有2 对大黑斑，腹部各节后缘毛黑色间白色，前后排成纵列。

成虫见于5月中旬。

寄主：葡萄、茜草、大戟、柳叶菜、蓼、菊、棉花、锦葵。

分布：小五台山西台海拔1100m左右；邯郸、邢台、石家庄、保定、唐山、沧州、张家口；北京、内蒙古、黑龙江、宁夏、台湾、新疆；欧洲、亚洲、美洲、非洲、大洋洲。

23.954 猪秧赛天蛾

Celerio gallii (Rottemburg)

又名：深色白眉天蛾。

体长30～35mm，翅展67～85mm。体背茶褐至暗褐色。触角黑褐色仅末端白色。头及胸两侧有白色绒毛，肩片在白条内还有黑纹。前翅暗褐色，前缘茶褐色，翅基黑色有白色鳞毛，自顶角至后缘近基部有污黄色斜带，其前缘不整齐，后缘波状弯曲，在M_3脉基部的中室内长有一小撮白毛，亚端线至端线呈灰褐色带。后翅基部黑色，中部有污黄色横带，横带外侧黑色，端线黄褐色，缘毛黄色，后角内有白斑，斑的外缘有暗红色斑。前、后翅反面灰褐色，前翅中室、后翅中线及后角呈黑褐色，翅中部有污黄色近长三角形大斑带。腹部背面两侧有黄白色斑，背中有1纵列小白点，腹面墨绿色，节间白色。

成虫见于6月下旬。

幼虫取食茜草、凤仙、大戟、柳叶菜、猫儿眼等叶片。

分布：小五台山北台海拔2100m；保定、廊坊、唐山、承德、张家口；北京、云南、陕西、甘肃；欧洲、亚洲、非洲。

23.951 红天蛾（1980年7月18日，东台1200m）

23.953a 白条赛天蛾(1981年5月14日，西台1100m)

23.952 猫眼赛天蛾(1980年5月7日，西台1250m)

23.953b 白条赛天蛾

23.954 猪秧赛天蛾(1980年6月25日，北台2100m)

23.955 雀纹天蛾

Theretra japonica (Orza)

又名：爬山虎天蛾、葡萄叶绿褐天蛾、葡萄斜纹天蛾、日斜天蛾、葡萄天蛾。

体长27～38mm，翅展68～72mm。体背棕褐色，触角背面灰色，腹面棕黄色。头胸两侧有白色鳞毛，肩片内缘有2条橙黄色纵纹，胸背中部有淡色纵带，两侧有橙黄色纵带。前翅灰黄，后缘近基部白色，由顶角向后缘方向伸有6条暗褐色斜条纹，上面1条最明显，第3条与第4条之间色较淡，中室端有一小黑点，外缘色较淡。后翅黑褐色，有黄褐色亚端带，后角附近有橙灰色三角斑，外缘灰褐色。腹部背线棕褐色，两侧有数条不甚明显的暗褐色条纹，两侧橙黄色，腹面粉褐色。

成虫见于7月上旬～8月上旬。

寄主：葡萄、野葡萄、常春藤、白粉藤、爬山虎、虎耳草、锈球花等。

分布：小五台山西台、东台海拔850～1500m；邯郸、邢台、石家庄、保定、唐山、承德、张家口；北起黑龙江，南至广东、广西，西到陕西、四川，东抵沿海各省及台湾均有分布；日本、朝鲜、俄罗斯。

23.956 双线斜天蛾

Theretra oldenlandiae (Fabricius)

又名：芋双线天蛾、凤仙花天蛾、芋叶灰褐天蛾、凤仙花斜条天蛾、凤仙天蛾。

体长32～39mm，翅展60～75mm。体背茶褐色，头及胸部两侧有灰白色条，肩片中有一细白纵线，胸部背线灰褐色。前翅灰褐色，自顶角至后缘有1条白色斜带，其上下各有2条宽窄不同的黑褐色斜带，此外还有几条灰色细线，中室端有一小黑点，后缘中部白色。后翅茶褐色，基部斑及亚端带灰黄色，缘毛白色。前后翅反面黄褐色，有3条暗褐色横线。腹部背面有2条银白色背线，两侧有棕褐及淡黄色纵条，腹面土黄色，有不甚明显的黄褐色条纹。

成虫见于7月上旬。

寄主：芋头、白薯、凤仙花、天南星、葡萄属、山核桃属、水龙属、二叶律属、半夏、由跋、黄麻等。

分布：小五台山南台海拔1600m；河北各地；北京、黑龙江、辽宁、江苏、陕西、河南、山东、浙江、江西、安徽、广东、广西、四川、湖北、台湾；日本、朝鲜、越南、印度、澳大利亚、斯里兰卡、缅甸、巴布亚新几内亚、马来西亚。

23.956a 双线斜天蛾

23.957 平背天蛾

Cechenena minor (Butler)

又名：隙天蛾。

体长40～48mm，翅展83～90mm。体背绿褐色，头及肩板两侧有白色鳞毛，前胸背板中央有黑点1个。前翅灰褐色，翅基部后半有黑斑，中室端有小黑点，自顶角至后缘有棕色斜线6条，各线间粉褐色，直至顶角使顶角前半呈淡色。后翅黑褐色，有不整齐的黄白色带斑。翅反面橙黄略带灰色，散布褐色斑点，中线齿状灰色。腹部背面有4条纵线，各线间粉褐色。

成虫见于6月。

寄主：何首乌、伞萝夷、葡萄科、猕猴桃科。

分布：小五台山东台、北台海拔1200～1300m；张家口、邢台、唐山、承德；北京、浙江、台湾、广东、福建；印度、泰国、日本、马来西亚。

23.958 鼠天蛾

Sphingulus mus Standinger

体长28～31mm，翅展58～63mm。体鼠灰色，触角背复白鳞，胸背无斑纹。前翅灰色，中室端有白点，横线不显著，仅外线较清楚呈锯齿状，缘毛白色有褐斑列。后翅灰褐色，缘毛白色有褐斑列。腹背中线不明显为灰褐色细线，两侧有褐斑列，腹面灰褐色无斑点。

成虫见于6月上旬～8月上旬。

分布：小五台山西台、南台、东台海拔1100～1500m；保定、承德、张家口；北京、黑龙江、内蒙古；朝鲜。

23.955a 雀纹天蛾(1980年7月20日，东台1450m)

23.956b 双线斜天蛾(1980年7月4日，南台1600m)

23.955b 雀纹天蛾

23.957 平背天蛾

23.958 鼠天蛾(1980年6月20日，东台)

23.959 葡萄昼天蛾

Sphecodina caudat (Bremer et Grey)

翅展约69mm。体赭黑色。胸部背面黑色，后缘有棕黄色毛丛。前翅狭长，黑褐色，内、中线呈较宽的黑色带及斑纹，外线不显，中室端有不太明显的黑点。后翅枯黄色，前缘灰黑，外缘及后角黑色，各脉赭黑色。腹部背面赭黑色，端部有赭黄色毛丛。

成虫见于6月下旬。

寄主：葡萄、野葡萄。

分布：小五台山西台、北台、东台海拔850～1300m；张家口；黑龙江、山东、四川。

23.960 奇翅天蛾

Curelca himachala sangaica Butler

又名：小燕尾天蛾。

翅展42～46mm。触角线状。体灰色具黑褐色斑纹，鳞毛簇高低不等。前翅狭长灰褐色，具黑斑纹并有黄白色细纹，外缘锯齿状不整齐，中室端外边有一半圆形凹斑。后翅橙黄色前缘有2个半圆形凸，外缘有宽的黑褐色边带。腹背两侧有黑斑列并有灰色鳞束，腹侧的鳞束更大而呈片状突伸，腹端呈管状。休息时姿态奇特，翅向上斜伸，后翅紧贴于前翅下，后翅前缘的2个凸叶露出前翅前缘外，前、后翅臀角又组成2个相应的凸叶，腹部上翘，其两侧的鳞束舒展。

成虫见于7月中旬。

寄主：茜草科植物。

分布：小五台山西台海拔1200～1300m；张家口；北京、陕西、台湾；日本、朝鲜、印度。

附：未定种

（2008年6月29日，西台1450m）

蚕蛾科 Bombycidaeo

体中型，粗壮多毛，触角双栉状，喙退化。Sc+R_1脉以一横脉与中室相连接。前翅M_1脉与Rs分开或只短短相连，外缘波状。

23.961 野蚕蛾

Theophila mandarina Moore

又名：桑蚕。

翅展31～47mm。体翅暗褐色。前翅外缘顶角下方有一凹陷，内线棕褐色弧形，外线棕褐色较直；亚端线棕褐色较细，下方稍向内倾斜，外侧镶白边；亚端线以外为一较大的深棕色斑；外缘凹陷处缘毛白色。后翅色略深，后缘中央有一月形棕黑色斑，镶白边；外线棕褐色不清晰。

成虫见于7月。

幼虫取食桑树叶。

分布：小五台山；唐山、承德、张家口；北京、山西、内蒙古、河南、江苏、浙江、江西、台湾、辽宁、黑龙江、陕西、青海；朝鲜、日本。

23.962 野蚕

Theophila sp.

翅展约36mm。

成虫见于7月中旬。

分布：小五台山；张家口。

23.963 家蚕蛾

Bomhyx mori Linnaeus

翅展39～43mm。体翅灰白色。雌、雄蛾触角栉齿状，其背面白色，腹面灰黄色，栉毛灰褐色。前翅外缘顶角下方向内凹陷，各横线不明显，端线及翅脉灰褐色，翅反面中室端横脉明显。腹部背中央有成丛白色长毛。

本种为我国劳动人民驯化饲养的昆虫，小五台山区历史上就有饲养，20世纪70年代有规模化饲养，目前仍有零星饲养。家庭饲养成虫见于7月上旬。

寄主：桑。

分布：小五台山；张家口、石家庄、保定、邯郸；全国各地。

23.959 葡萄昼天蛾（1980年6月25日，西台）

23.961a 野蚕蛾

23.962 野蚕

23.960 奇翅天蛾（1981年7月17日，西台1300m）

23.961b 野蚕蛾(1980年7月15日，南台)

23.963 家蚕蛾

大蚕蛾科 Saturniidae

体型巨大，有些是昆虫中个体最大的种类。体粗壮，被密毛，色彩常鲜艳。触角羽毛状，雌蛾羽支较短。无单眼。喙短小。下唇须一般短小而直伸。前后翅中室端多有一半透明的眼状斑，有些种类后翅有尾状突。前翅M_2基部近M_1或在M_2、M_3中央；后翅$Sc+R_1$与Rs彼此不相连接，无翅缰，翅肩扩展。本科包括柞蚕、蓖麻蚕等重要的经济昆虫。

23.964 绿尾大蚕蛾

Actias selene ningpoana Felder

又名：水青蛾、燕尾大青蛾、柳蚕、长尾月蛾、水绿天蚕蛾。

翅展115～140mm。体白色，部分带淡黄色。头部、胸部肩板基部前缘有暗紫色横带，其后缘有黑边。触角土黄色，雄蛾栉支较长。翅粉绿色，基部有淡黄至白色茸毛。前翅前缘暗紫色带与胸部紫色横带相接，翅脉淡黄色，外线黄褐色不明显；中室端有一眼状斑，内侧黑色新月形，中间长条透明，与黑色新月形相接处镶紫红边，外侧黄色。后翅色泽、斑纹、横线基本同前翅，M_3脉以后延伸呈尾状，端部扭曲。足的胫节和跗节淡紫色。

成虫见于7月下旬～8月上旬。

幼虫取食柳、榆、枫杨、梨、苹果、栗、木槿、樱桃、核桃等。

分布：小五台山东台、西台海拔1100～1300m；邯郸、邢台、石家庄、保定、唐山、张家口、承德；河南、台湾、江苏、江西、北京、浙江、山东、陕西、湖北、湖南、广东；马来西亚、印度、斯里兰卡、缅甸。

23.965 长尾大蚕蛾

Actias dubernardi Oberthür

翅展90～110mm。体白色，触角黄褐色。前胸前缘紫红色，肩板后缘淡黄色。前翅粉绿色，外缘黄色，中室有1个眼纹，外线黄褐色不明显。后翅后角延长成飘带状，长达80～90mm，延长部分橙红色，近端部黄绿色，外缘黄色，中室粉红色眼纹不甚明显，外线不显著。

成虫见于4月下旬～5月上旬。

分布：小五台山西台海拔1200～1300m；张家口；贵州、福建、云南。

23.966 合目大蚕蛾

Caligula boisduvali fallax Jordan.

翅展75～90mm。体黄褐色，颈板灰白色，胸部后端色稍淡。前翅前缘褐色，杂有白色鳞片；基部及内线褐紫色；外线暗褐色，接近后缘处与内线靠近；外线外侧各脉间暗褐色，形成波状纹的亚端线；端线与缘毛黄褐色；顶角有1个黑斑。前、后翅中室端有紫褐色眼形斑1个，中间棕黑色，近内侧有弧形白纹，外围有黑线轮廓。

成虫见于9月上旬。

寄主：栎、椴、榛、胡枝子、核桃楸等。

分布：小五台山西台、北台、东台海拔1100～1400m；张家口；黑龙江、内蒙古；俄罗斯。

23.967 蒙蚕蛾

Caligula boisduvali Everis–mann

体长26～32mm，翅展75～107mm。黄褐色。头部很小，从正面几乎看不到。雄蛾触角羽状，前胸及中胸前缘灰白，中胸和肩片基部棕褐色，中胸后缘白色。前翅基部及内线紫褐色，外线双线暗褐色，斜向后缘处与内线靠近，内、外线间灰白色；中室端眼状斑大而圆，中部棕色，内侧有白边，外围黑圈，顶角有斜长黑纹；外线外黄色，翅脉间暗褐色；亚端线白色，外缘黄褐色。后翅基半部浅棕色，内线灰黑色，中室端眼状斑与前翅眼状斑同；外线双线暗褐色；亚端线白色，内侧有黑边；外线与亚端线间暗褐色。腹部棕褐色。雌蛾斑纹大体同雄蛾，仅体色较浅，触角的栉支较短，体型较大。

成虫见于8月上旬。

寄主：幼虫取食栎、椴、榛、胡枝子、核桃楸等。

分布：小五台山南台海拔1400m；保定、承德、张家口；黑龙江、内蒙古、台湾、陕西；俄罗斯、蒙古。

23.964a 绿尾大蚕蛾(♀)

(1980年5月8日，西台1250m)

23.965 长尾大蚕蛾

23.964b 绿尾大蚕蛾(♂)

23.964c 绿尾大蚕蛾(示幼虫，2007年6月20日，西台1180m)

23.966 合目大蚕蛾

(♀；1980年8月8日，南台1400m)

(♂)

23.967 蒙蚕蛾

23.968 北方藏蚕蛾

Caligula thibeta arctica Yang

体长34mm，翅展100～120mm。黄褐色。触角黄褐色，基部两节环生黄色长毛。前胸灰白色，前缘有紫褐色边，肩片基部灰色。中、后胸黄褐色。前翅前缘区基半部灰褐色；基线以内灰褐色；内线褐色，直，从前缘基部1/3处斜向后缘基部；中室端有眼状斑，中间有黑点；中线褐色波状，仅眼状斑以下清晰；外线褐色，在Cu_2脉处内斜与中线上部相接；亚端线呈锯齿状波曲；亚端线与端线间为褐色宽带；前缘顶角处有一黑斑。后翅内线褐色，前半段较直并与外线相接；外线锯齿状褐色双线；亚端线外为褐色宽带；眼状斑较前翅的大而明显。腹部淡黄色。

成虫见于8月下旬。

分布：小五台山南台辉橡海拔1300m；张家口；北京。

23.969 篦麻蚕

Philosamia cynthia ricina Donovan

翅展95～100mm。体棕褐色，肩板四周有白色缘毛。胸背棕褐色。腹部末端有棕褐色毛，各节有灰白色较长茸毛。前翅内线在中室附近显著四折达到翅基后缘部分；外线白色，外侧灰黄色；端线黑色，在顶角下方有1个向内的大弧形弯；外线和端线间有较宽的褐色横带；顶角红褐色，有较细的白色闪电纹，下方有一黑斑，上方有白色月形纹；中室端有半透明条纹1块，外下侧黄色，四周具深褐色轮廓。后翅色同前翅，内、外线在近前缘部位相接近，端线双线波纹状，中室端条纹弯曲度大。

成虫见于8月中下旬。

寄主：篦麻、木薯等。

分布：小五台山；张家口；全国各地；印度、意大利、日本、朝鲜、菲律宾、埃及、英国。

23.970 樗蚕

Philosamia cynthia Walker et Felder

又名：椿蚕、乌桕樗蚕蛾。

翅展115～130mm。全体青褐色。触角黄褐色。前翅内线白色折角，外线白色，内线外侧和外线内侧镶黑褐色边；内、外线间有一新月形白斑相连，白斑前缘黑褐色，下缘黄色；翅顶宽圆向外突出，突出部分的下方有一黑色眼状斑，斑的上方有灰紫色的大斑。后翅的内线、外线在前缘相接，白色新月形斑只与外线相连。腹部背面、侧面及末端白色。小五台山区有本种的指名亚种 *Ph. c. cynthia* 分布。

成虫见于7月下旬。

寄主：幼虫取食臭椿、冬青、梧桐、悬铃木、核桃、刺槐、花椒、泡桐、蓖麻。

分布：小五台山西台海拔1200m；张家口、邯郸、邢台、石家庄、唐山、承德；北京、河南、山东、浙江、江西、江苏、四川、辽宁、吉林、黑龙江、广东、福建；朝鲜、日本、美国、法国。

23.971 柞蚕

Antheraea pernyi Guérin-Méneville

又名：栎蚕、槲蚕、野蚕、山蚕。

翅展110～137mm。体翅大多黄褐色。触角羽状，各节有暗色环。前胸、中胸前缘及肩片基部的紫褐色带，与前翅前缘区基半部的紫褐色带相连接。前翅顶角外伸较尖，内线褐色，内侧有白边；中室端有透明眼状斑，环以黄、褐、白、紫、黑轮廓；外线为褐色暗带，通过眼状斑；亚端线褐色，外有白边，顶角处白色更清楚。后翅斑纹基本同前翅，只是眼斑较大，内线、外线和亚端线的颜色较浅。

成虫见于8月上旬。20世纪50年代中、后期当地群众曾在小五台山南台松枝口峪一带柞树坡上人工饲养该虫。

寄主：幼虫取食柞、栎、核桃、山楂等。

分布：小五台山南台海拔1100～1500m；承德、张家口；山东、北京、辽宁、吉林、黑龙江、江苏、浙江、贵州、湖北；欧洲。

23.968 北方藏蚕蛾(1980年8月27日，南台1300m)

23.970a 樗蚕（示幼虫；1995年6月20日，西台1200m）

23.969 篦麻蚕

23.970b 樗蚕

23.971 柞蚕(1980年8月1日，南台1500m)

23.972 黄豹大蚕蛾

Leopa katinka Westwood

翅展80～86mm。黄色。前胸、中胸前缘及肩板灰褐色。前翅前缘区基半部灰褐色带与肩板灰褐色带相连；翅基橘黄色；内线波状褐色，内线与前缘带相接处内侧有三角形小褐斑1个；外线和亚端线褐色锯齿状；中室端眼纹中间浅粉色，外围棕褐、赭黄及褐色轮廓；顶角处有粉红色斑和褐色斑各1个，中间隔以白色闪电状纹，下面有三角形黑斑，脉端缘毛黄色，其余缘毛橘黄色。后翅除顶角处无斑外，颜色斑纹大体同前翅。

成虫见于7月下旬～8月中旬。

幼虫取食藤类等。

分布：小五台山西台、南台（辉橼）、北台（赤崖沟）海拔1150～1300m；保定、承德、张家口；广东、福建；印度。

23.973 樟蚕

Eriogyna pyretorum Westwood

又名：枫蚕。

翅展80～100mm。灰褐色。头黑色。前胸、中胸前缘及肩板黄褐色，胸部背腹面被黑褐色茸毛。前翅前缘区基半部黄褐带与肩板黄褐色带相连，向翅端部黄褐色渐浅；内线棕黑色，其内侧有灰色边；翅基部黑褐色；外线棕色双锯齿形；中室端有眼状斑，外圈蓝黑色，向内有土黄色圈、浅蓝色半圆纹、新月形透明斑；亚端线呈断续的黑褐斑；端线灰褐色；端线和亚端线间白色；顶角外侧有紫红色纹2条，内侧有黑褐短纹2条。后翅斑纹与前翅相似，只顶角处紫红色纹和黑褐纹不明显。腹部节间有灰白色茸毛环。雄蛾颜色较雌蛾为深。小五台山区有本种的指名亚种 *E.p. pyretorum* 分布。

成虫见于7月中旬。

寄主：幼虫取食枫香、枫杨、野蔷薇、沙梨、板栗。

分布：小五台山；承德、张家口；广东、广西、江西、福建；越南、印度、俄罗斯。

23.974 丁目大蚕蛾

Aglia tau amurensis Jordan

翅展65～72mm。体翅茶褐色，胸部色稍浓，腹部各节有白色环。前翅有稍深色的内线，中线不明显；中室端有近圆形黑色斑，中间蓝色并有白色“丁”字形纹；外线暗褐色，外缘区翅脉白色，近顶角处有一白色条斑，后缘暗褐色。后翅基部色较暗，中室端有近圆形斑，外圈棕黑色，中间紫蓝色并有白色丁字形纹；外线暗褐色，弧形；端线由翅脉端白点组成；近顶角处有一块白色条斑。

成虫见于7月下旬。

寄主：幼虫取食桦、栎、桤木、榛、椴。

分布：小五台山西台海拔1200m；承德、张家口；黑龙江；日本、朝鲜、俄罗斯。

23.975 透目大蚕蛾

Rhodinia fugax Butler

翅展雌蛾约97mm，雄蛾约80mm，雌蛾体橙黄色。触角双栉齿状，黄褐色。颈板及前翅前缘黄褐色。内、外线较宽褐色波状；外线外侧有黄褐色横带；亚外缘线黄褐色较细，弯曲度大；顶角内侧具黑色弧形斑及白色闪电状纹，闪纹下方有与亚外缘线相连接的褐色斜纹；中室端有较大的透明眼形圆斑1个，外围有褐色边。后翅与前翅斑纹相同，仅透明眼形斑略小，亚外缘线具较宽的齿状带。雄蛾体型较小，触角羽状，各节有2对分支，体色较雌蛾深，呈棕黄褐色。

成虫见于9月上旬。

寄主：栎、橡等。

分布：小五台山西台、北台海拔1300～1500m；张家口；黑龙江、吉林；日本、俄罗斯。

23.974a 丁目大蚕蛾

23.972a 黄豹大蚕蛾

23.973a 樟蚕(♀)

23.974b 丁目大蚕蛾（1980年7月30日，西台1200m）

23.972b 黄豹大蚕蛾（1980年8月9日，北台1300m）

23.973b 樟蚕(♂；1980年7月19日，北台)

23.975 透目大蚕蛾

23.976 银杏大蚕蛾

Dictyoploca japonica Moore

又名：核桃楸大蚕蛾、白果蚕、白毛虫。

翅展100～130mm。体灰褐至紫褐色。触角：雌蛾栉齿状，雄蛾羽毛状。前翅内线赤褐色，内侧镶白边，内线至翅基部暗褐色；外线暗褐色，从前缘端部1/3处斜向后缘与内线接近，两线间有较宽的淡色区；中室端部有弧形透明斑，内侧镶暗褐色宽边；外线以外暗褐色，亚端线由2条波状纹组成；端线灰黄色，前缘端部有小黑斑。后翅从基部到外线间有较宽的紫红色区，亚端线区灰黄色波浪形，端线黄色；中室端大眼斑中间黑色，外围有灰黄圈和白、黑、紫褐色弧线。翅反面眼斑，前翅的眼斑有黑珠，后翅的眼斑无黑珠。

成虫见于7月下旬。

幼虫取食银杏、栗、柳、核桃、楸、榛、蒙古栎、李、梨、苹果等树叶。

分布：小五台山西台、北台、东台海拔1100～1300m；邯郸、唐山、承德、张家口；辽宁、吉林、黑龙江、广西。

23.976 银杏大蚕蛾

附：未定种

(2008年6月20日，西台1200m)

(2008年6月20日，西台1200m)

箩纹蛾科 Brahaeidae

体大型，翅展80mm以上。体翅色暗，翅上密布箩筐形条纹和大小花斑。头小，被毛，触角双栉状，雌雄蛾相似。喙发达，下唇须斜伸下面丛生长毛。体粗壮，足上多毛，胫距中足1对，后足2对。翅宽大而端圆。中室很小，M_2脉出自中室端中央或近M_1脉。前翅R脉分5支，R2～5脉共柄，2A脉有基叉。后翅无翅缰，$Sc+R_1$与Rs接近或在中室前缘与横脉相近，A脉2根。

23.977 波水蜡蛾

Brahmaea undulata (Bremer et Grey)

体长36～38mm，翅展120～127mm。触角黄褐色，体背黑色，头顶在触角间有黄褐色横纹，前胸的前后缘及肩片两侧均有黄褐色狭边。前翅外缘及缘毛灰褐色，有1列半圆形斑带；顶角具黑斑；翅中部由翅室内的黑斑组成不整齐的横带，此中带内、外两侧各有6条左右的波状黑纹并伴随褐色和白色纹；翅基部黑斑在后缘显著凸伸，较前缘处宽。后翅基半黑色，端半部有9条波纹。翅反面斑纹与正面相似，但前翅外缘无半圆形斑带，后翅基部无淡色斑。腹部背面全为黑色，节间无淡色横带。

成虫见于5月下旬～6月中旬。

寄主：水蜡、丁香、女贞、桂花等。

分布：小五台山西台、东杏河海拔1500m左右；邯郸、保定、承德、张家口；北京。

23.978 黄褐箩纹蛾

Brahmaea certhia (Fabricius)

又名：水蜡蛾。

体长38~46mm，翅展124～137mm。触角黑褐色，头和体背黑褐，前胸周缘黄褐色，肩片的内外侧有黄褐色边，胸背中央具黑褐色纵线，后胸后缘具黄褐色边。本种与波水蜡蛾 *B. undulata* 相似，但前翅基部黑斑在前缘与后缘的宽度约等，后翅反面基部有淡色斑，腹部背面各节后缘具黄褐色边。

成虫见于8月上中旬。

寄主：丁香、女贞、水蜡、桂花等。

分布：小五台山西台、东台海拔850～1500m；承德、张家口、保定；黑龙江、浙江、北京、山西、内蒙古、湖北。

23.977b 波水蜡蛾

23.978a 黄褐箩纹蛾

23.979a 黑褐箩纹蛾

23.977a 波水蜡蛾（2008年5月29日，西台1500m）

23.977c 波水蜡蛾

23.978b 黄褐箩纹蛾（2007年8月18日，西台1180m）

23.979b 黑褐箩纹蛾（2007年5月24日，西台1350m）

23.979 黑褐箩纹蛾

Brahmaea christophi Staudinger

翅展约125～138mm。似黄褐箩纹蛾*B. certhia*，但本种稍大些，体色棕黑，箩纹褐色，后翅中线在后缘略向外倾或很直，后翅基部深黑色，反面更明显。

成虫见于5月下旬。

分布：小五台山西台、杨家坪海拔850～1400m；张家口；北京；俄罗斯。

燕蛾科 Uraniidae

体中至大型，体细长而翅宽大。触角线状。前翅M_2脉在中室中央，M_1与R_5共柄，R_5出自中室，A脉基部分叉，1A脉多退化，如存在也很小。后翅$Sc+R_1$与中室分离，M_2脉同前，1A脉退化，翅缰有或退化。有的后翅具尾突而很像凤蝶。

23.980 银燕蛾

Acropteris iphiata (Guneé)

又名：斜纹燕蛾、燕蛾。

体长10mm，翅展30mm左右。触角线状，淡褐色，基部白色。头顶及胸部白色。颜面褐色。翅银白色。前翅顶角略尖，角下有橙褐色斑，由此有3条褐纹逐渐散开，伸达后缘，最里的1条伸达后缘1/2处，两侧还有一些断续的褐纹，端线褐色，缘毛淡褐色。后翅条纹最里1条与前翅最里1条斜纹相接，以外形成若干条平行的褐纹。前翅R_2、R_3、R_4共柄，均达前缘，R_5与M_1共柄，均达外缘。

成虫见于7月上中旬。

分布：小五台山中台海拔1300m；张家口、唐山；山西、北京、内蒙古、黑龙江、辽宁、吉林、陕西、江西、湖北、贵州；朝鲜、日本、印度。

23.981 三点燕蛾

Pseudomicronia archilis Oberthür

翅展约46mm。体翅粉白色，腹部微黄。前翅有褐色线条，自后缘直达前缘，并分出多支，左右不完全对称，线条可分为6组。后翅中带粗，黄褐色，从前缘达尾带基部，前窄后宽；外缘附近有细条纹多行，深褐色；中带两侧有2条褐色带，内带不完整；尾带基部及附近共有3个黑圆点。翅反面白色，微露线纹。

成虫见于7月中旬。

分布：小五台山南台海拔1420m；张家口；青海、甘肃、四川、云南。

枯叶蛾科 Lasiocampidae

体中型至大型，粗壮而被厚的鳞片，多黄褐色，静止时外形似枯叶。喙退化不发达，下唇须长而向前直伸，复眼多有毛。雌雄常异型或多型，但触角均为双栉齿形。前翅R_4长而游离，R_5与Ml共柄，M_2基部近M_3而远M_1，或无M_2。后翅肩角处特别扩大，分布有1～2条肩脉，无翅缰。本科种类包括松毛虫、天幕毛虫等重要的森林、果树昆虫。

23.982 北李褐枯叶蛾

Gastropacha quercifolia cerridiforia Felder et Felder

又名：李枯叶蛾、苹果枯叶蛾、褐纹黄枯叶蛾、栎枯叶蛾。

翅展雌61～90mm，雄41～66mm。体翅棕褐色。触角短而弯，干黄褐色，分支黑褐色，额被毛呈圆锥状。下唇须长而侧扁，端部黑褐色，向前突伸。前翅内线黑褐色，由前缘至中室后缘一段直，以后则折曲；中室端有一黑点；外线和亚端线黑褐色、锯齿形，有时亚端线不甚清晰；外缘锯齿状。后翅卵圆形，前缘黄色，有淡黑褐色横纹3条，有时不明显，外缘锯齿状。雄蛾较雌蛾明显体小。

成虫见于7月下旬～9月上旬。

幼虫取食李、苹果、沙果、梨、梅、桃、柳等。

分布：小五台山西台、北台海拔1200～1400m；邯郸、邢台、石家庄、保定、唐山、承德、张家口；北京、内蒙古、山西、辽宁、黑龙江、陕西、宁夏、江苏、浙江、广东、福建；朝鲜、日本、俄罗斯以及欧洲。

23.982a 北李褐枯叶蛾(♀;1980年7月30日，北台1400m)

23.982b 北李褐枯叶蛾(♀)

23.982c 北李褐枯叶蛾(♂;1981年7月21日，北台1350m)

23.980 银燕蛾

23.981 三点燕蛾

23.983 杨褐枯叶蛾

Gastropacha populifolia (Esper)

又名：杨枯叶蛾、杨柳枯叶蛾、白杨枯叶蛾、柳星枯叶蛾、白杨毛虫。

翅展雌56～78mm，雄40～59mm。体型大小和斑纹变异很大，多呈黄色至黄褐色。前翅窄而长，有5条波状纹，中室端有一黑斑纹，外缘和内缘呈波状。后翅3条波状横纹仅前半段可见，前缘橙黄色，后缘淡黄色。如体翅呈黄色，则翅面斑纹、斑点消失。

成虫见于6月上旬～8月下旬。

幼虫取食杨、柳、栎、桃、梨、杏、苹果、柏、核桃、李等树叶。

分布：小五台山西台、北台、南台、东台海拔860～1600m；河北各地；北京、山西、内蒙古、辽宁、黑龙江、陕西、江苏、浙江、云南、新疆、山东、河南、广西、甘肃、四川、上海、安徽、湖南、江西；俄罗斯、朝鲜、日本以及欧洲。

23.984 杉小枯叶蛾

Cosmotriche lobulina lobulina (Denis et Schiffermüller)

又名：冷杉枯叶蛾。

翅展雌34～43mm，雄33～35mm。体翅灰褐色。前翅中室端有一白色三角形斑纹，内线、外线和亚端线深褐色，内线内侧、外线和亚端线外侧镶以白边；缘毛大部分黑褐色，仅翅脉端部的缘毛白色；内线和外线间为黑褐色，形成宽的深色中带。后翅无明显斑纹。

成虫见于7月中旬。

幼虫取食冷杉、云杉、落叶松。

分布：小五台山；承德、张家口；黑龙江；日本、蒙古以及欧洲。

23.985 蒙古小枯叶蛾

Cosmotriche lobulina mongolica (Grum-Grshimailo)

又名：蒙古小毛虫。

翅展雌蛾34～43mm，雄蛾约33～35mm。体色深灰、浅灰两类型。前翅中线斜直；外线由后缘中部向顶角斜伸，至第2～3中脉间向内折；中、外线齿状，其间色稍深，中室端白点新月状；亚外缘斑列黑褐色，前端4个斑在翅脉上，呈"–"状排列，后2个斑大而明显，中间消失。后翅中间呈淡色横斑，翅缘线灰黄褐色。雌蛾缘毛灰色与灰黄色相间，斑纹不明显。

成虫见于7月下旬。

寄生：华北落叶松、白杄、青杄、臭冷杉。

分布：小五台山北台、西台海拔1300～2200m；张家口；山西、内蒙古；蒙古。

23.986 黄褐幕枯叶蛾

Malacosoma neustria testacea Motschulsky

又名：黄褐天幕毛虫、顶针虫、天幕毛虫。

翅展雌31～46mm，雄15～35mm。雌雄个体大小、色泽有显著差异。雄蛾体翅黄色，前翅中部有2条深褐色横线，两横线间色泽稍深，形成宽带；缘毛白色，部分褐色。后翅只有1条不完整的褐纹，缘毛大部分褐色。雌蛾体翅赤褐色，前翅中2条横线间为褐色宽带，宽带两侧镶有黄褐色边，缘毛大部分黄褐色，部分深褐色。后翅基半部褐色，端半部色淡。20世纪60年代中后期该虫曾在小五台山南台、西台、北台及蔚县南山大面积发生成灾，连年施放林用烟雾剂控制了灾情，其后随着加强封山育林，林相逐渐恢复，多年未见成灾。该虫为小五台山区最近60年来发生面积最大、危害最严重的一种食叶昆虫。

成虫见于6月中旬～9月上旬。

幼虫取食榆、桦、柞、杏、李、杨、落叶松、黄波罗、苹果、梨、樱桃、沙果、海棠、山楂、核桃等。

分布：小五台山南台、西台、北台海拔1200～2100m；河北各地；山西、内蒙古、天津、辽宁、北京、吉林、黑龙江、陕西、四川、甘肃、湖北、江西、湖南、江苏、安徽、山东、河南等；俄罗斯、日本、朝鲜。

23.983a 杨褐枯叶蛾

23.983c 杨褐枯叶蛾（2007年6月16日，西台1100m）

23.983e 杨褐枯叶蛾（2007年7月18日，东台1200m）

23.984 杉小枯叶蛾

23.983b 杨褐枯叶蛾

23.983d 杨褐枯叶蛾

23.983f 杨褐枯叶蛾（变异）

23.985 蒙古小枯叶蛾（♀；1980年7月30日，西台2000m）

23.987 绵山幕枯叶蛾

Malacosoma rectifascia Lajonquiére

又名：绵山天幕毛虫、桦天幕毛虫。

翅展约32mm。雌蛾体较大，体翅黄褐色；前翅狭长，中间有2条较直而平行的褐色横线，线间色较深，顶角呈弧形，R_5与M_1脉端明显外突，缘毛外突处褐色，凹陷处灰白色；后翅中部有一深色斑。雄蛾触角鞭节黄褐色，羽支褐色，体翅赤褐色，前翅中间呈深赤褐色宽带，宽带内外侧衬黄褐色线纹，后翅斑纹不明显。

成虫见于7月上中旬。

寄主：桦、山杨、黄刺玫、沙棘、辽东栎等。

分布：小五台山南台、西台海拔1150～1480m；张家口、保定；山西。

23.988 杨黑枯叶蛾

Pyrosis idiota Graeser

又名：白杨枯叶蛾。

翅展雌64～73mm，雄41～52mm。雌雄形态差异较大。雌蛾灰褐色，体粗大，腹部筒形，端部粗大密生黄白绵毛。前翅中室末端白斑明显，近圆形；有2条平行的内线和2条平行的外线及1条亚端线等灰白色波状横纹。后翅有2条灰白色横线纹。雄蛾体型明显小而颜色较深，体密被黑褐色长毛，前、后翅斑纹与雌蛾基本一致，仅后翅端半部呈黄色。

成虫见于5月上旬～6月上旬。

幼虫取食杨、柳、榆、糖槭、文冠果、苹果、沙果、梨等。

分布：小五台山西台、北台海拔1100～1600m；承德、张家口；辽宁、吉林、黑龙江、内蒙古；朝鲜。

(示卵块)

(示幼虫)

(示幼虫网幕；2007年5月25日，西台1500m)

23.987 绵山幕枯叶蛾

(♀)

(♂)

(示初孵幼虫)

(示卵块)

(示高龄幼虫；2007年5月29日，西台1400m)

(示幼虫网幕及低龄幼虫；2007年5月8日，西台1400m)

(示后期网幕破裂)

(示幼虫群集状)

(示高龄幼虫；2007年5月29日，西台1400m)

23.986 黄褐幕枯叶蛾

23.988a 杨黑枯叶蛾

23.988b 杨黑枯叶蛾(♂)

23.988c 杨黑枯叶蛾(♀)

23.989 苹枯叶蛾

Odonestis pruni (Linnaeus)

又名：杏枯叶蛾、李枯叶哦、苹果枯叶蛾。

翅展雌41～64mm，雄37～51mm。体翅黄褐至红褐色，翅外缘褐色、锯齿状。前翅内线、外线黑褐色，呈弧形；中室白斑清楚，近圆形，外缘黑褐色；亚端线不明显为淡褐色波状细线；顶角至外缘端半部有淡褐斑。后翅色稍浅，有2条不太明显的深褐色横线纹。

成虫见于7月中旬。

寄主：幼虫取食苹果、李、梅、樱桃、梨等。

分布：小五台山西台、北台海拔1100～1500m；河北各地；北京、山西、内蒙古、辽宁、吉林、黑龙江、湖南；日本、朝鲜以及欧洲。

23.990 赤松毛虫

Dendrolimus spectabilis Butler

翅展雌51～57mm，雄45～49mm。全体灰褐至赤褐色。前翅中线和外线白色，亚端线斑列黑褐色呈月牙形，中室白点小，有时不明显；雄蛾亚端线内侧为黄褐色，其外侧镶有白边；雌蛾亚端线斑列内、外侧为白色斑纹。1年1代，以幼虫越冬。在小五台山区发生量很少。

成虫见于7月。

幼虫取食油松、赤松、黑松。

分布：小五台山西台、北台海拔1200～1500m；张家口、唐山、承德；辽宁、山东、河南、江苏；朝鲜、日本。

23.991 宁陕松毛虫

Dendrolimus ningshanensis Tsai et Hou

翅展雌蛾67～77mm，雄蛾约60mm。雌蛾体翅有深浅两型：深色型呈暗咖啡色，中室端小白点圆而明显，花纹与雄蛾基本相似，前翅外缘区与后翅基部色泽较淡；浅色型呈褐色，体型较深色型稍小，外缘区、中区及翅基色泽较深。雄蛾体翅褐色，前翅中室末端小白点明显，中线、外线均双线深褐色，亚外缘斑列黑褐色，外线与亚外缘斑列间及外缘区浅褐色，前翅前缘近端部弯成弧状，但前角明显。后翅浅褐色，近外缘部分色泽较深，中线褐色不太明显。

成虫见于7月中旬。

寄主：油松。

分布：小五台山；张家口；陕西。

23.992 马尾松毛虫

Dendrolimus punctatas punctata (Walker)

翅展雌蛾48～80mm，雄蛾38～62mm。触角淡黄至褐色，体色有棕、褐、灰褐、鼠灰、枯黄等色。前翅中室端白点小可认，亚外缘斑点深褐至黑褐色，呈不规则的长圆形，其内侧一般呈明显的淡色斑纹，外线齿状，有时中、外线间或外线与亚外缘斑列间呈一宽带；后翅中区隐现淡色斑纹。雄蛾除亚外缘斑列内侧淡色斑纹明显外，一般为深褐色，花纹不明显。

成虫见于7月中旬。偶尔采到标本。

寄主：文献记载为马尾松，但本山区无马尾松分布，能采到马尾松毛虫可能是其对同属松属*Pinus*植物油松为食料的适应。

分布：小五台山；张家口、河南、湖北、江苏、贵州、安徽、福建、湖南、广西、广东、海南、陕西、江西、台湾；越南。

23.993 明纹柏松毛虫

Dendrolimus suffuscus illustratus Lajonquiere

翅展雌蛾70～91mm，雄蛾58～72mm。体色黑色、灰褐色。前翅灰白色横线斑纹明显，中室端白点清楚，亚外缘斑列内侧和稀齿状外线外侧衬灰白色窄带，其间呈深灰褐色斑，中线黑褐色，中、外线间形成灰褐色宽带，宽带中间由纵斑分成3个灰褐色长形斑，中线以内灰褐色。后翅污褐色，中间具2条深色横斑纹。

成虫见于8月上旬。

寄主：侧柏、油松、白皮松。

分布：小五台山东台杨家坪海拔1000m；张家口、承德；山西、内蒙古、河南、陕西。

23.989 苹枯叶蛾（1980年7月16日，西台1200m）

23.990b 赤松毛虫(♀)

23.992 马尾松毛虫(♂)

23.990a 赤松毛虫(♂;1980年7月30日，北台1400m)

23.991 宁陕松毛虫

23.993a 明纹柏松毛虫(1980年8月1日，东台)

23.993b 明纹柏松毛虫

23.994 落叶松毛虫

Dendrolimus superans (Butler)

又名：西伯利亚松毛虫。

翅展雌69～85mm，雄57～72mm。体色变化较大，从淡灰至棕褐色，但以灰色占优势。前翅较宽，外缘较直，有3条深褐色横线，外线呈锯齿状，亚端线斑列黑褐色，其最后2个斑点若连一直线，则与外缘近于平行，中室白斑较大而明显。

成虫见于8月上旬。

寄主：幼虫取食落叶松、油松、冷杉、云杉、红松、樟子松。

分布：小五台山西台、南台、东台海拔1100～1800m；承德、张家口、保定；黑龙江、吉林、辽宁、内蒙古、新疆；俄罗斯、朝鲜、日本。

23.995 油松毛虫

Dendrolimus tabulaeformis Tsai et Liu

翅展雌57～75mm，雄45～61mm。全体灰褐至深褐色。前翅的外缘呈弧形弓出，横线纹深褐色，内线与中线靠近，外线为2条，亚端线斑列黑褐色，斑列常为9个组成，7、8、9三斑斜列，内侧衬有淡棕色斑，中室白斑较小。翅面没有白色斑纹是与赤松毛虫*D. spectabilis*最明显的区别。

成虫见于7月下旬～8月下旬。1年1代，以幼虫越冬。该虫曾于20世纪八九十年代少数年份在小五台山西台、北台小面积发生成灾，为该山区的主要松毛虫种类。

寄主：幼虫取食油松、华山松、樟子松、白皮松。

分布：小五台山西台、北台、东台海拔1000～1300m；邯郸、石家庄、保定、承德、张家口、唐山；辽宁、北京、山西、山东、陕西、四川。

23.996 黄斑波纹杂枯叶蛾

Kunugia undans fasciatella (Ménétriés)

又名：栎毛虫、花松毛虫、黄波杂毛虫。

翅展雌73～90mm，雄60～68mm。触角双栉状，长度为前翅的1/4（雌）至1/3（雄），雌蛾栉支甚短。体色和前翅斑纹变化很大。雄蛾颜色较深，多呈赤褐色，前翅中室端白点明显，中线至亚端线之间为黄色宽带，外线位于其内；后翅仅亚端线为断续的黄斑点。雌蛾颜色较淡，灰黄至灰褐不等，前翅亚端线为1列黑褐斑点，4条横线的弯度和距离多变化，有时内线与中线之间形成褐色宽带。

成虫见于8月上旬～9月上旬。

寄主：幼虫取食松、栎、榛等。

分布：小五台山西台、东台海拔1200～1500m；保定、承德、张家口；北京、内蒙古、陕西、四川。

23.997 大黄枯叶蛾

Trabala vishnou gigantina Yang

又名：栎黄枯叶蛾、黄绿枯叶蛾。

翅展雌70～90mm，雄55～62mm。雄蛾体翅浅黄绿色，触角黄褐色双栉齿状，栉支细长其末端各有一斜伸的长刺。下唇须短小，密被棕褐色长毛。体密生淡绿色长毛，腹部背面的毛近乎白色。前翅横线不明显，隐约可见内线和外线，中室有小褐点。后翅内缘白色，横线亦不明显，仅前缘区可见1条。雌蛾触角栉支比雄蛾短，末端亦有斜生长刺，体黄色，腹部背面略带褐色，末端有明显的黑色长毛束。翅黄色稍有绿色。前翅横线3条，亚端线由褐斑组成；中室端有褐色圆斑，其下方至后缘为1块大褐斑。后翅亚端线由褐斑组成，中室下方横线处带褐色。

成虫见于7月。

寄主：幼虫取食榛、柳、沙棘、栎、榆、山杨、海棠、胡颓子、核桃、苹果、蔷薇、槭、蓖麻、月季等。

分布：小五台山东台海拔1200m左右；承德、张家口；北京、陕西、山西、河南等。

23.996b 黄斑波纹杂枯叶蛾（♂）

23.994a 落叶松毛虫(♀)

23.994c 落叶松毛虫(♂；1980年8月5日，南台1400m)

23.995b 油松毛虫(♂)

23.997a 大黄枯叶蛾(♂)

23.994b 落叶松毛虫(♂)

23.995a 油松毛虫(♀；1981年7月21日，西台1300m)

23.996a 黄斑波纹杂枯叶蛾(♀)

23.997b 大黄枯叶蛾(♀；1980年7月10日，东台1120m)

23.998 竹纹枯叶蛾

Euthrix laeta (Walker)

又名：竹黄枯叶蛾、竹黄毛虫。

翅展56～80mm。体型雌大于雄，触角均双栉齿状，但雄蛾栉支长于雌蛾。雌雄色斑相似，但个体变异较大。体黄色或带红色，前胸及肩片较暗。前翅前缘弧弯，顶角尖突，外缘和后缘连成弧形，臀角不明显。由翅顶角到翅基有一弧形黑褐色纹将前翅分为两部分，前半橙黄至栗褐色，中室端一块大白斑，斑内散有褐鳞，其上方有一小白斑，2个斑均环以黑褐色边；后半部大部分紫褐色有暗斑带1列，臀区黄色。后翅颜色同腹部，黄或带红色，前缘区橙黄或棕色。

成虫见于7月上旬。

寄主：幼虫取食芦苇、竹等。

分布：小五台山南台海拔1350m；张家口；山西、黑龙江、安徽、福建、河南、湖北、广东、广西、海南、辽宁、湖南、江西、江苏、浙江、四川、云南、陕西、甘肃、台湾、北京；朝鲜、日本、印度、斯里兰卡、俄罗斯、尼泊尔、越南、泰国、马来西亚、印度尼西亚。

23.999 草纹枯叶蛾

Euthrix potatoria (Linnaeus)

又名：牧草毛虫。

翅展雌蛾54～63mm，雄蛾约45～53mm。下唇须发达向前伸出。触角羽支部分较长。体色淡黄至黄褐、茶褐色，变化较大。前翅中室端有一淡黄色近椭圆形斑纹，其上方有一小白斑；由翅顶至后缘有1条深褐色斜线；亚外缘斑列呈长形斜列；前翅基部呈褐色弧形线；亚外缘斑列至外缘及后翅外半部紫褐色；中室下部至后缘金黄色。后翅前半部黄褐色，外半部紫褐色，缘毛黄褐色较长。

成虫见于8月上旬。

寄主：芦、竹等禾本科植物。

分布：小五台山西台海拔1200～1500m；张家口；黑龙江；日本、朝鲜以及欧洲。

23.1000 东北栎枯叶蛾

Paralebeda femorata femorata Ménétriés

又名：东北栎毛虫、落叶枯叶蛾。

翅展雌蛾76～100mm，雄蛾58～76mm。全体灰褐或赤褐色，下唇须雄黑褐色，雌棕褐色，略向前伸；前翅中部斜行横带较窄，其前端不超过3脉，止于2脉；亚外缘斑列黑色而呈细的断续波状线纹，其在后角的末端椭圆形黑斑较小。雄蛾色较深为赤褐色，雌蛾色较浅或为灰褐色，后翅为淡褐色，雄蛾斑纹明显。

成虫见于7月下旬。

寄主：落叶松、栎、杨、梨、映山红、赤松、榛、连翘、银杏、楠木、柏木、华山松、水杉、柏、马尾松、丁香、椴、柳杉、金钱松、连翘。

分布：小五台山；张家口；北京、辽宁、黑龙江、浙江、江西、山东、河南、湖北、湖南、广西、四川、贵州、云南、陕西、甘肃；俄罗斯、蒙古、朝鲜。

23.1001 榆枯叶蛾

Phyllodesma ilicifolia (Linnaeus)

又名：榆小毛虫。

翅展雌蛾26～32mm。体翅赤褐色，翅上斑纹不明显，前翅前缘直，外缘略呈弧形，后缘在后角内侧向内呈月牙形凹陷。后翅无斑纹，略呈葫芦状，前、后翅缘毛赤白相间。

成虫见于7月下旬。

寄主：榆。

分布：小五台山；张家口；内蒙古、山西、北京、吉林、辽宁、黑龙江；乌克兰、俄罗斯以及欧洲中部和北部。

23.1002 月光枯叶蛾

Somadasys lunata Lajonquiere

又名：月斑枯叶蛾。

翅展雄蛾36～41mm。体翅淡黄褐色，触角黄褐色。前翅中区具深色宽带，中室端呈银白色新月形大斑并具金属光泽，其下端伸达外线；外侧有淡色宽带。后翅内半部呈深色斑纹。

成虫见于7月上旬。

分布：小五台山；张家口；河南、陕西。

23.998a 竹纹枯叶蛾(♂；1986年7月5日，南台1350m)

23.999 草纹枯叶蛾(1989年8月1日，西台1400m)

23.1001 榆枯叶蛾

23.998b 竹纹枯叶蛾(♀)

23.1000 东北栎枯叶蛾(♂;1980年7月29日，北台)

23.1002 月光枯叶蛾

附：未定种

（1980年8月2日，中台）

（1980年6月9日，南台）

（1992年7月10日，中台）

带蛾科 Eupterotidae

体多中至大型，喙退化或完全退化，下唇须发达。触角双栉状，无单眼。翅宽大多有带状纹。前后翅均缺1A，中室小，M_2的基部远离M_3;前翅R一般仅4支（缺R_2）；后翅$Sc+R_1$与Rs分离，或近基部有横脉（R_1）相连。有翅缰。

23.1003 华北抚带蛾

Apha huabeiana Yang

翅展雌55mm，雄50mm左右。雄蛾体黄褐至褐色，具金黄色光泽。触角双栉齿状，长度不到前翅的1/3。翅颜色深浅不等，一般为黄褐色。前翅顶角在前缘区有黄斑，下侧镶褐色边；自顶角有1条淡黄色斜线向下伸至后缘中部，黄线至外缘有2条褐色波状纹，向外缘颜色愈深，缘毛深褐色；黄线内侧镶一褐色边，并有2条褐色波状宽纹，宽纹在前缘区颜色深而艳，中室有一黑点，黑点至前缘间有深褐色斑。后翅中线黄色，内侧镶有褐边，翅基半部黄褐色，中室有黑点，翅端半部鲜黄色，亚端线为2列褐色斑点，缘毛褐色。雌蛾较雄蛾体大色淡，前翅顶角更尖些；斑纹相似，但前翅黄线内侧的波状纹可见3条；后翅中带狭窄，外缘斑点很淡。

成虫见于7月中旬。

幼虫取食忍冬科植物。

分布：小五台山东台海拔1350m；张家口、保定、承德；北京。

23.1003 华北抚带蛾

凤蝶科 Papilionidae

体多为中至大型，色彩艳丽，飞翔敏捷。前翅多呈三角形，R脉5条，A脉2条，尚具1条臀横脉。后翅外缘常波状，多有M3脉延伸而形成的尾状突，肩角有一钩状肩脉，着生于亚前缘室上。翅面底色黄色或绿色，多具黑色斑纹；翅面底色黑色，多具蓝、绿、红的斑纹。卵呈半球形，表面光滑或具微小而不明显的雕刻状纹。幼虫后胸隆起最高,前胸背中央有一“Y”形翻缩腺,称臭角。幼龄幼虫体色深暗,似鸟粪。蛹为缢蛹，表面粗糙，头顶二分叉，喙长达翅芽端部。

23.1004a 黄波罗凤蝶(♂；正)

23.1004b 黄波罗凤蝶(♂；正；1980年5月12日，西台)

23.1004 黄波罗凤蝶

Papilio xuthus Linnaeus

又名：柑橘凤蝶、花椒凤蝶、春凤蝶、燕尾蝶、凤子蝶、黄花凤蝶、橘狗。

翅展70～86mm。体、翅淡黄绿色，背上有1条较宽的黑纵带，长达腹端，腹侧有1条窄黑带，腹部腹面有2条窄的黑条纹。翅的脉纹黑色，外缘具黑色宽带；带内具2列新月形斑，外列黄绿色明显，内列暗蓝色，前翅每列8个，后翅每列6个，雌蝶前翅内斑列多不明显。前翅中室内基部具4条似带横刺样的黑色纵纹，端半部有2个明显的黑横斑。后翅臀斑雄性橙色；雌性黄绿或微带橙色，斑中央常有一黑点。春型较夏型体小，色较深。小五台山区分布有该种的指名亚种*P. x. xuthus*。

成虫见于5月中旬～7月中旬。

寄主：幼虫取食黄檗、山花椒、花椒、吴茱萸、香椽木、柑橘等。

分布：小五台山；河北各地；全国各地；朝鲜、日本、俄罗斯、越南。属东洋、古北区共有种。

23.1004c 黄波罗凤蝶(♂；正)

23.1004d 黄波罗凤蝶(♂；反)

23.1005 黄凤蝶

Papilio machaon Linnaeus

又名：金凤蝶。

体长24～28mm，翅展63～87mm。体、翅金黄色，体背黑纵纹雄性的极宽。前翅基部色暗，满布黑色鳞点；中室端部及横脉外，各具一大黑斑。前后翅外缘黑带内有2列斑，数目及颜色与黄波罗凤蝶相似，但外列黄色新月斑较宽大。后翅臀斑赭色，圆而无黑点。春型比夏型体较小，色稍深。雌性较雄性体大，黄色略淡，斑纹相同。

成虫见于4月下旬～7月中旬。

寄主：幼虫取食伞形科植物、黄檗、柑橘、茶等。

分布：小五台山西台海拔1200m；邯郸、衡水、沧州、承德、张家口；全国各地；亚洲大部、非洲西北部、北美洲、欧洲。属东洋、古北、新北区系共有种。

23.1006 碧凤蝶

Papilio bianor Cramer

又名：黑凤蝶。

体长27～33mm，翅展89～128mm。体、翅黑色，满布金绿色鳞片。前翅基半部较浓黑，绿色闪光鳞片较密，中室内有4条黑色纵线纹，端带深黑，外缘波状，缘毛白色。后翅基半部被蓝绿色鳞片，其余部分为金绿色鳞片，端带黑色较宽，带中有由蓝绿色鳞片组成的6个新月形斑，臀斑暗红色，外缘锯齿状，尾状突较长而宽大。雄性前翅中室后方各脉上，具黑色天鹅绒状鳞片组成的梭形斑，构成后缘中、上部明显黑色区（性标）。翅反面，前翅基部黑色区域小，中室端部黑色纵纹明显；后翅基半部布有黄白色鳞片。新月斑由两色组成：春型由暗红色和玫瑰色；夏型由橙红色（或橙黄色）和玫瑰色。春型体较夏型略小。

寄主：黄檗、山花椒、花椒、吴茱萸、柑橘等。

分布：小五台山；张家口、保定、唐山、承德；吉林、青海、陕西、甘肃、四川、湖南、湖北、广东、广西、江苏、浙江、福建、台湾；日本、朝鲜、俄罗斯、印度、缅甸。属东洋、古北区系共有种。

23.1007 绿带翠凤蝶

Papilio maackii Ménétriès

又名：高山黑凤蝶、高山碧凤蝶。

翅展75～125mm。翅黑色，满布金绿色鳞片。雄性前后翅各有1条明显的绿带，雌性的绿带不显著。后翅外缘有6个新月形红斑，臀角有1个中间带有黑点的圆形红斑，翅反面更为明显。

成虫见于6月～7月。

寄主：黄檗及伞形科植物。

分布：小五台山；辽宁、吉林、黑龙江、四川、云南、湖北、江西、北京、台湾；日本、朝鲜、俄罗斯。

23.1008 丝带凤蝶

Sericenus montelus Gray

又名：马兜铃凤蝶、白凤蝶、软尾蝶、细尾凤蝶。

体长16～23mm，翅展54～66mm。体背黑色。触角较短，末端尖向上弯。下唇须较长而平直。复眼后及胸侧有红毛。腹部腹面有1条红色或黄白色线。分春夏型和性二型，雌雄与春夏型的翅的斑纹均不相同。夏型：体明显大，尾状突细长，雄性翅底淡黄色，前翅中室中部、端部和顶角处均具黑斑纹，后翅亚端线部位从前缘到臀角具不规则弧形黑斑纹，臀角附近有红色区及蓝色斑点；雌性翅密被淡褐色斜形带纹，前翅中室具“∽”形黄白色纹。春型：体较小，尾状突较短，雄前后翅亚端线部位有4～5个小红斑（夏型则无，如有，亦不明显）；雌性翅面斜形带纹黑褐色。小五台山区分布有该种的华北亚种*S. m. amurensis*。

成虫见于4月中旬～8月上旬。

寄主：幼虫取食马兜铃、青木香、杏等。

分布：小五台山西台、北台、东台海拔1000～1750m；张家口、承德；陕西、吉林、辽宁、黑龙江、宁夏、甘肃、河南、江苏、山东等；朝鲜等。属古北区系种。

23.1005a 黄凤蝶(♂；1980年7月14日，西台1200m)

23.1005c 黄凤蝶(♀；正)

23.1006a 碧凤蝶(♂；正；春型)

23.1005b 黄凤蝶(♀)

23.1005d 黄凤蝶(♀；反)

23.1006b 碧凤蝶(♂；反；春型)

23.1007 绿带翠凤蝶(♂；正；夏型)

(示幼虫；2007年8月14日，西台1350m)

(♂；夏型)

(♂；春型；2007年6月25日，西台1180m)

(示幼虫；2007年6月1日，西台1200m)

(♀；春型；2007年6月25日，西台1200m)

(♂；夏型)

(♂；正；春型)

(♀；正；春型)

(♀；正；春型)

(示成虫交尾状；2007年7月4日，西台1300m)

(♀；正；夏型)

(♂；反；夏型)

(♀；反；春型)

(♂；正；夏型)

(♂；正；夏型)

(示幼虫形态；2007年7月16日，西台1300m)

23.1008 丝带凤蝶

绢蝶科 Parnassiidae

体型中型。白色或蜡黄色。触角短，端部膨大呈棒状。下唇须短小。翅圆钝，半透明，翅面鳞片稀少，有黑色、红色或黄色斑纹。正、反面色泽斑纹一致。前翅R脉4支，A脉2条，无臀横脉。后翅无尾突，A脉1条，后缘内凹，爪不对称。雌性腹部末端在交尾后生各种形状的角质带，以避免再次交尾。

23.1009 红珠绢蝶

Parnassius bremeri Bremer

又名：红星绢蝶。

体长24～26mm，翅展82mm。体背黑色，密被黄白色长毛。翅底色黄白，半透明状，端线及亚端线淡灰黑色。前翅基部及前缘密布黑色鳞点，中室的中央和端部各具1个近圆形的大黑斑，中室端外有2个半月形黑缘红斑，近后缘中部2A脉与Cu脉间有1个较大的黑缘红斑。后翅基部及内缘黑色，被有黄白色长毛；基部、前缘中部和中室端外有4个黑缘红斑，外2个斑环状，较大。翅反面、前翅斑纹与正面同；后翅基部前后排列4个具半黑边的红斑，前缘中部和中室外部2个斑与正面相同，Cu_1与Cu_2脉中间，有1个较小的黑缘红斑。

成虫见于6月下旬～9月上旬。

寄主：幼虫取食景天科植物。

分布：小五台山西台、北台、南台、中台海拔1300～2673m；石家庄、保定、承德、张家口；陕西、辽宁、吉林、黑龙江、山西、河南、山东、新疆、宁夏、甘肃；朝鲜、俄罗斯以及欧洲中部。

23.1010 小红珠绢蝶

Parnasiius nomion Fischir et Waldheim

翅展55～80mm。翅白色，雌蝶略黑。红斑大而有白点。突出特征是，后翅中室下部有1个钩状黑斑。本种在小五台山区分布有北方亚种*P. n. transbaicalensis*、东北亚种*P. n. mandschuriae*、北京亚种 *P. n. oberthuerianus*等。

成虫见于7月中旬～8月下旬。

寄主：景天科植物。

分布：小五台山西台、北台、南台、中台海拔960～1600m；张家口；北京、黑龙江、吉林、新疆、青海；俄罗斯、哈萨克斯坦、朝鲜、美国。

23.1009 红珠绢蝶

23.1010a 小红珠绢蝶(♂；反)

23.1010e 小红珠绢蝶(♀；2007年8月5日，南台1250m)

23.1010b 小红珠绢蝶(♂；正)

23.1010c 小红珠绢蝶(♂；正)

23.1010d 小红珠绢蝶(♂；正；2007年8月10日，南台1350m)

23.1010f 小红珠绢蝶(♀；正)

23.1010h 小红珠绢蝶(♀；2007年7月29日，西台1200m)

23.1010g 小红珠绢蝶(♂；正；2007年7月29日，西台1200m)

23.1010i 小红珠绢蝶(♂；反)

23.1011 白绢蝶

Parnassius stubbendorfii Ménétriès

翅展46～56mm。雄蝶头、胸结合部和腹部侧面绒毛灰白色；雌蝶腹端部角质臀袋大，覆盖腹部的大半。小五台山区有其一亚种*P. s. citrinarina*分布。

成虫见于5月下旬～10月上旬。

寄主：紫堇、延胡索等。

分布：小五台山西台海拔1500m；张家口；辽宁、吉林、黑龙江、四川、西藏、青海、甘肃；俄罗斯、蒙古、日本、朝鲜。

23.1012 冰清绢蝶

Parnassius glacialis Butler

翅展65～70mm。前后翅面无红色斑。前翅前缘区、中室中部和中室端部有稀疏黑鳞。后翅后缘区有浓密黑鳞。腹部中、后部两侧有橘黄色斑。

成虫见于7月上旬～10月上旬。

寄主：紫堇、马兜铃、延胡索等。

分布：小五台山；张家口；黑龙江、吉林、辽宁、河南、山东、山西、陕西、甘肃、贵州、云南、浙江、安徽；日本、朝鲜。

23.1013 福布绢蝶

Parnassius phoebus (Fabricius)

翅展约65mm。

成虫见于7月下旬。

分布：小五台山西台海拔1350m；张家口；新疆；意大利、匈牙利、瑞士、哈萨克斯坦、蒙古、俄罗斯以及北美洲。

粉蝶科 Pieridae

体多数中型略小，少数较大。头小。下唇须发达。前翅呈三角形，少数顶角突出尖或圆钝。后翅近卵圆形，无尾状突。翅面多白色或黄白色，具黑色斑纹，少数种具红色、橙色或绿色斑。前翅R脉常为R_{2+3}，或R_{3+4}，A脉1条；后翅A脉2条；中室都为闭式。卵纺锤形、长而直立，上部较细，具纵脊及横格纹。幼虫圆柱形，较细长，体表具小突起及次生毛，绿色或黄色，或具有黄色或白色纵线。蛹为缢蛹，前半部较粗而多棱角，后半部则多瘦削，头端常具一尖状突起，上唇分3瓣，喙长达翅芽末端。

23.1014 菜粉蝶

Pieris rapae (Linnaeus)

又名：白粉蝶、白蝴蝶、菜白蝶、菜花蝶。

体长15～19mm，翅展42～55mm。体翅大小及颜色，随季节变化而常有差异。一般体背黑色，被有白色绒毛。翅面及脉纹白色或黄白色；前翅基部和基半部前缘，密布黑色鳞片，顶角具一较大黑斑，M_3和Cu_2室各具一圆形黑斑，少数个体Cu_2室斑纹模糊或无。后翅前角内侧前缘，有1个黑斑，与前翅Cu_2室斑相对应。翅反面，前翅前半部密布黄色鳞片，2个黑斑明显；后翅有的满布黄色鳞片，前缘1个黑斑常不明显或缺。雌性前翅基部黑色区域较大，翅面黄白色，黑色斑稍大，后翅及翅反面斑纹与雄性同。

成虫见于4月中旬～9月下旬。

寄主：十字花科植物。

分布：小五台山西台、东台、南台、北台、中台海拔1100～2800m；河北各地；全国各地；朝鲜、日本、俄罗斯以及欧洲、非洲、北美洲。

23.1010j 小红珠绢蝶(♂；正)

23.1012a 冰清绢蝶(♂；1980年7月8日，西台)

23.1013 福布绢蝶(♂；正)

23.1011 白绢蝶（♀；正）

23.1012b 冰清绢蝶(♂)

23.1014 菜粉蝶(♂；正；春型；1980年8月15日，东台2800m)

23.1015 菜粉蝶东方亚种

Pieris rapae orientaris Oberthür

翅展41～55mm。

成虫见于6～7月。

寄主：十字花科等植物。

分布：小五台山；张家口；吉林。

23.1016 云粉蝶

Pontia daplidice (Linnaeus)

又名：花粉蝶、斑粉蝶、朝鲜粉蝶、朝鲜红斑粉蝶、云斑粉蝶。

体长13～20mm，翅展39～52mm。翅面白色或白色微黄。前翅中室端斑黑色，为淡色横纹分割；亚端线区前半部3个黑斑较大；外缘1列黑色圆斑6个，第6个常不清晰或缺；Cu_2室中1个黑斑，雄性的浅淡或不明显。后翅基部色暗，中室中部圆形斑淡黄，外缘具2列黑斑，每列5个，内列斑楔形，较大；雄性后翅斑纹色浅，外缘无明显斑列。翅反面斑纹墨绿色，底色白，前翅斑纹与正面相似，后翅中室中央白色近圆。小五台山区分布有该种的东北亚种 *P. d. orientalis*。

成虫见于4月中旬～9月上旬。

幼虫取食萝卜、白菜、甘蓝、油菜、芥菜、花旗杆、焊菜等十字花科植物。

分布：小五台山西台、北台、南台、中台、东台海拔1100～2800m；河北各地；河南、山东、山西、辽宁、黑龙江、陕西、青海、四川、云南、内蒙古、西藏；日本、朝鲜以及亚洲各地和非洲北部。

(♂；正；夏型)

(♀；反)

(♂；正；春型)

(♀；正)

(1999年6月20日，北台1280m)

(2007年7月12日，西台1350m)

23.1015 菜粉蝶东方亚种

(♂；反)

(♀；反)

(东北亚种；♂)

(♂)

(♀；正；1980年5月2日，西台1300m)

(♂；正)

(♂；2007年7月31日，西台1500m)

(♂；1986年7月25日，西台)

(2010年8月8日，北台1400m)

(1995年7月30日，西台1200m)

23.1016 云粉蝶

23.1017 带纹绢粉蝶

Aporia venata Leech

翅展60～70mm。翅面淡黄色。本种似小檗绢粉蝶东北亚种A. h. *takamukuana*,但翅脉的黑色较细；亦似绢粉蝶,但中室内无黑纹，前翅外缘有明显的黑色带纹。

成虫见于6月上旬。

分布：小五台山西台东坡海拔1250m；张家口。

23.1018 绢粉蝶

Aporia crataegi Linnaeus

又名：树粉蝶、梅白蝶、苹果粉蝶、山楂粉蝶、苹粉蝶。

体长20～24mm,翅展56～67mm。体背黑色，密被灰白色绒毛。触角黑色，锤端黄褐色。翅面白色微黄，无斑纹，脉纹黑色。前翅中室前缘和前后翅外缘及脉端，具黑色鳞片；端线黑色，无缘毛。雌体较雄体略大，翅面鳞片稀少，呈半透明状。翅反面黄白色；后翅具黑色鳞片，以中室后Cu_2脉和2A脉间最多，越近翅基越密；雌性黑色鳞较稀疏。小五台山区有该种的东北亚种*A. c. ussurica*(雌前翅中域脉浅红，反面相同，翅缘及后翅中域有微小黑鳞分布，有半透明感)、东亚亚种*A. c. adherbal*(翅白色，不透明，前翅缘呈三角形黑浅斑)、黑脉亚种*A. c. sajana*(前翅中室端显见黑斑)分布。

成虫见于5月下旬～7月下旬。

幼虫取食苹果、梨、桃、杏、李、山楂、樱桃、栎、榆、杨、花楸、毛榛、胡颓子、山花椒等。

分布：小五台山南台、西台、北台海拔1100～2300m；保定、承德、张家口；山东、山西、河南、陕西、四川、青海、甘肃、宁夏、新疆、内蒙古、辽宁、吉林、黑龙江、北京、浙江、安徽、湖北、西藏；朝鲜、日本、俄罗斯、哈萨克斯坦、塔吉克斯坦、土库曼斯坦、乌兹别克斯坦、吉尔吉斯斯坦以及欧洲北部、北美洲，地中海地区、非洲北部。

23.1019 暗色绢粉蝶

Aporia bieti Oberthür

又名：黄檗粉蝶、深山粉蝶。

体长18～24mm，翅展55～72mm。与绢粉蝶相似。体背黑色，被灰黄色绒毛，翅面黄白色，但比绢粉蝶稍黄。前翅中室端横脉纹两侧有黑色鳞，构成暗色条状斑纹。翅反面，前翅前缘、顶角、外缘前大半部及后翅均为黄色，后翅基橙黄色。雌体稍大，翅面色略淡。

成虫见于5月上旬～7月中旬。

幼虫取食小檗等。

分布：小五台山；邯郸、保定、承德、张家口；陕西、四川、甘肃、云南、新疆、西藏、青海、辽宁、黑龙江、吉林；朝鲜、日本、俄罗斯。

23.1018f 绢粉蝶东亚亚种（♀；正）

23.1017 带纹绢粉蝶

23.1018c 绢粉蝶东北亚种（♀；正）

23.1018g 绢粉蝶东亚亚种（♀；正）

23.1018a 绢粉蝶（2009年6月21日，西台1380m）

23.1018d 绢粉蝶东北亚种（♀；正）

23.1019a 暗色绢粉蝶(♂；正；1980年7月1日，北台)

23.1018b 绢粉蝶东北亚种(♀；反)

23.1018e 绢粉蝶黑脉亚种（1996年7月20日，北台1800m）

23.1019b 暗色绢粉蝶（腹部缺损；♂；反）

23.1020 小檗绢粉蝶

Aporia hippia (Bremer)

翅展55～65mm。翅白色发黄，翅脉黑褐色，翅反面脉纹较正面更为明显。突出特征是翅反面基部有1个橙黄色斑。该种在小五台山区分布有东北亚种*A. h. takamukuana*。

成虫见于5～6月。

寄主：大叶小檗等。

分布：小五台山东台、北台、西台海拔850～1300m；张家口；辽宁、吉林、黑龙江、陕西、山西、宁夏、甘肃、青海、新疆、河南、云南、西藏、台湾；日本、俄罗斯、朝鲜。

23.1021 大卫粉蝶

Pieris davidis Oberthür

翅展约55mm。

成虫见于5月中旬。

分布：小五台山；张家口；四川、陕西，中国特有种。

23.1022 黑纹粉蝶

Pieris melete Ménétriès

又名：黑脉粉蝶。

体长14～16mm，翅展43～46mm。与菜粉蝶*P. rapae*相似，但翅脉黑色显著。前翅后缘纵带黑褐，其外端几乎与Cu_2室斑平齐，并相连接；雌性后缘带色浅淡。翅反面，前翅顶角及后翅满布黄色鳞粉，后翅基部前缘黄色或橙黄色。常与菜粉蝶混合发生。

成虫见于5月中旬～8月下旬。

幼虫为害十字花科植物。

分布：小五台山西台、北台、南台、东台海拔900～2790m；张家口、石家庄、保定、承德；陕西、黑龙江、辽宁、河南、福建、江西、浙江、湖北、广西、四川；朝鲜、日本、俄罗斯。

23.1023 暗脉菜粉蝶

Pieris napi (Linnaeus)

又名：淡纹粉蝶。

体长14～19mm，翅展40～44mm。形体、色泽与黑纹粉蝶*P. melete*相似。翅面白色微黄，翅脉附近黑色鳞片稀疏，色浅淡。前翅基部及前缘黑色，后缘带纹雄性较明显，雌性多模糊或消失；M_3和Cu_2室的淡黑色斑纹较小，雄性可见，雌性则常不明显或完全消失。翅反面、前翅顶角及后翅黄色稍淡，后翅基半部前缘黄色。

成虫见于5月上旬～7月上旬。

幼虫取食十字花科植物。

分布：小五台山西台、北台、南台海拔1400～2600m；承德、张家口；中国广大地区；日本等。典型的古北区种类。

23.1022b 黑纹粉蝶(♀；正)

23.1020d 小檗绢粉蝶(♀；正)

23.1022c 黑纹粉蝶(♂；正)

23.1020a 小檗绢粉蝶（示其雨后与绢粉蝶在沟内群栖；2008年6月19日，东台杨家坪1280m）

23.1020e 小檗绢粉蝶(♂；反)

23.1022d 黑纹粉蝶(♂；反)

23.1021 大卫粉蝶(♀；正)

23.1023a 暗脉菜粉蝶(♂；正)

23.1020b 小檗绢粉蝶(♀；反)

23.1020c 小檗绢粉蝶(♂；正)

23.1022a 黑纹粉蝶(♂；正；1980年7月18日，东台2500m)

23.1023b 暗脉菜粉蝶(♂；反；1981年6月27日，南台1800m)

23.1024 丫纹苹粉蝶

Davidina armandi Oberthür

体长约15mm，翅展46～50mm。头顶和体背黑色。触角黑色，较短。翅面黄白色；脉纹黑色，两侧黑色鳞片较密；前后翅中室均具“Y”形黑纹；端带宽暗，带内各脉间均有黑色短线纹；后翅中室及后缘黑色鳞片极少。翅反面，脉纹两侧黑色鳞片少，端带不明显；后翅浅黄色。雌体较大，翅色略浅淡。

成虫见于5月下旬～7月中旬。

分布：小五台山；张家口、承德；陕西。

23.1025 突角小粉蝶

Leptidea amurensis Ménétriès

体长14～17mm，翅展40～50mm。触角背面黑色，腹面白色，节间具白色环纹，端部圆钝，红褐色。体纤细，体背黑色，腹部覆盖白色鳞毛。翅面白色。前翅外缘极倾斜，顶角明显突出；中室及前缘具黑鳞粉，越近翅基越密；顶角黑斑大而明显，但春型较淡。后翅无斑纹；M_2脉后部呈半透明状，春型尤其显著。翅反面，春型前翅前缘、顶角及后翅淡黄褐色，夏型黄色；但春型和夏型雄性色均较雌性深；后翅亚端区常有1列暗色斑，正面可透视，夏型多明显。

成虫见于4月上旬～8月下旬。

幼虫取食碎米荠、山野豌豆等。

分布：小五台山南台、北台、西台海拔1100～2790m；保定、唐山、承德、张家口；陕西、山东、山西、河南、甘肃、宁夏、新疆；日本、朝鲜以及中亚。

23.1026 圆翅小粉蝶

Leptidea gigantea (Leech)

又名：荠小粉蝶。

体长14～17mm，翅展46～53mm。前翅较阔，顶角圆钝，微突，黑色斑较浅淡，但雄性斑色较深；后翅面白色，无斑纹。翅反面，前翅同正面；后翅白色，中部常有1条暗色带，春型多明显。雌体稍大，斑色较淡。

成虫见于6月中旬。

寄主：碎米荠。

分布：小五台山；承德、保定、张家口；陕西、黑龙江、河南。

23.1027 锯纹小粉蝶

Leptidea serrata Lee

翅展约50mm。

成虫见于5月中旬。

分布：小五台山西台海拔1100m～1300m；张家口；黑龙江、河南、陕西。

23.1025e 突角小粉蝶(♂；夏型；反)

23.1025f 突角小粉蝶(♂；春型；2007年5月9日西台1320m)

23.1026 圆翅小粉蝶

23.1023c 暗脉菜粉蝶(腹部缺损；♂；正)

23.1024b 丫纹苹粉蝶(♀；正)

23.1024c 丫纹苹粉蝶(♀；反)

23.1027a 锯纹小粉蝶(♀；正)

23.1023d 暗脉菜粉蝶(♀；正；1980年7月5日，北台2000m)

23.1025a 突角小粉蝶(♂；春型)

23.1025c 突角小粉蝶(♂；夏型；正)

23.1027b 锯纹小粉蝶(♀；反)

23.1024a 丫纹苹粉蝶(♂；正)

23.1025b 突角小粉蝶(♀；夏型；正)

23.1025d 突角小粉蝶(♂；夏型；正)

23.1027c 锯纹小粉蝶(♂；正；1980年5月13日，西台1100m)

23.1028 莫氏小粉蝶

Leptidea morsei Fenton

翅展45mm左右。

成虫见于7月中旬。

分布：小五台山；张家口；陕西、黑龙江、吉林、河南、甘肃、新疆；日本、朝鲜以及欧洲。

23.1029 斑缘豆粉蝶指名亚种

Colias erate erata (Esper)

又名：星黄蝶、迷黄蝶、黄粉蝶。

体长16～21mm，翅展42～58mm。头顶、触角及前胸背桃红色。翅面黄色或淡黄绿色，基部散布黑色鳞片，缘毛桃红色。前翅中室端有一近圆形黑斑，顶角及外缘有较宽的黑色区，其内有1列黄色或淡黄绿色斑纹。后翅中室端圆斑橙色或橙黄色，斑中央色淡；其上方有1个同样颜色的小斑点，有的极不明显；外缘有1列黑斑，雄的黑斑较大而色浓，前半部常连接成带纹。翅反面：橙黄或深黄色；前翅中室斑环状，亚端区1列黑斑，雌性的顶角内侧部分的斑不明显；后翅中室端斑银白色，具褐环其前方具一同样颜色的细小圆点。雌体较大，分二型：一型翅为黄色，一型翅为淡黄绿色，斑纹一致。

成虫见于4月下旬～9月上旬。

幼虫取食大豆、苜蓿、百脉根、小巢菜等豆科植物。

分布：小五台山西台、东台、南台海拔850～2400m；河北各地、陕西、辽宁、吉林、黑龙江、北京、山西、内蒙古、湖北、安徽、江苏、浙江、福建、云南、新疆、西藏；日本、朝鲜以及东欧。

23.1030 豆粉蝶

Colias hyale (Linnaeus)

翅展50～55mm。雌性前翅中室端有1个黑点，端区至亚缘区为1宽黑带，带内有几个边缘不显著的白斑；后翅端、亚端线黑色。雄性翅反面黄色，前翅中室黑斑有白心，后翅中室斑亦有白心。

成虫见于4月下旬。

分布：小五台山；张家口；河南、陕西、新疆；欧洲中部以及南部。

23.1028 莫氏小粉蝶(♂；正；1980年7月11日，北台)

23.1029d 斑缘豆粉蝶指名亚种（♂；正）

23.1029h 斑缘豆粉蝶指名亚种（♂；正）

23.1029a 斑缘豆粉蝶指名亚种（♂；正）

23.1029e 斑缘豆粉蝶指名亚种（♀；正）

23.1029i 斑缘豆粉蝶指名亚种（♀；正）

23.1029l 斑缘豆粉蝶指名亚种（2007年7月31日，西台1610m）

23.1029b 斑缘豆粉蝶指名亚种（♂；正）

23.1029f 斑缘豆粉蝶指名亚种（♀；正）

23.1029j 斑缘豆粉蝶指名亚种（2008年5月2日，西台1200m）

23.1029m 斑缘豆粉蝶指名亚种（♀；反）

23.1029c 斑缘豆粉蝶指名亚种（♂；正）

23.1029g 斑缘豆粉蝶指名亚种（♂；反）

23.1029k 斑缘豆粉蝶指名亚种（♂；反）

23.1030 豆粉蝶(♀；正；1981年4月28日，西台)

23.1031 黎明豆粉蝶

Colias heos (Herbst)

翅展约55mm。雌雄异色。雌翅面有橙黄、橙红、浅蓝、淡黄等多种颜色，翅端部和外缘黑带在M_3处分开，前宽后窄，带内有不同颜色的斑分布。雄翅面橙红色，前后翅外缘带黑色。

成虫见于4月下旬~8月上旬。

分布：小五台山；张家口；黑龙江、内蒙古、辽宁、陕西、甘肃、四川；蒙古、俄罗斯。

23.1032 橙黄豆粉蝶

Colias fieldii Ménétriès

成虫见于6月中旬~9月中旬。

寄主：苜蓿。

分布：小五台山西台、北台、南台海拔1200~2300m；张家口；甘肃、青海、陕西、山东、山西、湖北、四川、广西、云南；印度、尼泊尔、缅甸、泰国等。

23.1033 镏金豆粉蝶

Colias chrysotheme (Esper)

翅展45mm左右。翅金黄色，雄虫前翅外缘具宽黑色带，雌虫则在黑带内有黄斑列分布，后翅更明显。中室端脉斑前翅黑色，后翅橘黄色。反面后翅中室端斑白色并伴有1个小斑，前翅中域深黄色。

成虫见于6月下旬。

分布：小五台山；张家口；陕西、甘肃、四川、黑龙江、吉林；蒙古、俄罗斯。

23.1034 钩粉蝶

Gonepteryx rhamni Linnaeus

又名：鼠李蝶、角翅粉蝶。

体长22~24mm，翅展59~66mm。体黄褐或黑褐色，胸背被灰白或黄色长绒毛。头顶、触角及复眼暗桃红色。雄前翅浓黄，顶角突出呈钩状，后翅色略浅，Cu_1脉端突出成角；前后翅中室端各具1橙色近圆形小斑点，前翅的较小；前后翅外缘脉端有紫褐色细小的点。雌前后翅淡黄绿色，其他与雄性同。

成虫见于5月中旬~8月上旬。

幼虫取食枣、酸枣、鼠李。

分布：小五台山；张家口；北京、黑龙江、吉林、河南、新疆、宁夏、陕西、甘肃、云南、浙江、江西、福建、湖北；日本、朝鲜以及欧洲。

23.1032a 橙黄豆粉蝶(♂；正)

23.1032b 橙黄豆粉蝶(♂；正；1980年6月30日，南台1800m)

23.1031a 黎明豆粉蝶(♀；正；1980年4月30日，西台)

23.1031d 黎明豆粉蝶(♀；反)

23.1032c 橙黄豆粉蝶(♀；正)

23.1031b 黎明豆粉蝶(♀；正)

23.1031e 黎明豆粉蝶(♀；正)

23.1033 镏金豆粉蝶(♀；正)

23.1031c 黎明豆粉蝶(♂；反)

23.1031f 黎明豆粉蝶(♀；正；1980年8月5日，西台)

23.1034 钩粉蝶(♂；正；越冬型)

23.1035 尖钩粉蝶

Gonepteryx mahaguru (Gistel)

翅展52～65mm。雄性翅面黄色，前段翅中室均具橙黄色点，而后翅的点较大；前翅顶角明显锐突，臀角圆润。雌性翅面白黄色，前后翅中室亦有橙黄色点，但色较雄性为浅。

成虫见于 5月上旬～7月中旬。

寄主：枣、酸枣、鼠李。

分布：小五台山西台、北台、南台、东台、中台海拔1100～2800m；张家口；全国各地；日本、朝鲜等。

23.1036 锐角翅粉蝶

Gonepteryx aspasia Ménétriès

又名：尖角山黄蝶、尖角鼠李蝶、阿穆尔粉蝶。

体长18～21mm，翅展48～66mm。本种与钩粉蝶*G. rhamni*相似。翅较薄，略窄长。前翅顶角显著突出呈尖锐的钩状；前后翅中室端橙色斑较小，但后翅的橙色斑仍较前翅的大。雄前翅鲜黄、后翅略淡；雌前后翅淡黄绿色。翅反面黄白色，中室端斑暗褐色，较正面为小；外缘暗褐色小点清晰。

成虫见于4月中旬～8月下旬。

幼虫取食鼠李、枣、酸枣。

分布：小五台山西台、北台、南台海拔1100～2800m；保定、承德、张家口；陕西、青海、台湾、吉林、黑龙江；朝鲜、日本。

眼蝶科 Satypidae

体多为小至中型。多数种体色暗而不鲜艳，翅正面或反面常具眼状斑或圆形斑纹。头小，复眼周围常被长毛；触角纤细，多棒状；下唇须侧扁，长且挺直。前足退化，不宜步行。前翅有几条脉基部膨大；R脉5条，其中3条自中室端角发出；A脉1条。后翅A脉2条。中室均为闭式。

23.1037 白眼蝶

Melanargia halimede (Ménétriès)

又名：稻白眼蝶。

体长15～20mm，翅展51～65mm。体背黑褐色。触角黑色。翅底白色，脉纹黑褐色。前翅中室端部至顶角间有2条不规则的黑褐色斜带，顶角及端带黑色，缘毛黑白相间呈齿状，后缘具较宽的黑褐带。后翅大部分白色，亚端区有1条于M_1和M_2脉间中断的黑褐带；外缘2条并行的黑褐线内侧，有1列淡色月形斑。翅反面，前翅白色，顶角色淡，2条斜带及后缘带纹稍狭细，色略淡；后翅黄白，翅中部有1条褐曲线纹（变异型该线长达2A脉），与脉纹构成许多封闭小室，淡黑褐色亚端带内有6个眼状斑，第3和第4个最大，斑心由2个小白点愈合而成，眼斑具黄褐色环。变异型斑纹与之相同，但色略淡，斑纹较宽阔，白色区域狭小并布有黑色鳞（黑化）；翅反面淡褐色斑纹也较发达。本山区的白眼蝶分布有东北亚种*M. h. meridionalis* 和长白亚种*M. h. ganymedes*。

成虫见于6月下旬～8月下旬。

幼虫取食水稻、甘蔗、竹等禾本科植物。

分布：小五台山西台、东台、南台、北台、中台海拔1100～2600m；保定、石家庄、承德、张家口；陕西、四川、青海、山东、内蒙古、山西、北京、辽宁、吉

23.1035a 尖钩粉蝶(♂；正；夏型；1980年7月17日，北台2800m)

23.1035d 尖钩粉蝶(♀；正；夏型)

23.1037a 白眼蝶(♀；正)

23.1037d 白眼蝶(♀；正)

23.1035b 尖钩粉蝶(♂；正；越冬型)

23.1036a 锐角翅粉蝶(♂；正；夏型)

23.1037b 白眼蝶(♂；正)

23.1037e 白眼蝶(♀；2010年6月25日，西台1280m)

23.1035c 尖钩粉蝶(♂；反；越冬型)

23.1036b 锐角翅粉蝶(♀；正；夏型；1980年7月30日，南台2100m)

23.1037c 白眼蝶(♀；正)

23.1037f 白眼蝶(♂；反)

林、黑龙江、甘肃、宁夏、河南、湖北；朝鲜、蒙古、俄罗斯。

23.1038 曼丽白眼蝶

Melanargia meridionalis Felder

翅展约60mm。

成虫见于7月下旬。

分布：小五台山西台海拔1300m；张家口；河南、陕西、甘肃、浙江等。

23.1039 黑化白眼蝶

Melanargia halimede lugens Honrath

翅展55mm左右。

成虫见于7月中下旬。

寄主：禾本科植物。

分布：小五台山南台海拔1600m；张家口；陕西。

23.1037g 白眼蝶(♀；2008年6月25日，北台1300m)

23.1037h 白眼蝶(♂；2009年7月21日，南台1400m)

23.1037i 白眼蝶（示交尾状；2007年7月31日，西台1450m）

23.1039 黑化白眼蝶

23.1040 华北白眼蝶

Melanargia epimde (Staudinger)

翅展55～62mm。翅白色，似白眼蝶*M. halimede*，其主要区别是后翅中域至翅基部除中室上端外，其余均为白色。后翅反面眼斑浅而不清。中室端上方有1个不规则黑斑，下方无细横线。

成虫见于7月中旬～8月中旬。

寄主：禾本科植物。

分布：小五台山东台、北台、西台海拔850～1400m；张家口；吉林、辽宁、陕西；朝鲜。

(♀；反) (♀；2007年7月29日，西台1280m) (♀；正) (右♂；左♀) (2007年7月31日，1280m)

23.1038 曼丽白眼蝶

(♂；正) (♂；反) (♂) (♀) (2007年8月10日，西台1350m)

23.1040 华北白眼蝶

23.1041 黑纱白眼蝶

Melanargia lugens Honrath

翅展55～61mm，本种似白眼蝶*M. halimede*，但翅面的黑色区域均较大，而且黑色又相对较浅，似罩上一层黑纱。

成虫见于6月下旬～7月上旬。

分布：小五台山；张家口；浙江、陕西。

23.1042 舜目黛眼蝶

Lethe bipupilla Chou et Zhao

翅展约55mm。

成虫见于6月上旬。

分布：小五台山；张家口；四川。

23.1043 东北矍眼蝶

Ypthima argus Butler

又名：黑波六眼蝶。

体长11～13mm，翅展38～42mm。体翅暗褐色。下唇须发达而上翘，末节细尖。触角背黑褐，节间具白环，锤部红褐色。前翅顶角内侧有1个大形的黑色眼状斑，斑心有2个青白色小点，外具黄褐环。后翅亚端线由5个眼状斑组成，前2个较小，最后1个最小并常由2个小眼斑愈合而成。翅反面颜色较正面稍淡，满布波状细线纹，眼斑与正面一致，但环纹色略浅而纹较阔；后翅5个眼斑清晰，最后1个由2个小眼斑愈合状极为明显。雌较雄的前翅色稍浅，端线明显，后翅前部2个眼状斑多不清晰。

成虫见于6月下旬～7月上旬。

幼虫取食结缕草、芒、缩箬等禾本科植物。

分布：小五台山西台海拔1500m左右；邢台、承德、张家口；陕西、青海、辽宁、黑龙江、吉林、四川、云南、贵州、河南、浙江、江西、湖南、福建、广东、广西、海南；日本、朝鲜。

23.1044 浅矍眼蝶

Ypthima amphithea (Ménétriès)

翅展约40mm。深褐色，正面眼斑特小，黄环基本消失。反面后翅后外缘、亚端缘有褐斑域。高温型：正面眼斑有双斑，反面眼斑大。低温型：正面后翅眼斑消失。

成虫见于8月下旬。

分布：小五台山西台海拔1500m；张家口；吉林、辽宁、黑龙江。

23.1045 中华矍眼蝶

Ypthima chinensis Leech

又名：大黑波眼蝶。

翅展48～52mm。颇似东北矍眼蝶*Y. argus*，但体明显大，体翅色较深。前翅顶角内侧1个眼状斑，环纹色淡稍狭。后翅近臀角有2个眼状斑，后1个很小，常不明显。翅反面，前翅的细波状线纹和1个眼斑与东北矍眼蝶相似；后翅有3个眼状斑，近顶角1个较大，臀角处的1个较小。雄较雌性翅面色略深，眼斑环纹较狭。

成虫见于7月上旬。

分布：小五台山；张家口、承德；陕西、河南、山东、浙江、福建、湖北、广西。

23.1043b 东北矍眼蝶(♂；反)

23.1044 浅矍眼蝶（示高温型；♂；2009年8月24日）

23.1045a 中华矍眼蝶(♀；反)

23.1041a 黑纱白眼蝶(♂；正；1980年8月5日，北台)

23.1041c 黑纱白眼蝶(♂；正)

23.1045b 中华矍眼蝶(♂；正)

23.1041b 黑纱白眼蝶(♀；正)

23.1043a 东北矍眼蝶(♀；正)

23.1045c 中华矍眼蝶(♀；正)

23.1046 矍眼蝶

Ypthima balda (Fabricius)

翅展30～40mm。体翅赭黑色。前翅亚端线上端有2个大眼斑，另有2个小眼斑；后翅亚端线由5个由上向下逐渐增大的眼斑。翅反面翅脉银白色，后翅更明显。前翅中室区及其附近为赭色。前翅端部的黑眼斑内有2个蓝白色瞳点；后翅亚外缘有6个黑色眼斑，其中后角2个较小且相连。小五台山区分布有本种的指名亚种*Y．b．balda*。

成虫见于7月中旬。

寄主：禾本科一些植物。

分布：小五台山；张家口；河南、四川、浙江、福建、江西、湖北、湖南、黑龙江、山西、甘肃、青海、广东、广西、海南、台湾、西藏；印度、尼泊尔、不丹、巴基斯坦、缅甸、马来西亚等。

23.1047 牧女珍眼蝶

Coenonympha amaryllis (Cramer)

体长11～14mm，翅展33～38mm。体背被黄褐色绒毛。触角黑色具白环，端尖黄褐色。翅面土黄色，基部、中部无斑纹，亚端区隐约可见由反面透视过来的黑色斑印；外缘有2条褐线纹，靠内侧1条弯曲，后翅的2条明显。反面，前翅较正面色稍淡，亚端带黄白色，较宽阔，带内有5个成列的眼状斑，第1个近前缘最小，常消失，第3个与第2个靠近；后翅大半部灰褐色，黄白色的亚端带中有6个眼状斑；所有眼斑均具青白小点和淡黄环纹。一般雌较雄体略大，翅面色稍淡。变异个体翅色较浅，翅面由反面透视过来的斑印及端线极不明显。

成虫见于5月下旬～8月下旬。

幼虫取食油莎豆、香附子等莎草科植物。

分布：小五台山西台、东台海拔1000～1400m；保定、唐山、承德、张家口；陕西、青海、黑龙江、河南、浙江、新疆；朝鲜等。

23.1048 爱珍眼蝶

Coenonympha oedippus (Fabricius)

翅展约35～45mm。翅黑褐色，反面棕黄色。雄性翅正面无眼斑或有不甚明显的眼斑；后翅反面亚端线由5～6个眼斑组成（眼圈黄色）。雌性后翅能透出反面的部分眼斑，翅反面外缘有1条近白色的弧线。小五台山区分布有本种的北方亚种*C．o．amurensis*。

成虫见于7月下旬～8月中旬。

寄主：芦苇、马唐、莎草等。

分布：小五台山西台海拔1800m；张家口；北京、辽宁、吉林、黑龙江、山东、山西、河南、甘肃、陕西、江西；日本、朝鲜以及欧洲。

23.1049 英雄珍眼蝶

Coenonympha hero (Linnaeus)

翅展32～36mm。浅褐色。前翅无眼斑，后翅亚端区隐约可见6个眼状斑。翅反面，前翅无眼状斑，有时可见1至数个眼状斑；后翅亚端区6个眼状斑明显。

成虫见于7月上旬。

寄主：莎草科植物、苔草。

分布：小五台山西台大老婆肚海拔1400～1600m；张家口；黑龙江、辽宁、内蒙古；朝鲜、日本以及欧洲。

23.1046a 矍眼蝶(♀；正；1980年7月8日，南台)

23.1047a 牧女珍眼蝶（2008年5月24日，西台1320m）

23.1047c 牧女珍眼蝶（变异型）

23.1047e 牧女珍眼蝶(♂；反)

23.1046b 矍眼蝶(♀；反)

23.1047b 牧女珍眼蝶(♂；正)

23.1047d 牧女珍眼蝶(♂；正)

23.1047f 牧女珍眼蝶(♀；反)

23.1048a 爱珍眼蝶(♀；正；1980年8月10日，西台1800m)

23.1048b 爱珍眼蝶(♀；正)

23.1048c 爱珍眼蝶(♀；反)

23.1049 英雄珍眼蝶（♂；正；1980年7月6日，西台1800m)

23.1050 珍眼蝶

Coenonympha sp.

翅展约40mm。本种似爱珍眼蝶*C. oedippus*，但后翅反面眼斑明显为大。

成虫见于8月中旬。

分布：小五台山西台海拔2000～2200m；张家口。

23.1051 仁眼蝶

Hipparchia autonoe (Esper)

翅展40～50mm。体翅黑色，但雌性色较浅。前后翅的中外区色均较淡，其内有2个黑色眼斑。小五台山区分布有该种的宽带亚种*E. a. maxima*和指名亚种*E. a. autonoe*。

成虫见于6月下旬～7月上旬。

分布：小五台山西台海拔1280～1400m；张家口；陕西、山西、甘肃、黑龙江；俄罗斯。

23.1052 寿眼蝶

Pseudochazara hippolyte (Esper)

翅展50～60mm。体翅黑色。前、后翅的中外区黄色。前翅中外区内有2个眼斑，后翅1个小眼斑。

成虫见于7月。

分布：小五台山；张家口；陕西、新疆。

23.1053 普寿眼蝶

Pseudochazara sp.

翅展55mm。

成虫见于7月上旬。

分布：小五台山；张家口。

23.1054 黄衬云眼蝶

Hyponephele lupina Costa

翅展45～50mm。体翅底色黄色，散布浓密黑鳞；前翅端区有1个眼斑。

成虫见于7月。

分布：小五台山；张家口；新疆、黑龙江、山西；蒙古、哈萨克斯坦、意大利。

23.1055 居间云眼蝶

Hyponephele interposita (Erschoff)

翅展42mm左右。

成虫见于6月下旬。

分布：小五台山；张家口；黑龙江、新疆、内蒙古；俄罗斯、阿富汗、巴基斯坦、印度、日本、哈萨克斯坦等。

23.1056 酒眼蝶

Oeneis urda (Eversmann)

翅展约46mm。

成虫见于7月上旬。

分布：小五台山；张家口；黑龙江、吉林；蒙古、朝鲜。

23.1057 娜娜酒眼蝶

Oeneis nanna Ménétriès

翅展44～51mm。本种似酒眼蝶*O. urda*，但前翅正面橙黄色，M_2和Cu_1室有时也有2个小黑点。翅反面，后翅亚端区具5个小黑斑，翅脉白色，前后翅基部褐色。

成虫见于6月上旬。

分布：小五台山；张家口；黑龙江、吉林、辽宁；蒙古、朝鲜。

23.1050 珍眼蝶(♀；正；1980年8月22日，西台2200m)

23.1051b 仁眼蝶(♀；正)

23.1054a 黄衬云眼蝶(♂；正)

23.1051a 仁眼蝶(♂；2007年6月28日，西台1400m)

23.1051c 仁眼蝶(♀；反)

23.1054b 黄衬云眼蝶(♀；反)

23.1056 酒眼蝶(♂；正；1981年7月5日，中台)

23.1052a 寿眼蝶(♀；正)

23.1052b 寿眼蝶(♂；正)

23.1055 居间云眼蝶(♂；正；1980年6月28日，南台)

23.1057 娜娜酒眼蝶(♂；正；1980年6月5日，西台)

23.1058 奥酒眼蝶

Oeneis sp.

翅展50mm左右。本标本似娜娜酒眼蝶*O. nanna*，但前、后翅均为橙黄色，脉纹不显褐色，前翅2个眼斑和后翅5个眼斑均大而浓，前后翅外缘褐边很淡。

成虫见于6月中下旬。

分布：小五台山；张家口。

23.1059 西藏带眼蝶

Pararge thibetana Oberthür

体长17mm，翅展53～56mm。体翅黑褐色。前翅中室端与顶角间有2列不规则的淡黄褐色斑纹，外列斑数少，内列斑数多，均由中室端外前缘斜向臀角排列，很不整齐；缘毛白色与黑褐色呈齿状相间。后翅可透视其反面斑纹，亚端线2列斑印透视明显，外缘波状，缘毛白色。翅反面，前翅淡黄褐色，斑纹黑褐色；中室端与顶角间的2列黄白色斑纹比正面明显，外列M_1室为黑褐色眼状斑，斑心有白点，斑环较细，黄褐色，呈括弧状；后翅青白略带黄色，中室及其前后多褐色纹，亚端区有6个中心有小白点的黑褐色眼状斑，第1个居前缘、中部的最大，第2个较小，第6个斑中央具2个小白点，外缘有1列褐色斑与亚端区眼斑等数并列。雌较雄体大，翅面色淡。

成虫见于7月中旬～8月上旬。

分布：小五台山西台海拔1200～1800m；张家口；陕西、四川、青海。

23.1060 斗毛眼蝶

Lasiommata deidamia (Eversmann)

体长15～19mm，翅展45～58mm。胸背黑色，被灰绿色绒毛。触角黑褐色具白环，锤端黄褐色。翅面黑褐；缘毛白色，脉端黑褐。前翅顶角内有一黑色眼斑，斑心有白点，斑环黄褐或黄白色，不规则；眼斑后方有2条稍相错开的短带纹。后翅Cu_1和Cu_2室各具1个和前翅同样但较小的眼斑。翅反面，较正面色稍淡，前翅斑纹同正面；后翅亚端区6个眼斑，第3个最小，第6个斑心2个白点，眼斑内侧有1条黄白色弧形带纹，其宽窄变化较大。雌性翅面色略淡，黄白带纹明显清晰，前翅外缘近圆，雄性则明显向内斜截。种内形态变化较大。在小五台山区分布本种的指名亚种*L. d. deidamia*、东方亚种*L. d. erebina*。

成虫见于5月下旬～9月中旬。

幼虫取食鹅冠草、糠穗、野青茅等禾本科植物。

分布：小五台山西台、北台、南台海拔1100～2300m；邢台、石家庄、保定、唐山、承德、张家口；陕西、青海、辽宁、吉林、黑龙江、北京、山东、山西、河南、宁夏、四川、湖北、福建、内蒙古；朝鲜、日本。

23.1058 奥酒眼蝶（1980年6月27日，南台）

23.1059a 西藏带眼蝶(♂；正)

23.1059b 西藏带眼蝶(♂；反；1980年7月20日，西台1600m)

23.1060a 斗毛眼蝶(♂；正)

23.1060b 斗毛眼蝶(♂；反)

23.1060c 斗毛眼蝶(♀；正)

23.1060d 斗毛眼蝶(♀；2007年6月21日，西台1400m)

23.1060e 斗毛眼蝶(♀；2007年7月25日，北台1600m)

23.1060f 斗毛眼蝶（示被蜘蛛攻击；2007年6月5日，西台1280m）

23.1061 黄环链眼蝶

Lopinga achine (Scopoli)

体长16～18mm，翅展51～58mm。体背黑色，翅面黑褐色，缘毛白色。前翅中室端外侧有1条不规则的淡褐色带，由前缘至M_3脉处折向臀角；亚端区具5个黑色斑，后2个大，均有淡褐色环，但斑心白点多不明显。后翅中室外具一弯曲的淡褐色横带纹，常不清晰；外侧前后6个眼斑，第3个最小，第1和第6色淡，隐约可见其轮廓。翅反面，前后翅中室中部均具一淡色横细纹，端线2条，淡褐色；眼斑与带纹同正面，但较清晰明显，后翅带纹白色。一般雄体较小，翅色较深。

23.1061a 黄环链眼蝶(♀；正)

23.1061b 黄环链眼蝶(♀；反)

23.1061c 黄环链眼蝶(♂；反)

23.1061d 黄环链眼蝶(♀；正；1980年7月20日，南台2000m)

成虫见于7月上旬～8月下旬。

寄主：禾本科、莎草科植物。

分布：小五台山西台、北台、南台、东台海拔1500～2400m；承德、张家口；陕西、青海、黑龙江、辽宁、吉林、河南、甘肃、宁夏、湖北；日本、朝鲜。

23.1062 阿芬眼蝶

Aphantopus hyperanthus (Linnaeus)

翅展约50mm。胸深褐色。前翅具2～3个眼斑，后翅显2个眼斑。翅反面眼斑更明显而且大，前翅2个眼斑，后翅5个眼斑。雌比雄颜色较深。翅反面颜色褐至土黄色。本种在该山区可分布有多斑亚种*A. hyperanthus ocellantus*和指名亚种*A. hyperanthus hyperanthus*。

23.1062a 阿芬眼蝶(♂；2007年7月31日，西台1350m)

23.1062b 阿芬眼蝶(♂；2007年8月5日，北台1480m)

23.1062c 阿芬眼蝶多斑亚种

成虫见于7月下旬～8月上旬。

分布：小五台山北台、西台、东台海拔1100～1500m；张家口；黑龙江、河南。

23.1063 白瞳舜眼蝶

Loxelebia Saxicola (Oberthür)

翅展45～50mm。黑褐色。前翅近顶角处具1个黑色眼斑，内有2个小白点，斑外围有暗黄色环；后翅雄性无斑纹，雌性后部有1个小眼斑，有时隐约可见。翅反面褐色，有浅色云状宽斑带，与翅正面对应的斑纹更清晰；雌性前翅中区暗红色比正面更明显。

成虫见于6月下旬～8月中旬。

分布：小五台山西台海拔1400m；张家口；山西、陕西、辽宁、内蒙古。

23.1062d 阿芬眼蝶(♂；反；低温型)

23.1062e 阿芬眼蝶(♂；正；低温型)

23.1062f 阿芬眼蝶(♀；正)

23.1062g 阿芬眼蝶(♀；反)

23.1064 蛇眼蝶

Minois dryas (Scopoli)

又名：二环眼蝶、四眼黑眼蝶。

体长18～21mm，翅展65～71mm。体背黑色，被暗褐色绒毛。触角背黑褐色，腹面白环显著，锤部黄褐色。翅面黑褐色，日光下呈黄、绿、紫闪光。前翅亚端区有2个具蓝白心的黑色眼状斑，前斑稍小，淡色环隐约可见，前1个斑位于M_1和M_2脉间，后1个则在Cu_1与Cu_2脉间；端带色略暗，缘毛深褐，外缘略呈波状。后翅近臀角有1个同样的眼斑，但显著小；端带同前翅，但较宽；外缘波状。翅反面色稍淡，眼状斑较正面大，黄褐环明显；前后翅端带内侧均具1条褐色带纹；后翅多细小的波状纹错综排列，近臀角有1个具白心的黑眼斑，暗褐色带纹内侧有1条灰白色的波状带，雄性多浅淡，不甚明显。雌性较雄性体明显大，翅色淡，眼斑大而鲜明。该种斑纹变化较大，在小五台山区分布有二点亚种*M. d. bipunctatus*、陕西亚种*M. d. shaanxiensis*等。

成虫见于6月下旬～9月上旬。

幼虫取食稻、芸、早熟禾、结缕草等禾本科植物。

分布：小五台山西台、北台、东台、南台海拔900～2600m；石家庄、保定、唐山、承德、张家口；陕西、青海、四川、辽宁、吉林、黑龙江、山东、山西、新疆、河南、浙江、江西、福建；朝鲜、日本、俄罗斯以及欧洲。

23.1063 白瞳舜眼蝶(♀；2007年8月18日，西台1400m)

23.1064e 蛇眼蝶(♀；反)

23.1064j 蛇眼蝶(♀；正)

23.1064a 蛇眼蝶(♂；正)

23.1064f 蛇眼蝶(♂；正)

23.1064k 蛇眼蝶（2007年7月31日，西台1480m）

23.1064b 蛇眼蝶（♀；正）

23.1064g 蛇眼蝶(♂；反)

23.1064l 蛇眼蝶(♀；正)

23.1064o 蛇眼蝶(♀；反)

23.1064c 蛇眼蝶(♀；正)

23.1064h 蛇眼蝶(♀；反)

23.1064m 蛇眼蝶(♀；2007年8月12日)

23.1064p 蛇眼蝶陕西亚种（♀；正）

23.1064d 蛇眼蝶(2007年7月25日，南台1400m)

23.1064i 蛇眼蝶(♂；正)

23.1064n 蛇眼蝶陕西亚种（♀；反）

23.1064q 蛇眼蝶(♂；反)

23.1065 迷蛇眼蝶

Minois sp.

翅展45mm左右。

成虫见于7月中旬。

分布：小五台山西台海拔1450m；张家口。

23.1066 赭带眼蝶

Satyrus hyppolyte Esper

体长17～19mm，翅展52～58mm。体背黑褐或褐色。触角黑褐色，锤部背面黑色，腹面白色，形粗短。前翅基部暗褐至灰褐色，端部土红褐色，端线黑褐色，缘毛白色，脉端黑褐色；中室中部有1深色横纹，多不显著；亚端宽带土红或土黄色，带的两侧边缘弯曲不规则，带内为黑褐色脉纹分割，前后有2个大小相似的眼斑，斑心具小白点，斑环不明显。后翅色略淡，亚端带和端带与前翅同，仅在近臀角处有1个具白心的小眼斑，外缘波状。翅反面，前翅基部青灰色，中室基半部有很多暗褐色细横纹，端半部有2个暗褐色斑纹，亚端带浅土黄色，眼斑同正面；后翅密布暗褐色短线，形若布纹状，亚端宽带色淡，眼斑与正面对应，但极小。雌体较大，翅色略浅，亚端宽带土黄或黄白色。

成虫见于6月中旬～9月上旬。

分布：小五台山西台、北台、东台海拔1100～1600m；保定、张家口；陕西。

23.1067 玄裳眼蝶

Satyrus ferula Fabricius

翅展约60mm。体翅黑褐色。前翅亚缘区有4～5个小白斑，隐约可见2个黑圈，有的清晰并围有黄环。翅反面，前翅亚端区可见2个明显的眼斑，大小4～5个小白斑，后翅亚端线和中线为灰色。本种种内色斑变化较大。

23.1065a 迷蛇眼蝶(♀；正)

23.1066c 赭带眼蝶(♀；正)

23.1067e 玄裳眼蝶(♀；正)

23.1067j 玄裳眼蝶(♀；反)

23.1065b 迷蛇眼蝶(♀；反；1980年7月17日，西台1450m)

23.1066d 赭带眼蝶(♀；反)

23.1067f 玄裳眼蝶(♀；正)

23.1067k 玄裳眼蝶(♀；正)

23.1066a 赭带眼蝶(♂；正)

23.1067b 玄裳眼蝶(♂；正)

23.1067g 玄裳眼蝶(♀；正)

23.1067l 玄裳眼蝶(♀；反)

23.1066b 赭带眼蝶(♂；反)

23.1066c 玄裳眼蝶(♂；反)

23.1067h 玄裳眼蝶(♀；正)

23.1067m 玄裳眼蝶(♂；正；1981年8月5日，西台1500m)

23.1076a 玄裳眼蝶(♂；正；1980年7月10日，北台1300m)

23.1067d 玄裳眼蝶(♂；反)

23.1067i 玄裳眼蝶(♀；正；1980年7月20日，南台1400m)

23.1067n 玄裳眼蝶(♂；反)

成虫见于7月上旬~8月下旬。

分布：小五台山西台、北台、南台海拔1180~1500m；张家口；新疆、内蒙古；俄罗斯。

23.1068 多眼蝶

Kirinia epaminondes Staudinger

体长16~19mm，翅展53~62mm。翅暗褐至淡褐色。前翅中室内有3条深褐色横曲纹，1条自基部弯向前缘，中部1条向后延伸至中室外，端部1条中间突出伸达横脉；中室外侧有2条深褐色波状横带纹，靠里1条，在M_3与R_5脉之间一段较平直，靠外1条较宽，其后端与端带中部相交；顶角内有一黑褐色眼斑，外具淡黄褐色环；缘毛淡黄白色，脉端暗褐色。后翅基部大半部色较深，环纹不清晰，外部色较淡；端带暗褐色，其内侧有6个黑褐色眼状斑，外缘波状。前翅反面淡黄褐色，斑纹与正面同，但非常清晰明显。后翅反面灰褐色，基半部不规则的曲线纹与脉纹交织成多个封闭式小室；亚端区具6个深褐色眼状斑，均具白心和淡色及暗褐色双重环；端线暗褐色双重。雌较雄体大，翅色浅，眼斑大而鲜明，前翅翅缘圆阔，雄性则明显向内直斜。

成虫见于7月下旬~8月上旬。

幼虫取食冰草、白芋、莎草等。

分布：小五台山南台海拔1200~1400m；承德、张家口；陕西、青海、辽宁、吉林、黑龙江、北京、山东、山西、河南、甘肃、湖北、四川、浙江、江西、福建、内蒙古；朝鲜、日本、俄罗斯。

23.1069 红眶眼蝶

Erebia alcmena Grum–Crshimailo

翅展42~49mm。体背黑色，被黑褐色绒毛。触角背黑褐，腹面白色，锤端黑色。翅面黑褐色，前翅亚端区有1个黄褐或红褐色的长形斑，中部缢缩，斑内前后有2个黑色眼状斑，前1个长圆形，似2个斑愈合状，中央具2个白点，后1个较小近圆形，斑中只有1个白点。后翅亚端区有1条粗细不规则的暗红色的横带纹，内具3个中央有白点的黑眼斑。翅反面色稍淡，前翅斑纹同正面，后翅暗红褐色带内眼斑多不明显，但白色斑心清楚可见。

成虫见于6月下旬~7月上旬。

幼虫取食羊胡子草。

分布：小五台山西台海拔1400m左右；承德、张家口；陕西、青海、河南、宁夏、甘肃、西藏、四川、浙江。

23.1070 点红眼蝶

Erebia edda Men

翅展54mm左右。褐色。前翅顶角黑斑内有2个白点，黑斑外围以近圆形黄环；后翅无斑点。翅反面，前翅圆斑更明显，后翅中室端显见白斑，亚端区可见4个小白点。小五台山区主要为点红眼蝶指名亚种*E. e. edda*。

成虫见于7月上旬，开阔林地。

分布：小五台山；张家口；辽宁、吉林、黑龙江、内蒙古。

23.1067o 玄裳眼蝶(♂；正)

23.1068b 多眼蝶(♂；反)

23.1068e 多眼蝶(♀；反)

23.1067p 玄裳眼蝶(♂；反)

23.1068c 多眼蝶(♂；正)

23.1069a 红眶眼蝶(♂；正；1980年6月30日，北台1400m)

23.1070a 点红眼蝶（♂；正）

23.1068a 多眼蝶(♀；正；1980年8月2日，南台1300m)

23.1068d 多眼蝶(♀；正)

23.1069b 红眶眼蝶(♀；反)

23.1070b 点红眼蝶（♀；正；1981年7月6日，中台）

23.1071 小红眼蝶

Erebia medusa Linnaeus

翅展35mm左右。本山区有本种的兴安亚种*E. m. transiens*分布。

成虫见于6月下旬~7月上旬。

分布：小五台山；张家口；黑龙江、内蒙古、吉林。

23.1072 波翅红眼蝶

Erebia ligea (Linnaeus)

翅展约55mm。体翅黑赭色。翅缘微波状。后翅橘红色，横带较宽，反面中室端前部有云状向内突起的波浪斑，基部有同样的白云带。

成虫见于7月中旬。

分布：小五台山；张家口；新疆、山西、黑龙江；俄罗斯、哈萨克斯坦以及欧洲。

23.1073 云带红眼蝶

Erebia sp.

翅展42~55mm。褐色。前翅顶角有青白色斑域，其内侧具1个黑眼斑，2个瞳点，斑外具黄环。反面，前翅眼斑更明显，后翅基部和中前域各具1条白色云状带，为其重要特征。

成虫见于6月下旬~7月上旬。

分布：小五台山西台、南台海拔1100~1300m；张家口；黑龙江。

23.1074 红眼蝶

Erebia sp.

翅展50~57mm。似红眶眼蝶*E. alcmena*，但后翅正、反面均无眼斑。

成虫见于6月中旬。

分布：小五台山；张家口。

23.1075 侧条槁眼蝶

Karanasa latifasciata Grum-Grshimailo

翅展约38mm。翅枯黄色，前翅前缘、外缘及基半部和后翅的端部、基部散布较密黑鳞，其余部分散布较稀黑鳞。前翅中外区有1大1小2个黑色眼斑。

成虫见于7月上旬。

分布：小五台山；张家口；新疆、黑龙江；蒙古、哈萨克斯坦。

23.1071a 小红眼蝶(♀；正；1980年6月30日，西台)

23.1071b 小红眼蝶(♀；反)

23.1071c 小红眼蝶(♀；正)

23.1071d 小红眼蝶(正；1980年7月5日，南台)

23.1071e 小红眼蝶(正)

23.1071f 小红眼蝶(反)

23.1071g 小红眼蝶(♀；正)

23.1071h 小红眼蝶(♀；正)

23.1071i 小红眼蝶(♂；反)

23.1071j 小红眼蝶(♀；反)

23.1072a 波翅红眼蝶（♀；正）

23.1072b 波翅红眼蝶（♀；反）

23.1073a 云带红眼蝶(♂；正；1980年6月29日，西台1280m)

23.1073b 云带红眼蝶(♂；反)

23.1075a 侧条槁眼蝶(♀；正；1980年7月8日，南台)

23.1075b 侧条槁眼蝶(♀；反)

23.1076 藏眼蝶

Tatinga tibetana (Oberthür)

翅展50～55mm。体翅：雌黑灰色，雄黑色。翅面斑纹黄色，少数为白色。

成虫见于7月。

分布：小五台山；张家口；河南、宁夏、陕西、甘肃、湖北、西藏。

23.1077 拟稻眉眼蝶

Mycalesis francisca (Stoll)

翅展45mm左右。体翅黄褐色至黑褐色。翅反面斑纹清晰；雌性前后翅黄褐色中线白色，中外区1小1大2个眼斑，后翅7个大小不等的眼斑，前后翅亚端线白色；雌性低温型前后翅中线以内颜色明显较深，眼斑较小。雄性翅反面中线白色但较雌性为细，中线以内黑褐色，前翅中外区2个小眼斑，或另有2个更小的眼斑，后翅3～5个小眼斑。

成虫见于7月下旬。

寄主：禾本科等植物。

分布：小五台山；张家口；河南、陕西、浙江、江西、福建、广东、广西、海南、台湾；日本、朝鲜。

23.1078 僧袈眉眼蝶

Mycalesis sangaica Butler

翅展约40mm。体翅黑褐色，雄性高温型前翅明显可见2小1大共3个眼斑；翅反面斑纹明显，前后翅中线黄色，前翅中外区1大3小4个眼斑，另有1个小白点，后翅大小共6个眼斑。

成虫见于8月上旬。

分布：小五台山中台海拔1300～1550m；张家口；浙江、江西、福建、台湾、广东、海南、云南、四川；蒙古。

23.1079 白点艳眼蝶

Callerebia albipunctat Leech

翅展43～51mm。体背及翅面黑褐色。前翅近顶角有1个近椭圆形的黑色眼斑，斑心有2个白点，斑环较细，暗黄褐色，不十分明显；眼斑内侧后方有1个暗红色长形斜斑纹。后翅仅近臀角处有1个极小的黑眼斑，有的个体此斑极不明显，仅留一个小白点。反面，前翅周缘黑褐、中心区暗红褐色，顶角散布白色鳞片，眼斑与正面相同；后翅灰褐，满布由褐色鳞片组成的不太清晰的云状斑，亚端区常有2～3个小白点，近臀角有1个极小的黑眼斑，白心隐约。雌体较雄体稍大，翅色略淡。

成虫见于6月中旬～8月中旬。

分布：小五台山南台、西台、北台、东台海拔900～2350m；保定、承德、张家口；陕西、青海。

23.1080 艳眼蝶

Callerebia sp.

翅展45mm左右。

成虫见于7月中旬。

分布：小五台山；张家口。

23.1076a 藏眼蝶(♂；正)

23.1077b 拟稻眉眼蝶(♀；反)

23.1078a 僧袈眉眼蝶(♂；正)

23.1079b 白点艳眼蝶(♀；反)

23.1076b 藏眼蝶(♂；反)

23.1077c 拟稻眉眼蝶(♀；正)

23.1078b 僧袈眉眼蝶(♂；反)

23.1080a 艳眼蝶(正；1980年7月15日，西台)

23.1077a 拟稻眉眼蝶(♀；正；1980年7月27日，北台)

23.1077d 拟稻眉眼蝶(♀；反)

23.1079a 白点艳眼蝶(♂；正；1981年7月2日，东台2300m)

23.1080b 艳眼蝶(反)

23.1081 贝眼蝶

Boeberia parmenio (Böber)

翅展42～60mm。黄褐色至浅褐色。亚缘区有眼斑4～5个，前翅顶角处2个眼斑相连。翅反面，前翅中后部棕红色；后翅亚缘区有5个眼斑，中域具2条齿状横线，脉纹白色。翅面眼斑数量有变化。

成虫见于7月下旬～8月上旬。

分布：小五台山；张家口；辽宁、黑龙江、吉林、内蒙古；蒙古、俄罗斯。

蛱蝶科 Nymphalidae

体多中、大型，少数小型。翅面斑纹多鲜艳美丽，飞翔敏捷。复眼裸出或具短毛。下唇须多粗壮。触角长，端节常膨大或呈球形。前足极退化，曲缩胸下。雌跗节4～5节，雄只1节，爪均消失。前翅R脉5条，基部多合并，M_2脉基部靠近M_1，A脉1条，中室通常为闭式。后翅A脉2条，中室多为开式。卵形多样，多数具明显纵脊或横脊纹，散产或集合一处。幼虫长圆筒形，头上常具突起或呈角状，体节多具棘刺。蛹为悬蛹，颜色多样，头部常分叉，体背多具尖形突起，上唇3瓣，喙管不超过翅芽的端部。

23.1082 黑脉蛱蝶

Hestina assimili (Linnaeus)

翅展73～82mm。复眼红褐色。喙橙黄色。触角黑色，端尖微淡。头顶前后各1个白斑。颈部侧上方各有1个白斑。体背被黄绿色绒毛，中胸、前胸2条黑线于后胸合并，延伸至腹端，腹部腹面2条黑线。翅底黄绿色，脉纹两侧黑色。前翅中室内有2个黑横纹，靠里1个前半部色深，后半部色极淡；M_2脉向中室内伸达靠外1个横纹中央；翅端半部有3条黑色横带纹与脉纹相交，构成黄绿色斑纹4列，外2列小而整齐，内2列则大而不规则。后翅中室内无斑纹，亚端区2条黑色带与黑色端线构成2列小斑，内列斑前3个黄绿色，后5个为半环形或点状红色斑。雌性体明显大。

成虫见于8月下旬。

幼虫取食朴树等。

分布：小五台山东台海拔850m；保定、承德、张家口；陕西、广东、台湾、黑龙江、辽宁、陕西、山东、河南、甘肃、贵州、浙江、福建、广西、湖南、湖北、江西、四川、云南、西藏；朝鲜、日本。

23.1083 拟斑脉蛱蝶

Hestina persimilis Westwood

翅展60～80mm。有季节性变异。雄性春型色较深，翅脉黑色，脉间白色，后翅端线、亚端线为1列小白斑；夏型色较浅。小五台山区分布有该种的中华亚种*H. p. chinensis*。

成虫见于7月上中旬。

寄主：柞。

分布：小五台山；张家口；陕西、河南、湖北、福建、江苏、浙江、云南、广西、台湾；日本、朝鲜、印度。

23.1084 白斑迷蛱蝶

Mimathyma schrenckii (Ménétrès)

又名：大闪蛱蝶。

翅展76～89mm，体背黑褐色，腹面青灰白色，密被绒毛。翅面黑褐色。前翅基部无斑纹，中室端外侧有1列白色斜纹；前部3～4斑相连，后部2个斑远离；顶角内侧有2个斜列的小白板；前一较长，后一呈点状；后缘中部有1个似后翅中央大白斑向前尖出的青白色斑，其外前方具2个橙黄色弯月斑，前1个最明显。后翅中部近前缘大白斑卵圆形，其外侧缘聚闪光的蓝灰色鳞片。雄性比雌性个体略小，前翅2个橙黄弯月斑不显著。翅反面，前翅中室基部灰蓝色，端部深玫瑰色，内具3个黑斑，近端部1个长形较大，顶角处银白微绿，其他斑纹较正面大而鲜明；后翅银灰带绿，中部卵形大斑银白色，外侧有1条镶黑边的褐色长带纹，外侧黑边锯齿状；前后翅端带里侧均具黑色边。

成虫见于7月上旬～8月上旬。

分布：小五台山；张家口、承德；陕西、黑龙江、吉林、河南、山西、甘肃、四川、云南、湖北、浙江、福建；朝鲜、俄罗斯。

23.1081a 贝眼蝶(♂；正；1980年7月24日，西台)

23.1082b 黑脉蛱蝶(♂；正)

23.1083c 拟斑脉蛱蝶(♀；反)

23.1081b 贝眼蝶(♂；反)

23.1083a 拟斑脉蛱蝶(♂；正；1980年7月10日，东台)

23.1084a 白斑迷蛱蝶(♀；正)

23.1082a 黑脉蛱蝶(♀；正；1980年8月25日，东台1400m)

23.1083b 拟斑脉蛱蝶(♀；正)

23.1084b 白斑迷蛱蝶(♂；反)

23.1085 夜迷蛱蝶

Mimathyma nycteis (Ménétriès)

体长25mm，翅展71mm。体背翅面黑色，斑纹白色。前翅中室内有1条由基部伸至端横脉、两端略细尖的狭纵纹，中室端外有1个由6个斑组成的斜斑带，第1个斑在前缘极狭细，多不明显；顶角内有3个向外斜列的小斑；后缘中部稍外有2个斑，上方1个近圆形明显大，后1个明显小而与后翅中带相邻近；亚端线和端线各为1列小斑，但端线多不明显。后翅亚端线和端线同样为2列小斑，但亚端线的1列斑点较大而显著。翅反面棕褐或棕黄褐色，前翅基大半部银白色，中间有1条细的纵纹，其外侧有4个小黑点，后缘近臀角内方有1明显近方形黑斑；后翅基部中室上方有1个出自中室基部两端尖的银白色大型斑，中线和亚端线之间有4～6个小白斑，端线波状，沿内侧有1列白色新月纹。

成虫见于7月上旬～8月上旬。

寄主：榆属植物。

分布：小五台山中台海拔1500m左右；保定、唐山、承德、张家口；陕西、青海、黑龙江、辽宁、河南、山东；朝鲜、俄罗斯。

23.1086 大紫蛱蝶

Sasakia charonda Hewitson

翅展85mm左右。雄的翅基部和中部紫色带蓝，外部暗褐色。前翅于1/4、1/2和3/4处各具一斜列近弧形白色斑纹：内列3个，其第1个在中室内，呈亚铃形，中列5个，淡黄色，外列3个，但第3个极小；亚端区1列小的黄白色斑，排列整齐；2A脉基半部前方有1条出自基部与体垂直的白褶纹。后翅中室端有1个被脉纹分割的大白斑，其外侧有2列黄白色斑：靠里1列4个，斑纹较大，外列斑4个很小，2列斑后部中间夹有2～3个同样颜色的小斑，近臀角有1个红色斑。翅反面，前翅中室端为黑、褐黄带绿色，后翅淡黄绿色，斑纹位置与正面略同。雌性体明显大，斑纹与雄性基本相同，但全翅均为暗褐色，无紫色区。小五台山区分布有该种的朝鲜亚种*S. ch. coreana*。

成虫见于7月中旬。

幼虫取食朴、竹等。

分布：小五台山；张家口、承德；陕西、台湾、辽宁、吉林、山西、河南、浙江；朝鲜、日本。

23.1085a 夜迷蛱蝶(♀；正；1980年8月2日，中台1500m)

23.1085b 夜迷蛱蝶(♀；反)

23.1085c 夜迷蛱蝶(♀；正；1980年7月20日，中台1450m)

23.1085d 夜迷蛱蝶(♀；反)

23.1086c 大紫蛱蝶(♂；正)

23.1085e 夜迷蛱蝶(♂；反)

23.1085f 夜迷蛱蝶(♂；正)

23.1086d 大紫蛱蝶(♀；正)

23.1086a 大紫蛱蝶(♀；反)

23.1086b 大紫蛱蝶(♀；正；1980年7月17日，北台)

23.1086e 大紫蛱蝶(♀；反)

23.1087 大红蛱蝶

Vanessa indica (Herbst)

又名：大赤蛱蝶、赤蛱蝶、苎麻蛱蝶、苎麻赤蛱蝶。

翅展53～63mm。体背深黑褐色，密被绒毛。触角黑褐，端尖黄白。前翅顶角突出呈钩状，顶角端部平截；翅面大部黑色，基部及后缘暗褐，近中部有1条由前缘伸向后角宽而不规则的橙黄色的斜带纹，近顶角有几个大小不等的白斑：中室端外1个长形、最大，M_2室1个近方形，其余均明显小。后翅暗褐色，端带橙黄色，带中有4～5个小黑斑，内侧有1列不规则的黑斑，臀角黑褐，具青蓝色鳞片。反面，前翅顶角茶褐色，中室端及外缘中部具青蓝色鳞片，其余斑纹大致同正面；后翅为浓淡不均的茶褐、黄褐、暗褐等色组成的复杂的云状纹，外缘色浅，其内常具青蓝色断续的带纹，内侧有4～5个由眼状斑和黑斑组成的斑列。小五台山区分布有本种的指名亚种*V. i. indica*。

成虫见于5月下旬～10月上旬。

幼虫取食榆、桦、马尾松、榉、苎麻、荨麻、黄麻、赤松、葎草等。

分布：小五台山西台、南台、东台海拔1200～1600m；邯郸、石家庄、保定、廊坊、唐山、承德、张家口；陕西、青海、宁夏、湖南、四川、台湾、辽宁、吉林、黑龙江；朝鲜、日本、菲律宾、新西兰、缅甸、斯里兰卡等。

23.1088 小红蛱蝶

Vanessa cardui (Linnaeus)

又名：花蛱蝶、赤蛱蝶、苎麻蛱蝶、苎麻赤蛱蝶。

翅展53～65mm。与大红蛱蝶*V. indica*相似。前翅顶角突出，略弯，端部圆钝，翅底黑色或黑褐色，基部及后缘暗黄褐色，中部有1不规则的橙黄色宽横带；顶角内侧近中室端处有一较大的长形白斑，亚端区有4个白斑，中间2个最小；外缘有1列短线状的黄白色斑纹，后半部多不明显。后翅基部和前缘暗褐色，内缘密被黄褐色长毛，其余部分为橙黄或橙红色，沿外缘有3列黑褐色斑，中列最小，内列圆形最大。前翅反面中室基部黄白色，内具2个小黑点，其外1个在红区内；中部橙色宽带较正面鲜艳，顶角为淡黄褐色，其余斑纹与正面同。后翅反面基部多灰白色线纹围成的不规则的、深浅不同的褐色斑，中部色略淡，外缘具1列由淡紫色长斑组成的断续的带纹，其内侧有4～5个中心具青鳞的眼状斑。雌体较大，翅较圆阔，雌雄斑色相同。

成虫见于7月中旬～9月中旬。

幼虫取食大麻、黄麻、荨麻、大豆、艾、牛蒡、刺儿菜等植物。

分布：小五台山东台、南台、西台海拔1100～1400m；邢台、石家庄、保定、唐山、承德、张家口；陕西、四川、青海、山东、浙江、湖南、江西、福建、广东、辽宁、吉林、黑龙江；朝鲜、日本、俄罗斯以及欧洲、非洲。

(♀；正)　(♀)
(♀；反)　(♂；2007年7月25日，南台1450m)
(♂；反)
(♂；变异；后翅色淡)　(2007年9月20日，西台1500m)

23.1087 大红蛱蝶

23.1088a 小红蛱蝶(2007年9月30日，南台1380m)

23.1088b 小红蛱蝶(2008年8月10日，西台1300m)

23.1088d 小红蛱蝶(♂；正)

23.1088c 小红蛱蝶(2010年7月30日，南台1380m)

23.1089 白钩蛱蝶

Polygonia c-album (Linnaeus)

又名：榆蛱蝶、白弧纹蛱蝶、狸白蛱蝶、C纹白蛱蝶。

翅展49～54mm。体背黑褐色、被棕褐色长毛。触角背黑褐，腹面基部及外侧有白色鳞片，端部黄褐。翅面橙红色，斑纹黑色，外缘呈不规则的锯齿状。前翅中室中央有2个近圆形斑，端部1个较大，中室后部3个斑，顶角内侧近前缘及后角内侧近后缘各具1个斑，端带色略淡。后翅中部3个斑纹，其后1个为Cu_1脉所割；端带内侧有1列半月形斑，前角前缘内凹。翅反面斑纹色泽变化颇大，多黄褐或青灰色，由不规则的细波状纹构成复杂的织锦状花纹；后翅中央有1个明显的白色“L”字形纹。小五台山区分布有本种的东北亚种*P. c-a. lunigena*。

成虫见于4月上旬～5月下旬。

幼虫取食柳、榆、桦、栎、朴、醋栗、忍冬、莓、葎草、荨麻、大麻等。

分布：小五台山西台海拔1200m左右；石家庄、保定、承德、张家口；陕西、四川、吉林、青海；俄罗斯以及西欧、北非、近东。

23.1090 黄钩蛱蝶

Polygonia c-aureum (Linnaeus)

又名：狸黄蛱蝶、黄蛱蝶、黄弧纹蛱蝶。

翅展48～57mm。形体颜色同白钩蛱蝶相似。分春秋二型。春型翅多为黄褐色，外缘凹凸较少；秋型翅为红褐色，外缘凹凸极显著。前翅外缘突出部分较短但尖锐，后翅外缘中部突出呈大锯齿状。翅面斑纹黑褐色。前翅中室基部1个斑，中部2个斑，端部1个较大，中室端外侧有1个大而不规则的斑，中室后有4个近圆形斑：其中3个斜列靠近中室，另1个近后角，上面常具青色鳞；外缘有1条不甚规则的波状带。后翅中部3个斑，亚端区有1列斑纹4～5个：M_1室斑最大，向后依次渐小，除最后1个外，均具青色鳞点。翅反面黄或淡黄褐色，多疏密不均、长短不等的细波状线，外部有几个小点纹，后翅中部有1个浅黄色的“L”字形纹。

成虫见于4月中旬～8月下旬。

幼虫取食榆、梨、马尾松、大麻、亚麻、葎草等。

分布：小五台山西台、北台海拔1000～1600m；保定、唐山、承德、张家口；陕西、广东、四川、吉林、台湾；朝鲜、日本、蒙古、越南。

23.1088e 小红蛱蝶(♀；正)

23.1089a 白钩蛱蝶(♀；正)

23.1089e 白钩蛱蝶(♀；反)

23.1088f 小红蛱蝶(♀；正)

23.1089b 白钩蛱蝶(♂；正)

23.1090a 黄钩蛱蝶(♂；正；夏型；1980年8月22日，西台1500m)

23.1088g 小红蛱蝶(♀；反)

23.1089c 白钩蛱蝶(♂；反)

23.1090b 黄钩蛱蝶(♂；反)

23.1088h 小红蛱蝶(♂；反)

23.1089d 白钩蛱蝶(♀；正；1980年5月10日，西台1200m)

23.1090c 黄钩蛱蝶(♀；反；夏型)

23.1090d 黄钩蛱蝶(♀；夏型；1981年7月2日，北台1350m)

23.1091 黄钩蛱蝶指名亚种

Polygonia c–aureum c–aureum (Linnaeus)

翅展55mm左右。

成虫见于8月中旬～9月中旬。

分布：小五台山西台海拔1180～1450m；张家口；吉林。

23.1092 黄缘蛱蝶

Nymphalis antiopa (Linnacus)

又名：黄边蛱蝶、孝衣蝶、长吻蛱蝶。

翅展62～74mm。体翅紫褐色。前翅基大半部的前缘具黄白色短线状横纹，外半部前缘有2个由里向外稍斜的黄白色短条斑；端带较阔，黄白色，上面散布黑褐色鳞点，其突尖部分鳞点较密集；端带内侧黑褐色，其中有7～8个1列青蓝色鳞斑。后翅基部和内缘被有紫褐色长绒毛；端带和青蓝色鳞斑与前翅相同。翅反面具紫蓝色闪光，布有极密的黑色波状细线纹，中央均有黄白色小点，青蓝色斑列消失，前翅外半部前缘2个黄白斑较正面狭小。雌体较大，翅面色泽较暗。

成虫见于4月上旬～9月上旬。

幼虫取食杨、山杨、榆、桦等叶片。

分布：小五台山西台、北台海拔1100～1800m；承德、张家口；陕西、青海、内蒙古、台湾、辽宁、吉林、黑龙江；朝鲜、日本、俄罗斯以及小亚细亚和西欧。

23.1093 白矩朱桦蛱蝶

Nymphalis vau–album (Schiffermüller)

又名：桦蛱蝶。

翅展60～65mm。翅面斑纹似朱蛱蝶*N. xanthomelas*，但翅面颜色较暗，在前翅端区、前缘中部和中下部，以及后翅前缘中下部、近基部各有1块白斑块。小五台山区分布有该种的指名亚种*N. v. vau–album*和东北亚种*N. v. samurai*。

成虫见于6月上旬～7月中旬

分布：小五台山海拔1000～1300m；张家口；新疆、吉林、山西、云南；朝鲜、日本、俄罗斯以及亚洲北部、欧洲东部。

23.1094 白矩朱蛱蝶指名亚种

Nymphalis vau–album vau–album (Schiffermüller)

翅展65mm左右。

成虫见于6月中下旬。

分布：小五台山；张家口；吉林。

23.1095 朱蛱蝶

Nymphalis xanthomelas Denis et Schiffermüller

又名：暗边蝶、蛱蝶、黄黑蛱蝶、榉蛱蝶、暗边蛱蝶。

翅展54～64mm。体翅色及前翅斑纹与白钩蛱蝶*P. c–album*相似。翅面橙红色，基部暗褐。前翅中室有2个近圆形黑斑，端部那个明显大；顶角有短的黄白色斜纹，其内侧有1个黑斑；中室外后方M_3和Cu_1室各1个黑斑，Cu_2室2个黑斑；端带双线，内1条黑褐色较宽，外一条褐色略狭，其带纹上杂有青蓝色鳞片。后翅中部前缘有一个较大的近圆形黑斑，端带纹与前翅同。翅反面，基半部黑褐色，端半部黄褐色，暗褐色的端带上具1条青蓝色锯齿形纹，

23.1091a 黄钩蛱蝶指名亚种(♀；秋型)

23.1091b 黄钩蛱蝶指名亚种(♀；秋型；2007年9月11日，西台1400m)

23.1091c 黄钩蛱蝶指名亚种(♂；反；秋型)

23.1091d 黄钩蛱蝶指名亚种(示其与白星花金龟吸食榆树汁液)

23.1092a 黄缘蛱蝶(♀；正；1980年5月18日，北台1250m)

23.1092b 黄缘蛱蝶(♂；正)

23.1092c 黄缘蛱蝶(♀；反)

23.1093a 白矩朱桦蛱蝶(♀；正)

23.1093b 白矩朱桦蛱蝶(♀；正；1980年6月10日，东台1100m)

23.1093c 白矩朱桦蛱蝶(♀；反)

23.1095a 朱蛱蝶(♀；正；1981年8月3日，北台1800m)

23.1095b 朱蛱蝶(♀；反)

全翅布满黑褐或褐色细的波状线；后翅中央有1个极小的淡色斑点。雄较雌体小；雌前足跗节分节，具刺，雄前足跗节退化，无节无刺。

成虫见于4月下旬～8月上旬。

幼虫取食柳、杨、桦、榉、朴、榔榆、桤木等叶片。

分布：小五台山西台、北台海拔1200～2500m；保定、承德、张家口；陕西、青海、四川、江西、内蒙古、台湾、辽宁、吉林、黑龙江、河南、甘肃、宁夏、青海、新疆；朝鲜、日本、俄罗斯以及小亚细亚、欧洲中部和南部等。

23.1096 孔雀蛱蝶

Inachus io (Linnaeus)

翅展53～63mm。体背暗褐，被棕褐色绒毛。翅基部暗褐色。前翅后半部朱红色，中室内有1个楔形黑斑，端外有1个较大的黑斑；顶角内侧有1个似孔雀尾斑纹，其斑外半环具青蓝色鳞点，斑心上黑下红；暗褐色端带上有1列4～5个黄白色小点。后翅色暗，中室下方暗朱红色，前角内有一同样的孔雀尾斑纹，斑中间有青蓝色鳞点，斑纹内侧有1个黑褐弯月形斑。翅反面暗褐，满布密集的细的黑褐色波状纹，外缘均具1个齿状突；后翅中央1条黑色波状纹尤其明显。雌体较大，翅较宽阔。

成虫见于6月上旬。

幼虫取食榆、荨麻、蛇麻、葎草等。

分布：小五台山西台海拔1400m；保定、承德、张家口；陕西、青海、黑龙江、辽宁、山西、云南、宁夏、甘肃、新疆；朝鲜、日本、俄罗斯以及西欧各国。

23.1097 二尾蛱蝶

Polyura narcaea (Hewitson)

又名：双尾蛱蝶。

翅展50～67mm。触角黑色，端尖暗褐，触角基部前后各有白色小点1个。复眼后侧有白色鳞。体背黑褐色，腹面白色。翅面绿色，前翅基部暗褐色，前缘黑色；中部有1个“丫”形黑斑纹：一端伸向前缘，一端沿中室下脉伸向后缘基部，另一端则与黑色亚端带近中部相连接；黑色端带与亚端带中间夹有一绿色圆斑列或带纹，雄性多为带状；外缘平直，中部略内凹。后翅基部暗褐区沿内缘伸达臀角，端带同前翅，臀角斑的周围及2个尾突上均具青灰蓝色鳞片。翅反面淡青绿色，前翅斑纹、带纹均为暗红褐或茶褐色，“丫”形纹及亚端带两侧、前缘纹及外缘纹的内侧，均饰有银色边；后翅由近基部前缘至臀角有1条红褐带纹，亚端带由朱红、紫、黑三色组成，两带纹同样饰有银色边，端带由银色、橙黄色及暗灰褐色三色组成，内侧银色纹上有1列小黑点。

成虫见于7月中旬。

寄主：柏、樟、乌柏、马尾松等。

分布：小五台山；张家口、唐山、承德；陕西、四川、山东、山西、河南、甘肃、湖北、湖南、江苏、浙江、江西、福建、贵州、四川、云南、广西、广东、台湾；印度、缅甸、泰国、越南等。

23.1096a 孔雀蛱蝶（2007年6月2日，西台1380m）

23.1097a 二尾蛱蝶(♀；正；1981年7月15日，南台)

23.1096b 孔雀蛱蝶(♀；正)

23.1096c 孔雀蛱蝶(♀；反)

23.1097b 二尾蛱蝶(♀；反)

23.1098 柳紫闪蛱蝶

Apatura ilia (Denis et Schiffermüller)

又名：幻紫蛱蝶、闪紫蛱蝶、小紫蝶、小蛱蝶、柳蛱蝶。

翅展55～72mm。体翅颜色有暗黄褐色和黑褐色（称黑色型或黑化型）两种，都具强烈的紫色闪光。前翅中室内有4个呈方形排列的小黑斑，中室端与顶角间有2斜列黄白色（黑色型为白色）斑带；中室后3个白斑，第3个近后缘很小，有的极不明显；Cu_1室内具黄褐环的黑圆斑显著。后翅中带黄白或白色，Cu_1室有1个同样的带黄褐环的黑斑，黑褐色端带内侧有一淡黄褐色带纹，黑色型则为斑列。反面，前翅淡黄褐色，黑色型则为黄褐微绿，Cu_2室斑内侧黑褐，近后角黑褐斑明显；后翅灰黄绿色，中带外侧色略淡，亚端区有1列不十分显著的黄褐色斑纹，Cu_1室黑斑中央具青蓝色鳞。雌性体较大，紫色闪光较雄性弱。小五台山区分布有种的华北亚种*A．i．substituta*。

成虫见于6月中旬～8月下旬。

幼虫取食柳、杨、山杨。

分布：小五台山西台、中台海拔1260～1500m；张家口、河北各地；北京、山西、内蒙古、陕西、青海、四川、山东、宁夏、辽宁、吉林、黑龙江；朝鲜、日本、俄罗斯以及西欧。

23.1099 紫闪蛱蝶

Apatura iris (Linnaeus)

又名：柳紫蛱蝶、迁飞蛱蝶、大蛱蝶、闪蝶。

翅展63～71mm。体背及翅面黑褐色，具紫色闪光。前翅中室中部色稍淡，周围有4个黑点，多不显著；中室端外由前缘至臀角前部有由5个白斑组成的斜列纹：前3斑相近，后2斑相距略远；近顶角2个白斑，前大后小；中室后3个白斑：前1个大而圆，中间1个呈横“V”字样，最后1个最小，和后翅白色中带相接；Cu_1室内还有1个较大的圆形黑斑，斑环淡黄褐色，很不明显；近臀角前方内侧尚有1个半圆形黑斑。后翅中央白色带宽大，于中室外有1个尖突；带后端外侧有1个黑色眼状斑，斑心青白点不清晰；亚端区有和前翅相同的淡色带纹。翅反面，前翅暗红褐色，中室白色，4个黑斑明显，具黄褐环和蓝白心的眼状斑外侧是黑色，顶角赭褐色；后翅灰绿褐色，白色横带纹前段显著宽阔，带两侧深红褐色，眼状斑蓝白心明显；前后翅亚端带灰白色，端线双重。雌性体较大，色较淡，紫色闪光较弱。

成虫见于7月上旬。

寄主：幼虫取食柳、白杨、山杨等叶。

分布：小五台山；张家口、保定、承德；陕西、青海、吉林、甘肃、宁夏、河南、四川；俄罗斯、朝鲜、日本以及欧洲。

23.1100 细带闪蛱蝶

Apatura metis Freyer

翅展60～70mm。体翅黑褐色，雄性翅面有紫色闪光。本种似柳紫闪蛱蝶*A．ilia*，但前翅中室最下面的白色斑点呈新月形。

成虫见于7月中旬。

寄主：杨柳科植物。

分布：小五台山；张家口；辽宁、吉林、黑龙江、陕西；朝鲜、韩国、日本、欧洲中部和东部。

23.1098a 柳紫闪蛱蝶(♂；正)

23.1098b 柳紫闪蛱蝶(♂；正)

23.1098c 柳紫闪蛱蝶(♀；正)

23.1098d 柳紫闪蛱蝶(♀；反)

23.1098e 柳紫闪蛱蝶(♀；反；黑色型)

23.1098f 柳紫闪蛱蝶(♀；反)

23.1098g 柳紫闪蛱蝶(♀；正；黑色型)

23.1098h 柳紫闪蛱蝶（2007年8月20日，东台1200m）

23.1099a 紫闪蛱蝶(♂；正；1980年7月8日，西台)

23.1099b 紫闪蛱蝶(♂；反)

23.1100a 细带闪蛱蝶(♀；正；1981年7月2日，西台)

23.1101 曲带闪蛱蝶

Apatura laverna Leech

翅展55～60mm。翅橘黄色。白斑明显退化成橘黄色，前翅中室斑域下2个斑点显著退化。后翅中央横带上端中央内凸，末端缩小使其内缘弯曲，与前翅后缘斑不连接，其外缘的2条黑色带平行，后翅基部有一块深色区。小五台山区分布有本种的指名亚种*A. l. laverna*。

成虫见于7月中旬。

分布：小五台山；张家口；辽宁、吉林、陕西、河南、四川、云南。

23.1102 中华黄葩蛱蝶

Patsuia sinensis (Oberthur)

又名：中华线蛱蝶。

翅展57～63mm。体翅黑褐色，翅面斑纹淡黄褐色。前翅中室中部和端部各有一椭圆形斑，端部斑纹较大；中室端外侧有3个不甚清晰的小细条斑，亚端区有1列不整齐的斑纹：前段4个斑向外缘斜列，第1个最狭小，靠近前缘，后段3个斑，其中Cu_1室的斑靠外；外缘具一颜色略淡的宽带，带中间有1列黑褐色的新月斑。后翅近基部有1个大斑，亚端带由7个斑组成，端带同前翅。反面：前翅黑褐色，中室下方有2个灰白小斑，顶角及外缘大部分淡黄褐色，其余斑纹同正面；后翅淡黄褐色，中部有1条中间向外弯凸的褐色横带，近外缘有1条细的褐色波状线，内侧隐约可见1条弧形暗色带纹，其他斑纹不明显。

成虫见于7月上旬～8月上旬。

分布：小五台山南台、北台海拔1300～1750m；承德、张家口；陕西、青海、甘肃、河南、山西、云南。

23.1103 扬眉线蛱蝶

Limenitis helmanni Lederer

翅展48～59mm。体背及翅面黑褐色，斑纹白色。前翅中室基部至中部有1个棒形斑，端部有1个三角形斑；中室外有由5个斑组成的斜带纹；后缘中部稍外2个斑，第2个斑很细小；顶角内有3～4个小斑，第2个最大，第3和第4个很小或极不显著。前后翅亚端区有1条被黑脉纹切割的细线纹，后翅的白色最明显。翅反面红褐色，前翅中室后方黑褐，外缘具2列短线状的淡色纹，其他斑纹同正面，但较阔大；后翅基部青灰色，内具5－6个小黑点纹，其外侧有红褐色区带，中央横带纹微带蓝色，但较正面明显宽大，内缘带青灰色，布有褐色鳞片，外部褐色区内，靠里有1列浓褐色斑纹，靠外亚端区有2条带纹，两带纹中间夹有白色线纹，沿外缘有1列淡色新月纹。雌体较大，体翅色略淡，斑纹较阔大，后翅反面亚端区带纹不如雄性清晰。小五台山区分布有本种的亚种 *L. h. duplicata*。

成虫见于6月上旬～8月上旬。

幼虫取食忍冬。

分布：小五台山西台海拔1120～1350m；承德、张家口；陕西、青海、四川、黑龙江、山西、河南、新疆、湖北、江西、浙江、福建；朝鲜、日本、俄罗斯。

23.1100b 细带闪蛱蝶(♀；反)

23.1101a 曲带闪蛱蝶(♂；正)

23.1101b 曲带闪蛱蝶(♀；正;1980年7月15日，南台)

23.1101c 曲带闪蛱蝶(♀；反)

23.1102a 中华黄葩蛱蝶(♂；腹部缺损；1980年7月30日，北台1500m)

23.1102b 中华黄葩蛱蝶(♂；反)

23.1103a 扬眉线蛱蝶(♂；正；1980年6月14日，西台1200m)

23.1103b 扬眉线蛱蝶(♂；正)

23.1103c 扬眉线蛱蝶(♂；反)

23.1103d 扬眉线蛱蝶(♂；正)

23.1103e 扬眉线蛱蝶(♀；反)

23.1104 横眉线蛱蝶

Limenitis moltrechti Kardakoff

翅展52～57mm。体翅黑色。前翅中室内有1个白色横斑，顶角处3个白斑，中部1条白色斑带。后翅中部1条白色斑带，亚端线为1条白色断续的曲线。

成虫见于7月上旬～8月上旬。

分布：小五台山；张家口；吉林、山西、陕西、湖北、河南；朝鲜。

23.1105 重眉线蛱蝶

Limenitis amphyssa Ménétriès

翅展42～58mm。体翅黑色。本种似横眉线蛱蝶*L. moltrechti*，但本种前翅中室内的白色横斑为2个。

成虫见于6月下旬～7月上旬。

分布；小五台山；张家口；吉林、山西、陕西、湖北、河南、四川；朝鲜、俄罗斯。

23.1106 折线蛱蝶

Limenitis sydyi Lederer

体长19～24mm，翅展60mm左右。体背及翅面黑褐色。前翅中室端部有1淡色"一"字形纹，中室外侧有1列由6个白斑组成的斜斑带，第1个斑细线状，常不明显，第2、3、4斑相近，第5、6两斑近圆形略分离；顶角内有2个小白斑：后缘中部靠外有一较大的白斑，与后翅中间白横带相连接（展翅状态）。前后翅外缘各为1条微淡色的宽带。中间夹1条黑色细线纹。反面，前翅暗黄褐色，中室后侧方黑褐，中室基部和端部各有1个围有黑线的灰白斑，基部灰白斑上有1个不规则的黑斑纹，顶角内有3个小白斑，端带白色，但顶角部分为暗黄褐色；后翅基部及前缘青灰白色，中部有1个白色横带，带内侧褐色区8～9个小斑纹，带外侧褐色区中外部有2列黑点。雌体较大，前翅外缘平截，雄性则稍内凹。

成虫见于6月上旬～8月上旬。

幼虫取食绣线菊叶。

分布：小五台山北台、东台海拔1450～1500m；承德、张家口；陕西、吉林、内蒙古、黑龙江、辽宁、山西、河南、甘肃、新疆、湖北、江西、浙江、四川、云南；蒙古、朝鲜、俄罗斯。

23.1107 红线蛱蝶

Limenitis populi (Linnaeus)

翅展62～70mm。体翅黑色。前翅中室内有1个白色横斑，中室顶端和下方共6个白斑，翅端另有3个白斑，亚端线由多个红斑点组成，该线上部清楚，下部不清楚。后翅亚端线红色，清楚，由多个红斑组成。

成虫见于6月上旬。

寄主：山杨、蒿柳等。

分布：小五台山；张家口；吉林、河南、山西、陕西、青海、甘肃、西藏、新疆、四川；日本以及欧洲。

23.1108 戟眉线蛱蝶

Limenitis homeyeri Tancré

翅展57～63mm。体翅黑褐色。前翅中室内有1条纵向白色眉斑，斑近端断开，M_3室白斑特小。后翅中区有一条白斑带。前后翅亚端线清晰。

成虫见于7月中旬～8月上旬。

分布；小五台山北台海拔1400m；张家口；吉林、黑龙江、云南；朝鲜、俄罗斯。

23.1108 戟眉线蛱蝶(♀；2007年8月10日，北台1400m)

23.1106c 折线蛱蝶(♂；反)

23.1104a 横眉线蛱蝶(♂；正；1980年7月2日，南台)

23.1104c 横眉线蛱蝶(♀；反)

23.1106a 折线蛱蝶(♀；正)

23.1107a 红线蛱蝶(♂；正；1986年6月7日，北台)

23.1104b 横眉线蛱蝶(♀；正)

23.1105 重眉线蛱蝶（♂；正）

23.1106b 折线蛱蝶(♂；正；1980年6月12日，北台1400m)

23.1107b 红线蛱蝶(♂；反)

23.1109 巧克力线蛱蝶

Limenitis ciocolatina Poujade

翅展约58mm。翅赭黑色。前翅中室内1个白色横斑。中室端外及下方后缘共7~8个白斑，前翅顶端处3个白斑，亚端线白色波状弯曲。后翅中区有由多个白斑组成的横带，亚端线白色波状弯曲，臀处2个红斑。

成虫见于7月中旬。

分布：小五台山；张家口；陕西、河南、新疆、西藏。

23.1110 缘线蛱蝶

Limenitis latefasciata Menetries

翅展60~65mm。同折线蛱蝶*L. sydyi*相似，但体较大。前翅中室端部"一"字形白斑明显，中室基部至中部还有1条淡色的棒形纹；顶角内有3个白斑，第3个最小，常不显著；翅中部同样有1条由5个白斑组成的斜带纹，后缘中部靠外仍具1个和后翅中央横带纹相连接（展翅状态）的白斑；沿外缘内侧有1条淡色细线纹，多不明显。后翅外缘内侧的细线较明显呈虚线状。翅反面颜色及斑纹与折线蛱蝶相同，但后翅外缘白色带较宽阔。雌体较大，中室内棒形纹较雄性稍暗。

成虫见于7月中下旬。

分布：小五台山；石家庄、承德、张家口；陕西。

23.1111 愁眉线蛱蝶

Limenitis disjucta Leech

翅展60~65mm。

成虫见于6月下旬。

分布：小五台山；张家口、保定、承德；陕西、湖北、四川。

23.1112 锦瑟蛱蝶

Seokia pratti (Leech)

翅展57~64mm。体背黑色，腹面暗黄，节间黑色。翅面黑褐，脉纹黑色。前翅基部无斑纹，中室端半部有3个淡色横纹，中间1个黄色，最明显，两侧的则较模糊；翅中部靠外有3列黄色短斜斑纹，互相成平行交错排列，其外侧有1条弯曲的红色线纹，后端仅达Cu_2脉；外缘有2 条暗黄褐色平行线，靠外1条不甚明显。后翅中央黄白色带纹直向后伸，其外半部色暗；亚端线红色由前缘直达臀角。翅反面红褐微绿；前翅中室内有3个围有黑边的灰黄绿色横纹，其他斑纹与正面相一致，但较粗大，正面黄白色纹在反面为灰黄绿色；后翅基部黄绿色，中室内有2个饰有黑边的红色斜形斑，靠基部红斑外侧有2个相连的小黑点；R_s脉基部前有1个小黑斑；中带纹黄绿色；前缘红色纹与亚端红线纹于前角内侧相连接成一条线。

成虫见于6月中下旬。

分布：小五台山；张家口、保定、承德；陕西、四川、吉林、浙江。

23.1113 黄帅蛱蝶

Sephisa princeps (Fixsen)

翅展60~78mm。雌雄异色。雌黑色，斑纹白色，前翅中室中后部和后翅中室周围各有橘黄色斑。雄橘黄色，斑纹黑色，前翅Cu_1室斑眼状。雌雄反面前、后翅均有4个大小不一的黑斑点。

成虫见于7月中旬。

分布：小五台山；张家口；黑龙江、河南、湖北、四川、陕西、甘肃、浙江、福建。

23.1112a 锦瑟蛱蝶(♂；正)

23.1109 巧克力线蛱蝶(♀；正)

23.1110b 缘线蛱蝶(♂；反)

23.1112b 锦瑟蛱蝶(♂；反)

23.1110a 缘线蛱蝶(♀；正)

23.1111 愁眉线蛱蝶

23.1113 黄帅蛱蝶(♀；正)

23.1114 荨麻蛱蝶

Aglais urticae (Linnaeus)

翅展47～55mm。头、胸、腹黑色，翅红色有黑斑纹。前、后翅端线黑色较宽，内各有1列蓝色斑。前翅有大小6个黑斑，基部黑色；后翅基半部黑色。小五台山区分布有本种的北方亚种*A. u. connexa*。

成虫见于4月上旬～9月上旬。

分布：小五台山西台棺材沟海拔1100～1400m；张家口；黑龙江、山西、陕西、甘肃、青海、新疆、四川、西藏、云南、广西、广东；朝鲜、日本以及中亚、欧洲中部。

23.1115 银斑豹蛱蝶

Speyeria aglaja (Linnaeus)

翅展54～58mm。翅面黄至橘黄色，有黑色斑纹。前后翅端线双线有黑斑点，亚端线由1列“V”字形黑纹组成，其内有1列黑点。前翅中室有4个黑斑纹，中室端外3个黑斑纹，中室下方4个黑斑纹。翅反面银色斑纹明显。

成虫见于5月下旬～8月下旬。

分布：小五台山；张家口；辽宁、吉林、黑龙江、山西、山东、河南、宁夏、陕西、甘肃、青海、四川、新疆、西藏、云南；日本、朝鲜、英国以及非洲北部等。

23.1116 青豹蛱蝶

Damora sagana (Doubleday)

翅展60～65mm，雌雄异型。雌青黑色，中室内外各有1个长方形大白斑，后翅沿外缘有1列三角形白斑，中域1条白宽带。雌反面翅外缘绿褐色，亚外缘有1列浅三角形白斑，内侧有5个小白点，中部有1条两头窄中间宽的白斑带，其内侧有1条白色块状斑，下端与白色宽带相连。雄橘黄色，前翅Cu_1、Cu_2、2A脉上各有1条黑色性标。缘、亚缘及中域各有1条黑点组成的斑列，后翅中后域有“V”形黑斑线。反面前翅浅黄色，后翅后部棕褐色，基半部浅黄色。中室由1条上宽下窄的白横带隔开。小五台山区有本种的东北亚种*D. s. liana*分布。

成虫见于7月上中旬。

分布：小五台山；张家口；吉林、黑龙江、辽宁、陕西、河南、浙江、福建、广西；日本、朝鲜、蒙古、俄罗斯。

23.1117 单环蛱蝶

Neptis rivularis (Scopoli)

又名：二带蛱蝶、绣线菊蛱蝶。

翅展46～56mm。体背和翅面黑色，斑纹白色。前翅中室基中部有1条细纵纹和1个短横斑；中室端斑和外侧至后缘5个斑组成半环形纹，中间2个斑最大，最后2个斑最小；前缘中部靠外有2个斑，前1个细线状，多不明显；顶角内有4个斜列小斑，最后1个最小，明显靠内；外缘内侧有1条不甚清晰断续的淡色线纹。后翅中央由长方形斑组成的宽横带与前翅中室内外斑纹（展翅状态）构成一个马蹄形环纹；缘毛白色，脉端黑色。翅反面栗褐色，前翅中室基半部有几个小斑，中室后方暗灰褐色，外缘2列白斑，于顶角和中部靠后两段处不明显，余斑同正面；后翅基部前有1条纵带纹，沿外缘同样有2列白斑，但斑纹呈新月形；中带同正面。本山区分布有其东北亚种*N. r. bergmanni*，龙江亚种*N. r. insularum*和指名亚种*N. r. rivularis*。

成虫见于5月上旬～7月中旬。

幼虫取食绣线菊、胡枝子。

分布：小五台山东台、西台、南台、北台海拔1100～2300m；石家庄、保定、唐山、承德、张家口；陕西、青海、四川、内蒙古、辽宁、吉林、黑龙江；朝鲜、日本、蒙古以及欧洲、欧亚大陆北部。

23.1114a 荨麻蛱蝶(♂；正)

23.1114d 荨麻蛱蝶(♀；正)

23.1115c 银斑豹蛱蝶（♂；2008年5月24，西台1150m）

23.1116 青豹蛱蝶(♂；正)

23.1114b 荨麻蛱蝶(♂；反)

23.1115a 银斑豹蛱蝶（2009年8月29日，西台金沟口1300m）

23.1115d 银斑豹蛱蝶（示交尾状；2009年7月24日，西台）

23.1117a 单环蛱蝶(♂；正；2007年6月23日，西台1380m)

23.1114c 荨麻蛱蝶(♀；正；1980年9月5日，西台1350m)

23.1115b 银斑豹蛱蝶（2008年7月24日，西台1350m）

23.1118 伊洛环蛱蝶

Neptis ilos Fruhstorfer

翅展60mm左右。似黄环蛱蝶*N. themia*，但本种前翅R_2脉从中室端部分支，不与R_3脉共柄。前翅反面镜纹内有淡色斑，与周围的深色对比，镜纹内的斑显得明显。

成虫见于6月下旬。

分布：小五台山西台海拔1350m；张家口；吉林、辽宁、四川、台湾。

23.1119 链环蛱蝶

Neptis pryeri Butler

翅展55～58mm。似单环蛱蝶*N. rivularis*，但体型较大，翅面白斑多而小，后翅亚端线为1条白斑带。

成虫见于6月下旬～7月中旬。

寄主：蔷薇科植物。

分布：小五台山；张家口；台湾、陕西、四川、河南、江苏、吉林、黑龙江、辽宁；印度、日本、朝鲜等。

23.1120 中环蛱蝶

Neptis hylas (Linnaeus)

翅展44～57mm。似小环蛱蝶*N. sappho*，但本种前翅白斑较大，亚端上的1列白斑连续清晰。小五台山区分布有本种的北方亚种*N. h. intermedia*。

成虫见于5月上旬～8月上旬。

寄主：豆科的一些植物。

分布：小五台山；张家口；黑龙江、辽宁、吉林、广东、海南、广西、台湾、云南、陕西、河南、四川、吉林等；朝鲜、印度、缅甸、越南、马来西亚、印度尼西亚。

23.1121 海环蛱蝶

Neptis thetis Leech

翅展约60mm。体翅黑色，斑纹黄色。前翅顶角斜列3块黄斑，自翅基至后缘端部2/5的黄环由4个斑块组成。后翅中区内1条较宽黄带，中区外1条较窄淡色带。

成虫见于7月中旬。

分布：小五台山西台海拔1400m；张家口；云南、陕西、四川、福建。

23.1117b 单环蛱蝶(♀；正；2007年6月28日，北台1400m)

23.1117c 单环蛱蝶(♀；正)

23.1117d 单环蛱蝶(♀；反)

23.1117e 单环蛱蝶东北亚种（♀；正）

23.1117f 单环蛱蝶东北亚种（♀；反）

23.1118a 伊洛环蛱蝶（♂；正）

23.1118b 伊洛环蛱蝶（♀；正；2007年6月23日，西台1350m）

23.1119a 链环蛱蝶（♂；正）

23.1119b 链环蛱蝶（♂；反）

23.1120a 中环蛱蝶（2007年5月10日，西台1300m）

23.1120b 中环蛱蝶(♂；正)

23.1121a 海环蛱蝶(♂；正)

23.1121b 海环蛱蝶(♂；反)

23.1122 重环蛱蝶

Neptis alwina (Bremer et Grey)

又名：大三字蛱蝶、梅蛱蝶。

翅展59～75mm。体背及翅面黑或黑褐色，斑纹白色。前翅中室内有1条长形前缘具齿的斑纹，中室端外侧近前半部有7个斑组成的“U”形纹，近前缘2个斑细小，“U”字底部靠里1个模糊不清；中室端至后缘近中部有4个斑排列成弧形，与中室长斑和后翅中白斑连成马蹄形环纹；外缘白色粗线纹在顶角、中部和臀角处色暗。后翅亚端带由1列“M”形斑组成，上端狭细微向内曲；展翅后，前后翅斑纹组成2个马蹄形环纹。翅反面栗褐色，前翅中室后部黑褐色，斑纹较阔大，与正面大致相同；后翅基部至前缘中部有1条白纵带，中带和亚端带较正面宽。雄性体较小，前翅外缘向内斜截，后翅前缘有灰白色具光泽的性标。小五台山区分布有本种的*N. a. dejeani*亚种和指名亚种*N. a. alwina*。

成虫见于6月中旬～8月下旬。

幼虫取食杏、李、梅等。

分布：小五台山西台、北台、东台海拔1100～2500m；保定、承德、张家口；陕西、青海、四川、山东、北京、辽宁、吉林；蒙古、朝鲜、日本。

23.1123 小环蛱蝶

Neptis sappho (Pallas)

又名：弓箭蝶、小三字蝶。

翅展46～53mm。体背及翅面黑褐或黑色，翅正反面斑纹白色。前翅中室有1条由基部伸向中室外的纵条纹，于端横脉处中断，内段向基部渐细，外段呈三角形；由前缘2/3处起，经过后缘中部有6～7个斑纹与后翅中带连接成1条马蹄状环形带纹；沿外缘内侧有1列小斑。后翅亚端带略呈弧形，外缘无明显斑纹。翅反面褐色，斑纹较正面显著宽大，沿外缘2列纹，于M_3和Cu_1室处中断，外列顶角处不明显；后翅基部前缘有1条纵纹，中带与亚端带中间有1细而较直的线纹；沿外缘有2条平行细线纹，其中内1条明显。

成虫见于7月中旬。

幼虫取食胡枝子等豆科植物。

分布：小五台山中台1380m；保定、唐山、承德、张家口；陕西、四川。

23.1124 黄环蛱蝶

Neptia themia Leech

翅展58～84mm。体大小变幅较大。体背及翅面黑褐色。前翅中室内有1条由基部伸向中室端横脉的黄色纵条纹；中室外侧至后缘2/3处有3个黄斑：第1个长形较大，第2个靠外，第3斑与后翅黄色中带前端（展翅状态）相连接，上述斑纹构成一个马蹄形环纹；前缘中部略靠外有2个小黄或白色斑，顶角内侧有3个黄色斜纹：前1个细小，中间1个最大，第3个为圆形斑。前后翅亚端线暗黄褐色，后翅的明显粗大；两翅外缘均波状。翅反面红褐色，斑纹较正面略宽大，前翅中室部前缘有2个黄灰色小点；端带黄褐色，中间有1条褐色细线纹；后翅基部有1条青灰色带纹，中带淡黄色，外侧有1列浓褐色斑，端带黄色宽大，内具2条由“W”形纹组成的线纹：内1条青灰色，外1条褐色。

成虫见于6月上旬～7月下旬。

分布：小五台山南台、西台、北台、中台海拔1200～1800m；石家庄、保定、承德、张家口；陕西、四川、甘肃、云南、湖北等。

23.1122a 重环蛱蝶(♀；正)

23.1122d 重环蛱蝶(♀；正)

23.1122g 重环蛱蝶（♂；正)

23.1124a 黄环蛱蝶(♀；正；1980年6月21日，南台1700m)

23.1122b 重环蛱蝶(♀；反)

23.1122e 重环蛱蝶(♀；反)

23.1123a 小环蛱蝶(正；1980年7月18日，中台1380m)

23.1124b 黄环蛱蝶(♀；反)

23.1122c 重环蛱蝶(♂；正；1980年8月22日，北台1850m)

23.1122f 重环蛱蝶(♂；反)

23.1123b 小环蛱蝶(反)

23.1124c 黄环蛱蝶(♂；正)

23.1125 明窗蛱蝶

Dlipa fenestra (Leech)

翅展55～60mm。体黑色，翅黄色有黑色斑纹。前翅前缘和端线黑色，顶区黑斑内有一大一小共2个无鳞片半透明白斑，在臀角上方、中区近前缘和中内区近前缘处各有1个黑斑。后翅翅脉黄白色，端线和亚端线黑色。

成虫见于5月上旬。

分布：小五台山西台北沟海拔1250m；张家口；辽宁、陕西、山西、河南、湖北、浙江；朝鲜。

23.1126 绿豹蛱蝶

Argynnis paphi (Linnaeus)

翅展58～72mm。翅面橙黄微褐，斑纹黑色。翅基部略暗，密布淡褐色短绒毛。前翅中室内有4条横纹，端部1个斑纹下部向外膨大呈弯钩状；中室端外侧有3个小斑向外斜列；M_3、Cu_1、Cu_2三室各有1个斑呈三角形排列；雄性Cu_1和Cu_2室2个斑色淡，M_3至2A 4条脉基半部上都有突起的褐色香鳞带纹；外缘有1列由黑色线串连起来的斑纹，其内侧尚有2列与之平行的斑纹，3列斑顶角处色淡多不清晰。后翅基半部色淡无斑纹，中室端有1条淡褐色细线纹，翅中部有1条黑褐色由前缘到臀角内侧的波状纹；外缘有3列斑纹：外列斑呈菱形，内2列近圆形。翅反面，前翅淡橙黄色，顶角及内缘淡黄绿色，斑纹绿色不明显；后翅淡黄绿色，基部中部有3条银白色横带纹：内2条仅达翅中央，外1条从M_2脉至臀角内侧细而弯曲，端带淡紫色，带内有2列斑心多有白点和绿色圆斑。小五台山区分布有本种的东北亚种*A. p. tsushimano*。

成虫见于7月上旬～7月下旬。

幼虫取食紫花地丁、水竹等。

分布：小五台山南台、东杏河海拔1500～1750m；保定、唐山、承德、张家口；陕西、四川、台湾、辽宁、吉林、黑龙江、内蒙古等；朝鲜、日本以及欧洲、北美洲。

23.1127 福豹蛱蝶

Argynnis charlottea fortuna Janson

翅展58～68mm。与灿福蛱蝶*F. adippe*相似，但斑纹均略细小；前翅外缘平直稍向内斜截，顶角外缘圆形，外突不明显；端区和亚端区共3列斑：内列圆形，中列排列较直多为三角形，外列和端线串在一起。前后翅端线双重多不明显。后翅中室倒“U”形纹内侧无小黑点；中央波状横带纹的中部向外强度弓突，几乎与圆斑列接触。翅反面，前翅顶角淡褐绿色，其外缘有4～7个银白或黄白色小斑；后翅基大部深绿色，中室端外侧有一淡黄褐小区，区内无银色斑，银色斑只在基部散布5～7个，中部1列弧形银纹外侧有1列褐斑，淡黄褐色的亚端区外侧有2列斑：内1列近长椭圆形银白色，外1列近三角形，暗绿褐色，双重端线模糊，端脉暗褐。雄性香鳞带只存在Cu_2和2A 2条脉上。

成虫见于7月中旬。

幼虫取食堇科植物。

分布：小五台山；承德、张家口；陕西、青海、四川、黑龙江；朝鲜、日本以及欧洲。

23.1124d 黄环蛱蝶(♂；反)

23.1126a 绿豹蛱蝶(♂；2008年8月5日，西台1550m)

23.1126d 绿豹蛱蝶(♂；反)

23.1127a 福豹蛱蝶(♂；正；1980年7月16日，西台)

23.1125a 明窗蛱蝶(♂；正；1985年5月7日，西台1250m)

23.1126b 绿豹蛱蝶(♂；正)

23.1126e 绿豹蛱蝶(♂；反)

23.1127b 福豹蛱蝶(♂；反)

23.1125b 明窗蛱蝶(♂；反)

23.1126c 绿豹蛱蝶(♂；正)

23.1126f 绿豹蛱蝶(♀；正)

23.1127c 福豹蛱蝶(♂；正)

23.1128 老豹蛱蝶

Argyronome laodice（Pallas）

又名：银纹蛱蝶、银纹豹蛱蝶。

翅展59～67mm。与绿豹蛱蝶*A.paphia*相似。翅面斑纹仍为黑色。前翅中室4个横纹，端部1个膨大常呈三角图形；中室外侧和后方共有6个斑，其后方3个较大近圆形；外缘3列平行斑，内1列前端内侧有1个边缘模糊的小斑；雄性前翅只Cu$_2$和2A脉具香鳞带纹。后翅中室端及外侧几个斑色较深，呈圆形，长圆形，但不连成线状或波状；沿外缘具有和前翅同样的3列斑纹。反面，前翅淡黄褐色，顶角及外缘微带绿色，斑纹褐黄绿色，外缘3列斑纹，内1列的内侧有4～6个不甚显著的白色点纹；后翅基半部黄绿色，内有2条细的褐线纹，其中内1条较长直，由前缘伸达内缘2A脉附近，外1条较短曲，末端和银白色波状带中部相交；外部有一紫褐色宽带，其外半部淡紫色，内半部色浓呈紫褐色。小五台山区分布有本种的日本亚种*A. l. japonica*。

成虫见于7月下旬～8月下旬。

幼虫取食华山松、紫花地丁等堇科植物、豆科植物。

分布：小五台山东台、西台、南台、北台海拔1000～1600m；石家庄、保定、唐山、张家口；陕西、青海、四川、辽宁、黑龙江；朝鲜、日本以及欧洲。

23.1129 红老豹蛱蝶

Argyronome ruslana（Motschulsky）

翅展60～72mm。体背黑褐色，胸背密被黄绿色短绒毛。翅面颜色有橙黄褐色和暗黄褐色两种，斑纹均黑色，翅基部色暗，布有黄绿色鳞片。前翅顶角较突出，中室4个横纹，靠基部1个在暗色区内，细而不明显，端部1个显著膨大；中室后侧3个斑近方形，沿中室后脉向内斜列；中室端外侧3个向外斜列小斑，第1个在前缘不甚明显；端区3列斑纹，外列和端线串连，顶角处斑纹间色淡，其内侧有1个箭头形白纹和1个较大的斑；雄性箭头形斑不明显，Cu$_1$、Cu$_2$和2A脉上有香鳞带纹。后翅中室端具一横纹，翅中部有一波状纹，外缘有与前翅同样的3列斑纹。翅反面，前翅淡绿色微褐、顶角暗灰绿色，外缘斑纹不清晰，其余斑纹与正面相同；后翅绿褐色，由基部向外有3条银白带纹，最外1条长而弯曲，末端达臀角内侧，其外有1条宽的暗绿褐色带，内具2列深色圆斑，端线双重黑褐。

成虫见于7月下旬～8月下旬。

幼虫取食堇科植物。

分布：小五台山南台、西台海拔1650～2600m；承德、张家口；陕西、湖北、四川、黑龙江；朝鲜、日本。

23.1130 灿福蛱蝶

Fabriciana adippe Denis et Schiffermüller

又名：银底豹蛱蝶。

翅展61～72mm。体背黑褐色，密被红褐色绒毛。翅面橙黄略带褐色，基部暗褐色，斑纹黑色。前翅中室内有3条横纹，其中间2条纹较宽而后端常愈合，端横纹下部膨大向外弯突，其膨大部分内常有小橙斑；中室外M$_1$脉以后各室均有2个斑，M$_2$室外斑最小；前缘3个斑，中间1个大而不规则；端线为双重线与1列斑串连，内侧有1列横“V”形纹。后翅中室暗区内有1个小黑点，多不明显，点外侧有1个倒“U”形纹，

23.1128a 老豹蛱蝶(♂；正)

23.1129a 红老豹蛱蝶(♀；正)

23.1130a 灿福蛱蝶(♀；正)

23.1130d 灿福蛱蝶(♂；反)

23.1128b 老豹蛱蝶(♂；正；变异)

23.1129b 红老豹蛱蝶(♀；反)

23.1130b 灿福蛱蝶(♀；反)

23.1130e 灿福蛱蝶(♀；正)

23.1128c 老豹蛱蝶(♂；反；变异)

23.1129c 红老豹蛱蝶(2007年8月12日，西台1700m)

23.1130c 灿福蛱蝶(♂；正)

23.1130f 灿福蛱蝶(♀；反；变异)

翅中部有1条不规则的波状纹，其外侧有4个圆斑，第2个较小。翅反面，前翅橙黄，中央橙红，顶角红褐略带绿色，其内具4～6个银色斑，其余斑纹与正面同；后翅褐绿色，基半部散布12～14个大小不等的银色斑，中室端及其前方2个斑较大，翅中部1列7个银斑，中间的靠外较小，沿外缘有1列半圆形银斑，上述2列银斑中间为一暗绿褐色宽带，内具1列带有褐环的银色小点；雄性前翅面Cu_1、Cu_2和2A 3条脉纹基半部有膨大的香鳞带。

成虫见于6月中旬～8月下旬。

幼虫取食堇科植物。

分布：小五台山西台、北台、东台海拔1100～1500m；保定、承德、张家口；陕西、山东、河南、湖北、江苏、云南、西藏、青海、四川、黑龙江；朝鲜、日本、俄罗斯以及欧洲。

23.1131 捷福蛱蝶

Fabriciana adippe vorax Butler

翅展56～67mm。与灿福蛱蝶*F. adippe*相似，但体略小，前翅顶角稍向外突出，外缘中部以后略向内斜截，翅面色稍淡，斑纹亦较细小些；后翅中室内倒“U”字纹内侧细而不明显。反面，前翅顶角黄色略带绿色，斑纹模糊，无银色斑；后翅前缘、中室、端区黄绿色，翅基半部银色斑明显小，中部银斑带纹外侧具1列中心具银点的褐色斑，外缘无银色斑列，而为1列绿色不显著的新月形纹，端线模糊，不为双线。雌雄性斑纹相同，唯雄性前翅Cu_1和Cu_2两脉基中部具香鳞带纹。

成虫见于6月下旬～8月下旬。

幼虫取食堇科植物。

分布：小五台山西台、北台、中台、东台海拔1100～2500m；石家庄、保定、承德、张家口；陕西、青海、四川。

23.1132 烂福蛱蝶

Fabriciana pallescens Butler

翅展62～71mm。亦与灿福蛱蝶*F. adippe*相似，翅面橙黄色，斑纹黑色，但前翅基部暗褐区范围较小，色亦稍淡；中室4条横纹细弱；外缘2条平行线不清晰，其内侧1列斑为粗短线状或半月形，顶角内斑纹细小，外缘平直向内斜截；雄性香鳞带只存在Cu_2 1条脉上。后翅中室倒“U”字纹和翅中部波状纹较细，其外侧无深色宽带而只有4个1列圆形小斑，沿外缘内侧1列斑纹较细弱呈飞鸟形。反面，前翅淡橙黄色，顶角淡黄绿色，无银斑。后翅反面淡黄略带绿色，上面银斑较小，外缘1列银斑内侧镶有1列淡褐色飞鸟形纹；亚端线为1列褐色小斑无银色斑心；中后域白斑呈条块状，体略大。

成虫见于6月上旬～8月中旬。

分布：小五台山南台、西台、北台海拔1100～1600m；邢台、保定、唐山、承德、张家口；陕西、黑龙江。

23.1132 烂福蛱蝶(♀；正)

23.1131d 捷福蛱蝶(♂；反)

23.1130g 灿福蛱蝶

23.1130j 灿福蛱蝶(2007年7月25日，西台1450m)

23.1131a 捷福蛱蝶(2007年7月10日，西台1360m)

23.1130h 灿福蛱蝶(♂；正)

23.1130k 灿福蛱蝶(♂；反；变异)

23.1130i 灿福蛱蝶(♂；反)

23.1130l 灿福蛱蝶(2008年6月17日，西台1300m)

23.1131b 捷福蛱蝶(♂；正)

23.1131c 捷福蛱蝶(♀；正；变弃)

23.1133 蟾福蛱蝶

Fabriciana nerippe (Felder et Felder)

又名：蟾裙蛱蝶。

翅展65～74mm。翅面色稍淡，前翅顶角呈圆形向外突出，外缘中后部略平直，中室横纹4条，中间2条后部不相交；顶角及外缘前部常有几个白色或黄白色斑。后翅中室内倒“U”形纹较细，中部同样具1条不规则波状纹，其外侧有4个明显圆斑，斑列所在范围暗褐；外缘2列斑：内1列斑纹顶部内凹成“M”形，外1列斑与端线（双条）串连。反面，前翅中室4条横斑纹，靠近基部2条常两端连结成封闭图形，顶角具银色斑和深绿褐色斑，其他斑纹同正面；后翅基半部淡绿褐色，银色斑块较少，中部1列银色斑外侧为深绿褐色宽带，带内有1列具锈褐环和白心的小圆斑，带外沿有1列近似“M”形的斑纹以及和它相邻的1列银白斑，双重端线明显。雄性前翅Cu_1、Cu_2、和2A3条脉纹上的香鳞带较细。

成虫见于6月下旬～8月中旬。

幼虫取食堇科植物、马尾松。

分布：小五台山西台、北台海拔1100～1600m；保定、承德、张家口；陕西、四川、黑龙江、河南、宁夏、甘肃、浙江、湖北；朝鲜、日本等。

23.1134 小豹蛱蝶

Brenthis daphne (Denis et Schiffermüller)

翅展48～61mm。似伊诺小豹蛱蝶*B. ino*，但本种体型较大，后翅反面亚外缘和中域各有1条明显的淡紫色宽带。小五台山区分布有该种的中国亚种*B. d. ochroleuce*。

成虫见于6月上旬～8月下旬。

幼虫取食地榆、悬钩子等。

分布：小五台山东台、西台、北台、南台、中台海拔1100～2600m；张家口、保定、承德；吉林、黑龙江、辽宁、山西、河南、宁夏、甘肃、陕西、浙江、云南、福建；朝鲜、日本、土耳其以及欧洲北纬46°以南地区。

23.1135 伊诺小豹蛱蝶

Brenthis ino (Rottemburg)

翅展40～48mm。翅橘红色。脉黄褐色，脉端内侧有圆形横斑列，基部多斑有线斑相连，成曲折条纹。中室域有4～6条横纹，反面比正面色淡。后翅基部有1条不规则的黄白斑组成的横带，亚端宽带白色，其内侧锯齿状。小五台山区分布有本种的黑龙江亚种*B. i. amurensis*。

成虫见于6月上旬～8月上旬。

幼虫取食地榆、悬钩子等。

分布：小五台山西台、南台、北台海拔1100～1380m；张家口；黑龙江、新疆、浙江；朝鲜、日本、俄罗斯、哈萨克斯坦、土耳其、西班牙等。

23.1133a 蟾福蛱蝶(♀；正；1980年7月2日，北台1500m)

23.1135a 伊诺小豹蛱蝶(♀；正)

23.1135b 伊诺小豹蛱蝶(2007年6月5日，西台大苗园1150m)

23.1133b 蟾福蛱蝶(♀；反)

23.1134b 小豹蛱蝶(♂；反)

23.1134a 小豹蛱蝶(♀；正；1980年6月2日，中台1800m)

23.1134c 小豹蛱蝶(♀；正；1981年8月3日，南台2000m)

23.1135c 伊诺小豹蛱蝶(♀；正；2007年7月31日，西台1300m)

23.1135d 伊诺小豹蛱蝶(♀；正)

23.1136 罗网蛱蝶

Melitaea romanovi Grum-Grshimazlo

翅展36～42mm。体背黑色，腹背节间具黄色鳞毛，翅面橙黄，前翅中室3个黑斑，1个白斑，端斑为飞鸟形；其外侧有1个黑斑；中带波状，由5个黑斑组成：第1个斑极大，第3个斑楔形，明显靠内；带外侧有1条黄白色带与之并列，亚端带黑色波状，中部部分明显较细；外缘有1列黑色圆斑；后缘基半部前方有5个纵列小黑斑。后翅中室2个黑斑，翅中部有1条中间向外弧弯的横斑纹，其内侧有1个短线纹，其外侧具1条淡黄白色宽带，亚端线为1列波状线纹，外缘为1列半圆形黑斑。反面，前翅淡黄褐色，顶角及外缘色淡，其他斑纹同正面，但较细弱；后翅淡黄白色，基半部具3个两侧带黑边的橙黄色斑和许多黑点，亚端带橙黄色，两侧均有2列波状纹或新月形斑纹，外缘有1列较大的黑圆斑。雌性体较大，斑纹不发达，前翅较圆阔。

成虫见于7月上旬～8月上旬。

分布：小五台山；张家口；陕西、青海、黑龙江、山西、甘肃、新疆、四川、西藏;俄罗斯以及中亚等。

23.1137 月牙网蛱蛾

Melitaea sibina Alph

翅展65mm左右。橘黄色，中域黄斑列强烈，后翅亚缘黄斑列中无黑点分布，反面亦如此。

成虫见于7月上旬。

分布：小五台山西台海拔1300～1400m；张家口；内蒙古。

23.1138 帝网蛱蝶

Melitaea diamina Lang

翅展45.0～45.8mm。胸腹背面黑色。翅黄色，具黑色斑纹。翅端线黑色双线，其内具黑带5条，其中前翅亚基线黑宽。雌雄性的斑纹略有差异。小五台山区分布有本种的西北亚种*M. d. protomedia*和华中亚种*M. d. regama*。

成虫见于7月下旬。

幼虫取食玄参科、败酱科的一些植物。

分布：小五台山西台、东台海拔1100～2000m；张家口、石家庄、保定、承德；黑龙江、山西、河南、陕西、甘肃、青海、宁夏、云南；日本、朝鲜、俄罗斯以及欧洲南部和中部。

23.1139 黑网蛱蝶

Melitaea jazaber Oberthür

翅展37～40mm。触角黑白相间，端部黑色，胸腹背面黑色，腹面黄色。翅面橘红色，具黑色斑纹。前翅端线黑色较粗，亚端线黑色较细，中室内有2个环状斑，中室另有2条断续黑线。反面翅端线、亚端线和中外线断续黑色。双翅基部黑色，向外渐次色淡。

成虫见于7月上旬。

分布：小五台山；张家口；云南、四川、西藏。

23.1138c 帝网蛱蝶(♂；正)

23.1138d 帝网蛱蝶(♂；反)

23.1135e 伊诺小豹蛱蝶(♀；反；2007年7月31日，西台1300m)

23.1135f 伊诺小豹蛱蝶(♂；正；变异)

23.1138e 帝网蛱蝶(♂；反)

23.1137 月牙网蛱蛾(♂；2007年7月8日，西台1350m)

23.1138f 帝网蛱蝶(♂；正；1980年7月25日，东台)

23.1136 罗网蛱蝶(♂；正；1980年7月20日，南台)

23.1138a 帝网蛱蝶(♀；反)

23.1138b 帝网蛱蝶(♀；正)

23.1139 黑网蛱蝶(♂；正；1980年7月5日，西台)

23.1140 大网蛱蝶

Melitaea scotosia Butler

又名：狼蝶。

体长18～21mm，翅展47～60mm。翅面橙黄褐色，斑纹黑色。前翅中室基部有1个长形环纹，中部有1个“8”字纹，端部1个近长圆形图案，合成“80”字样；中室后有3～4个小斑，翅中部有一弯曲斑带，带末端1个斑圆形，最大；前缘近顶角处有1个边缘不清晰的斑纹；亚端线波状；端带黑色，缘毛白色。后翅中室有一倒“∪”形纹，其周围有几个由细线围成的网状纹；翅中央有1列较大的斑横带，内侧1条细的波状纹，外侧1条褐色波状线；黑色端带内侧为1列新月形橙黄色斑和1条波状细线纹。反面，前翅顶角白色，中间有1条细波状线，其他斑纹细小，略同正面；后翅灰黄色微带绿色，近基部和亚端区各具1条橙黄色横带，带两侧均镶有黑色新月形边纹，亚端线为1列圆斑，其内侧为1条红褐色波状线，外侧为1列新月形黑纹。

成虫见于7月上旬～8月下旬。

幼虫取食小蓟等菊科植物。

分布：小五台山南台、西台、北台、中台、东台海拔1000～2400m；石家庄、保定、承德、张家口；陕西、内蒙古、辽宁、吉林、黑龙江；朝鲜、日本。

23.1141 网纹密蛱蝶

Mellicta dictynna Esper

翅展约60mm。胸腹黑色，翅橘黄色具黑色斑纹。前翅端线、亚端线黑色，端线较宽，中室内有环斑2个，中室端黑斑1个，中外区有1条黑线纹。后翅斑纹均较粗。本标本形态与网纹密蛱蝶相符。但翅展达60mm，比记载的网纹密蛱蝶翅展39～43mm明显为大。暂将本标本列入网纹密蛱蝶。本山区有本种的中朝亚种*M. d. erycina*分布。

成虫见于7月上旬。

幼虫取食车前属、玄参、山萝花属植物。

分布：小五台山；张家口；吉林、黑龙江、内蒙古；朝鲜以及欧洲。

23.1142 斑网蛱蝶

Melitaea didymoides Eversmann

翅展45～51mm。翅面暗橙红色，斑纹黑色，翅基部黑色区小。前翅中室及中室端横脉外侧几个斑纹连合略呈“80”字形，中室后具半环纹和“<”形纹，翅中部有1条7～8个斑组成的“3”字形横带纹，沿外缘具3列圆斑，其内列中后段不明显。后翅中室有1个“U”形纹和1个弧形纹，翅中部1列横斑纹，明显较大；亚端区2列斑纹极细小，其内列常消失；端带内缘可见1列较大的半圆形斑。反面，前翅橙黄，顶角黄白色；中室外4列横斑，中间2列在顶角明显。后翅黄白，稍带绿色，基部至后缘有1列斑和一些小点纹。小五台山区分布有本种的北京亚种*M. d. pekinersis*。

成虫见于7月中旬。

幼虫取食紫草。

分布：小五台山；张家口、邯郸、保定、承德；陕西、青海、北京、黑龙江、吉林、山西、山东、河南、宁夏、甘肃、新疆；日本、朝鲜、蒙古、俄罗斯、哈萨克斯坦。

23.1143 东北网蛱蝶

Melitaea mandschurica Seitz

翅展48mm左右。翅面橙黄色，斑纹黑色。前翅中室内2条细横纹，中室端横纹2条不连成“8”字形；中带斑纹较细小；亚端区2列斑内列不明显，端带内有1列小圆斑，于带内侧可见；中室后有2个斑纹：内1个为半环，外1个为“>”形。后翅基部黑色，被褐色长毛；中带略呈“3”字形，斑纹细弱，中段多不显著；外缘与前翅相同；其余斑纹多消失或不明显。反面，前翅较正面色淡，顶角黄绿，斑纹大致同正面，顶角亚端线内侧有3个黄褐色点，略成正三角形排列；后翅黄白微带绿色，基部有4个黑斑组成的弧形纹，外侧有2条宽的淡橙黄色弧形带：内1条于中室处分叉，外1条最宽大，这2条带两侧均饰有黑短线纹，2条带中间夹有1列排列不整齐的圆斑，翅外缘2列斑，内列椭圆形较大。

23.1140a 大网蛱蝶(♀；正；1980年7月20日，西台1800m)

23.1140c 大网蛱蝶(♂；反)

23.1141b 网纹密蛱蝶(♀；反)

23.1142b 斑网蛱蝶(♀；反)

23.1140b 大网蛱蝶(♂；正)

23.1141a 网纹密蛱蝶(♀；正；1980年7月4日，西台)

23.1142a 斑网蛱蝶(♀；正；1981年7月16日，北台)

23.1143a 东北网蛱蝶(♂；正；1980年7月8日，西台)

成虫见于7月上旬。

幼虫取食紫草等。

分布：小五台山；张家口、邢台、石家庄、保定、承德；陕西。

23.1144 金堇蛱蝶

Euphydryas aurinia Rottemburg

翅展36～48mm。橘红色。外缘、亚外缘有数条黑色带，其中有多条波状黑纹。后翅亚外缘橘红色横带内有显见黑点列。反面后翅中横带两侧具肠状黑边，基部具4个有黑边的浅褐斑，其中2个相连。小五台山区分布有本种的东北亚种*E. a. davidi*、北方亚种*E. a. sibirica*。

成虫见于6月中旬～7月下旬。

分布：小五台山；张家口；辽宁、吉林、黑龙江、内蒙古；朝鲜、日本、俄罗斯以及中亚、北非、西欧。

23.1145 猫蛱蝶

Timelaea maculata (Bremer et Gray)

翅展51～56mm。体背黑褐，被黄褐色短绒毛。触角黑色，锤部不显著膨大，锤端褐色。翅面黄褐或土黄色，黑色斑纹大而阔。前翅中室有6个斑，其中基部1个狭长，4个近圆形斑的中间有1个长方形斑；中室外和中室后各有3个斑：其中基部1个为棒形，其余5个为楔形，呈弧形排列；端线内侧有3列斑：内1列4个均为长方形，中间1列圆形斑大小不等，外列较小，但排列整齐；后缘黑带狭长，其中部前面还有2个较大的斑。后翅基半部中室内外有11～13个斑，端半部3列斑及端线与前翅相同。反面，前翅淡黄褐色，顶角及前缘黑斑间有黄白色，翅中央M_3室内有黑白2个小斑，其余斑同正面；后翅白色，中室外及下方斑纹间杂有褐色纹，翅缘黄褐色，其余斑纹同正面。

成虫见于7月中旬。

分布：小五台山；保定、张家口；陕西、河南、甘肃、青海、湖北、江西、浙江、福建、西藏。

23.1146 银豹蛱蝶

Childrena children (Gray)

又名：大豹蛱蝶。

翅展约74mm。翅面淡黑褐，顶角及后翅均带绿色，斑纹黑色。前翅中室内4条横纹：基部1条较短，中部2条弯曲，端部1条宽大，中室端横斑似2个斑愈合状，较宽大；中室外和后侧方有7个斑，其中2个在Cu_2室，而靠基部那个为箭头形，箭尖朝外；顶角内侧近前缘有1个边际不清晰的斑纹；亚端区有2个近圆形斑；端带较宽，内侧呈锯齿状。后翅由基部至外缘可透视6条淡色横曲线，中室端有1个豆芽形斑，翅端半部具3列近圆形斑。前翅反面暗橙黄色，顶角内有2条短的银色纹。后翅反面由里向外布有6条不规则的银横纹和一些小细纹，第4条由前缘伸至臀角并弯向内缘，脉纹和银纹交织成大小不同的几何图形。雌性体较大，翅色较暗，前翅脉纹无香鳞带。

成虫见于7月下旬。

分布：小五台山东台1500m；张家口；陕西、四川、辽宁、湖北、西藏、云南、浙江、江西、福建、广东；印度、缅甸。

23.1145b 猫蛱蝶(♀；反)

23.1143b 东北网蛱蝶(♂；反)

23.1144b 金堇蛱蝶(♀；正；1980年7月12日，南台)

23.1145c 猫蛱蝶(♂；反)

23.1144a 金堇蛱蝶(♂；正)

23.1145a 猫蛱蝶(♂；正；1980年8月17日，北台)

23.1146 银豹蛱蝶(♀；反；1980年7月28日，东台1500m)

23.1147 曲纹银豹蛱蝶

Childrena zenobia (Leech)

翅展70～76mm。雌雄异色，雌绿灰色，翅面略有金属光泽；雄橙黄色。前翅中室横线纹4条，外缘和亚外缘具近圆形黑斑2列。后翅外缘和亚外缘具2列近圆形黑斑，反面具一些网状白色曲纹。

成虫见于7～8月。

分布：小五台山；张家口；吉林、北京、陕西、河南、四川、西藏、云南；印度。

23.1148 斐豹蛱蝶

Argyreus hyperbius (Linnaeus)

翅展71～76mm。体背暗黄褐色，被有红褐色绒毛。雌雄二型。雄性翅橙黄色，前翅较深，中室附近微带红色，斑纹黑色，中室内具横纹4条：基部1条短小，中部2条两端连结成封闭图形，端部1条粗大；中室端横斑下半截粗大，形如蝌蚪；顶角圆形，明显外突；端线双线：外1条完整，内1条为断续相连接的三角形小斑列；端线内侧有2列并行的圆形斑；中室外各脉室除最前和最后2个室2个斑外，其余均1个斑，其中Cu_2室基部1个最小。后翅色略淡，基部暗褐，中室中部具1个横纹，端部1个小斑；翅外半部有3列斑：内列中间2个斑明显外靠，中列5斑，圆形，中间1个较小，外列斑较大；端线双线与脉端斑串连。反面，前翅中室及周围粉红，端半部黄褐微红；顶角黄绿色内有2个大眼斑，斑心具青白色，两眼斑上方及两侧有5个银色斑，上方的呈箭头形。后翅褐色微绿，中室内有1个小银白点，翅中央有1条黑白色短线组成的波状带；基半部亦有2条同样的带纹，并布有许多大小形状不同和深浅不一的褐斑块；外半部有2列深褐斑：内1列斑圆形具青白色斑心，最后1个斑很小，外列斑为三角形；其外侧有1条细的银白纹，端线双重。雌性前翅端半部紫黑色，顶角内有几个小白点，内侧有1条宽的白斜带；沿外缘具2列蓝白色短线纹，其内列呈新月形。前翅反面基半部桃红色，白色斜带内侧有紫褐带，其他斑纹同雄性。

成虫见于7月。

幼虫取食柳、栎、柏、马尾松和堇科植物。

分布：小五台山；保定、张家口；全国各地；朝鲜、日本、菲律宾、印度尼西亚、缅甸、泰国、不丹、尼泊尔、阿富汗、印度、巴基斯坦、孟加拉国、斯里兰卡等。

23.1147a 曲纹银豹蛱蝶(♂；正)

23.1147b 曲纹银豹蛱蝶(♂；反)

23.1148a 斐豹蛱蝶(♂；正；1980年7月17日，中台)

23.1148b 斐豹蛱蝶(♀；反)

23.1148c 斐豹蛱蝶(♂；反)

23.1149 铂铠蛱蝶

Chitoria pallas (Leech)

翅展约65mm。体翅黑色，翅面具黄、白色斑。前翅中室内有1个黄斑，中室顶端外具大小4个黄白色条斑，中室下方至后缘叠列4个黄白色斑块，其外方斜列4个黄白色斑，翅端区下部有2个白斑。后翅亚端线为1列新月形黄白色斑，臀角眼状斑上方具1列黄白色小斑，中域从前缘中部至臀角为1黄白色带。翅反面斑纹除臀角眼斑均为白色。

成虫见于7月上中旬。

分布：小五台山；张家口；陕西、四川。

23.1150 铂蛱蝶

Proclossiana eunomia (Esper)

翅展约40mm。胸腹部黑色，翅橙黄具黑色斑纹。翅外缘黑色，亚端线为1列“V”字形纹，中外区有1列黑点，翅基半部3、4条曲折黑纹，翅基部黑色。小五台山区分布有本种的北方亚种*P. e. ossiana*。

成虫见于5月下旬。

分布：小五台山；张家口；黑龙江、内蒙古、吉林；俄罗斯以及北美洲、欧洲。

23.1151 严珍蛱蝶

Clossiana iphigenia (Graeser)

翅展约40～50mm。胸腹黑色，翅橘黄色具黑色斑纹。翅正面斑纹清晰。反面前翅顶角、后翅中域有蓝白色区域和横带，后翅中后域白块斑列相连。

成虫见于6月下旬。

分布：小五台山；张家口；内蒙古、黑龙江。

23.1150 铂铠蛱蝶(♀；正)

23.1150 铂蛱蝶(♂；正)

23.1152 西冷珍蛱蝶

Clossiana selenis (Eversmann)

翅展33～40mm。胸腹黑色，翅橘红色，前翅顶角颜色逐渐加深，亚端线为1列"V"字形纹。后翅反面亚端线为1列白斑，中室端具1个长方形白斑，中基部有弯曲的白斑带。小五台山区分布有本种的东北亚种*C. s. chosensis*。

成虫见于6月中下旬。

寄主：堇菜属植物。

分布：小五台山；张家口；黑龙江、吉林、山西、新疆、四川；朝鲜、俄罗斯以及北美洲、欧洲。

23.1153 卵珍蛱蝶

Clossiana euphrosyne Linnaeus

翅展约40～45mm。后翅反面基后部有1个卵状银斑，中域白斑列中间亦有1个明显的长卵形银斑，小五台山区分布有本种的东北亚种*C. e. austratis*。

成虫见于6月下旬。

分布：小五台山南台海拔1500m；张家口；吉林。

23.1154 北冷珍蛱蝶

Clossiana selene Schiffermüuer

翅展35～45mm。前翅中室中部有近圆形黑色较大斑。翅反面，前翅顶角和后翅中、外部有白、蓝闪光区和闪光带。后翅中域有块状白斑列。

成虫见于6月上中旬。

分布：小五台山；张家口；黑龙江。

23.1151a 严珍蛱蝶(♂；正；1980年6月25日，南台)

23.1151b 严珍蛱蝶(♂；反)

23.1152a 西冷珍蛱蝶(♀；正)

23.1152b 西冷珍蛱蝶(♂；正)

23.1155 明珍蛱蝶

Clossiana oscarus Eversmann

翅展40～45mm。胸腹部黑色，翅橙黄色，具黑色斑纹。前翅亚端线为1列"V"形斑纹。后翅端线为1列"V"字型银斑。

成虫见于7月中下旬。

分布：小五台山；张家口；吉林、内蒙古。

23.1156 女神珍蛱蝶

Clossiana dia (Linnaeus)

翅展约35mm。胸腹部黑色，翅橘黄色具黑色斑纹。前、后翅外缘黑色，脉端具黑斑，亚端线为1列三角形黑斑，中外区有1列黑斑弧形排列。前翅中室内4个黑斑纹，中室端外2个黑斑，中室下方4个黑斑。

成虫见于5月中下旬。

分布：小五台山北台水沟海拔1300m；陕西。

23.1157 龙女宝蛱蝶

Boloria pales (Denis et Schiffermüller)

翅展约40mm。

23.1153 卵珍蛱蝶(♂；正；1980年6月30日，南台1500m)

23.1154a 北冷珍蛱蝶(♀；正；1980年6月11日，西台)

成虫见于8月上旬。

分布：小五台山西台海拔1250m；张家口；新疆、四川；尼泊尔以及欧洲等。

23.1155 明珍蛱蝶(♂；正)

23.1156 女神珍蛱蝶(♀；正)

23.1157a 龙女宝蛱蝶

23.1157b 龙女宝蛱蝶(2008年8月5日，1180m)

23.1154b 北冷珍蛱蝶(♀；反)

附：未定种

(2007年5月30日，西台1200m)

(1980年6月17日，西台)

喙蝶科 Libytheidae

体多为中型略小。下唇须很长，几乎与胸长相等，挺直粗壮，末端圆钝，明显伸出在头前方。头较小，复眼无毛；触角短粗，呈直棒状。前翅顶角突出呈镰钩状，R脉5分支，后3支共柄，自中室上角发出，A脉1条。后翅肩区宽扩，略呈方形；肩脉发达，A脉2条，外缘波状，前后翅中室多为开式。雄前足退化，跗节1节，具长毛，无爪。雌前足正常。卵长椭圆形，精孔处突起，表面具纵脊纹。幼虫外形似菜粉蝶幼虫，但中后胸较粗大。蛹为悬蛹，圆锥形，表面光滑。

23.1158 朴喙蝶

Libythea celtis Laicharting

体长19～20mm，翅展48～50mm。体背黑色，翅面黑褐色。前翅顶角突出如钩镰状，中室内有1个钩状红褐斑，中室外侧有1个大的红褐色近圆形斑；顶角内侧有3个小白斑，靠前缘那个在第2斑的内侧角上方，最小，而第3个的后方有1个与之相邻、大小相似的橙色斑。后翅中部具1　条由4个斑连成的褐色横带，外缘锯齿状。反面，颜色较淡，斑纹同正面。

成虫见于4月中旬～7月下旬。

寄主：朴、榆。

分布：小五台山东台杨家坪海拔1100～1300m；承德、张家口；陕西、甘肃、湖南、湖北、云南、贵州、广东、广西、台湾、辽宁、吉林、黑龙江、北京、山西、河南、浙江、四川、福建；日本、朝鲜、印度、缅甸、泰国、斯里兰卡以及欧洲。

23.1158a 朴喙蝶(♂；正；1980年5月2日，东台1200m)

23.1158b 朴喙蝶(♀；正)

灰蝶科 Lycaenidae

体多小型。翅常具红、橙、蓝、紫、古铜、青、绿等艳丽色泽。复眼裸出、周围多具白鳞毛。下唇须第1、2节常密生长毛,第3节纤弱而尖出。触角短,节上具白环。前翅R脉3或4分支，R3与R4+5共柄,A脉1条,中室开式或闭式。有些种类有短细线状尾突1～3条,1条多数,3条极少数。雌前足正常,雄前足正常或附节及爪退化。卵半球或扁圆形,表面满布多角形雕纹。幼虫蛞蝓形,体扁而椭圆,边缘薄而中央隆起；头小,常龟缩在胸部;体光滑或具毛或有小突起;足短。蛹为缢蛹,头尾圆钝,表面光滑或被细长毛。

23.1159 豆灰蝶

Plebejus argus (Linnaeus)

体长9～13mm，翅展27～33mm。雌雄异色。雄翅面蓝，闪光，端带暗黑褐，脉间有黑色小斑，缘毛白色较长；前翅前缘多白色鳞片；后翅后缘基部具灰蓝色长毛，端带内脉间具1列小斑，但较前翅斑纹大而明显；翅反面暗灰白色，基部青绿，前翅中室1个小黑圆斑，中室端斑呈弯月形，斑缘有青白环，中室外有1列斑，第5斑内靠较圆大，第6、7斑小而紧靠，沿外缘2列斑，中间夹有1列橙黄色斑带；后翅基部及后缘青绿色，稍外有4个小黑斑几乎排成一直线，橙黄色端斑带较前翅色浓而明显。雌翅面暗褐色，橙黄色端斑带明显，翅反面淡褐或灰褐色，斑纹同雄性，但明显粗大。

成虫见于5月下旬～8月中旬。

幼虫取食大豆、苜蓿、紫云英、黄芪、山黧豆、大蓟、小蓟、牛蒡、艾等植物。

分布：小五台山；河北各地；陕西、青海、四川、山西、山东、河南、甘肃、湖南、新疆、内蒙古、辽宁、吉林、黑龙江；朝鲜、日本以及欧洲。

23.1159a 豆灰蝶(♂；正)

23.1159b 豆灰蝶(♂；正)

23.1159c 豆灰蝶(♂；反)

23.1159d 豆灰蝶（♂；2007年8月12日，西台1520m）

23.1159e 豆灰蝶(♀；正)

23.1159f 豆灰蝶(2007年7月18日，西台1420m)

23.1160 黄灰蝶

Japonica lutea (Hewitson)

体长12mm，翅展33mm左右。翅面橙黄至橙红色；前翅顶角及外缘前大半部分黑色，雄性黑色范围略狭。后翅中室端及前后可透视其反面2条横白线纹，臀角及尾状突黑色，尾状突尖端白色，近臀角处有1个黑斑。翅反面褐黄色，中室端和中室外侧各具2条白线纹，两白线间色浓重，端带宽淡橙黄色，其内侧有1列小黑点和1条灰白色细线纹；后翅色略深，仅中央有2条长的细白线，端带橙红色，带中有2列小黑点，带内侧有与前翅相同的黑线和白线纹，两线纹中后部斑呈新月形，臀角及其附近2个大的黑斑明显。小五台区有本种的指名亚种*J. l. lutea*分布.

成虫见于5月下旬～7月下旬。

幼虫取食栎、朴、板栗等。

分布：小五台山；承德；陕西、台湾、辽宁、吉林、黑龙江、河南、甘肃、宁夏；朝鲜、日本。

23.1161 栅黄灰蝶

Japonica saepestriata (Hewitson)

翅展约38mm。前后翅橙黄色，尾状突黑色，臀角端有1小黑斑。翅反面橙黄色具栅栏状斑纹，臀角处色深，具2个黑斑。

成虫见于6月中旬。

寄主：壳斗科植物

分布：小五台山；张家口；四川、吉林、辽宁、黑龙江；朝鲜、日本。

23.1162 红珠灰蝶

Lycaeides argyrognomon Bergstraesser

又名：大豆斑灰蝶。

体长9～12mm，翅展28～33mm。雄前翅蓝色微紫，闪光性较差，端线狭细而清晰；后翅外缘黑斑稍大而明显。反面，前室中室内无斑，只端横脉具1黑色新月斑，近外缘橙黄色斑色深，互相连成带状；后翅亚端区黄色斑明显连成带状，带外侧1列斑圆形较大，而斑中（尤其后4个）饰有青蓝色金属光泽鳞片，端线黑色，脉端黑色点明显，缘毛白色较长。雌翅面近黑褐色，外缘黑斑与橙黄色斑发达而明显；反面色灰褐，斑纹与雄的相同，但较大些。小五台山区主要有本种的指名亚种*L. a. argyrognomon*分布。

成虫见于5月中旬～9月中旬。

幼虫取食大豆、木兰等。

分布：小五台山东台、西台、南台、北台、中台海拔1100～2650m；河北各地；陕西、青海、辽宁、吉林、黑龙江、山东、山西、河南、四川、青海、甘肃、新疆；朝鲜、日本以及欧洲。

23.1159g 豆灰蝶(♀；反)

23.1160a 黄灰蝶(♂；正；1980年5月20日，北台)

23.1161a 栅黄灰蝶(♀；正)

23.1162g 红珠灰蝶(2007年8月22日，北台1500m)

23.1159h 豆灰蝶（♂；2007年7月30日，北台1400m)

23.1160b 黄灰蝶(♂；反)

23.1161b 栅黄灰蝶(♀；反)

23.1162h 红珠灰蝶(2007年5月18日，西台1250m)

23.1162a 红珠灰蝶(♂；正)

23.1162c 红珠灰蝶(2007年8月22日，北台1500m)

23.1162e 红珠灰蝶(♂；反)

23.1162i 红珠灰蝶(♂；正)

23.1162b 红珠灰蝶(♂；反)

23.1162d 红珠灰蝶(♂；正)

23.1162f 红珠灰蝶(♂；反)

23.1162j 红珠灰蝶(2007年7月1日，西台1500m)

23.1163 蓝红珠灰蝶

Lycaeides amandus Schneider

翅展31～37mm。雌雄异色。雄天蓝色，有金属光泽，缘线黑色，缘毛白色。雌浅黑色，亚端线为1列橙色斑，斑中央有黑点。翅反面灰色，中室端有1个黑斑，后翅亚端线为1条橙黄色带。

成虫见于5月下旬～6月下旬。

分布：小五台山；张家口；吉林、辽宁、黑龙江；日本、朝鲜。

23.1164 褐红珠灰蝶

Lycaeides subsolana (Eversmann)

翅展32～36mm。雌雄异色。雄性翅面深蓝色并有比同类多的褐色，基部有金属光泽。雌性黑褐色，外缘具黑边，后翅亚端线处有橙色边。翅反面灰色，亚端线橙黄色。小五台山区分布本种的龙江亚种*L. s. iburiensis*、指名亚种*L. s. subsolana*和龙北亚种*L. s. ida*。

成虫见于5月下旬～8月中旬。

寄主：豆科植物。

分布：小五台山西台、南台海拔1200～1450m；张家口；辽宁、吉林、黑龙江、陕西、甘肃；日本、朝鲜。

23.1165 茄纹红珠灰蝶

Lycaeides cleobis (Bremer)

翅展30～35mm。雌雄颜色有异。雄翅褐色有蓝色鳞片；雌翅褐色，后翅外缘隐约可见1列黑点。翅反面，雌性颜色较深，两性黑色点斑排列基本相同，但雌性的黑斑点更浓黑；前后翅反面亚端线均为橘黄色宽带。

成虫见于6月下旬。

分布：小五台山；张家口；陕西、甘肃；日本、朝鲜。

23.1166 丽红珠灰蝶

Lycaeides sp.

翅展32mm左右。

成虫见于7月下旬。

分布：小五台山；张家口。

23.1164g 褐红珠灰蝶（♂；2007年7月22日，西台1300m）

23.1163a 蓝红珠灰蝶(♀；正；1980年6月25日，南台)

23.1163b 蓝红珠灰蝶(♀；反)

23.1164a 褐红珠灰蝶，(2007年6月17日，西台)

23.1164b 褐红珠灰蝶(2007年5月28日，西台1310m)

23.1164c 褐红珠灰蝶（♀；正）

23.1164d 褐红珠灰蝶（2007年6月8日，南台1300m）

23.1164e 褐红珠灰蝶（2007年6月15日，西台1380m）

23.1164f 褐红珠灰蝶（♀；反）

23.1164h 褐红珠灰蝶（♂；2007年5月18日，西台1250m）

23.1165a 茄纹红珠灰蝶(♀；正；2009年6月25日，北台)

23.1165b 茄纹红珠灰蝶(♀；反)

23.1166 丽红珠灰蝶(2009年7月28日，西台1180m)

23.1167 琉璃灰蝶

Celastrina argiolus (Linnaeus)

又名：醋栗灰蝶。

体长10～12，翅展29～34mm。翅面蓝灰色，有闪光；缘毛白色。雄翅面无斑纹，暗褐色端带较狭；雌翅前缘及暗褐色端带很宽，闪光性差。翅反面青灰白色，外缘内侧有3列黑褐色细的斑纹：内列前翅3～4个近长圆形，在后翅排列不整齐，中列为新月形，外列斑圆而小，中室端斑呈细短线状，不显著。雌的翅反面色略深些，斑纹与雄的相同。

成虫见于5月上旬～6月中旬。

幼虫取食桦、刺槐、醋栗、苹果、山楂、李、鼠李、悬钩子、胡枝子、蚕豆、山绿豆、大巢菜、慈竹等。

分布：小五台山南台、北台、东台海拔1400～2000m；河北各地；陕西、青海、四川、台湾、黑龙江、辽宁、山东、河南、山西、甘肃、江西、湖南、福建、浙江、云南；朝鲜、日本、俄罗斯以及亚洲、欧洲、非洲。

23.1167a 琉璃灰蝶(♂；正；1980年6月8日，南台1800m)

23.1167b 琉璃灰蝶(♀；正；1980年5月17日，东台1400m)

23.1167c 琉璃灰蝶(♀；反)

23.1168a 银灰蝶(♂；正)

23.1168 银灰蝶

Graucopsyche lycormas Butler

体长9～11mm，翅展28～32mm。体背黑褐。雄前翅青蓝、微带紫色、端带暗褐色，缘毛青白色；雌前翅黑褐，近基部常具少许青白色鳞片，中室端均具细的黑短线纹，雄的不明显；后翅无斑纹。翅反面灰白色，雌的较暗，基部散布有青白色鳞，后翅较多；前后翅中室端均具黑色细横纹，前翅较明显；前翅亚端线由7个黑点组成；后翅基部近前缘有一黑点；亚端区1列黑斑排列弯曲，Cu_1室内的明显内靠。

成虫见于5月上旬～6月下旬。

幼虫取食蚕豆、野豌豆、山黧豆等。

分布：小五台山南台（东沟寺海拔1600m，6月16日）、西台、北台海拔1100～2700m；承德、张家口；陕西、四川、黑龙江、辽宁、吉林；朝鲜、日本。

23.1168b 银灰蝶(♀；正；1981年6月10日，西台1700m)

23.1168c 银灰蝶(♂；正；1980年6月7日，南台1600m)

23.1168d 银灰蝶(♂；反)

23.1168e 银灰蝶(♂；反)

23.1169 玄灰蝶

Tongeia fischeri Eversmann

体长8～11mm，翅展24～27mm。体背黑色，翅面黑褐色，前翅中室端具黑色细横纹，常不明显。后翅外缘隐约可见黑色斑1列，内侧有不显著的红色新月斑，尾状突极细短。翅反面暗灰色，斑纹黑色具白边，中室端斑明显，外缘3列黑斑纹：内列近后缘2个斑明显内靠，中列斑较大，外列斑较小；后翅基部有4个黑斑排成1列，近外缘两列斑间有橙黄色斑列，以Cu_1和Cu_2室2个斑最明显；雌的翅反面色稍暗，斑纹较粗大。

成虫见于6月上旬～7月上旬。

幼虫取食景天科植物。

分布：小五台山；张家口；陕西、黑龙江、辽宁、山东、山西、河南、江西、福建、台湾；朝鲜、日本。

23.1169a 玄灰蝶(2007年8月14日，西台1380m)

23.1169b 玄灰蝶(♀；正)

23.1169c 玄灰蝶(♀；反)

23.1169d 玄灰蝶（♀；2007年6月28日，西台1210m）

23.1170 点玄灰蝶

Tongeia filicaudis (Pryer)

翅展26mm左右。体翅黑褐色。翅反面灰色，中室域有3个黑斑，尾突短，沿外缘有小黑点，内侧有微蓝色新月纹；翅外缘黑色，边白色，内有3列黑点，其内列极不规则；后翅基部斑点3个，尾突部有镶橘红色的微蓝色斑点1列，其中Cu_1、Cu_2斑较明显。

成虫见于7月下旬。

分布：小五台山；张家口；黑龙江、河南、山东、山西、四川、浙江、江西、台湾。

23.1171 大卫玄灰蝶

Tongeia davidi (Poujade)

翅展20mm左右。

成虫见于7月下旬。

分布：小五台山；张家口。

23.1170a 点玄灰蝶(♀；正)

23.1170b 点玄灰蝶(♀；反)

23.1172a 蓝灰蝶(♀；反)

23.1172b 蓝灰蝶(♀；正)

23.1172 蓝灰蝶

Everes argiades (Pallas)

体长6～9mm，翅展18～25mm。雌雄异色，又有春、夏型之别。雄翅面蓝紫或青蓝色，前翅中室端有小细横纹，外缘黑色，缘毛白色。后翅外缘有1列黑色小斑，M_3与Cu_1室2个明显，其内侧有橙黄斑，其余周围具青蓝色鳞片，斑色暗，模糊，有的斑连成短带状；尾状突黑色，末端白色。雌的夏型翅面黑褐，前翅无斑纹，后翅近臀角有2～4个黑斑及橙黄斑；雌的春型前翅基部及后翅外缘多具青蓝色鳞片。雌雄翅反面灰白色，前翅中室端有黑色细横纹，外缘3列黑斑：内列整齐清楚，外列则模糊；后翅外缘具3列小黑斑：内列不整齐，中列和外列之间夹有橙黄斑列；中室端细横纹极细而不显著，中室内和前缘各有1个黑点。小五台山区有本种的北方亚种*E. a. hellotia*、东北亚种*E. a. amurensis*分布。

成虫见于4月中旬～8月下旬。

幼虫取食青杠、苜蓿、紫云英、豌豆、苦参、大巢菜、车前子等。

分布：小五台山南台、西台、北台、东台海拔1100～2650m；张家口；陕西、四川、辽宁、吉林、黑龙江、河南、山东、西藏、四川、云南、浙江、福建、江西、台湾、海南；朝鲜、日本以及北美洲、北欧。

23.1172c 蓝灰蝶(♂；正)

23.1172d 蓝灰蝶(♂；反)

23.1172e 蓝灰蝶（♂；2007年5月25日，南台1350m）

23.1173 长尾蓝灰蝶

Everes lacturnus (Godart)

体长10mm，翅展22mm左右，与蓝灰蝶*E. argiades*相似，但尾状突较之长约1/3左右。翅面蓝灰色略暗，外缘黑褐；前翅中室端具黑色细横纹；后翅外缘有1列黑斑，近尾状突上方2个斑色较深重。雌翅面黑褐，后翅尾状突基部上方2个黑斑内侧的橙色斑较大，似连成一片。翅反面，中室端横纹前翅明显，后翅细暗；沿外缘3列黑斑纹：内列明显，中、外两列在暗褐色端带之内隐约可见；后翅中室基部和前缘各有1个黑圆点，翅基部多青蓝鳞片，全翅3列黑斑：内列排列极不整齐，外2列在端带内较明显，橙斑及其相邻近的黑斑大而显著，此斑雄的多为橙红色。

成虫见于5月上旬～8月中旬。

幼虫取食山蚂蝗等豆科植物。

分布：小五台山；张家口；陕西、台湾、云南、浙江、福建、江西、湖北、广西、广东、香港；日本、印度、澳大利亚、巴布亚新几内亚等。

23.1173a 长尾蓝灰蝶(♂；反)

23.1173b 长尾蓝灰蝶(♂，正)

23.1173c 长尾蓝灰蝶(♀；正；1980年5月10日，西台)

23.1174 癞灰蝶

Araragi enthea (Janson)

翅展26～35mm。体翅褐黑色。前翅中室端及其下方具淡色斑，后翅外缘具纤细尾突。翅反面银灰色，布有大小不一的褐色斑块，前翅上的斑块较大，后翅上的较小，后翅臀角有2个中央带黑点的橙色斑。

成虫见于6～7月。

寄主：核桃楸等。

分布：小五台山；张家口；吉林、辽宁、湖北、四川、河南、浙江、台湾；日本、朝鲜、俄罗斯。

23.1175 橙灰蝶

Lycaena dispar Haworth

体长约13mm，翅展35～40mm。雌雄异形。雄蝶除外缘有黑带黑点外，基本均为橘红色。雌翅外缘、亚缘及中域黑斑点排列整齐，中室域有2个黑圆斑。翅反面雌雄基本相同，但中域黑斑排列不太整齐。小五台山区有本种的东亚亚种*L. d. auratus*、东北亚种*L. d. borodowskyi*分布。

成虫见于6月中下旬。

寄主：酸模等。

分布：小五台山西台海拔1200m左右；承德、张家口；陕西、青海、辽宁、吉林、黑龙江、西藏；俄罗斯、朝鲜。

23.1176 红灰蝶

Lycaena phlaea (Linnaeus)

体长约13～16mm，翅展42mm左右。体背黑色，被黄褐色绒毛。前翅朱红色，斑纹黑色；翅周缘黑色，外缘较宽；中室中部和端横脉处各具1个斑，亚端区1列斑圆形，前3个外斜，后4个内倾与外缘平行；外缘内1列斑与端带内侧相嵌合。后翅黑褐，但中室端内外朱红色，中室中部斑隐约可见，中室端斑明显较长；外缘为1列相连续的斑，其内侧有1条橙红色带。翅反面，前翅黄色微红，端带淡灰褐色，中室内2个斑，其余斑同正面，但斑的边缘多有淡色晕环；后翅灰褐色，基部具青色鳞片，中室内2个圆斑，端部细线状不显著，中室前2～3个斑，中室后1个斑；亚端区1列斑9个排列不整齐，外缘2列斑平行排列，中间夹1条橙黄色带。雄前翅较狭，外缘中部以后向内倾斜，雌的外缘圆阔。小五台山区分布有本种的东北亚种*L. p. daimio*和华北亚种*L. p. chinensis*。

成虫见于6月上旬～8月下旬。

幼虫取食何首乌、羊蹄草、酸模等。

分布：小五台山西台、北台海拔1300～2800m；承德、张家口；陕西、青海、辽宁、黑龙江、河南、西藏、浙江、福建、北京、内蒙古、吉林；朝鲜、日本、俄罗斯。

23.1174a 癞灰蝶(♂；正)

23.1175b 橙灰蝶(♂；反)

23.1176a 红灰蝶(♀；2007年6月28日，西台1600m)

23.1174b 癞灰蝶(♂；反)

23.1175c 橙灰蝶(♀；正；1980年7月10日，西台1200m)

23.1176b 红灰蝶(♂；正)

23.1175a 橙灰蝶(♂；正；1980年6月15日，西台1200m)

23.1175d 橙灰蝶(♀；反)

23.1176c 红灰蝶(♂；反)

23.1177 珞灰蝶

Scolitantides orion Pallas

体长11～14mm，翅展28～32mm。体翅背面黑褐色，闪蓝光；中室端1个黑斑及外缘1列黑斑，前翅隐约，后翅较明显，缘毛黑白相间。翅反面灰白色，但雄的为淡灰褐色，斑纹黑色较大而显著；前翅中室内和中室端部各有1个斑，翅外半部3列斑纹：内列斑方形，排列不整齐，中列成弧形，斑纹连成带状，外列斑近圆形较小；后翅基部4个圆斑成列，中室端有1个长斑，翅外半部同样具3列近圆形斑：内列弯曲排列不整齐，中外2列外中间夹有1条橙黄色带，雄性带纹色较深。夏型体较春型稍大，色泽亦较浓重。

成虫见于5月中旬～8月中旬。

幼虫取食景天科植物。

分布：小五台山西台、北台海拔1260～2700m；保定、承德、张家口；陕西、辽宁、黑龙江、山西、河南、甘肃、新疆、西藏、湖北、福建、云南；朝鲜、日本、俄罗斯以及欧洲。

23.1177a 珞灰蝶(♂；正；1980年6月2日，北台1300m)

23.1177b 珞灰蝶(♂；正；1981年8月10日，西台2000m)

23.1177c 珞灰蝶(♂；反)

23.1178a 黑灰蝶(♀；正；1980年5月20日，西台1200m)

23.1178 黑灰蝶

Niphanda fusca (Bremer et Grey)

体长15～17mm，翅展38～42mm。体背黑色，被黄褐色绒毛。下唇须向上，端节尖细，端尖红褐色；头顶两复眼基部及触角基后方均具白鳞毛。翅面，雄为蓝黑褐色，具闪光；雌为淡暗褐色，基部有蓝色闪光。雄中室色较暗，端部有1个模糊的斑纹，外侧有1个大的淡色圆斑纹；翅面其他斑纹模糊，只后翅外缘1列淡褐斑隐约可见，无尾状突起；缘毛白色。翅反面暗灰色，斑纹暗褐色；雌雄斑纹相同，但雄的色较深；前翅基部后方有1个大斑，中室内1个小圆斑，端斑较大近方形，中室外侧由7个斑组成一横列，外缘有2列色极淡而模糊的弯月形纹；后翅基部4个小斑，中室端斑较长，外侧有1列大小不等的6～7个小斑，排列极不整齐，外缘斑纹同前翅。

成虫见于5月中旬～7月中旬。

幼虫取食栎等壳斗科植物。

分布：小五台山西台、北台海拔1100～2700m；张家口；陕西、青海、辽宁、吉林、黑龙江、山西、河南、甘肃、湖南、湖北、四川、江西、福建；朝鲜、日本。

23.1178b 黑灰蝶(♀；正)

23.1178c 黑灰蝶(♀；正)

23.1178d 黑灰蝶(♀；反)

23.1179 诚洒灰蝶

Satyrium w-album Knoch

又名：榆灰蝶、曲裳纹灰蝶、乌灰蝶。

体长9～11mm，翅展27～31mm。翅面黑褐，无斑纹。雄前翅中室端靠前有1个近椭圆形的淡色香鳞区。后翅尾状突起尖细，端尖白色。翅反面色较正面淡，前翅亚端线白色较细，其内侧附近有1个黑褐色细纹，其外侧有不明显的橙色带痕迹；后翅有“W”形白线纹，白纹内侧饰有黑褐色细线，端线橙红色，其内侧具黑色新月形斑1列，其外侧具黑色点，近臀角2个黑点大而显著，外缘有1条细白线。小五台山区分布有本种的指名亚种*S. w-a. w-album*。

成虫见于5月中旬～7月下旬。

幼虫取食榆、椴、栎、槭、桤木、山毛榉、苹果、乌荆子等。

分布：小五台山西台、南台、东台海拔1300～2400m；保定、承德、张家口；华北各地以及河南、陕西、青海、吉林等中国大部；朝鲜、日本、俄罗斯。

23.1178e 黑灰蝶(♀；反)

23.1179a 诚洒灰蝶(♀；正；1980年7月20日，南台2300m)

23.1179b 诚洒灰蝶(♂；反)

23.1179c 诚洒灰蝶(♀；正)

23.1180 乌洒灰蝶

Satyrium pruni (Linnaens)

翅展40mm左右。

成虫见于6月下旬。

寄主：李、桃、樱桃等。

分布：小五台山；张家口；辽宁、吉林、黑龙江、山西、河南、四川；朝鲜、日本以及欧洲。

23.1181 刺痣洒灰蝶

Satyrium spini (Deniis et Schifferm ü ller)

翅展34～40mm。主要特征为雄性前翅中室性标窄长，后翅反面臀角附近近蓝斑特大，无后斑色围。前翅外缘基本无斑纹，中横线下端显著勾内曲折。后翅中部的白横线向内微弯，末端的“W”形白纹平直，臀角稍圆有一尾突。小五台山区有本种的北方亚种*S. s. latior*分布，此亚种翅面颜色较深。

成虫见于7月下旬。

寄主：鼠李等。

分布：小五台山；张家口；吉林、河南、山西、山东、辽宁、黑龙江等。

23.1179d 诚洒灰蝶(♀；反)

23.1180a 乌洒灰蝶(♀；正)

23.1180b 乌洒灰蝶(♂；反；2009年6月17日，东台1200m)

23.1182 无尾洒灰蝶

Satyrium tengstoemi Erschoff

翅展32～38mm。

成虫见于7月上旬。

分布：小五台山；张家口；辽宁、吉林。

23.1183 红斑洒灰蝶

Satyrium rubicundulum (Leech)

翅展30mm左右。

成虫见于6月下旬。

分布：小五台山；张家口；山西、河南、陕西、四川。

23.1181a 刺痣洒灰蝶(♀；正；1980年7月12日，南台)

23.1181b 刺痣洒灰蝶(♀；反)

23.1181c 刺痣洒灰蝶(♀；正；1981年7月28日，北台)

23.1181d 刺痣洒灰蝶(♀；反)

23.1182 无尾洒灰蝶(♂；正)

23.1184 幽洒灰蝶

Satyrium iyonis (Oxta et Ku-sunoki)

翅展25～30mm。前翅中部略显黄红色斑，翅反面中域白斑线清；后翅无大的“v”形线；尾突细长黑色。小五台山区有本种的指名亚种*S. i. iyonis*分布。

成虫见于7月中旬。

寄主：鼠李等。

分布：小五台山；张家口；吉林、辽宁、山西、河南、四川等；日本、朝鲜。

23.1185 优秀洒灰蝶

Satyrium eximium (Fixsen)

翅展33～38mm。翅棕褐色，具深紫色闪光，有尾突。前翅反面中外区有1白色横线。后翅臀角突出，反面橘黄色斑内具1个小黑斑，亚端线处的2条斑列组成1个明显的“V”字形。

成虫见于8月上中旬。

分布：小五台山；张家口；黑龙江、吉林、辽宁、山东、河南、陕西、甘肃、浙江、福建、四川、广东、云南、台湾；朝鲜。

23.1181e 刺痣洒灰蝶(♂；正；1980年7月12日，南台)

23.1181f 刺痣洒灰蝶(♂；反)

23.1183 红斑洒灰蝶(♀；正；1980年6月21日，中台)

23.1186 驳灰蝶

Bothrinia sp.

翅展雌约31mm，雄约28mm。

成虫见于6月中下旬。

分布：小五台山；张家口。

23.1187 艳灰蝶

Favonius orientalis (Murray)

体长14～15mm，翅展36～40mm。体背及翅面黑褐色。雄翅面满布金绿色鳞片，具紫蓝色闪光，无斑纹；翅缘具黑色线，端线较粗，缘毛白色。后翅端线黑色较宽，尾状突黑色，尖端白色。翅反面灰白微褐，前翅中室端具1个暗褐色细横线纹，亚端线为褐白双线，由前缘斜向后角达Cu_2脉前方，沿外缘有2条不十分明显的褐色波状线，近后角处两线间夹有褐色斑；后翅有显著的白色“W”形纹，中室端具不明显的淡褐色线纹，沿外缘有1条白色细线，其内侧有2条平行的白色波状粗线纹，臀角端黑色，2个橙色斑内具黑点；雌翅面黑褐色，金绿鳞片少，闪光较差，色较暗，但斑纹与雄相同。

成虫见于7月中下旬。

幼虫取食栎、橡、榛、板栗等壳斗科植物。

分布：小五台山南台海拔1400m；唐山、承德、张家口；陕西、辽宁、内蒙古、青海、山西、河南、江西；日本、朝鲜。

23.1188 捷艳灰蝶

Favonius jesoensis Matsumura

翅展30～35mm。

成虫见于7月中下旬。

分布：小五台山南台大虎沟海拔1400mm；张家口。

23.1189 窄艳灰蝶兴隆亚种

Favonius taxila xilongensis Murayama

翅展约32mm。

成虫见于7月中旬。

分布：小五台山；张家口、承德。

23.1190 华夏爱灰蝶

Aricia chinensis Murray

翅展约27mm。

成虫见于7月上旬。

分布：小五台山西台金河口海拔1250m；张家口。

23.1191 中华爱灰蝶

Aricia mandschurica (Staudinger)

翅展25～28mm。体翅黄褐色至黑褐色，前后翅的亚端线为黄色至橘黄色被黑色翅脉分割。翅反面灰色，前后翅亚端线橘黄色明显。

成虫见于6月下旬～7月中旬。

分布：小五台山；张家口；河南、黑龙江。

23.1192 多眼灰蝶

Polyommatus eros Ochsenheimer

翅展约30mm。雌性赭黑色，亚端线由1列近圆形黄斑组成，前翅中室有1黑点；翅反面黄褐色，布有黑点，亚端线橘黄色。雄性蓝灰色，后翅端线为1列黑点；翅反面同雌性，但颜色稍浅。小五台山区有本种的东北亚种*P. e. eroides*分布。

成虫见于8月上旬。

分布：小五台山；张家口；黑龙江、吉林、山东、河南、陕西、宁夏、甘肃、四川、青海、西藏；朝鲜、日本以及欧洲大部分地区。

23.1187a 艳灰蝶(♂；正)

23.1187b 艳灰蝶(♂；反)

23.1188 捷艳灰蝶

23.1191a 中华爱灰蝶(♀；2007年6月22日，北台1410m)

23.1191b 中华爱灰蝶（♀；正）

23.1191c 中华爱灰蝶（♀；反）

23.1192a 多眼灰蝶(♂；反)

23.1192b 多眼灰蝶(♂；2008年8月5日，西台1400m)

23.1192c 多眼灰蝶(♂；正；2007年8月5日，西台1400m)

23.1192d 多眼灰蝶(♂；正)

23.1193 阿西线灰蝶

Thecla eximia Fixsen

体长11mm，翅展34mm左右。翅面棕褐色，有紫色闪光，无斑纹，仅雄性中室端具1个椭圆形香鳞斑。后翅臀角斑橙黄色，角呈圆形向内突，其突出部分缘毛黑色，尾状突细短。翅反面茶褐色，具稀疏的金黄闪光鳞；前翅中室端香鳞斑痕迹显凸，亚端区有1条内侧饰有黑褐线的青灰色细横纹，后段约1/4内靠；后翅青灰横纹后半段弯曲呈“W”形，近外缘2条波状纹只Cu_1室至臀角间明显，中间夹有橙黄色斑纹。

成虫见于5月上旬～8月中旬。

分布：小五台山西台、北台海拔1100～1800m；保定、承德、张家口；陕西。

23.1194 线灰蝶

Thecla betulae (Linnaeus)

翅展38～40mm。雄性体翅棕褐色，前翅中室端可见黑斑，臀角内外具橘红色斑2个。雌性体翅黑褐色，前翅中区具6个橘红色斑斜向相连。后翅外缘锯齿状。翅反面，雄性灰黄色，雌性橘红色，翅的中部和前部各具1条横带，此带上宽下窄，比本翅色深，两侧镶白黑边。尾部外缘黑色。有白色缘毛。尾突粗短，臀角与Cu_2室各有1个小黑斑。小五台山区有本种的指名亚种*T. b. betulae*和朝鲜亚种*T. b. coreana*分布。

成虫见于7月中旬。

寄主：樱桃属、榆叶梅属植物。

分布：小五台山西台海拔1200～1400m；张家口；黑龙江、吉林、浙江；朝鲜以及亚洲北部到欧洲西部北部。

23.1195 彩燕灰蝶

Rapara selira (Moore)

体长11～13mm，翅展约34～36mm。体背黑色，翅面黑褐，前翅基大半部、前后缘和后翅有蓝紫色闪光。前翅中室外具1个大形橙红色斑，雄性斑明显小，仅为雌性斑的1/3左右。后翅Cu_1脉至臀角间有橙红色斑，臀角向内侧圆突，尾状突细长，端尖白色。翅反面青灰褐色，基半部稍暗，中室端有1条中间为细白线分割的短横褐带；外侧有1条由前缘2/3处伸向后缘但不达后缘的斜褐带：前翅带纹较直，后翅带纹呈“W”形曲向内缘，两带纹 镶有白边，由前向后渐狭；前翅亚端带褐色实窄，端带淡褐较宽；后翅中室中部前沿有1个褐斑，中室端短横带较前翅的窄长，“W”纹上有橙色，臀角尖黑色，橙黄斑具1个小黑红点，亚端带较前翅的稍宽，端带较前翅的狭，中间有1条细白线。

成虫见于6月上旬。

分布：小五台山西台海拔1300m；保定、承德、张家口；陕西、青海、黑龙江、辽宁、甘肃、浙江、云南、西藏；印度。

23.1193a 阿西线灰蝶(♂；正；1980年5月20日，西台1400m)

23.1193b 阿西线灰蝶(♂；反)

23.1193c 阿西线灰蝶(♀；正；1980年8月11日，北台1800m)

23.1193d 阿西线灰蝶(♀；反)

23.1194a 线灰蝶(♀；正；2008年9月11日，西台1370m)

23.1194b 线灰蝶(♂；正)

23.1194c 线灰蝶(♂；反)

23.1194d 线灰蝶(♀；正；1980年7月15日，西台1400m)

23.1194e 线灰蝶(♀；反)

23.1195a 彩燕灰蝶(♂；正；1980年6月8日，西台1300m)

23.1195b 彩燕灰蝶(♀；反)

23.1196 霓纱燕灰蝶

Rapara nissa (Kollar)

又名：尼燕灰蝶。

翅展约31mm。翅色斑纹有地域性、季节性变化。翅红褐至蓝黑色。前翅基半部和后翅大部有紫色闪光，中室端外有时有红斑。后翅rs室基部有1个长椭圆形毛丛丝，此为雄性斑。后翅臀角呈叶状，有蓝色斑，其中臀角端有镶白边、Cu_1室镶橘黄色的黑斑各1个。尾突细长，反面中室端有斑，中横线外侧白色，后翅的中横带在Cu_2室后弯曲呈“W”状。

成虫见于7月中旬～8月下旬。

分布：小五台山西台海拔1300～1400m；张家口、邢台、秦皇岛；黑龙江、陕西、湖北、江西、浙江、北京、河南、广西、云南、台湾；马来西亚、泰国、印度等。

23.1197 乌燕灰蝶

Rapara arata Bremer

翅展30mm左右。翅面闪深蓝色，翅面无大的红斑。后翅后部有白色边缘，臀角处有1～3个浅红色点。

成虫见于5月上旬～6月下旬。

分布：小五台山；张家口；吉林；日本、朝鲜。

23.1198 黄燕灰蝶

Rapala betuloides Blanchard

翅展32～36mm。

成虫见于6月下旬。

分布：小五台山；张家口；辽宁。

23.1199 胡麻霾灰蝶

Maculinea teleia (Bergstrasser)

又名：胡麻斑灰蝶。

翅展约40mm。体翅褐色，翅中域闪有蓝光。翅面较模糊，但仍可在中域见潜在黑长斑。翅反面蓝灰色斑点圆形。本种色斑变化较大。小五台山区分布有本种的亚种小胡麻霾灰蝶*M. t. kazamoto*(1980年7月21日南台，南台道海拔1200～1500m)。

成虫见于6月下旬～7月下旬。

寄主：地榆等。

分布：小五台山南台、西台、北台、东台海拔850～1500m；张家口；黑龙江、吉林、辽宁、内蒙古、山东、山西、河南；朝鲜、日本以及欧洲。

23.1200 霾灰蝶

Maculinea arion (Linnaeus)

又名：黑星琉璃小灰蝶。

翅展34～36mm。翅面浅蓝色，前翅外缘及后翅前缘、外缘有黑色带，雌性的外缘黑边较宽，个体及前后翅的中域斑略小于大斑霾灰蝶*M. arionides*。翅反面前翅中室内有斑点2个，后翅中基部有闪蓝区域，翅面类型有地域性变化。小五台山区有本种的小斑亚种*M. a. ussuriensis*分布。

成虫见于7月中下旬。

寄主：百里香、蚁卵和蛴螬。

分布：小五台山杨家坪海拔850～950m；张家口；黑龙江、内蒙古、甘肃；朝鲜、俄罗斯以及欧洲中部。

23.1201 大斑霾灰蝶

Maculinea arionides (Standinger)

翅展38～48mm。翅浅蓝色有金属光泽。前翅外缘、后翅周缘有浓黑色带，缘色白色，前翅中室端具黑斑1块，中域有1条黑斑带。后翅中域有一些黑色小斑。小五台山区分布有该种的指名亚种*M. a. arionides*和另一亚种大胡麻霾灰蝶*M. a. takamukui* (8月8日西台1800m)。

成虫见于7月中旬～8月中旬。

寄主：唇形科一些植物。

分布：小五台山西台海拔1800m；张家口；辽宁、吉林、黑龙江、河南、山西、四川；朝鲜、日本、俄罗斯。

23.1196 霓纱燕灰蝶(♀；2007年8月29日，西台1400m)

23.1199a 胡麻霾灰蝶(♀；正)

23.1200b 霾灰蝶(♂；2008年8月5日，西台1400m)

23.1197a 黄燕灰蝶(♂；正；1980年6月22日，北台)

23.1199b 胡麻霾灰蝶(♀；反)

23.1200c 霾灰蝶(小斑亚种；♂；正)

23.1197b 黄燕灰蝶(♂；反)

23.1200a 霾灰蝶(♂)

23.1201a 大斑霾灰蝶(♂；反；变异)

23.1202 玛霾灰蝶

Maculinea sp.

翅展34mm左右。

成虫见于7月上中旬。

分布：小五台山；张家口。

23.1203 诗灰蝶

Shirozua jonasi (Janson)

翅展35～39mm。翅面橙黄色。前翅顶端有模糊的黑斑，脉端黑褐色。后翅前缘淡黄色，外缘M_1脉至Cu_2脉向略呈直线，尾突尖，臀角黑色。翅反面，前后翅中室端均有橙色斑，外中横线橙褐色外侧镶白边，后翅外中横线向外斜达Cu_2室，并弯向后缘。雌性前翅顶端和外缘黑色带色浓且宽，翅基褐色，渐向外扩散。小五台山区分布有本种的指名亚种*S. j. j. nasi*。

成虫见于7月下旬～8月中旬。

分布：小五台山东台海拔900m；张家口；山西、黑龙江；朝鲜、日本、俄罗斯。

23.1201b 大斑霾灰蝶(♂；正；畸色)

23.1201c 大斑霾灰蝶(♂；反)

23.1201d 大斑霾灰蝶(♂；正)

23.1204 齿轮灰蝶

Novosatsuma pratti (Leech)

翅展约26mm。

成虫见于5月上中旬。

分布：小五台山西台、北台海拔1300～1700m；张家口；浙江、湖南、云南；日本。

23.1205 紫灰蝶

Chilades sp.

翅展25～28mm。

成虫见于7月中旬。

分布：小五台山北台海拔1380m；张家口。

弄蝶科 Hesoeriidae

体多为小型。体粗壮，多褐、黑、棕色，少数黄或白色。头宽大，复眼有长毛；两触角基相距较远，锤部尖出呈弯钩状。前翅三角形，R脉5支，均由中室前缘分出，A脉2条。后翅近圆形，A脉2～3条。中室开式或闭式。前足发育正常。飞翔迅速敏捷。幼虫纺锤形，头大，色深，前胸较细如颈，常吐丝缀叶做苞，在内取食。蛹长圆，末端尖削，上唇分三瓣，喙长超过翅芽很多，在丝苞或丝巢内化蛹。

23.1206 直纹稻弄蝶

Pamara guttata (Bremer et Grey)

又名：直纹稻苞虫、稻苞虫、结虫。

体长16～19mm，翅展33～37mm。体翅黑褐，前翅中部靠前有7～8个排列成半环形状的白色小斑，近中室端1个最大，且在环状纹最下边。后翅外线处有4个小白斑排成整齐一斜列，最外一斑最小，翅反面色略淡，斑纹同正面。雌体较雄体稍大，翅较宽阔，斑纹也发达。

成虫见于8月中旬～9月下旬。

幼虫取食柏、云杉、马尾松、水稻、稗、茭白、狗尾草、苇、竹等。

分布：小五台山南台南台道、西台、北台海拔1200～1600m；张家口及河北各地；陕西、四川、辽宁、吉林、黑龙江、宁夏、甘肃、山东、河南、江苏、安徽、浙江、湖北、江西、湖南、福建、台湾、广东、广西、贵州、云南；朝鲜、日本、越南、老挝、缅甸、马来西亚、印度、俄罗斯。

23.1203a 诗灰蝶(♀；反)

23.1203b 诗灰蝶(♂；正)

23.1204 齿轮灰蝶

23.1205 紫灰蝶（1981年7月17日，北台1380m）

23.1206a 直纹稻弄蝶(♂；正)

23.1206b 直纹稻弄蝶(♀；反)

23.1206c 直纹稻弄蝶(1998年8月20日，西台1200m)

23.1207 河伯锷弄蝶

Aeromachus inachus Ménétriès

翅展24mm左右。深褐色。前翅中横白斑弧形排列，后翅无斑纹，中室端有1个白点。翅反面，前翅前半部有2半列白斑，后翅斑纹蛛网状。

成虫见于8月上旬。

幼虫取食禾本科植物等。

分布：小五台山西台海拔1400m；张家口；吉林、黑龙江、辽宁、陕西、甘肃、浙江、山西、山东、河南、湖北、湖南、福建、台湾、四川、贵州、云南、北京；日本、朝鲜。

23.1208 隐纹谷弄蝶

Pelopidas mathias (Fabricius)

又名：隐纹稻苞虫、隐纹弄蝶。

体长16～17mm，翅展37～39mm。体翅颜色与直纹稻弄蝶*P. guttata*相似，翅面被有黄绿色鳞片和毛。前翅有8个白斑组成不规则的半环形纹，但斑纹略小；雌性的在半环纹中最大斑的后方有1个极小的白点，2A室中部端靠外有1个三角形白斑；雄性无上述2个白斑点，而有1条短的白斜线。后翅无斑。反面，前翅与正面相同，后翅中室基部有1个微小白点，外部有5个排成弧形的同样大小的白点。

成虫见于9月中下旬。

幼虫取食水稻、竹、甘蔗、高粱、谷子等禾本科植物。

分布：小五台山南台海拔1400m左右；张家口；辽宁、吉林、北京、陕西、甘肃、山东、山西、河南、浙江、湖北、江西、福建、湖南、广西、四川、贵州、台湾；朝鲜、日本。

23.1209 中华谷弄蝶

Pelopidas sinensis Mabille

翅展32～38mm。

成虫见于7月中旬。

寄主：水稻等。

分布：小五台山；张家口；辽宁、河南、山西、安徽、浙江、湖北、江西、福建、广东、四川、云南、西藏、台湾；印度。

23.1210 白斑赭弄蝶

Ochlodes subhyalina (Bremer et Grey)

体长15～17mm，翅展31～33mm。体背黑褐色，被棕黄色毛。翅赭红色，翅脉黑色；前翅基部、顶角及后翅黑褐斑连成黑褐区，中室端外侧有1个前部分叉的黑褐斑，雄性中室后有1个纺锤形黑色香鳞区，雌的黑斑狭长。后翅周缘黑褐区域较大，仅中室中部和亚端区露出翅底色。翅反面色略淡，前翅基部及后缘黑褐，后翅底露出部分暗而较正面狭小，基半部密布黄绿色鳞毛。小五台山区有其指名亚种*O. s. subhyalina*分布。

成虫见于5月下旬～8月下旬。

幼虫取食莎草、缩箬等。

分布：小五台山西台、北台、南台、东台海拔1100～1500m；保定、石家庄、唐山、承德、张家口；陕西、青海、辽宁、吉林、山东、河南、浙江、江西、福建、台湾、四川、贵州、云南、西藏；朝鲜、日本、缅甸、印度、尼泊尔。

23.1207 河伯锷弄蝶(♀；2007年8月1日，西台1400m)

23.1208a 隐纹谷弄蝶(♀；正)

23.1208b 隐纹谷弄蝶(♂；反)

23.1209 中华谷弄蝶(♂；正)

(♂；正)　(♀；正)　(♂；正)　(♀；2007年6月20日，西台1380m)　(♂；反)　(2007年7月2日，北台1450m)

23.1210 白斑赭弄蝶

23.1211 菩提赭弄蝶

Ochlodes bouddha (Mabille)

翅展35～38mm。

成虫见于8月上旬。

寄主：禾本科的一些植物。

分布：小五台山西台海拔1220m；张家口；云南、四川；缅甸。

23.1212 小赭弄蝶

Ochlodes venata (Bremer et Grrey)

翅展约30mm。雌雄异型。翅赭黄色，前翅中横斑列由不透明的黄白色斑连续而成，M_1、M_2室斑外移，后翅亦有1列不透明的黄白色中横带，雄性在中室下有黑色性标。翅反面色较正面淡，斑纹也较小。小五台山山区有东部的指名亚种*O. v. venata*分布。

成虫见于7月中下旬。

分布：小五台山西台海拔1300～1500m；张家口；黑龙江、吉林、山东、山西、河南、陕西、甘肃、四川、西藏、江西、福建；蒙古、日本、朝鲜、巴基斯坦、俄罗斯以及欧洲。

23.1211a 菩提赭弄蝶(♀；正)

23.1211b 菩提赭弄蝶(♀；反)

23.1212a 小赭弄蝶(♂；反)

23.1213 宽边赭弄蝶

Ochlodes ochracea (Bremer)

翅展约27mm。雌性体翅黑褐色，翅面有赭色绒毛，前翅中室斑1～2个，中横列斑下一个呈横"V"形，后翅中域具浅色斑3～6个。雄性赭色，外缘具黑色宽带，前翅顶角具3个长方形小斑列，性标黑色纹状，其中央具1条银灰色细线。后翅赭褐色，具黑褐色宽缘带。翅反面橘黄色。前翅后域基部和端部各有黑色区域。

成虫见于7月中旬。

寄主：禾本科的一些植物。

分布：小五台山；张家口；吉林、黑龙江、陕西、河南、浙江；俄罗斯、朝鲜、日本。

23.1214 雪山赭弄蝶

Ochlodes siva (Moore)

翅展约38mm。

成虫见于8月上旬。

(♀)

(♀；2007年7月4日，西台1420m)

(♂；正)

23.1212b 小赭弄蝶

23.1213 宽边赭弄蝶(♀；正)

23.1214 雪山赭弄蝶(♂；正)

分布：小五台山；张家口；云南、西藏、台湾；缅甸、泰国、印度。

23.1215 赭弄蝶

Ochlodes sp.

翅展35mm左右。后翅正面全为黑褐色，无斑纹。

成虫见于7月上旬。

分布：小五台山；张家口。

23.1216 黑豹弄蝶

Thymericus sylvaticus (Bremer)

体长14～15mm，翅展28～32mm。体背黑褐色，翅面黄褐色，脉纹黑褐色，放射状显著；前翅黑褐色端带往臀角渐宽，中室端部前方和外侧前方有边缘模糊的黑褐色斑，翅基后半部及后缘黑褐；后翅中室外侧黄褐区明显较大，其周围暗褐色。翅反面黄褐色，脉纹及外缘细线黑褐色，其余斑纹同正面，但除翅基后半部外，色均极淡；后翅淡黄褐色，仅中室外侧呈条斑状露出黄色纹。雌的体略大，翅较宽阔。

成虫见于7月下旬～8月上旬。

幼虫取食禾本科植物。

分布：小五台山南台、西台海拔1500～1800m；保定、张家口； 陕西、黑

23.1215 赭弄蝶（1980年7月8日，南台）

23.1216a 黑豹弄蝶(♂；正)

23.1216b 黑豹弄蝶(♂；反)

龙江、辽宁、山东、山西、河南、甘肃、湖北、湖南、江西、福建；朝鲜、日本。

23.1217 豹弄蝶

Thymericus leoninus (Butler)

翅展约28mm。体翅橘黄色。翅脉及其边缘有细而醒目的黑色，雄性前翅中室有一斜细线，为香鳞区。翅反面色较淡，香鳞区为黑色长三角区。雌性翅色较深，翅边缘的黑带也较宽，各翅基部为浅黑色。

成虫见于7月上旬～8月中旬。

寄主：鹅冠草、冰草等禾本科植物。

分布：小五台山西台海拔1500m左右；张家口；黑龙江、青海、甘肃、陕西、山西、河南、浙江、四川、云南；日本、朝鲜。

23.1218 深山珠弄蝶

Erynnis montana (Bremer)

翅展35～40mm。体翅褐色。前翅外半部有深灰色波状横带，其前缘有模糊的白点列，雌性较雄性波状带色淡，明显而宽。后翅亚缘及中域具2行不规则的黄色斑列，中室端具斑。

成虫见于5月下旬～8月上旬。

寄主：栎属植物。

23.1217 豹弄蝶(♂；正)

23.1218a 深山珠弄蝶（♂；反）

23.1218b 深山珠弄蝶（♂；正）

分布：小五台山东台、中台海拔850～2000m，东杏河；张家口；吉林、黑龙江、青海、山西、陕西、山东、河南、浙江、四川、云南；朝鲜、日本、俄罗斯。

23.1219 珠弄蝶

Erynnis tages (Linnaeus)

翅展26～31mm。体翅褐色，具不甚明显的黑斑纹，外缘有1列白斑，缘毛白色。后翅中域具1列较小白斑，中室端斑显见。前翅中室端前部白斑较强烈。反面较正面色浅而清晰，前翅中列白斑较淡。

成虫见于4月下旬～8月中旬。

分布：小五台山西台、北台、东台海拔1100～2000m；承德、张家口；陕西、山西、山东、河南、宁夏、甘肃、四川；朝鲜、巴基斯坦、土耳其、英国、法国、德国、希腊、西班牙。

23.1220 红弄蝶

Hesperia florinda Butler

翅展31～35mm。雌雄颜色有差异，雄体翅褐色偏橘红色，性标强烈；雌则为浅淡褐绿色。

成虫见于7月中旬～8月上旬。

分布：小五台山；张家口；内蒙古、黑龙江。

（♀；正）

（♂；2007年5月18日，西台1300m）

（♀；反）

23.1219 珠弄蝶

23.1221 红点弄蝶(♂；正)

23.1221 红点弄蝶

Hesperia sp.

翅展30mm左右。褐色，但雌蝶色偏黑褐、褐绿，后翅中室域仅有1个点状黑斑，反面相同，是其主要特点。

成虫见于8月中下旬。

分布：小五台山；张家口；辽宁、内蒙古、北京等。

23.1222 黑弄蝶

Daimio tethys Ménétriès

体长15mm，翅展38mm。体背及翅面黑色，斑纹和缘毛白色。前翅中部由大小不等、形状各异的5个斑组成弧形横带，最前1个斑圆形，最小，第二个位于中室端，最大，第3个较小，明显外离，第4、5两个向内斜列；顶角内侧有5个小白斑，第3个向外斜列、较大，后2个向内斜列，明显小。后翅中部具1条边缘不整齐的宽横带，带后部外侧缘有1个近方形的黑斑。翅反面，前翅同

（♀；正）

（♀；反）

（♀；正）

23.1220 红弄蝶

23.1222a 黑弄蝶（♀；正;1980年8月5日，东台1600m）

正面；后翅基半部蓝灰色，近中部前缘有3个圆形黑斑，中带较正面宽大，带内黑斑近圆形，白色端带内有4个呈半圆形突出的黑纹。小五台山区分布的主要是指名亚种*D. t. tethys*。

成虫见于5月下旬~8月上旬。

幼虫取食芋、薯蓣等。

分布：小五台山南台、西台、北台、东台海拔1250~1600m；保定、承德、张家口；陕西、四川、北京、辽宁、吉林、黑龙江、山东、山西、甘肃、河南、浙江、湖南、江西、福建、海南、台湾、云南；朝鲜，日本、缅甸。

23.1223 花弄蝶

Pyrgus maculatus (Bremer et Grey)

又名：茶斑弄蝶、斑弄蝶。

体长12~14mm，翅展27~30mm。体背及翅面黑色，翅基及后翅内缘区被灰绿色细绒毛。前翅中部有7个白斑组成横列，中室端2个最大，近前缘2个最小，极不明显；中室端外侧有1条细而不显著的横短线纹，亚端区由前缘至后缘有由9个大小不一的白斑排成弯曲的1列斑纹，缘毛较长，黑色相间。后翅中央有3个白斑明显，其外侧有4~6个1列微小的淡色点，极模糊不清。翅反面，基部暗褐色，顶角红褐色，外缘淡黄褐色，内有1列圆形褐斑；其余斑纹发达，排列同正面。

成虫见于7月下旬~8月下旬。

寄主：绣线菊、委陵菜等。

分布：小五台山南台、西台、北台海拔1100~1600m；保定、唐山、承德、张家口；陕西、辽宁、吉林、黑龙江、内蒙古、山西、山东、河南、浙江、江西、湖北、福建、广东、四川、云南；朝鲜、日本、蒙古、俄罗斯。

23.1224 双带弄蝶

Lobocla bifasciata (Bremer et Grey)

体长16~19mm，翅展35~37mm。体背及翅面，雄的棕褐色，雌的黑褐色，斑纹均为白色。前翅后缘淡灰褐色，中部由前缘斜向臀角由5个斑块组成1条宽带纹：第1斑近前缘较细长，第3斑靠外，第5斑最小；近顶角内侧有3个小斑与宽带平行排列，雌的则常为4个小斑列，但第1个极细小；在近亚端区M_2脉室内尚有1个极小圆点。后翅无斑。翅反面较正面色稍淡，斑纹同正面，但后翅有紫褐色及灰白色鳞片，形成不明显的云状纹。小五台山区分布有本种的指名亚种*L. b. bifasciata*。

成虫见于7月上旬~8月中旬。

分布：小五台山西台海拔1350~1500m；张家口、保定、承德；陕西、四川、北京、黑龙江、辽宁、山东、山西、河南、甘肃、湖北、浙江、福建、广东、台湾、云南、西藏；朝鲜、俄罗斯。

23.1222b 黑弄蝶（♀；2007年8月1日，西台1500m)

23.1222c 黑弄蝶（♀；反)

23.1222d 黑弄蝶（♀；正)

23.1223a 花弄蝶(♂；正)

23.1223b 花弄蝶(♂；正)

23.1223c 花弄蝶(♂；反)

23.1223d 花弄蝶(♂；2007年7月31日，北台1450m)

23.1224a 双带弄蝶(♂；2007年6月25日，西台1480m)

23.1224b 双带弄蝶(♂；反)

23.1224c 双带弄蝶(♂；正)

23.1224d 双带弄蝶(♀；正)

23.1224e 双带弄蝶(♀；反)

23.1225 点弄蝶

Syrichtus sp.（Hübner）

翅展33mm左右。黑褐色，外缘有黑白相间锯齿状斑，亚缘有完整的白斑列，中域白斑列不规则。前翅M_3室斑外移。后翅共有1个基斑。翅反面白斑大，分布同正面。

成虫见于7月中旬。

分布：小五台山；张家口；山西、陕西、内蒙古、吉林、辽宁、黑龙江。

23.1226 星点弄蝶

Syrichtus tessellum（Hübner）

翅展30～45mm。黑褐色。翅外缘有黑白相间锯齿状斑。亚端线为一列白斑，中域白斑列不规则，前翅M3室斑外移，2a室具双斑，亚顶端斑3个。后翅具1个基斑，反面白斑分布同正面，但较大。小五台山区分布有本种的东北亚种*S. t. gigas*。

成虫见于7月中下旬。

分布：小五台山；张家口，山西、陕西、内蒙古、吉林、辽宁、黑龙江。

23.1227 链弄蝶

Heteropterus morpheus（Pallas）

翅展约33mm。体翅黑色至黑褐色。前翅具黄色亚顶端斑，雌性有时可见M_1、M_2、M_3室黄色小斑，后翅无斑。翅反面前翅黑褐色，具黄色前缘纹及亚前缘纹；后翅淡黄色，具银白色镶有黑边的椭圆形斑3列，外列7～8个斑链状排列，中列3个，内列2个卵状斑。小五台山区分布有本种的指名亚种*H. m. morpheus*。

成虫见于7月中旬～8月上旬。

寄主：莎草科、禾本科植物。

分布：小五台山；吉林、黑龙江、内蒙古、山西、河南、陕西；朝鲜、俄罗斯、土耳其、乌克兰、波兰、匈牙利、德国、法国。

23.1225a 点弄蝶(♂；正；1980年7月15日，南台)

23.1225b 点弄蝶(♂；反)

23.1228 小黄斑银弄蝶

Carterocephalus argyostigma（Eversmann）

翅展22～25mm。褐色，斑纹黄色。前翅斑纹较大而成块状。后翅斑点除基部有白点外，中域和亚缘有由3～4块黄斑组成的斑列。前、后翅反面顶角色较浅，其他斑纹同正面。

成虫见于5月中旬。

分布：小五台山西台海拔约2000m；张家口；内蒙古、黑龙江、四川、甘肃等。

23.1226 星点弄蝶(♂；正)

23.1227a 链弄蝶(♂；正)

23.1227b 链弄蝶(♂；反)

23.1228 小黄斑银弄蝶(♀；正；2007年5月12日，西台2000m)

附：未定种

(2009 年 7 月 10 日，西台 1500m)

(2008 年 6 月 28 日，北台 1500m)

(2008 年 7 月 21 日，西台 1180m)

(2008 年 6 月 24 日，西台 1600m)

（2008 年 6 月 1 日，西台 1300m）

（2007 年 6 月 2 日，西台 1300m）

（2008 年 6 月 5 日，西台 1400m）

（2008年6月20日，北台1400m）

（2008年7月2日，南台1400m）

（2007年7月5日，西台1200m）

（2007年6月29日，北台）

（2007年7月11日，西台1400m）

（1995年6月24日，中台）

（2007年8月10日，东台）

（2008年6月27日，东台1100m）

（2007年7月5日，西台）

（2008年6月15日，东台1100m）

（1980年6月9日，西台）

（1986年7月24日，南台）

（1980年6月20日，西台）

（2007年8月2日，南台1500m）

（2008年6月30日，中台）

二十四、膜翅目HYMENOPTERA

膜翅目包括各种蜂和蚂蚁。雌性具发达的产卵器，多呈针状或有刺螫能力。翅膜质，不被鳞片。前翅大，后翅小，后翅前缘具1列钩刺，可以和前翅相连。头下口式，能活动。复眼大，单眼3个。触角形状多变，通常雄性13节，雌性12节，呈丝状、棍棒状、膝状、念珠状、栉齿状等。口器一般咀嚼式，仅蜜蜂科（Apidae）为嚼吸式，下唇延长，和下颚、舌组成细长的小管，可吸取花蜜。一些种类（细腰亚目）腹部第1腹节并入胸部而为并胸腹节。第2腹节缩细成“腰”而为“腹柄”。完全变态。生活习性复杂多样，蜜蜂和蚂蚁是昆虫中社会组织最发达的类群。

扁叶蜂科 Pamphiliidae

多中型种类。产卵管短，脉序原始，前翅Sc脉游离。幼虫无腹足，有时群集生活，并常生活于丝网或卷叶中。

24.1 落叶松腮扁叶蜂

Cephalcia lariciphila (Wachtl)

雌蜂体长11mm左右。头部黑色。触角23节，柄节大部及梗节背面黑色，鞭节红褐色，端部色深。胸部黑色。前胸背板两端及后缘大部、中胸前盾片后部近方形纹、中胸小盾片上纹、翅基片均黄白色。翅半透明微带淡黄色，顶角及外缘稍带烟褐色，翅痣下有1条淡烟褐色横带直达翅后缘。腹部黑色，背板两侧、肾板第2～8节背板后缘、腹板后缘均黄色。足胫节、跗节黄色，其余各节黑色。雄蜂略小，头、胸、腹黑色。

1年1代，以预蛹在土中越冬。

成虫见于5月上旬。

寄主：华北落叶松。

分布：小五台山南台、王喜洞林场海拔1180～1600m；张家口、承德；山西、黑龙江；德国、瑞士、荷兰、比利时、英国、捷克、斯洛伐克、俄罗斯等。

24.2 云杉腮扁叶蜂

Cephalcia abietis (Linnaens)

体长雌蜂12～15mm，雄蜂略小。雌蜂头、胸黑色。触角鞭节基部、柄节两端和梗节黄褐色，鞭节端部褐至黑褐色。前胸背板后缘及侧缘、翅基片、中胸前盾片后半、中胸及后胸小盾片、中胸前侧片上部小斑均为黄色。翅透明稍带烟褐色，C脉及Sc脉褐色，其余翅脉及翅痣黑褐色。腹部背面暗红褐色，第1节背板黑色；腹面黑色，背板侧面、腹板后缘均黄色。雄虫头部黑色，触角柄节、梗节和鞭节基部黄褐色，端部暗褐色至黑褐色。腹部背面中央前半部黑赤褐色，两侧及后半部褐黄色。

成虫见于6月中下旬。

寄主：云杉。

分布：小五台山西台苗圃海拔约1160m；张家口；内蒙古；日本、朝鲜、俄罗斯、法国、意大利以及中欧、北欧。

24.1 落叶松腮扁叶蜂

24.2a 云杉腮扁叶蜂（示幼虫丝网缀集粪粒而形成的虫巢；2007年5月2日，西台苗圃1180m）

24.2b 云杉腮扁叶蜂（示幼虫；2007年6月2日，西台苗圃1180m）

24.3 松阿扁叶蜂

Acantholyda posticalis Matsumura

又名：松扁叶蜂。

雌蜂体体长约14mm，翅展约29mm。体黑色，具光泽。头褐色，具6个黄斑。单眼3个。触角丝状，38节，柄节粗短、黑色，端部6～7节黑褐色，其余均黄褐色。前胸背板隆起呈心脏形。中胸具2个三角形黄褐色小斑，后胸仅1个。翅透明，淡灰黄色。腹部8节黄褐色，两侧较扁。足黄褐色，其内侧褐色，胫节具3根刺。雄蜂体较小。头部正侧面黄色，顶部黑色。

1年1代，以老熟幼虫在土中越冬，成虫见于5月上旬。

寄主：油松、樟子松、赤松。

分布：小五台山西台、东台海拔1150～1400m；张家口；北京、山东、山西、河南、黑龙江、吉林；英国、法国、意大利、俄罗斯、蒙古、日本、朝鲜以及北欧、中欧。

叶蜂科 Tenthredinidae

小型至中型。身体较短粗，腹部无腰。触角线状。前胸背板后缘深凹入。前翅有短粗的翅痣。前足胫节有2端距。产卵器扁，锯状。植食性，食叶。

24.4 魏氏锉叶蜂

Pristiphora wesmaeli Tischbein

体长4.5～5.6mm，体背黑色，腹面淡黄色，有光泽。头顶具大黑斑。触角褐色，背面色较深。胸部除前胸背板、翅基片外，均为黑色，中胸前侧片具黑色斜带状斑。足淡黄色，胫节端部、跗节、爪褐色。翅透明，翅痣淡黄色，翅脉褐色。雌蜂腹部除第9节背板外均为黑色，而雄虫腹部全为黑色，在小五台山区本种常与落叶松腮扁叶蜂*C. lariciphila*混合发生。

成虫见于5月上中旬。

寄主：华北落叶松、长白落叶松、兴安落叶松。

分布：小五台山南台海拔1350～1600m；张家口、承德；山西、吉林、黑龙江、内蒙古；日本、俄罗斯、英国、法国、荷兰。

24.5 杨黄褐锉叶蜂

Pristiphora conjugata(Dahlbom)

又名：杨黑点叶蜂。

体长雌蜂7～8mm，雄蜂略小，黄褐色。头黑色。触角上方黑色。下方黄褐色。中胸背板、小盾片、后背片、侧板前侧片下半部，后侧片、腹板及后胸背板黑色，其余黄褐色。翅透明。腹背1～8节中央具黑斑，腹板、锯鞘褐色。足黄色。

成虫见于6月下旬～7月上旬。

寄主：杨、柳。

分布：小五台山西台海拔1200～2300m；张家口、保定；北京、山西、内蒙古、新疆、辽宁、吉林、黑龙江；英国、俄罗斯、美国。

24.6 橄榄绿叶蜂

Tenthredo olivacea Klug

体长14mm左右。黄绿色。复眼、触角、胸背黑色。中胸小盾片发达。头短，横宽。触角9节。前足胫节具端距1对。

成虫见于7月中旬～8月上旬。

寄主：杨、柳、玫瑰。

分布：小五台山西台、北台海拔1100～1350m；张家口；北京、山西、内蒙古、辽宁、吉林、黑龙江。

24.7 柳厚壁叶蜂

Pontania dolichura C.G.Thomson

又名：柳盒子。

雌蜂体长约5mm，翅展约14mm。雄虫略小。体土黄色，有黑色斑纹。头土黄色，正中有黑色纵带。前胸背板、腹部侧接缘、腹部第6、7节背板的后缘及8、9节为土黄色，其余为黑色；中胸背板中央有1个椭圆形黑斑，两侧各有2个近菱形黑斑；后胸盾片黑色。足土黄色。

成虫见于5月上旬。卵单粒散产于寄主叶缘表皮组织内，幼虫在上、下表皮间取食叶肉，刺激叶片形成椭圆形或肾形的紫褐色瘿瘤，长可达12mm、宽达6mm。

24.4 魏氏锉叶蜂（示幼虫取食华北落叶针叶状；2008年6月2日，南台1400m）

24.5b 杨黄褐锉叶蜂（示幼虫形态；2007年5月10日，西台1200m）

24.6b 橄榄绿叶蜂

24.7b 柳厚壁叶蜂（示柳叶被害状）

24.5a 杨黄褐锉叶蜂（1980年6月2日，西台）

24.6a 橄榄绿叶蜂（1980年7月30日，北台1300m）

24.7a 柳厚壁叶蜂（示虫瘿；2007年7月16日，西台1180m）

寄主：旱柳、垂柳。

分布：小五台山西台金河口海拔1150～1350m；张家口、石家庄、保定；山东、北京、河南、陕西、江苏、甘肃、山西。

24.8 遂叶蜂

Jermakia sibirica Kriechbaumer

体长约16mm。

成虫见于7月上旬。

分布：小五台山西台大老婆肚海拔1600m左右；张家口。

松叶蜂科 Diprionidae

体粗壮。触角多于9节，锯齿状或栉齿状，第3节不长。前翅无2r横脉。后翅具Rs脉及M室。胫节无端前刺，前胫节距简单，无变化。幼虫取食针叶树叶或蛀食球果。

24.9 带岭新松叶蜂

Neodiprion dailingensisi Xiao et zhou

体长雌7～8mm，雄6～7mm。雌虫触角基部2节红褐色，其余各节黑褐色。头胸部和足红褐色。翅透明，翅痣中央淡黄褐色，翅脉暗黄褐色。前翅脉黄色。腹部黄褐色。雄虫头部黑褐色，胸部黑色，翅基片褐色。足基节基部黑褐色，其余黄褐色。翅透明，翅痣、翅脉褐色。腹背黑褐色。

成虫见于8月下旬。

寄主：云杉、红松。

分布：小五台山西台海拔1200～1700m；张家口；辽宁、黑龙江。

三节叶蜂科 Argidae

触角鞭节融合为单独的一长节，此节雌虫近棒状，雄虫大小均一，或二分为音叉状，其上有短刚毛。前翅2r脉缺如。淡膜区很大。二者间分开的距离小于其中之一的宽度。胫节端前刺有或无，前胫节具2个未变化的端距。幼虫大多喜食木本被子植物。

24.10 暗蓝三节叶蜂

Arge coerulescens Geoffroy

雌虫体长8.5mm。体黑色、具青色闪光，被黑色短绒毛。足黑色，胫节部分褐色。翅烟褐色，翅痣、翅脉黑色。头部背面观在复眼后不加宽。触角下方额中稍凸起，唇基上区中央具明显中脊。单眼后区不凸起，其侧边无明显界限。雌虫触角长于胸部长度，较弯，向端部变粗。雄虫触角第8节不十分变扁。M脉与Sc脉相交点和Rs+M脉起源点间距离较短，2Rs室向翅前缘倾斜，3r–m脉向翅外缘微弯。

成虫见于8月上旬。

寄主：悬钩子等。

分布：小五台山西台海拔1100～1400m；张家口；云南；日本、朝鲜、俄罗斯以及西欧。

24.11 榆三节叶蜂

Arge captiva Smith

体长雌9～11mm，雄8～9mm。体具金属光泽。头、腹、足蓝黑色，胸部橘红色。翅烟褐色，翅痣、翅脉褐色。触角长度约等于头胸之和，黑色，圆筒形。足蓝黑色。

成虫见于7月上旬。

寄主：榆。

分布：小五台山东台海拔1000～1400m；张家口；北京、辽宁、吉林、河南、山东、江西、日本。

24.8 遂叶蜂(1981年7月6日，西台1600m)

24.9 带岭新松叶蜂（示幼虫；2007年6月15日，西台苗圃1200m）

24.11a 榆三节叶蜂（示幼虫取食榆叶状；2007年6月5日，东台1150m）

24.10 暗蓝三节叶蜂

24.11b 榆三节叶蜂

锤角叶蜂科 Cimbicidae

小至中型。体粗壮，飞翔迅速。触角常少于8节，末端膨大如锤状。腹部较宽，有侧脊，背面弯拱，腹面扁平，休止时腹部能弯曲至胸部下方。

24.12 风桦锤角叶蜂

Cimbex femorata Linnaeus

雌体长16～22mm。体黄褐色至黑褐色，翅透明，前、后翅端缘具黑褐至黄褐色宽边，前翅1M室上端、翅痣和Sc脉中段黑黄褐色。眼后头明显加宽，唇基凸起、前缘凹圆、上方凹陷与颊分开。单眼后区近方形，前方稍窄。小盾片中央凹陷。爪的前端内侧具明显小齿。头、胸具密小刻点和黑白相间的绒毛。雄体长26mm左右，体黑褐色，触角第3节端部1/2及其以下各节、腹部第2背板两侧后角、腹部第3～6背板、足胫节端部以及跗节红褐至黄褐色。

成虫见于6月上旬。

寄主：风桦、白桦、疣皮桦。

分布：小五台山西台、东台海拔1180～1650m；张家口；内蒙古、黑龙江；日本、朝鲜、俄罗斯以及西欧。

24.13 亚美棒锤角叶蜂

Clavellaria amerinae Linnaeus

又名：杨大叶蜂。

雌性体长约17～22mm，翅展40～42mm。体被白色细长毛。头黑色。触角5节黑褐色。胸部黑色。翅透明，端缘淡褐色。腹部背板黑色，第1节背板后缘具淡黄白色狭边，第2、3节背板两侧以及第4节至末节后缘为淡黄白色。足基节、腿节、胫节上面黑色，胫节下方及跗节为淡黄色。雄体略小，触角端部1节黄褐色，其余黑色。翅透明，端缘淡烟褐色。腹背第8节后缘为红褐色，其余黑色。足基节、腿节、胫节端部黑色，跗节为黄褐色。

成虫见于5月中旬～6月上旬。

寄主：杨、柳。

分布：小五台山南台、西台、中台海拔1100～2000m；张家口；辽宁、吉林、黑龙江；朝鲜、俄罗斯及欧洲。

24.14 多毛毛锤角叶蜂

Trichiosoma villosum Moschusky

体长17～20mm。雌虫体黑色，无金属光泽。第1腹背板后缘灰黄白色，3～6具逐渐扩大的侧斑，个别标本腹部背板黑色。翅痣黑褐色。体背很密的长毛，小盾片和中胸侧板处最密，腹部背面的毛较稀，深黄色并向后倒伏。雄虫腹背黑色，仅末端2节背板后缘橘黄色，其他基本同雌虫。

成虫见于5～6月。

寄主：柳树。

分布：小五台山西台、南台海拔1100～1500m；张家口；吉林、黑龙江；俄罗斯。

24.15 锤角叶蜂

Cembex sp.

体长约16mm。

24.14 多毛毛锤角叶蜂（1980年6月3日，西台1450m）

成虫见于5月中旬～6月下旬。

分布：小五台山西台、南台海拔1800～2650m；张家口。

树蜂科 Siricidae

大型。体长一般超过14mm。体多为黑色、黄色或褐色组成斑纹。头阔，有短颈。口器下鄂须1节，下唇须2～3节。触角鞭状，17～30节。前胸背板前后缘高度凹入，中胸背片每边分出1个侧叶。翅狭长，有多数的脉纹与翅室，翅上常有色斑。前翅端膜有纵皱并有1大的端附室。腹部圆筒形，各节都有1条黑色环纹，末节臀板中央形成1个角状突。产卵管略长，外包鞘。足胫节无端前刺，前足胫节只有1个端距。

24.16 烟扁角树蜂

Tremex fuscicornis (Fabricius)

雌体长约17～42mm，头顶、眼上区、触角和前胸背板均红褐色。触角中部几节腹面暗褐色至褐色。额、头顶中沟两侧前部为黑色。胸部背板大部黑色，仅前盾片、盾片、小盾片为红褐色。腹部背板第1节黑色，第2～3黄色，第4～6节前缘有很狭的一部分黄色，其余黑色；第7节前部黄色，后部黑色，第8节前、后黄色，中间黑色；第9节前部两侧黑色，后部黄色。产卵管较长，产卵鞘黑色。前足红褐色，基节、转节和中、后足腿节黑色，前足胫节基部黄褐色，中后足胫节基半部及后足跗节基半部黄白色。雄体较小，全体黑色；前、中足基节黑色，其余黑色或黄褐色。

24.12 风桦锤角叶蜂

24.15 锤角叶蜂（1980年6月20日，南台1900m）

24.16 烟扁角树蜂(2009年5月27日，东台1200m)

成虫见于7月下旬～9月中旬。

寄主：杨、柳、榆、槐、臭椿、桦、水青冈、栎、朴、梨、枫杨、杏、桃等，在小五台山常常寄生杨、柳。

分布：小五台山东台海拔810～1500m；张家口、保定；山东、北京、辽宁、天津、黑龙江、内蒙古、山西、江苏、浙江、江西、福建、湖南、西藏、宁夏、甘肃、陕西、吉林、上海；美国、加拿大、日本、芬兰、朝鲜、澳大利亚等。

24.17 泰加大树蜂

Urocerus gigas taiganus Benson

雌体长23～37mm。头黑蓝色。复眼棕褐色，眼后有2块橘黄色斑。触角黄色，22节。胸、腹部黑色，但腹部背板第1节后半部、第2、6、7节及角突为橘黄色；产卵管与锯鞘长度相等。翅、脉纹淡黄褐色。足基节、转节、腿节黑色，胫节、跗节橘黄色，爪黑褐色。雄蜂略小，似雌蜂，但触角大部红褐色，仅柄节黑色；第9腹节背板两侧各有1个黄色大圆斑。

成虫见于7月下旬～8月上旬。

寄主：云杉、落叶松、松。

分布：小五台山南台、东台海拔1200～1800m；张家口；山东、黑龙江、山西、甘肃、新疆、青海、山西；芬兰、挪威、波兰、俄罗斯。

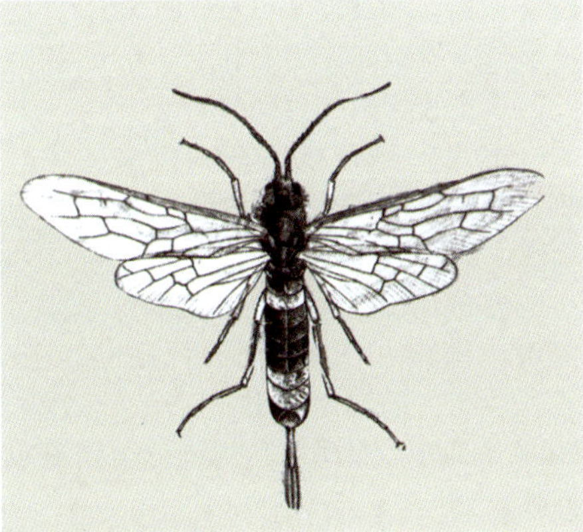

24.17 泰加大树蜂

附：未定种

(2007年8月25日，北台1480m)

(1980年6月，西台1500m)

(1981年7月，西台1400m)

(1984年7月5日，西台1320m)

(1987年6月17日，南台1400m)

(1979年6月28日，西台1450m)

(1990年7月，西台1280m)

(2009年6月17日，东台1100m)

(1988年6月28日，北台1350m)

（1990年6月5日，西台1350m）

（2001年7月8日，南台1300m）

（1981年6月21日，西台1500m）

（1981年6月18日，南台1450m）

肿腿蜂科 Bethylidae

小型。体黑、暗黑或青铜色。头扁平，前口式，上颚强大。触角12～13节，有的14～15节。有性二型现象。翅常退化，尤其是雌虫；具翅型的后翅臀叶明显。足常强壮。一般为多寄生及外寄生。

24.18 管氏肿腿蜂

Scleroderma guani Xiao et Wu

雌蜂体长3～4mm，分有翅、无翅2型。有翅型胸部黑色，翅比腹部短1/3；前翅亚前缘室与中室等长，无肘室，径室及翅痣中室后方的脉与基脉相重叠；前缘室虽关闭，但其顶端下面有1个开口。无翅型似蚂蚁，前后胸为黑褐色，头、中胸、腹部及腿节膨大部分为黑色；头扁平，长椭圆形，前口式；触角、胫节末端及跗节末端黄褐色。触角13节。前胸比头部稍长，后胸渐狭。前足腿节膨大呈纺锤形；足胫节末端有2个大刺；跗节5节，末端有2个爪。雄蜂略小，亦有有翅、无翅2型，但绝大多数雄蜂有翅，体黑色，腹部长椭圆形，腹末钝圆，翅与腹末等长或稍超出。

成虫见于4月下旬～8月下旬。

寄主：青杨天牛、黄带蓝天牛、双条杉天牛、咖啡虎天牛、家茸天牛、梨眼天牛等。

分布：小五台山西台、北台、南台海拔1050～1300m；张家口、唐山、承德、石家庄、保定；山东、山西、陕西、江苏、广东、广西、湖南、河南。

小蜂科 Chalcididae

微小或极微小型。体长0.2～5mm。体壁坚硬，多为黑、褐色，并有黄、白、红色花纹，无金属光泽。头横阔。眼大，单眼3个。触多为膝状，柄节长，端部有时有锤。上颚强大，内侧有3～6齿。前胸小或大，侧面不达肩板。小盾片发达。翅存在，翅脉极退化，只有1条。腹节短有柄，产卵器直而短。后足基节极大，为前足基节的5～6倍。后足腿节膨大，下面有刺或齿，呈锯齿状，均为寄生性。

24.19 广大腿小蜂

Brachymeria obscurata (Walker)

雌虫体长5～6.5mm。体黑色。头胸等宽，具深圆大刻点，刻点间有脊。复眼前无脊，后脊明显。单眼排列成钝三角形。触角12节，1～5索节等长，着生于复眼下缘稍上，触角窝凹陷，中胸盾纵沟明显，并胸腹节倾斜度大，具大型网状刻纹。翅透明无色，缘脉长为亚缘脉的1/2，后缘脉为缘脉的1/3。腹部短，卵圆形，长约与胸部相等或稍短，末节背面拱起，产卵管自上部可见。后足腿节膨大而得名，在外侧腹缘具11～12齿。雄虫体长3.3～3.5mm。后足基节内侧腹面无突起。

成虫见于6～7月。

寄主：舞毒蛾、杨扇舟蛾、桃蛀螟、桑尺蛾、杨黄卷叶螟、松毛虫、玉米螟、棉蛉虫等。

分布：小五台山；张家口、承德、保定；河南、山东、江苏、浙江、江西、台湾、福建、四川、广东、云南；日本、朝鲜、菲律宾、越南、美国夏威夷等。

纹翅小蜂科 Trichogrammatidae

又称赤眼蜂科。微小型。体长0.3～1mm。体黑色、浅褐或黄色。触角膝状。前翅很阔或狭而有缘毛，翅面上有成列的微细毛。后翅狭，后缘的缘毛最长。寄生各目昆虫的卵。

24.20 松毛虫赤眼蜂

Trichogramma dendrolimi Matsumura

体长0.5～0.7mm。雄虫体黄色，腹部黑褐色。触角毛长。前翅臀角上的缘毛长度为翅宽的1/8。雌虫在不同温度下培养出的个体颜色不同：15℃时体黄色，中胸盾片淡黄褐色，腹基部及末端褐色；20℃左右时中胸盾片仍为淡黄褐色，但腹部仅在末端褐色；25℃时全体黄色，及腹部末端及产卵器末端有褐色部分。

成虫见于6～8月。

寄主：枯叶蛾、夜蛾、卷叶蛾、灯蛾、大蚕蛾、毒蛾、螟蛾、弃蝶、尺蛾、舟蛾等的卵。

分布：小五台山北台、西台海拔1200～1700m；张家口、承德、唐山、秦皇岛、保定；北京、山东、河南、浙江、安徽等；日本、朝鲜、俄罗斯等。

24.21 舟蛾赤眼蜂

Trichogramma closterae Pang et Chen

雄虫体黄色，前胸背板和中胸盾片褐色，腹部深褐色。触角最长的毛约为鞭节最宽处的2倍。翅较宽，前翅臀角的缘毛相当于翅宽的1/7。雌虫体色同雄虫，腹基部和末端为淡褐色。

成虫见于6～8月。

寄主：杨扇舟蛾、黄刺蛾、杨目天蛾、李枯叶蛾、柳毒蛾、玉米螟、高粱条螟等。

分布：小五台山；张家口、保定、承德；山东、北京、浙江、云南、安徽。

旋小蜂科 Eupelmidae

微小型。体黑、蓝黑或暗绿色，有金属光泽。头顶后头缘圆形。触角13节，环状节1节，索节7节。胸部常具稠密的毛，中胸侧板具浅凹痕；盾侧沟明显分割，狭窄。前翅缘脉较长，痣脉锤状。中足发达，有特别粗长的腿，适于跳跃。跗节5节。寄生、重寄生或捕食性。

24.22 舞毒蛾平腹小蜂

Anastatus japonicus Ashmead

雌虫体长3mm左右。头横形，绿色，有紫色光泽。复眼褐黑色，单眼淡红色，侧单眼与复眼间距约等于单眼直径。触角13节，黄色柄节长过头顶。中胸背板两侧片黑绿色，中片之后紫蓝色闪金铜光。小盾片及三角片略显绿色，并胸腹节有光泽。前翅褐色，后翅无色透明。腹部略短于胸部，黑绿色，由基部至端部渐宽，末端钝圆形。雄虫略小，头绿色，触角黑色。

成虫见于6～7月。

寄主：舞毒蛾、松毛虫、枯叶蛾、小青蛾等的卵。

分布：小五台山南台、西台、北台；张家口、保定、承德；辽宁、山东、江苏。

24.23 天蛾卵平腹小蜂

Anastatus acherontiae Narayanan et al.

雌虫体长约2mm。头金属铜色，具绿色反光。触角柄节淡黄色，梗节索节暗褐色。中胸背片的两侧片暗褐色发光，中叶、小盾片及三角片具金属铜色的刻纹并有绿色虹彩。并胸腹节烟褐色。翅暗褐色，每翅具2个卵圆形无色斑，位于翅中部，略呈“八”字形；翅基另有一无色斑。腹部大部黑色，仅基部约1/4透明无色或淡黄色。雄体略小，全体黑褐色，触角粗大。中胸背板膨起，中央略凹具特殊刻纹的紫色中片与光滑绿色的侧片。背纵沟明显、完整。前翅透明无色。腹部椭圆形，基部无浅黄横带。

成虫见于5～8月。

寄主：天蛾卵。

分布：小五台山西台1120m；张家口、保定、石家庄、承德；印度。

金小蜂科 Pteromalidae

微小型，体长1～2mm。常为蓝、绿、黄、金、古铜等色，具金属闪光。头胸具稠密的细网状刻点。复眼特大。触角膝状，13节。胸部隆起，盾纵沟仅前部明显。并胸腹节近气门处常具褶，后方缩小伸出1个狭的突起，称为颈。腹部短，无明显的柄。胫节距前足直而弱，中、后足正常；跗节5节。行动活泼善跳跃。寄主范围极广，以鳞翅目、鞘翅目昆虫为主。

24.24 松毛虫宽缘金小蜂

Pachyneuron nawai Ashmaed

雌体长1.5～1.8mm。头胸暗铜绿色，头横形，宽于胸，胸宽于腹，颜面不隆起略瘪。复眼小，单眼排列成钝三角形。触角柄节黄褐色，其余黑褐色，生于颜面中部，柄节长达头顶。前胸甚短，狭于中胸，盾纵沟不完整。小盾片宽椭圆形，略隆起。头、胸和并胸腹节具刻点。前翅缘脉宽，长约为宽的4倍，与肘脉等长，短于后缘脉。腹部黑色局部微弱，有光泽，长卵圆形，短于胸部，背面略隆起，末端收缩。足腿节黄褐色，胫、跗节浅黄色，足基节黑褐色。

成虫见于6～8月。

寄主：松毛虫卵。

分布：小五台山西台、北台海拔1200m；张家口；山东、江苏、浙江、广东、湖南。

寡节小蜂科 Elachertidae

又称狭面姬小蜂科。微小型。体长0.8～3mm。体黄、绿或黑色，有金属光泽。触角较短而节数少，最多9节。腹部具柄。后足基节正常。腿节不粗大，中足正常，前足胫节距细而长，跗节4节。寄生性。

24.25 狭面姬小蜂

Elachertus sp.

体长2mm左右。

成虫见于7月下旬。

分布：小五台山南台海拔1300m；张家口。

24.26 白杨透翅蛾姬小蜂

Elachertus sp.

体长2.5mm左右。

成虫见于6月上旬。

寄主：白杨透翅蛾。

分布：小五台山西台海拔1180m；张家口。

姬蜂科 Ichneumonidae

小至大型种类。体长3～40mm。多10～20mm。体多细弱。口器发达。触角丝状，多节，长。单眼3个。翅一般发达，翅脉明显，前翅C脉与Sc脉愈合，而前缘室消失，具翅痣，Cu脉基段消失而第1肘室和第1盘室合并成1盘肘室，具第2迴脉。并胸腹节大，常有刻纹、隆脊或隆脊形成的分区。腹部基部缢缩，具柄或呈柄状，一般呈细长圆筒形、卵圆形、扁平或侧扁；各节均能自由活动；产卵管长短不等，自腹部腹面末端之前伸出，从腹末起有1对与产卵管等长的鞘。足转节2节，胫节有显著的距，跗节5节，爪强大，有1个爪间突。全为寄生性。

24.27 松毛虫黑胸姬蜂

Hyposoter takagii(Matsumura)

体长11mm左右。头、胸部黑色，有白细毛；触角黑褐色；翅基片淡黄色。各足基节和转节，前足腿节基部，中、后足腿节大部（末、端赤褐色）或全部黑色；前足腿节大部或全部，中、后足胫节及跗节黄赤色，后足胫节及跗节赤褐色。翅透明，翅痣和翅脉褐色。腹部第1节及第2节背板大部黑色，以后各节背板赤褐色，腹部末端黑色。

成虫见于5月中旬。

寄主：松毛虫幼虫体内。

分布：小五台山西台、北台、南台海拔1100～1400m；张家口；安徽、江苏等。

24.28 黑基长尾姬蜂

Ephialtes capulifera (Kriechbaumer)

体长约12mm。

成虫见于5月中下旬。

分布：小五台山南台海拔1450m左右；张家口。

24.29 泥甲姬蜂

Bathythrix sp.

体长约8mm。

成虫见于8月上旬。

分布：小五台山北台海拔1400m左右；张家口。

24.30 斑翅马尾姬蜂

Megarhyssa praecellens superbiens Morley

体长20～44mm。颜面具刻点，上方隆起部有1条细中脊。头部在复眼后方稍膨出。头胸黄色，沿后头脊黑色。触角暗红色。前胸背板中央纵条、中胸盾片（除4条黄色纵条）、中胸侧板（除中央1条黑褐色横纹）、并胸腹节（除基部中央狭纵条和端部半圆形黑褐色斑），均赤褐色。前胸背板光滑，中胸盾片中央平坦，满布强横刻条，侧方为短横突起。小盾片、中胸侧板上部2/3及后胸侧板近于光滑。并胸腹节光滑无脊。翅痣黄褐色。腹部细长，第1背板光滑，长约为端宽的1.4倍；其余背板部分有细皱或细刻点；第3背板端缘中央稍凹。产卵鞘长为前翅长的1.5～2.0倍。腹部背面赤褐色；第1、2背板端部三角形大斑、第3～5背板中后部的2个短椭圆形斑、第6～7背板亚端部侧方椭圆横斑均黄色。前中足黄色，腿节下方及跗节黄褐色。

成虫见于6月上旬。

寄主：朴树树蜂、泰加大树蜂等。

分布：小五台山东台、西台海拔1100～1200m；张家口；山东、辽宁、河南、陕西、湖北、湖南、上海、浙江、台湾、福建。

24.27a 松毛虫黑胸姬蜂(2009年5月12日，西台1200m)

24.27b 松毛虫黑胸姬蜂(2009年5月17日，西台1250m)

24.29 泥甲姬蜂(2007年8月6日，北台1400m)

24.31 桑蟥聚瘤姬蜂

Gregopimpla kuwanae (Viereck)

体长雌约9mm，雄稍小。头胸黑色。触角柄节、鞭节基部各节背面黑褐色，下面黄色，端半部各节黄褐色。前胸后缘角及翅基片黄色。翅透明略带黄色，翅痣淡黄色，翅脉黄褐色。腹部全黑或赭褐色有黑色后缘。足淡黄色，中、后足基节、后足腿节和转节赤黄色，前足基节基部、后足胫节近基部和末端及各跗节末端和爪均黑褐色。颜面光滑无纵隆起。触角雌25节，雄23节。并胸腹节中央2条纵脊细面明显。前翅小翅室四边形。腹部长约为头胸部长之和的1.5倍；第1背板后缘宽度大于长度；第2、3背板后缘宽度明显长于该节长度。产卵器长约为腹长的4/5。

成虫见于6月上中旬。

寄主：杨扇舟蛾、月扇舟蛾、云杉黄卷蛾、马尾松毛虫、桑蟥等。

分布：小五台山北台、西台海拔1100～1250m；张家口；北京、辽宁、陕西、江苏、浙江、安徽、江西、湖北、四川、台湾、贵州、云南；日本。

24.32 两色高缝姬蜂

Campoplex bicolor Ashm

体长约13mm。

成虫见于6月上旬。

分布：小五台山南台、东台海拔1200～1500m；张家口。

24.33 舞毒蛾黑瘤姬蜂

Coccygomimus disparis (Viereck)

体长9～18mm。体黑色。后头脊细而完全，头顶刻点密。额凹陷较深，平滑。颜面刻点细密，中线稍隆起近于平滑。唇基基半刻点细，端半光滑。上颚2齿等大。复眼内缘近触角窝处稍凹陷。触角比体短，梗节端部赤褐色。中胸盾片稍隆起，密布刻点，无盾纵沟。并胸腹节刻点粗，中央基部有2条细纵脊。翅基片黄色。翅痣及翅痣黑褐色，翅痣两端角黄色。小翅室非正菱形，后小脉在中央上方截断。腹部扁平，无柄；第1背板有自两侧角伸向中央的细脊；腹部各节背板被刻点，后缘光滑无刻点。产卵管褐色，伸出部分比腹长1/2稍短；产卵管鞘黑色。前中足腿节、胫节及跗节、后足腿节（除末端黑）赤黄色。

成虫见于6月上旬。

寄主：舞毒蛾、天幕毛虫、菜粉蝶、山楂粉蝶、杨扇舟蛾、臭椿皮蛾等。

分布：小五台山南台、西台、北台海拔1050～1300m；张家口；北京、辽宁、黑龙江、山西、宁夏、陕西、江苏、浙江、安徽、江西、湖南、云南；朝鲜、日本。

24.34 塑姬蜂

Vulgichneumon sp.

体长14mm左右。

成虫见于6月上旬。

分布：小五台山西台、南台海拔1100～1300m；张家口。

24.35 青杨天牛蛀姬蜂

Schreineria sp.

雌蜂体长约13mm。体黑色，有光泽。上唇淡黄色，外露。眼眶淡黄色。触角丝状，23节，第10～14节白色，其余黑色。前胸背板、中胸小盾片、后小盾片具黄色斑点，中后胸侧板边缘白色。翅基片黄白色，翅痣略呈三角形，小脉位于基脉内侧，第2回脉的连接点甚接近第1肘间横脉，小室外方开放。产卵管鞘黑色。产卵管黑褐色，长4～5mm。前中足基节黑色具不规则形黄白色斑，腿节、胫节及第1～4跗节为橘黄色，第5跗节色深，后足基节、转节、腿节末端、胫节两端、第1及第5跗节均为黑色，第2～4跗节为白色。雄蜂体稍小，触角黑色，26节。

成虫见于7月上旬。

寄主：青杨天牛、白杨透翅蛾等幼虫。

分布：小五台山西台海拔1150m左右；张家口；山东、内蒙古、山西、陕西。

24.36 钝姬蜂

Amblyteles sp.

体长约10mm。

成虫见于4月中旬。

分布：小五台山西台葱地沟海拔1220m左右；张家口。

24.37 巢姬蜂

Acroricnus sp.

体长9mm左右。

成虫见于5月上旬。

分布：小五台山西台水库海拔1200m左右；张家口。

24.34 塑姬蜂(1980年6月10日，南台1300m)

24.36 钝姬蜂（1980年4月14日，西台1220m）

24.37 巢姬蜂(1980年5月5日，西台1200m)

24.38 柯姬蜂

Cryptus sp.

体长12mm左右。

成虫见于7月上中旬。

分布：小五台山西台、北台海拔1300～1500m；张家口。

24.39 依姬蜂

Ichneumon sp.

体长10mm左右。

成虫见于6～9月。

分布：小五台山西台金河口、北台、南台海拔1200～1400m；张家口。

24.40 特姬蜂

Trachysphyrus sp.

体长约11mm。

成虫见于5月下旬。

分布：小五台山北台、西台海拔1300～1400m；张家口。

24.41 食泥甲姬蜂

Lemophagus sp.

体长6mm左右

成虫见于5月下旬。

分布：小五台山；张家口。

小茧蜂科 Braconidae

微小至小型。体长2～12mm。产卵器一般较长，有的种类产卵器与体等长，有的长过身体10倍，似姬蜂科Lchneumonidae，但脉序简单，无第2回脉，小室通常无或不明显。幼虫内寄生性，在寄主体内或体外或附近结白色或黑色小茧化蛹。

24.42 茧蜂

Bracon sp.

体长4mm左右。

成虫见于7月上中旬。

寄主：鳞翅目昆虫。

分布：小五台山西台海拔1380m；张家口。

24.43 松毛虫绒茧蜂

Apanteles ordinarius (Ratzeburg)

雌蜂体长约3mm。体黑色。额和颜面具细刻点。须浅黄色。上颚端部黄褐至黑褐色。单眼褐色。中胸密布刻点，具轻微光泽。小盾片具细而较稀疏的刻点并具光泽。胸部侧板具刻点及光泽。后胸背板具皱褶及脊。并胸腹节粗糙，具圆形中区。翅透明，翅基片和翅痣暗褐色。前翅径脉第2段无色。腹部端部下面侧扁，第1背板长度是端部宽的1.5倍；第1、2节背板具皱褶，并有平滑中脊，其余各节平滑具光泽；腹端部下面及腹部1～2节窄的边缘黄色。产卵管很短。足黄褐色，转节第1节黑色，第2节黄褐色。中足腿节上面、后足腿节上面和端部（或全部）、胫节的端部为黑褐色至黑色。

成虫见于5月中下旬。

寄主：落叶松毛虫、赤松毛虫幼虫等。

分布：小五台山西台、北台海拔1200～1600m；张家口、承德、保定、唐山；辽宁、吉林；日本、俄罗斯以及欧洲。

24.44 二尾舟蛾绒茧蜂

Apanteres okamotoi Watanabe

体长约3mm。黑色。腹部第1背板在基部稍狭，其长稍大于端宽；第2～4节背板黄色，其余背板黑褐色。后足基节仅基部黑褐色。中胸盾片具较浅刻点。并胸腹节具网状皱纹，在基部每侧有3条斜脊。第1背板在基部稍狭，其长稍大于端宽。肘间脉短于翅痣宽度，翅痣宽度稍长于迴脉。

成虫见于6月上旬。

寄主：二尾舟蛾。

分布：小五台山西台、北台海拔1180～1300m；张家口；山东、浙江。

24.42 茧蜂(2007年7月10日，西台1480m)

24.38 柯姬蜂（1981年7月13日，西台1300m）

24.39 依姬蜂（1981年9月28日，南台1200m）

24.40 特姬蜂（1980年5月29日，北台1300m）

24.45 毒蛾绒茧蜂

Apanteles liparids (Bouché)

雌蜂体长2.7mm左右。体黑色有光泽。头具细刻点，头顶、后头光滑。上唇、上颚黄褐色，颚须白色。触角黑褐色。中胸盾片、小盾片及并胸腹节具细刻点，光滑；并胸腹节在后端中央有短脊。翅透明，翅痣及前翅脉褐色。其余脉色浅。前翅R脉第1段与肘间横脉相接处无角度，迴脉长约为基脉的1/2，翅痣长约为宽的2倍，翅痣短于痣后脉。腹部光滑，其腹面及基部背板边膜褐至暗褐色；第1节背板长为端宽的3.5倍，基部3/4两侧平行，端部1/4突然收窄；第2背板中域三角形，光滑，侧沟直；第1、2背板侧方散生细毛点。后足基节具小刻点。

成虫见于5月中下旬。

寄主：落叶松毛虫、松针毒蛾、舞毒蛾、赤松毛虫、马尾松毛虫、棉古毒蛾、小白纹毒蛾等。

分布：小五台山西台、北台、南台海拔1100～1280m；张家口、承德、唐山；山东、辽宁、吉林、黑龙江、新疆、陕西、四川、云南、浙江、广西、湖南、台湾。

24.46 天幕毛虫绒茧蜂

Apanteles gastropachae (Bouehé)

体长约2mm。体黑色。头横宽，向下略收窄、光滑，仅颜面有弱皱，上颊具稀刻点，颊长等于上颚基宽。触角赤黄色，雌虫的短于体长，雄虫的超过体长。中胸盾片密布刻点，无光泽，仅后缘光滑；小盾片前沟宽，内有明显横脊。小盾片具稀疏弱刻点，光滑。中胸侧板前方不具点皱，无光泽，后方光滑。后胸侧板中部光滑，下方和并胸腹节具粗皱。翅基片黑色。翅透明。有时略暗，痣和脉暗色。R脉从翅痣中央伸出，与肘间横脉约等长，接合点有一定角度。腹部第1、2背板具皱纹，其余光滑；第1背板几呈方形，向基部稍收窄；第2背板短于第3背板，侧缘光滑；腹部第1、2节背板侧缘、腹部、腹面基部，有时第3背板中央多少带赤色；下生殖板端部尖。产卵管短。足赤色，基节、后腿节端部、后胫节和跗节黑色；后足基节光滑，胫节距短于基跗节之半。茧白色，成块，似棉絮。在20世纪60年代中期天幕毛虫在南台桦木及灌木林中大发生期间，该蜂常见。

成虫见于6月上中旬。

寄主：天幕毛虫幼虫。

分布：小五台山南台海拔1200～1400m；张家口；山东、山西。

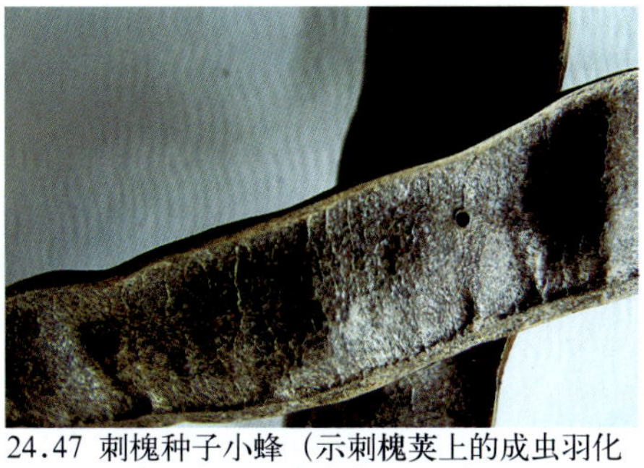

24.47 刺槐种子小蜂（示刺槐荚上的成虫羽化孔，2009年12月31日，东台1300m）

广肩小蜂科 Eurytonidae

微小至小型，体长1.5～6mm。体黄色或黑色有时有黄色斑纹。前胸背板大，四方形或长形，有很密的刻点。雄性腹部圆球形，有长柄。雌性腹部侧扁，末节的背板梨形而上举。跗节4节。

24.47 刺槐种子小蜂

Bruchophagus philorobiniae Liao

雌体长1.8～3.3mm。体黑色。头正面观横形，略宽于前胸背板；颜面略隆起。触角略呈棒状，柄节柱状，细长，柄节、梗节末端赤褐色。复眼卵圆形，3个单眼排列成钝三角形。胸部很短，背面驼状隆起，密布刻点。前胸弧形。中胸盾片弧形。小盾片弧形膨起，末端圆，长宽相等。翅淡黄褐色，前翅缘脉及前后附近下方略有云斑，后缘脉长于痣脉，缘脉短于痣脉。腹柄横形，腹部圆形光滑，产卵鞘明显突出。雄虫略小，触角除梗节基部黑色外，余皆黄褐色；腹柄扁平，长大于宽。

成虫见于5月下旬～7月中旬。

寄主：刺槐。

分布：小五台山东台杨家坪海拔850m左右；张家口、沧州；辽宁、山东、山西、陕西、甘肃、宁夏、云南、江西、湖北、河南。

24.48 槐树种子小蜂

Bruchophagus onois (Mayr)

雌虫体长2.8～3.2mm。体黑色，头胸部生白毛，并具脐状大刻点，头上的刻点较中胸背板上的细密。触角黑褐色，柄节中、下部及环状节黄褐色，环状节1节，索节5节，棒节3节；柄节细长，均为触角总长的1/4。前翅翅脉浅黄色，缘脉长0.21～0.25mm与翅痣等长，而略短于后缘脉。腹部卵圆形，光滑，第3节几与第4节等长，第4节两侧各生排成1列的白毛6根，第5节白毛排成不甚整齐的2列，第6、7节白毛丛生。足黑色，跗节、胫节上、下端及跗节褐黄色。雄虫略小；触角的梗节及足的大部分为褐黄色，无环状节；腹柄较长，约为宽的1.5倍；腹短小，远小于胸。

成虫见于6月下旬～7月上旬。

寄主：槐树、刺槐、龙爪槐。

分布：小五台山东台、西台海拔1100～1200m；张家口、石家庄；北京、山东、天津。

24.49 桃仁蜂

Eurytoma maslovskii Niko-lskaya

又名：太谷桃仁蜂、太谷广肩小蜂。

雌虫体长7mm左右，黑色，头胸密布白色细毛和刻点。触角9节，膝状，周生白细毛，鞭节近丝状。复眼椭圆形，单眼3个浅黄色。前翅透明，稍带褐色，后翅无色透明。翅脉简单，前翅近前缘有褐色粗脉伸至中部，弯向前缘后分成2短支；后翅近前缘具1条黄褐色粗脉。腹部肥大近纺锤形。各足腿节端部、胫节两端、跗节均呈黄至褐色。雄虫略小，触角各鞭节背侧显著隆起似念珠状，各节上下部环生刚毛；腹部较小。

成虫见于6月上中旬。蔚县和涿鹿杏扁（甜杏仁）产区发生普遍，为当地杏扁的主要害虫。

寄主：杏、桃、李。

分布：小五台山西台、北台、东台海拔1000～1300m；张家口、承德；山西、新疆、陕西等地。

瘿蜂科 Cynipidae

小至微小型。体长一般仅1～4mm。体粗短或细长，光滑或有毛；蓝、褐或黄色，有光泽。触角简单。前胸背板达肩板，胸部常有明显的雕纹。翅脉退化，前翅仅有5个以下的闭室，无翅痣。腹部卵形，侧扁；第1背板盖住大部腹部；产卵器缩入，生于末端前。多寄生于壳斗科植物形成虫瘿，少数寄生性。

24.50 槲柞瘿蜂

Cynips mukaigawae Mulk

体长4.5～4.8mm，体棕褐色。头半圆形。下颚须 4节，褐色，末节暗褐色，被毛。触角14节，第1节约为第2节的2倍，第3节最长，第4、5节大致等长。头、胸、足、翅被细毛。中胸背板有6条纵直的细沟，内方2条沟黑色、平行，中间2条从前向后逐渐接近，与体色相同；外方2条黑色，位于背板稍后。腹部背面黑褐色；腹侧扁，中部光亮无毛，棕褐色。足暗褐色，第5节长度约为第3、4节之和，端部是2爪。

成虫见于9月中下旬。

寄主：虎榛子、辽东栎、蒙古栎、槲栎等壳斗科植物。

分布：小五台山西台、南台、北台海拔1250～1500m；张家口；辽宁、北京、吉林、贵州等；日本、美国等。

24.50 槲柞瘿蜂（示其幼虫刺激寄主组织膨大而形成的虫瘿，1995年8月15日，西台1400m）

（示被害杏僵果表面的羽化孔；2007年7月12日，西台金河口1180m）

（示被蛀食的杏仁）

（示羽化孔，杏核内面观）

（示杏核被害状）

（示幼虫形态，1996年6月20日，东台1000m）

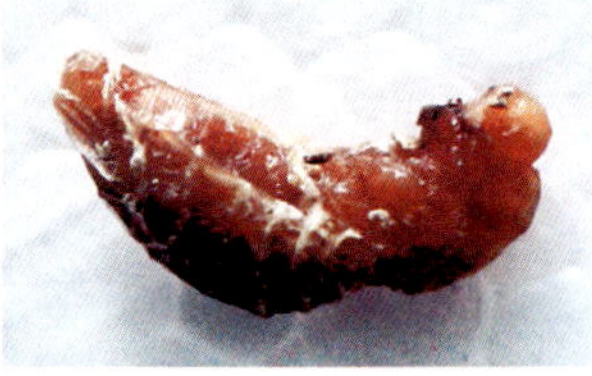

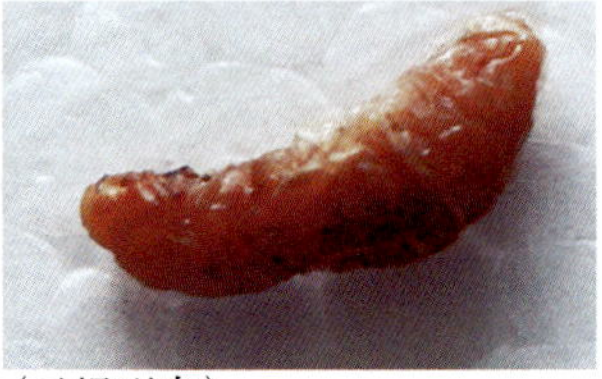

（示蛹形态）

（示成虫）

（示成虫侧面观，1996年7月18日，东台1000m）

24.49 桃仁蜂

附：未定种

（1980年6月，南台1380m）

（2007年9月6日，东台1000m）

（1988年，西台1700m）

（2007年6月，西台1250m）

（1990年，西台1180m）

（2007年6月20日，西台1400m）

（1992年，西台1450m）

（2007年8月25日，北台1300m）

（2009年8月25日雨中，西台1180m）

（1996年7月，西台1420m）

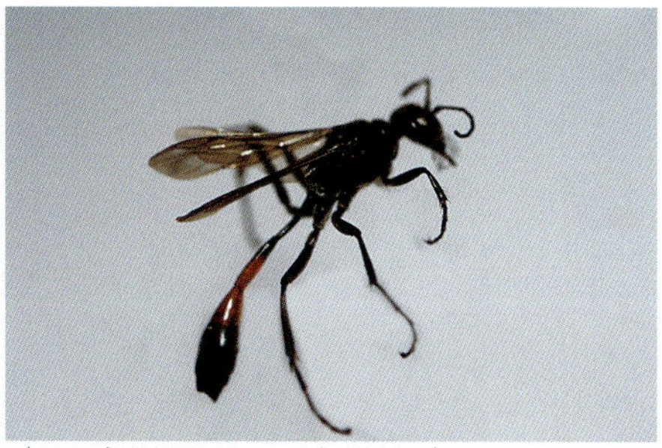
（1996年7月28日，西台1200m）

（1989年7月2日，北台1300m）

（1987年8月1日，北台1310m）

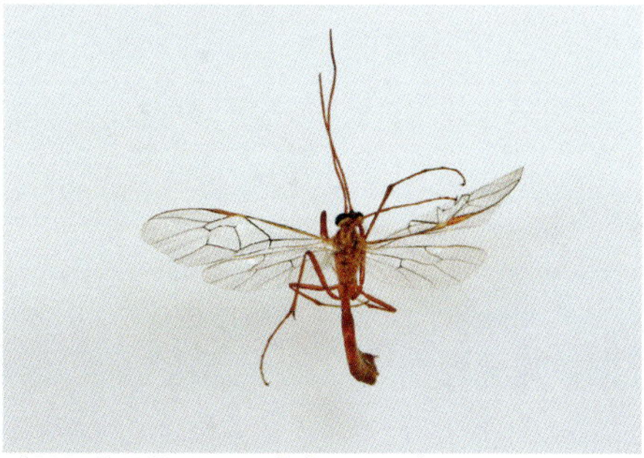
（2001年5月10日，东台1300m）

（1988年7月28日，东台1200m）

（2007年7月7日，西台1180m）

（1981年6月1日，中台1500m）

（1994年5月25日，南台1350m）

（2009年7月3日，东台1000m）

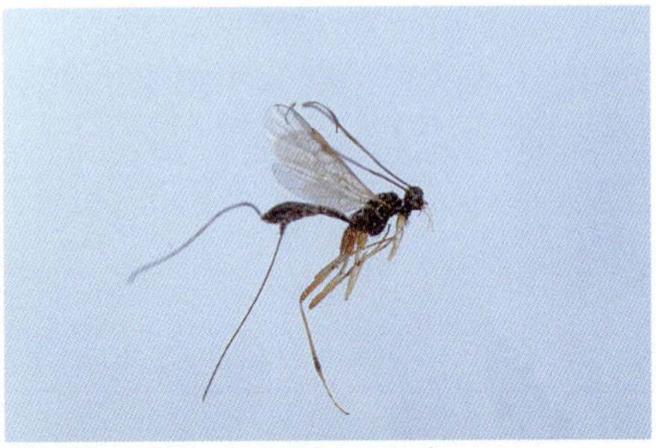
（1985年5月21日，西台1350m）

（1994年，西台1200m）

（2007年7月31日，北台1450m）

（1980年6月18日，中台1700m）

（2007年6月10日，南台1380m）

（1988年8月10日，南台1400m）

青蜂科 Chrysididae

小至中型。体粗短坚硬，多蓝、绿色，具金属光泽，有粗的刻纹。腹部无柄，背片可见3～4节，极少5节，背面隆起而腹面平坦或凹。当虫体受外界触动时，腹部常折合抱于胸下面呈球状滚动。幼虫内寄生于单栖性蜂类、切叶蜂和蜾蠃的幼虫以及鳞翅目昆虫的蛹。

24.51 惟阿青蜂

Chrysis (Jetrachrisis) viridula apicata Uchidae

体长13mm左右。

成虫见于5月上旬～9月中旬。

分布：小五台山北台水沟、西台海拔1100～2000m；张家口。

24.52 尹泰青蜂

Hedychridium integrum Dahlbom

体长约10mm。

成虫见于7月上中旬。

分布：小五台山西台后洼海拔1300m左右；张家口。

24.51a 惟阿青蜂(1980年6月15日，北台1800m)

24.51b 惟阿青蜂

24.53 上海青蜂

Chrysis shanghai ensis Smith

雌性体长9～11mm,翅展18～22mm。体粗大，黑色，具紫、蓝、绿色金属光泽。腹面蓝绿色。颜面、头顶中央至后头绿色有光泽。复眼赭色，单眼黄色。触角鞭状，13节，基部绿色，余则黑褐色。前胸背板绿色，中胸盾片中央深紫色，小盾片及后盾片绿色，向后突出。翅褐色，脉黑褐色。腹部背5节，密布小刻点，第3腹节背面后缘有5个小齿，第2腹节背板基部及第3腹节背板大部具紫色纹，后缘绿色。产卵管明显伸出于腹部末端。足具绿色金属光，跗节黑褐色。

成虫见于6月中旬～7月中旬。

寄主：黄刺蛾茧内幼虫、蛹。

分布：小五台山西台海拔1150～1300m；张家口；辽宁、山东、北京、江苏、上海、浙江、江西、湖南、湖北、台湾。

土蜂科 Scoliidae

中至大型。体黑色，多毛，有黄、白、橙、红等色斑纹。头圆球形，比胸稍狭。复眼大。触角短而弯曲。前胸背板从侧面看略呈三角形，侧角向后延伸与肩板接触。小盾片明显且大。中、后胸腹板连成一板，盖住中、后足基节。翅脉少，前翅2～3个径室，后翅有臀叶。腹部长，第1、2节有深的收缩。腹部各节后缘有毛。足粗短。后足胫节2个距。雌蜂钻入土中寻找蛴螬产卵于其体上，幼虫外寄生于蛴螬体上。

24.52 尹泰青蜂(1980年7月13日，西台1300m)

24.53a 上海青蜂(1988年6月10日，西台1180m)

24.53b 上海青蜂(1987年7月10日，西台1200m)

24.53c 上海青蜂

24.54 金毛长腹土蜂

Campsomeris prismatica Smith

雌体长20～25mm，前翅长12mm左右，雄体略小。

成虫见于7月下旬～8月下旬。

寄主：金龟子类。

分布：小五台山西台、东台海拔1100～1400m；张家口。

24.54a 金毛长腹土蜂(1994年8月，东台830m)

24.54b 金毛长腹土蜂（示侧面观）

24.54e 金毛长腹土蜂

24.54d 金毛长腹土蜂(2009年7月23日，西台1400m)

24.54c 金毛长腹土蜂(2007年8月15日，西台1300m)

24.55 社会长须蜂

Eucera (Eucera) sociabilis Smith

翅展约27mm。

成虫见于7月中旬~8月上旬。

分布：小五台山南台、北台海拔1500~1700m；张家口。

地蜂科 Andrenidae

又称地花蜂科。多数体型中等。触角窝下有2条触角下缝，划出1触角下片；雌性及有些雄性有生毛的颜凹陷。下唇舌长而尖，无2侧片。前翅径脉连接前缘。第2回脉在连接亚缘室下方前不向外弯曲。后翅臀叶有缺刻。中、后足第1跗节比胫节短。后足跗节扩大而加阔。有社会行为，雌蜂在土中挖洞产卵，并在其中贮存供幼虫孵化的食物。

24.56 小地蜂

Andrena parvula Kirby

体长约9mm。

成虫见于4月中下旬。

采访桃、梨、向日葵、油菜等。

分布：小五台山西台海拔1100~1200m；张家口。

24.55a 社会长须蜂(1989年7月，北台1610m)

24.57 黑地蜂

Andrena carbonaria Linnaeus

体长约12mm。

成虫见于4月中下旬。

分布：小五台山西台砖瓦窑海拔1220m左右；张家口。

24.58 苹果地蜂

Andrena pruniphora Hirashima

体长11mm左右。

成虫见于4月中旬~9月上旬。

成虫采访苹果花。

分布：小五台山西台、北台海拔1100~1300m；张家口。

24.59 迷卡地蜂

Andrena mikado Strand et Yasumatsu

体长约10mm。

成虫见于4月上中旬。

分布：小五台山西台砖瓦窑海拔1220m左右；张家口。

24.55b 社会长须蜂(1989年7月，北台1600m)

24.56 小地蜂(1981年4月26日，西台1180m)

24.60 瓦莱地蜂

Andrena valeriana Hirashima

体长12mm左右。

成虫见于4月中旬~7月上旬。

分布：小五台山西台棺材沟海拔1100~1600m；张家口。

24.61 斯奈地蜂

Andrena seneciorum Hirashima

体长约11mm。

成虫见于4月上中旬。

分布：小五台山西台海拔1150~1300m；张家口。

24.57 黑地蜂(♂)(1980年4月21日，西台1220m)

24.58 苹果地蜂(1979年4月，北台1300m)

24.59 迷卡地蜂(1979年4月20日，西台1220m)

24.62 地蜂

Andrena sp.

体长9mm左右。

成虫见于4月下旬～8月下旬。

分布：小五台山西台海拔1100～2000m；张家口。

24.63 黄胸地蜂

Andrena thoracica Fabricius

体长13mm左右。

成虫见于4月上旬～5月中旬。

成虫采访苜蓿、紫穗槐、黄花苜蓿、桃、珍珠梅等。

分布：小五台山西台葱地沟、砖瓦窑海拔1100～1220m；张家口。

隧蜂科 Halictidae

又称华蜂科、小花蜂科。头和胸部的毛有分枝。唇基小，微微突出。上颚很少为斜断面，遮住上唇一部分，着生在复眼下缘的后方。上唇小，基部隆起。下唇舌长而尖，无2侧叶。无颜凹陷。触角窝下有1条触角下缝，因而无触角下片。第2回脉在连接亚缘室下方前不向外弯曲。基脉弯曲。雌性和多数雄性腹部末节背板有平的或隆起的三角形区。雌性常有肛刚毛。后足胫节扩大或加阔，比后足第1跗节阔。有社会行为。雌蜂在地下挖洞产卵，筑巢。

24.64 四条隧蜂

Halictus quadricinctus Fabricius

体长13mm左右。

成虫见于5月上中旬。

成虫采访菊科植物等。

分布：小五台山西台坟湾海拔1100～1220m；张家口。

24.65 黄带隧蜂

Halictus calceatus Scopoli

体长13mm左右。

成虫见于5月上旬～6月上旬。

成虫采访荆条、桃、向日葵、杏、茄子、鸡冠花等。

分布：小五台山西台郑家沟海拔1300～1500m；张家口。

24.60 瓦莱地蜂

24.62 地蜂(1981年6月18日，西台1700m)

24.61a 斯奈地蜂

24.63a 黄胸地蜂(♀;1980年4月20日，西台1180m)

24.64 四条隧蜂(1979年5月5日，西台1100m)

24.61b 斯奈地蜂(1981年4月20日，西台1220m)

24.63b 黄胸地蜂(♂)

24.65 黄带隧蜂(1978年5月14日，西台1400m)

蚁科 Formicidae

有些个体有2对翅，工蚁、兵蚁通常无翅。黑色、褐色、黄色或红色。体壁有弹性，光滑或有毛。上颚发达。触角膝状，4～13节，柄节很长，末端2～3节膨大。翅脉简单，仅1～2个肘室及盘室。腹部第1节或第2第3节紧缩为小型的结。胫节有发达的距，前足的距大而呈梳状，跗节5节。有“社会组织”，生活在地下、枯木或树上。肉食或植食性。

24.66 黑木工蚁

Componotus japonicus Mayr

工蚁有大、中、小3型。大型的体长11～13mm，体黑色，具细密网状刻点；头胸绒毛短，腹部茸毛密而长，并散生粗刺毛，绒毛、刺均棕褐色；头大，而两侧凸，后头具凹缘，侧角不凸出；唇基稍凸，不具隆线，前缘双凹；上颚须5节，下唇须4节。触角沟明显，触角12节，柄节长的1/2超过头顶。前胸较宽，前端凸圆，后胸扁窄，上面稍凸，后胸后半部陡截。腹部较短，椭圆形，每节后缘棕黄色；腹柄节扁平，近扇形，前面稍凸，后面平，足粗壮，腿节、胫节稍扁平。雄蚁稍小，触角比工蚁多1节。

成虫见于5月上旬～8月下旬。

取食膜翅目、鳞翅目、鞘翅目等昆虫。

分布：小五台山西台葱地沟、南台、北台海拔1200～1500m；张家口；山东、辽宁、江苏、浙江。

24.67 普通黑蚁

Lasius niger (Linnaeus)

又名：黑褐草蚁

工蚁体长6mm左右。

成虫见于5月上旬～8月中旬。

分布：小五台山；张家口；全国各地。

24.68 日本弓背蚁

Camponotus japonicus Mayr

体长：大工蚁11mm，小工蚁7mm左右。

成虫见于4月中旬～6月上旬。

分布：小五台山西台海拔1000～1300m；张家口；黑龙江、辽宁、吉林、山东、北京、上海、浙江、福建、湖南、四川、广东、云南；日本、缅甸、朝鲜。

24.66a 黑木工蚁(2008年6月1日，西台1350m)

24.66b 黑木工蚁(1990年7月5日，西台1350m)

24.66c 黑木工蚁(2007年5月9日，西台1350m)

24.66e 黑木工蚁(2009年5月13日，西台1200m)

24.66d 黑木工蚁(2007年7月22日，北台1300m)

24.66f 黑木工蚁(2009年6月7日，北台1450m)

24.67a 普通黑蚁(1978年6月，西台)

24.67b 普通黑蚁(1978年6月，西台)

24.69 红褐林蚁

Formica rufa Linnaeus

蚁巢大，由叶和嫩枝筑成，在落叶松林中常堆成坟堆状，群众称为“蚂蚁堆”。有蚂蚁堆分布的林中，其他昆虫少见。

成虫见于5月中旬～8月中下旬。

分布：小五台山各台海拔1000～1700m；张家口、承德。

24.70 沙林蚁

Formica sp.

工蚁体长8mm左右。

成虫见于5月上旬。

分布：小五台山北台海拔1300～1500m；张家口。

胡蜂科 Vespidae

俗称马蜂、黄蜂、草蜂等，体中至大型。多黄色，有黑色或深褐色斑纹。触角长，微弯曲。前胸背板达翅基片。前翅第1盘室通常很长，长于亚中室，休息时翅纵折。中足胫节有2个端距，爪简单。多具简单的“社会组织”形态或独栖性。

24.71 挪威长胡蜂

Dolichovespula norwegica (Fabricius)

体长19mm左右。

成虫见于8月上旬～9月上旬。

分布：小五台山西台海拔1180～2140m；张家口；吉林；美国以及亚洲、欧洲。

24.68 日本弓背蚁(2007年5月23日，西台1220m)

24.69a 红褐林蚁(示其活跃于油松树干上；2007年5月25日，西台1280m)

24.69b 红褐林蚁(2007年6月15日，北台1450m)

24.69c 红褐林蚁（示华北落叶松林缘的“蚂蚁堆”群；2009年8月24日，大老婆肚1600m）

24.69e 红褐林蚁(示“蚂蚁堆”上的蚂蚁出入洞口)

24.69f 红褐林蚁(示其在“蚂蚁堆”上活动)

24.69h 红褐林蚁(示“蚂蚁堆”，此堆直径210cm，高60cm)

24.69g 红褐林蚁(示其受到刺激后，头部仰起喷出雾状物；2009年6月17日，东台1100m)

24.70 沙林蚁(2009年5月1日，北台1420m)

(2009年8月25日，西台雨水中1180m)

24.71 挪威长胡蜂

24.72 长黄胡蜂

Dolichovespula sp.

体长40mm左右。

成虫见于8月中旬。

分布：小五台山东台海拔850m；张家口。

24.73 施黄胡蜂

Vespula rufa schrenckii (Radoszkowsky)

体长约13mm。

成虫见于5月下旬～8月中旬。

分布：小五台山；张家口；黑龙江、辽宁；日本、朝鲜。

24.74 金环胡蜂

Vespa mandarinia mandarinia Smith

又名：远东胡蜂。

体长30～40mm。头部橘黄色。单眼棕色，其周围略呈黑色。触角柄节棕黄色，鞭节黑色。胸部褐或棕色，翅基片棕色。腹部除第6节背、腹板全为橙色外，其余各节背板均为棕黄与黑褐色相间。

成虫见于6月上旬～9月上旬。

寄主：捕食其他昆虫。

分布：小五台山东台、南台、北台海拔900～1400m；张家口；辽宁、江苏、浙江、湖南、四川、江西、福建、云南、广西、湖北；日本、法国。

24.75 黄边胡蜂

Vespa crabro crabro Linnaeus

又名：大胡蜂。

体长22～30mm。头部除额部色较深，全呈橘黄色。胸部棕色，中胸背板黑色，但自前部中央伸向端部有1条宽的棕色带，止于近端部。腹部第1节背板前半部呈棕色，后部深棕色；第2腹节背板棕色较深，端部沿边缘有黄棕色横带，横带中央有小凹陷，两侧略向前伸；第3～5腹节背板基半部深棕色，端半部有1条棕黄色横带；第6腹节背板棕黄色。本种胸部色斑常有变化。

成虫见于8月中下旬。

寄主：捕食其他昆虫。

分布：小五台山西台、东台、南台、北台杨家坪海拔900～1400m；张家口；山东、辽宁、黑龙江、陕西、浙江、江西、四川、甘肃、河南、江苏、山西、福建、云南；日本以及欧洲。

24.76 黑尾胡蜂

Vespa ducalis Smith

体长24～36mm。雌虫头部略窄于胸部。头部橘黄色，单眼区略呈黑色。前胸背板前缘截状，两肩角可见，除两侧下角为黑色，余全呈棕色。中胸背板略隆起，有1条细纵隆线，全呈黑色，仅前缘中央两侧各有1棕色条纹斑，有时此斑不可见。小盾片矩形，棕黄色。后小盾片横带状橘黄色。并胸腹节向下垂直，黑色，有时端部两侧略呈棕色。中胸侧板、后胸侧板均为黑色。翅基片棕色，翅棕色，前翅前缘色略深。腹部第1、2节背板棕黄色，有时每节中部有1褐色带，有时基半部褐色，端半部黄色；第3～6节背板全为黑色。

成虫见于6月中旬～8月下旬。

分布：小五台山东台、西台海拔1100～1450m；张家口；黑龙江、辽宁、湖北、四川、浙江、江西、广东、广西、云南、福建、贵州、台湾；尼泊尔、印度、日本、法国。

24.72 长黄胡蜂(2009年8月17日，东台1100m)

(1980年7月18日，南台1350m)

(1989年6月28日，北台1400m)

24.74 金环胡蜂

24.76a 黑尾胡蜂(1980年6月26日，西台1400m)

24.73 施黄胡蜂(1987年6月8日，西台1300m)

24.75a 黄边胡蜂(1980年7月15日，北台1300m)

24.75b 黄边胡蜂(1981年7月，南台1380m)

24.76b 黑尾胡蜂(1981年7月8日，西台1400m)

24.77 北方黄胡蜂

Vespula rufa rufa(Linnaeus)

翅展34mm。

成虫见于6月中旬～8月上旬。

分布：小五台山南台海拔1300～1500m；张家口。

24.78 德国黄胡蜂

Vespula germanica (Fabricius)

体长16～20mm。头胸部略等宽。触角窝间略隆起，上有1个似蝶形黄斑。复眼内缘凹陷处黄色。其余头顶及额部黑色，颊部黄色。前胸背板黄色，前缘向前隆起，略呈圆形，2肩角圆形。中胸背板黑色，中间有纵隆线；小盾片黑色，横带状，两侧各有1个略呈半圆形的黄斑；后小盾片黑色，中央两侧各有1个黄色横带状斑；中胸侧板黑色。其上部边缘有1个略呈三角形的黄斑。后胸侧板较窄，黑色。翅基片黄色。腹部第1节前截面黑色，背面黄色有黑斑，中央有1个似菱形黑斑，两侧各有1个近前缘的小黑斑。第2～6节腹节背板基部黑色，端部为1条黄色中央有凹陷的宽带；除第6节外，每节背板凹裂两侧各有1个黑点。

成虫见于7月上旬～8月上旬。

寄主：捕食其他昆虫。

分布：小五台山西台、金河沟、东台海拔850～1300m；张家口；黑龙江、内蒙古、新疆、河南、江苏、山东；亚洲、欧洲、非洲、大洋洲、北美洲。

24.79 普通黄胡蜂

Vespula rulgaris (Linnaeus)

又称常见黄胡蜂。体长13～16mm。体黑色，具黄色斑纹。头略窄于胸部，两触角窝间略隆起，其上有一倒梯形黄斑。两复眼内缘凹陷处黄色，复眼后缘上部及下部邻近复眼各具一黄色斑。前胸背板前缘略呈弧形，在邻接中胸背板处，左、右各有1个黄色条状窄斑。小盾片两侧前缘各有1个黄色横斑。后小盾片向下垂直，横带状，前缘两侧各有1个黄色横斑。中胸侧板仅于上部边缘中央有1个黄色点状斑。腹部第1节背板前截面黑色，背面端部边缘有1条中央有凹陷的黄色横带。第2～5节背板端部边缘有1个内缘呈3个凹陷的黄色横斑。第6节背板沿端部边缘黄色。

成虫见于5月上旬～8月下旬。

分布：小五台山西台坟湾、南台海拔1100～1500m；张家口；新疆；亚洲、欧洲、北美洲、非洲北部。

24.80 易黄胡蜂

Vespula lewisii (Cameron)

体长13mm左右，体黑色，具黄色斑纹。头胸腹部覆有较长黑毛。

成虫见于5月下旬～6月中旬。

分布：小五台山北台水沟海拔1400m、西台东坡海拔1200m；张家口；黑龙江、辽宁；日本、朝鲜。

24.81 黄胡蜂

Vespula sp.

体长约14mm。

成虫见于5月下旬～8月上旬。

分布：小五台山西台、北台、南台海拔1200～2670m；张家口。

24.82 石长黄胡蜂

Dolichovespula saxonica saxonica (Fabricius)

前翅长11mm。

成虫见于6月下旬～7月中旬。

分布：小五台山西台海拔1300～1550m；张家口。

24.77 北方黄胡蜂(1994年8月1日，南台1500m)

24.79 普通黄胡蜂(1979年8月28日，南台1500m)

24.78 德国黄胡蜂(1980年7月20日，东台1100m)

24.80 易黄胡蜂(1981年6月，北台1400m)

24.82 石长黄胡蜂(1993年7月2日，西台1520m)

马蜂科 Polistidae

多为中型。上颚短宽，顶端斜截形，有齿，在唇基下方重叠或交叉。唇基顶端尖形，少数圆形或直。触角雌蜂12节，雄蜂13节。腹部第1节非柄状，向端部渐宽，其端部宽与第2节基部相近；腹部第1节背板前方非为截形；第2腹节不呈钟状，背、腹板不愈合。跗节爪简单，中足胫节有2个距，极少数1个距。真正的社会性昆虫。巢单层，平圆盘状，由多个相似的纸质室组成，悬排于建筑物檐下、树枝、树干等处。

24.83 中华马蜂

Polistes chinensis Fabricius

又名：中国长脚胡蜂。

雌体长16mm左右。头窄于胸。触角窝间或隆起，呈黑色，其上方亦为黑色，2个复眼顶部间为1条黑色宽横带，后头边缘中间黑色，触角柄节背面棕色，腹面黄色，鞭节棕色。前胸背板前缘中部黄色，两侧及下方棕色，后缘边缘黄色。中胸背板黑色。中央两侧前方各有1个棕色小斑，其后方各有1个棕色大斑。小盾片短形，后半部中间有向前突出的棕色斑，其余基半部黄色，两侧外方前部各1个小黄斑。并胸腹节斜向下方，黑色，中央具1条沟，两侧面及沟两侧各有1条黄色纵带。中胸侧板黑色，上方及后侧缘各有1个黄斑。后胸侧板窄，下侧片黑色向后延伸，但上、下侧片各有1个大黄斑。腹部第1背板基部细，向端部渐扩展，近黑色。第2腹板端部为1条黄色横带，中部两侧各有1个棕色大斑，斑中央有1个小黄斑，余均黑色。3～5腹节背板黑色，沿端部有1条黄色横带，横带两侧各1个棕色小斑。第6腹节背板近三角形，基部黑色，端部黄色。前足及中、后足基节和跗节深褐色，其他各节浅褐色或均为棕褐色。雄虫近于雌虫，腹部7节。

成虫见于4月下旬～8月中旬。

寄主：捕食其他昆虫。

分布：小五台山西台海拔1100～1700m；张家口；河南、广东、江苏、山东；法国。

24.84 二纹长脚马蜂

Polistes chinensis antennalis Përog

体长约15mm。

成虫见于4月下旬～9月下旬。

分布：小五台山南台、西台、北台海拔1100～2000m；张家口。

24.85 柞蚕马蜂

Polistes gallicus gallicus (Linnaeus)

雌虫体长约16mm。体黑色，头、胸、腹部均有黄色斑。头部较胸部略窄，额沟明显，上有黑色横斑。复眼后各有1个黄色横斑。前胸背板前缘基本截状，呈黄色，与中胸背板相邻处亦为黄色。小盾片隆起，矩形，前缘具1对相邻的黄色横斑，后小盾片前缘有1对黄色横斑。并胸腹节斜向下方，中央有1对黄色纵斑，两侧面各有1个点状黄斑。腹部第1腹板沿端部边缘有1个中间有小凹陷的黄色横带；第2背板两侧各有1个黄色点状斑，沿端部边缘有1条黄色横带；第3～5背板沿端部边缘有1个黄色横斑；第6节背板端部黄色。雄性大小、斑纹似雌蜂。

成虫见于5月上旬～8月上旬。

寄主：柞蚕等幼虫。

分布：小五台山南台、西台海拔1200～1700m；张家口；黑龙江、吉林、山西、新疆、甘肃、江苏；日本、伊朗、土耳其、俄罗斯、埃及、比利时、法国、叙利亚、荷兰、瑞典。

24.83a 中华马蜂(1980年9月1日，西台1500m)

24.84 二纹长脚马蜂(1980年8月15日，北台1700m)

24.83b 中华马蜂

24.85a 柞蚕马蜂(1980年7月，南台1500m)

(2007年5月2日，西台1480m)

(1997年6月20日，南台1600m)

(示蜂巢及蜂；2007年7月22日，西台1180m)

24.85b 柞蚕马蜂

24.86 黄长足马蜂

Polistes snelleni Saussure

又名:斯马蜂

体长约13mm。

成虫见于5月上旬～9月上旬。

分布：小五台山西台坟湾海拔1100m；张家口、保定；江西、云南、江苏、甘肃、贵州、四川、山东、浙江、福建；日本。

24.87 马蜂

Polistes sp.

体长约14mm。

成虫见于9月中旬。

分布：小五台山北台上寺海拔1400m；张家口。

24.88 陆马蜂

Polistes (Megapostes) rothneyi grahami van der Vecht

雌蜂体长23mm左右。体橙黄色，有黑色斑纹。头部稍窄于胸部。两复眼顶部间有1条黑色横带，其下为橙黄色；颅顶部中间有2条并列橙色带；颊两侧及复眼后均为橙色；上颚短宽，橙黄色，齿端黑色；唇基橙黄色。触角柄节背面黑色，腹面橙色，前胸背板周边呈黄色领状突起，中部两侧各有1个黑色小三角斑，两个下角黑色。中胸背板中央两侧各有1个橙黄色纵斑。并胸腹节黑色。中胸侧板黑色。翅棕色，前翅前缘色略深。腹部第1节背板端部黄褐色，每侧各有1个橙黄色斑；第2～5节背板端部两侧有2条凹陷的橙黄色横带；第6节背板似三角形橙黄色。足基节、跗节黑色；前足股节端部橙黄色；中足股节基部2/3黑色，端部橙黄色；后足股节基部3/4黑色，端部1/4橙黄色；爪无齿，具爪垫。雄蜂似雌蜂，仅中胸腹板胸腹侧片前缘黑色；足的黄色区域大，触角端黑色。

成虫见于6～9月，常筑巢于树枝等处。

寄主：松毛虫等鳞翅目昆虫幼虫。

分布：小五台山西台、北台、南台、东台海拔1100～1350m；张家口、保定、石家庄；山东、辽宁、黑龙江、江苏、浙江、四川、湖北、安徽、江西、福建、广东。

蜾蠃科 Eumenidae

中至大型。体长约9～17mm。特征似胡蜂科Vespidae,但上颚长，刀状，常交叉。中足仅1个端距，跗爪有齿或分瓣。腹部第1、2节间有收缩。通常单独生活，以泥土筑壶形巢，捕鳞翅目昆虫幼虫或蜘蛛贮以饲仔。

24.89 李蜾蠃

Eumenes (Eumenes) fraterculus Dalla Toree

体长14～16mm。头胸腹部黑色有黄色斑。头部的宽略大于高而窄于胸。两触角窝间有1个黄色小斑。颊部仅在两复眼后缘上部紧邻复眼有1个小黄斑。唇基端部和基部各有1个黄色横带状斑。前胸背板前缘有1条黄色横带。后小盾片五角形,大部为黄色横带状斑覆盖。并胸腹节基部两侧角各有1个点状黄色圆斑。中胸侧板的上部中央，翅基片之下各有1个黄色斑。翅基片黄色。翅浅褐色。腹部第1节沿端部边缘具1个窄黄边，或于中部两侧有2个黄色点状斑。第2节腹板隆起，沿端部边缘有1个窄的、中间有凹陷的黄色带状斑。中间两侧各有1对称的横点状斑。第3～4背板沿端部边缘有黄色横带状斑。雄虫略小，触角端节钩状。

成虫见于4月下旬～7月上旬。

寄主：鳞翅目昆虫幼虫及蜘蛛。

分布：小五台山西台、南台、北台水沟海拔1220～1600m；张家口；黑龙江、新疆、江苏、浙江；日本。

24.86 黄长足马蜂(1979年8月28日，西台1100m)

24.88 陆马蜂

24.89b 李蜾蠃(1980年5月20日，南台1400m)

24.87 马蜂（1981年7月18日，北台1400m)

24.89a 李蜾蠃(♂；1981年6月20日，南台1500m)

24.89c 李蜾蠃(示巢；2007年5月2日，西台苗圃1200m)

24.90 萨蜾蠃

Eumenes (Eumenes) samuray Schulthess

成虫见于5月下旬～9月上旬。

寄主：鳞翅目昆虫幼虫及蜘蛛。

分布：小五台山西台坟湾及后沟、南台海拔1100～1430m；张家口。

24.91 镶黄蜾蠃

Eumenes (Oreumenes) decoratus Smith

雌蜂体长22mm左右。黑色，有黄色、橙色斑纹。头部宽略大于高，窄于胸。两触角窝之间呈明显脊状隆起处为黄色，两复眼内缘紧邻复眼处多有1个极窄黄色条斑，紧邻复眼后缘各有1个窄黄带状斑。唇基上半部呈较深的黄色，下半部为黄色。触角支角突基部黑色，端部略呈深棕色，柄节内侧约2/3为黄色，近端部1/3为黑色，外侧则全为黑色，鞭节、梗节黑色，仅鞭节端部2节内侧为橙色。胸部背面观近椭圆形。前胸背板橙色，下部两侧角各有1个黑色三角形区，背板前缘呈截形。小盾片与后小盾片相连处为1个深棕色带状窄斑。后小盾片橙色，后缘略呈深棕色。并胸腹节仅两边各有1个不规则形橙色斑。中胸侧板上部后缘常有1个橙色斑。翅浅棕色。腹部第1节柄状，由基部1/3处始渐粗，节呈黑色。节端部背板边缘有1个橙色中央略有小凹陷的斑。腹部第2节最大，近端部1/3处为宽带状橙色横斑。腹部第3～5节仅端缘为橙色横斑。腹部第6节端部略呈暗褐色。雄蜂较细小，唇基高大于宽，黄色。触角窝下部为黄色斑覆盖，触角鞭节全呈黑色。并胸腹节于侧面上部有1个深棕色带状窄斑。

成虫见于6～7月。

寄主：捕食其他昆虫。

分布：小五台山南台、西台海拔1050～1320m；张家口、保定；山西、山东、吉林、辽宁、江苏、浙江、四川、广西；日本、朝鲜。

24.92 黑背喙蜾蠃

Rhynchium tahitense Saussure

雌体体长18mm左右。头宽窄于胸部，棕色，头顶中央有1个似“山”字形的黑斑。复眼黑色，具黄色边缘。额黑色，触角窝间具似蝶形斑1个，触角末端钩状。唇基黄棕色。触角全为黄棕色。前胸背板棕色。中胸黑色，中央有2条不甚明显的棕色纵纹。小盾片端部棕色，基部黑色。后小盾片棕色，基部边缘黑色。并胸腹节中央及两侧黑色，背面棕色。腹部7节，第1节大部为黑色，仅背板端缘近1/3为棕色；第2、3节黑色，仅背板端缘棕色；第4～6节棕色。雄蜂体较小。

成虫见于7月中旬。

寄主：捕食其他昆虫。

分布：小五台山南台海拔1250m；张家口、承德；山东、山西、江西、湖南。

24.93 元蜾蠃

Discoelius sp.

前翅长11mm。

成虫见于7月中下旬。

分布：小五台山西台、北台海拔1500～1600m；张家口。

24.94 喙蜾蠃

Rhynchium haemorrhoidale fukaü Cameron

体长13～18mm。

成虫见于6月上旬～9月上旬。

分布：小五台山西台大老婆肚海拔约1700m；张家口。

艳花蜂科 Nomadidae

黄色，常有红色斑纹。头、胸部的毛有分支。触角窝下只有1条触角下缝。下颚须6节；唇基突出；上颚呈斜断面，露出上唇，上颚着生在复眼下缘的前方；上唇大，基部不隆起；雌性和多数雄性腹部末节背板有平的或隆起的三角形区。前翅径脉连接前缘；前翅正常，其外缘无微小的乳头状突起及缘带纹，前缘无毛。后足胫节没有花粉刷。寄生性。

24.95 日本艳斑蜂

Nomada japonica Smith

前翅长约14mm。

成虫见于4月中旬～5月下旬。

分布：小五台山西台砖瓦窑、葱地沟海拔1200～1300m；张家口。

24.93 元蜾蠃1(998年7月11日，北台1500m)

24.94a 喙蜾蠃(1980年6月10日，西台1700m)

24.94b 喙蜾蠃(示巢；直径约2.5cm；2007年5月2日，西台1200m)

24.90 萨蜾蠃(1980年5月28日，西台1300m)

24.91 镶黄蜾蠃

24.92 黑背喙蜾蠃

24.96 艳斑蜂

Nomada sp.

前翅长约13mm。

成虫见于4月中旬～5月上旬。

分布：小五台山西台海拔1200～2000m；张家口。

24.97 彩艳斑蜂

Nomada versicolor Smith

前翅长约14mm。

成虫见于4月下旬～5月上旬。

分布：小五台山金河口海拔1200m；张家口。

蛛蜂科 Pompilidae

小至大型。体长约5～40mm。黑、深蓝或红褐色。有金属虹彩与鲜明的淡色斑纹，翅上亦带虹彩和颜色。触角雌蜂12节，雄蜂13节，弯曲。下唇舌短，略超过上颚的顶端。前胸背板向后延伸达翅的基部。中胸侧板上有1个横缝。翅透明，翅脉不达外缘，常呈红、黄或褐色。前翅通常有1个缘室及3个亚缘室，第1盘室短。腹部较短，柄不明显。可见背板，雌蜂6节，雄蜂7节。雌蜂有发达的螫刺。足细长。常在地面低飞或飞到花上，寻找昆虫或蜘蛛，将其带回筑在地下的巢中饲仔。

24.98 傅斯蛛蜂

Anoplius fuscus Linnaeus

翅展28mm左右。

成虫见于4月上旬～5月上旬。

分布：小五台山西台海拔1220～1450m；张家口。

24.99 蛛蜂

Anoplius sp.

翅展约26mm。

成虫见于9月中旬。

分布：小五台山北台上寺海拔约1400m；张家口。

泥蜂科 Sphecidae

中至大型。又称细腰蜂科。腹部第1节呈细长的腹柄。常为黑色，具黄、橙或红色斑纹。头大，横阔。复眼大，其内缘略平行。触角生于颜面中央。前胸不接触肩板。足细长，前足适于开掘。中足胫节具2距。翅狭，有3个亚缘室。并腹节长，基部气门明显。腹部纺锤形，扁平。捕食性。

24.100 二齿锯泥蜂

Prionyx subfuscatus (Dahlbom)

前翅长14mm左右。

成虫见于6月中旬～7月上旬。

分布：小五台山南台海拔1600～1700m；张家口。

24.95a 日本艳斑蜂(1980年4月20日，西台1200m)

24.97 彩艳斑蜂(1979年5月1日，西台1200m)

24.99 蛛蜂

24.95b 日本艳斑蜂(1980年5月10日，西台1250m)

24.98a 傅斯蛛蜂(1980年4月14日，西台1220m)

24.100a 二齿锯泥蜂(示侧面观；1988年6月15日，南台1650m)

24.96 艳斑蜂(1981年5月8日，西台2000m)

24.98b 傅斯蛛蜂(1980年4月29日，西台1450m)

24.100b 二齿锯泥蜂(1988年7月5日，南台1700m)

24.101 齿爪长足泥蜂齿爪亚种

Padalonia affinis affinis (Kirby)

前翅长约13mm。

成虫见于6月下旬。

分布：小五台山西台、南台海拔1200～1500m；张家口。

24.102 赛氏沙泥蜂赛氏亚种

Ammophila sickmanni sickmanni Kohl

体长15～20mm，前翅长9mm左右。体黑色。腹部第1节背板大部和第2节背板红黄色，第3节背板基部和第2节腹部多为红黄色。足黑色。

成虫见于6月上中旬。

寄主：鳞翅目昆虫幼虫。

分布：小五台山北台海拔1550m左右；张家口；北京、山东、吉林、辽宁、山西、陕西、甘肃、湖北、广西。

24.103 泥蜂

Sphex sp.

前翅长约12mm。

成虫见于7月上旬～8月中旬。

分布：小五台山西台郑家沟、北台上寺沟海拔1400～1500 m；张家口。

24.104 斯泥蜂

Sphex sp.

前翅长约12mm。

成虫见于7月上旬～8月中旬。

分布：小五台山西台、北台海拔1300～1600m；张家口。

24.105 斯壁泥蜂

Sceliphron sp.

前翅长13mm左右。

成虫见于5月下旬～6月下旬。

分布：小五台山北台海拔1200～1600m；张家口。

24.106 壁泥蜂

Sceliphron sp.

前翅长12～14mm。

成虫见于5月上旬～6月上旬。

分布：小五台山北台上寺和水沟海拔1200～1600m；张家口。

短翅泥蜂科 Trypoxylidae

通常腰细长。飞行于地面。猎捕鳞翅目幼虫带回土窝内饲子。复眼有深的缺刻。前翅仅1个亚缘室，如有2～3个，则第2个有柄。腹部有柄，略成棒状。中足胫节1个距，少数无距。后足胫节细瘦。

24.107 短翅泥蜂

Trypoxylon sp.

前翅长8～10mm。

成虫见于5月下旬。

分布：小五台山西台海拔1100～1500m；张家口。

24.108 多毛短翅泥蜂

Trypoxylon sp.

前翅长约8～10mm。

成虫见于5月下旬～6月上旬。

分布：小五台山西台东坡、后沟、坟湾海拔1100～1500m；张家口。

24.101a 齿爪长足泥蜂齿爪亚种(1997年6月25日，西台1400m)

24.102a 赛氏沙泥蜂赛氏亚种(1999年6月9日，北台1550m)

24.103 泥蜂(1980年7月20日，北台1500m)

24.107a 短翅泥蜂(1998年5月28日，西台1400m)

24.101b 齿爪长足泥蜂齿爪亚种(1998年6月21日，南台1300m)

24.102b 赛氏沙泥蜂赛氏亚种(示侧面观)

24.104 斯泥蜂(1980年8月10日，北台1500m)

24.105 斯壁泥蜂(1979年6月8日，北台1500m)

24.106 壁泥蜂(1980年5月25日，北台1600m)

24.107b 短翅泥蜂(1991年5月21日，西台1500m)

24.108 多毛短翅泥蜂(1980年6月8日，西台1400m)

方头泥蜂科 Crabronidae

通常黑色，有黄纹。腰常细长。复眼无深的缺刻。后盾片与并胸腹节简单，无刺或突起。前翅只有1个闭形的亚缘室或无亚缘室。缘室外有副室。后翅有明显的副室。中足只1个距或无距。后足跗节细瘦。常飞行于地面，猎捕鳞翅目昆虫带回土巢内供子代食用。

24.109 切方头泥蜂

Ectemnius planifrons Thomson

体长12mm左右。

成虫见于8月中旬。

分布：小五台山西台后沟海拔1300～1450 m；张家口。

沙蜂科 Bembicidae

腰长细瘦，常在地面飞行，猎捕鳞翅目幼虫带回为子代贮备于在墙角或屋檐上用泥土做的窝内。上唇大，能活动，伸出唇基外成三角形。复眼没有深的缺刻。前翅亚缘室简单。复眼没有深的缺刻。单眼不明显。

24.110 角斑沙蜂

Bembix niponica Smith

体长11mm左右。

成虫见于9月中旬。

分布：小五台西台郑家沟海拔1400 m；张家口。

24.111 斑沙蜂

Bembix sp.

体长10～12mm。

成虫见于8月中旬。

分布：小五台山西台小连沟海拔1300～1550m；张家口。

切叶蜂科 Megachilidae

形似蜜蜂。色暗，常有金属光泽蓝色、紫色的缘毛及白、黄、褐或红色的毛。头、胸部同宽。触角短，膝状。单眼排成三角形。上唇很大，下唇舌细长。上颚长而尖锐，末端扩大，常有齿。小盾片大。足细长，有毛，雄性基节有齿。无采花粉的构造。前翅有2亚缘室，腹部无柄 。多数种类雌性腹面有颜色鲜明的花粉刷。雄性腹部末端有缺刻，有时呈齿状。蛀孔营巢于枯树或房屋柱梁上。

24.112 尖腹蜂

Coelioxys acuminata Nylander Subspecies

体长约12mm。

成虫见于8月下旬～9月上旬。

分布：小五台山东台海拔850m左右；张家口。

24.113 拟蔷薇切叶蜂

Megachile subtranguilla Yasumatsu

雌体长13～14mm，宽5～6mm。体黑色被黄色毛。头宽于长。鄂4齿，第3齿宽大，呈刀片状。翅透明。腹部每节背板端有黄色毛带。腹毛刷为褐黄、黑褐色，第3、4腹节具横沟，沟前刻点密，后部平滑。雄体略小。

成虫见于7月中旬～8月上旬。

寄主：蔷薇科植物以及白蜡、槐树、核桃、枣、柿等。

分布：小五台山西、北台海拔1100～1550m；张家口、石家庄；北京、山西、内蒙古、辽宁、黑龙江等。

24.109 切方头泥蜂(1980年8月17日，西台1400m)

24.110 角斑沙蜂(1981年9月16日，西台郑家沟1400m)

24.111 斑沙蜂(1979年8月18日，西台1500m)

24.113a 拟蔷薇切叶蜂(示叶被切状；2009年7月20日，西台1400m)

24.113b 拟蔷薇切叶蜂(示叶被切状)

附：未定种

（2009年6月20日，西台1160m）

（2007年8月1日，850m）

（2007年7月13，西台1400m）

（2007年7月3日，西台1200m）

（2007年5月30日，西台1250m）

（2009年6月29日，西台1200m）

（2007年9月30日，西台村落房檐下1180m）

（1995年，南台1400m）

（1988年8月，南台1400m）

（1988年7月，南台）

（2008年8月，东台1200m）

（1980年7月，西台1500m）

（1980年7月10日，西台1400m）

（1981年8月10日，中台1500m）

（1988年7月，西台1600m）

（1993年7月，西台1600m）

（1980年7月，西台1450m）

（1980年6月，西台1500m）

（1987年8月，南台1600m）

（1981年6月30日，西台1400m）

（1981年7月，南台1700m）

（1985年6月28日，南台1600m）

（1980年8月，中台1600m）

（1980年7月5日，东台1100m）

（1980年，中台1700m）

（1987年7月，西台1500m）

（1980年7月，东台1000m）

（1980年7月1日，西台1600m）

（2001年6月，西台1300m）

（1980年8月14日，北台1700m）

（1980年6月10日，西台1350m）

（1980年7月15日，北台1700m）

（1996年6月12日，北台1450m）

（1981年5月8日，南台1500m）

（1981年5月30日，西台1550m）

（1980年5月28日，西台1450m）

（1988年5月20日，北台1300m）

（2002年9月1日，中台2000m）

（1999年6月，西台1500m）

（1980年5月2日，西台1280m）

（1985年6月17日，西台1500m）

（1981年4月25日，西台1300m）

（1981年6月28日，南台1500m）

（1980年8月，北台1300m）

（1989年6月,西台）

（1981年5月，西台1280m）

（1979年6月10日，西台1300m）

（1980年6月10日，北台1350m）

（2007年7月7日，北台1220m）

（2007年8月，西台1450m）

（1980年6月17日，北台1400m）

（2008年9月19日，西台1180m）

（1980年7月，南台1300m）

（2008年7月，西台1400m）

（2009年5月13日，东台890m）

（2007年7月31日，西台1280m）

（2007年7月31日，西台1280m）

（2007年6月15日，西台1300m）

（2007年8月31日，南台1400m）

（2007年6月10日，西台1350m）

（2007年8月1日，西台1500m）

（2007年7月6日，南台1400m）

（2007年7月31日，南台1500m）

（1993年7月，西台1600m）

（2007年7月5日，南台1500m）

（2007年6月25日，西台1400m）

（2009年6月29日，西台1500m）

（2008年6月，北台1400m）

木蜂科 Xylocopidae

中至大型。体长13～35mm，是蜜蜂总科中最大的种类。体黑色粗壮，生有密毛。并有金属光泽的暗蓝色的缘毛及黄色或白色的软毛。头阔。触角膝状，短。复眼，雄的比雌的大，左右相接近，单眼排成三角形。上唇部分露出，下唇舌长。翅狭长，常有虹彩。前翅亚缘室2个，第1个比第2个短。腹部大，无柄 。第6节背板末端有1刺。足粗，多毛，前、中足胫节有1距，后足胫节有2距。常在干燥的木材上蛀大而深的孔营巢。

24.114 黄胸木蜂

Xylocopa appendiculata Smith

体长约20mm。小五台山区有本种的一亚种*X. a. circumvolans*分布。

成虫见于5月下旬～8月上旬。

分布：小五台山东台、西台海拔1100～1300m；张家口。

24.115 中华木蜂

Xylocopa sinensis Smith

体长约18mm。

成虫见于8月上旬～9月上旬。

分布：小五台山东台海拔900m左右；张家口。

熊蜂科 Bombycidae

中至大型。体长9～30mm。体粗壮，生有黑、白、橙黄、红等各色密毛相混杂。胸部比头部宽。复眼长，单眼在头顶排成1条直线。触角膝状，雄的比雌的长。上颚末端圆形，下唇舌长，有毛。翅长，有3个亚缘室，第2个向基部突出，缘室长均为宽的3倍。腹部圆球形。足，雄的细，雌的大。雌性后足胫节扁阔而光滑，外面生有长毛，有2端距。第1跗节椭圆形，有1个大的端刷，其边缘和内侧有短刚毛列，形成花粉蓝。有社会组织。常作巢于鼠类的废旧洞中。

24.116 阿尔熊蜂

Bombus ardens Smith

体长约14mm。

成虫见于6月下旬～9月下旬。

分布：小五台山西台小连沟、东台杨家坪海拔950～2400m；张家口。

24.117 台湾熊蜂

Bombus bicoloratus Smith

体长27mm左右。

成虫见于6月上旬～8月下旬。

分布：小五台山北台、西台、南台、中台海拔1100～2300m；张家口。

24.118 地熊蜂

Bombus diversus Smith

体长23mm左右。

成虫见于8月上旬～9月中旬。

分布：小五台山西台1300～2000m；张家口。

24.119 萨波熊蜂

Bombus sapporensis (Rohw)

体长24mm左右。

成虫见于5月上旬～9月中旬。

分布：小五台山南台、西台、北台、东台海拔950～2300m；张家口。

24.119a 萨波熊蜂(1979年5月11日，东台1100m)

24.119b 萨波熊蜂(1981年8月25日，南台2300m)

24.118a 地熊蜂(1980年8月10日，西台1800m)

24.114a 黄胸木蜂(1980年7月10日，东台1100m)

24.114c 黄胸木蜂(1988年7月20日，西台1300m)

24.116b 阿尔熊蜂(1981年7月25日，西台1800m)

24.118b 地熊蜂(1981年9月10日，西台2000m)

24.114b 黄胸木蜂(1990年5月28日，东台1200m)

24.116a 阿尔熊蜂(1980年6月25日，西台2000m)

24.117a 台湾熊蜂(1981年8月10日，北台2100m)

24.117b 台湾熊蜂(1980年7月20日，中台1700m)

24.120 黄色熊蜂

Bombus tersatus Smith

体长20mm左右。

成虫见于6月下旬～9月下旬。

分布：小五台山南台、北台、东台、西台海拔900～2000m；张家口。

24.121 依欧熊蜂

Bombus yoshidaer Mats

体长约19mm。

成虫见于5月上旬～9月上旬。

分布：小五台山西台、北台、南台海拔1300～2000m；张家口。

24.122 诺尔熊蜂

Psithyrus norvegicus Sparre-Schneider

体长21mm左右。

成虫见于4月下旬～9月中旬。

分布：小五台山西台、北台海拔1200～2300m；张家口。

24.123 熊蜂

Bombus sp.

前翅长12～15mm。

成虫见于7月上旬～8月中旬。

分布：小五台山北台、西台海拔1300～1700m；张家口。

准蜂科 Melitidae

前胸背板不伸达。翅基片；足转节1节；后足胫节及第1跗节扁平扩大或变厚，成为采集花粉的构造。头、胸部具羽状毛。后翅的 叶比后亚中室短或缺。下唇须各节小，圆筒形。

24.124 黑腹准蜂

Melitta nigrabdominalis Wu

前翅长约13mm。

成虫见于5月下旬～8月下旬。

分布：小五台山西台海拔1200～1700m；张家口。

24.125 泰山准蜂

Melitta taishanensis Wu

前翅长约12mm。

成虫见于5月上旬～8月下旬。

分布：小五台山西台海拔1200～1480m；张家口。

24.126 四条无垫蜂

Amegilla(Amegilla) quadrifasciata (Villers)

前翅长约12mm。

成虫见于5月中旬。

分布：小五台山南台湖上沟海拔约1450m；张家口。

24.120a 黄色熊蜂(1980年6月30日，东台1800m)

24.120b 黄色熊蜂(1981年7月28日，北台2000m)

24.122 诺尔熊蜂(1981年4月28日，西台1300m)

24.121 依欧熊蜂(1980年8月25日，北台2000m)

24.123a 熊蜂(2000年7月15日，北台1500m)

24.123b 熊蜂

24.124a 黑腹准蜂(1998年6月20日，西台1500m)

24.124b 黑腹准蜂

24.125a 泰山准蜂(2000年8月20日，西台1480m)

24.125b 泰山准蜂

24.126 四条无垫蜂(1980年5月15日，南台1450m)

蜜蜂科 Apidac

小至大型。多黑或褐色，生密毛。头胸等宽。复眼椭圆形，单眼在头顶排成三角形。下颚须1节，下唇须4节，下唇舌很长。前翅狭，具亚缘室3个，前缘室极长，长约为宽的4倍。腹部近椭圆形，体毛较少，第6节弯曲，有小齿。有螯针。足大。前足、中足胫节各有1个端距，后足胫节光滑无距，扁平有长毛，末端和毛刷成花粉蓝，跗节第1节扁而阔，内侧有几列短刚毛，形成花粉刷。喜在树洞或岩洞以蜡质作巢。有很高的“社会组织”和勤劳习性。

24.127 意大利蜜蜂

Apis mellifera Linnaeus

体长10～13mm。

当地有人工饲养，常年可见成虫。

成虫见于4月中旬~9月上旬（野外）。

分布：小五台山西台砖瓦窑海拔1100～1300m；张家口。

24.128 中华蜜蜂

Apis cerana Fabricius

又名：东方蜜蜂。

翅展22mm左右。

成虫见于4月中旬~9月上旬（野外）。

分布：小五台山西台、北台海拔1100～1350m；张家口；全国各地。

24.129 中华蜜蜂中华亚种

Apis cerana cerana Fabricius

又名：东方蜜蜂中华亚种。

翅展22mm左右。

成虫见于5月中旬~9月上旬（野外）。

分布：小五台山西台海拔1000～1300m；张家口；全国各地。

条蜂科 Anthophoridae

体小至极大型，黑色。头、胸、腹部多处被明显的蓝色毛及毛斑，多种体上多色。中唇舌极长。有爪垫。生殖基节端部多样：简单、双叶或三叶状；生殖刺突长、窄或少数无，绝非扁平或叶状；无矢形突。飞行速度很快。多独栖性。有一些为盗寄生性。

24.130 黑颚条蜂

Anthophora melanognatha Cockerell

体长10～12mm。

成虫见于4月中旬～5月中旬。

采访：桃花、迎春花、黄刺玫、榆叶梅、紫薇、藤萝等。

分布：小五台山西台郑家沟海拔1200～1400m；张家口。

24.131 条蜂

Anthophora sp.

体长13～17mm。

成虫见于5月中旬。

分布：小五台山西台海拔1500m左右；张家口；安徽。

24.132 四条蜂

Tetralonia nipponensis Perez

体长13～14mm。

成虫见于4月中旬～6月下旬。

分布：小五台山西台砖瓦窑、北台水沟海拔1200～1300m；张家口。

24.127a 意大利蜜蜂(1980年6月20日，西台1200m)

24.129 中华蜜蜂中华亚种(2001年8月10日，西台1200m)

24.130a 黑颚条蜂(1980年4月20日，西台1300m)

24.130b 黑颚条蜂(1980年5月14日，西台1400m)

24.127b 意大利蜜蜂(访黄海棠)

24.131 条蜂(2007年5月13日，西台1500m)

24.132 四条蜂(♂;1981年5月24日，北台1300m)

附：未定种

（1980年6月20日，南台1650m）

（2007年4月29日，西台1180m）

（1988年6月20日，北台1800m）

（2001年7月，南台2000m）

（1981年5月20日，北台1400m）

（1988年7月5日，西台1700m）

（1989年7月，南台1900m）

（2002年8月）

（2003年6月5日，南台2100m）

（1998年6月，北台1700m）

（2000年7月）

（2001年6月20日，中台2000m）

（2001年7月2日，东台2100m）

（1999年8月26日，北台1700m）

（1988年6月6日，中台1800m）

（1999年8月20日，西台2000m）

（1998年7月31日，南台1600m）

（2007 年 8 月 10 日，东台 1100m）

（2007 年 7 月 31 日，东台 1100m）

索 引

（按拉丁字母顺序排列）

D

E

F

G

H

I

J

K

L

M

N

O

P

T

U

参考文献

◎ 雷朝亮，等．普通昆虫学[M]．北京：中国农业出版社，2003．
◎ 管致和，昆虫学通论（上册）[M]．北京：农业出版社，1980．
◎ 刘友樵，武春生．中国动物志：昆虫纲枯叶蛾科[M]．北京：科学出版社，2006．
◎ 刘友樵，李广武．中国动物志：昆虫纲卷蛾科[M]．北京：科学出版社，2002．
◎ 武春生，方承莱．中国动物志：昆虫纲舟蛾科[M]．北京：科学出版社，2003．
◎ 袁锋，周尧．中国动物志：昆虫纲角蝉科[M]．北京：科学出版社，2002．
◎ 赵仲苓．中国动物志：昆虫纲波致蛾科[M]．北京：科学出版社，2004．
◎ 谭娟杰，虞佩玉，李鸿兴，王书永．中国经济昆虫志：叶甲总科（一）[M]．北京：科学出版社，1980．
◎ 蒲富基．中国经济昆虫志：天牛科（二）[M]．北京：科学出版社，1980．
◎ 赵养昌，陈元清．中国经济昆虫志：象虫科（一）[M]．北京：科学出版社，1980．
◎ 王平远．中国经济昆虫志：螟蛾科[M]．北京：科学出版社，1980．
◎ 唐觉．中国经济昆虫志：蚁科[M]．北京：科学出版社，1995．
◎ 王子清．中国经济昆虫志：粉蚧科[M]．北京：科学出版社，1982．
◎ 张广学，钟铁森．中国经济昆虫志[M]・蚜虫类，北京：科学出版社，1983．
◎ 李铁生．中国经济昆虫志：明蜂总科[M]．北京：科学出版社，1985．
◎ 将书楠，蒲富基，华立中．中国经济昆虫志：天牛科（三）[M]．北京：科学出版社，1985．
◎ 陈树椿，何允恒．中国䗛目昆虫[M]．北京：中国林业出版社，2008．
◎ 卯晓岚．中国大型真菌[M]．郑州：河南科学技术出版社，2000．
◎ 周尧．中国蝴蝶原色图鉴[M]．郑州：河南科学技术出版社，1999．
◎ 徐公天，等．中国园林昆虫[M]．北京：中国林业出版社，2007．
◎ 肖刚柔．中国森林昆虫[M]．2版．北京：中国林业出版社，1992．
◎ 朱弘复，等．中国蛾类图鉴：Ⅰ～Ⅳ[M]．北京：科学出版社，1982．
◎ 徐梅卿，等．中国木本植物病原总汇[M]．哈尔滨：东北林业大学出版社，2008．
◎ 邱强，等．中国果树病虫原色图鉴[M]．郑州：河南科学技术出版社，2004．
◎ 李亚杰．中国杨树害虫[M]．沈阳：辽宁科学技术出版社，1983．
◎ 章士美．中国农业昆虫地理分布[M]．北京：中国农业出版社，1996．
◎ 章士美．中国农业昆虫地理区划[M]．北京：中国农业出版社，1998．
◎ 郑万钧．中国树木志：1～3卷[M]．北京：中国林业出版社，1997．
◎ 范迪．山东昆虫志[M]．北京：中国林业出版社，1993．
◎ 杨有乾．河南昆虫志[M]．郑州：河南科学技术出版社，1988．
◎ 曹诚一．云南瓢虫志[M]．昆明：云南科学技术出版社，1992．
◎ 周嘉熹，等．西北森林昆虫及防治[M]．西安：陕西科学技术出版社，1994．
◎ 华北农业大学．华北灯下蛾类：上、中[R]．北京：华北农业大学，1978．

◎ 许佩恩，等．蒙古高原天牛彩色图谱[M]．北京：中国农业大学出版社，2007．
◎ 邱强，徐志华，等．原色枣，山楂，板栗，柿，核桃，石榴病虫图谱[M]．北京：中国科学技术出版社，1996．
◎ 邱强，徐志华，等．原色苹果病虫图谱[M]．2版．北京：中国科学技术出版社，1996．
◎ 邸济民，徐志华，等．林果花药病虫害防治[M]．石家庄：河北科学技术出版社，2004．
◎ 屈朝彬，徐志华，张少飞，等．公路绿化植物病虫害防控图谱[M]．北京：中国林业出版社，2008．
◎ 赵仲苓，等．西藏昆虫[M]．北京：科学出版社，1982．
◎ 中国科学院动物研究所．天敌昆虫图册[M]．北京：科学出版社，1980．
◎ 王直诚．原色中国东北天牛志[M]．长春：吉林科学技术出版社，2003．
◎ 王直诚．原色原大中国东北蝶类志[M]．长春：吉林科学技术出版社，1999．
◎ 阮继生．放线菌分类基础[M]．北京：科学出版社，1977．
◎ 河北植保总站．河北鼠类志[M]．石家庄：河北科学技术出版社，1997．
◎ 李承绪，等．河北土壤．石家庄：河北科学技术出版社，1990．
◎ 贺士元，河北植物志：1～3卷[M]．石家庄：河北科学技术出版社，1991．
◎ 宋大祥，等．河北动物志·蜘蛛类[M]．石家庄：河北科学技术出版社，2001．
◎ 王绪捷，徐志华，董绪曾，周锡华，等．河北森林昆虫图册[M]．石家庄：河北科学技术出版社，1985．
◎ 小五台山菌物科学考察队．河北小五台山菌物[M]．北京：中国农业出版社，1997．
◎ 张剑桥．小五台山植被调查报告[R]．1972．
◎ 张庆非，等．小五台山植物[R]．1988．
◎ 李春秋，等．雾灵山小五台山自然保护区陆生脊椎动物研究[M]．北京：中国科学技术出版社，1998．
◎ 仰素琴，等．小五台山蜘蛛的垂直分布[J]．河北林果研究，2009，24，2．
◎ 王美平．小五台山蜘蛛区系分析[J]．河北林果研究，2009，24，2．
◎ 徐志华．小五台山昆虫调查报告[J]．河北林业科技，1982，3．

后记

——絮语与期待

金莲花、雪绒花盛开着。校改完最后一页书稿，已近深夜子时。窗外月朗星稀，风清气爽，山影巍巍，树影悠悠，金河水欢唱着从房前流过，草丛中时有几只小虫在吱吱地鸣叫。作者、编辑谐力辛劳5年许，终于定稿了。这是一件工作，又是一种生活的消遣，一种情感的愉悦和精神的享受。

自从踏上小五台这片热土，就被这片神奇的山地所吸引。那莽莽林海，滔滔泉流，蝶舞蜂鸣，禽飞兽没，幽深峡谷，云雾群峰，四时轮转，气象万千，这一切，无不令人敬畏和神往。总想，总想为它做点什么。这缕思绪，即使在条件异常艰苦，工作那么繁杂的日子也不曾泯灭，反而随着岁月的流逝愈益强烈和急迫。改革开放和新世纪的春风，构建了广阔的舞台，是坚持，是恒心、耐心和孜孜不倦地追求，使多年的愿望终于有个结果，感到由衷地轻松和愉快。面对高天厚土，锦绣年华，心灵稍微有些安慰。

静下心细细地思考，工作中尽管力求严谨，作为生产单位，在有限的时间和有限的条件下，争取把事情做得好一些。怎奈力不从心，才不胜负，有诸多不如人意处，如论述不够精道，记述繁简不一，有的图片质量不高，甚至文图可能有差错，等等。以如此拙作呈献给社会，呈献给读者，怎能不惶恐、内疚和不安呢？好在当前学界朝气蓬勃，成效卓然，深为歆羡，一定会给予真诚的批评和帮助。对此，我们表示热烈的欢迎和诚挚的谢意。

朋友们，同志们：请赶快打理行装到小五台山来，投入到大自然的怀抱吧！这里有无数的宝藏等待大家挖掘，有无穷的奥秘等待大家探索，有无边的乐趣等待大家分享！

徐志华

壬辰秋日于金河文苑